中国农业伦理学进展

（第三辑）

ADVANCES IN CHINESE AGR-ETHICS （Volume 3）

任继周　主编
林慧龙　执行主编
李建军　姜　萍　副主编

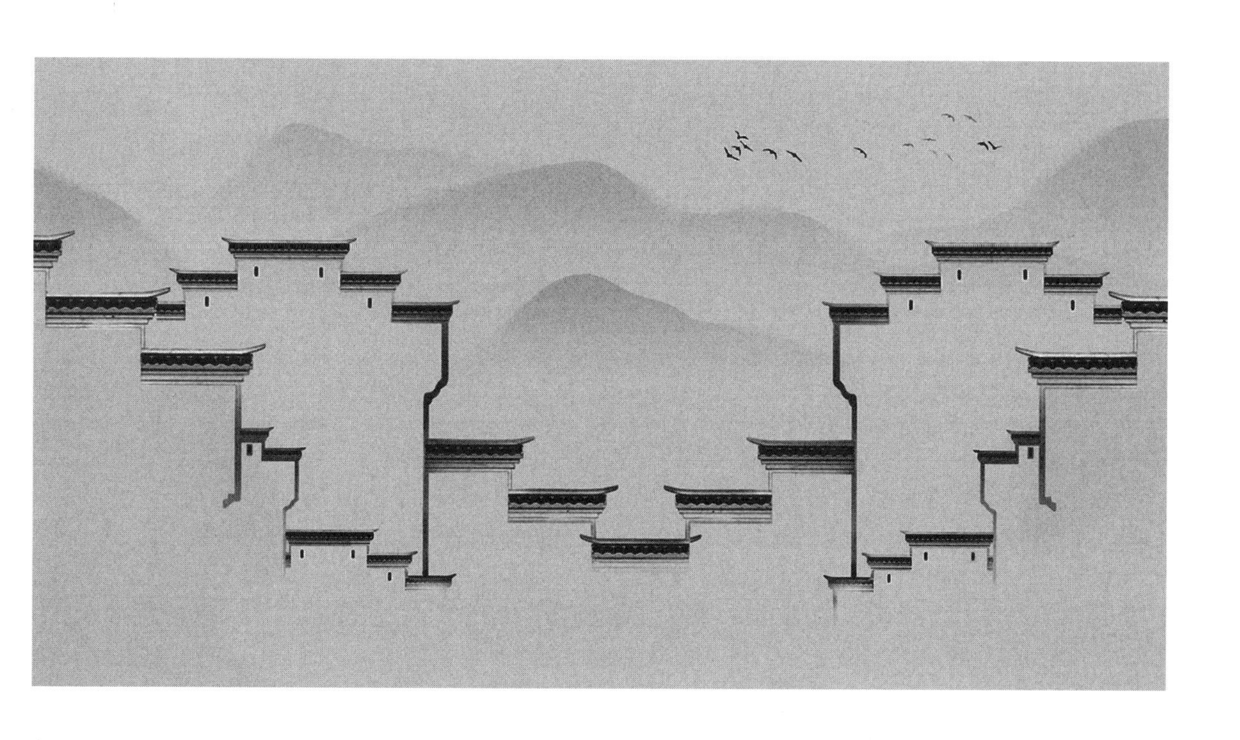

中国农业出版社
北　京

沉痛悼念英年早逝的《中国农业伦理学进展》文集前主编，中国农业伦理学研究会前会长王思明教授

王思明　1961年11月生，湖南省株洲市人，农学博士，国际科学史研究院通讯院士。曾任南京农业大学教授、博士研究生导师、中华农业文明研究院院长，农业农村部全球重要农业文化遗产专家委员会委员、农村社会事业发展专家委员会委员，国家核心期刊《中国农史》杂志主编。

长期从事农业史和农业文化遗产保护研究，曾获美国史密森研究院奖学金赴美国国家历史博物馆、加州大学和斯坦福大学从事客座研究。出版专著8部，主编著作12部，在国内外学术刊物上发表论文150余篇。主持国家社会科学基金重大项目1项、重点项目1项、面上项目1项，科技部、农业农村部、教育部、中宣部及国务院古籍整理小组科研课题20余项。创建中华农业文明博物馆，主编《中国农业文化遗产名录》《农业文化遗产学》《世界农业文明史》和《中国传统村落记忆》。5项研究成果获省部级奖励，被评为“建设新南京有功个人”。

因学术成就较高，入选农业农村部“神农计划”、江苏省“青蓝工程”优秀中青年学术带头人、教育部“新世纪优秀人才支持计划”。享受国务院政府特殊津贴，当选江苏省政协委员。担任国际丝绸之路科学与文明学会执行委员、中国科学技术史学会副理事长、中国农业历史学会副理事长、中国农业伦理学研究会会长。

中国农业伦理学进展

ZHONGGUO NONGYE LUNLIXUE JINZHAN

编 写 委 员 会

农业伦理学在中国的兴起与发展，激发了越来越多有识之士的关注、支持和帮助，相关论著也不断涌现。《中国农业伦理学进展》作为中国第一家以农业伦理学研究为主要内容的学术集刊，致力于推动农业伦理学的发展与交流，及时反映本领域的最新研究成果与研究动向，在中国农业伦理学研究会各位同仁以及相关专家学者的大力支持下，《中国农业伦理学进展》（第三辑）收集到五十余篇相关论文，主要内容包括书评与综述、农业伦理思想与农业现代化、农业生态/环境伦理、农业与食品科技伦理、食品与饮食（安全）伦理、动物福利/伦理、农村/乡村伦理。

（一）书评与综述

研究性综述是伦理学某一方面的重大理论概括和重要书评，也是学术研究和交流的重要组成部分，本专辑选取了对利奥波德《沙乡年鉴》和卡利考特《众生家园》这两部大地伦理重要著作的论述，前者借助于《沙乡年鉴》出版七十周年之机来探讨利奥波德土地伦理对生态文明建设的启示（卢风，2020），后者则探讨了卡利考特如何梳理、捍卫和扩充利奥波德大地伦理思想（卢风、陈杨，2019），这两部著作也是农业生态/环境伦理的经典著作，并构成了一个连贯已知的研究序列，期待着学术界相关研究继续推进。

书评则是对毛新志教授的代表作《转基因食品的伦理问题与公共政策》一书的评价与分析，指出以转基因技术为代表的农业科技伦理和食品安全伦理问题，涉及伦理和政策的双重考量，需要理论学术界和公共政策界的互动与交流，展示出农业伦理学所具有的鲜明的跨学科交叉的特征（姜萍，2011）。

最后一篇综述则对20世纪以来中国乡村伦理研究的进展、现状和问题进行了较为全面深入的分析，结合前文的乡村/农村伦理的具体研究，有助于推动我国乡村/农村伦理的进一步深入（刘昂、王露璐，2016）。

（二）农业伦理思想与农业现代化

农业伦理学的发展，一方面需要从思想理论层面进行深入探究、高度凝练与综合分析，另一方面也需要紧密呼应农业现代化时代任务的开拓研究，故本专辑第一大主题为“农业伦理思想与农业现代化”。

自然观是农业伦理思想的核心议题，而东方文化传统中“道法自然、仁爱万物”的自然观，照亮了后工业化时代人类发展的迷雾（任继周、郑晓雯、胥刚等，2021），在世界的东方升起了生态文明的灯塔（任继周，2018）。

从历史发展的角度来观照，任继周院士等专家学者在分析农业工业化之历程与利弊的基础上，进行农业伦理学反思，进而结合农业现代化的基准线进行伦理学的界定（任继周，2020），从新的历史站位的高度来阐发中国农业伦理观（任继周，2020），并综合阐发中国农业伦理学的多维结构（任继周、胥刚、林慧龙等，2020），探究陆海界面的农业伦理学要素，使农业从传统陆地农业向着更加开放的陆海农业转变（任继周、林慧龙，2020）。结合新时代的发展，我们还可以全面深入探究中国共产党“三农”政策的价值蕴含与意义（李敏、尹北直，2022）。

回顾人类历史发展历程，结合当今人类所面临的生态环境危机、经济金融危机、地区冲突与动荡、霸权主义等挑战，任继周院士等对人类历史上的丛林游戏规则，从伦理学角度进行深入的剖析与反思，一方面深刻揭示“游戏活动及其规则”对人类生存和发展的重要意义，强调要牢牢守住游戏规则这一伦理学战略要地；另一方面在批判反思“农业丛林法则”“工业丛林法则”的基础上，揭示两者对“生态文明游戏规则”的重要作用和方向指引（任继周、卢海燕、郑晓雯，2022）。

当今时代，全球农业发展面临着环境污染、生态破坏、食物安全、技术风险、饥饿与贫困等多方面的挑战，我们可以开展时代挑战背景下农业伦理学展望研究。为有效应对这些挑战，首先，人类应遵循生态文明规则，积极承担生态责任和历史使命，促进农业健康可持续发展；其次，以全球伦理关怀的开阔视野和宽阔胸怀，去应对农业挑战、解决农业问题；再次，人类需要积极推动全球农业系统的开放合作与协作共生，以全球资源去发展全球农业；最后，我们将以中华文明独特的生态自然观为基础，融合古今中外自然观念、生态智慧与伦理思想，拓展农业伦理容量，以扎实推进世界农业伦理学的研究、交流与合作（方锡良、任继周，2021）。

结合中国农业伦理学“时、地、度、法”四维结构，本专辑既有探究二十四节气与现代农业生产体系的耦合机制的论文（胡燕、张逸鑫、陆天雨，2019），也有探究农业伦理时之维传播发展过程的论文（韩凝玉、张哲、王思明，2021）；既有结合农业伦理地之维来阐发自然农业的生态智慧思想的论文（韩凝玉、张哲、王思明，2021），也有具体阐发山地农业伦理观的特征及其时代价值的论文（董世魁、郝凤彩、任继周等，2022）；关于度之维的研究，在第一、二辑收录农业伦理视域中的种植业之度和养殖业之度的基础上，本专辑又收录了渔业之度的专题论文（董世魁、任继周、方锡良，2022)，有助于读者更加全面理解度之维在农业各个领域的具体展现，并对农业生物伦理观的特征与意义展开研究和阐发（董世魁、郝凤彩、任继周等，2022)。

本专辑“农业伦理思想与农业现代化”收录的文章，既有高屋建瓴、综合深入的分析阐发，又有围绕着中国农业伦理学“时、地、度、法”四维结构具体展开的相关研究。其中，任继周院士关于东方自然观、游戏规则、陆海农业、中国农业现代化基准线、中国农业伦理学的新历史定位等的深入阐发，引人深思、给人启迪，值得深入阅读、持续研究。兹概述相关核心观点如下：

(1) 自然观：儒道所阐述的“仁爱万物”“道法自然”的自然观，可以穿过当今工业文明的迷雾，透出回归自然的生态文明的曙光。

(2) 游戏规则：游戏规则是人类必要的生存方式，是人类文明的基石，是搅局者的禁区，我们需要不断抗拒与其伴生的“农业丛林法则”和“工业丛林法则”的干扰。“游戏规则”与“丛林法则”两者纠缠中推动不同历史时代的人类文明，是为创建后工业化时代的生态文明的基础。为实现人类命运共同体的宏愿，维护游戏规则是时代赋予我们的重大使命。

(3) 陆海农业：要实现由小康走向富裕的现代强国，突破我国农业资源严重贫乏的瓶颈，必须发挥我国固有的海洋优势，将传统的“陆地农业”转化为“陆海农业”，有选择地与全球农业资源发生系统耦合，谋求发展全球农业生产，充分发掘陆海界面的农业伦理学潜能。

(4) 中国农业现代化的基准线：有关现代农业的论述浩繁，但应确定农业现代化的“0”点在哪里。任继周院士提出的伦理学为我们提供了划定农业现代化基准线或为简洁可行的途径。农业伦理学规定农业系统的开放性是农业的基本属性，缺失开放性，农业将丧失活力。农业系统开放的要素是界面和通过界面实现系统耦合。农业系统依次通过系统耦合而升级，由陆地农业通过多次系统耦合达到陆海农业，农业现代化的1.0版，逐步升级到更高版本，从而大幅提高农业系统的生产力。开放的陆海界面就是我国农业现代化的基准线，就是我国农业现代化的1.0版。我们可以中国为本体，通过陆海界面，利用世界农业资源，建设世界农业，为全球一体化作贡献。

(5) 中国农业伦理学的新历史定位：现代农业需要现代农业伦理学的护持，现代农业伦理学必须满足的八项公理，即辩证唯物论和历史唯物论的思维方法，生态系统内各组分共生，尊重生态系统的多样性，满足其生存权和发展权，无损于环境健康，以及重时宜、明地利、行有度和法自然。在具体农业行为中我们把“时、地、度、法”四个维度作为完整的农业理论系统不可或缺的多维结构。构筑新时代的农业伦理学大厦是我们无可回避的时代使命。

（三）农业生态/环境伦理

农业生态环境领域所面临的环境污染、生态系统破坏等挑战，除了科技、政策和产业等领域的研究和应对之外，也需要从思想观念和伦理价值等角度进行反思和变革。本专辑收录的数篇文章，分别从经典作品解读、重要论争弥合、核心观念阐发、草原生态文明启示和集约化养殖的环境探讨等角度进行研究，为我们展现了农业生态/环境伦理的丰富维度与深入研究。

霍华德的有机农业开山之作《农业盛典》，围绕着“土壤的健康与肥力”这一核心论题，展开全面深入的研究，其中蕴含着睿智的生态智慧和丰富的伦理意涵，值得深入研究（方锡良，2019）；如何弥合价值与事实之间的分野，促进二者的结合，也是生态农业伦理需要考查的重要论题（赖毅、王金梅，2019）；宋代《陈旉农书》中提出的“地力新壮论”，对于回答如何解决“土地肥力衰竭、农业生态系统退化”等问题极具启示性，本栏目中两篇论文对“地力新壮论”的生态价值和伦理意蕴进行深入探究（阎莉、贺扬，2020）；中国传统农业以耕地农业为主要耕作模式，频繁的耕犁农作，某种意义上也加剧了土地肥力下降和农业生态系统破坏，借鉴青藏高原草原文明的农业伦理内涵对草地生态系统的保护，有助于我们突破耕地农业的狭隘观念，扩充农业伦理的伦理容量（周岐燃、周青平等，2019）；集约化种养模式，构成了现代农业发展的一种重要样态，其在具有经济高效、规模效益、省工省力等优点的同时，也带来了环境污染、疫病传播、食物安全等领域的挑战，借鉴欧美国家的集约化种养业经验，探讨集约化养猪的环境正义问题，有助于我们更好地思考和应对集约化农业所面临的挑战（周杰灵、严火其，2019）。

（四）农业与食品科技伦理

科技伦理已经成为人们关注的焦点话题之一，近年来，随着转基因、生物技术、大数据技术等的发展和应用，农业与食品科技伦理也成为农业伦理学的重要主题。

前沿生物技术领域风险治理，由于与我们的农业生产、食品安全、身体健康以及生态系统安全等息息相关，潜存着重大安全风险乃至“生存性风险”，迫切需要人们对重大安全风险进行“预警性思考”，加强安全风险的社会沟通和增加社会互信，完善科技伦理审查机制，尽快建构负责任、可信赖和可持续的生物安全风险治理体系，其历史经验值得我们研究和借鉴（李建军，2021）。而农业大数据技术在现代农业尤其是智慧农业的广泛应用中，蕴涵数据所有权归属不清、农业企业制造垄断损害市场公平、农户生产自由受限、农业大数据滥用四个方面的问题，也需要从伦理层面加以积极探讨和研究（刘家贵、叶中华、苏毅清，2019）。进而，负责任创新的科技伦理思想，在农业领域也有具体的落实和体现，农业负责任创新的兴起是应对涉农领域“巨挑战”、治理农业4.0和校正资本逻辑的必然，对其特征、价值和实现路径的深入探究，可以为农业伦理提供“全责任”的理念助推（刘战雄，2020）。

转基因技术在农业领域的应用和推广，构成了农业与食品科技伦理的核心主题之一。本专辑集中收录了毛新志教授等专家学者所刊发的六篇相关论文，集中考察转基因作物产业化的伦理困境和伦理辩护、伦理学研究转向、伦理学研究内容和伦理治理特质，并从生命伦理学角度进行了较为深入的探究，这些系列研究，有助于我们从理论和实践两个层面较为全面深入地理解转基因作物产业化的伦理学探讨的各个维度。

我国转基因主粮的产业化主要面临效用评估、社会不公、基因专利和公众权利得不到保障的伦理困境（毛新志，2011）。关于转基因作物产业的伦理学探讨，围绕转基因食品是否安全、是否应该产业化、是否应该标识的争论从未停止过。从伦理学的道义论和后果论来看，转基因作物的产业化可以得到部分的伦理辩护，即转基因作物可以产业化（毛新志，2011）。因此，转基因作物产业化的伦理学研究应该由实质伦理转向程序伦理，建立一种以伦理治理为核心的合理的程序伦理（毛新志、罗圆萍，2012）。转基因作物产业化的伦理学研究主要内容包括：确立转基因作物产业化评价的伦理原则，建立转基因作物产业化的伦理审查机制，建立转基因作物产业化的综合效用评估机制，提高政府、科学家、工程师和公众的伦理素养和社会责任意识，加强科学家与伦理学家的沟通和对话，对转基因作物的产业化进行科学有效的决策，规范管理，使其为人类带来更多的福祉（毛新志，2011）。

面对这种困境，结合这种转向，我们需要推动转基因作物产业化的伦理治理，这种伦理治理，其主要特质重在“伦理建构”。转基因作物产业化伦理治理的实质是“商谈伦理”，转基因作物产业化伦理治理的目的是“善治”，转基因作物产业化伦理治理的基本途径是“公众参与”（毛新志、任思思，2012）。

转基因作物产业化不仅关涉我国十几亿人的吃饭问题，也与我国公众的身心健康、基本权利密切相关。转基因作物产业化的生命伦理意蕴主要体现在：转基因作物产业化的基础是确保公众健康与生命安全，关键是尊重公众权利，核心是促进社会公正（毛新志、李俊，2012）。

（五）食品与饮食（安全）伦理

民以食为天、食以安为先，随着我国农业现代化的推进和饮食结构的变化，加之生态环境危机突显、全球气候变化以及地区冲突频发，食品安全与饮食安全日益成为人们关注的主题之一，食品与饮食（安全）伦理也应运而生，本专辑收录了任玲玲、赵晓峰、任丑、韩作珍等学者的相关论文。

受各类因素影响，食品安全面临着较大的风险与挑战，从风险文化批判和责任伦理构建相结合的角度来考查食品安全伦理，有助于我们深入全面感知食品安全风险，展开文化批判，构建食品安全风险感知、责任和防范体系。风险文化视域下，食品安全治理不仅需要以制度性规范为中介的风险文化发挥作用，而且需要借助以内在价值认同为中介的规避型风险文化进行反思和自省。食品安全风险伦理责任体系的构建包括：由事后追责向前瞻性治理转向的价值导向，以食品安全风险文化的价值敏感设计来完善食品安全风险的伦理评估，形成多主体参与食品安全风险伦理责任共担的自觉意识以及建立食品安全风险防范的道德自省文化，最终借助实质性的价值主义来内省食品生产经营主体的行为，以实现食品安全风险的根源性防范（李玲玲、赵晓峰，2021）。

任丑教授对食品伦理学发展演进、食品伦理领域的冲突与和解、食物伦理律令与规则的深入探讨，有助于我们较为全面了解食品/食物伦理的发展状况、关注主题和规则律令。

在任丑教授看来，食品伦理学蕴含于追求健康快乐的自然目的食物习俗之中，并逐步形成相应的节制德性和食物伦理规范，而随着科技大变革而来的对人类精神的挑战及其反思，食品伦理学应运而生，它既为人类健康快乐的个体生活提供理性行为规范，也为食品立法提供哲学论争和法理支撑，并为应用伦理学开拓出深刻宽广的研究领域（任丑，2016）。频发的食品安全事件凸显出尖锐的食品伦理冲突问题：素食与非素食的伦理冲突；自然食品与人工食品的伦理冲突；食品信息遮蔽与知情的伦理冲突。针对这些冲突问题，我们必须秉持生命权之绝对命令，保障免于饥饿的权利，以此提升生活质量，实践善的生命目的（任丑，2016）。

呼应上述食品伦理学的发展演进，为更好地解决食品伦理冲突问题，我们有必要探究食物伦理的律令与规则。

任丑教授从自由法则的角度集中阐发了食物伦理的律令：食物伦理的根本问题在于如何把握食物所蕴含的伦理关系。该问题可以分解为三个子问题：是否应当禁止食用任何对象？是否应当以任何对象为食物？应当以何种物件为食物？食物伦理第一律令、第二律令、第三律令分别响应这三个子问题。第一律令、第二律令是规定食物伦理“不应当”的否定性律令，其实质是食物伦理的消极自由（免于饥饿或不良食物伤害的自由）。第三律令是规定食物伦理“应当”的肯定性律令，其实质是食物伦理的积极自由（正当追求优良食物和善的生活的自由）。三大律令分别从不同层面诠释出食物伦理的根本法则或食物伦理的总律令——食物伦理的自由法则（任丑，2019）。

任丑教授还从“人与物、人与自我、人与他人”关系三个角度考察了食物伦理规则：在人与物的关系中，食物伦理规则追求运用食物保持生命的自然目的，此为自然之善；自我在追求善（或好）的生活的生命历程中，把食物的自然之善提升为维系人性尊严的自我之善，此为人与自我关系中的食物伦理规则；自我之善与自我之恶的矛盾蕴含着超越主观的自我善恶的客观伦理法则——食物权及其相应责任所共同构成的人类之善，即人与他人关系中的食物伦理规则。食物伦理规则本质上是人类扬弃自然的实践活动所彰显的自由精神（任丑，2020）。

食品伦理向社会生活领域的进一步延伸，就是饮食伦理，韩作珍教授的两篇相关论文从发展演变、主题内容和不同维度等角度对饮食伦理做了较为全面的阐发，引发进一步的思考、讨论和研究。在韩作珍教授看来，饮食活动不仅是维持人类生命、增进营养与健康的自然欲求，还包含丰富的文化内涵和伦理意蕴。从伦理维度看主要包含文化价值传承、个体生命价值、人际伦理意义、社会文明风尚和生态文明承载五个方面。从这五个维度对饮食伦理进行研究，有助于全面探讨中外饮食文化，建构新的饮食伦理文明，对民众正确饮食观念、文明饮食行为与合理饮食方式的形成提供切实的价值指引与行为规范，从而提升国人的饮食道德素养，促进饮食伦理健康发展（韩作珍，2016）。饮食伦理的研究内容，可以从三方面展开：其一，个体饮食伦理，主要研究饮食的养生之道、德性修养与审美伦理；其二，人际饮食伦理，主要研究饮食礼仪、饮食的人伦教化和协调人际关系的作用；其三，社会饮食伦理，主要研究饮食伦理与政治、民族、社会风俗以及生态环境之间的关系（韩作珍，2015）。

韩作珍教授的代表作《饮食伦理：在中国文化的视野下》以生活伦理为视角，以历史、现实和未来的维度，围绕着个人、人际和社会三个层面，多视角、多维度对我国饮食伦理进行全面、深入、系统的分析，可以结合荷兰学者米歇尔·科尔萨斯的《追问膳食：食品哲学与伦理学》一书来进行对照阅读，有助于我们更加全面深入地理解饮食伦理。

（六）动物福利/伦理

随着集约化养殖的推广，对农场动物福利的关怀与研究也逐渐成为农业伦理学关注的一个重要课题。本专辑既有基于东亚生命观视角来研究日本的动物伦理，也有结合美国农场动物福利的理论与实践展开的相关研究，亦有从畜牧业高质量发展角度来考查欧美发达国家农业动物福利的实践及其对中国的启示。上述研究，借鉴日本、美国和欧洲相关的理论和实践来开展相关研究，他山之石，可以攻玉，引导和推动中国的动物福利/伦理相关研究。

在东亚生命观的影响下，日本的动物伦理以万物一体为基调，主张人与动物生命实现的一致性与完整性，蕴含爱护自然、物种平等与敬畏生命的思想。研究和分析日本的动物伦理如何弥补人类生产生活精神需要，人们如何依据其提示人类敬畏自然界、感恩和珍视自然资源，如何令其与欧美主流动物伦理对话融合，如何开展相关科普工作，对我国动物伦理研究和发展有一定的借鉴意义（周菲菲、赵熠玮，2021）。

以动物机器观为指导的集约化养殖模式不仅导致了大量的动物虐待，而且严重威胁着人类与环境的健康。面对这种集约化养殖模式引发的畜牧伦理危机，美国发展出了一种以关系为视角的农场动物关怀伦理，为我们妥善解决集约化养殖模式下人类、动物与环境之间的关系，提供了一个具有包容性、多元化的新视角（张敏、严火其，2020）。

欧美发达国家在发展农场动物福利方面的实践经验，值得我们借鉴：一是建立完善的法律政策体系，以立法保障农场动物福利；二是监督与奖励政策并行，奖惩结合改善动物福利；三是制定详细的评价标准，严格规范农场动物福利；四是利用先进的科学技术，科学管理畜禽生产过程；五是严格控制畜禽养殖规模，倡导农牧结合经营；六是多元主体积极参与，共同推进农场动物福利（熊慧、王明利，2020）。

（七）农村/乡村伦理

填平城乡二元结构的鸿沟，推动城乡公平、融合、协调发展，让农民、农村也能更多地享受社会发展和国家进步的时代红利，推动乡村振兴，这些都需要从伦理角度来探究“三农问题”。农村/乡村伦理也作为农业伦理学的重要课题进入人们的视野，王露璐、李永萍等专家学者结合乡村伦理展开多维度的研究。

随着工业化、城市化和全球化的发展，我国乡村也面临着向城市（镇）化、工业化和现代化转变的时代趋势，传统的小农经济模式、生产生活方式和乡村伦理共同体逐渐瓦解，如何重建乡村伦理共同体和美好乡村生活，进而结合乡村治理目标的伦理缺失来开展理性重建，就成为学术界需要认真思考的课题。在乡村治理的目标建构及实践中，应当以保障农民生存要求的“安全第一”原则作为底线伦理，以公平正义作为当前乡村治理最为迫切的现实要求，并以满足农民对美好生活的向往作为乡村治理的价值旨归（刘昂、王露璐，2018）。对乡村发展伦理研究的基础维度和中国乡村伦理研究的基本纲要的探究，有助于我们从总体框架和基本特质等角度理解我国乡村伦理研究的基本架构。中国乡村伦理的系统研究以乡村家庭伦理、经济伦理、生态伦理、治理伦理为重点，坚持唯物史观的基本立场，借鉴道德叙事学的方法，定性与定量相结合，田野个案调查与中国乡村伦理整体把握相结合，并综合伦理学、社会学、经济学、政治学、人类学、民俗学开展跨学科交叉研究，聚焦中国乡村伦理的传统特色、历史变迁和现代转型，厘清中国传统乡村伦理与现代乡村伦理的关系，把握中国乡村伦理发展的历史脉络和一般规律（王露璐，2017）。

从公平正义、经济伦理等角度考察我国城乡关系的变迁和乡村重建、振兴，是农村/乡村伦理研究中的重要基础课题，这既涉及对中国乡村经济伦理的历史考辨和价值理解，也涉及从经济正义和环境正义等基础维度来理解我国转型时期的城乡关系，还可以从资本逻辑批判和伦理价值反思的角度来考察城乡关系的变迁。

根植于乡村经济生活的乡土伦理，在经历不断传承和变迁后仍彰显着其现代价值，有待于我们结合时代发展深入发掘和创造转换（王露璐，2007）。无论是经济发展还是环境治理，城乡二元结构依然存在，经济正义和环境正义成为我们理解我国转型时期城乡关系的基础维度。马克思主义唯物史观基础上的经济正义思想，功利主义以“最大多数人的最大幸福”为目标和尺度的经济正义观，以及罗尔斯以“作为公平的正义”为基本理念和原则的正义体系，为考察当前我国城乡经济正义问题提供了理论资源。城乡环境正义则主要体现为三个方面：城乡环保制度安排和环境资源分配问题中的程序正义，城乡环境补偿机制中的地理正义，城乡居民承受环境风险的实质正义（王露璐，2012）。在中国乡村城市化的过程中，追求自我增殖最大化的资本逻辑既成为推动乡村经济社会发展并主宰乡村社会的主导力量，又不断实现对传统乡村生产与生活空间的扩张，从而加速了村落的“终结”进程。这种“终结”，不单纯是一种地理意义上的村落减少，而在于村落所体现的生产方式、生活方式、伦理共识、文化心理和行为模式的“终结”。在乡村工业化、市场化和城市化的进程中，应当通过对资本逻辑有效的伦理规约，既维持其在乡村经济社会发展中的动力作用，又为资本的空间扩张框定必要的伦理边界，从而实现村落的“重生”（王露璐，2017）。

农村/乡村伦理离不开农村/乡村生活的基本单元（家庭）和基础主体（农民），转型时期的家庭模式、关系和农民的行为方式、自我定位，都值得深入探究。

改革开放以来，中国农村家庭结构、关系和观念都发生了巨大的变化，如何构建新型农村家庭关系，促进农民家庭伦理的现代适应，从而推动农村家庭关系和家庭伦理的现代转化，也是重要的时代课题。现代性进程推动了农民家庭再生产模式的转变，为农民家庭带来更大压力的同时激活了农民家庭的主体性和能动性，促进了农民家庭伦理的现代适应，并塑造出“新家庭主义”的伦理观念。“新家庭主义”在农民日常生活中主要体现为代际合作的伦理实践（李永萍，2021）。而随着大量的青壮年农村劳动力的外出以及大量农村家庭向城市（镇）转移，农村老年人所面临的养老等危机，或许可以从农村家庭转型过程中的“伦理陷阱”角度进行研究和阐释。在家庭转型过程中，面对家庭内部资源转移的失控和权力让渡的失范，家庭伦理通过适应家庭发展主义的目标而重构，具体表现为父代本体性价值的扩张、社会性价值的收缩和基础性价值的转换。这也意味着在家庭转型过程中父代具体实践中担负并践行着几乎没有止境的伦理责任，父代深深陷入“伦理陷阱”。因此，父代的“老化”过程也是其危机状态生成并逐渐锁定的过程（李永萍，2018）。

随着农民外出务工和回乡创业，农民基于自身的家庭状况和利益综合考量，正从传统的理性小农逐渐转向视野更加开阔、考量更加综合理性的“新农民”。考察这一转变过程中的农民行为选择的伦理冲突和理性考量，将有助于我们更好地去理解乡村伦理构建过程中的主体——农民的生存状况与选择考量（王露璐，2015）。

以上内容，简要概述了《中国农业伦理学进展》（第三辑）收录论文的基本情况，由于收录论文较多且主题各异，主题设置、论文归置、观点概述，或有不当之处，敬请谅解。此外，由于时间所限，原本拟收录的许多文章，由于无法与作者取得联系，未能收录入本专辑，颇为遗憾，希望在以后的专辑中能补录入内。

《中国农业伦理学进展》以梳理我国农业伦理学进展状况为主要内容，旨在反映我国农业伦理学的最新研究成果和发展动向。《中国农业伦理学进展》已经出版发行第一、二辑，获得了学界的一致好评，会同《中国农业伦理学导论》《中国农业伦理学概论》和《中国农业伦理学史料汇编》共同构成了我国农业伦理学的基础著作/教材体系，共同推动我国农业伦理学的进一步发展。《中国农业伦理学进展》（第三辑）得到草种创新与草地农业生态系统全国重点实验室自主研究课题的资助，才得以顺利完成和出版。

我们希望《中国农业伦理学进展》（第三辑）的出版，能够起到抛砖引玉的作用，引发学界对农业伦理学的更多关注，进一步推动农业伦理学的教学、研究与交流、合作，促进我国农业伦理学的发展。

编委会秘书处

2023 年 5 月

CONTENTS
目　录

前言

一、书评与综述

利奥波德土地伦理对生态文明建设的启示
——纪念《沙乡年鉴》出版七十周年 …… 3
众生家园：捍卫大地伦理 …… 12
转基因食品发展：伦理与政策的双重考量
——评毛新志《转基因食品的伦理问题与公共政策》一书 …… 15
20世纪以来的中国乡村伦理研究：进展、现状与问题 …… 18

二、农业伦理思想与农业现代化

东方的自然观照亮后工业化时代人类发展的迷雾
——《中国农业伦理学概论》序言 …… 29
游戏规则，伦理学必须牢守的战略要地
——必要的生存方式，人类的文明基石，搅局者的禁区 …… 32
陆海界面是亟待开拓的农业伦理学要素 …… 44
自然，世界东方升起的生态文明的灯塔 …… 56
中国农业伦理观的新历史站位 …… 68
中国农业现代化基准线的农业伦理学界定 …… 75
中国农业伦理学的多维结构 …… 79
中国农业工业化的苦难历程及农业伦理学思辨 …… 88
丛林法则的农业伦理学解读 …… 96
时代挑战背景下农业伦理学展望 …… 104
农业生物伦理观的特征与意义 …… 114

山地农业伦理观的特征及时代价值 …… 123
农业伦理学视域下的渔业之度 …… 133
农业伦理之“时”的传播初探 …… 140
农业伦理视域下二十四节气与现代农业生产体系的耦合 …… 145
农业伦理中的地之维与自然农法的生态智慧 …… 152
农业在何种意义上体现生存论 …… 158
藏族“聚”观念农业伦理 …… 167
新时代中国共产党的“三农”价值认识 …… 176

三、农业生态/环境伦理

论《农业圣典》中的生态智慧与伦理意蕴 …… 185
生态农业伦理的价值与事实之合 …… 196
“地力常新壮”生态价值探析 …… 204
中国传统农业的“地力常新壮”思想探析 …… 211
青藏高原草原文明中的农业伦理内涵对草地生态保护的借鉴 …… 218
集约化养猪环境正义：美国北卡州经验及启示 …… 225

四、农业与食品科技伦理

前沿生物技术领域安全风险治理的历史经验和重要启示 …… 237
农业大数据技术的伦理问题 …… 247
农业负责任创新及其对农业伦理的理念助推 …… 254
转基因作物产业化的伦理辩护 …… 262
转基因作物产业化的伦理学研究 …… 271
我国转基因主粮产业化的伦理困境 …… 279
转基因作物产业化伦理治理的特质初探 …… 286
转基因作物产业化伦理学研究的转向 …… 292
生命伦理学视野下的转基因作物产业化问题研究 …… 299

五、食品与饮食（安全）伦理

食品安全风险文化批判与风险伦理责任的构建 …… 307
食品伦理学的演进 …… 315

食品伦理的冲突与和解 …… 323
食物伦理律令探究 …… 330
食物伦理规则 …… 342
饮食伦理维度探析 …… 351
饮食伦理析 …… 361

六、动物福利/伦理

东亚生命观视角下的日本动物伦理研究 …… 375
美国农场动物关怀的理论与实践 …… 384
欧美发达国家发展农场动物福利的实践及其对中国的启示
——基于畜牧业高质量发展的视角 …… 392

七、农村/乡村伦理

乡村治理目标的伦理缺失与理性重建 …… 405
乡村伦理共同体的重建：从机械结合走向有机团结 …… 411
中国乡村伦理研究论纲 …… 418
现代性·正义性·主体性
——乡村发展伦理研究的三个基本维度 …… 427
资本的扩张与村落的“终结”
——中国乡村城市化进程中的资本逻辑及其伦理反思 …… 436
经济正义与环境正义
——转型期我国城乡关系的伦理之维 …… 444
中国乡村经济伦理之历史考辨与价值理解 …… 452
从“理性小农”到“新农民”
——农民行为选择的伦理冲突与“理性新农民”的生成 …… 459
新家庭主义与农民家庭伦理的现代适应 …… 467
家庭转型的“伦理陷阱”
——当前农村老年人危机的一种阐释路径 …… 480

一、书评与综述

利奥波德土地伦理对生态文明建设的启示
——纪念《沙乡年鉴》出版七十周年

卢　风

摘要：利奥波德土地伦理思想内涵丰富，主要包括：人与土地（即生态系统或自然）之间的关系是一种伦理关系；人必须学会“像山一样思考”；一件事如果有利于生命共同体的完整、稳定和美丽就是正当的，反之就是不正当的；仅当人类有了“生态良知”时，才能有效地维护生态健康。利奥波德是一位先知型思想家，其思想对我们今天的生态文明建设有诸多启示：人类必须保持“理智上的谦卑”，必须学会倾听大自然的声音，必须认识到人类经济系统是自然系统的子系统，人类对舒适的追求和对工具的发明、利用必须适度。利奥波德已意识到，人类仅有分析性的科学知识是不够的，必须以系统性的生态知识去补充分析性知识的不足。

关键词：利奥波德；《沙乡年鉴》；土地伦理；生态良知

作者简介：卢风，博士，清华大学人文学院教授，博士研究生导师。

一、前言

美国传记作家柯特·迈恩（Curt Meine）曾这样评价奥尔多·利奥波德（Aldo Leopold）：他是一位伟大的美国人。很少有人像他那样如同热爱美国一般地深爱土地，很少有人像他那样以仔细观察土地的方式热爱土地，很少有人像他那样在详述其对土地的发现时能表述得那么生动。对美国来讲，利奥波德的发现和哲学与本杰明·富兰克林的发现和哲学同等重要[1]。利奥波德最有影响的著作是《沙乡年鉴》。2009年，美国利奥波德基金会主席苏珊·弗莱德说：“最近四十年，从唤起环境意识的角度上说，在美国，有一本书显然是最为突出的，它对人和土地之间的生态、伦理关系，作了最能经得起检验的表达。奥尔多·利奥波德的《沙乡年鉴》——一本薄薄的、最早在1949年出版的自然随笔和哲学论文集，是堪与19世纪最著名的美国自然文学的经典——亨利·大卫·梭罗的《瓦尔登湖》比肩的作品。”[2]实际上，利奥波德的影响绝不仅限于美国，他的思想影响已遍及全世界。利奥波德的土地伦理对当代环境伦理和生态哲学产生了深刻的影响。著名环境伦理学家克里考特（J. Baird Callicott）、罗尔斯顿（Holmes Rolston）等人都深受其影响。深生态学也深受其影响，克里考特受其影响尤深①。克里考特曾这样评价利奥波德和《沙

① 克里考特是最早在美国开设环境伦理学（哲学类）课程的学者，曾担任国际环境伦理学会主席，是当今最有影响力的环境伦理学家之一。

乡年鉴》："利奥波德不仅是《沙乡年鉴》的作者，他也是《游戏管理》以及许多科技论文和报告的作者，是野生生物管理这个学科的创立者，是荒野保护领域有影响的拥护者，是荒野协会的创立者之一，是杰出的资源保护主义者，是职业林学家，是大学教授，是家主，是120公顷威斯康星河洪泛区的管家，是儿子、兄弟、丈夫、父亲、朋友、猎人、弓箭制造者……另一方面，《沙乡年鉴》也远多于利奥波德，已在一切伟大的艺术和哲学中获得了独立的生命。"[3]克里考特认为，"土地伦理"是《沙乡年鉴》的压顶石（capstone）。克里考特的主要学术成就就是运用最新的科学成果（量子物理学和生态学）去论证、补充和发展土地伦理。这一点从其已出版的著作标题即可看出。克里考特的主要著作有《捍卫土地伦理》《超越土地伦理》《像行星那样思考：土地伦理和地球伦理》等。由此可见，说克里考特是利奥波德的铁杆粉丝一点也不为过。

《沙乡年鉴》首次出版距今已有七十年。此时，笔者撰写此文，不仅是为了纪念这本重要著作的出版，更重要的是为了进一步重温并思考其土地伦理思想对当代环境伦理学及生态文明建设的启示。

利奥波德不是学院派哲学家，《沙乡年鉴》提出的最受今日环境伦理学家重视的概念便是"土地伦理（land ethic）"。其中心思想是：人类与土地之间的关系是一种伦理关系。这里的"土地"指生态系统，甚至指整个自然（whole of nature）[4]。面对以康德伦理学为最佳典范的现代伦理学，土地伦理提出的基本思想是颠覆性的，是彻底地反现代性的。现代伦理学的基本观点是，人与非人事物之间存在根本的、不可消弭的差别：人是有理性、有自由意志的自主的存在者，而非人事物没有理性，没有自由意志，没有自主性。因为有这种差别，所以说人有道德资格或道德地位，而一切非人事物都没有道德资格或道德地位；人有内在价值、道德权利和尊严，而非人事物没有内在价值、道德权利和尊严。如今，人们称这种观点为人类中心主义（an thoropocentrism）。根据人类中心主义，人类对自然和自然物是无须讲道德的。美国学者詹姆斯（W. James）说："大自然是一个道德的多元宇宙……但不是一个道德的宇宙。对这样一个"妓女"（指大自然——译者注），我们无须忠诚，我们与作为整体的她之间不可能建立一种融洽的道德关系；我们在与她的某些部分打交道时完全是自由的，可以服从，也可以毁灭它们；我们也无须遵循任何道德律，只是由于她的某些特殊性能有助于我们实现自己的私人目的，我们在与她打交道时才需要一点谨慎。"[5]①

人类中心主义是现代性的基本思想，也是现代人道主义（humanism）的基本思想。利奥波德的土地伦理矛头直指人类中心主义。以下先阐述利奥波德土地伦理的基本思想内涵，然后再阐述其对今天生态文明建设的重要启示。

二、利奥波德土地伦理的思想意蕴

利奥波德土地伦理具有丰富的思想内涵和意蕴。

① 罗尔斯顿不同意这种观点。

（一）土地是一个共同体，在这个共同体中人与土地之间的关系是一种伦理关系

“共同体（community）”[①] 是传统伦理学、社会学和政治学的重要概念。传统伦理学、社会学和政治学所说的共同体都是由人构成的群体，如家庭、社区、教会、僧团、公司、民族、国家等。一个道德共同体就是由承认并遵守特定的一套道德规范的人们所构成的群体。在古代，道德共同体大致就是一个文化共同体，其中的成员讲同一种语言，信同一种宗教，遵守同一套道德规范。一个存在者或受造之物（creature）如果被承认是一个道德共同体的成员，他便有道德资格或道德地位，从而能受到道德的保护，也担负一定的道德义务。

利奥波德看到了人类历史上道德共同体的演变。在古希腊，奴隶是人，但不被看作道德共同体的成员，从而没有道德地位或资格。主人像处置自己的财产一样处置奴隶。奴隶制被废除以后，笔者认为所有的人都应有道德资格和地位，这样就扩大了道德共同体的界限。

利奥波德说，土地伦理要求进一步扩大道德共同体的界限，使之“包括土壤、水、植物和动物，或者把它们概括起来：土地”。利奥波德对他所处时代的生态破坏已忧心忡忡。人类对自然资源的利用过于粗暴。利奥波德也明白，人类不可能不利用自然资源，但他认为，人类必须用一种全新的伦理规范去约束自己对自然资源的利用，甚至必须根本改变对土地的看法、感情和态度。利奥波德说：一种土地伦理当然并不能阻止对自然资源的宰割、管理和利用，“它却宣布了它们要继续存在下去的权利，以及至少是在某些方面，它们要继续存在于一种自然状态中的权利。”他又说，“简言之，土地伦理是要把人类在共同体中以征服者的面目出现的角色，变成这个共同体中的平等的一员和公民。它暗含着对每个成员的尊敬，也包括对这个共同体本身的尊敬。”值得注意的是，利奥波德讲的共同体中的“每个成员”，就动植物而言，非指个体，而指物种。当他说自然事物有“继续存在于一种自然状态中的权利”时，当然也指生物有其生存权利，但他的意思是所有的生物物种都有其生存权利，而非指每一个生物个体都有不可剥夺的生存权利。

显然，利奥波德提出土地伦理要求人类承认“土壤、水、植物和动物”乃至生态系统，即土地有道德资格和道德地位，旨在唤起人心“内部的变化”，这种变化是“忠诚感情以及信心”上的、伦理上的重大变化，也旨在唤起人们义务感和良知（conscience）的改变。

长期以来，人们只把土地看作资源，从而只对土地进行经济上的利用。既然这样就不可能热爱、尊敬和赞美土地，即便热爱和赞美也只是对“工具”的热爱和赞美。利奥波德说，“我不能想象，在没有对土地的热爱、尊敬和赞美，以及高度认识它的价值的情况下，能有一种对土地的伦理关系。所谓价值，我的意思当然是远比经济价值高的某种涵义，我指的是哲学意义上的价值。”这里，利奥波德明确指出了“经济价值”与“哲学意义上的价值”的区分，前者显然就是我们如今常说的“工具价值”，而后者应该涵盖后来环境哲

① 英语中 community 一词在生态学中指群落。

学家们着重讨论的内在价值（intrinsic values）或固有价值（inherent values）。

利奥波德明确提出了“生态良知（ecological conscience）”的概念，《沙乡年鉴》第三编“土地伦理”有一节的标题就是“生态良知”。利奥波德说，“没有良知，义务是没有意义的，而我们面临的问题是要把社会良知由人延伸到土地。”[6]这里之所以没有引用侯文蕙的中译本，因为侯文蕙把 conscience 误译为“意识”。换言之，自古以来社会良知只体现为关爱人（甚至仅指特定某一类人）的生命的良知，而不是关爱一切生命（包括所有的非人生物）乃至生态系统的良知。土地伦理要唤起关爱一切生命乃至生态系统（即土地）的良知。这种良知就是生态良知。有了生态良知，人们才能自觉地承担保护生态健康的义务。

“良知”和“义务”都是最重要的伦理学概念，“热爱”“尊敬”和“赞美”既与伦理有关，也与审美有关。土地伦理的提出确实涉及人类思想乃至生活的最深刻的改变。这种改变必须伴随着“文明的革命”。

利奥波德之所以要把生态健康的保护上升到伦理的高度，因为他认为，仅靠政府不可能保护好生态环境，仅靠市场或商业同样不可能保护好生态环境。他认为，“政府性的保护”会“如同一个巨大的柱牙象”“因其本身的体积而变得有碍于行动”。身在土地私有的美国，利奥波德对私人土地所有者寄予了较多的希望。但他也深知“土地共同体中缺乏商业价值”，土地共同体所必需的生态健康部分无法得到私人或商业的保护。于是，他认为较为有效的办法似乎是：“用一种土地伦理观或者某种其他的力量，使私人土地所有者负起更多的义务。”

中国极左派在分析解决社会问题时，既看不起伦理学，也看不起价值观、人生观、幸福观方面的分析和批判。例如，在分析物质主义价值观对工业文明生产生活方式的支持时，他们认为，必须用阶级分析的方法，透视资产阶级对无产阶级的剥削，才能看到物质主义价值观流行的实质，舍此，对物质主义的批判必然流于肤浅。在极左派看来，伦理学和价值观批判远远比不上科学的分析和批判。在他们看来，诉诸伦理学和价值观是不科学的，科学理论所指导的阶级斗争才是解决社会问题的有效办法。利奥波德的观点显然与之相反，他认为像生态破坏这样普遍而严重的社会问题，若没有人们良知的普遍转变，没有价值观、人生观、幸福观和审美情趣的根本改变，则根本不可能得到解决。

（二）不能仅仅根据人类的好恶去判断非人物种的好与坏，人应该学会“像山那样思考”

所谓“像山那样思考”就是用整体论、系统论、生态学的方法去发现每一个物种的作用，意识到每一个物种对土地共同体都有贡献。也正因如此，才必须承认每一个物种都有其生存权利。美国的猎人们大多认为狼是丑恶的，只要看到狼就该立即开火，以为灭绝了狼，世界才更美好。利奥波德也曾是这么认为的。利奥波德甚至曾对自然界的肉食动物存有刻骨仇恨[7]，但他后来意识到不能仅根据人类的好恶去判定非人物种之好坏。美国曾发动过消灭狼的运动。利奥波德后来发现了消灭狼的恶果：由于食草类动物的过量繁殖而导致植被被严重啃食。所以，狼的存在有其生态学方面的理由。山代表着土地，即代表着生态系统。山“长久地存在着，从而能够客观地去听取一只狼的嗥叫。”可见，“像山那样思考”就是着眼于生态系统而客观地看到不同物种的作用。

利奥波德说，在工业文明中，“我们大家都在为安全、繁荣、舒适、长寿和平静而奋斗着。鹿用轻快的四肢奋斗着，牧牛人用套圈和毒药奋斗着，政治家用笔，而我们大家则用机器、选票和美金。所有这一切带来的都是同一种东西：我们这一时代的和平。用这一点去衡量成就，全部都是很好的，而且也是客观的思考所不可缺少的，不过，太多的安全似乎产生的仅仅是长远的危险。也许，这也就是梭罗的名言潜在的含义：这个世界的启示在野性中。大概，这也是狼的嗥叫中隐藏的内涵，它已被群山所理解，却还极少为人类所领悟。”他这段意味深长的表述告诉我们：按市场分工各司其职地追求利润最大化，遵循现代分析性科学规则，在各家工厂进行高效生产，广大消费者都积极地购买工厂生产的产品，诚然能创造物质繁荣。这种“双赢”甚至“多赢”的经济活动对于维护人类和平是重要的。但如果长期忽视生态法则，就会导致严重的环境污染和生态破坏，会让我们在生态危机中越陷越深。这应该就是利奥波德所说的“长远的危险”。

（三）给出判断是非的标准：整体主义

“如果一件事有利于保护生命共同体的完整、稳定和美丽，它就是正当的。反之则是错误的。”① 这个判断是非的标准是整体主义的，而不是个体主义的。也正因如此，土地伦理以及深受其影响的生态哲学都遭到深受个体主义影响的哲学家们的激烈批评。利奥波德明确说土地共同体本身必须受到尊敬，他提出的是非标准则只强调生命共同体（即土地共同体）的完整、稳定和美丽，而未顾及个体的权利。利奥波德爱好打猎、热爱荒野，生态学没有要求他放弃这一嗜好。土地伦理预设人类具有高于非人物种的能动性，人类高于非人类种群，故可以根据生态学法则去调节不同物种的种群数量，如发现食草类种群数量过大，就可以消灭它们的一部分个体，以维护生态系统的健康。恰是这种整体主义的标准让个体主义者感到恐惧：这会导致生态法西斯主义。其实，整体主义未必会导致生态法西斯主义。后来捍卫并发展土地伦理的克里考特为澄清这一点做了较好的说明[8]。

在利奥波德那儿，整体主义不仅是一种行为规范，也是一种世界观和方法论。利奥波德在其生态学著作中告诉我们，“从一朵白头翁花那儿采摘了花蕊，你便干扰了天上的星星”；反之，栽了一株白头翁花，你便重新排列了天上的星星[9]。这是比“蝴蝶在太平洋东岸煽动一下翅膀会导致西岸的一场暴风雨”更夸张的修辞，所表达的就是整体主义世界观：宇宙中的万物皆处于普遍联系之中。“像山一样思考”则是整体主义方法论的基本要求。

三、利奥波德土地伦理对生态文明建设的启示

（一）利奥波德土地伦理是生态文明建设的思想依据

利奥波德是先知型的思想家，他虽然没有提出“生态文明”的概念，但他在《沙乡年鉴》中的许多表述对人们反思工业文明危机和生态文明建设都有启示。习近平总书记在党

① 这里没有引用侯文蕙的中译本，因笔者觉得把 integrity 译为“完整”比译为“和谐”更合适。

的十九大报告中指出："人与自然是生命共同体，人类必须尊重自然、顺应自然、保护自然。"迄今为止，最早使用"生命共同体（biotic community)"概念的文献就是1949年出版的《沙乡年鉴》。像山一样思考，注意维护生态健康，尊重生命共同体的完整、稳定和美丽，正是生态文明建设的基本目标。他的土地伦理无意中成为生态文明建设的思想依据之一。

现代性思想最严重的错误是删除了终极实体，或如卡普托所说，把人与上帝混淆了[10]，以为人就是最高的存在者，他无须倾听比他更高的存在者的言说，因为根本没有比他更高的存在者。这是一种混淆，更是一种可怕的狂妄。人类文明之所以深陷生态危机而难以自拔，从根本上说，就因为这种混淆和狂妄。实际上，大自然就是终极实体，人类必须敬畏大自然，应该倾听大自然的声音。如果不能接受这种观点，就很难真诚接受习近平总书记的教导："要做到人与自然和谐，天人合一，不要试图征服老天爷。"[11]那么该如何倾听大自然的声音？就听听利奥波德的回答："水的音乐是每个耳朵都可以听见的，但是……山丘中还有其他音乐，却不意味着所有耳朵都能听到。即使想听到几个音符，你也必须在那儿站很长时间，而且还一定得懂得群山和河流的讲演。这样，在一个静谧的夜晚，当营火已渐渐熄灭，七星也转过了山崖，你就静静地坐在那里，去听狼的嗥叫，并且认真思考你所看见的每种事物，努力去了解它们。这时，你就可能听见这种音乐——无边无际的起伏波动的和声，它的乐谱就刻在千百座山上，它的音符就是植物和动物的生和死，它的韵律就是分秒和世纪间的距离。"

利奥波德相信：有一种指引宇宙的神秘的、至高无上的力量，但他不认为这种力量是人格神，而认为这种力量更像自然律。

利奥波德所说的倾听主要是领悟的和审美的倾听，其实还可以有生态学和博物学式的科学倾听。倾听大自然的声音是学者应该永远持有的"理智上的谦卑"。利奥波德说："了解荒野的文化价值的能力，归结起来，是一个理智上的谦卑问题。那种思想浅薄的，已经丧失了他在土地中的根基的人认为，他已经发现了什么是最重要的，他们也正是一些在侈谈那种由个人或集团所控制的政治和经济的权力将永久延续下去的人。只有那些认识到全部历史是由多次从一个单独起点开始，不断地一次又一次地返回这个起点，以便开始另一次具有更持久性价值探索旅程所组成的人，才是真正的学者。只有那些懂得为什么人们未曾触动过的荒野赋予了人类事业以内涵和意义的人，才是真正的学者。"

这段话很值得玩味，既包含着对历史决定论的否定，又包含着对西方传统的还原论的怀疑。摈弃了历史决定论和知识论上的还原论，人们才可能保持"理智上的谦卑"。

（二）利奥波德的文明观、道德观不同于现代性的文明观、道德观

利奥波德不认为文明与自然是对立的，不认为文明的进步就意味着对自然的征服。他在《沙乡年鉴》中多次对工业文明的进步进行过嘲讽，他说"宣扬进步的高级牧师们"对生态健康的保护一无所知。所谓"宣扬进步的高级牧师"不过就是工业文明的辩护者。利奥波德已敏锐地意识到工业文明的进步与生态健康之间的冲突，即"进步不能让农田和沼泽、野性和驯服在宽容与和谐中共存。"他认为，"荒野是人类从中锤炼出那种被称为文明成品的原材料。"还认为，"荒野从来不是一种具有同样来源和构造的原材料。它是极其多

样的，因而，由它而产生的最后成品也是多种多样的。这些最后产品的不同被理解为文化。世界文化的丰富多样性反映出了产生它们的荒野的相应多样性。”这段话既意指文明是由自然孕育出来的，又意指自然不可简单地归结为物理学所说的那种简单性，即由基本粒子构成的东西。这与如今非线性科学所说的复杂性、非线性系统所表现的丰富性是一致的。利奥波德说：“通过重新评价非自然的、人工的，并且是以自然的、野生的和自由的东西为条件而产生的东西，可以获得一种价值观上的转变。”他认为，生产“非自然的、人工的东西”是以“自然的、野生的和自由的东西”为条件的，也就是说，文化或文明的问世和发展是以自然为条件的。说自然的、野生的东西也是自由的，则是直接反对以康德哲学为典范的现代性哲学的。在康德学派看来，只有人才是自由的，非人事物不可能是自由的。但利奥波德的说法可受到非线性科学的支持[12]。

利奥波德的道德观不同于现代性的道德观。现代性道德着力凸显的是人的解放、自由和权利。利奥波德说，“一种伦理，从生态学的角度来看，是对生存竞争中的行动自由的限制；从哲学观点来看，则是对社会的和反社会的行为的鉴别。”土地伦理显然试图把生态学意义的伦理与哲学意义的伦理统一起来，以限制人类在生态系统中的行动自由。现代性的伦理学从未考虑过对这种自由的限制，它甚至不认为这种自由是伦理学要关注的。

（三）利奥波德土地伦理为生态文明建设开启新的思想航程

生态学给人们的一个重要警示是：生态系统的承载力是有极限的，人类对富足和舒适的追求必须保持在生态系统的承载限度内。这就要求人们重新审视儒家经典《中庸》所着力阐述的原则：凡事都应适可而止。利奥波德在《沙乡年鉴》中多次强调了“适可而止”的重要性，他反对过分利用机器去追求效率。“我并不想装出一副懂得什么是适可而止，或者知道哪儿才是合理与不合理的发明之间的界限的样子来。但是，有一点似乎是很清楚的，即新发明的渊源与其文化上的影响有很大的关系。自制的打猎和户外生活的用品通常是增添，而不是毁灭人-地球之间的情趣。用自制的鱼饵钓得一条鳟鱼的人所得的成绩应是两分，而不是一分。我本人也使用很多工厂的新发明，但必须有某种限度，超过了限度，用金钱购得的辅助用品去打猎便毁灭了狩猎的文化价值。”利奥波德关于使用狩猎辅助用具应该适度的观点同样适用于人们对其他工具（包括机器）的使用。

美国著名生物学家斯蒂芬·罗斯曼（Stephen Rothman）说：“从最广的意义上看，自牛顿时代以来，科学与以还原论观念所从事的科学研究一直是一回事儿。根据这种观点来看，将一个人称为还原论者，无非是在说这人是一位科学家。而且，说‘还原论科学’是啰唆多余，而说成‘非还原论科学’则肯定是措辞不当。”[13]还原论科学也就是分析性科学。作为一个生态学家，利奥波德已敏锐地发现了分析性科学的局限性，并表达了对只传授这种分析性科学知识的大学的不满。他说，“有些人负责检验植物、动物和土壤组成一个庞大乐队的乐器的结构。这些人被称为教授。每位教授都挑选一样乐器，并且一生都在拆卸它和论述它的弦和共振板。这个拆卸的过程叫作研究。这个拆卸的地点叫作大学。”这种拆卸式的研究无疑就是以还原论为正宗科学方法的现代科学研究。“一个教授可能会弹拨他自己的琴弦，却从未弹过另一个。”“教授为科学服务，科学为进步服务。科学为进步服务得那样周到，以致在进步向落后地区传播的热潮中，那些比较复杂的乐器都被践踏和打碎了。零件们一个个地从歌中之歌被勾销了。如果在被打碎之前，教授就把每种乐器分了类，那他也就安心了。”也是就说，分析性科学所指引的技术发明和生产方式，破坏了生态系统的复杂、精微秩序，破坏了土地共同体的完整、稳定和美丽。如今，已有越来越多（仅指变化趋势，非指已占多数）的科学家意识到，仅有分析性的科学研究是不够的。囿于分析性科学的视野，人类根本就提不出生态文明理念：恪守还原论教条，就不可能理解建设生态文明的必要性。为建设生态文明，必须运用系统论、整体论的方法，看到大力发展非线性科学的必要性，看到实现社会各维度联动变革的重要性。

利奥波德深知，自然资源保护不是哪一个行业的事情。“惟当土地所有者改变了其使用土地的方式，资源保护才可能得以实现。惟当教土地使用者的老师、向他贷款的银行家、他的顾客、媒体的编辑、政府官员、闯入土地的人们都改变了他们关于土地之用途的看法时，土地使用者才会改变其使用土地的方式。惟当人们改变了关于万物之用途的看法时，他们才会改变其关于土地之用途的看法。”他的这段话既揭示了世界观改变的重要性，又说明了自然资源保护必然涉及社会的全面改革，必然要求各行各业的改变。生态文明建设更应该是这样。

提出土地伦理在现代哲学家看来是犯了大忌的：混淆了事实与价值。但利奥波德看到了科学对道德的深刻影响，并认为科学与伦理之间的界限并非不可逾越。利奥波德说：“科学在向世界贡献道德，同时也贡献着物质。它在道德上的最大贡献就是客观性，或者称为科学观点。它意味着，除了事实以外，对每种事物都表示怀疑，它意味着恪守事实，从而使其事实的各个部分各得其所。由科学所恪守的事实之一，是每条河流都需要更多的人，而所有的人都需要更多的发明创造，因此也需要更多的科学，美满的生活则依赖于这条逻辑无限的延伸。”“这条逻辑”是现代分析性科学所遵循的。量子力学和复杂性科学正在向我们揭示另一种“逻辑”和“合理性”，并启示人们改变自己的道德。

利奥波德说：“现代的教义是不惜代价的舒适。”就现代农业的发展趋势来看，种水稻的农民在过去要插秧、薅秧、施肥、收割，常年面朝黄土背朝天，非常辛苦。如今，用播种机播下买来的种子即可，不需要插秧了；秧苗长出来了，需要除草时撒除草剂就行了，不需要薅秧了；稻子成熟了，用收割机去收割就是，不需要用镰刀弯腰撅屁股地去收割了。农民们比过去舒适多了。可得到这种舒适是要付出代价的。在人工智能技术迅速发展的今天，人们更加不惜代价地追求舒适，但也许会为此付出更高的代价。

利奥波德显然已意识到，人类的经济系统是生态系统的子系统。他嘲讽经济学家说：“我还从未见过一个知道葶苈的经济学家。”意思是，经济学家原本应该仔细研究生态系统，但他们却忽略了这至关重要的事情。在生态文明建设过程中，全社会必须牢记：经济系统是生态系统的子系统，人类经济活动不能只遵循分析性的科学定律和经济学定律，还必须遵循生态学规律。

利奥波德关于休闲的看法也特别值得我们重视。他说：“在缺乏相应增长的洞察力的情况下，交通运输的发达正使我们面临着休闲过程中的实质性崩溃。发展休闲，并不是一种把道路修到美丽的乡下的工作，而是要把感知能力修建到尚不美丽的人类思想中的工作。”中国正大力发展旅游业，也正建设美丽乡村。人们都知道，“要想富，先修路”。一个美丽的乡村，如果既想保住绿水青山，又想要金山银山，那么发展乡村旅游未尝不是一个办法。但如果游客们没有生态文明的觉悟，没有环保意识，一旦把道路修到美丽的乡村，就可能毁了乡村的美丽。

现代性思想及其人类中心主义是经过数代思想家论证、辩护、修正、补充的思想体系，其核心思想（蕴含人类中心主义）已渗入社会制度，已弥漫于媒体，已成为数代人的基本信念，或成为多数人的常识。论证非人事物也具有道德资格，反驳人类中心主义，学会"像山一样思考"，不是短期就能取得成功的。但利奥波德开启了新思想的航程，许多后继者在其思想基石上继续跋涉前行。

【参考文献】

[1] Meine C. Aldo Leopold: His Life and Work [M]. Madison: The University of Wisconsin Press, 1988: 523.

[2] 奥尔多·利奥波德．沙乡年鉴 [M]. 侯文蕙，译．北京：商务印书馆，2016.

[3] Callicott J B. Companion to A Sand County Almanac [M]. Wisconsin: The University of Wisconsin Press, 1987: 5.

[4] Julianne L N. Aldo Leopold's Odyssey [M]. Washington: Island Press, 2006.

[5] 霍尔姆斯·罗尔斯顿．环境伦理学 [M]. 杨通进，译．北京：中国社会科学出版社，2000：43-44.

[6] Leopold A. A Sand County Almanac and Sketched Here and There [M]. Oxford: Oxford University Press, 1987: 209.

[7] 唐纳德·沃斯特．自然的经济体系：生态思想史 [M]. 侯文蕙，译．北京：商务印书馆，1999：321.

[8] Callicott J B. Thinking Like a Planet: The Land Ethic and the Earth Ethic [M]. Oxford: Oxford University Press, 2013: 11.

[9] Marybeth L. A Fierce Green Fire: Aldo Leopold's Life and Legacy [M]. Oxford: Oxford University Press, 2016: 161.

[10] 约翰·D. 卡普托．真理 [M]. 贝小戎，译．上海：上海文艺出版社，2016：9.

[11] 中共中央文献研究室．习近平关于社会主义生态文明建设论述摘编 [M]. 北京：中央文献出版社，2017：24.

[12] Ilya P. The End of Certainty: Time, Chaos, and the New Laws of Nature [M]. Mankato: The Free Press, 1997: 72.

[13] 斯蒂芬·罗斯曼．还原论的局限：来自活细胞的训诫 [M]. 李创同，王策，译．上海：上海世纪出版集团，2006：16-17.

（原文刊载于《阅江学刊》2020年第1期）

众生家园：捍卫大地伦理

卢　风　陈　杨

环境哲学是20世纪六七十年代兴起的一种新哲学。克里考特（J. Baird Callicott）是最早研究环境哲学的美国学者之一，对环境哲学的贡献巨大，其著作中译本一直阙如，实乃中国学术界一大遗憾。《众生家园——捍卫大地伦理与生态文明》（*In Defense of the Land Ethic*：*Essays in Environmental Philosophy*）1989年出版，收录了他20世纪70年代后期至80年代末发表的14篇论文。其中译本由中国人民大学出版社2019年5月出版，这也是迄今为止克里考特著作唯一的中译本。

一、激发人类天然道德情感

全书以捍卫利奥波德的"大地伦理"为线索，分三个研究主题：对大地伦理的诠释和拓展、对自然存在者内在价值的研究、发掘非西方环境思想的传统。

克里考特最初以利奥波德的诠释者和辩护者形象受到学界广泛关注。在该书出版之前，他已编撰了《〈沙乡年鉴〉导读：解释与批评论文集》（1987），其中收录12篇他与辛格、罗尔斯顿等哲学家撰写的对《沙乡年鉴》的解读和评论。克里考特之所以对利奥波德在《沙乡年鉴》中阐发的大地伦理如此重视，是因为在他看来，大地伦理开创了建立真正的环境伦理学的可能性。建立真正的环境伦理学，即一种不同于"环境管理的伦理学"，或将传统道德理论拓展至自然物的应用伦理学，是包括罗尔斯顿、劳特利在内大部分环境伦理学开创者们的共同目标，也是他们区别于辛格等动物解放论者和汤姆·里根等动物权利论者的重要标志。

大地伦理最显著的特征是赋予生命共同体本身及其内部各成员以道德地位。用利奥波德的话说，就是将人类"在共同体中以征服者面目出现的角色，变成这个共同体中的平等一员和公民。它暗含着对每个成员的尊敬，也包括对这个共同体本身的尊敬"。但是，利奥波德毕竟不是专业哲学家，其论证有时不合当代伦理学研究规范。克里考特为利奥波德的观点做了哲学上的解释和拓展。他先考察了利奥波德伦理观的思想渊源，利奥波德认为伦理规范是对生存斗争中共同体成员的行为限制，这其实源于休谟-达尔文道德观。人类作为群居动物天然具有社会性情感。人类个体本质上是相互依赖的，必须生活在共同体之中，而伦理规范是共同体得以维持的保证。克里考特认为，大地伦理的思想进路就是借助进化论与生态学等相关科学研究，揭示出人类、动物、植物、土壤和水等密切关联、相互依存，构成一个生命共同体。人的良好生活依赖于后者的完整、稳定和美丽。这种揭示将激发人类的天然道德情感，并将其延伸至生命共同体本身及其成员。

二、增强人类“生命同理心”

克里考特还将大地伦理中的道德情感论拓展至其自然的内在价值学说。在他之前，部分环境伦理学家试图论证非人生命因其自身具有的某种内在属性（如感受苦乐的能力、自主性、保持自我完整性的倾向）而具有内在价值。但是这种内在价值与作为道德实践者的人之间有什么关系？如果内在价值是类似质量、广延等内在于事物的属性，人应该以何种方式去认识这种属性？一种内在于事物的属性为何能够对人类行为提出某种要求？

克里考特认为对内在价值的这种考察方式忽视了价值的关系性。他在20世纪90年代明确指出价值首先是一个动词，作为名词的价值是派生的。没有评价者的评价行为，价值就无所谓存在与不存在。就此而言，价值是主观的，是与人类相联系的。这一观点在书中虽然并未明确表述，但基本思想清晰可见。坚持这一观点并不意味着他的自然内在价值论是主观主义的。在书中他区分了价值的起源（source）和价值的处所（locus）。作为评价者的人是价值的起源，但是拥有价值的是被评价者，而非评价者或其意识，即只有被评价者才是价值之处所。在此，评价方式可能是多样的，人可能认为自然物只具有供人使用的价值（即相对于人的工具价值），也可能认为自然物对其自身而言具有价值。克里考特认为，当人类以后一种方式评价自然物时，就将自然物的内在价值揭示出来，这种价值不同于工具价值。而以这种方式进行价值评价的倾向，其实已经蕴含在作为群居生物的人类本性之中。他将这种本性称为“生命同理心（bio－empathy）”。生物进化论和生态学不断揭示人类与其他生命具有共同的祖先、共同的演化历史并且在演化过程中相互协作、影响和制约，人类和地球上所有生命都是几十亿年来生命洪流的一部分。这一叙述将增强人类的“生命同理心”。基于此，人类能够而且应该以承认自然物内在价值的方式评价自然物。

三、尊重生命共同体

该书还为大地伦理面临的一些指责做出了直接辩护。其中最重要的指责是：由于大地伦理强调生命共同体整体的价值，这可能导致对个人基本权利的损害，进而发展为一种“环境法西斯主义”。克里考特认为，正如强调个人具有社会和民族的责任，并不意味着取消其家庭责任一样，大地伦理强调人类对其他生命的尊重，并不意味取消人类的基本权利。同时，大地伦理也不意味着赋予其他生命以人权。它是对人际伦理的修正和补充，而非对人际伦理的彻底取代。事实上，它仅仅提供了判断一个行为是否正确的基本原则，而没有给出具体的行为标准：“当一个事物有助于保护生物共同体的完整、稳定和美丽的时候，它就是正当的，反之就是错误的。”

以一种尊重的态度去对待植物或动物，这在深受现代性哲学影响的一些学者看来，简直是天方夜谭。他们会从认识论、心理学、生物学等方面，论证这种尊重的态度不可能实现或者毫无意义。然而他们忽略了一点：二三百年前，在人类许多文化传统中，这种尊重自然的态度是被普遍采纳的。克里考特的一个很重要的贡献就是重新发掘这些被现代人遗忘的传统。

克里考特认为印第安人长期实践着大地伦理。他叙述了印第安人的世界观和对待自然的态度。虽然每个印第安部落都有不同的传统习俗，但是他们普遍认为万物是作为父亲的天空与作为母亲的大地结合的产物，因此人类与其他动植物乃兄弟姐妹，万事万物作为世界家庭的成员具有血缘关系。包括人在内的一切自然事物都由身体、灵魂和影子组成，都具有意志和精神。传统印第安人并非生活在一个仅由人类组成的群体中，而是生活在人类与非人类存在者相互联系的生命共同体之中。人可以得到非人自然物的帮助或遭受报复。于是，为了部落的福祉，与非人自然物保持良好关系就被认为是极其重要的。在不得不捕食动物时，印第安人会向动物道歉并为之祈祷。他们禁止超出满足基本需要的捕猎行为，也反对不必要的残忍行为。

克里考特对这类传统思想和实践的发掘工作，贯穿了他的学术生涯，如他后来又与尼尔森（Michael P. Nelson）合作出版了《美洲印第安人环境伦理学：奥吉布瓦案例分析》（2004）。近年来他还把视线转向东方，编辑出版了《亚洲思想传统中的环境哲学》（2014）和《日本环境哲学》（2017）等文集。

发掘这些前现代传统，并不是为了返回这些传统，而是为了揭示尊重生命共同体及其成员的多种可能性。以尊重的态度对待自然，不仅不是困难的，反而是被不同社会的人类长期实践和继承的。源于近代西方并随着西方文化的扩张而盛行的人类中心主义，才是在人类社会历史中所罕见的。

（原文刊载于《中国社会科学报》2019 年第 7 期）

转基因食品发展：伦理与政策的双重考量
——评毛新志《转基因食品的伦理问题与公共政策》一书

姜 萍

20世纪70年代以来，以基因工程技术为核心的生物技术以前所未有的速度迅速发展，并在医药、农业及食品工业等领域获得广泛的应用，取得了巨大的经济效益和社会效益。毫无疑问，转基因技术将成为近期内发展最快、应用潜力最大的生物技术领域之一。然而，随着转基因技术的快速发展和广泛应用，也出现了一系列值得深入思考的问题：转基因食品是否安全？转基因食品是否应该标识？转基因是否应该授予专利权？转基因食品商业化的利益应该如何公正分配？……这些问题长期以来在科学界内部及社会上存在争论。毛新志教授历时5年研究完成的《转基因食品的伦理问题与公共政策》一书，给关注这些话题的研究者们提供了启示和帮助。

可以说，对转基因食品伦理问题的研究可谓硕果累累，但结合中国传统文化和中国国情，并用伦理学基本理论和生命伦理学原则对此进行深入分析的，还比较缺乏，许多研究都有一种泛泛而谈的倾向，这是转基因食品伦理问题研究的一大缺憾。《转基因食品的伦理问题与公共政策》一书运用伦理学"新的原则主义"作为分析的理论框架，对转基因食品伦理问题的不同观点进行了严密论证和深入剖析，无疑弥补了这一缺憾，并在这一研究领域占有一席之地。从当前文献和实践来看，转基因食品的伦理问题和公共政策是当代生命伦理学最受关注的问题之一。而该书选择这一研究主题，把它放到中国的情境中进行伦理审视，并在国际背景下对中美英三国的转基因公共政策的伦理基础进行比较研究，对国内学术界和政策制定者都有一定的启示和借鉴意义，这恰恰是该书的学术价值和应用价值所在。

《转基因食品的伦理问题与公共政策》充分运用合适的伦理学理论，对当代争议较大的"转基因食品是自然的还是非自然的""转基因食品的安全""转基因食品的人体实验""转基因食品标识""基因专利"和"转基因食品的商业化"等问题进行了全面系统的伦理审视，以中美英为例探究了各国转基因食品公共政策的差异，并结合我国国情和发展转基因食品的实际情况，提出了合理的伦理原则与管理建议。该书是一部严谨的应用伦理学专著，但通读全书不难发现其间穿插的诸多案例生动、有趣，既回应了现实问题，又增加了趣味性和可读性。本书立足中国，放眼世界，用实证和案例研究相结合的手法，展现了当代人对新技术革命的推崇与批判、热心与担忧、支持与抵制，理智客观地分析了现代社会人类遭遇的转基因的伦理困境，并思考了解决之道。读罢此书，既有哲理上的启迪，又有思想上的熏陶。

该书作者毛新志教授长期致力于应用伦理学领域的研究，近十年来一直关注科技伦理学的研究，尤其是对转基因技术的伦理问题关注较多。多年来潜心思考，著述颇丰，可以说是此领域的开拓者。《转基因食品的伦理问题与公共政策》一书可以看成是作者在原有研究基础上的深入和细化，也可以说此书的完成是作者厚积薄发的思想结晶。

《转基因食品的伦理问题与公共政策》一书虽然也具有其他伦理学著作重在思辨、析理的风格和特点，但该书还有其他几个特点尤其值得称道。

其一，引入社会调查，别出心裁。该书在开篇简单介绍转基因技术和食品的发展史及全球概况之后，就转入对目前中国现状的探讨，本书采用社会调查的方法，获得第一手的数据资料与结论，为下文伦理分析和政策研究做好铺垫，在以思辨、析理见长的伦理学著作中安排社会调查报告的手法，可谓别出心裁。这种实证调查方法的运用，增强了论述内容和论证的临场性、客观性和可信度，引领读者深入思考新技术革命给我们带来的机遇或挑战、利益或风险、福祉或灾难。书中运用大量简洁的图表和翔实的数据，客观、真实地反映当下我国公众对转基因食品的认知情况和态度，资料直观而真实，结论分析客观而中肯，这使后面的研究有的放矢，也使本书显得厚重、扎实。仔细审视，该书问卷中问题的设计也比较巧妙，大部分问题的设计都紧紧围绕下文要论述的主题依次展开，层层推进，这些前后呼应技巧的运用，足见作者行文的逻辑性和严谨性。

其二，提出新论，敢于创新。研究伦理问题，首先就要思考用什么伦理学理论作为研究的理论根基。而伦理学的理论却非常多，如何在相互交错重叠的伦理学丛林中剥丝抽茧，找出合适的伦理学研究进路，确实需要敏锐的洞察力和感悟力。该书作者就具有独特的学术眼光和勇于创新的勇气，他能准确把握当代科技伦理学发展的脉搏和当前转基因的热点话题，在借鉴传统理论的基础上创造性地提出“新原则主义”作为研究的框架。该书一方面吸收了不伤害、尊重、公正、有利等传统原则主义的基本“内核”，又借鉴了责任伦理的最新成果“责任原则”，同时又创新性地提出“整体性原则”作为新原则主义的基本原则之一，这种提法非常独到、新颖。作者从古到今、从理论到现实，引经据典，纵横捭阖，为整体性原则的理论价值辩护，作者认为针对迅猛发展的现代科学技术尤其是生命科学技术对自然和人类的干预、改造、影响和威胁的现状，从行动和决策上对人类的行为进行伦理规范，整体性原则不可或缺。这些精辟的见解和睿智的思考，能给读者许多启迪。

其三，思维严谨，论证深刻。该书作为一部伦理学专著，从选择研究进路，到分析转基因食品的伦理论争，再到中外比较研究，一切都以新原则主义为主线，将伦理学理论与转基因食品的伦理问题有机地结合起来研究，引经据典，旁征博引，字里行间都洋溢着睿智的思辨和严密的论证。如该书在梳理众多伦理学理论和原则的过程中，首先论证了为什么选择“原则主义”作为研究进路；然后又对为什么提出“新原则主义”作为分析框架进行了合理的辩护，论证过程层层推进、环环相扣，作者缜密的思维、严谨的逻辑跃然纸上。

在运用理论分析现实问题时，本书从转基因食品的是自然的还是非自然的、转基因食品的安全性、人体实验、食品标识、基因专利和商业化 6 个方面，针对每一个问题的各种观点都进行了分析、评价和辩护，尤其是运用伦理学的正反论证法对各方争论都进行了深刻的辨析和评点，最后得出合理的结论。比如在论证“转基因食品究竟是自然的还是非自然的”伦理争论时，本书就从概念辨析入手，由中国谈到欧美，由古代谈到现代，步步推理，层层分析，读后会觉得作者的分析合情合理，论证有力。书中像这种论证比比皆是，这也恰恰显示了作者深厚的理论功底和严密的逻辑思维能力。

其四，案例研究，独具匠心。在理论分析的基础上，结合具体案例进行研究，也是该书的一个亮点。一般而言，伦理学专著给人一种通篇思辨、说理的严肃面孔，而在推理、论证和辨析的过程中，适当加些时代感强、争论热烈的案例现身说法，会大大增强著作的可读性和趣味性，本书就恰当地使用了一些鲜活的案例，为它的论述平添了趣味与活力。如对英国“Pusztai 事件”、美国“大斑蝶事件”、中国“转基因水稻事件”等的案例研究，都可能会引起读者的共鸣以及对现实问题的思考：转基因技术，天使还是魔鬼？转基因食品，拒绝还是接受？新技术革命之路，前行还是止步？一定程度上可以说，这种写作手法在以思辨见长的伦理著作中是个尝试，值得推介。

该书的闪光点还有很多，这里不一一赘述。应该承认，由于该研究课题的开创性和研究对象的复杂性，该书尚有一些需要完善的地方。首先，转基因食品伦理问题的研究领域需要进一步拓展，如“转基因动物”的福利问题，转基因食品宣传报道的伦理问题等都有待于开拓。其次，公共政策比较研究尚显不足，这应是作者进一步努力的方向。尽管《转基因食品的伦理问题与公共政策》一书仍有不尽如人意之处，但瑕不掩瑜。作为一部系统的转基因食品伦理问题和公共政策研究专著，它的出版架构起转基因食品的伦理学研究体系，拓宽了科技伦理学及公共政策学研究的领域。同时该书为解决政府面临的转基因发展问题提供了颇多可资借鉴的思路和建议，值得研读。

（原文刊载于《南京农业大学学报》社会科学版 2011 年第 3 期）

20世纪以来的中国乡村伦理研究：进展、现状与问题

刘 昂 王露璐

摘要：20世纪上半叶，中国乡村研究经历了从“现象分析”到“实践操作”的过程。新中国成立后，尤其是改革开放以后，关于中国乡村的研究成果更为丰富，但其中关于乡村伦理的研究仍十分匮乏。21世纪以来，伦理视角下的乡村研究成果日渐丰富，研究内容涉及乡村经济伦理、社会治理、道德建设及伦理文化重建等方面，但也存在研究内容不够均衡、研究成果较为零散、研究方法交叉不强、田野调查规范不足等问题。

关键词：乡村；伦理；道德

作者简介：刘昂，南京师范大学公共管理学院，博士研究生。王露璐，南京师范大学公共管理学院，教授，博士研究生导师。

中国乡村研究是整个20世纪国内外社会学、经济学、历史学等学科关注的热点问题，关于乡村伦理的研究也散见于其中。21世纪以来，伦理视角下的乡村研究取得了长足进步。与此同时，当前我国乡村伦理研究中还存在着一些薄弱环节。梳理中国乡村伦理的研究进展，总结当前的研究状况并反思存在的问题，对于促进中国乡村伦理研究的健康发展，有着重要的理论价值和现实意义。

一、20世纪中国乡村伦理研究的进展

对中国乡村社会的研究自20世纪初开始一直是中外研究者关注的重要问题。这一时期，大多数学者的研究是从社会学或经济学角度进行的，但在研究过程中也开始认识到中国乡村社会独特的伦理文化对其经济和社会发展所产生的重大影响。

20世纪上半叶，中国乡村研究大体上经历了从“现象分析”到“实践操作”的过程。美国社会学家葛学溥于1918—1919年实地调查了广东潮州凤凰村的经济、人口、社区组织、生活观念以及宗教信仰等情况，并在1925年出版了《华南的乡村生活：广东凤凰村的家族主义社会学研究》一书，对凤凰村的生活现象进行了描述和分析[1]。1933年，金陵大学卜凯教授基于对我国17个地方2 866户农家的田野调查，形成了《中国农家经济》一书，对乡村土地利用情况、家庭人口状况、村民日常食物消费和生活程度等若干问题进行了深入剖析，展示出乡村村民真实的生活状态，为乡村伦理探讨奠定了资料基础[2]。

20世纪上半叶，国内实业家、政治家和知识分子更关注于如何改变乡村现有状况，

怎样重建乡村道德生活。这些有识之士分别从经济、政治和文化等视角切入，对乡村伦理重建提出自己的思考。以卢作孚等为代表的实业家主张在经济发展的基础之上改造现有乡村状况，进而重建乡村伦理。他在四川北碚进行乡村建设试验，在发展经济的基础上进行乡村文化建设，先后设立了报馆、医院、学校，建造了公园、运动场和博物馆等文化和公共场所，对乡村伦理道德给予了高度重视。以毛泽东为代表的一批共产党人运用马克思主义理论，深入农村地区进行调查，指出帝国主义和封建主义的双重剥削是中国农村和农民问题的根源，号召广大农民团结起来进行革命，对乡村进行彻底改造，建设一种符合马克思主义伦理观的新乡村。作为早期的马克思主义者，李大钊和毛泽东都主张农民群众组织起来，通过农民运动，打破旧有的不合理的伦理规范，从而为乡村伦理重建提供可能。

这一时期，国内一些知识分子也开始意识到，要想改变国家内忧外患的现状，首先必须改变国人的观念，这就需要从占中国绝大多数人口的乡村做起。他们纷纷走向乡村，从乡村建设、乡村教育等方面入手，对我国乡村伦理进行实践改造。1926—1937 年，梁漱溟、晏阳初等发起了“乡村建设运动”。梁漱溟指出，社会构造之所以要重建，原因在于发生了“极严重的文化失调”[3]，而这种失调的表现之一就是“伦理本位的社会之被破坏”[3]。因此，他主张从乡村文化出发，对乡村乃至全国进行新的构造建设，从而形成一种新的乡村伦理规范。这是“五四”新文化运动以后，我国学者首次郑重提出现代中国乡村社会的道德伦理重建问题，对 20 世纪 30 年代国民党政府时期发动的道德建设运动产生过重要影响。晏阳初认为，乡村建设必须对“人”尤其是农民进行教育，用教育去改造人，去重建乡村社会的道德伦理。最早立足于乡村教育实践的王拱璧先生从日本早稻田大学毕业回国后，也自觉投身于家乡教育事业，“深入周围农村，开展调查研究……决心尽其所能去改变中国农村的落后愚昧现状”[4]。1927 年，陶行知创办南京试验乡村师范学校(后改名为“晓庄学校”)，其办学宗旨便是“实施乡村教育并改造乡村生活”[5]，由此掀起了全国各省创办乡村师范的高潮。尤其值得注意的是，这一时期，费孝通对我国乡村社会的经济、政治、文化等进行了深入的剖析，撰写和出版了《江村经济》《乡土中国》《生育制度》《乡土重建》等著作。费孝通提出的“乡土中国”“血缘和地缘”“差序格局”“礼制秩序”“长老统治”等关于中国传统乡村社会结构和伦理观念的经典概念和阐释，至今仍有其深远的影响。

新中国成立后，尤其是改革开放以后，国内关于农村、农业、农民问题的研究成果更加丰富，其中一些学者开始尝试从村落文化、社会心理等新的视角来透视乡村社会的发展。例如，《当代中国村落家族文化——对中国社会现代化的一项探索》(王沪宁，上海人民出版社 1991 年版)、《血缘与地缘》(王晓毅，浙江人民出版社 1993 年版)、《田园诗与狂想曲——关中模式与前近代社会的再认识》(秦晖、苏文，中央编译出版社 1996 年版)、《村落视野中的文化与权力》(王铭铭，北京三联书店 1997 年版)、《传统与变迁——江浙农民的社会心理及其近代以来的嬗变》(周晓虹，北京三联书店 1998 年版)等，都是这一时期的成果。

总体上看，20 世纪的中国乡村吸引了众多国内外研究者的目光，其中既有对乡村的现象分析，也有关于乡村重建的实践和构想。尽管在研究过程中也涉及乡村伦理文化问题，但相对于社会学、经济学、历史学等学科而言，乡村伦理研究无论在数量上还是在质量上都显得极为薄弱。

二、21世纪以来中国乡村伦理研究的主要内容

21世纪以来，我国乡村伦理研究进入快速发展阶段，产生了日益丰硕的研究成果，研究队伍进一步扩大，研究方法更趋于多元。从研究成果的数量上看，仅以中国知网（CNKI）上的文献为样本，以“乡村伦理”或“农村道德”为主题检索词，检索结果为，1929—2014年共有8 644篇研究论文，其中1929—1999年仅有857篇，2000—2014年共有7 787篇。具体而言，乡村伦理研究主要涉及以下方面。

（一）乡村经济伦理与经济学视域下的中国乡村伦理研究

对乡村经济伦理问题的探讨，是伦理学进入中国乡村研究最早的领域。王露璐提炼和梳理了苏南乡村经济伦理的历史传统及其近代以来的传承变迁，描述和分析了苏南乡村经济伦理的实存状态及其双重作用，并探究这种作为“地方性道德知识”的苏南乡村经济伦理与苏南长久以来乡村经济发展的区域领先优势之间的内在关联[6]。涂平荣从农村经济活动的四大环节入手，描述了当代中国农村存在的主要经济伦理问题并提出应对措施[7]。乔法容等指出，由农民自愿组织形成的新型农村经济专业合作组织发展壮大，为集体主义道德增添了新元素，农村集体主义道德回归理性且发生了前所未有的新跃升[8]。

此外，经济学界一些学者也探讨了中国乡村经济发展中的若干伦理问题。林毅夫从乡村消费的视角出发，指出农村消费在解决由生产能力过剩造成的通货紧缩难题时的独特作用，并分析限制农村村民消费的原因，号召搞一场“新农村运动”，改善农民的生活环境，提高村民消费水平，从而为村民的适度消费营造环境，构建良好的乡村消费伦理[9]。温铁军则从现实经济背景出发，客观分析了农民的处境，号召进行“新乡村建设”，以此给村民营造一个更好的、更符合伦理的乡村生活[10]。

（二）乡村治理、乡村秩序中的伦理问题

随着改革开放的不断深入，乡村基层民主制度建设取得不断发展，以“村民自治”为代表的一系列基于国家宏观政策和制度的乡村治理研究日益丰富，一些学者在探讨中也论及乡村治理和乡村秩序中的伦理问题。郭宇轩从政治学的视角梳理了传统乡村权力的变迁，肯定了民主自治对乡村村民政治伦理生活的重要性[11]。张扬金和于兰华指出，作为村民自治权力的保障，农村民主监督制度困境重重，其重要原因在于村民的政治知识与政治道德滞后所导致的制度损耗[12]。赵晓力从《秋菊打官司》这一经典案例出发，强调法律对农民的尊重与理解，从而构造和谐的乡村法律伦理环境[13]。贺雪峰在充分调研的基础上对我国乡村社会的特征和变化进行了分析，并以此找出乡村治理的社会基础和新的乡村社会关系[14]。项继权对我国农村社区及共同体的变迁和发展进行考察，分析了不同历史时期农村社区或共同体的认同基础及其变化，认为加强农村公共服务，增强人们的社区归属感和认同感，是构建新型社会生活共同体的必由之路[15]。肖唐镖对乡村社会的宗族

关系进行了梳理，并阐释了其影响乡村治理的运行机制[16]。

近年来，一些学者也从伦理视角对乡村治理问题进行研究。王露璐阐释了中国乡村社会变迁中礼治和法治的关系，探讨了二者在当前的基本态势及实现其互动与整合的理论和现实价值[17]。陈荣卓、祁中山对现阶段乡村治理伦理面临的转型进行了细致分析，并提出了乡村治理在价值理念、主体伦理、关系伦理、制度伦理等方面应当实现的重建[18]。

（三）乡村道德建设的经验与路径研究

乡村道德建设的经验梳理、现状分析和路径探讨，始终是中国乡村伦理研究中的重点内容。关于乡村道德建设的历史经验，学者们的研究大多集中在对民国“乡村建设运动”的关注上。周祥林和沈志荣提出，梁漱溟的乡村建设运动是其道德理想的直接践履，更是其复兴中国的政治伦理思想的现实表达[19]。孙诗锦对晏阳初及其平教会在定县的活动进行了深入的探析，意图弄清晏阳初的乡村启蒙和改造活动在20世纪的国家与社会重新建构与整合的过程中扮演了何种角色，为研究晏阳初提供了一个全新的视角[20]。李明建提出，晏阳初平民教育思想主张用文艺教育、生计教育、卫生教育、公民教育来解决民众的“愚”“贫”“弱”“私”问题，提升其知识力、生产力、健康力、道德力[21]。此外，一些学者还通过对国外一些国家乡村道德建设的总结和分析，提出了一些具有理论和资源意义的他国经验。

乡村道德建设是新农村建设的重要内容，近年来，一批学者也对当前我国农村道德建设的现状、问题和对策进行了分析。刘建荣对农村道德建设的现状和对策、当代中国农民道德现状、成因及价值取向和路径选择等问题进行了解剖和分析，指出农民道德建设是社会主义新农村建设的重要内容，强调农民自身、在农村工作的党员和干部、社会各界人士、政府等各方力量共同努力[22-23]。罗文章围绕“乡风文明”这一新农村建设的战略目标和总体任务，就新农村道德建设的指导方针与方法论、基本向度及基本路径进行了较为系统的研究与探索[24]。王维先和铁省林则考察了农村社区作为自组织系统的运行特点及农村社区伦理共同体在道德建设中的作用[25]。

（四）乡村伦理关系和农民道德观念研究

如何看待中国乡村社会的伦理关系及其变化？转型期农民道德观念呈现出何种变化？这种变化产生了何种影响？对于这些问题，学者们也从不同角度进行了分析。陈瑛提出，在长期自给自足的生产方式和生活方式中，传统的中国农民作为小生产者和小私有者，其社会交往方式单调稀少，这就决定了他们道德特征上的自私狭隘性。同时，分散的生产和生活方式，也造就了他们比较散漫、缺乏组织纪律性的特点[26]。童志锋提出，中国乡村社会信任的差序格局是以关系进行划分的，差序格局是一种渐进的扩展的信任同心圈，圈内外的行动者在一定的条件下是可以相互转化的。因此，中国人的信任是一种情景化的信任，不能简单地用普遍或特殊信任来描述[27]。应星剖析了中国乡村社会在改革开放以前如何塑造新人，以此重新理解中国建立社会伦理新秩序的努力及其复杂性[28]。谢丽华通过梳理农村伦理的相关理论，框定我国农村伦理的内容并提出相应的对策[29]。王露璐分析了我国乡村社会人际信任关系上以“亲-朋-熟-生”为表征的差序性关系格局，认为这一格局产生于“血缘差序”和“情感差序”的共同作用，并提出了转型期中国乡村社会的人际信任的若干变化和差异性特征[30]。

（五）乡村伦理地方性特色的实证研究

村庄是中国乡村最基本的社会单位。因此，以村庄为个案的研究始终是中国乡村研究中最重要的内容和方法。在学者们看来，“每一个村庄里都有一个中国，有一个被时代影响又被时代忽略了的国度，一个在大历史中气若游丝的小局部”[31]。贺雪峰根据在湖北洪湖和湖北荆门四个村进行老年人协会及农村文化建设的实践指出，农民的文化生活应当得到更多的关注，否则，乡村在传统已失现代价值尚未建立的情况下必然会被各种其他力量所吸引[32]。周怡立足于田野一手资料，通过社会学中社会类型理论、现代市场转型理论及理性选择理论，诠释了华西村集体主义的文化特质及其可能的发展前景[33]。谭同学对湖南省桥村 90 年代以来的变化进行了梳理，由此探讨了中国乡村治理面临的基础性问题[34]。美籍学者欧爱玲通过对广东梅县客家乡村——月影塘的调查发现，传统的道德体系发生了极大变化，当地人关于道德互惠的观念以及作为它们表现形式和外在内容的道德话语仍在不断进化[35]。

（六）乡村伦理文化重建与乡村伦理研究的范式转换及方法论探讨

杜玉珍从新中国成立之初的改造、社会主义建设时期的新建以及新时期以来的改革洗礼三个时期，对我国乡村伦理的发展进行了梳理，强调将社会主义伦理道德、乡村传统伦理道德中的精华因素、乡村社会实际这三者有机结合起来[36]。王露璐提出，伴随着乡村现代化进程中“乡土中国”向“新乡土中国”的转变，需要构建与之相对应的既蕴涵现代价值又不失乡土本色的“新乡土伦理”。她认为，转型期中国乡村伦理的研究体现了一种伦理学研究范式的转换，并强调以“地方性道德知识”的建构作为中国乡村伦理研究的切入点与方法论基础，提出探讨“地方性道德知识”的普适价值及其限度[37]。

三、中国乡村伦理研究中存在的若干问题

自 20 世纪初起，国内外学者就已经开始关注乡村伦理问题，并形成了较为丰硕的研究成果，为今后的研究提供了有益的理论和方法资源。21 世纪以来，中国乡村伦理更是进入了一个快速发展的新时期。然而，总体来看，有关中国乡村伦理的研究在内容、方法等方面仍然存在着以下问题。

（一）研究内容不够均衡，研究成果较为零散

关于中国乡村伦理问题的研究大多集中在乡村伦理文化和道德建设、乡村经济发展中的伦理问题、乡村治理中的伦理问题及地方性特色研究等方面，其他问题则较少甚至尚未涉及。这一研究现状反映了我国乡村伦理研究内容的失衡，导致乡村伦理研究中至今仍然存在着很多的空白点。例如，中国传统乡村社会的生产方式是一种以家庭为基本单位的小农生产方式，使得以血缘为纽带的家庭、家族和宗族得以繁衍和维持，也由此形成了独特

的乡村家庭伦理，至今仍对乡村社会的家庭关系和人际关系产生深远影响。然而，尽管国内一些学者对婚姻家庭伦理有所涉及，但对中国乡村家庭伦理问题尚未有系统的阐释。又如，近年来，伴随着国家环境保护相关法规制度的完善和公众环境意识的提升，我国城市环境在整体上趋于好转。与此同时，转型期乡村市场化、城市化、工业化进程的快速推进，却使得我国广大农村的环境趋于恶化，农民成为环境污染的主要受害群体。然而，有关城乡环境正义、乡村生态伦理等问题的研究成果也极为薄弱。

与此同时，梳理我国乡村伦理研究的成果，不难发现，这一研究仍处于一种零散状态。一方面，乡村伦理研究的成果大多以论文形式呈现，表现为对乡村社会中一些具体伦理问题的关注和分析，而系统、全面和深入的研究著作并不多见；另一方面，一些关于乡村伦理的研究散见于其他相关学科的研究之中，尚未形成较为系统、完备的研究资料。

（二）研究方法交叉不强，田野调查规范不足

近年来，中国乡村研究越来越多地体现出跨学科的交叉视野，从事社会学、政治学、经济学、历史学、伦理学等学科研究的学者们不再单单从某一学科切入，跨学科的研究方法越来越受到重视。然而，由于不同学科背景的研究者存在着知识谱系和学术话语的差异，在具体研究过程中很难真正融合其他学科的理论资源和研究方法，致使中国乡村伦理研究中各学科彼此分离、缺乏交流，难以产生基于学科交融基础上的真正有综合性和学科交叉性的中国乡村伦理理论。

中国乡村伦理的研究必须对当前中国乡村社会伦理关系的变化和存在的道德问题进行全面准确的把握，这就需要在中国不同地区选择典型村庄开展田野调查，获得准确全面的第一手资料。然而，从目前中国乡村伦理的研究情况来看，尽管来自不同学科的学者们都认识到了田野调查的重要性，但实证性研究仍然不足。同时，一些研究在田野调查的典型选择、样本获取、访谈方法等方面还存在着一定的规范性缺失，一些田野调查流于形式，未能科学选取样本并进行规范的数据和案例分析，导致研究结果难以真实全面地反映乡村伦理关系和道德生活。

（三）理论与实践难以融合，体系建构相对滞后

尽管乡村伦理研究应坚持“理论联系实际”的基本立场和方法，但是，两者的“联系”却未能真正实现。相反，在中国乡村伦理研究中，理论与实践之间的隔阂始终存在。一些成果将伦理学的基本概念和理论嫁接到乡村实践中，难以对乡村道德实践产生有效的影响。而大量乡村道德生活实践中的鲜活案例和经验，也未能得到充分的学理分析和理论提升。

乡村伦理理论与实践的脱离在一定程度上与中国乡村伦理理论体系建构的滞后互为因果。中国乡村伦理理论体系的完善既是乡村伦理研究必不可少的环节，也是乡村道德生活的理论升华。只有构建基于乡村道德生活实践的乡村伦理理论体系，乡村伦理的研究才能够更加专业化、系统化，进而更好地指导乡村道德实践。但就当前我国乡村伦理的研究现状看，体系构建可谓任重道远。如果不能在乡村伦理的一些基础理论问题上形成某些基本共识，不能实现乡村伦理理论与实践的有效融合，中国乡村伦理的研究仍将处于一种松散

的、缺乏内在理论关联而又脱离实践的“前理论状态”。

基于以上问题，关于中国乡村伦理的研究在研究领域的拓展、研究成果的系统化、研究方法的交叉性、实证研究的规范性、理论与实践的融合性、理论体系构建的紧迫性等方面有待进一步发展并取得突破。

【参考文献】

[1] 丹尼尔·哈里森·葛学溥．华南的乡村生活：广东凤凰村的家族主义社会学研究 [M]. 周大鸣，译．北京：知识产权出版社，2012.
[2] 卜凯．中国农家经济 [M]. 张履鸾，译．上海：商务印书馆，1936.
[3] 梁漱溟．乡村建设理论 [M]. 上海：上海人民出版社，2006.
[4] 张岂之主编．民国学案（第 6 卷）[M]. 长沙：湖南教育出版社，2005.
[5] 陶行知．陶行知全集（第 2 卷）[M]. 长沙：湖南教育出版社，1985.
[6] 王露璐．乡土伦理——一种跨学科视野中的“地方性道德知识”探究 [M]. 北京：人民出版社，2008.
[7] 涂平荣．当代中国农村经济伦理问题研究 [M]. 北京：中国社会科学出版社，2015.
[8] 乔法容，张博．当代中国农村集体主义道德的新元素新维度——以制度变迁下的农村农民合作社新型主体为背景 [J]. 伦理学研究，2014 (6)：7 - 14.
[9] 林毅夫．要搞一场新农村运动 [N]. 中国财经报，2008 - 2 - 20 (004) .
[10] 温铁军．为什么我们还需要乡村建设 [J]. 中国老区建设，2010 (3)：17 - 18.
[11] 郭宇轩．中国乡村社会“自治”的变迁 [N]. 光明日报，2012 - 12 - 15 (007) .
[12] 张扬金，于兰华．农村民主监督制度的损耗与补益——政治知识与政治道德的视角 [J]. 伦理学研究，2014 (1)：78 - 82.
[13] 赵晓力．要命的地方：《秋菊打官司》再解读 [J]. 北大法律评论，2005 (1)：46 - 53.
[14] 贺雪峰．新乡土中国（修订版）[M]. 北京：北京大学出版社，2013.
[15] 项继权．中国农村社区及共同体的转型与重建 [J]. 华中师范大学学报（人文社会科学版），2009 (3)：2 - 9.
[16] 肖唐镖．宗族政治：村治权力网络的分析 [M]. 北京：商务印书馆，2010.
[17] 王露璐．伦理视角下中国乡村社会变迁中的“礼”与“法”[J]. 中国社会科学，2015 (7)：94 - 107.
[18] 陈荣卓，祁中山．乡村治理伦理的审视与现代转型 [J]. 哲学研究，2015 (5)：109 - 113.
[19] 周祥林，沈志荣．论梁漱溟乡村建设中的政治伦理思想 [J]. 伦理学研究，2011 (2)：39 - 41.
[20] 孙诗锦．启蒙与重建——晏阳初乡村文化建设事业研究（1926—1937） [M]. 北京：商务印书馆，2012.
[21] 李明建．晏阳初平民教育思想对农村道德建设的资源意义 [J]. 道德与文明，2014 (5)：149 - 153.
[22] 刘建荣．新时期农村道德建设研究 [M]. 北京：中国社会科学出版社，2004.
[23] 刘建荣．当代中国农民道德建设研究 [M]. 北京：群众出版社，2007.
[24] 罗文章．新农村道德建设研究 [M]. 北京：当代中国出版社，2008.
[25] 王维先，铁省林．农村社区伦理共同体之建构 [M]. 济南：山东大学出版社，2014.
[26] 陈瑛．改造和提升小农伦理 [J]. 伦理学研究，2006 (2)：1 - 5.
[27] 童志锋．信任的差序格局：对乡村社会人际信任的一种解释——基于特殊主义与普遍主义信任的实证分析 [J]. 甘肃理论学刊，2006 (5)：59 - 63.

[28] 应星．村庄审判史中的道德与政治——1951—1976 年中国西南一个山村的故事［M］．北京：知识产权出版社，2009.
[29] 谢丽华．农村伦理的理论与现实［M］．北京：中国农业出版社，2010.
[30] 王露璐．转型期中国乡村社会的人际信任——基于三省四村庄的实证研究［J］．道德与文明，2013（4）：130－135.
[31] 熊培云．一个村庄里的中国［M］．北京：新星出版社，2011.
[32] 贺雪峰．乡村建设重在文化建设［J］．小城镇建设，2005（10）：10－11.
[33] 周怡．中国第一村：华西村转型经济中的后集体主义［M］．香港：香港牛津大学出版社，2006.
[34] 谭同学．桥村有道：转型乡村的道德、权力与社会结构［M］．北京：三联书店，2010.
[35] 欧爱玲．饮水思源：一个中国乡村的道德话语［M］．钟晋兰等，译．北京：社会科学文献出版社，2013.
[36] 杜玉珍．我国乡村伦理道德的历史演变［J］．理论月刊，2010（9）：166－169.
[37] 王露璐．社会转型期的中国乡土伦理研究及其方法［J］．哲学研究，2007（12）：79－84.

（原文刊载于《伦理学研究》2016 年第 3 期）

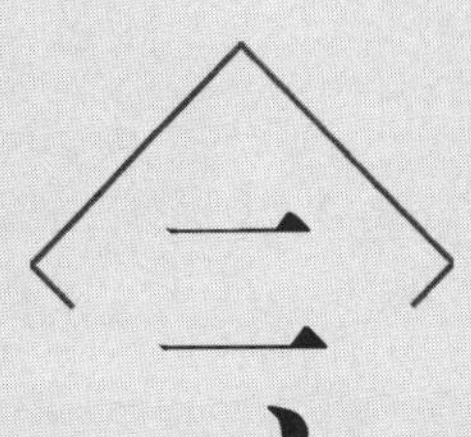

二、农业伦理思想与农业现代化

东方的自然观照亮后工业化时代人类发展的迷雾

——《中国农业伦理学概论》序言

任继周

古老的中华民族有漫长而辉煌的农业历史，也有丰富独特的农业伦理学故事。《中国农业伦理学概论》就是讲述中国农业伦理学故事的专业读物。

中华民族生息繁衍于欧亚大陆的东部临海的广大地域，在这里演绎了漫长而辉煌的农业历史，也有丰富独特的农业伦理学故事。《中国农业伦理学概论》就是讲述这里的故事。它的两面为高山和大漠所屏蔽，东南两面向海洋敞开，迎接太平洋和印度洋的季风送来的，具有得天独厚的农业发展禀赋。在这个相对封闭的广袤地域，孕育了繁复多样的族群他们在这里互相厮磨融合，共同度过了冰河期的严寒和洪水期的水患，逐渐形成了南北邦国群。历经万年的兼并融合，北方邦国群统一于秦。秦国挟其承袭中国古文字的文化耕战国策的优势，发展为当时的超级强国，进而融合以楚国为代表的南方邦国群。以陆业为特色的农耕文化也覆盖全国。至汉武帝时期，以“和而不同”的博大胸怀，与内儒治术相结合，建立了中华农耕文明的精神支柱，进一步融合诸多农业生态系统，凝铸为涵富赡、结构宏大的中华帝国，它屹立世界东方。此后虽历经跌宕起伏，朝代更迭，仍不汪洋壮阔，金瓯永固，创造了绵延数千年而不曾间断的世界历史奇迹。

这一历迹的核心在于文化的一脉相承。人类社会由历时久远的农业时代蜕变为工业化和后工业时代。时代性的历史巨变，带来诸多难题，如全球气候变化、资源枯竭、环境污染、贫两极分化、热战与冷战的交替折磨等。人类为追求幸福而陷入工业化困境。全球精英茫中苦苦求索，逐渐把目光聚焦于地球的东方，忽见一座导航灯塔明灭于迷雾深处。人伦理学高峰却在人类文明的幼年期，三千年前的诗经时代一度出现。中国先哲老子总结，创立的“自然观”，穿过当今工业文明的迷雾，透出回归自然的生态文明的曙光。工业化之苦的西方思想家对东方文明多有论述，如被尊为“欧洲的良心”的法国伏尔泰首先发现了来自东方的光辉。美国霍尔姆斯·罗尔斯顿[2]、英国赫·乔·威尔斯[3]等东方的农业文明都做出肯定的评价。小约翰·柯布[4]可为代表，他

---

① ［法］伏尔泰．风［M］．北京：商务印书馆，1994：86.

② ［美］霍尔姆斯·罗顿．环境伦理学［M］．杨通进，译．北京：中国社会科学出版社，2009.

③ ［英］赫·乔·威尔世界史纲［M］．吴文藻，谢冰心，费孝通，译．南宁：广西师范大学出版社，2015.

④ 何慧丽，小约翰·柯解构资本全球化霸权，建设后现代生态文明——关于小约翰·柯布的访谈录［J］．中国农业大学学报（社会科学）2014（2）：21-28.

肯定地说“生态文明的希望在中国”。三千年前东方的自然观使他们发生新的感悟。我们不妨认为那就是人类文明的第一高峰。这是摆脱当前工业文明的物质主义，大量生产、大量消费、大量排放的现状，祈求树立仁爱万物、道法自然的崇高美德的取向。

这与我国十八大以来所提出的生态文明和建立人类命运共同体的思想不谋而合。也许这是人类文明第二个高峰的发端。

人们学会历史阅读，从人类文明的第一高峰俯瞰历史，中国春秋战国及皇权时代的农业伦理观和工业化时代的伦理观都走了下坡路。工业化时代的问题我们存而不论，谨就中华农业伦理观做客观回顾。

其一，中华农耕文明是以排斥工商、专重农耕为基础的。中国的工艺活动被贬斥为末作淫巧。正如李约瑟（Joseph Needham，1900—1995）在《中国科学技术史》中所说，华人科技智慧被迫内敛，虽有所贡献，但未能充分发挥。这不仅压制了科技的创造发明，也阻碍了物品的商业交流。

其二，农业发展的本质在于开放，而商业的交流是必不可少的农业发展手段。但中国农耕文明的思想主流极度鄙视商贾。汉代曾明令商贾不得“衣丝”“乘车”，不许从政。社会品位排序，“士、农、工、商”，商位居末座。农在士后，看似相近，实则“士”转化为“仕”，已经进入官绅阶层。当“仕”辞官归隐于农时，仍然保留了“仕”的身价，即所谓的乡绅，并未跨过城乡二元结构的鸿沟。

其三，中华农耕文明，扎根于亚欧大陆东部，重陆域轻海洋。在这一相对封闭而广袤环境中诞生的陆地农业，直到明朝以前，人口不足1亿人，自诩为地大物博，可当之无愧。上层统治阶层于是养成“海内即天下”的倨傲自大的陋习。社会下层庶民则以自给自足的“不求人”为幸福，形成自我满足的保守思想。当世界列强对海洋资源激烈角逐之时，我们仍无动于衷，把海洋视为“天涯海角”，甚至严法闭锁。

其四，城乡二元结构是中华农耕文明的社会政治经济框架。中华民族的精英做出了杰出文化贡献，琴、棋、书、画、雕塑、音乐，以及玄思妙想等，堪称人类文化瑰宝。但对社会下层遭受横征暴敛。“朱门酒肉臭，路有冻死骨”，两极分化严重。农业的“丛林法则”大行其道。从大历史视野判读，19世纪前中国国内生产总值几乎一直稳居世界首位，贡献巨大。但其中饱含农民的血泪苦难罄竹难书。城市贵族为刀俎，乡野黔首为鱼肉，此种流弊至深且远。直到中共十六大提出城市反哺农村，免征农业税。十八大更进一步取消农村户口。填平城乡鸿沟，树立了中农业伦理观的新里程碑。

居高临下总览全程，数千年的中国农业社会为人类文明作出了杰出贡献，也因上述中国独有的农业特征，给我们留下了农业伦理学的特殊难题。本书以简御繁，以多维结构的架构，将纷繁杂陈的农业伦理学难题纳入时、地、度、法四个维度之中，给以简约明晰的论述，勾勒了中华农业伦理观的发生、发展和社会响应的概貌，最后皈依于自然本底的生态文明的农业伦理观。这就是中国农业伦理学概论阐述的内涵。

我很高兴地看到《中国农业伦理学概论》的出版，这本书是以《中国农业伦理学导论》为蓝本补充改编而成。把中国的农业伦理学送进了大学教学系统，以供我国农业和有关学科工作者研讨中国农业问题时参考。本书尝试以现代科学方法、现代农业伦理观来反省我国农业的过去，展望未来。这标志我国从经验农业科学到理性农业科学迈出的重大步骤。

感谢时代的机遇，我国农业伦理学这个黄口乳燕破壳而出。它需要社会各界，特别是农业界和社会科学界给以扶持和指导，帮助它逐渐羽翼丰满，加入新时代中国农业的长途飞行。

让我们迎接新时代的中国农业、新时代的中国农业伦理学。

我作为本书的主编，特别鸣谢执行主编董世魁教授的全力支持，特别鸣谢《中国农业伦理学导论》主编卢海燕研究馆员的积极协作。没有他们的帮助，以我这样衰颓之年，是无法完成这一艰巨任务的。特别鸣谢中国农业出版社郭永立编审和甘敏敏副编审，给予我们全程的热情支持。

（任继周序于涵虚草舍，2021 年仲冬）

游戏规则，伦理学必须牢守的战略要地
——必要的生存方式，人类的文明基石，搅局者的禁区

任继周　卢海燕　郑晓雯　胥　刚

摘要：游戏是主要动物群体本能的生存方式。人类游戏是没有物质目的，以人格平等身份自愿参与，在一定时空内依照一定的规则进行的自我满足的互动活动。其本质属性为参与者独立、平等、不以追求物质利益为目的。本文对游戏与人类文明、游戏与社会美德、游戏与人类多元文化、游戏规则的历史变迁等方面进行了阐述。游戏规则不断抗拒“农业丛林法则”和“工业丛林法则”的干扰。维护游戏规则是创建后工业化时代的生态文明、实现人类命运共同体的时代所赋予我们的重大使命。

关键词：游戏；游戏规则；伦理学；丛林法则

作者简介：任继周（1924—　），教授，博士研究生导师，中国工程院院士，从事草业科学、草地农业生态系统、农史及农业伦理学等研究。

一、导论

游戏是生物发生学中某些类型动物的本能，也是这类动物生存的必要方式。但人类游戏需遵循相应的规则，而动物游戏则无任何规则可循。因此，游戏规则的有或无是人类与动物的分界线之一。

游戏广泛存在于人类历史的各个阶段、人类社会的各个角落。全社会到处都有游戏，既有特殊设施的专业游戏，也有就地取材的民间游戏。不同的专业都以各自的视角认知游戏，因而对游戏有多种界定。我们综合各家观点加以概括，不妨界定为：人类的游戏是没有物质目的，以人格平等的身份，自愿参与的，由一定的角色、在一定的场合、一定的时间内、依照一定的规则进行的自我满足的互动活动。人类在游戏活动中获得自我与他我的人格平等、精神自由，逐步发展为生产劳动规范的认同与人类伦理观，是社会文明的源头之一。

诚然，人类文明的发生与发展，求生的劳动是第一源头。但我们必须看到劳动与游戏是不可分割的金币的两面，如人的双手，协同帮衬，共建了人类社会的伦理观系统。人们对于劳动，已经有足够的认知，而游戏则常被忽略，甚至置于劳动的对立面，使人类文明跛脚而行，难免闯入精神误区。

回顾人类文明的历史足迹，曾出现以零和为最高需求的“原始丛林法则”“农业丛林

法则”和“工业丛林法则”，每当游戏规则被重视并用于社会实践时，社会伦理观与社会生产力相偕发展，为人类造福。反之，当时的“丛林法则”呈现强势，则导致社会伦理观与社会生产力背离发展，带来灾殃。人类社会从渔猎文明到农业文明，其物质生产与游戏规则相伴提高，曾经优势于“原始丛林法则”创造了人类游戏规则的第一高峰，即西周的“礼乐时代”。此后中国停滞于皇权社会，以城乡二元结构为特征，以权贵利益为核心，建立了不同利益集团之间互相对抗的农业社会生存样式，随即发生了“农业丛林法则”。西方则逐步进入工业化时代，以物质利益最大化为目标，建立了工业社会的“工业丛林法则”。东方的“农业丛林法则”的生存样式与西方的“工业丛林法则”生存样式于19世纪初不期而遇，前者溃不成军，从此全球处于“工业丛林法则”控制之下。

20世纪90年代，世界终于跨入后工业化时代门槛。痛定思痛，人类认定应抛弃丛林思想，追求生态文明，共赢优于零和，协商优于对抗，和平优于战争。概言之，长久统治世界的丛林法则必将被以平等、公平、正义为核心的游戏规则所取代，进入生态文明新时代。

但作为“丛林法则”的时代余孽，恶性竞争和冷战思维仍暗流涌动。其中的个别狂人自闭于以自我为中心的囹圄中，抛弃人类游戏基本规范，竟然高喊“不能设想某一国不做世界第一”这样无知的狂言，同时挥动凌霸的长鞭横扫一切敢与他平等独立的共存者。

这类游戏规则的搅局者是历史前进的逆流，为社会正义所难容，是建立人类命运共同体的魔障。高举游戏规则的大旗，牢守人类伦理学的战略高地是我们义不容辞的时代使命。

二、游戏与生命同在，与人类文明共存

游戏是一切动物的自发行为，是动物的本然属性。生命体内涵的熵变，需将正熵输出，负熵输入。这一过程始于生命的初始，终于生命的死灭。它是动物的内在必然，此为游戏的生物学第一原则，即游戏与生命同在。

游戏是动物自然生命力的自发宣泄。婴儿呱呱出世就本能地挥动手足，高声哭闹叫喊。随着年龄的增长，他们逐渐学会翻身、爬行、蹒跚行走。当他们的智力发展到可以指挥四肢随意活动时，就迅速发展出多项游戏的本能。在自然生态系统的熵变过程中，游戏使生物体本能地建立了正熵输出、负熵输入的生物学模型。动物游戏可促使动物个体生机盎然，生生不息。动物界这类毫无目的，而不可取代的游戏，属于生命的本初内涵而非生命的外铄。无论多么忙于求生的劳动者，也有游戏的需要，不是体力游戏就是精神游戏。不妨说，游戏是与生命相偕发展的生命过程，表达了生命的自然本相。

游戏规则与伦理观密切相关，这种关联随着生物群体的进化程度而不断完善。例如，某些兽类的血缘型群体的“兽王”，就体现个体在群体中“社会”地位的差异，这也是人类原始氏族社会伦理系统萌发的位点。

人类发展到氏族社会的群体生活，必然突出表现三类本初的群体发展三要素，即游戏、求食和繁殖。三者在个体生命发展过程中，总是作为整体，综合互动并逐渐发展为伦理观。按生物个体发育的时段为序，可分为三个阶段，依次为：求食-游戏阶段，完成个

体由幼年到壮年的生长发育；求食-繁殖-游戏阶段，导致生物群体数量的扩大；最后，个体衰老，繁殖能力丧失，只余求食和游戏，直到生命的终结。人从婴儿的躯体本能游戏，经过青壮年的体力和智力游戏，直到暮年以思维模式为主的精神游戏，只有游戏陪伴终生。游戏与其他两要素一样，对于人生是本然神圣的。在个体生命三阶段中，繁殖只在生命某一阶段出现。但繁殖是生物界一切行为的核心，生物体享受着求食和游戏的供养，通过繁殖完成生命体世代传递。其中的求食和繁殖两个生物学要素早已为社会普遍关注，论述浩繁，非本文主旨，在此从略。三要素之一的游戏，因其表象为没有物质的任何诉求，纯属生活中的休闲和消遣，往往被误解为非人类生存所必需，将游戏与正常生活相对立，认为游戏是人类生存正道之外的点缀，甚至误认游戏是“不务正业”。对游戏最极端的负面理解称为“游戏人生”，假游戏之名推卸人生的道义职责。这是对游戏的重大曲解，也是对神圣游戏的亵渎，由此对游戏的搅局者打开了绿灯。

关于游戏的论述散见于有关文学、哲学和美学的论述中，专著不多且欠深入。18 世纪德国哲人弗里德里希・席勒对游戏做了相当深入的探讨。此外不少学者对游戏也多有涉及，如康德认为游戏能排除物质利益而为人带来情感的满足[1]。朱光潜认为游戏是不求表达的个人艺术行为[2]。20 世纪 40 年代，荷兰哲学家约翰・赫伊津哈的《游戏的人》出版，是为关于游戏最早的学术专著，从此引起社会对游戏较多关注，但远未能消除对游戏的偏见，尤其在传统文化中，游戏对人类的毕生呵护之功常被忽略甚至遭受错误判读。

游戏对生命和社会生态系统有不可取代的导向和护航作用。在生命三要素中，人类与禽兽的唯一区别在于游戏要素中人类建立了游戏规则并为群体所认同，而禽兽阙如，人类借助游戏而走出禽兽类群。

随着社会文明的发展，逐步衍生了周延于全社会生态系统的游戏规范。人类文明与游戏规则的建立相伴而行，因为游戏赋予人类自外于利害范畴的人格，因此席勒将游戏与人品等值，他说：“只有当人是完全意义上的人，他才游戏。只有当游戏时他才是完全意义上的人”[3]。人类社会“思无邪”的游戏智慧应居主流。

现在已经进入全球一体化的后工业文明新时代，但在工业化初期，由于人类文明游戏规范的缺失，“丛林法则”盛行，诸如自我中心主义、民粹主义、种族歧视、宗教排他等恶习，至今或不绝如缕，暗中流传，或明目张胆地破坏游戏规则，扮演游戏的“搅局者”。他们不是误入游戏场地去作弊的人，因为作弊的人还要假装玩游戏的样子，而搅局者不加掩饰地从外部施加暴力，“把游戏世界砸得粉碎”[4]，由人倒退为野人或恶魔[4]，摧毁游戏的完美规范，应为后工业化时代文明所不容。

三、游戏是社会美德的本然载体

人类作为高度发展的哺乳动物群，在游戏过程中，建立了相应的规范，这就是体现于社会生态系统的诸多规范伦理学的滥觞。

生命的本质在于运动，而运动的普适形态就是游戏。无论人的职业、年龄、性别差别多么大，都离不开游戏。幼龄动物表现最为突出，婴儿本初的游戏就是本能地挥动手足，高声哭叫。随着年龄的长大，他赋予周围一切物品以游戏的属性。他可以倒坐在一把椅子上开汽车，把小凳子排成一列当火车，把布艺娃娃做自己的朋友。甚至走路也是他们的游戏题材，总是忽上忽下，忽东忽西，不走成人的“正道”，游戏为儿童创造了一个完美的世界。哪怕是短暂的，但它是“真实”的。他们在游戏中认真地融入自己的生命，创造了一个属于他们自己的精神世界。这正是儿童在不自觉地做着一件严肃的大事，他们绝对纯真无邪地尊重生命的规律，完成生命内部的熵变，推动着生命体的成长。对于儿童来说，只要活着，就要游戏，充分体现为游戏与生命同在。各类阻碍儿童游戏的社会环境，尤其我们经常看到的许多“好心”人强迫儿童做名目繁多、不恰当的“教育”活动，是违反生命规律的。

游戏是人类现实世界与精神世界的分水岭。每当我们看到中东战乱造成的难民营里，在棚户废墟中，垃圾狼藉遍地，生活处于存亡边沿的状况下，但一群儿童仍然全神贯注地玩他们的游戏。这里在我们面前恍然展开两个世界，成年人的苦难世界与儿童的精神世界，分别处于游戏分水岭的两侧。老子说“含德之厚，比于赤子”[5]，儿童是我们的启蒙教师。游戏竟然有如此神奇的“法力”，可以把苦难的现实转化为精神乐园。生命的长河中，生命伊始的儿童之舟是游戏的领航者，成年人和老年人则以各自的方式接橹而来。成年人需要游戏，且不说社会上随处可见的游戏设施，即使那些没有兴趣参加任何游戏项目的人，他们或静坐，或卧息，或如高僧禅定，也难免“想入非非”，他们陷入思想深处的游戏中而不能自拔。这是伟大的自然通过儿童这块璞玉，给人以可贵的启示。

实际上任何人，只要活着，他们必然把自己置于各类游戏环境之中，从而维持自我的精神境界，建立属于自己的精神家园。这个家园层次有高低之分，领域有大小之别，但在这里他是独立、自由的人。否则他将陷于失落自我的空虚和抑郁之中，终将失去生活的欲望。当今社会自杀现象频发，就是此种失落自我者的心态特征。

儿童的初始游戏是本能的，没有规范的，与一般动物的游戏没有本质区别。随着人类个体和集体的发展、进步，人类游戏衍发了丰富的社会文明的内涵，亦即游戏规范的逐步完善，直到建成周延社会规范的伦理学系统。人类社会的伦理系统萌动于游戏，通过诸多社会实践而趋于成熟。

因游戏与人类生活的物质利益看似无缘，它才有可能成为人类摆脱物欲和精神枷锁，充分地展示人类和社会的自然本相，蕴含了人类文明的精髓。人类伦理观主要分三大类，或称三层次，即功利论、道义论和美德论。其中最后一个层次美德论，就是摆脱利害关系的羁绊，直接进入美与丑，善与恶的道德认知，亦即不待任何思考，直接从人的精神本底所做出的伦理学判断。这正是游戏所呈现的精神境界，因而游戏是人类道德成长的土壤。我们常说，看一个人的业余生活就可判知其精神境界和人品优劣。因为业余生活是生命自由存在的时空主体，不妨把业余生活当作游戏的轮廓素描。业余生活中有些习惯认定的游戏，如棋牌、猜谜及竞技活动。还有些融合于我们的日常生活中不被察觉的游戏，如散步、酒令、聊天、侍弄盆景，甚至扫地、擦桌子等日常生活，只要做得高兴，不是缘起于物质利益的追求，就有游戏的内涵。有些艺术家、科学家，他们把各自习惯的艺术或科学活动当作游戏来充实他们的业余生活或退休岁月，使自己处于无求无欲的自然本体状态，这样的工作与游戏已经融为一体，即游戏与工作互为载体，难以区分了。或许这就是马克思在《哥达纲领批判》中所说的在共产主义社会“劳动是人类的第一需求”的境界，亦即游戏与生命同时表达。

社会游戏规则系统的健康发展是人类生命共同体健康发展的必要条件。一旦人类社会的游戏规范系统解体，就意味着人类社会生态系统失序，这将是不可想象的巨大悲剧。

说到这里，我们游戏的定义可开展更为深入的探讨。游戏是生命的本然，拒绝以物质利益为目标而自然获得生命所必需的满足，因而保全了生命纯洁的本质。当人们在全神投入正当游戏的时候，必然遵守游戏的行为规则，体现相应的道德规范。从而自然养成了尊重自我，尊重同伴，爱好完美，按规范行事等文化素质，这就与伦理学的美德论接轨了，因为游戏孕育人格平等、公平、正义的美德。在游戏时空的界定以内，即游戏规范的神圣王国，从而受到无可争辩的道德认同。如怀有个人的或集体的物质企图，人格平等和自由被剥夺，时空阈限被破坏，社会必然陷入巧取豪夺、人欲横流的“丛林法则”灾难之中。

四、游戏是人类多元文明的映射

社会文明在发展提高的路径中，出现不同的发展阶段，每一阶段都具有特定的社会功能和社会结构，与之相应的游戏平台发生实质性改变。

（一）文化类型的多样性与游戏类型的多样性相偕而生

席勒认为人类有三种生命的冲动，即感性冲动、形式冲动和游戏冲动①。游戏冲动即审美过程，从感性冲动过渡到形式冲动需要游戏作为桥梁[3]。只有通过游戏这座桥梁，才足以把感性冲动转化为形式/理性冲动。从感性冲动到形式冲动可能有多种途径，引发繁复的文明形式，如游戏与诗歌，游戏与戏剧，游戏与文学，游戏与哲学，甚至游戏与军事等学科，从多方面表达了游戏与社会文化整体的血肉联系，也丰富了游戏的内涵。

（二）游戏赋予人类超脱现实生活的权力

人类受物质世界的束缚，本能地存在一种突破现实世界、创造虚幻世界的内在动力，以求得精神满足。这是人们生活在现实世界之中而又有突破现实世界的自发需求。从现实到虚幻需经游戏行为的过渡，这映射于现实生活的众多方面，如大家所熟知的戏剧的化妆表演，群体狂欢节的化装游行等，就是以游戏形式创造的短暂虚幻世界来满足自我。异形化妆本身就意味着与现实世界保持距离而走向虚幻世界。表演者经过一番化妆，结合某些情景的再现，即进入虚幻世界。影剧是游戏的特殊样式，人在影剧中一旦“进入角色”，就进入了精神的“化妆”，不再是现实人的本体，而是另一类非现实虚幻角色，并引导观众进入同一虚幻世界。人们看了一出动人的戏剧或电影，会被感动得涕泪交流或兴奋偾张。当我们走进寺院或教堂，看到身着法衣、手持法杖、唱赞美诗或诵念经文等各类宗教仪式时，在这个特定时空，人们严肃地，不同程度地融入了另一个非常人的虚幻而庄严的精神境界，这深刻体现了游戏的社会使命，如席勒所说游戏“使人们得到精神盛宴”。我

① 冯至译文称为“形式冲动”，诠释为“这个概念包括事务的一切形式特性以及事务对思维的一切关系”。我们尝试诠释为理性冲动较易为读者理解。

们常说“干什么像什么”，这是虚幻与现实的瞬间转化。父亲在爷爷面前是儿子，当他面对儿子的时候，就瞬间转化为父亲。每个人都时时刻刻，认真地转化各自的社会角色，社会就因这些难以计量的游戏角色的认同而稳定有序。

（三）游戏是社会仪式系统的设计师

任何一个稳定而有序的世界都具有一套礼仪系统，所谓礼仪就是仪式在社会生活中的系统化。社会实际运行于游戏仪式系统之中。人类通过相关的仪式不断实现个人的角色而联通社会文化整体。婚礼的喜庆，寿辰的祝贺，丧礼的悼念，某一社会团体的成立，某些事业的启动或告成，以及社会上名目繁多的节日活动，都是人类在特定时空，通过一定的“仪式”，完整而简练地表达相关的游戏规则。游戏在这里链接社会不同板块，展现社会文明。仪式将现实社会镶嵌于虚幻框架之中，赋予某些现实行为以神圣的意涵，而所谓神圣本身就是虚幻的另类表述。汉高祖称帝以后命叔孙通制定朝仪系统以体现天子之尊，用仪式把一群称兄道弟的草根群体纳入一个朝代的神圣政治殿堂。刘邦试行朝廷仪式后，大喜，说“吾乃今日知为皇帝之贵也”①，这就是仪式使皇帝有了皇帝的样式，群臣有了群臣的样式。其实始于西周的“礼乐”时代，就是依靠系列仪式以维系，或称链接，国家文明体系而维护封建政权的特定样式。仪式一旦被废弃，社会文明系统将散落为碎片，我们无法想象将是何等样式。赫伊津哈认为人类文明“全都滥觞于神话和仪式”[4]。柏拉图充分肯定仪式和游戏的同一性[6]。仪式是人类文明的工程师，中外皆然。

（四）游戏是人类自我发现的启蒙者和萌生社会智慧的沃土

游戏的主要价值在于它的主体性。人类通过自由的主体行动，启发人们逐步萌发自我意识，即自我的存在和尊严。获有这类自我意识的人在游戏中互相接触、磨合，自然发生了非自我的他人意识，更确切地说应为“他我”意识，即认知了与我人格等值的“他我”。随着社会文明的进步，增强了对他我的认知、扩大与尊重，进而扩散为群体意识，使群体得到满足感。在这里出现的“满足”二字看来平淡无奇，但它是构建互为关联的社会航船的压舱石，内含了本初的游戏规则。满足感是生态系统内部个体生物各安其位的表达。唯物史观的基本原则就在于多组分构建的文明社会，因各个组分得到满足而自由和谐地运行。即使在大社会系统中存在某些局部阻滞不畅，还可利用社会系统中某些小的游戏系统加以调节，如我们可以走进某些文艺俱乐部、运动场，或其他特定场合得到宣泄或慰藉以求得自我满足。游戏的本质规定了游戏的参与者尊重并拥抱一切自愿参与游戏的生命体。通过不同生态系统相互依偎生存，终于蔚然化育为社会智慧，将社会文明提升到新的高度。因此，游戏是任何健康社会形态必不可缺的社会要素。社会应在不同的方面，对不同的游戏需求给以满足，以养成健康的游戏环境，培养健康游戏规则，吸纳社会人群的广泛介入，从而扩大美德社会的领域，压缩邪恶存在余地，因为游戏本然承载美德。

---

① 司马迁：《史记·刘敬叔孙通列传》。

（五）游戏是艺术孵化器

席勒说“人只是同美游戏”[3]，游戏充满着美，而艺术本身就是美的追求，因而游戏孕育了艺术。乔·威尔斯①对艺术产生于游戏做了较为详细的阐述：“两三个妇女，无论是哪个种族的，她们在一起聊天，就包括了散文文学的最重要因素，语法的妙用，创造性的想象和生动的刻画。”这些故事常常以演剧般的姿势和穿插停顿表达出来。从很古的时候起，人们就进行述事性的活动来纪念某些大事件和呈现某些大场面的舞蹈过程。舞蹈的时候，说白、吟唱、模仿、节奏的动作和乐器的声音难解难分的交织在一起[7]。我们追溯艺术的起源，无论舞蹈、诗歌、戏曲，还是各类竞技运动，无一不源于游戏。康德认为游戏是与劳动相对立的自由活动，艺术不过是以游戏方式展现着人类本身忘形的美。赫伊津哈更进一步确认游戏与艺术的同一性，“被文明理解为神圣而高尚的历史上，一切艺术和文学都曾经是神圣的游戏”[4]。他认为“文明生活中，伟大的本能力量滥觞于神话和仪式”。而神话属于精神游戏，仪式是游戏规范的横切面。因此，他认为人类文明“全都扎根在原始游戏的土壤中”[4]。对于文明社会来说，圣洁的游戏灵魂无所不在。

概言之，游戏是人类文明的孵化器，游戏的规范性是人类文明的原胚。一旦游戏规范遭受破坏，整个游戏就会崩塌。对于任何一个系统规范的破坏，都是对游戏规则的破坏，也是对人类文明的亵渎。

五、游戏规则在伦理观涨落中的历史投影

游戏规则蕴含人类本初的道义良知，此为伦理观的本真内核。伦理观随社会发展阶段不同而有所变异，而游戏的本真内核不变。伦理观所含的游戏本真内核与社会物质文明发展路径可能同向或异向。它们时而同行，时而离散，在两者之间出现离距。当这一距离保持在游戏规则的弹性阈限以内，可使游戏规则与物质文明同向发展，其伦理观效应可维持社会的正常秩序，带来社会的福祉。反之，必将导致社会失序，引发不良后果。游戏规则在伦理观中涨落的历史足迹不应忽视。

（一）游戏规则的历史涨落

不同生态系统构成的生物圈本身存在两种潜势，即合作共存和排他竞争的正反两种力量的互动，即“相生相克”，从正反两方面共同推动了生态系统的生存与发展。合作共存为常态趋势，因而生物圈本身在正反两种力能互作下得以生机长存。我们在这里使用正反两种力量的互作而非斗争，因互作含蕴了正反双方合作共存的大格局。此为亿万年生物圈生存和发展的本然内涵，即“和而不同”。而斗争一词则对合作共存的大格局未能自足恰和，有违生物圈生存和发展的基本法则。

不幸的是人们几千年来，从氏族社会，而封建社会，而皇权社会再到工业化社会的初期阶段，因生存资源的占有欲和由此产生的精神胁迫，排他性竞争逐步被虚幻性膨大，导

① 英国历史学家，乔·威尔斯（H. G. Wells，1866—1946）。

致社会充满斗争，一如工业社会中资本被虚幻膨胀，导致经济危机。19 世纪中叶后期，将达尔文物竞天择的自然科学理论被异化为“达尔文主义”，于是弱肉强食的非道德行为演化为排他性竞争的“工业丛林法则”。

悠久的中华文明展示了游戏规则涨落的历史范式。绵延 5 000 年不曾中断的华夏历史足迹说明，中国从氏族社会到邦国形成的夏、商之际，华夏文明处于萌发期。作为奴隶主的贵族为了争夺领地或掠夺物资，驱使各自的奴隶互相厮杀，被征服者不仅可被任意驱使，还可被任意屠宰如牲畜，用于祭祀、殉葬甚至被烹食。此时物质文明与游戏规则相关联的伦理系统都处于人类社会的最低水平，“原始丛林法则”盛行，此为游戏规则与伦理观发展的初始阶段。但必须指出，即使人类文明处于“原始丛林法则”时期，体现人类精神本真的游戏依然为初民生活所不可或缺，它孕育了人类文明的原胚。如遗存的岩画、洞穴壁画，启发我们遥想当年不乏投掷、角力以及模仿动物群体的打闹、追逐甚至斗殴等竞技游戏。罗马帝国的斗兽场，以及至今仍普遍流传的格斗、拳击等竞技运动，即为人类文明前期的游戏“活化石”。今天盛行的高尔夫就是古时寒冷地带的牧人在草地上以木杆击石球游戏的遗存。上述事例说明，即使在“原始丛林法则”盛行时期，人类也通过游戏保存了伦理文明的火种。

游戏规则的伦理基因在世界的东方曾一度展现从发育、繁荣到衰落的周期。这就是周王朝时期（公元前 1027—前 256），历时 771 年，华夏第一长寿王朝，内含西周与东周两个阶段。西周为游戏规则的伦理观进入成熟期，而东周则进入衰减期。尽管西、东两周历时只占华夏文化 5 000 年历史的 15%，一条窄狭的历史缝隙，但它创造了游戏规则伴随华夏文明发展的第一次涨落，演绎了从上升到衰减的周期。

西周以血缘亲疏为主轴，礼乐系统为框架，敬天法祖为总纲，建立了等级分明的封建社会。人类以高度的智慧，把游戏这一人类文明胚芽赋予礼仪纷繁的程式，加以相应的音乐烘托，创造了内含游戏本真内核的精神世界，使王朝内部各氏族成员匍匐于封建王朝的伦理观脚下。他们满怀虔诚，自觉地各安其位，各务其业，建立了群体高于个人、自由寓于规范的文明社会。这无异在血腥的丛林法则的历史洪流中涌现出一座文明仙岛，即后世称道的“礼乐时代”，在世界的东方焕发异彩，纷繁而神圣的游戏规范就是这个邦国之魂。西周礼乐社会礼仪繁多，什么场合采用什么仪式，选择什么语言，背诵什么诗篇，都有一定章法，虔诚而又有序，否则属“言而无文”① 的非礼陋行，不能登大雅之堂。在这里游戏已经升华为神圣礼仪，即周礼。孔子通过对周代文化的发掘、梳理，归纳为《诗经》《书经》《礼记》《易经》《乐经》五经，是为孔子所梦寐以求的理想之国。循规蹈矩地履行周礼，彰显了今天难以想象的诚意和耐心。仅举天子祭天为例，天子需礼拜七十余次，历时一个时辰才告礼成[8]。

中国游戏规则养育的农业伦理观经过西周约 300 年的探索经营，以人类的纯净童心，接受了礼乐社会的熏陶，蔚然化育为淳朴善美的世风民俗，达到礼乐文明的鼎盛时期。人类文明社会的繁多游戏规则已经筑起了华夏民族的伦理观高地，产生巨大而长远的影响。其中某些片段直到今天仍不失其中华民族文明的伦理观核心价值，凝聚华夏族群，代代承

① 《左传·襄公二十年》：“仲尼曰：‘志有之，言以足志，文以足言。不言谁知其志？言而无文，行而不远。’”

袭，即所谓“周虽旧邦，其命维新”[①]。我们不妨将这一阶段概括为人类游戏规则第一高峰时期。

进入东周的春秋时期，土地资源从分封制向土地私有制转化，促成物质文明大发展，社会游戏规则的神圣光环在物质利益的胁迫下日渐褪色，“丛林法则”再度兴起。社会失序，文明蒙尘，历史终于以弑君三十六，灭国五十二[②]，进入了礼崩乐坏的战国时期。在战国时期社会大乱局中，各诸侯国的精英之士，利用新兴的经济背景，纷纷寻觅治世良方，游说于各诸侯国之间，历经两个半世纪的苦苦求索，终于造就了奇思迸发，百家争鸣的壮丽图景。

百家争鸣以管仲的耕战论，通过商鞅变法，秦国统一六国而告终。从此“丛林法则”强势凌驾于“游戏规则”，中国进入 2 500 年的皇权时代。至汉武帝（公元前 156—前 87）以“君命天授”及“君为臣纲，父为子纲，夫为妇纲”的三纲伦理系统，构建了大陆农业文明系统，以后孔子儒家思想，结合法家的“治术”建立的“内法外儒”农业社会。尽管其中汲取了若干礼乐文明的基因并有所发展，也不乏可供称道的生产和文化业绩。但纵观史实，中华文明遂由王道转为霸道，其间王朝更迭、幅员争夺、民族矛盾等原因，战争频率达到惊人的高度。据统计有秦以来的 2 530 年中，见诸史册的战争达 3 125 次，年均 1.2 次。战争造成的社会苦难不绝于书[③]。我们不难理解，皇权社会的实质乃是游戏规则退出文化主流，“丛林法则”逐渐转居优势。其特色为对内施行城乡二元结构，城堡贵族为“刀俎”，乡野黔首为“鱼肉”；对外则在儒家“平天下”的目标下，开疆拓土，杀伐不断，这是一种更加精致的大陆型“农业丛林法则”。我们肯定其继承并发展了礼乐文明的某些精华部分，但不能否认其也为“农业丛林法则”的搅局者提供巢穴。

在世界的西方经过社会的系列发展，18 世纪完成了工业革命，也随之引发了更加远离游戏规则内核的“工业丛林法则”。19 世纪初，西方的“工业丛林法则”敲开了东方中国“农业丛林法则”闭锁的大门，而使后者溃不成军。中国从此被卷入全球性新的“工业丛林法则”的车轮之下，陷入了不堪回首的一个半世纪的悲惨岁月。尽管“工业丛林法则”以“达尔文主义”的新面貌走上“理性”的伦理观神坛，但它背离游戏规则的缺陷无法掩饰，多次经济危机为导火索，引发了 30 年内的 2 次惨绝人寰的世界大战。全球陷于“新战国时期”，热战和冷战交替统治，甚至得出“和平是战争的间隙”的悲观结论。

人类走近道德悬崖的险境，被迫深刻反思，苦苦求索。于是将目光投入遗忘已久的人类游戏规则的第一高峰期，即闪耀着东方智慧的中国“礼乐时代”。

（二）东方智慧抛出拯救人类文明的救生圈

今天我们站在后工业化时代的历史高地俯瞰历史，全球有识之士向东方投出求救的目

① 《诗经·大雅·文王》：“文王在上，于昭于天。周虽旧邦，其命维新。”

② 司马迁：《史记》。

③ 如卫青、霍去病的英烈纪事，苏武与李陵的通信，大唐时期的豪气冲天的边塞诗，杜甫的“三吏”“三别”，白居易的《新丰卖炭翁》等文献，都可看出汉唐盛世的中国农业社会的缩影。后人多喜传述宋代的物资富饶，文化丰赡的盛况，但请读读陆游的“王师北定中原日，家祭无忘告乃翁”（《示儿》）和“遗民尽泪胡尘里，南望王师又一年”（《秋夜将晓出篱门迎凉有感》），以及李清照的《金石录》等著作，可见当时国破家亡的民间疾苦。

光。发现在物欲横流的滔滔洪流中，世界的东方曾初现闪闪发光的智慧之岛，向人类抛出了“思无邪”[①] 的游戏规范救生圈。这是“春秋大义”的孑遗。那些曾被误解为腐朽、过时的文化化石，以其朴拙纯真之美，重新引起世人的关注。我们不妨截取这一救生圈的片段，鉴赏其蕴含的人类美德之一斑，唤醒人类沉睡已久的回忆。

伯牙与钟子期知音之交可为个人之间道义相守的游戏典范[②]。子路结缨而死则为“春秋大义”忠于正义而不失君子之风的道德范例[③]。

在战场上生与死的考验面前，游戏规则仍然凛然不可侵犯。大家熟知的宋襄公的泓水之战就是一例[④]。宋襄公这段故事虽留下千古笑柄，但他勇敢面对“礼崩乐坏”的潮流，坚守游戏规则，作为礼乐时代美德牺牲者，应为后人击节赞叹。

鞍之战则更演绎了神圣游戏规则的庄严图景。公元前589年，晋国应卫、鲁两国求援而出兵抗齐。齐顷公率军迎敌而溃败，晋将韩厥率军追赶。邴夏曰：“射其御者，君子也。”公曰：“谓之君子而射之，非礼也。”射其左，越于车下；射其右，毙于车中。綦毋张丧车，从韩厥，曰：“请寓乘。”从左右，皆肘之，使立于后。韩厥俛，定其右。逢丑父与公易位。将及华泉，骖絓于木而止。丑父寝于轏中，蛇出于其下，以肱击之，伤而匿之，故不能推车而及。韩厥执絷马前，再拜稽首，奉觞加璧以进，曰：“寡君使群臣为鲁、卫请，曰：‘无令舆师陷入君地。’下臣不幸，属当戎行，无所逃隐。且惧奔辟而忝两君，臣辱戎士，敢告不敏，摄官承乏。”丑父使公下，如华泉取饮。郑周父御佐车，宛茷为右，载齐侯以免。韩厥献丑父，郤献子将戮之。呼曰：“自今无有代其君任患者，有一于此，将为戮乎？”郤子曰：“人不难以死免其君，我戮之不祥。赦之，以劝事君者。”乃免之。

齐侯在败亡途中，同车的齐将邴夏指着韩厥对齐侯建议：“射那个驾车的，他是贵族。”齐侯说“他既然是贵族，应免于射杀”。齐侯在逃亡途中与齐将逢丑父交换服饰，乱中逃匿。逢丑父假冒齐侯继续奔逃。韩厥终于追上齐侯的座驾，对被俘的敌国齐侯依然行君主之礼，牵着齐侯车的马缰，一拜再拜，叩头触地，然后献上一杯酒和一块玉璧，以外交辞令陈述“我们国君派我们这些臣下为鲁、卫两国向您求情。国君嘱咐‘不要深入齐国的领地’。臣下不幸，现任军职，如逃避责任将愧对两国君主。臣作为一名卑下的战士，冒昧地向您报告，臣下不才，滥竽代理此职”[⑤]。这套礼仪程序表演完毕，然后继续率军追击齐军。当韩厥把逢丑父这个假齐侯交给他的上级郤克时，郤克认出擒获的是逢丑父而非齐侯，要杀逢丑父。逢丑父大呼，我是代国君受难的第一人，岂能被杀？郤克说：“一

---

① 《论语·为政第二》子曰：“《诗》三百，一言以蔽之，曰思无邪。”诗经代表礼乐时代。

② 《吕氏春秋·本末篇》记载伯牙弹琴，因钟子期善解其意，结为兄弟挚交。某年中秋，伯牙与钟子期弹琴作别，约定来年中秋在此再度相聚弹琴。但到了约定时间，钟子期未如期到来，伯牙得知钟子期已病故，极其悲痛，来到钟子期的坟前重弹他们初次订交《高山流水》，然后“摔琴绝弦，终身不复鼓琴，以为世无足复为鼓琴者”。

③ 《左传·哀公十五年》，子路作为卫国的家臣，为救被挟持的国君与优势敌人殊死战斗。死前帽缨被打断，子路说：“君子死，冠不免。”终于结好帽缨，戴上帽子而死，史称“结缨而死”。游戏规则衍发的礼仪重于生命。

④ 公元前638年（周襄王十四年）宋国与楚国约定在泓水南岸开战。宋军先到，布阵完毕等待楚军到来。宋襄公因恪守正义之师的军礼，一拒“彼众我寡，可半渡而击”的建议，再拒楚军布阵未稳发动攻击的“非仁义之师”建议。等待楚军全部渡河，布阵完毕之后，宋襄公击鼓进军，但远非强大楚军的对手而溃不成军，宋襄公本人负伤。

⑤ 原文：“寡君使群臣为鲁、卫请，曰：‘无令舆师陷入君地。’下臣不幸，属当戎行，无所逃隐。且惧奔辟而忝两君，臣辱戎士，敢告不敏，摄官承乏。”

个人拼死拯救国君，杀他不义，赦免他以激励后人忠于国君。”这个故事多层曲折，即使在生死攸关的沙场，君臣之位分明，仁义之师原则得到尊重。

古代中国这类颇富游戏色彩的古礼仪之兵的道德内涵颇为丰富，如君子不重伤（对受伤的敌人再次加害）、不擒二毛（不捉拿头发花白的敌军老兵）、不以阻隘取胜（不阻敌人于险隘中）、不鼓不成列（不主动攻击尚未列阵的敌军）以及不穷追败敌等①。在某些方面比现代的日内瓦公约更加人性化。

人类文明是多元并发的，在国外也有不少类似的事例。例如，意大利1503年“巴勒特斗争”，13个意大利武士与13个西班牙武士相遇，发生了一对一的战斗。在西班牙，1571年举行的“司法决斗”中，高等民事法庭，在维思斯特附近一块场地，画出60平方英尺*决斗场地，规定可从日出战斗到星星出现，或者直到一个决斗者喊出“饶命”为止。决斗不以杀死对方为目的，见血即止[4]。游戏的正宗流派在欧洲中世纪形成骑士和决斗之风，此风在文艺复兴以后早已过时，西班牙的塞万提斯17世纪出版的名著《堂吉诃德》对骑士之风做了结论性阐述，而伟大的作家普希金在19世纪30年代还因决斗而丧生，可见游戏规则对社会道德影响之久远。不过西方这类道德传统断断续续且分散于多地，没有像中国这样蔚为全社会的时代之风。

西方有识之士对工业文明的“丛林法则”早有危机感，心仪东方智慧，并将其归结为东方伦理观。法国伏尔泰可为西方学人的代表，他早在18世纪就做出深刻的论述。伏尔泰看出西方以神话，即“美丽的谎话”为基础编造历史的危机，把目光投向东方的中国。他指出，“这里有一个尤其重要的原则，即如果一个民族最早的编年史证明确实存在过强大而文明的帝国，那么这个民族一定在多少个世纪以前就集合成一个实体，中国人就是这样一个民族，4 000年来每天都在写它们的编年史”[9]。只有游戏规则才有这样持久不懈而自我完善的张力。他最后归功于伦理学，“中国今天与2 000年前古希腊人、古罗马人的文明和一样，都是并不高明的物理学家，但他们完善了伦理学，伦理学是首要的科学”[9]。而伦理学正是游戏规则的规范化。游戏规范的实在性管住了中国，“因此中国从未像世界其他地区发生宗教战争”[4]。中国游戏规则衍发的伦理观智慧已经成为拯救西方工业文明精神危机的参照系。

六、结语

游戏是人类拒绝物质利益而自我满足行为的美德本真。无论个体生命还是生态系统，都证明游戏与生命同始终，富贵而不移，贫贱而不弃，傲然于利禄之诱惑，屹立于风暴之淫威。游戏如阳光之无所不覆，予人以温煦。游戏向全人类平等开放，成为人类生存的道德源泉，进而汇聚为浩荡奔涌的文明长河。

突破当下世界局限，追求精神家园是人类的普遍精神需求。世间唯游戏能使人超然物外，满足人类突破现实而获得情感自足，是为一切艺术和宗教的源头，构建精神家园的工

① 《左转·襄王十四年》：子鱼论战。

* 1平方英尺≈0.093平方米。——编者注

艺大师。

游戏规则提供了人世间树立平等人格的神坛，驰骋自由思想的天地。游戏孕育了人类伦理观的原胚，人类文明由此而衍发。

游戏提出了仪式这一重大命题。任何游戏规则都依靠或简或繁的仪式加以规范，当仪式进入社会生活时则异化为礼仪。附丽于游戏的仪式与社会礼仪是同质异构体。仪式构建了完整的社会系统，是众多社会板块的催化剂和黏合剂。搅局者随意毁弃仪式的权威性，无异悖反了由此达成的一切成果，若干庄严的协议被废弃，社会系统将因此而离散为不可辨识的碎片。

纯真和谐的游戏规则的对立面是零和的“丛林法则”。历史上因时代的更替，先后出现过“原始丛林法则”“农业丛林法则”和“工业丛林法则”。它们作为搅局者藏身的巢穴，时而在文明的长河中制造或大或小的逆流，造成社会福祉的涨落。而游戏规则所护持人类文明的大势毕竟不可改变。

游戏规则在人与兽之间筑起一道不可逾越的万仞高墙，护持人类生存。是否遵守游戏规则，是自觉抉择甘为人或非人的底线。那些游戏规则的搅局者企图毁坏的不是个别的游戏场景，而是毁坏人类文明高墙的整体而回归洪荒时代。不论他们戴着多么堂皇的面具，手握多么强大的权力，必将受到历史的谴责而葬身于人类文明护墙之下。这是我们所不愿看到的人类文明之殇。

为创建后工业化时代的生态文明，实现人类命运共同体的宏愿，维护游戏规则是时代赋予我们的重大使命。

【参考文献】

[1] 康德．判断力批判（上卷）[M]．宗白华，译．北京：商务印书馆，2017.
[2] 朱光潜．谈美 [M]．合肥：安徽教育出版社，1997.
[3] 弗里德里希·席勒．审美教育书简 [M]．冯至，译．上海：上海人民出版社，2003.
[4] 赫伊·津哈．游戏的人 [M]．何道宽，译．广州：花城出版社，2017.
[5] 任继愈．老子绎读（五十五章）[M]．北京：北京图书馆出版社，2006.
[6] 柏拉图．柏拉图文艺对话集·法律篇 [M]．朱光潜，译．北京：外语教学与研究出版社，2018.
[7] 乔·威尔斯．世界史纲（下卷）[M]．吴文藻，谢冰心，费孝通，译．北京：商务印书馆，2001.
[8] 任继周．中国农业伦理学导论 [M]．北京：中国农业出版社，2018.
[9] 伏尔泰．风俗论 [M]．梁守锵，译．北京：商务印书馆，1994.

致谢：

胥刚、林慧龙和方锡良对此文成文作出了重要贡献，特此致谢。

（原文刊载于《兰州大学学报》社会科学版 2022 年第 2 期）

陆海界面是亟待开拓的农业伦理学要素

任继周　林慧龙

摘要：我国与海洋有着深厚的历史渊源，有 18 000 多千米的海岸线和众多良港，即我国农业生态系统对外开放的界面，但我国世代生息繁衍于欧亚大陆相对封闭的东缘，建立了“海内即天下”的陆地农耕文明，形成封闭自给的小农经济世界观。这违反了农业生态系统开放基本特性，亦即关闭了走向农业现代化的大门。我国要实现由小康走向富裕的现代强国，突破农业资源严重贫乏的瓶颈，必须发挥我国固有的海洋优势，将传统的“陆地农业”转化为“陆海农业”，有选择地与全球农业资源发生系统耦合，谋求发展全球农业生产。在世界农业生产共赢中，完成中国的现代化农业建设。

关键词：农耕文明；陆地农业；陆海农业；农业伦理学；系统耦合

作者简介：林慧龙（1965—　），兰州大学农业伦理学研究所所长，教授，博士研究生导师，研究方向为农业伦理学、草业经济与政策。

一、中国农业伦理学的海陆界面

中国地处欧亚大陆的东端，西北内陆为高山大漠所屏障，东南则以海洋为极边，我国古人称为“天涯海角”。华夏族群世代生息繁衍于这片广阔而封闭的陆地。形成“海内即天下”的陆地农耕文明世界观，其传统农业伦理观自然局限于陆地部分。

世界进入后工业化时代，经济全球化的浪潮冲击我们绵延 18 000 多千米的海岸线。这条绵长海岸线蕴含诸多陆海界面，即适于对外开放的门户①，将“海内”陆地生态系统与海外的农业生态系统实现系统耦合，从而爆发巨大产能，应为现代农业发展之趋向。关于界面及其系统耦合的生产潜力，笔者已有专文论述[1]，此处从略。

在我国绵长的海岸线以外还有约 470 万平方千米的领海，领海以外还有汪洋无际的公海与诸多陆地生态新系统相连。这都应纳入我们农业伦理学者的视野之内。海洋连缀的海外农业生态系统对我国农业带来巨大冲击，我国曾主动或被动地做出响应，或甘美令人留恋，或苦涩不堪回味。我们虽长期濡染于传统陆地农业系统 2 000 多年，对此颇多自闭自恋情结。但在我们伟大的华夏民族的眼里，历经万年的跌宕起伏，应有足够的胸怀，望眼今后的无限岁月，对陆海界面的农业伦理学做深入思考。

---

① 即可供陆地和海外交流的现有和可能的港口。

（一）陆海界面的农业伦理学涵义

不同农业系统之间经系统耦合，可大幅度提高农业产能。大家所熟知的我国古代茶马市场，就是利用农耕地区和草原牧区之间的界面系统耦合，解放两大系统的生产潜力，使农耕地区与草原牧区获双赢硕果，成为当时淘金者的富矿。

陆海之间的界面，可通过海洋联通全球农业系统，领域无比广阔，涉及的生态系统难以计数。一旦将陆海界面激活，解放它所涉及的生态系统的生产潜力，其产能之巨大难以想象，茶马市场与之相比不过沧海之一粟。我国改革开放以后，沿海城乡的迅猛发展，陆海界面的潜力已大显于世。但我国农业却在全国崛起的大好形势下相形见绌，出现“三农问题”。原因众多，但陆海界面没有纳入我国农业生态系统，其开放功能未得充分发挥，反为他人所用，应为主要原因之一。

（二）大陆农业是华夏文明之源，也是未来发展基地

我国僻处欧亚大陆的一隅，以其特殊的自然地理条件和社会格局，自秦汉以来，以陆地农业立国，建立了超稳定的中华帝国。我国长期处于地广人稀、小农经济的自给状态。秦汉之际，历经几个世纪的战乱，人口锐减。汉代经过 70 年的休养生息，人口发展到最高峰，但也不过 5 500 万人，而国土面积与现在相似而略大，耕地面积却只相当现在的 4%～6%[2]，大部分仍为草地。迄于明朝人口在 6 000 万人到 1 亿人之间，土地资源还算充足。但到 17 世纪中叶，清乾隆年间，人口骤增至 4 亿人，农业资源虽勉强支撑但已感狭蹙，而“地大物博”的信心仍在。现代人口多达 14 亿人，我国已沦为农业资源贫国。水资源只有世界平均水平的 1/4①[3]，土地资源为 1/4，森林资源为 1/6。且不说近百年屡败于强敌，割地赔款，不胜负荷。即使完全没有外侮，我国内陆只能过“半年糠菜半年粮”的苦日子。这样的“自给自足”，我们的先辈大多都曾经历过。我们也曾不断追寻对陆地农业的改进之道，甚至以“大跃进”的惊人胆识开辟新生路，结果一无所获。历史指引我们摆脱“海内即天下”的束缚，发挥陆海界面的潜势，扬帆远航，走向世界才是出路。

（三）打开陆海界面，开辟中国农业新生路

只因我们为陆地自给型农耕文明一叶障目，把我国的陆地边沿看作立国的极限。没有看见我国绵长海岸线所提供的陆海界面，即诸多对外开放的门户，这个全新的财富之源。

农业具有本然的开放性，更有利于通过陆海界面，把分散全球各地，各有特色的农业生态系统加以系统耦合，进而利用全球农业资源，发展全球农业。我国农业产能将与全球农业共同取得大幅度提高，实现农业现代化，富民富国应在意料之中。这既为我国所必需，也有益于全球共同发展。

我们议论了多年的农业现代化，目前已经走到现代化的最后一个台阶，即陆海界面，不应踯躅不前。封闭的农业绝无现代化可能。要有勇气通过陆海界面，走向世界。无视陆海界面这一财富之源，无异货弃于地，令人扼腕叹息。

---

① 人均水资源只有 2 062 立方米，接近严重缺水边缘（人均水资源占有量不足 2 100 立方米）。

二、华夏民族与海洋的深厚血缘渊源

华夏族群并非自古自闭于海洋。据不同的论述，华夏族群大体可分本土说和外来说两大类。本土说是否确立还在争论中，暂存而不论。但漫长的历史发展中，即使两者并存，也难免有所交叉融合。我们结合华夏文明发展的历史轨迹略加梳理，揭示华夏族群与海洋的亲缘关系。

出自非洲大陆的原始族群，沿地中海北岸东进，进入亚洲地区，然后进入中国大陆分为 A、B 两支[①]。

（一）原始族群之 A 支

沿地中海北岸东下，至印度洋地区，沿澜沧江流域，经云南进入中国大陆，然后从青藏高原的东缘，东下到黄土高原。在此分为 A1、A2 两支，A1 支留居黄土高原，然后经太行山南段，出三门峡入华北平原。A2 支从黄土高原继续北上，达黄土高原的北缘，至辽河流域创造红山文化。然后沿太行山东麓，古华北平原湿地，东南向迁徙，进入华北平原黄河流域。与原留居族群融合，共同创建以黄河流域为中心文化系列，如仰韶文化、龙山文化等，发展为黄河流域的古华夏文明，是为华夏族群的华北支系源头。

（二）原始族群之 B 支

出非洲后，经地中海沿岸，穿越中南半岛和东南亚群岛，然后从珠江流域进入中国大陆，在江淮流域创建良渚文化和后来的荆楚文化。B 支为华夏族群的华南支系源头。在更新世末期、全新世初期，发生全球性洪水泛滥，良渚文化毁于洪水，只余荆楚文化。至春秋战国后期，古华夏族群的华南支系与黄河流域的华北支系相融合，奠定华夏文明，绵延迄今。如此看来，在史前时期华夏族群就含有海洋支系血缘基因。据现代基因研究揭示，我国华南居民与东南亚民族的基因相似性大于与我国华北居民，证明了华夏族群与海洋族群存在血缘关系。中国古代使用的“贝币”也是与海洋关系密切的另一佐证。

（三）华南族群与华北族群的交互融合形成华夏文明

同源于陆海界面的华南族群与华北族群融合形成华夏民族以后，长期定居大陆，终于形成绵延数千年，以陆地农耕为特征的中华帝国。但并没有切断经过陆海界面与海外的历史交流。中华大陆的居民通过陆海界面移居海外，对侨居地发生巨大影响，这就是大家所熟知的东南亚中华文化圈，与大陆血脉相连。每当祖国大陆遭遇政治（如抗日战争）或自然灾难（如文山地震）时，海外侨民热情支援，彰显其华夏文化禀赋。我国东南沿海侨乡的独特风貌，更显示海陆界面对大陆一侧的影响力度。华夏族群在陆海界面两侧发生着反馈与再反馈的共振，不断强化而延续久远。由此可证华夏民族与海洋的联系，始于史前迄于今日，从未中断。

---

① 另有原始族群从欧亚大陆进入青藏高原是为吐蕃先祖；进入蒙古高原是为突厥先祖，与本文无涉，从略。

三、历史时期中国陆海关系的疏离

中华大陆早期的民族融合奠定农耕文明的基础。进入历史时期以后，华夏族群华北支系在黄河流域建立了北方邦国群。其华南支系在珠江和长江流域也建立了南方邦国群。南北两大邦国群经过长期融合兼并，逐渐形成了南方和北方各具特色的华夏文明。在历史演替过程中，北方支系取得强势地位，原因复杂，不遑多说，举其要者有二，一为黄河流域族群产生了文字，踞文化优势，二为北方族群强于征战。从文武两个方面奠定了大陆北方邦国群建立的农耕文明居主流地位，从此也奠定了大陆农业与海洋疏离的文化和物质基础。

大陆型中华帝国所处的较为封闭的地理位置，自然产生了“海内即天下”的世界观。东周末期礼崩乐坏，兼并征伐频发，管仲的耕战论应运而生，耕以足食，战以强国。后经商鞅相秦，将耕战论发展为举国战争体系①，国力大盛，进而统一海内，建立了皇权帝国。汉继秦而兴，至汉武帝时期罢黜百家，儒家凸显为国教，皇权帝国以“治国平天下”为人生最高境界，杂以法家的法术，完善了重农耕、轻工贸的农耕文明。随后将北方部分草原畜牧族群，与东南的渔稻族群融合，保留各自的生活方式，和而不同，天下一统于农耕文明皇权政治。至此，大陆农耕文明鸿篇巨制写完最后一笔。安居大陆的皇权帝国，两千多年来虽然也长期苦于灾害和战乱，但经济发展仍稳居世界顶峰②，自足自豪，睥睨四海，“海内即天下”的陆地农耕文明遂与海洋渐行疏离。

四、唐宋元时期中国陆海界面伦理观的回归

华夏族群与海洋的历史渊源不容断然切断。华夏王朝进入大唐盛世，走到“天涯海角”，一眼望不到边的 18 000 多千米的海岸线挡住了去路。海内即天下的一统大业终告完成。不自觉间，陆海界面展现眼前。

陆海界面具有生态系统内在生命力，给华夏第一个开放型大唐帝国提供了机遇。大陆唐人与东南亚诸邦国，或隔海相望或海岸线毗连，舟楫来往频繁，商旅联系密切。唐朝因势利导，于唐玄宗（713）设立市舶司，相当现代的海关，管理海外商旅出入国境。当时设市舶司三处，即福建泉州、浙江明州（今宁波）和广东广州，是为我国最初的陆海界面，经营丝绸、茶叶和瓷器为主的出口，和宝石、香料和奇珍异玩等洋货进口。当时成为商贾云集，淘金者的乐园。更有大量闽越人民或逃避战乱，或为生计所迫出海谋生，成为后世东南亚华人文化圈的先驱。

宋朝财富充裕，其陆海界面比唐代更加活跃。唐代所设三个市舶司更加繁荣，其中的泉州已经发展为世界第一大港。《宋史·食货志》记载，赵光义于太平兴国初年（976），对海外船舶设税法，这是世界一部海关税收法。北宋庆历中，每年商税收入为 1 975 万

① 将土地与居民固结为一体，已军伍系统制定户籍制度。

② GDP 总量，从汉代至清代中期，占全球 30%～80%。

缗，熙宁年间增至占总缗钱的（即全国商业税）的三分之一。是北宋的财政重要来源。南宋版图大缩，更加依靠市舶司提供税金。从10世纪（北宋）到13世纪（南宋），300年间中国陆海界面经济获得巨大发展。从中国海港出发的航船不仅链接东南亚各地，甚至可辗转通达欧洲。中国生产的茶叶、丝绸和瓷器，风行于当时欧洲上流社会，海上丝绸之路或称瓷器之路著称于世。

元朝忽必烈称帝，这一草原游牧民族所建的“短命”王朝，历时虽仅97年，而陆海界面却大放异彩。草原游牧民族习漂流、爱冒险、重工贸。其民族的文化素质最接近海洋文化，两者在陆海界面相碰撞，闪光迸发，海上贸易空前繁荣。元朝对海上贸易完全开放，先是放任私人经营，后来政府也组织大量船队，参与海上贸易。尤其元朝和日本之间的海上贸易，可称为陆海界面伦理观佳话。元朝两次伐日均遭败绩，应属敌国，但它们彼此不记前衍，利用陆海界面互通有无，日本成为元朝“东洋”的主要贸易国。在元朝大力开拓海外贸易的推动下，始于唐，兴于宋的市舶司，大盛于元。除原来泉州、庆元、广州三大市舶司外，更增设集庆（今南京）市舶司，各市舶司进一步发展其所属的次要港口，各自依靠其腹地资源支撑海上贸易。泉州港口设立灯塔馆舍，管理完善，时称世界第一大港，中国也成为世界第一贸易大国。海上贸易盛况空前。陆海界面将所获富源传输内陆，珠江三角洲和长江三角洲先受其利。以长江三角洲为例，至元七年（1270）颁农桑之制14条，其中“种植之制”规定每丁（男劳动力）年植桑20株。武宗时下令各地相土地之宜，筑围墙桑种园，每年采桑葚推广种植，颁文“风示诸道，命以为式”[①]。于是蚕桑业蓬勃兴起，形成桑蚕基地。官营和私营丝绸作坊栉比鳞次。农业结构在丝绸贸易带动下自发调整。同时设立专司丝绸类产业的“丝檯”，成为元代官列22大类手工业之翘楚。从植桑、育蚕、缫丝、纺织、染印到工贸，形成完整的产业链，中国首批产业工人应时而生。以集庆市舶司为例，下设三局，仅东局就有作坊3 006家，其他两局分设句容、溧阳，其产业工人总数当以万计。蚕丝行业的发展不仅影响农业结构，还成为中国小农经济中萌生的资本主义胚芽。为了适应产业发展，有关学术著作《农桑辑要》《王祯农书》和《农桑衣食撮要》相继问世。元朝立国不足百年，出版三部农书，为中国历史所罕见。有元一代对中国航海、商贸、经济、文化，尤其农业结构诸方面的影响深远，对陆海界面的伦理观开拓之功尤不可没。

大陆农业帝国传统思想是重陆域而轻海疆。即使在国力昌盛时期，对东南海疆也以通商互利，政策羁縻为主，并无政治扩张意图。从唐朝初建对外开放的市舶司，延续近7个世纪（714—1330），至宋、元达陆海界面的全盛时期。此时中国已是海上贸易第一大国，制定了世界第一部海关法（市舶司法）。

五、明清时期闭关锁国，陆海界面逆势而进

明清两代相继而起，厉行海禁政策，虽民间贸易暗流从未中断，但中国陆地农业系统于海洋更加远离。

---

① 《元史·食货志》，卷一。

（一）明朝的海禁

明朝是中国封闭性最强的历史时期，北筑长城，南封海疆。我国陆海界面骤然陷于冰冻期。朱元璋称帝后，其劲敌张士诚等旧部多有水军背景，盘踞沿海岛屿，或沦为海盗，或与倭寇结合，统以倭寇之名，骚扰东南沿海，成为明朝大患，明朝相应制定禁海政策。洪武四年（1371）颁布“禁海令”，规定“濒海民不得私出海”。洪武七年（1374），明朝更撤销了始建于唐朝的各地市舶司。禁渔民造大船。《大明律》规定：擅造三桅以上桅式大船，将带违禁货物下海，前往番国买卖，潜通海贼，同谋结聚，正犯处斩，枭首示众，全家发边卫充军。海船卖与夷人图利者，比照处理[4]。

明成祖在28年中（1405—1433）派郑和七下“西洋”，宣扬国威，赏赐纳贡。有时一年两次，有时三年两次，纯以政治为目的，绝无商贸业务，靡费巨大，国库空虚。此后实施海禁。

明朝尽管海禁不开，但民间私人贸易从未根绝，而且倭寇侵扰也从未消减，朝廷内部的禁海与开海之争也从未停止。一些有识之士看到了“海禁”与海寇之间依附的关系，极力主张开放“海禁”[5]，明穆宗庆元年（1567），宣布解除海禁，史称隆庆开关，仅开月港一处，“所贸金钱，岁无虑数十万，公私并赖”。出口产品主要为丝织品、茶叶、瓷器、铁器等，广受国内外欢迎，出口兴旺，但进口无适当的产品，只能以白银支付，从此中国逐渐成为白银存量大国。海陆界面之开放，惠及官民双方，沿海各地争相设立舶市。

明朝的陆海界面从封闭到开放，从正反两面给人以启发。明朝初期为宣扬国威而舍弃商贸，违反农业伦理观的开放原则，郑和七下西洋，导致国库空虚。隆庆开关，发挥陆海界面正常功能，经济效益大显。即使在明朝闭关锁国压力之下，陆海界面仍展示其农业伦理观张力之不可逆转。

（二）清朝的海禁

清朝立国后，初为防止以郑成功等前朝余党反扑和倭寇骚扰，仍严行海禁。顺治甚至实施空前绝后的“迁海令”[6]，规定沿海居民迁至沿海三十里至五十里以外。以致沿海广大土地荒弃，港湾毁弃，居民流离失所，求生无路。

但18世纪西方工业革命已经完成，西方工业化国家纷纷寻找资本出路，清廷为保持政权稳定，虽一度强力维护海禁，如雍正元年（1723）与罗马教廷间发生礼仪之争。乾隆二十二年（1757），下令除广州一地外，停止厦门、宁波等港口的对西洋贸易，即所谓“一口通商”①。但已难挽狂澜于既倒，终于被动开放。

后因中外贸易日趋频繁，人民反清起义也日益加剧，颁布《大清律例》② 等严酷法

① “一口通商”，指封闭其他口岸，只留广州一处对外开放，共三次。第一次是在1523—1566年（明嘉靖年间），共43年；第二次是在清初康熙年间；第三次是在1757—1842年（清乾隆二十二年至道光二十二年），至签订《南京条约》止，共85年。

② 顺治二年（1645）以“详译明律，参以国制，增损剂量，期於平允”为指导思想，著手制订法典。三年律成，定名为《大清律集解附例》，颁行全国。十三年復颁满文本。康熙二十八年（1689），将康熙十八年纂修的《现行则例》附于律文之后。雍正元年（1723）续修，三年书成，五年发布施行。乾隆五年（1740），更名为《大清律例》，通称《大清律》，共四十卷。

令。康熙于1759年，颁布了《防范外夷条规》[①]，全面反映了清代的排外措施概貌。但仅对本国人民严刑管束，而对外国则形同虚设。现举两例，一为旅居印尼华侨的红溪惨案[②]，一为归国华侨的陈怡老案[③]。自陈案发生后，数十万户华侨都不敢回家。这种虐待海外华侨的政策一直到19世纪末。曾任新加坡总领事的黄遵宪（1891）为发生于百年以前的惨案写诗《番客篇》感叹："国初海禁严，立意比驱鳄，借端累无辜，此事实大错。事隔百余年，闻之尚骇愕。谁肯跨海归，走就烹人锅？"

本该是生气勃勃，人财两旺的陆海界面，却被残酷而愚昧的清廷糟蹋成"烹人锅"。但相对于陆海界面这一永恒的自然本体，不过是太阳中的黑子，无伤其自在的光辉。

六、陆海界面引领中国农业接触海外功不可没

农业作为一种特殊生态系统，其开放的功能为生存所必需。即使在闭关锁国的皇权时代，海陆界面的开放功能仍逆势而进，为中国带来利益。

（一）陆海界面增强国力

陆海界面尽管在明清两代阻力重重，但仍表现其不可遏制的发展潜势，可概括为三个方面。

其一，形成了中国强大的海运实力。鸦片战争前中国全国船舶总计400多万吨。当时英国全国总计为240万吨，美国为135万吨，两国之和为375万吨。中国超过英美两国船舶吨位之和。

其二，饮茶市场大扩张。早在元代以前饮茶习惯已传至海外。通过元代发达的海上贸易，将蒙古游牧民族的饮茶习惯传入欧洲。17世纪初，饮茶风气首先在西方第一个海上强国荷兰兴起，然后传到法国巴黎。17世纪中叶，饮茶更成为英国伦敦的社会风尚，更

① 《防范外夷条规》：建立专司外贸的"公行"机构。海外来华贸易必经公行办理，商人行动需受公行约束。外商人只准每年的5月至10月间来广州贸易，期满必须离去。在广州期间限住公行所设"夷馆"。外商在华只能雇用当地翻译和买办，不能向内地传递信件。中国人不准向外商借贷资本。条规加强河防，监视外国船舶活动。此后嘉庆和道光年间多次重申上述。

② 红溪惨案。在印度尼西亚爪哇的巴达维亚（今雅加达），荷属东印度公司对华人凌辱虐待，搜掠财物，强迫搬迁。华人忍无可忍，于1740年10月武装起义失败。在红溪地区被集体杀害近两万人，只有少数人逃避森林中幸免于难，世界为之震动，史称为红溪惨案。荷兰政府自知理亏，将滋事荷兰人治罪下狱，并持"说贴"到北京致意。但清廷反说："被害汉人，久居番地，屡邀宽宥之恩，而自弃王化，按之国法，皆干严谴，今被其戕杀多人，事属可伤，实则孽由自作。"10年以后，1858年（咸丰八年）订立"天津条约"时，多国外交代表汇集天津。当时美国代表杜普（Captain Dupout），建议清廷关注红溪惨案，与直隶总督有一段谈话，为杜普的翻译马丁（W. A. P. Martin）记录，描绘清朝官员的残忍愚昧，颇为翔实生动。杜普：中国应派领事赴巴，以便照料中国侨民。总督：敝国习惯，向不遣使国外。杜普：但贵国人民在太平洋沿岸者，人数甚多，不下数十万。总督：敝国大皇帝拥有万民，何暇顾及此区区之漂流外国之浪民？杜普：此等华人在敝国开掘金矿，颇有富有者，似颇有保护之价值。总督：敝国大皇帝之富，不可数计，何暇与此类逃民计及锱铢？

③ 陈怡老，福建龙溪人，侨居巴达维亚二十多年为当地华侨领袖。于1749年（乾隆十四年）"携番妾子女并番银番货，搭谢冬发船回籍"。船到厦门立即被捕判刑"此等匪民，私往番邦，即干例禁，况潜往多年，其或借端恐吓番夷，虚张声势，更或泄漏内地情形，别滋事衅，均未可知"。将他"发边远充军，银货追入官"。连船主谢冬发也"照例枷杖，船只入官"。

由此东传至莫斯科，与来自包头的陆地的茶叶之路交会，形成欧亚茶叶交易圈。一旦茶叶成为欧洲人不可缺少的日常饮料，茶叶就成为贸易资源，中国茶农也获得稳定收益。

其三，茶叶的出口产值超过丝绸，位居第一。清人魏源在《海国图志》[7]中记载①，茶叶收入约占当时出口总值的60%。英国每年因输入茶叶，大量白银流入中国，使得英国外汇短缺，急于以输出鸦片换取中国白银，弥补其贸易逆差，遂成为鸦片战争的主要导火索，可见茶叶富国利民之重大意义。

（二）引进农作物新品种，改进农业结构

陆海界面的全面开放，使大陆农业与海外农业系统出现系统耦合萌芽。主要表现在以下四个方面。

其一，农作物新品种的输入，缓解食物压力。如玉米、甘薯、辣椒、番茄、烟草、花生、葵花、棉花、南瓜等农作物自南美进口以后，在中国本土作为主要作物，迅速普遍栽培。玉米、甘薯分布全国，有些瘠贫地区几乎取代粮食。花生、葵花为油料，其油粕为畜禽蛋白饲料的重要来源。棉花是我国主要纺织原料，棉籽粕可做蛋白饲料，烟草为国税大宗，且有洋商订单收购，经销海外。

其二，农业新品种的介入改善了中国农业结构。海外引入的多种农作物品种，各有其生态和经济特色，多方面影响中国的农业格局。以长江三角洲为例。长江三角洲的地理和人文环境，对陆海界面反应敏感。唐宋时期，长江三角洲盛产水稻、小麦，为全国为粮仓，同时兼营蚕桑，农村富甲天下。时称“苏湖熟，天下足”。后来引入棉花。棉纺与丝绸业成为长江三角洲主要产业，而稻米退居地方自给的次要地位。商品稻麦主产区转移至长江中游，配合引入的甘薯和玉米，充分利用生境较差的丘陵土地，发展为主要食物，遂有大量商品稻麦上市，天下仓遂由“苏湖熟、天下足”，改称“湖广熟，天下足”[8]。这一农业结构地区性大转移，成为中国农业发展史上发生重大事件。

其三，陆海界面培养了上海经济中心。长江三角洲摆脱商品粮的负担以后，其陆海界面的作用得以充分发挥。20世纪初期，西方工业强国困于第一次世界大战而无暇东顾，长江三角洲的陆海界面因时顺势，迅速转向蚕丝、纺织、面粉、轻工业等工贸企业，成为以农业-轻纺工业产品为基础的出口基地，带动猪鬃、桐油、茶叶、苎麻等农业土特产加工企业大兴，成为亚洲商贸大港，江浙财团蓬勃兴起，从而发展为上海经济中心，不仅带动中国内地经济的相应发展，也在亚洲也独居鳌头。第二次世界大战（简称“二战”）后因美苏两大阵营的相互封闭，上海在亚洲的商贸中心地位移至香港，但为现在转趋复兴打下基础。

其四，陆海界面缓解农业的人口压力。我国东南沿海土地资源不足，贫苦农民为生计所迫大量出海谋生，是为闽浙、两广农村劳动力的主要出路。据估测，现在东南亚一带华侨有3 349万人，1980年后移民250万人[9]。农村劳动力的大量输出，减轻了土地资源的

① 道光十七年，广东出口英国茶叶价值400余万银元，弥利坚国（美国）购茶价值369万银元，荷兰岁需茶380万斤不等；佛兰西（法国）320万斤。此外西洋各国大约200万斤。茶叶随即经欧洲盛销美洲。从嘉庆二十二年至道光十三年，仅广州一地，茶叶平均年出口值达1 207万银元。

压力。人力的调节是农业生态系统结构的优化的必要因素。至于由此形成海外“华人圈”，也有所加强，发挥其国际、国内影响力。

七、结语——对陆海界面的理性反思与历史嘱托

中国有良好的陆海界面天赋。秦汉以后，建立了富甲全球的陆地农业大帝国，并逐渐养成“海内即天下”的天朝思想，自满自足，与海洋界面严重疏离。即使如此，中国优越的陆海界面也曾助力我国高居世界第一贸易大国达 7 个世纪，创建世界历史上第一部关税法（市舶司法）和海上第一大港泉州港。

中国陆海界面历经曲折，为我国带来伤痛的同时也带来福祉。尤其在我国自觉开放以后 40 年间，推动我国从一个落后的农业国一举成为工业门类齐全的工业制造业大国，GDP 位居世界第二。陆海界面的门越开越大，承担了建立人类命运共同体的历史使命。

费孝通曾就中国开放前的农耕文明给以三个字的精辟概括，“不求人”[10]，就是“小而全”的封闭性自给。这显然违反了生态系统开放原则，缺乏现代社会所必需的系统耦合，难以持久发展。“小而全”不成，“大而全”如何？苏联已经证明这是失败之路。现在美国憧憬尽其所需，全部搬到美国，以“大而全”保持其世界霸主地位，这只能是无知狂想。

众所周知，维护国家独立安全的战略物资必需自给。“民以食为天”，中国的农业战略物资稻米和小麦已无虑自给①。更有杂粮及块茎、块根类等后备实力。

现在我们要警惕的是，“不求人”思想可能衍生为超越理性的自给情结。作为一个农业资源贫国，要求农产品过高的自给是不可行的。例如，动物性食品尽管不在我国战略物资考虑之内，但它却已悄然位居主流食物。这是一次无声的食物革命。我们今天的食物结构，口粮与畜禽饲料之比为 1∶(2.5～3)，即饲料是口粮的 2.5～3 倍。人均口粮消费量逐年递减，动物饲料显著上升，2002 年出现了两者的交叉点（图 1）。进口近 1 亿吨的大豆的豆粕即为畜禽必需的蛋白质饲料。这是我国惊人的农业短板。但现在我国食物结构中动物性产品只有发达国家的 50%，即使我们竭力避免这一趋势，饲料短缺的压力在较长时期内有增无减，这是我们“以粮为纲”的耕地农业所难以满足的。

我国农业工作者曾为我国进入世界贸易组织（WTO）后农产品处境忧心忡忡。现在看明白了，以 2001 年进入 WTO 为界限，此前呈较平稳的进口势态。此后进口量逐年猛增（图 2）。西方农业产品挟其技术和资本优势，倾销中国市场。中国农产品基本处于劣势。这种贸易逆差看来于我国不利。但以陆海界面的农业伦理观判读，未尝不是陆海界面送来的佳音，不同农业生态系统耦合而达到供需双方共赢。关键是要以我为主，以较廉的价格进口农产品，满足国内市场需求，改善人民生活。更重要的是弥补了我们农业资源的不足，如将我国进口大豆改为自产，需 9 亿亩* 耕地②，即现有 18 亿亩耕地的一半，而且还要巨额投入。是否合算，不辨自明。

① 国家统计局关于 2018 年、2019 年粮食产量数据的公告。

② 2018 年中国进口了超过 1.3 亿吨农产品，相当于约 9 亿亩耕地，其中进口量最大的农产品是大豆。

* 1 亩≈667 平方米。——编者注

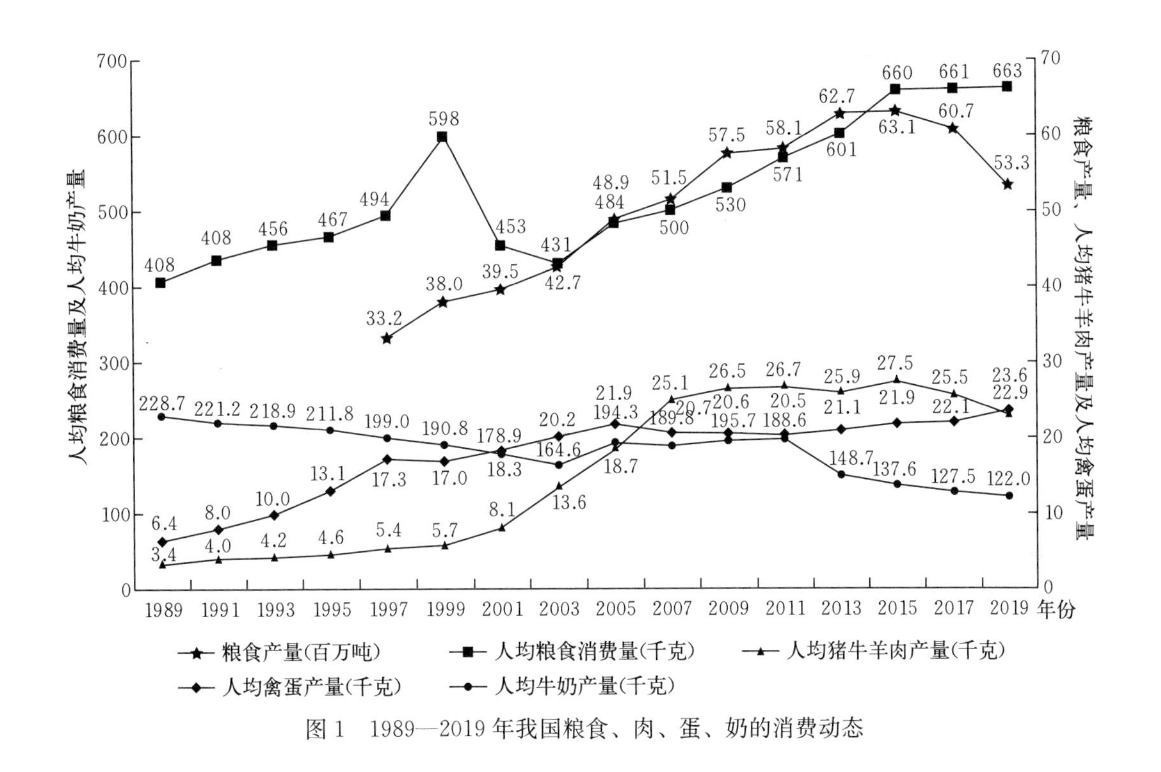

图 1　1989—2019 年我国粮食、肉、蛋、奶的消费动态

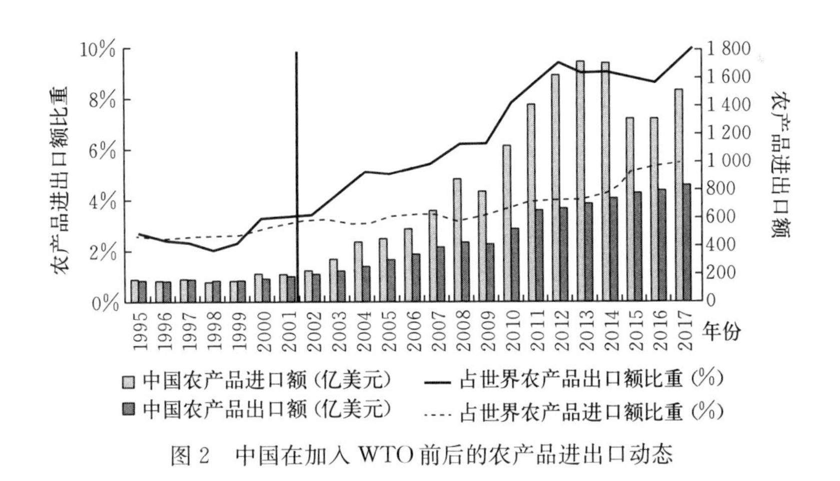

图 2　中国在加入 WTO 前后的农产品进出口动态

借陆海界面立国的事例很多，如荷兰、爱尔兰、以色列，它们居然都是农产品出口大国。英国、德国是农产品进口大国。它们依靠陆海界面，从容生应对生活、生产与国家发展的需要。尤其我们的东邻日本。其食物自给率不到 40%[①]。但巧用陆海界面，经过 30 年的经营，建立了覆盖全球的世界第二大农贸经济体，依靠海外资源，保证了其农产品安

① 2018 年 8 月 9 日日本农林水产省公布的“粮食自给率”为 38%。

全。更加不可思议的是，日本并非大豆生产国，但我国进口的大豆居然有20%以上来自日本农贸公司①。

我国抓紧农业从未放松。先后发布15个1号文件，强调农业的首要地位，更给以强力杠杆支撑。我国对农业的重视可谓史无前例。粮食单产和总产比1949年分别提高5.5倍和5.8倍②。不仅具有足够的战略储备，还有大量库存担心"陈化"，并付出巨额保管经费。与此同时还需大量进口各类农产品，尤其是畜产品，来满足市场需求。这显然表明对陆海界面功能理解不足，发挥不力。为此，以笔者管见，谨提出如下建议。

国内，以供给测结构改革为指导思想，根据国内、国际两个市场的动态，认真设计我国农业布局，充分发挥有限农业资源的潜力。以草地农业系统取代耕地农业系统，通过引草入田和草地改良，种植优良牧草和饲用植物，不仅可保证稻麦口粮，还可生产2亿吨饲草料，有望满足饲用蛋白约9 000万吨，相当进口大豆的豆粕量。至于因农业资源禀赋不足，不可避免的农产品短板，应通过陆海农业系统获取外部补充。

国际，将发展陆海农业定为国策，迈上我国农业现代化的最后一个台阶，做好陆海界面这篇大文章。下决心组建海外农贸公司，以覆盖全世界的经营网络，有目的地选择跨海农业系统，与国内相关农业系统实施系统耦合，埋头苦干，深入开发，既可满足国内市场需求，也带动各原产地的经济发展。

为此，需大力将加强、充实中粮公司作为国家的主力军，务使深谙陆海界面的内涵和运作，积累经验、培养队伍。如更有几个民间"农业华为"活跃于国际陆海界面，我国农业的丰产、高效、现代化，指日可待。

我们相信，以中国人的智慧，国家的支撑，加上可供调节进出口农产品的广阔内陆腹地，我们的食品安全问题必可迎刃而解，永远立于不败之地。

【参考文献】

[1] 任继周，方锡良，侯扶江．论农业界面的伦理学涵义［J］．自然辩证法通讯，2018，40（6）：1-9.

[2] 任继周．中国草地农业系统与耕地农业系统的历史嬗替——《中国农业系统发展史》序言［J］．中国农史，2013，32（1）：3-8.

[3] Fan J，Wang J，Zhang X，Kong L，Song Q. Exploring the Changes and Driving Forces of Water Footprints in China from 2002 to 2012：A Perspective of Final Demand［J］. Science of the Total Environment，2019（650）：1101-1111.

[4] 怀效锋．大明律［M］．北京：法律出版社，1999.

[5] 明实录类纂．福建台湾卷［Z］．武汉：武汉出版社，1993：13-14，545.

[6] 清实录．世祖实录（卷102）［Z］．北京：中华书局，1985.

① 据日本丸红农贸公司报告。2014年中国的6 300万吨大豆进口量中，该公司的销售量为1 200万吨，占据19%。后来收购美国Gavilon Holdings公司，每年中国出售份额超过两成。

② 粮食单产由1949年的68.6千克/亩，上升到2018年的375千克/亩，增加了4.5倍。总产由11 318.4万吨，增加到65 789万吨，增加了4.8倍。

[7] 魏源．海国图志 [M]. 长沙：岳麓书社，2011.
[8] 任继周．中国农业系统发展史 [M]. 南京：江苏凤凰科学技术出版社，2015：480-488.
[9] 庄国土．东南亚华侨华人数量的新估算 [J]. 厦门大学学报（哲学社会科学版），2009（3）：62-69.
[10] 费孝通．社会调查自白 [M]. 上海：上海人民出版社，2009：29-30.

自然，世界东方升起的生态文明的灯塔

任继周　郑晓雯　胥　刚

一、导言

“自然”一词出于老子（公元前571—前471），时在春秋末年。老子作为东周的守藏吏，生逢农业礼乐社会末期。礼崩乐坏，社会失序，诸侯国之间杀伐不断，民不聊生，史称春秋时期。他深感“天地不仁，以万物为刍狗。圣人不仁，以百姓为刍狗”[①] 的混沌世界不容延续。此时人类文明方处于农业社会幼年期，无时不在与大自然的磨砺交融之中。他感悟自然本体的存在，自然之道不可抗拒。世道之混乱非个人之力所可抵御，决然隐退。但他以哲人的智慧，认知这些人间苦难都是人类违反“自然”“无知妄为”的恶果。“自然”一词的出现，无异在地球的东方树立了一座人类智慧的灯塔，以永不枯竭之光指引人类探索前行。

何为“自然”？老子将人类社会与其依存的外在环境视为浑然一体，以虚实互见，内外兼备的“五千言”加以阐述。但老子用语简练，含义深奥，费人思量。以致后人对自然的理解莫衷一是。我国以王中江为代表的学者群两度聚会天津，博采众义，对“自然”一词做出界定，“自然”就是我们通常说的大自然，即今天生态文明回归的取向。

笔者从此说，以自然本体为生态文明农业之根柢，梳理各家学说。以自然本体为源，人类文明进程分为两大流派，即对“自然”以信仰认知为第一选项或以理性认知为第一选项。

对“自然”以信仰认知为第一选项流派最早注入人类文明长河，从而产生宗教。宗教信仰中的造物主制造了“自然”，同时制定若干真、善、美以及其他多种律令以体现神的意志，规范人类思维和行为，引领人类前行。人们对神的律令只能依从，不容怀疑，更不能改变。“自然”以宗教律令所构建人类文明的精神框架，对人类文明的发生与发展，具有道德规范作用。自古迄今，贯彻于人类文明史，其影响之重大毋庸置疑。

对“自然”以理性认知为第一选项者则形成科学流派，遵循科学规律，探索前行，不断发现新知，并以新知更替旧知。然而，随着科学的发展，人们对自然的认知逐步深入。以目前的科学积累，发现无可计量的新领域和与之俱来的无可计量的未知领域。正当科学家忙于对有形物质不断发现与破解之时，又邂逅比有形物质质量大若干倍的暗物质。自然界所含物质数量之巨大、结构之繁复、分布之恢宏及其运行之格局，以人类今日的科学追究“自然”本体，其难度之大，几近无解。对这类无解的客观实体，老子以其高度智慧概

---

① 《老子》第五章。

括为“自然”。

数千年来这种几近无解的“自然”并没有妨碍人类对“自然”之依归和追寻。这是因为人类作为“自然”本体之部分，为满足生存所需，以多种方式，循理性认知之长河，自然而然地，走上“自然”设定的历程，对“自然”的理解日渐深入。迄于近世，人类遇到难以逾越的生存障碍。此乃数百年来的工业文明，大生产、大消费、大排放的生产生活方式，已经走到生存环境承载量的底线。但人类的生存与发展不可遏止，人类文明必须上下求索，以求得新生路。

人类文明何处去？回归“自然”已成全球共识。这一时代背景让世界将目光转向人类文明幼年期，位于地球东方的“自然”智慧之灯塔重现光芒。

二、西方对东方自然观的认同

西方工业文明的先觉者，如法国的伏尔泰[①]，在工业社会发生的早期，就对工业文明可能的危机有所察觉。降至20世纪末至21世纪初，工业文明与生存环境的冲突，触动了全世界的诸多学者、国家决策人，乃至联合国有关组织。于是集体发声[②]，惊呼问题的严重而急迫。人心指向回归“自然”的生产、生活方式，即建立以“自然”为生存基质和依归的生态文明。皈依“自然”，成为生态文明的唯一选项。

如今我们站在后工业化时代人类文明的高峰，俯瞰人类文明的长河蜿蜒奔流的全景，发现三千年前中国礼乐时代孕育，底成于春秋早期的“自然”灯塔的闪光，透过当前的迷雾，照亮人类文明的前途。如前所述，工业化早期如法国的伏尔泰，以及后起的美国霍尔姆斯·罗尔斯顿（Holmes Rolston）[③]，富兰克林·H. 金[④]，英国的赫·乔·威尔斯[⑤]对东方的农业文明都有积极的评价。其中，小约翰·柯布[⑥]最具代表性，他认为“生态文明的希望在中国”。比利时物理学家，耗散结构的发明者普里戈金更为明确地表述了西方学者对中国自然观的肯定。他说：“中国传统学术思想是着重于研究整体性和自发性，研究协调与协同。现代科学的发展符合中国哲学思想。遂预言西方科学与中国文化对于整体性、协同性理解的很好结合，将导致新的自然哲学和自然观。”[⑦] 作为西方工业化恶果感受者，虽然对中国小农经济的认识难免有所不足，但其思想主流，扬弃工业社会对自然的粗暴干预，尊重东方仁爱万物，“道法自然”的生态文明则无可非议。

---

① [法] 伏尔泰．风俗论 [M]. 北京：商务印书馆，1994：86.

② 任继周．中国农业伦理学导论 [M]. 北京：中国农业出版社，2018：86-87.

③ [美] 霍尔姆斯·罗尔斯顿．环境伦理学：大自然的价值以及人对大自然的义务 [M]. 杨通进，译．北京：中国社会科学出版社，2000.

④ [美] 富兰克林·H. 金．四千年农夫：中国、朝鲜和日本的永续农业 [M]. 程存旺，石嫣，译．北京：东方出版社，2016.

⑤ [英] 赫·乔·威尔斯．世界史纲 [M]. 吴文藻，谢冰心，费孝通，译．南宁：广西师范大学出版社，2015.

⑥ 何慧丽，小约翰·柯布．解构资本全球化霸权，建设后现代生态文明——关于小约翰·柯布的访谈录 [J]. 中国农业大学学报（社会科学版），2014（2）：21-28.

⑦ 湛垦华，沈小峰，等．普利高津与耗散结构理论 [M]. 西安：陕西科学技术出版社，1982：204. [比] 普里戈金，又译为“普利高津”。

在这里需要说明精神文明的发展与物质文明的发展是难以同步的。例如工业文明发达，经济富裕的国家，往往丢掉人类文明的游戏规则，而以丛林法则霸凌弱势群体，甚至制造种族灭绝的悲剧。最近而被普遍认知事例莫过于后工业化时代带来的贫富差距加大，生存环境被粗暴破坏，道德文明断崖式下降。

三千年前中国处于农业社会的初期，物质文明水平很低，但社会生态系统却如一块璞玉，产生了“自然”这一哲学理念，“自然观”遂相偕出现。“自然”智慧之灯塔标志了人类伦理文明的第一高峰。经过漫长的农业文明和工业文明的曲折道路，三千年后接踵而来的生态文明应为人类文明第二高峰。人类文明螺旋上升，恰与我国冀望的人类命运共同体同步到来。三千年一个螺旋式轮回，甚为巧合。

生态文明的特色就是人与自然和谐共处的圆融情景。植根于自然生态系统的农业，以及由此衍发的农业伦理学，被推到回归“自然”的一线。

三、“自然”一词的溯源

老子在三千年前首次提出[①]“自然”这一哲学范畴绝非偶然。中国农业社会的早期，老子生逢中国农业社会礼崩乐坏的春秋[②]末期。作为东周守藏吏的老子，熟悉历史典籍，面对弑君三十六，灭国五十二[③]，战乱纷起，民不聊生的世象深感厌恶。老子以超常的智慧，集毕生之体验，经深邃思辨，感悟“不知‘常’，妄作，凶，”（《老子》十六章）为乱世之源。而“常”在何处？“常”在“自然”。老子以人的生存为基点，构建了“人法地，地法天，天法道，道法自然”，而道即“自然”[④]，提出这一四维逐级关联的认识论。“自然”为世界万物之源，也是万物的最后归宿，即当今大家共识的大自然。

农业伦理学工作者通过自身的广泛体用，以“自然”范畴为共识，以自然为法，并在此基础上展开农业伦理学的阐述。

农业伦理学将“法”与时、地、度三者作为多维结构之一。此“法”即为“人法地，地法天，天法道，道法自然”之法。从语法特征判断，意为人以地为法，地以天为法，天以道为法，道以自然为法。将“自然”置于认识论的最高端，按其词性应兼指自然的物质实体和非物质的运行之道。老子又说“域中有四大”，即人、地、天、道，而道即“自然”。在这里“自然”未含“四大”之内，可将其理解为“道”的同义词，或道为自然的内涵组分。显然，“自然”兼具物质的和非物质的双重属性。由于中国古语对“自然”内涵的简约称谓，“自然”的物理性和非物理性曾长期混淆不清。汉代自道教兴起后，将“自然”一词由科学属性移入宗教属性。逮至董仲舒的“天人感应”论出，中国古代的“天”意指客体呈现的自然现象，亦即“自然”的浅表涵义。儒道两家于此取得共识，对“自然”的形而上学的非物质属性诠释几成主流。直到19世纪末叶，与西方的“自然”（nature）相

① 任继愈．老子绎读［M］．北京：北京图书馆出版社，2006：54－55.

② 孔子修订《春秋》而得名。这部书记载了从鲁隐公元年（前722）到鲁哀公十四年（前481）的历史。

③ （西汉）司马迁：《史记・太史公自序》。

④ 《老子》第二十五章。

遇，中国知识界以“格物穷理”[1]的“物”和“理”去认知自然，亦即老子原本对“自然”一词重新体悟，明确了“自然”为物质的与非物质的两者兼有的实体。三千年前老子所说的“自然”，即本然存在，当下认知的“大自然”的“自然”。

如上所述，我们对自然本体知之甚少，我们只能由本身所及之物推演其涵育万物之道。农业的系统耦合可为参照系[2]，由此试行演绎。个体生物必存在于某一系统之中，通过多次系统耦合，逐步扩大，延伸至生物圈整体。生物圈整体再经与自然界其他系统无数量的系统耦合，终将构成“自然”整体。因此，可界定“自然”一词是至大无外，至小无内，囊括万有，无以名状的本然存在的实体。

举凡目之所及，大至数以亿计的银河系，小至物质的最小粒子，是自然的有形的部分。更有远多于有形部分的“暗物质”，对此我们几乎全然无知。但自然为独特有序的结构功能实体应无疑义。

人类要迎接生态文明时代的到来，就要尽可能多地探索以自然为本的无极内涵及其内部的运行规律。并恪守已知的自然规律，谨慎探索前行。行社会生态系统之正道，即符合伦理规范的游戏规则，去农业和工业违反游戏规则的恶行，即丛林法则。

这里提出了人类文明的游戏规则与丛林法则一对概念[3]。前者体现顺应自然的文明行为的系列法则，后者则为反自然的非文明行为的系列法则[4]。

社会生态系统的游戏规则应理解为“自然”本体规律中人类文明的组分。这是春秋时代已经出现，但未被充分理解的命题。

四、老子与孔子对自然观的历史贡献

老子（图1）所说的“自然”本体有多重含义：其一，“自然”是本然存在之物，不可能追问其源头何来？其二，“自然”呈无始无终，有序运行的不可分割的整体存在；其三，虽然我们对“自然”所知甚少，但其有序运行无可怀疑，也无法撼动，凡违反其规律者必遭淘汰。恩格斯告诫人们，违反自然规律的行为必遭自然惩罚，此为人类以自然为参照系自我反省之义。“自然”只是我行我素，并无对他者恩赐或惩罚之意，更与董仲舒的“天人感应”论无涉。人的行为如违背自然规律，

图1　老子像

（资料来源：《中国历代人物图像集·上》，华人德主编，上海古籍出版社，2004）

① 出自（明）方孝孺《答郑仲辩》：“其无待于外，近之于复性正心，广之于格物穷理。”

② 任继周．中国农业伦理学导论［M］．北京：中国农业出版社，2018：250．

③ 参见本书，任继周，卢海燕，郑晓雯，胥刚，《游戏规则，伦理学必须牢守的战略要地——必要的生存方式，人类的文明基石，搅局者的禁区》。

④ 参见本书，任继周，《丛林法则的农业伦理学解读》。

就会为自然规律所淘汰。正如荀子《天问》所说“天行有常，不为尧存不为桀亡”。

孔子（图 2）与老子同处于春秋末期而出世略晚约二十年，虽为儒家宗师，却是老子“自然观”的赤诚追随者。老、孔二子为农业社会的王道乐土、礼乐文明的“自然观”范式，共同作出了不朽的贡献。后人多以儒道两家的处世行为相悖而行，而互相对立。这是老、孔二子以后发生的伦理学扭曲，它掩盖了老、孔二子的“自然观”同一的本质。

老子身处春秋乱世，乱象蜂起，如滔天洪水，不可遏制。老子在厌恶而无奈之余，退而静思，怀抱返璞归真的自然观，留下“五千言”而悄然离去[①]。对《老子》全书我们于此不遑论述，只撮要其四个字以证实老、孔二子自然观的同一性。

图 2　孔子像

（资料来源：《中国历代人物图像集・上》，华人德主编，上海古籍出版社，2004）

撮要的四个字是“无为”与“不争”。老子的自然观以“无为”和“不争”为核心。老子说“无为而治”，孔子说“天何言哉？四时行焉，百物生焉，天何言哉？”（《论语・阳货篇》），又说“无为而治者其舜也与？夫何为哉？恭己正南面而已矣”（《论语・卫灵公》）。老子说“以其不争故天下莫能与之能争”（《老子》第六十六章）[②]。孔子说“君子无所争”。显然，老、孔二子对“无为”和“不争”两关键词的理解并无差异。但是，“无为”不是消极的无所作为，而是从无为而达到“无所不为”；“不争”意在“天下莫能与之争”（老子六十六章）[③]，孔子的“君子无所争”，亦指尊崇自然而不争的仁者终将胜出[④]。

“人法地，地法天，天法道，道法自然”，可谓老子哲学的纲领性表述。老子根据农业社会的体验，他以人为本，由人而地，而天，而道，而自然。这是人、地、天、道四个维度的第次关联。老子将“自然”本体论阐发为《老子》（《道德经》）五千言。据最新研究，《老子》是目前被英译最多的中国典籍，在英语世界的发行量仅次于《圣经》和《薄伽梵歌》。另外《老子》还被译为 73 种文字分布全球各个角落。老子以其美妙的韵语，丰赡的蕴意向世界讲述了中华文明的自然观，风靡世界。我们不妨说，老子是中国自然观的创立者和首席宣讲人。其影响之深远广大已有共识，毋庸赘述。

孔子对老子的自然观不仅认同，而且苦苦追求，笃信不疑。最明确的例证莫如孔子与老子的几次对话。史载孔子曾执弟子礼请益于老子。孔子四见老子，其中三次有较为详细的文献记载（图 3）。

孔子和老子的第一次会见载于《史记・孔子世家》。孔子适周问礼，盖见老子云。辞去，而老子送之曰：“吾闻富贵者送人以财，仁人者送人以言。吾不能富贵，窃仁人之号，送子以言。”老子善意地对孔子说：聪明而深察事物的人常受死亡的威胁，因为他喜欢议

① 《史记・老庄申韩列传》记载：“老子修道德，其学以自隐无名为务。居周久之，见周之衰，乃遂去。”

②③ 任继愈．老子绎读［M］. 北京：北京图书馆出版社，2006：48.

④ 《论语・八佾》。

图 3 （东汉）孔子见老子画像石，第二层左起第八人手扶曲杖右向立者，榜题“老子也”；第十人左向立，榜题“孔子也”；其他人还有颜回、子路、子张等

（资料来源：中国美术全集·画像石画像砖一，黄山书社，2009）

论别人；博学而善辩的饱学之士，常遭困厄危及自身，因为他揭发别人的恶行[①]。孔子回来后，深感进益。在《论语·为政第二》中以自己的话说出同样的道理：“多闻阙疑，慎言其余，则寡尤；多见阙殆，慎行其余，则寡悔。”与老子告诫为同义。

孔子和老子的第二次会见载于《史记·老子申韩家列传》，孔子对老子说了一套自己的意见。老子回答：“子所言者，其人与骨皆已朽矣，独其言在耳。且君子得其时则驾，不得其时则蓬累而行。吾闻之，良贾深藏若虚，君子盛德，容貌若愚。去子之骄气与多欲，态色与淫志，是皆无益于子之身。吾所以告子，若是而已。”老子这段富于辩证法的话，其核心思想是告诫孔子：君子得际遇时可施展才能，不得际遇时就与常人一样隐于蓬草之间。这与孔子“天下有道则见，无道则隐”（《论语·泰伯篇》）完全同义。老子在这次会见中还略无隐讳地批评孔子急于求成的骄、欲之气。孔子不但不以为忤，反而对老子推崇到极致。他说：“鸟，吾知其能飞；鱼，吾知其能游；兽，吾知其能走。走者可以为罔，游者可以为纶，飞者可以为矰。至于龙吾不能知，其乘风云而上天。吾今日见老子，其犹龙邪！”[②] 孔子比喻老子的思想如飞龙在天[③]，浑无际涯，深奥无可揣度。这次会见意义重大，不仅肯定了老子自然观在孔子思想上不可撼动的地位，也奠定了孔子晚年“道不行，吾将乘桴浮于海”，决心以身殉道的悲壮情怀。

孔子和老子的第三次会见，见于《庄子》的《天运篇》。孔子时年五十一岁，已经过了知天命之年，去向老子请教。他自述了五年研究礼教名数，十二年研究阴阳之道。自苦于还没有得道。老子向他讲了许多勿违自然的事例，然后总结说“心中不自悟则道不停留，向外不能印证则道不能通行。出自内心的领悟，不为外方所承受时，圣人便不再多讲；由外面进入，而心中不能领受时，圣人便不再留意”。孔子归来，闭门静思三月，然后再见老子，对老子说“我明白了。很久了，我没有和造化为友。不和造化为友，怎能去化人！”孔子这里说的“造化”即“自然之道”。老子说“对了，孔丘得道了！”[④] 孔子和

---

① 原文出自《史记·孔子世家》：“聪明深察而近于死者，好议人者也。博辩广大危其身者，发人之恶者也。”

② （西汉）司马迁：《史记·老庄申韩列传》。

③ 《庄子·天运》中也有“弟子问曰：‘夫子见老聃，亦将何规哉？’孔子曰：‘吾乃今于是乎见龙！龙，合而成体，散而成章，乘云气而养乎阴阳。予口张而不能嗋，予又何规老聃哉！’”

④ 原文“孔子不出三月，复见曰：‘丘得之矣。乌鹊孺，鱼傅沫，细要者化，有弟而兄啼。久矣夫丘不与化为人！不与化为人，安能化人！’”老子曰：“可。丘得之矣！”

老子终于取得自然观的统一。

有关老子和孔子的记载，都是老子对孔子的教诲，即使老子批评很重的话，孔子从不辩驳，而是退而反思，解悟其中的涵义。《庄子》中多次记载老、孔二子的交往，老子没有一次不是对孔子的善意教导，孔子也没有一次不对老子发出由衷的尊敬①。

综上所述，孔子视老子为长者，多次就教于老子，对老子的自然观力求深入体悟，只有共识，未有异见。西周的自然观为孔子和老子所共同尊崇，是为施行王道之本。对当时横行无忌的霸道，即农业丛林法则同声鞭挞。

五、老子与孔子对于自然观的处理分异与归一

尽管老、孔二子“自然观”的认同无所轩轾，但由于时代的局限，老、孔二子对于“自然观”的处理方式有所差异。时代的局限何在?“自然”被认同的初期，人类文明方处于幼年阶段，对自然本体认知尚不够清晰。

“自然”既包括自然生态系统，也包括社会生态系统。老子对“自然”以其富含诗意的表述，颇富浪漫色彩。他尽管有一系列富含哲理的伦理学表述，如“生而不有，为而不恃，功成而弗居。夫唯弗居，是以不去”② 等等，多不胜举，成为人类文明永存的财富，却不曾明确人类社会的“自然”属性。老子在热望回归自然，大力涤荡人间污浊时，发出“绝圣弃智”（《老子》第十九章）的激愤语言，给人以厌世的假象。使人想起给小孩洗澡，把脏水和小孩一起泼掉的故事。实则不然，老子常正话反说，以冷静的心态表述其“无为”的哲思。“为无为，则无不治”③。这里明确表示“无为”本身就是“为”。老子坚持其自然观，我行我素，面对多变世态，不苟同，不强求，终因时代所限，力有不逮而悄然离去，这并无伤于他对“自然观”的肯定。

孔子比老子约小 20 岁，精力方盛，在自然观的基础上，面对礼崩乐坏的乱世，力求挽狂澜于既倒，留住人类伦理观的黄金时期，以尽历史责任。这应属孔子人生观本然底色。

孔子作为儒家一员，需执行社会活动的礼乐程序，接触社会面较为广泛，其感受也与老子有所不同。春秋时代，孔子当然不可能认识到人类社会生态系统同属自然本体，但他确认人与社会不可分离，提出了丰富的待人接物之道。孔子在接过老子自然观的火炬以后，以自然观为其世界观的底线，建立了“泛爱万众而亲仁”（《论语·学而》）的“仁”的人生观和与之相应的价值观。孔子认为“仁”的礼乐社会的核心价值。他说：“人而不仁如礼何? 人而不仁如乐何?”（《论语·为政》）。这不仅是对哲学的贡献，更是孔子以“仁”为纽带，将自然生态系统和社会生态系统连接为一体，丰富了“自然”的内涵，也为农业伦理学打开一片新领域。

孔子为挽救“自然”这座伦理灯塔免遭灭顶之灾，尽了最大努力。他以虔敬的心态周

---

① 庄子中只有一次记载老子恶意评论孔子，悖离老子惯例，显然出于后人伪作。

② 任继愈．老子绎读［M］．北京：北京图书馆出版社，2006：6.

③ 任继愈．老子绎读［M］．北京：北京图书馆出版社，2006：9.

游列国，寻求施展其自然观的机遇，历经磨难，甚至几次危及生命而未能如愿[①]，于是返回鲁国，实地采访文化遗存[②]，整理礼乐时代的遗风和典籍。孔子穷毕生之精力，以其深厚的文化底蕴，对所有典籍做出透彻解析，阐述其涵义，美修其文词，综述为《诗经》《书经》《礼记》《易经》《乐经》载入史册，不妨认为上述五经就是孔子构建的礼乐时代的农业文明“自然观”的多维结构，亦即“自然世界观”的实质内涵。

孔子勤于治学。在当时交通阻梗，典籍散乱，各诸侯国文字尚未统一之时，居然编订散乱各地的竹木简册成为经典专著。其体量之巨大，付出之靡费，孔子竟以一己之力，完成这一划时代的文献工作，其艰难情状远非后学可以想象。若非孔子为身高九尺六寸的鲁国巨人，仅搬动如此巨量的新旧简册已为体力所难支，且不说求购、运输的靡费和劳累。仅以编订《诗经》为例，他在各诸侯国收集的大量诗歌简册中选定为“思无邪”[③]诗篇三百首，与今天文艺工作者下乡采风相比，其难度之大，无异于“挟泰山以超北海”[④]。

孔子对于早已失传的《乐经》的编订，尤为感人。在“揖让而治天下”[⑤]的礼乐时代，“乐”的涵义在《礼记·乐记》中多有记载[⑥]，但其演唱部分，可能由于口耳相授，记谱不够完善而失传。孔子为治《乐经》不辞辛劳，可循草蛇灰线以窥探其踪迹。孔子对鲁国的大师乐说了一套“乐”的理论“奏乐的过程是可以知道的：演奏开始，乐声热烈振奋，随着演奏的继续，乐声纯静和谐，清晰明亮，连绵悠长，直到乐曲圆满结束”[⑦]。孔子从头到尾听了乐师挚的演奏，赞美“洋洋乎！”[⑧]听了“韶”乐和“武”乐，评赞说《韶》：“尽美矣，又尽善也。”谓《武》：“尽美矣，未尽善也。”[⑨]孔子沉醉于“韶”乐的旋律中，甚至“三月不知肉味”[⑩]。孔子不仅有很高的音乐修养，还亲自操练磬琴等乐器，学习咏唱诗歌[⑪]。

孔子直到晚年还钻研易经，将编辑书简的皮条磨断三次，还不无遗憾地说：“假我数年，若是，我于易则彬彬矣。”[⑫]

孔子是个敏于思而勇于行的仁者。他痛恨“乡原”[⑬]，不能容忍“以万物为刍狗”的乱象横行。他没有止步于对以往文献的编著，于是躬亲作《春秋》[⑭]，将东周前半期（公元前770—前476，历时294年），历史事件秉笔直书，明其史实，彰其善恶，使操弄丛林

---

① （西汉）司马迁：《史记·孔子世家》。

② 《论语·八佾》：“子入太庙，每事问。”

③ 《论语·伪证》：子曰：“诗三百，一言以蔽之，曰：‘思无邪。’”“思无邪”一语出自《诗经·鲁颂·駉》：“思无邪，思马斯徂。”

④ 《孟子·梁惠王上》。

⑤ 《礼记·乐记》：“揖让而治天下，礼乐之谓也。”

⑥ 《论语·八佾》。

⑦ 陈鼓应的译文。原文是“乐其可知也：始作，翕如也；从之，纯如也，皦如也，绎如也，以成”。

⑧ 《论语·泰伯》：子曰：“师挚之始，《关雎》之乱，洋洋乎盈耳哉！”

⑨ 《论语·八佾》：子谓《韶》：“尽美矣，又尽善也。”

⑩ 《论语·述而》：子在齐闻《韶》，三月不知肉味，曰：“不图为乐之至于斯也。”

⑪ 《论语·述而》：子与人歌而善，必使反之，而后和之。

⑫ （西汉）司马迁：《史记·孔子世家》。

⑬ 《论语·阳货》：乡原，德之贼也。

⑭ “六经”为《诗经》《尚书》《礼记》《易经》（即《周易》）《乐经》和《春秋》。

法则危害社会者无可遁形，“春秋作乱臣贼子惧”[①]，其社会教化意义历久而弥远。后世把孔子所记录的时代称为“春秋时代”，把孔子文风称为“春秋笔法”，把《春秋》视为经典，原来的“五经”从此增为“六经”。

孔子丰富了老子自然观的学术内涵，东方“自然”之灯塔为之增光。我们很难设想，如果没有孔子对自然观的经典阐述，仅凭老子的五千言，东方自然观对西方工业化世界会有如此大的吸引力。孔子对回归自然的生态文明作出了不可磨灭的贡献。

孔子明白地说：“周监于二代，郁郁乎文哉！吾从周。”（《论语·为政》）他用自己的行为和语言清晰表明，他毕生献身于礼乐文明的挖掘、探索与梳理。他是护持王道的忠贞卫士。老子点燃了自然观的火炬，孔子传承薪火坚贞前行，老、孔二子对自然观认同的哲学思想属于同一时代的不朽哲人。

然而历史的车轮碾碎了老、孔二子的“自然观”的美梦。老子骑青牛出潼关不知所终。而孔子怀抱自然观的璞玉，不改初心，终老鲁国家园。在他离世以前，发出绝望的叹息：“甚矣吾衰也！久矣吾不复梦见周公！”（《论语·述而》）但他的自然观的初心坚如磐石，他说：“朝闻道，夕死可矣。”（《论语·里仁》）并且也下了老子那样隐逸于世的决心，“道不行，乘桴浮于海”（《论语·公冶长》）。老、孔二子选择了同一归宿，道不行，遁世而去。

老、孔二子留下的“自然世界观”和“仁”的人生观将于天地长存，日月永光。此等大事我国史籍泛称为“黄老之术”。学术源流各有所本，我们对此存而不论。但农业伦理学应以科学事实为依据，如以“老孔之学”取代“黄老之术”，则更为存本真而正史实。

六、后孔子时代的历史悲剧

历史竟如此诡谲莫测。老子身后发生了与他本人毫无关系的道教。此事与本文无关，不予涉及。孔子身后则出现了假孔子之名行反孔子“自然观”和人生观的非义事件，且历史长久，影响深远。此事说来话长，以实例说明可能更为清晰。

图 4　汉武帝像

（资料来源：《中国历代人物图像集·上》，华人德主编，上海古籍出版社，2004）

现以汉武帝（图 4）为例。汉武帝为举世公认英明君主，他对中华民族的巨大贡献无可怀疑。但他采纳儒者董仲舒设计的文化政策，高举“罢黜百家独尊儒术”的旗帜，却以“君命天授”说取代了老、孔二子的自然观，更以“君为臣纲，父为子纲，夫为夫纲”的三纲建立了皇权专制的恢恢巨网笼罩“天下”，摒弃了孔子以“仁”为核心的仁爱万物的人生观。两千五百年来的皇权时代，虽因皇权的强弱而对基层压榨有

① 《孟子·滕文公下》：“孔子成《春秋》而乱臣贼子惧。”（西汉）司马迁《史记·孔子世家》：“春秋之义行，则天下乱臣贼子惧焉。”

所轻重，但终于确立了霸道取代王道的超稳定格局。诚属中华文明历史的遗憾。

君臣关系可为区分王道与霸道的分水岭。孔子说“君使臣以礼，臣事君以忠”（《论语·八佾》）。而汉武帝残暴群臣，动辄灭族[①]，与“民为贵君为轻”[②]的孔儒思想更是南辕北辙。汉书酷吏传共列酷吏十四名，而汉武帝一朝就达十名之多[③]。汉武帝以霸道君临天下，世人谑称为“内法外儒”，实则以假乱真，是为学术道德之大忌。以持论平稳见称的司马光也说：“孝武穷奢极欲，繁刑重敛，内侈宫室，外事四夷。信惑神怪，巡游无度。使百姓疲敝起为盗贼，其所以异于秦始皇者无几矣。”[④]

继汉武帝的“成功”经验，此后历代帝王无不以此为圭臬，沿袭发展。在中国行之有效的城乡二元结构中，社会的上层少数精英传承了华夏文明精华，创造了大量文化瑰宝，作出时代贡献。但农业丛林法则在皇权社会护持之下猖獗发展，悖反“自然观”和“仁”政的恶果成为我国沉重的历史负担。君臣之礼全然废弃，因忤君罪而处死者难以计数，降至明代甚至当庭杖责，剥皮致死。清朝满族臣下竟自称“奴才”，而汉人连称奴才的“荣誉”也没有。基层农民的苦难更罄竹难书。后人每当诵读杜甫的“三吏”“三别”，白居易的《卖炭翁》《新丰折臂翁》这类写实诗篇时，难忍泪眼模糊，眼前浮现一片悲惨世界。

酷刑与苛政是“乡愿”成长的沃土，以致世风腐朽，国家由盛而衰，沦为全球列强的围猎苑囿，国将不国。物极必反，终于爆发了以五四运动为标志的新时代，伟大思想家鲁迅发出了《呐喊》(1924)。他在《狂人日记》中说：“我翻开历史一查，这历史没有年代，歪歪斜斜的，每页上都写着‘仁义道德’几个字。我横竖睡不着，仔细看了半夜，才从字缝里看出字来，满本都写着两个字‘吃人’!”这话出自狂人之口，真真假假，似假还真。孔子早已远去，“后孔子儒”还在。吃人的故事远未终结。鲁迅笔下的“祥林嫂”[⑤]（图5）和《药》的故事[⑥]可为脚注。鲁迅为我们展开了压迫与抗争的悲壮图景，这正是“后孔子儒”的时代画图。

图5　祥林嫂插图

（资料来源：《祝福评析》，蔡晓峰编著，辽海出版社，2019）

历史在前行。每个时代，都有自己的核心思想。老、孔时代的自然世界观被后来的非老、孔世界观所取代，是史之常规，可以理解。汉武帝以前，鉴于秦王朝行法家暴政，而兴亡于倏忽之间，遂改辙“黄老之术”，实即“老孔之学”的王道政治，即汉景帝和

① 司马迁：《史记·酷吏传》。

② 《孟子·尽心下》，原文“民为贵，社稷次之，君为轻”。

③ 班固：《汉书·卷九十·酷吏传第六十》。

④ （宋）司马光《资治通鉴》：“汉纪十四世宗孝武皇帝下之下。”

⑤ 鲁迅小说《祝福》中的人物。鲁迅先生纪念委员会．鲁迅全集：第2卷［M］．北京：光华书店，1948：139-162.

⑥ 鲁迅．鲁迅全集，编年版：第1卷［M］．北京：人民文学出版社，2014：659-669，1898-1919.

汉文帝时，国富民安，为后世称道的“文景之治”。

汉武帝力求国势振拔，采纳董仲舒的“天人三策”[①]，政治文化生态骤变。此后皇权至上，老、孔的“自然世界观”和“仁”的人生观黯然失色。中国农业社会从老、孔时代的王道转入皇权时代的霸道，华夏文明从此发生向背之别的大转折。因此，我们建议应将儒家分为“孔子儒”及“后孔子儒”两个阶段。董仲舒可为两个阶段的分界线。其用意仅仅为了科学述事，并没有对两者评价的涵义。

七、结语

老子创立了“自然”一词和与之相偕发生的自然观。孔子则穷毕生之力，体悟、捍卫并充实其内涵。孔子建立了“仁”的人生观，将自然生态系统与社会生态系融入“自然”本体，在哲学领域作出开拓性贡献，也为农业伦理学开辟了一片新天地。春秋晚期，华夏出现老子与孔子智慧双星。他们共同构建了人类文明的“自然”之灯塔，让古老中国的“自然观”一度炫耀长空。此为中华民族的骄傲。

老子本人是绝佳的述事者，如飞龙在天，以诗的韵律，函虚的语言，盘桓炫舞于宇宙间，向世人宣讲其自然观的朴素哲理，如今已化为七十三种语言广布寰宇。

孔子承袭了老子的自然观，并穷毕生之力，探幽发微，将自然观从诗、书、礼、易、乐五个维度，梳理阐发，即世称的五经，此为孔子对礼乐时代的文化表述。他著《春秋》鞭挞霸道，宣扬王道，“春秋作乱臣贼子惧”。但终因“道不行”，怀抱其饱含自然观的儒家思想饮恨长逝。此后儒家分为“孔子儒”和与之大有区别的“后孔子儒”。但后世不仅两者混为一谈，更有以后者掩盖前者的趋势。我们有责任强调，孔子以自己的言行证明他是老子“自然观”传薪人，终生不渝的礼乐时代仁政的建设者，王道建设者，岿然独立于丛林法则浊流的中流砥柱。

本文不涉及老、孔二子的整体学术思想，旨在说明两者同循历史发展规律，高筑“自然”之灯塔，服膺礼乐时代的王道，厌弃礼崩乐坏后的霸道。在礼崩乐坏的乱世，老、孔二子都明白宣示，“道”不行，即决然遁世而去，绝不苟同于霸道。

纵观人类社会的农业伦理观史，游戏规则与丛林法则相互纠缠，在游戏规则的护持下，既创造了代表该时代的文明瑰宝，也在丛林法则的干扰下，留下一些反文明行为的恶果。我们试做如下历史简括。

老、孔二子颂扬的礼乐时代，处于农业文明初期，生存所需的衣食等物质需求已基本满足，于是以游戏规则为依据，创建了与游戏规则最为接近的礼乐系统。尽管不时受到农业丛林法则的干扰，但未能动摇其“五经”文化的多维结构，树起了人类文明的第一座“自然观”灯塔。当我们以科学史为据讲述农业伦理学这门学科时，不得不将“自然观”灯塔建造者，正名为“老孔之学”，而非“黄老之术”。至少不可将毕生献身王道事业的孔子重起于九泉之下，作为皇权霸道的护身符招摇于世。

---

① 元光元年，汉武帝更化鼎新，诏举贤良，董仲舒连上三篇策论作答，因首篇专谈“天人关系”，故史称“天人三策”。

礼乐时代之后，“后孔子儒”伴随皇权时代而兴起，在皇权的支持下，农业丛林法则大行其道，社会两极分化严重。秉承游戏规则的少数社会精英，承袭老、孔时代的若干有益文化基因，在文学、艺术、哲学、美术、数学、天文、历法等方面取得了历史性进展，是为人类文明之瑰宝。同时，处于社会底层绝大多数农民所受的灾难则罄竹难书。当我们为华夏皇权帝国以数千年 GDP 稳居世界第一而自豪时，应勿忘这都是华夏基层农民的血泪与骨肉的堆积。“后孔子儒”伴随皇权政治，其思想影响既深且远。他们培育了深厚的“乡原”沃土，建立了超稳定的皇权至上的圣殿。

工业化时代，人类社会进入工业文明。欧洲的文艺复兴与相继发生工业革命，以精神的与物质的双手，把人类文明推入工业文明新阶段。倡导自由、平等、博爱，重契约，乐互助等理念高调入世，工业文明的历史功绩不容磨灭。但其思想根柢在“征服自然”，将达尔文的物种进化论异化为“达尔文主义”，于是弱肉强食的工业丛林法则披上合法的伦理学外衣，远离“自然”与仁爱，霸凌现象迭出，贩卖黑奴，消灭印第安人等土著种族，热战与冷战交替登场。与此同时爆发了危及全球的生态危机。回归自然是后工业化时代的唯一出路。

中国作为农业古国，有幸经历了农业时代、工业时代到后工业时代的全过程。在这漫长三千年中，老、孔二子树立的自然观文明之灯塔被皇权时代的丛林法则挤出历史舞台。而后被继起的工业丛林法则残暴凌虐。

毕竟历史在前进，今天，后工业文明时代，登上伦理观高峰的人类，视野远比以往宏阔而高远。经过三千年的游戏规则与丛林法则的纠缠，人类文明的文化基因，老、孔时代“自然世界观”和“仁”的人生观终于复苏，且日趋茁壮。尊重“自然”，回归“自然”的呼声难以遏制，生态文明的自然观正在成为世界共识。

历史新契机已经到来。生态文明的建设已经起步。三千年前老、孔二子的自然观将螺旋上升而回归世界。他们辛勤营造的“自然”之灯塔将再次屹立于世界的东方，照亮人类新的航程，走向生态文明。我国农业工作者应善用际遇，发挥专业特色，作出新的历史贡献。

中国农业伦理观的新历史站位

任继周

一、中国农业伦理观历史的错位

中国农业面临许多令人迷惑的问题。例如，为什么在国家崛起的大好形势下，却出现了举国为之忧虑的“三农问题”？为什么我们几十年来从未停止过多种支农活动，却不见城乡差距的明显淡化，反而不时表现得更加突出？为什么我们倾全力维护的18亿亩耕地红线以内的农民收入微薄，甚至种地赔钱，青壮劳动力冒险冲破“盲流”的藩篱而纷纷离开农村？我国农村留下以千万计缺少父母和社会关怀的“留守儿童”，将给社会留下多少隐患？为什么我国的农产品生产成本比进口产品到岸价还高？更为严重的是，为什么作为立国之本的水土资源被严重耗损甚至被毒化，更殃及社会的食物安全？

这些令人困惑的问题显示中国农业的严重失常，必将涉及社会诸多方面。究其根源不应归咎于某届政府或某项政策的得失。中国农业沉疴的症结在于时代性的农业伦理观的缺失。

中国自诩为农业文明古国，近两百年来又遭受世界狂风恶浪的撞击，有丰富的正、反两面的伦理学素材。但我们没有把这些伦理学素材提升为农业伦理观的认知。当医学伦理学、工程伦理学、生态伦理学、商业伦理学等学科早已走上大学讲坛时，我国几十所农业大学，竟没有一家开设农业伦理学课程。农业伦理学竟不在我国高层农业精英群体视野之内，更谈不到全国上下对农业伦理观的觉醒了。

中国的农耕社会构建了以“农耕文明”为核心的“中华文化”。“农耕文明”和皇权政治相结合，以其独具特色的稳定性和包容性，形成“中华文化”的主流。但受时代局限，它所包容的组分过分简单，它的构建过分扁平。出自这一农业系统的“农耕文明”的伦理学容量（ethical capacity）必然偏执而狭小，这对于国内56个民族熔铸而成的“中华民族”来说，已经有些削足适履，很难自圆其说了。如今我们走出国门，进入后工业化世界，更是困难重重。

中华民族要立足世界，必须跨越从“农耕文明”伦理观到现代农业伦理观这道障隔。

为了说明古老的“农耕文明”与现代社会文明这道障隔有多么巨大，我们不妨裁取唐代大诗人白居易描述的《朱陈村》图景一角，展示给大家：

徐州古丰县，有村曰朱陈。去县百馀里，桑麻青氛氲。
机梭声札札，牛驴走纭纭。女汲涧中水，男采山上薪。
县远官事少，山深人俗淳。有财不行商，有丁不入军。
家家守村业，头白不出门。生为村之民，死为村之尘。

田中老与幼，相见何欣欣。一村唯两姓，世世为婚姻。

亲疏居有族，少长游有群。黄鸡与白酒，欢会不隔旬。

生者不远别，嫁娶先近邻。死者不远葬，坟墓多绕村。

既安生与死，不苦形与神。所以多寿考，往往见玄孙。

这是大唐时期的农耕文明的生动写照。如果这些唐人与现代社会迎头相撞，其愕然失措的情状难以想象。我们这群在“农耕文明”养育下走来的朱陈村的后裔们，虽然历经千年岁月，生活和思维都有了很大改变，但“农耕文明”的阴影仍然不能低估。社会学家费孝通20世纪80年代的考察报告提出中国是“五谷文化”，其特点就是“世代定居”“人粘在土地上”。自给自足的传统反映到现在就是，小而全，不求人的封闭经济。形成了人口流动小，不善于而且想回避新事物等特点[1]。可见直到20世纪80年代，农耕文明还保持了它的基本特征。农耕文明与现代社会发生了时代错位的悲剧。今天我们可以欣赏朱陈村的古朴韵味，但它不能移入今日现实生活。即使我们深深依恋“农耕文明”原有的田园牧歌式的情调，也必须加以审慎重铸，保留其基因精华，扬弃其陈旧渣滓，才能纳入现代农业文明的框架之内。这是我们无可回避的历史使命。

二、历史的考验与机遇

我们带着“农耕文明”伦理观一路走来，不自觉地经历了两次农业结构大变革。第一次是从20世纪50年代到80年代，历时约30年，将小农经济变革为大型计划经济。这次农业变革带来过怎样的灾难性后果，大家记忆犹新，不必细说。第二次是20世纪90年代到现在，将计划经济改变为市场经济，作为对加入WTO的回应，中国农业从封闭走向开放而融入世界。我国在这次变革中收获颇丰，但也付出了沉重代价，这就是上面我们所说的农业的种种困惑。以上两次农业结构大变革都是不期而遇，缺乏伦理观的自觉应对，教训深刻。

现在我们已经被倒逼着，面临第三次农业结构的大变革，即以农业“供给侧改革”为基础的从陆地农业系统到走向海外的陆海农业系统。首先，国民动物性食品已经由“辅食”进入食品的主流。这个动物性的“辅食”消耗量折合为食物当量，已经是我们传统“主食（口粮）”的2.5倍至3倍。这次静悄悄的食物革命，我们被“以粮为纲”的传统概念“一叶障目”，未能及时察觉。我们的农业仍然聚焦粮食，而对比粮食多2.5倍至3倍的饲料需求却未予重视，引发了供给侧与需求侧的严重错位。我们抢购牛奶和奶粉问题曾惊动世界，从猪肉到鸡爪各类畜产品大量进口。吸取以上两次教训，我们农业伦理观的自觉性已经萌动。

但审视我国的农业资源，早已由“地大物博”变为资源贫国。我国的水土资源只有世界平均水平的1/4。而我们动物性食品的水平只有发达国家的一半。尽管我们不以发达国家的食品结构为目标，但口粮与畜食之间的差距今后一段时期内还将扩大。这个问题如何解决当专题论述，于此从略。

21世纪第一个十年，我国面临迎接“人类命运共同体”[3]这个宏伟命题。这就需要与这个宏伟命题相适应的宏大的农业伦理观。中国农业伦理学面临新的考验。

现代农业是从原始的“草地农业”的“人居-草地-畜群放牧系统单元”演化而来的，就是本初的人类农业社会结构。后来因为生产和生活的需要，从“草地”中分出部分土地用于耕作，于是衍发了以西欧模式为原型的现代农业。今天我们到西欧农村走走，不难看出这个本初农业社会的影子。他们没有中国聚族而居的农业村落，仍然一家一户地守护着各自的生产和生活的农庄，即遥远的“放牧系统单元”之余绪。但他们的农业现代化已经与社会现代化相偕实现。

农业现代化的涵义是什么？我们曾见到种种有关农业现代化的憧憬和描述，也不止一次地提出过实现农业现代化的政策，但总的看来多是对农业现代化的阶段性进程规划，对农业现代化的整体论述还很少见。我们不妨设想现代化农业应该具备的特征：有科学安全的生产管理、严密高效的加工流通、全程追溯的监测检测，表现为产业先进、农民富裕、生态安全、乡村美丽的现代化农村和农业[2]，再加上有系统耦合的多层结构[3]。这是中国现代社会不可或缺的一翼。这样的农业系统涉及农业的生产、加工、流通、管理、检验、监测、金融、环境管理以及文教卫生等社会服务周全的农业系统。它几乎囊括了绝大部分现代社会系统中众多亚系统。我们古老的“农耕文明”结构过分简单而扁平，显然难以应对。我们必须加以精心熔铸，才能在中国现代文明的发展中浴火重生。

现代化农业将对它所衍生的现代农业伦理学提出新要求，并为之提供丰富的素材。中国农业现代化和它伴生的新型农业伦理学，必然成为中华文化的重要一翼，为即将到来的现代化农业和现代中华文明保驾护航。我们欣慰地看到中国农业伦理学迎来了千载难逢的机遇。

三、现代农业需现代农业伦理学护持

（一）现代农业伦理学的内涵

自从人类从渔猎社会走来，就自发地建立了群体生活。在群体生活之中，必然发生人与人、人与群体、群体与群体，以及人与自然环境的道德关联。这类道德关联以血缘、食物和生存地境三因素为核心，随着社会的发展而逐渐繁复而形成不同时代的理论系统。我们今天所说的农业伦理学，就是对人类道德的伦理系统的总体概括。

农业伦理学属应用伦理学，是研究农业行为中人与人、人与社会、人与生存环境发生的多种结构、功能关联的道德认知，并进而探索农业行为对自然生态系统与社会生态系统这两类生态系统的道德关联的科学。农业伦理学是人类文明本初的、不可或缺的一翼。

对这类关联做出道德范畴的解读，亦即对农业行为的对与错、善与恶、美与丑、公正与偏私、正义与邪恶、和谐与抵牾等进行道德认知，应是农业伦理学的任务。

农业是人通过农作干涉自然生态系统以获得农产品的过程。农业本质上就是人与自然、人与社会之间的一种关系样式。农业内在地包含人的农业行为准则，即伦理准则。其核心问题是依据农业对自然生态系统的干涉过程和结果，对自然的和社会的道德关联的伦理学解读。它不仅要回答人的农业行为“能”做什么，也应回答人“应”做什么，是为伦理学“正”解；还要回答人“不能”“不应”做什么，是为伦理学“负”解。解答的“正”与“负”在伦理学判断中同等重要，但“负”解比“正”解更为隐蔽，更难捉摸，往往被忽略，从而造成屡见不鲜的道德误判。人们对伦理学负解的忽视，不知道自己不能、不应做什么，可导致人们狂妄自大，铸成违天意、逆民心的大错而不自知。因此，我们说“要有能做什么的知识，还要有不能做什么的知识，才是知识的全称；只有能做什么的知识，没有不能做什么的知识，比没有知识更危险”[4]。

（二）农业伦理学语境的道德

农业伦理学除了对社会公理的认知，如公平、正义、仁爱、诚信、善恶、幸福这类道德的客观标准以外，还应结合农业行为的内涵，在伦理学的语境，列出农业伦理学公认的基本道德语言，并加以简约诠释，作为我们讨论农业伦理学的公理依据。

1. 辩证唯物论和历史唯物论：农业伦理学的方法论。
2. 生命体都属某一生态系统：生态系统内各组分共生。
3. 生态系统生存权和发展权：农业行为应照顾相关生态系统的生存和发展的正常运行，尊重生态系统的多样性。
4. 生态系统不应对所处环境发生损害。
5. 重时宜：时、空和农事活动协同发展。
6. 明地利：土地是有生命的，要养护其肥力常存不衰，并发挥其地域特色。
7. 行有度：农业行为不可超越理性阈限。
8. 法自然：农业行为在自然的“恢恢法网”之下有序运行，尊重自然规律不偏益偏损。

我们把上述公理付诸农业行为，归纳为时、地、度、法四个维度，构建了农业伦理学完整的多维结构。在农业理论系统中，如缺少上述任何一个维度，理论系统即将崩塌而不复存在。

农业伦理学属规范伦理学。任何道德标准，需规范伦理学加以辩证认知，如“盗亦有道”，提出了“盗”的道德准则。但盗的“善”与“恶”，或“对”与“错”，只适用于强盗集团这类“特殊社会”的内部，不具普世价值，因而不能成立。所谓“特殊社会”，其实质就是某些特殊利益集团，这在我们日常生活中并不少见。如果这类“盗亦有道”的伦理观也被承认，那就出现伦理学的自相背反的双重标准而危害社会，因而伦理学原则加以规范是必要的。

当公认的伦理观所蕴含的道德标准被社会认同以后，就自然形成伦理行为的社会规范，亦即社会成员共同遵守的道德契约而保持社会的有序运行。

（三）应用伦理学对道德的认识论主要有三类，即功利论、道义论和美德论

1. 功利论（utilitarianism）

功利论或称为目的论或后果主义。功利论不考虑一个人行为的动机与手段，仅考虑其行为的结果的善与恶。认为人应该做出“最大善”的行为，而且其中每个个体都被覆盖。其代表人物有杰利米·边沁和约翰·斯图亚特·密尔，他们认为人类行为的唯一目的是求得幸福，促进取得幸福的成果就是判断人的一切行为的标准[1]。纪元前 5 世纪的亚里斯提卜斯、前 4 世纪的伊壁鸠鲁、中国的墨子的伦理学中含有类似的思想。

功利论往往被曲解为以局部效益取代整体效益，致使农业系统行为发生偏私，效益分配欠公允。从人类社会的发生，直到工业化时代，这一被曲解的伦理观曾占据世界思想主流，即所谓“丛林法则”。弱肉强食，适者生存。科学的达尔文主义和社会实用主义为这一思潮提供了理论支撑。

2. 道义论（deontology）

道义论或称动机论、义务论。是以实施此类行为的原初动机为判读其行为的道德尺度。他们认为行为之道德准绳，不考虑、也不应当考虑结果，只要看其行为的动机善与非善。其道德判读尺度不是看该项行为是否带来是否有益的结果，而是以某种普遍的道德标准为依据。这种理论在中国以儒家孟子的利义之辩的“舍生取义”为代表。西方的代表人物是康德，他认为人必须为尽义务而尽义务，而不能考虑任何外在因素。在西方宗教界，道义论则以“神诫论”[①] 的面目出现。只要人们服从神所颁布的系列律令，不论可能的结果如何，其行为都是正义的，善良的。

3. 美德论（virtue theory）

美德论伦理观不关注结果和动机，它更关注如何通过人的个人修持，发展人的内在道德品质而达到“好人”或“圣贤”[5]的境界，这类美德的形成，在佛家和道家为出世的个人的修持、觉解。管子《心术下》中关于“心中之心”倒是更加简明地表述这种道德意境的微妙关联。前一个“心”为理性之心，即功利目的之心，后一个心为非理性的直觉之心，即善美之意境。这是从理性之心达到非理性直觉之心，化入美德论的真境。中国广为流传的子路结缨而亡、俞伯牙为钟子期碎琴、介子推避封被焚等春秋末年的故事，都是美德论伦理观表现。美德论认为伦理学素质一旦进入化境，其美丑、善恶的认知不待思索油然而出。美德论以行为者为基础（agent - based）[6]，首先重视的是人的美德。美德在道德的概念和理论中发挥了核心或独立的作用。古代中国文化中的“世界大同”，今天的“人类命运共同体”或可属美德论伦理观的社会伦理范畴的简洁表述。

上述三类有关道德的认识论，各有特色，农业伦理学者多以前两者为主要的道德判断标准。

四、农业伦理学的正确判读

在农业伦理系统中，尽管对道德的和非道德的做了界说，但如何在农业行为中正确运用这些道德概念，做出正确判读还需要进一步明确。

（一）农业伦理学的判读原则

依据伦理学所论证的“道德”与“非道德”的判定为原点，对各类社会农业行为做出哲学认知，是为规范伦理学的农业判读。它对具体的农业行为进行“应该”或“不应该”，即“善”与“恶”的规范。农事活动所采取的农业行为符合科学规律和取得应有价值是“应该”的前提。否则就是不应该的。如排涝本身是“应该”的，但“以邻为壑”，损害相

① 神诫论认为人只要信奉上帝或神，服从上帝或神颁布的一系列道德命令，其行为就是正义的。

关方利益，就是不应该了。即使是应该的，在应该范畴之内还有“度”的区别。例如，资源的适度利用，再生性资源的适度开发。更进一步，还有农业投入和红利分配的公正与否都属“应该”与否的判读。这一段话说明了道德判断的三个层次：应该与不应该，适度与不适度，公正与不公正。

（二）明确理论系统中的道德位次

如上所述，在伦理系统中道德判断有三个层次。一般地说，“应该”应居首位。“应该”做的事符合科学规律，是有正面价值而无害相关方的，因而是道德的，反之，则属非道德的。

道德适用的范畴居二位。因农业伦理学的道德行为含有认知系统，即明确其道德适用的阈限，亦即道德的适用的范畴，越过这一范畴即归于无效，即真理越过其界限一小步就是谬误[7]。

道德在系统中的位次居三位。所谓道德系统中的位次，就是明确道德标准在伦理系统中的上下和左右位置，道德规范只有找到属于自己的正确位置才是有效的。

道德系统的上下位之分就是我们所常说的大道理管小道理，下级服从上级，是道德的从属关系。小道理就是下位道德，应不违上位道德，这样的小道理才能成立，这类道德的上下位差的关系，已成为共识，无须赘言。

道德系统的左右位之分就是道德规范之间的平行关系。如社会系统 A 与社会系统 B 之间的道德规范是平行的，两者没有从属关系。如果把社会系统 A 的道德系统强加于社会系统 B，则为非正义的反道德行为。例如，中国 20 世纪 80 年代以前，选拔人才以家庭出身居首位标准，就是社会政治系统入侵了教育系统，违背了教育系统选拔人才的规范，使大量英才被埋没。同一时期执行向苏联“一边倒”的政策，把反对苏联的某些学术观点当作“反苏”“反共”的政治问题来批判。又如，20 世纪 80 年代一度提出教育产业化，就是以商业系统的规范入侵教育系统，伤害了教育质量。历史上这类道德入侵的非正义行为在不同政治集团、不同民族、不同宗教和国家之间常有发生，如欧亚大陆游牧民族与农耕民族之间的斗争，地中海周围基督教集团与穆斯林集团之间的斗争，都有社会系统 A 与社会系统 B 之间的伦理观互相抵牾的内涵，可绵延数世纪之久，甚至发生种族灭绝，造成人间悲剧。

如上所述，农业伦理学的道德系统至少含有三重意义：其一，应该，道德的，否则非道德的；其二，应该＋适度，道德的，否则非道德的；其三，应该＋适度＋公正，道德的，否则非道德的。例如，某地适宜发展苹果，应该种植苹果属一位。怎么种植，如品种选择、种植技术等属二位，苹果作为产品收益的公平分配属三位。这一道德系统的全部才是道德的全称，只摘取其局部，或位次关系被颠倒，难以做出道德判断。

（三）避免道德武断或道德偏见

在日常行为中，多有依据非全称的道德位次判断而定取舍，往往发生道德武断，或道德偏见，这类非正义判断，违反了农业伦理原则的道德武断，或道德偏见总是有利于社会强势一方，表现为非正义行为。

但我们不要忘记恩格斯所说[8]，道德总是为统治者服务的。就历史大趋势来说，多数统治者应代表社会进步取向，社会才能保持发展趋势。在某些特殊历史时期，社会可能短时期内为保守集团所控制，制定适于保守集团利益的道德规范，阻碍社会进步。我们严格遵守保持社会进步的道德公正，防止道德武断。

道德规范的底线是法律。某些行为违反道德原则，妨碍社会秩序，对社会造成危害，逾越了道德底线的，需要以相关的法律来制约。

五、结语

农业伦理学是人类社会为了自身的生存与发展而形成的道德关联的文化系统。是人类文明不可或缺的一翼。人类伦理观随着人类社会和人类文明的发展阶段而嬗替。中华文化从原始氏族社会，经奴隶社会、封建社会、皇权社会、到现代工业社会和后工业社会，构成了人类社会发展的完整链条，从未间断，发挥了巨大的历史作用。这是人类历史的伟大奇迹。其中包含了宝贵的遗产，也难免夹杂一些过时的糟粕，为进入后工业化社会所难容。

新中国成立后的70年中，我们经历了两次不期而遇的农业结构改革，以及第三次面临的农业伦理观挑战，我们有必要深刻反思我们的历史经验。

现代农业伦理学必须满足的八项公理，即辩证唯物论和历史唯物论的思维方法，生态系统内各组分共生，尊重生态系统的多样性，满足其生存权和发展权，无损于环境健康，以及重时宜、明地利、行有度和法自然。在具体农业行为中我们把“时、地、度、法”四个维度作为完整的农业理论系统不可或缺的多维结构。

有了正确而完整的农业伦理学系统，还必须避免对这些伦理原则做出武断判读。遗憾的是，我们新的农业理论系统还没有完善，而非正义的伦理武断相当普遍而多发。

我们是幸运的，改革开放的中国乘时代的潮流，簇拥我们来到人类命运共同体的起跑线。新的、有别于农耕文明的中华文明呼之欲出，新时代的农业伦理学必将相伴而生。构筑新时代的农业伦理学大厦是我们无可回避的时代使命。

【参考文献】

[1] 费孝通．社会调查自白［M］．上海：上海人民出版社，2009：29－30.

[2] 现代农业综合体发展战略课题组．现代农业综合体：区域现代农业发展的新平台［M］．北京：中国农业出版社，2017.

[3] 任继周．中国农业伦理学导论［M］．北京：中国农业出版社，2018.

[4] 任继周．草业科学论纲［M］．南京：江苏科学技术出版社，2012.

[5] 扬雄：《法言・孝至》。

[6] Michael Slote. Morals From Motives［M］. Oxford and New York：Oxford University Press，2001.

[7] 列宁．共产主义运动中的“左派”幼稚病，列宁选集：第4卷［M］．北京：人民出版社，2012.

[8] 恩格斯．反杜林论，马克思恩格斯选集：第3卷［M］．北京：人民出版社，2012：471.

（原文刊载于《甘肃政协》2020年第2期）

中国农业现代化基准线的农业伦理学界定

任继周

自从 1964 年召开的第三届全国人民代表大会首次提出我国“四个现代化”的宏伟目标以后，农业现代化就成为我国农业科技工作者的光荣使命。论述农业现代化的文章难以计量，但对农业现代化的实质论述不多，或只涉及某一侧面，管窥一斑，远非农业现代化的全豹。

这或许是因为农业是人对自然生态系统予以农业化干预而建立的新的生态系统，用以生产社会需要的农产品。农业生态系统既包含自然生态系统的若干要素，也包含社会生态系统的若干要素，要对农业现代化做一个无所遗缺的面面观，将是非常庞大的系统工程，很难用文字做出清晰表述。

因此，农业现代化的确切含意，我们议论了多年，也困惑了多年。但这是一个不能回避的重要命题。农业现代化的内涵是什么？笔者以为农业现代化应有一个明确的界定，也可称为台阶，上去，就是农业现代化，没有上去，或上不去，就是还没有现代化，有待我们继续努力。这个问题如果含混不清，我国农业现代化这篇大文章就可能做得文不对题，甚至全然跑题。既然目标模糊，更难评说其进度和成败。

我国的农业现代化需要一个准确的尺度，笔者为此困惑多年，有所思考。现不揣窳陋，尝试对农业现代化的确切涵义加以探讨。

一、对农业现代化的一般理解

谈论农业现代化的文献难以计量。笔者烦请检索专家协助查询，其存量的巨大难以备述，只能就其主要内涵加以分类，判读其主旨。

其一，生产要素说。这是阐述农业现代化的主流。认为农业现代化必须投入足够的生产要素。最早的说法是四化“机械化、水利化、化肥化、良种化”。后来各地、各人根据各自的理解不断补充，如化学化、电气化。近来更增加到生物化、信息化、安全化、环保化、循环化、标准化等。甚至有人详细计算了我国现代化的投入以体现其现代化程度。例如，农业机械总动力 1952 年为 18.4 万千瓦，2018 年为 10.0 亿千瓦，增加 5 434 倍；1952 年化肥产量为 884 万吨，2018 年为 5 653 万吨，增加 5.4 倍等。有人寻找我国与农业现代化国家生产要素投入的差距，认为只要补齐这些差距，就会实现农业现代化。

但问题是，这些投入都合理吗？且不说“大跃进”时翻地五尺、施肥以吨计这样荒诞的故事，就说此后我们曾把巨量动能、机械投入滥垦，造成林草植被的破坏，严重水土流失。大水漫灌，浪费水资源 2～3 倍，导致地面下沉，土壤盐渍化。我们的化肥和农药投入量是世界之最，造成地下水污染、土壤污染，殃及食物污染。显然，这类投入不但毫无效益，反而与农业现代化背道而驰。

当然，生产要素投入是必要的，但离开对时、地、度、法的农业伦理学维度的规范，则往往产生负面作用。

其二，国家综合扶持说。这也是我所阅读的文献中几乎无一不强调的农业现代化要素。全球发达国家，无不以各自的方式给农业以大力扶持。我国从 1949 年建国初期，就把农业作为国家工业化的基础而予以重视。所谓国家工业化，就是把农业中国改变为工业中国，工业化看似以工业为目标，但要改变的主体还是农业。因此，几乎用尽所有手段加强农业生产，曾在不同的时期以不同的手段强化农业。国家间断地或连续地发布了强调农业的 1 号文件近 20 个。国家对农业做出巨大努力，给以多种杠杆支撑，也取得丰厚的成果。我国粮食增产的倍数远超过人口增长的倍数。即使如此，我们不得不承认我们的农业还没有现代化。为了实现高度农业现代化，有的文献建议抓住实现工业化 4.0 版的契机，要国家强力支持，开展农业现代化 4.0 版的建设，这就更加不着边际了。

其三，管理系统说。现代化农业，从农户到国家，必有系列完整的管理系统。有的文献以美国为例，美国农业部是仅次于国防部的大部，组织严密，从联邦政府到县区，组成全覆盖网络；从生产到加工，到市场，产、工、贸三者紧密结合，效率高，工作见实效。反观我国，由于农业结构的两次大转型，前 30 年是由小农经济变为计划经济大农业，后 40 年从计划经济大农业转变为市场经济。国家行政机构也多有变化，由农业部、农林部、农牧渔业部（国家农委并存）、林业局，最后到农业农村部、林业草原局。隶属不稳定，专责欠明确，表现为政出多门（如“三鹿奶粉”事件涉及 9 个部门，“瘦肉精”事件涉及 10 个部门）。有的文献认为生产专业化，是农业现代化的重要一翼，可强化管理，降低成本，提高质量，占领市场。全美国有 230 多万个农场，平均规模 178 公顷，专门生产一种农产品的农场比例高达 95.5%。我国也有“一村一品”专业化生产说法，但这种类似小农样式的专业化，很难承担现代农业生产专业化的任务。

其四，生态文明农业说。有的文献把农业划分若干阶段，并阐述其划分依据和各个阶段内涵。一般都把生态文明作为最后目标，以配合社会生态文明的需求。这是农业现代化的最高目标，已超越了本文探讨农业现代化基准线的主旨，本文不拟涉及。

二、农业现代化基准线的界定是必要的、可能的

依据现有资料，可以看出我们对农业现代化尽管憧憬多年，也不乏深刻的理论阐述，对农业现代化的实体情状的完整描述，只有中国工程院现代农业综合体发展战略研究课题组，对农业现代化的界定堪称完善，该研究报告对农业现代化的刻画是“有科学安全的生产管理、严密高效的加工流通、全程追溯的监测检测。表现为产业先进、农民富裕、生态安全、乡村美丽的现代化农村和农业”。其中包含了实现农业现代化的途径和借此达到的目标。这个界定几乎涉及社会生态系统和自然生态系统的全部内涵。

这一界定几乎无可挑剔，是对农业现代化精心描绘的工笔画。但要从中找出若干参数来做出一条农业现代化的基准线（datum dimension），将现代化农业与非现代化农业划然

区分，因其中约束条件过多而内涵宽泛，难以措手。

确定一条农业现代化的基准线是必要的。过了这条基准线就是现代化农业，否则，就是非现代化农业。缺乏基准量度的工作方案，将难以设计，无从度量，更难以有效管理。

现代农业伦理学为我们提供了划定农业现代化基准线的简洁可行途径。

农业伦理学规定农业系统的开放性是农业的基本属性，缺失开放性，农业将丧失活力。农业的开放性有明确的界定，即不同农业生态系统之间的系统耦合。农业系统耦合内涵丰富，此处不遑备述。简言之，即通过农业生态系统彼此的界面，将A生态系统所产生的废弃物（其中包含某些社会需要的农产品），作为正熵输出给B生态系统，而B生态系统作为负熵输入而成为它的营养源。从而使农业生态系统升级为新的农业系统，可大幅度提升农业系统的生产力。生态系统正是通过完成正负熵的交换而实现其生命过程，从而使生态系统A与生态系统B双方得以生生不息。在农业现代化发展过程中，恰与农业系统的开放程度息息相关。我们不妨从不同农业生态系统的开放层次来判定其发展程度，亦即农业生态系统的级别高低，从而认知其农业现代化的基准线。

请允许笔者提醒，上述一段话强调两个要点：农业系统发展的基本特征是开放；农业系统开放的要素是界面和通过界面实现系统耦合。农业系统依次通过系统耦合而升级，从而大幅度提高农业系统的生产力。

人类自从走出蒙昧时期，经过氏族蛮荒时代，进入农业社会以后，农业与社会相偕发展。在农业伦理学语境中，农业生态系统生存与发展的本质就是开放过程。据此，农业系统的发展阶梯，本质就是农业系统界面开放程度的差异。

三、我国农业现代化基准线的界定与判读

农业伦理学原理揭示，农业随着开放程度的差异而表现其进化水平。因而可以此为依据，尝试找出一条农业现代化基准线。小农经济，以家庭为单位，在很狭小的地区内，以结构简单的农业生态系统，完成农业从投入到产品的产业过程。例如，种几亩作物，收多少口粮，养几头（匹/只）牛、马、羊，几只鸡等。所产肥料用来肥田。精打细算，精耕细作，使这个农家的农业系统内部耦合完善，从而维持其健康生存。尽管这样的农业结构曾被西方某些学者极力赞美，如被誉为农业圣典的富兰克林·H.金的《四千年的农夫：中国、朝鲜和日本的永续农业》说“东方传统小农经济从来就是资源节约、环境友好的，而且是可持续发展的。东亚三国农业的最大特点是高度利用各种农业资源，甚至达到吝啬的程度，然而唯一不惜投入的就是劳动力”，称赞为资源节约、环境友好并可永续生存的农业。但它的体量太小，正负熵交换量太低，而且劳动力投入太多，也只能做到自给自足或略有盈余。这类农业生态系统属内循环的封闭型农业系统。其系统开放度太低，远离现代农业系统。它只能随着工业化时代的到来而走进历史。这不妨称为农业现代化0.0版。

将以户为单位的小农经济略加扩展到较大地域，如县市级，增加了农业系统的耦合层次，涉及的子系统较多，可接纳较多的生产要素，使用较多的生产手段，获得较多的产品种类和数量。因农业系统的界面增多，系统耦合的层次和领域扩大，其释放的生产潜力可

翻倍增加，农业系统整体向现代化农业前进了一步。这不妨称为农业现代化 0.1 版。

如将地域更加扩大，以若干中心城市为中心，包容的农业系统更多，界面数量相应增多，系统耦合的层次、深度和广度将更大幅度增加，农业系统的整体生产潜力将获新的跃迁。例如，农耕区与畜牧区两大系统耦合，牧区生产水平可提高 2 倍，农区提高 4 倍。河西走廊将山地-绿洲-荒漠的系统耦合试验证明，可使河西农业生产能力提高 2.5 倍。这表明地区间农业系统的耦合成效，不妨称为农业现代化 0.2 版。

以国家若干大中心城市为中心，将全国划分为若干农业生态经济区，实现生态经济区之间的系统耦合，容纳尽可能多的科学技术和资本投入，使我国陆地农业系统的生产水平达到新高度。不妨称为我国农业现代化 0.3 版。循此发展，我国的陆地农业系统开放过程中，随着科技水平和管理系统的发展，尤其信息系统和交通系统的完善，系统耦合层次依次提高，可逐步发展为 0.4 版、0.5 版等，直到 0.9 版，即陆地农业系统开放的最高版本。这就是陆地农业系统理论生产能力的峰值。

但以现代农业内涵看来，还有一个更大界面，即陆海界面有待开放。我国陆海界面充分开放，由陆地农业系统转型为陆海农业系统之日，即我国的农业现代化 1.0 版实现之时。陆海界面所释放的巨大效益，笔者曾有专文论述，于此从略。

我国从农业现代化 1.0 版开始，即可以中国为本体，通过陆海界面，利用世界农业资源，建设世界农业。这不仅可解决我国农业资源的不足问题，还可吸纳先进国家的先进科技，更重要的是在融入世界农业系统过程中，中国将通过自我不断创新，使我国农业长期立足于世界现代农业之林而永不落败。这也是我国为人类命运共同体应作的贡献。

环顾全球，发达国家的农业系统，其本土农业系统与海外农业系统关联有疏密或远近之不同，而两者的系统耦合则无一例外。

说到这里，我国农业现代化的基准线已经凸现眼前，即陆海界面的有效开放是我国农业现代化鸿篇巨制的最后一笔。

开放的陆海界面就是我国农业现代化的基准线。此后，我国农业现代化将如何发展，容纳多少生产要素，运用什么管理系统，并由此创造多少价值，那将是我国农业现代化从 2.0 版到 n.0 版的光荣而长远的任务。祝愿我国农业现代化前程远大无限！

【参考文献】

（略）

（原文刊载于《草业学报》2020 年第 12 期）

中国农业伦理学的多维结构

任继周　胥　刚　林慧龙　夏正清

摘要：“维”是一切事物/学科，物质的或精神的，结构内部各组分互相关联的轨迹。“维”存在并贯通于事物/学科的全时空。以其各自的特色，共同组成了事物/学科的多维结构而发挥集群功能。农业生态系统借助农业伦理学“时、地、度、法”四个维度构成的多维结构，将其结构和功能两部分相连缀而表现农业的产业特征。当下，中国面临从大陆农耕伦理观到陆海农业伦理观的转变，农业伦理学的多维结构所表现的全存或全无的整体性，将进一步改变简单扁平的“传统农业”伦理观，丰富厚实现代农业伦理观，从而为适应于新时代的中国现代农业作出重大贡献。

关键词：中国农业伦理学；多维结构；整体性；时；地；度；法

西方研究物质科学时，维（dimension）的概念被广泛使用，可泛指线条、面积、体积、趋向，是认知物质世界的基本元素。西方的“维”源于欧氏几何学对空间认知的基本概念，物体由一维到三维构成具象的客体，而三维以上的多维结构则构成不具象的抽象客体。此后“维”被广泛用于数学及物质科学，近代移植于哲学社会科学，已为大家所熟知。

我们不应忽略，“维”的科学概念首先发生于中国并用于非物质的人文科学。“维”作为名词或动词，三千年前的诗经时代已广泛使用，既可意指绳索等实物，也可意指纲领等非实物名词；还可用为系留、挽留、维持等动词。“维”可以很细微，譬如“纤维”，也可以很粗壮，譬如梁柱，《淮南子·天文训》载“天柱折，地维绝”，而“维”的粗壮可与天柱对称。由此可见“维”在古汉语中几乎具有至小无内、至大无外的非凡含义。

战国时代《管子·牧民篇》说：“国有四维，一曰礼，二曰义，三曰廉，四曰耻。”作为治国的纲要，管子将抽象的政治思想系统归纳为“四维”。这是“维”作为科学术语首次用于社会科学的多维结构。无论在东方还是西方，无论在精神领域还是物质领域，“维”被普遍运用，意义重大。

一、“维”的基本涵义

古汉语中“维”字由“糸”与“隹”组成，前者意为绳索，后者意为良好或高位，意即从高处牵引的大绳。上述管子提出的“国之四维”，是对精神科学“多维”结构的最早认识，现在看来管子有关“多维”结构的论述虽欠完整，但以历史的眼光来看，在三千年前就有此认知，实属难能可贵。

西方在文艺复兴以后力图摆脱宗教对科学的束缚，认为物质世界中一切物体都由多维结构构成。“维”在低维空间容易被认知源于欧氏几何学，“二维”可观察物体的平面构造，“三维”可观察物体的立体构造。“三维”以上作为不具象的事物可用多种模型进行模拟。近现代物理科学对物质的“维”的论述极其丰富，一切事物的实质都可以进行多维结构解析。

现代社会，“维”及“多维”结构的概念已经普遍从科学语境进入社会融入世俗语境，但人们对社会科学的“维”的科学界定似嫌不足。这并非是由于前人的疏忽所致，而是“维”的概念在社会科学语境中不断深化和泛化，难以做出具体界定。事出多因，“维”不是某一学科专业术语，意涵多歧，它既抽象又具体，难以刻画，既有其独立的品格，又常成群体显示其功能，科学界定确属不易。但对于农业伦理学而言，首先需要给“维”一个比较明确而周全的界定，才能进入“多维结构”的认知。因此，我们尝试给“维”以较明晰的阐述，如有不妥请大家进一步商榷。

“维”是一切事物（精神的或物质的）结构本体内部各组分互相关联的轨迹。以欧氏几何系统为例，长度一维、面积二维、体积三维，是维的特征量纲。在维数（n）大于3（n＞3）时称为多维结构，则为不具象的抽象事物。它虽无形象，但仍是实在的多维结构的客体，可通过语言或模型加以表述和认知。

生态系统的原理揭示，任何多维结构必内含相应的功能，即多维结构本身的结构和功能“一体二用”。在农业生态系统中，它是由三类因子群（图1）、三个界面（图2）和四个生产层（图3）建构的多维结构，内含相应的功能，产生涵盖物质与非物质的相关内容，如农业文明与生产水平等。此为结构和功能两者互作而建立的农业多维结构。其中结构是物质的，功能是非物质的，从物质的“结构”过渡到非物质的“功能”而后体现其产业特征，而两者之间的过渡程序则需要“维”作为中介来助力完成。

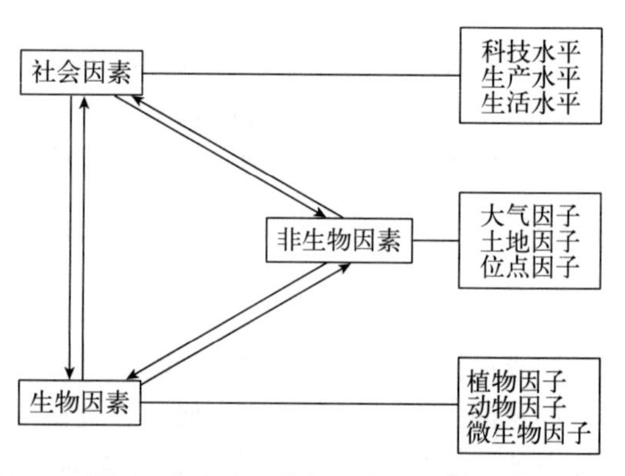

图1　草地农业结构三类因子群示意

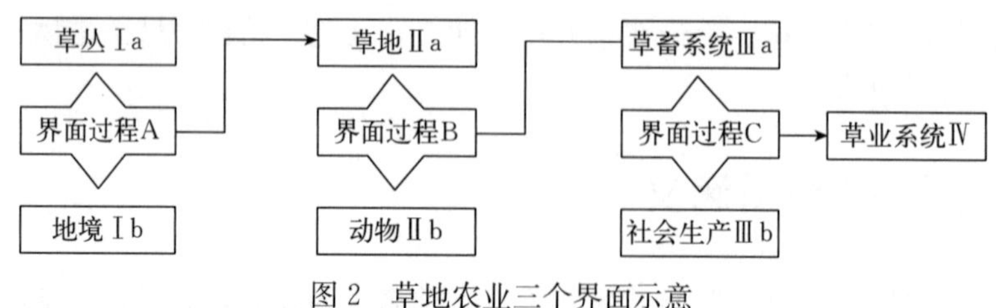

图2　草地农业三个界面示意

因此，作为农业生态系统从结构到功能的中介和助力的“维”，具有以下系列特征：

（1）多维结构中每个“维”都是可以认知的客观存在，且具有独特作用。

（2）因为事物/学科总是多“维”的，这些被称为“维”的单因素总是作为群体构成“多维”结构而存在。

（3）每个“维”贯通事物/学科整体，并在多维结构内作用于多维结构，凸显其功能，最终共同推动事物/学科整体运行与发展。

（4）“维”对相关事物/学科不仅有连缀作用，还有“规整”作用。所谓“规整”，就是依据相应规范排除事物/学科内部知识冗余，把事物/学科本身的必要知识凸显出来，并予以明晰表达。

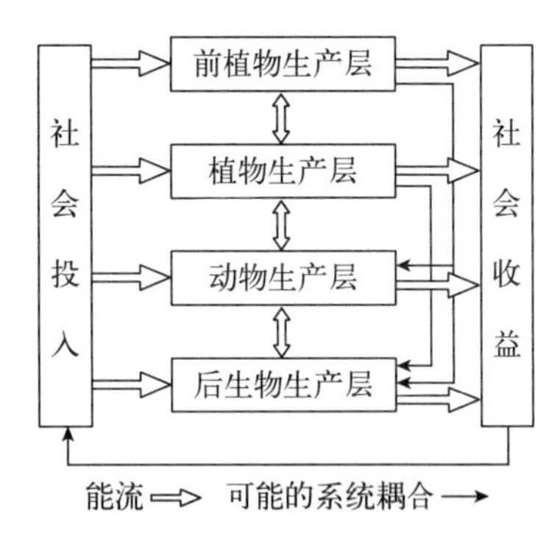

图3　草地农业结构的四个生产层示意

（5）作为多维结构体的事物/学科，其内在的多维结构存在于事物/学科的全时空，并作用于事物/学科本质显现，非因特殊应激而存废。

（6）任何事物/学科都通过各自特殊多维结构的结构与功能显现其核心价值。

概言之，“维”存在并贯通于事物/学科的整体，它们各有特色，共同组成了事物/学科的多维结构。“维”发挥其规整作用，排除事物/学科自身内部知识冗余，凸显事物/学科功能，帮助人们认知事物/学科的本质。“维”在一定程度上作为中介将农业系统的结构与功能相连缀，发挥农业系统整体效益。

二、农业伦理学中的“维”与“多维”结构

农业伦理学依附于农业系统但超越农业系统本身。说它依附于农业系统，是因为它以农业系统为基质，并护持农业系统的健康运行；说它超越农业系统，是因为它对农业系统的合理性与正当性做出诠释、规范和引导。这里涉及两个多维结构，即农业系统的多维结构和农业伦理学的多维结构（图4）。前者为原发结构，后者为前者的派生结构。

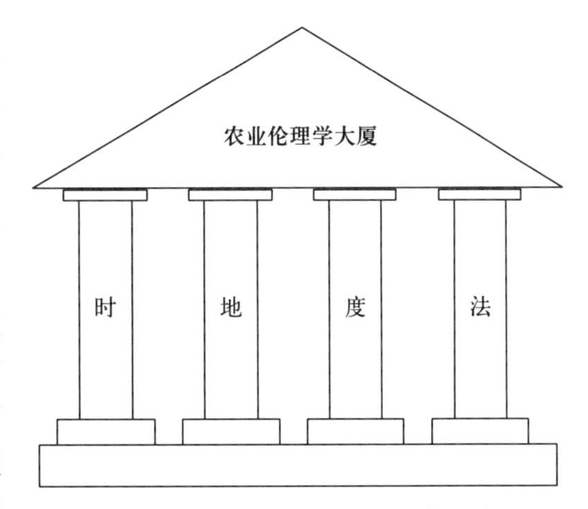

图4　中国农业伦理学多维结构示意

农业系统的多维结构是自然生态系统被人为农业化而发生的特殊生态系统。它既含有人与自然生态系统的关联，也含有人与社会生态系统的关联。因而农业伦理学须覆盖这两大系统，并阐明农事活动的发生、过程与后果对自然和社会两大系统的道德关联，其变量之巨大难以计量，如循通常途径，罗列事例，加以类比而后抽绎纲目，展开论证而求取其系统实质，不仅耗费大量资源而且难得要领。这就需要借助农业伦理学的“维”作为切入点来构建农业伦理学的学术体系，亦即构建农业伦理学的多维结构。

如上所述，农业系统的多维结构内含结构与功能两大部分。只有通过其多维组建的多维结构作为媒介，将结构与功能相联通，才能发挥农业生态系统所蕴含的农业产业特征。本文将就“维”的本体和它所组建的多维结构做必要阐述。农业伦理系统的多维结构由时之维、地之维、度之维和法之维四者构成。

（一）时之维，即重时宜

时是客观存在而又不具象的物质，只有当“时”与具体事物协变时，才体现“时”的存在和功能。它与农事活动协变可显示其在农业伦理学中的存在和功能，其中在农业伦理学中最广为人知的原则便是“不违农时”，这是中华民族对农业伦理的本初认知，也不妨认作人类农耕文明的胚芽。从周礼的《秋官·司寇》《礼记·月令》，到诸子百家、坊间杂籍，有关“时宜”的论述浩繁。关于农时的经验来源于先人对于自然规律的基本认知，农业生态系统内部各个组分都按照物候节律，因时而动，无论自然生态系统或社会生态系统都无例外。

“时之维”由若干元素构成。时序——农业生态系统沿着时的轴线有序运行，称为“时序”，其精微缜密，为现代科学所难以穷尽，运行一旦失序，生态系统就呈现病态，如全然无序，则生态系统趋于崩溃；时段——在较短的某一时间区限所发生的农业事件，是农业系统多维结构横断面特征的标样；时代——覆盖较长历史过程的特殊时段，社会发生特色显著的质的蜕变而促使农业做出必要的响应；时宜——农事与时间、空间适当契合过程，应属农业之常态，常态寓常理，农事遵循常态风险系数较低；际会——由时、地和相关事件三者协同发展的上佳和合状态，是农业生态系统中众多子系统的“和而不同”，是协同进化的完美时宜表述，或可称为各类农业伦理要素的时宜升华，可导致外溢效应，扩大某一事件的影响，即我们常说的“风云际会”。“际会”常有而不常驻，也是农业伦理智慧的体用所在，因此必须强调“际会”常显现于社会协同进化关键时刻，亦即社会转型时期。

现代农业系统趋于全球一体化，直至涉及生物圈整体，不仅其“时之维”各元素表现纷繁远甚于以往，更因社会时代演替而引发新的蜕变，多维结构展现难以预料的时代特征。尤其目前我国正处于从农业社会到工业社会，然后仓促进入后工业化时代的转型时刻（现在普遍认为是工业化 3.0 向工业化 4.0 的转化阶段）。全球性的时代浪潮正以排山倒海之势奔腾而来，我国要把握际会，拼搏前进，力求勇立于时代潮头，巧借时代的助力，并为时代作出应有的贡献。

（二）地之维，即明地利

地之维内含土地与地域两重涵义。土地的农业伦理学认识由来已久，它是陆地生物滋生的载体，农业生态系统的初级生产无不仰赖于土地。土地既是农业生物的载体，也是农业劳动的产物，农业系统的盛衰优劣，土地肥瘠可为表征。华夏族群从诗经时代起，即对土地多有歌颂，《易经》给以理论升华，称为“地势坤……厚德载物”；周代已有“地官司徒”之专职官吏；《管子·地员篇》对土地类型学已有系统论述。中华民俗常以土地为神祇而顶礼膜拜，对厚德载物的土地自应厚养以德。

在历史的进程中，先民对自己生存地境由不自觉逐步趋于自觉，对土地的伦理学认知由混沌到清晰，其“地之维”解读逐步发展为四重要义：一为地境的地理地带性之伦理学认知，即不同的地理地带提供相应的农业地境，发生相应的农业特征；二为地境的类型学之伦理学认知，即在某一地带之内含有不同的土地类型和与之相应的农业特征；三为地境的生态学之伦理学认知，即在某土地类型之内含有不同的生态位点和与之相应的农业特征；四为地境的土地耕作之伦理学认知，即不同的生态位点之内含有与之相应的土地耕作农业特征。其农业伦理学内涵逐层加深，环环相扣，构建完整的土地农业伦理学系统。在农业伦理学系统中，农业地境的类型学位居中枢，将土地类型学把握准确，农业伦理学的其他三层次自有立足之处，农事活动从而融会圆熟，运行顺畅。这是农业伦理学“地之维”的枢纽所在。

“地之维”的另一涵义为地域。近百年来中国由“海内即天下”的大陆农业国发展为背靠大陆面向海洋，陆海兼有的工业国。“地之维”所蕴含的“地利”之义也由“土地之利”发展为陆海兼有的“地域之利”。中国的地域除了 960 万平方千米的陆地面积以外，还有约 473 万平方千米的领海，和约 18 000 千米的海岸线，内含海陆界面之利、港湾区位之利、近海渔盐之利等巨量资源。何况我们一旦面向海洋，全球的公海尽收眼底，义不容辞，应予以精神的和经济的伦理关怀。因此，“地之维”现代伦理观须将固有的陆地伦理观拓展为陆海兼容的地域伦理观。这不仅因为海域是一个全新的领域有待开发，还因为必须面对陆地与海域之间、领海与公海之间的双重关联。这里有诸多新机遇，也暗藏诸多新危机。面对辽阔的海洋，我国传统的“耕地农业”伦理观显然领域过分狭小，结构过分扁平。因此，建设现代陆海领域农业伦理观，将是一次农业伦理学划时代的大发展。

（三）度之维，即行有度

在农业伦理学中最广为人知的是帅天地之度以定取予。生态系统具有开放性，即农业系统有物质输出与输入的功能，农业活动从而发生投入与产出。其中“取予之道”，应使农业系统能量和营养物质在一定阈限内涨落，保持相对平衡，亦即常在合理差异之内，以维持系统自我恢复的弹性，常保系统健康发展。我们常以“熵变”来衡量其有序度，一旦农业系统能量和营养物质入不敷出，突破涨落阈限，农业系统的生机即趋于衰败。中国小农经济时期，依靠农民“生于斯长于斯”的狭小范围，尽管对土地伦理观的四重要义中只认知耕作之义，但因地境熟悉，措施有限，以精耕细作保持了农业系统较强的自组织能力，农业系统的生机历久不衰。进入计划经济和市场经济以后，此种自组织能力丧失殆尽，原来小农时代的农业系统的生机迅速衰竭，直至荡然无存。因此，由中国小农经济的农业结构到现代市场规模的农业结构，应探索其适当的“度”规范，这就是我们所常说的规模效应，其核心为产业规模与社会生产水平相适应，过大过小均非所宜，规模以常保效益历久为度。

但“度”在社会系统和自然系统中有着更广泛的含义。“度”是无所不在但又不见形容的中性特殊量纲，当“度”与有关事物发生协变时才显示其存在和功能。“度”虽属非物质属性，但协变功能有类于物质属性“时”的特征。“度”可以是具体可度量的量纲；

也可以是难以度量的主观阈限，即无量纲的度。几乎任何事物，无论物质的还是精神的，都可以“度”量之。例如，物质领域的高度、硬度、温度、酸度、碱度等可用不同的量纲加以度量。但有些事物如家畜的肥瘦、年景的好坏、农事运行的顺逆等都是无量纲的度。在精神领域，如在一定情境下表现为高尚与卑下、傲慢与谦和，以及急躁冒进与迟钝保守等，也都内含无量纲之度。当“度”与农事结合时，就显示其农业伦理学的作用。最明显的事例就是对自然资源的无度掠夺，以“征服自然”的“豪迈”心态，不惜对自然资源造成严重损伤，以及“人有多大胆，地有多大产”等极其失度的口号等凸显了“度”对农事成败的决定性意义，我国因“失度”而蒙受惨重损失的事例并非罕见，以至于中国农产品自给的阈限之度、农业结构中口粮与饲料占比之度等在新时期下凸显其深远的战略意义。因此，“度”在农业伦理学中是不容忽视的元素。一般情况下，常态是适度的直观样式，亦即生态系统健康的常态体现适当的度。老子说“不知常，妄作凶”，这里提醒我们真理跨过一小步就是谬误，即便是好主意、好办法，如执行失度，也会变质为坏主意，产生不良结果。

（四）法之维，即法自然

伦理学之法意为符合自然规律和行为准则。老子说：“人法地，地法天，天法道，道法自然。”一个“法”字统领农业管理之道；这里所说的道，就是自然之法，亦即自然的本体，是理性认知的最高峰；“自然”一词出自老子，源于中国，是中国对人类文明的巨大贡献，而敬畏自然之法是农业管理的最后皈依。农业管理包含土地和附着于土地的人民，以及农业生产行为和产品分配的全过程。其中繁复的技术和社会关联需要周严的伦理关怀，而伦理关怀之手段则为层层伦理法网。因此，要保持农业系统的有序运行，不能离开自然之法的护持。自然之法的伦理准绳为农业系统中可循的“序”，而“法”的操作则在于把握“序”的某些节点，即“度”，“法”为农业系统序与度若干节点所构建的理论结构的网络，即体现自然本体的恢恢法网。

自然本体在华夏大地遇到中国农业伦理学的独特问题，即城乡二元结构。中国农业从发生之日起，就内含城乡二元结构的胚芽，这个胚芽随着历史的进程逐步成长、巩固，滋养了城乡二元结构伦理观的巨网，从物质到精神，尽在中国农业伦理的恢恢法网之中。小农经济时代，城市对乡野有绝对的控制权，它指引农民做出无私奉献，强化权力集中，强势集团一旦控制了城市就控制了全国，城乡二元结构把巨量分散的小农户统一于大帝国之中，引导中华民族走过皇权时代的辉煌历程；在新中国建立过程中则利用城乡二元结构的巨大差别，以农村为基地逆向发力，以农村包围城市，挫败城市对农村的传统统治，取得历史性胜利，由城市领导乡野到乡野包围城市而取得压倒优势，这是中国农业伦理多维结构中法之维的历史性大逆转，也是中国传统农业伦理观的最后辉煌，终以工业社会取代农业社会而逐步走向衰竭；当社会进入工业化和后工业化时代以后，为了适应世界经济一体化需求，统领国内外繁复多变、不同层次的众多农业系统耦合的机遇，破除城乡二元结构这一重大结构性障碍，建立新农业伦理观的“法之维”成为当务之急。

总结上述有关论述，可以归结为农业伦理学的“法之维”，聚焦于保持农业有序运行的公平与正义，维护农业系统生存与发展的基本权益。发自于自然之道，皈依于自然之道，而有条文可藉的法律之法，本身为伦理学之法的溢出部分，不属农业伦理学之法的范畴。

三、农业伦理学多维结构整体观

农业伦理学以时、地、度、法为四维组成多维结构，是农业伦理学的纲领。其中“时之维”与“地之维”，具有时空概念的物质属性；而“度之维”与“法之维”则属非物质的精神属性。在农业伦理学多维结构中，物质之维和精神之维并非“二元”孤立存在，而是相辅相成存在于整个农业生产与农业发展的全过程。我们必须深刻反思，传统农业发展历程中由于重物质而轻精神，农业伦理观这一精神要素的缺失，导致我国农业走了不少弯路，甚至引发灾难性后果。因此，我们必须正确认识农业伦理观的多维结构，慎重前行，共同守护农业伦理大厦的完整和牢固。

（一）四维一体，不可分割

维的本体就是构成多维系统结构的客观实体。农业伦理学多维结构是由时、地、度、法四维共同组成，其中任何一维缺失，都将导致农业伦理大厦的整体崩塌。但这一点与先贤管子所解说的“礼义廉耻，国之四维。一维绝则倾，二维绝则危，三维绝则覆，四维绝则灭。四维不张，国乃灭亡”有所差异。管子虽意在彰显各个“维”在治国伦理系统中缺一不可，但他没有表达在多维结构中“维”的整体全存性（all or none），四维中只要缺少任何一维将导致多维结构的整体崩溃，多维结构之为用不能逐一递减或递加。管子提出维的概念已属难能可贵，但须指出，任何一维都对系统整体有一票否决权，四维之间的关系就是全存或全无的整体性。需要注意，我们在这里说的是农业伦理学多维结构的全存或全亡，而不是农业系统多维结构的全存或全无。

（二）时之维与地之维对农业伦理多维结构的贡献

时之维与地之维是农业伦理多维结构的物质平台，辩证唯物论揭示了时间、空间和事物/学科三者是不可分割的整体。农事活动追求的目标为时、空、农事，三者洽和。但当今的“时之维”须全覆盖古往今来的人类历史时代，以体现伦理学时代观；当今“地之维”须涵盖从当地到全球，以体现伦理学的地域观。时之维与地之维的结合，可较全面理解当今时间与空间的全球性农业伦理学特征。

“时之维”受“时”的物理特性规定，时代是永续前进，不可逆返的。以往的时代优秀基因要在时代的更迭中不断传承，失去时代价值的某些部分，如封闭性的田园风光，安适孤立的农村生活，缓慢低效的生产节律等，只可作为古色古香的图画或古董，以其艺术之美供后人欣赏或凭吊，不可重复实践，这是一个不断“扬弃”的过程，是农业发展适应时代发展的必然选择。例如，西方的某些农业研究者，对中国的小农经济社会颇多赞誉，但小农经济社会不可复制，农业社会的某些过时因素必将随着农业社会的结束而逝去，工业化时代接踵而来已势不可挡。

我们今天所说的“地之维”包括土地与地域两部分，已非我们习以为常的“陆地之维”。如今，面对涵盖全球不同地域的农业资源和农产品市场，需要我们具备全球视野的农业伦理观。全球一体化引发的世界性的农业格局已不可避免，两千多年来的大陆农耕文明养成了中国人关于农产品自给自足的情结，曾一度规定农产品自给率不得低于85%，尤其在“备战备荒”传统影响下，从地区性小而全自给的破灭到全国大而全的自给冀求，力求农产品刚性自给。甚至在改革开放的大好形势下，惟独农业半开半闭，对农产品的国际交流投以疑惧的目光，原定“粮棉油”三大作物严防死守自给大关，强调自给。大豆在国外产品压力下不战而溃，政府杠杆力撑棉花与粮食两者先后折戟告终，进口粮棉的到岸价比我们的成本还低等。虽然我国属于农业资源贫国，但广袤国土、充足的资金和现代科技优势，当面对全球农业资源，相信以国人的智慧在世界农贸大博弈中上演一场惊世好戏并非奢望，至少不致出现举国忧虑的“三农问题”，何况我国口粮早已自给有余，缺的只是畜禽草料，只要改变农业结构，即可基本自给并无致命风险。当前我们应以“地之维”的双重内涵为依据，发挥农业系统开放的本然属性，秉持“发展自我，惠及全球”的农业伦理观，以全球农业资源发展全球农业，为建立人类命运共同体的农业系统作出切实贡献。

（三）度之维与法之维对农业伦理多维结构的贡献

度的特征依附于农业行为所用资源、工作条件和产品目标。在这一前提下，一切农业行为应找到各自的适宜度，既要依靠科学，也要依靠经验，这很不容易。尽管有好的意图和好的方法，但做得过度或不足缺度，都得不到应有的效果，甚至适得其反。例如，我们在反对工业社会冷战思维的同时，却不慎陷入了小农经济闭关锁国“备战备荒”的冷战思维。度之维的体现靠法之维的保证，度与法共同组成农业伦理管理之网，护持农业伦理观多维结构健康运行。

（四）农业伦理学多维结构的整体关联

农业伦理学的物质要素与精神要素两者耦合，构成农业伦理学的恢恢巨网，护持农业伦理系统健康运行，既对自然生态系统尽道义之责，也对社会生态系统尽道义之责。我国一向对农业予以足够重视，连年发出1号文件强调农业工作。但如以农业伦理学的四维结构来考量，物质要素与精神要素的厚此薄彼、有欠均衡导致影响农业健康发展之事却屡见不鲜，甚至因重视过度而发生负面作用，如小岗村农民从小农户到大集体，又从大集体返回分包到户的艰难过程；技术投入过度导致漫灌使土壤盐渍化，化肥、农药使用过度导致面源污染；资金投入过分而致产品成本高于进口农产品的到岸价等。

为了全面认知农业伦理学四维关联，对农业具体问题的深入剖析是良好的途径。以代表中国传统农业伦理观的城乡二元结构为例作简略说明，这既涉及时之维（如该结构的历史作用），也涉及地之维（如该结构的土地利用），还涉及度之维（如城市与乡村之间依存的合理性）和法之维（如对城市管理者与乡野生产者的理性关怀）。由此我们做出对城乡二元结构的全面评价：城乡二元结构在农业社会是可取的，而在工业社会则是发展的阻力。

综上所述，在农业伦理学的多维结构之中的四维，没有轻重大小之分，都是必要元素。作为农业伦理学多维结构的整体，共同护持农业的健康发展。农业生态系统是自然生态系统的特殊样式，当然也是自然生态系统的一部分，亦即自然本体的一部分。农业伦理学应立足农业伦理系统的多维结构这一牢固基石，以“道法自然”为皈依，肩负人类命运共同体的道义责任，引导我国农业走上康庄大道。

【参考文献】

（略）

（原文刊载于《兰州大学学报》社会科学版2020年第12期）

中国农业工业化的苦难历程及农业伦理学思辨

任继周　林慧龙

摘要：1949 年新中国成立，恰逢《沙乡年鉴》出版之年，首次敲响世界工业化生态危机的警钟，而中国却浑然无知。到 1992 年《联合国气候变化框架公约》的宣布，世界开启了人类文明的新起点。我国一贯重视农业，中共中央多次发布以“三农”为主题的 1 号文件，各类支农措施从未间断，但“三农”问题仍难避免。其根源在于城乡二元结构和封闭自给的“以粮为纲”的传统未因时而变。耕战思想流行数千年，形成粮食情结。直到 2002 年中共十六大，明确提出“三农”问题，城市支援农村，工业反哺农业，取消农业税，实施多项惠农政策。中共十七大，尤其十八大后，我国各省区已先后取消农村户口，终于开辟了通向生态文明的大门。我国主食谷物早已自给有余，目前急需完成的是从农业文明到工业文明、生态文明思想建设的转变。

关键词：“三农”问题；耕战思想；农业文明；工业文明；生态文明

改革开放以来，中国百业兴旺发达，GDP 连续翻倍，30 年内成为世界第二经济强国，大国崛起之势为举世瞩目。但与此同时却出现了“三农”问题，即农民、农村和农业未能与城市同步发展，而且一度出现差距日益扩大之势，乡村几乎形同我国的“第三世界”，引起举国忧虑。

追溯“三农”问题的根源，既有发轫于春秋战国时代，完善于皇权时代的城乡二元结构的历史影响，也与我国农业开放不足有关。两者叠加，“三农”问题势所必至。

诚然，城市尤其海陆界面的城市，具有发展多种行业系统耦合、解放生产潜力的巨大优势，改革开放的红利多集中于城市。乡村虽也有所收益，但与其付出的劳力和资源相比则少而又少。于是城乡差距越来越大。这样结构性畸形，不仅有悖于伦理原则，更制约国家的持续发展。

但中国毕竟历经艰辛，通过历史的多重考验，完成了工业化，并顺势迅速进入后工业化时代。这种中国式的时代性历史转折有其伦理学独特内涵，发人深思。

一、中国从农业国到后工业化的时代背景和伦理学映射

中国从一个农业古国走上工业化道路，然后马不停蹄地踏入后工业化时代。其发展过程颇富传奇性。

回顾世界工业革命的发展道路，其主流思潮是由达尔文“物竞天择”理论衍发的排他

性竞争的“达尔文主义”。经过300年的高速发展，不同利益集团之间竞争愈演愈烈，终于发生了两次世界大战的人间惨剧，接踵而来的是40年的冷战时代。人们开始冷静反思，物理主义思想笼罩下，以石化动力、科学技术和产业资本三个维度推动的工业化过程，缺失了伦理学维度。自然生态系统和社会生态系统协同进化的伦理学基础被摧毁，引发了自然的和社会的历史性灾难。

农业本身就是人对自然生态系统干预而衍发的特殊生态系统。以工业化手段施诸农业，发生直接而显著的影响。人们以某些工业化手段，强加于农业生产的某些片段，提高了产量，增加了财富，生产效率大幅度提高，同时对生存环境无情掠夺，甚至提出“征服自然”的豪迈口号，因而导致资源枯竭，环境污染，殃及社会食品安全。其影响之深远，已经溢出农业本身而扩及全社会。人们300年来追求的工业化没有带来预期的美好社会和幸福生活。这是一条不可持续的道路。从此人们开始思考世界未来的走向。

从1949年《沙乡年鉴》的出版，恰逢新中国成立之年，一个意义重大的巧合。到1992年《联合国气候变化框架公约》的宣布，历时近半个世纪，全球完成从工业化到后工业化的过渡期。此后，世界进入了后工业化时代。

后工业化时代是不可忽视的人类文明的新起点，人类智慧绽发了新芽。产生了新哲学醒悟，从切身利害的物理主义解脱出来，深入思考人与生命、生物个体、生态系统、生物圈，乃至自然本体的伦理关联。开展了当前流行的物质主义与生态文明的高层对话。现在有人已经将世界工业化排列到第四代，甚至预见到第六代，希望通过智能化建立物质的高度文明世界。但第一代工业化引发的后工业文明应该是人类皈依自然，走向“天人合一”的总纲。否则无论物质的工业化达到怎样的高度，终将难免陷入背离自然，与我们预期的美好社会和幸福生活背道而驰。

为了探索后工业化社会的发展道路，一批未来学家应运而生，同时产生了探讨生命与广泛环境关系的“深生态学”[1]。本文无意全面涉及后工业文明，仅就后工业文明的农业响应做简约阐述。因为农业是任何时代的社会基础，总是在时代主流思想的裹挟下紧跟时代前进的，中国的农业也不例外，它承受了中国的工业化一切后果。在中国特有的城乡二元结构的大背景下，其时代的红利绝大部分归属城市，农村只分得一点残羹剩饭，而时代遗留的祸患则由乡村打包照收。

中国就是在上述的大背景下，以自己的努力和智慧，克服难以预料的艰辛，走进了后工业化时代，一路上深深镌刻着农民的血汗脚印。

二、中国农业在中国工业化进程中的伦理负荷

人们常说中国30年走完了西方发达国家300年的道路。这话不够确切。实际上中国从1949年到1992年，亦即全世界从工业化到后工业化转型的约半个世纪中，也正是新中国建立并进入工业化发展时期。中国的工业化可分两个段落，从1949年到1980年为封闭自给的第一阶段；从1980年到1992年为改革开放的第二阶段。

中国工业化的第一阶段，从1949年就开始了农业国改变为工业国的努力。建国三十周年时，中国已经从“一穷二白”的农业大国初步打下了工业化的基础，有了比较完整的

工业体系，位列世界第十大经济体，主要工业产品产量已居世界前十位。取得这样的成果，苏联的援助是重要因素，但据有关资料显示，这一时期从苏联取得的经济援助用于工业者仅 5 万美元[2,3]，连同抗美援朝战争等其他援助，总计不过 40 万美元。这点钱只能对工业化起撬动作用，大量的人力物力投入还是靠我国自己。不言而喻，这就是依靠农业和农民的贡献。在帝国主义严密封锁下，不可能另有其他国外援助。

中国农业挑起了国家工业化起步的重担，作出了超负荷的伟大贡献。1949 年全国 GDP 仅 123 亿美元，人均 GDP 23 美元，人均收入仅 16 美元，排名世界倒数第一。当时的中国工业经长期战争的破坏，几乎荡然无存。钢产量全国只有 15 万吨。“大跃进”提出工业“以钢为纲”的口号，全民大炼钢铁的奋斗目标也不过 2 700 万吨。现在看来这个低得可怜的目标，尽管全国人民“砸锅卖铁”，竭尽全力，也没有达到。这样的工业基础，说是“一穷二白”一点也不过分。

当时的农业生产水平也很低。粮食亩产仅 137 斤*，不到现在生产水平的一半，粮食总产量为 2.774 亿斤，按当时的 5.4 亿人口计算，人均 418 斤，尚属温饱水平。但作为国民经济基础的农业，要承担国家机器运转的全部需求，包括国内肃清残余反革命武装，国外支援抗美援朝，养活全国城市人口，还包括 450 万军队，和难以确定的干部人数①。在满足上述负荷的前提下留足种子，最后才是农民的口粮。我国农民只能处于“半年糠菜半年粮”的半饥饿状态。

中国农业就是在这样低生活水平上，挤出一些积累，为国家工业化作出了超常贡献。农业伦理观也为此付出了严重扭曲的代价。其一，为了支援国家建设，城乡二元结构空前紧固。农民流动被严格限制，不许离开户籍所在地，甚至源自远古的“日中为市”的乡村农贸市场也被定为“资本主义尾巴”被割除。社会自组织功能全然缺失，扩大了农村受灾程度，也妨碍了城市化进程。其二，即使在生活极端艰难的时刻，城乡居民同时在生与死的阈限上挣扎，城乡差距依然显著。市民有最低的口粮保障，而农民口粮则全部自理，至于医疗保健则主要靠农民自己组织的早期的“农村合作医疗”和“赤脚医生”。即使儿童教育也要由农民集资办学，以几百元的极低年薪聘请“民办教师”。农民在极端困难的情况下，尤其在青黄不接的季节，千方百计突破户籍藩篱，个体的或有组织的逃荒群众相望于途。“赤脚医生”和“民办教师”成为这个时期难以忘怀的农业伦理的历史符号。

这时我国处于封闭状态，虽然“以粮为纲”和“大炼钢铁”等生产活动造成水土流失和天然植被严重破坏，但还没有发生严重的环境污染，尤其没有外来的污染源。

我国工业化的第二阶段，即 20 世纪 80 年代到现在，恰逢全球从工业化到后工业化转型的初期，发达国家急于为卸掉污染寻找出路。我国则加快工业化进程，并在 2015 年进入后工业化时期[4]，取得了举世瞩目的成绩。但收获的不仅是迅速工业化的成果，一切工业化的苦果也骤然集中出现。当时“两头在外”② 的工业化途径，毫不回避将污染企业引入国内，甚至进口大量工业垃圾，从中捡取廉价工业资源，以致我们的国土一度成为世界

① 缺乏统计数字，据估计大致与军队人数相当。

② 两头在外，即原料和产品在国外，生产在国内。

* 1 斤=500 克。——编者注

主要垃圾消纳场，当然还有我们自己的农业面源污染。首先是水资源污染，然后是土地污染。据统计，被严重污染的5类水资源一度达80%以上[①]，耕地污染不低于20%[②]，因而殃及食物安全和人民健康，癌症村、高铅毒害村、高锌毒害村，还有“进口”的艾滋病村等污染高发点，在我国东部发达地区的农村出现。至于农村的贫困破败景象更是触目惊心。我国工业化各类污染“千条线”，无不集中在农村这“一根针”上。农业和农村是社会污染危害的终端。工业化启动之时有一段话大家记忆犹新：“我们要利用后发优势，汲取工业国家的教训，不要走西方先污染后治理的老路”。但结果却是污染程度比当初先进国家有过之而无不及。农业为我古老中国文明转型承担了难以言说的磨难。原来社会生态系统的发展也有自己的规律，因此对必要的风险不能存侥幸心理。

三、“三农”问题引发的思考

这里引发一个值得深思的问题。我们有集中力量办大事的优越社会制度，国家对农业一贯重视，中共中央从1982年至1986年连续5年发布以农业为主题的中央1号文件。2004年至2017年更连续十四年发布以“三农”为主题的1号文件，可见农业在中国现代化过程中“重中之重”的地位从未动摇，几十年来各类支农措施从未间断。但为什么在全国崛起的大好形势下却出现了“三农”问题?

令人苦恼的“三农”问题，我们不应问责某届政府部门，也不必问责某些政策的得失。他们不是祸源，而同是工业化过程的受害者。“三农”问题的根本原因在于背负着封闭自给的“以粮为纲”[③] 的传统而未能因时而变。当改革开放的阳光普照中华大地的时候，全国各行各业都沐浴改革开放的阳光而蓬勃发展，唯独农业要在封闭自给的阴影下承担源自远古的“民以食为天”的天赋使命，背负喂养城市、养活国家的超重义务。这在以“海内”为“天下”的农耕文明时代无疑是可行的和必要的。我国就靠此国策屹立于世数千年。

重视粮食的思想源自三千年前战国初期管仲的“耕战论”。管仲说：“富国多粟生于农，故先王贵之。凡为国之急者，必先禁末作文巧，末作文巧禁，则民无所游食，民无所游食则必农。民事农则田垦，田垦则粟多，粟多则国富，国富者兵强，兵强者战胜，战胜者地广。”[④] 商鞅在秦国将耕战论加以发展完善，开展了“垦草”种粮，全民皆兵的变法，国势大盛，威临“天下”，时称“虎狼之秦”。一时天下诸侯国无不变法自保，积粮成风。大势所趋，诚如管仲所说，“使万室之都必有万钟之藏”“使千室之都必有千钟之藏”[⑤]。到汉代更定义为“辟土殖谷曰农”，也许这是世界最早也是最偏颇的农业定义。尽管汉代人口最多时不过6 000万，实际占用耕地面积约1.2亿亩，为今天18亿亩耕地的6%，比散布于荒漠边沿的绿洲面积还少。大部分农用土地还是草地，其GDP主要来自草地畜牧

---

① 中国报告大厅［EB/OL］. www. chinabgao. com［2021-01-25］.

② 环境保护部、国土资源部发布全国土壤污染状况调查公报［EB/OL］. 中华人民共和国中央人民政府网站，http://www. gov. cn/xinwen/2014-04/17/content_2661765. htm［2014-04-17］.

③ 赵守正. 管子注译，下册：治国［M］. 南宁：广西人民出版社，1987：72.

④ 管仲的耕战论简言之，就是抑制工商—垦田种粮—屯粮强兵—发动战争—开疆拓土。

⑤ 赵守正. 管子注译，下册：国蓄［M］. 南宁：广西人民出版社，1987：261.

业。春秋末年有个弃官从商的大贾范蠡，他对致富之道的回答是"子欲速富，当畜五牸"[5]，即养各类家畜的适龄母畜，发展畜牧业。西汉的卜式，因养羊致富，屡行慈善事业，声名鹊起，位至齐相[5]。可见即使在古代，耕地农业也非致富良策。但在中华帝国的耕战思想笼罩下，"耕地农业"（费孝通称之为"五谷农业"[6]），流行数千年，中华民族的粮食情结由此养成。

我们遗憾地指出，当我国已经进入后工业化时代以后，我国仍然囿于"耕战思想"，以"备战备荒"旧窠臼为战略目标，力图粮棉油等大宗产品自给。所谓自给必然与封闭同在。笔者曾参与不同层次的农业现代化研讨会。任何一次会议都是以农产品自给为前提。当我国面临改革开放的机遇时，农业仍然被选边站到了我国改革开放的对立面，即半封闭性自给。40年来力求自给的结果如何？我国粮棉油主要农产品中，油料的自给早已丧失殆尽，苦苦撑持的棉花和粮食杠杆也已先后夭折。但囿于粮食情结，我国农业曾以"大水""大肥""大农药"，以及其他多种杠杆苦撑到最后，终因产品成本高于舶来品的到岸价而被迫叫停。留下的却是水、土、食物污染，资源破损。这是我国农业被置于全国开放改革阳光阴影中的必然结果。我们曾不止一次地指出传统"以粮为纲"的耕地农业已经走到了历史的尽头，终于不幸而言中。

说到这里"三农"问题的根源已经一目了然，即固守农业社会的农业伦理观：继承城乡二元结构，死守自给红线，拒绝开放。但中国农业经历上下求索，尽管遍体鳞伤，毕竟找到了自己的出路，破茧而出。

四、我国新型农业破茧而出

具有五千年古老农耕文明的泱泱中华大国，几经颠扑跌宕，从中华人民共和国建立的1949年到2015年，终于在70年内完成了工业化，继而跻身后工业化社会。伴随后工业化时代的到来，中国新农业终于破茧而出。这是一个艰难的化蛹为蝶的蜕变过程。

从农业大国经过工业化而达后工业化，必须跨越我国独有两道嶂隔。一个是城乡二元结构，一个是耕地农业。城乡差别各国皆然，但两者存在结构性差异，为中国所独有。自西周而下，历经几千年的社会大变动，直到晚近，农村和农民仍未能享有完整的国民权益。他们世代被羁绊于土地不得解脱。1949年以后，工业化起步，农民部分转化为工人，广大农村投以羡慕眼光，"城市户口"悄然出现黑市。尤其改革开放以后，农民求富情绪蔓延，农村青壮年争相进入城市打工，农村出现空巢化。以千万计留守儿童缺乏家庭和社会关怀，为社会留下巨大隐患。还有大量空巢老人成为社会负担。这就是本文开始时提出，国家多年、多次努力而效果不显的阻力所在。直到2002年中共十六大明确提出"三农"问题，城市支援农村，工业反哺农业，取消沿袭数千年的农业税，以及多项城乡统筹的具体措施。还有一件大有象征意义的"小事"，即取消了将进城务工农民强行遣送回乡的"收容所"，为城乡之间劳动力流动打开了通道。中共十七大，尤其十八大后，我国各省区已先后实施户籍改革，取消农村户口，填平了城乡之间横亘数千年的鸿沟，虽然还有许多遗留问题有待陆续解决，但毕竟开辟了通向后工业化的大门。

农民摆脱了土地羁绊，获得自主游动就业的机会，"耕地农业"这个嶂隔也不攻自破。

农业从此走出封闭自给的阴影，在改革开放的阳光之下，与其他行业比翼齐飞，同圆大国崛起的美梦，“三农”问题即将成为历史。

有了这样的底气，我国农业可睥盱世界，迎接任何挑战。最近美国挑起的中美贸易战，无异一场后工业化时代全面战争的预演，情景鲜活最具说服力。我国受到威胁的恰恰不是我们传统顾虑的农产品。相反，农产品在一定程度上成为我们反制的抓手。例如大豆，尽管我们的大豆进口量已经达到全球贸易量的 70%，自给率仅 13.4%[7]，而美国是我国大豆主要供给国之一，但除了价格略有波动外，并没对我们构成重大威胁。相反，购买美国大豆和某些农产品，倒成为中国贸易谈判的筹码。当然，只要是贸易战就没有赢家，我国并不希望因贸易战而得到什么好处。但这个事例证明，在后工业化时代，农产品的合理自给和适当进口是可取的。像过去那样关起门来刚性自给，有悖于农业生态系统的开放原则，有害无益。我们这样说，底气十足，因为我国主食谷物，稻、麦两大战略物资早已自给有余。

后工业化的世界经济系统早已为海洋所被覆，无远弗届。世界资源，包括农业资源的流通性已经是不可阻挡的潮流，这是生态系统自组织的内在动力，是不可遏制的。无论自然生态系统还是社会生态系统，其内部的各个子系统之间，总是协作多于对抗，凝聚力大于离散力，否则系统早已失序而崩溃。“和而不同”，协和与斗争相结合是世界的常态。以政治经济手段达成的协和位居主流。尽管我们面临冷战 40 年而不曾爆发第三次世界大战，我们应感谢后工业化时代人类萌发新智慧。何况中国人民有志气大开国门，创办世界首例进口商品博览会，以建设人类命运共同体为长远目标。

五、中国农业伦理观的解冻和重铸

当 1992 年世界进入后工业化时代，我国作为工业化的后来者，也于 2015 年仓促进入后工业化国际阵营。农业中国面对曾未见过的全新境界，农业发生伦理学断层，令人愕然不知所措。

首先遇到的文化断层。我国在 70 年①内走完了发达国家 300 年的路程。但却不可能在 70 年内建立相应的工业文明。而工业文明，尽管暴露了明显的缺陷，但毕竟是人类文化发展的重要历史阶段。有关工业文明的论述浩繁，我们不遑备述。仅就工业文明与农业文明相比，略举其差异之荦荦大者，凡六类：重开放与重封闭，重契约与重亲情，重效率与重闲适，重创新与重法古，重游动与重安居，重集团与重分散，重海洋与重陆地。逐一论述两者的异同非本文主旨。现仅就其与农业伦理学密切相关者做简要阐述。

第一，任何生物都处于一定开放生态系统之中。耗散结构理论阐明，生态系统必须排除生命过程中产生的废弃物，吸纳新鲜营养，维持其旺盛生机。农业本质上就是对自然生态系统的农艺加工，以获取农产品的特殊生态系统。自然生态系统固有的开放的功能不但不能削弱，反需力求增强，以获取较多的农产品。农业伦理学的基本原则，就这是尊重农业生态系统的生物多样性，并保护其生存权和发展权。而“以粮为纲”的耕地农业只允许

---

① 中国从 1949 年起步，到 2015 年进入后工业化。

粮食作物的生存和发展，排斥了农业生态系统内部本然的生物多样性，也排斥了生物圈内本然的其他生态系统，如林业、草业生态系统，对生态系统开放性和多样性大加靳伤，有悖于伦理学基本法则，自难持续发展。目前中国改革开放40年来国门大开，面对全球商贸机遇。现在后工业化时代，中国农业尽可放开手脚，挥洒自如，不再作茧自缚于过分自给，“三农”问题必将泯灭于无形。

第二，当前中国面临产业转型任务。这不能简单理解为工业由“中国制造”转为“中国创造”，当然这是应有之义。我们必须认知，从农业文明到工业文明的转型有其更深刻的文化意涵。文化的发展无论快慢，都是步履相继的文化蜕变过程，其发展的阶段性是不能缺位，也是不可逆转的。文化的“蜕变”规律由任继愈针对“文化大革命”中“先破后立论”和“一刀两断论”，明确提出有悖于文化发展原则，至今已经成为社会共识。从2002年中共十六大到2018年中共十八大，经过近20年的长期努力，中国明确认知“三农”问题，城市反哺农村，工业反哺农业和减免农业税。尤其在“五个统筹”中，包含了城乡统筹和社会生态系统与自然生态系统的统筹，表达了后工业化时代的伦理观特色。直到取消农村户口，为填平城乡二元结构鸿沟加上最后一铲土。中国实现了农业古国到后工业化跨时代的伟大转变。中国农业伦理学也随之找到了重时宜、明地利、行有度、法自然的伦理学多维结构[1]所展示的新道路。

第三，农业伦理学肯定了农民作为农业主体的话语权。而这恰是中国农耕文明的短板。中国以儒家为主流的传统文化，农民是不被重视的。孔子的弟子樊迟问孔子如何种地，孔子说“吾不如老农”，又问如何种菜，孔子说“吾不如老圃”。樊迟走后，孔子叹曰：“小人哉，樊须也！”①。孟子对孔子的话语做了伦理学诠释：“无君子莫治野人，无野人莫养君子②。孟子说的“野人”与孔子说的“小人”为同义词，即农民。历史证明，在农业中国的皇权时代，高踞城镇的君子承袭并发展农耕文明，奔忙于乡野的“小人”承担各类劳役，这类社会分工有其历史的合理性。但由此养成事事都由被农民供养的“上头”说了算的伦理惯性。这种伦理学位差规定了农民失去社会伦理观的话语权，于是中国农业伦理学长期进入冰冻期。现在既然城乡二元结构已经铲平，农民的国民地位正逐步确立，农民新时代的农业伦理观自应重建应有的话语权。

第四，后工业化时代需建立与之相适应的思维方式。目前中国已经从农业文明跃进为后工业文明，但我们的思维惯式还过多地滞留于农耕文明。诚然，农耕文明有许多珍贵的文化基因，如勤、俭、诚朴、信义、仁爱、协和、敬畏自然等，是中华民族的宝贵精神遗产。中国农业也获得西方某些专家的赞许。有机农业的先驱富兰克林·H. 金就对中国传统农业高度肯定。他认为东亚传统小农经济从来就是资源节约、环境友好、可持续发展的。他说“东亚三国农业生产的最大特点是，高效利用各种农业资源，甚至达到吝啬的程度，但唯一不惜投入的就是劳动力”③。这最后一句话，“唯一不惜投入的就是劳动力”，

① 摘自论语，诸子集成，第一册，子路第十三：279.

② 摘自孟子，诸子集成，第一册，滕文公上：185.

③ ［美］富兰克林·H. 金. 四千年农夫：中国、朝鲜和日本的永续农业［M］. 北京：东方出版社，2016：中文版序言15.

点到了小农耕经济的死穴。工业文明之所以取代农业文明而兴起，就是它提高了劳动效率，解放了劳动力。历史唯物论告诉我们，这是历史发展的必然。我们需要的是农耕文明与工业文明融合重铸，而不是农耕文明时代的复制，更不是作为古董来欣赏。例如，过去农民为争夺城市厕所而斗殴，农户厕所与猪圈相连积攒粪便的习惯已成历史，小农经济的积肥习惯不可重复。我们自觉地提出后工业文明的关键语言，“美丽中国”和遍布全国的“美丽乡村”。美丽不是空洞的，包含了富裕和幸福。遗憾的是，在众多评论工业文明缺陷的言论中，对消费大量“农闲”时光的“慢节奏”，田园牧歌式的生活甘饴回味。殊不知工业社会以慢调节过快的常规节奏，绝非一慢到底。“时间就是金钱，效率就是生命”，这个口号发生于体现“中国速度”的深圳，并没有过时。当前以《弟子规》为儿童教材，兴办读经“私塾”等也屡有所闻。清末洋务运动“中学为体，西学为用”之风若隐若现。那次的文化错位为我们带来怎样的灾难后果，大家记忆犹新。如今我们面临后工业文明的新机遇，与先进国家差距近在咫尺，切莫再次错过这次文化转型的良机。虽然我们还不够熟悉，但我们应有勇气，有兴趣尝试以后工业化文明思维厘清工业文明的利弊，而不是以农耕文明眼光来欣赏千年不变的田园风光。

一如农业是国民经济的基石，农业伦理学是中华文化的基石。概言之，农耕文明的农业伦理观是顺应自然。工业文明的农业伦理观是胁迫自然。后工业文明的农业伦理观是道法自然。其农业路径是遵循自然法则，开拓生产与生态兼顾、自然与社会共美的美丽农业。我国农业一旦破除城乡二元结构的自给情结和封闭阴影，迈向改革开放的光明世界，定将绽放史无前例的美丽光华。

生态文明时代已经到来，与之相伴而来的生态农业和生态农业伦理观即将呼之欲出。

【参考文献】

[1] 任继周．中国农业伦理学导论［M］．北京：中国农业出版社，2018：145.
[2] 沈志华．新中国建立初期苏联对华经济援助的基本情况（上）——来自中国和俄国的档案材料［J］．今日前苏联东欧，2001（1）：53－66.
[3] 沈志华．新中国建立初期苏联对华经济援助的基本情况（下）——来自中国和俄罗斯的档案材料［J］．今日前苏联东欧，2001（2）：49－58.
[4] 胡鞍钢．中国进入后工业化时代［J］．北京交通大学学报（社会科学版），2017，16（1）：1－16.
[5] 任继周．中国农业伦理学史料汇编［M］．南京：江苏凤凰科学技术出版社，2015：310.
[6] 费孝通．乡土中国［M］．上海：上海人民出版社，2006.
[7] 石玉林，唐华俊，王浩，等．中国农业资源环境若干战略问题研究［J］，中国工程科学，2018，20（5）：1－8.

丛林法则的农业伦理学解读

任继周　林慧龙

摘要： 丛林法则为谋求个体或小集体利益，危害相关方或生存环境的行为，与规范社会正义的游戏规则相对立。自然生态系统中丛林法则为理性认同，而社会生态系统中则为非理性。两者以正负势能的纠缠推动社会发展，且在社会发展的不同阶段表现样式各异。无论农业社会或工业社会丛林法则都与游戏规则相伴而生，丛林法则为不可或缺的元素。

关键词： 丛林法则；游戏规则；农业伦理原则

“丛林法则”，近来引起热议。我们看到它是违反社会游戏规则的搅局者的精神支柱，也是维护社会恶行的凶器。它们动辄挥动霸凌长鞭，横扫一切，高过他们必遭鞭挞。舞动长臂，凡是有人居处都要按照他们的私利需求重塑。公法、协议随手毁弃，公平、正义被任意亵渎。朗朗乾坤，何来如此无恶不作的魔障？人们认定“丛林法则”，罪恶渊薮，必须彻底铲除。

但农业伦理学中它却有更为丰富的内涵，这个贬义词，在农业系统的发生、演替中却有着独特的不可取代的作用。它使我们厌恶，却又无法抛弃。

一、丛林法则的本质及社会背景

丛林法则在常态语境下是违反伦理原则的贬义词。在农业伦理学中我们尝试界定为：为谋求个人或某一集团的私利，以明显或隐晦的方式胁迫有关方做出违反社会伦理观底线，或损害相关方正当权益，或破坏生存环境健康，为社会游戏规则搅局者提供精神的、物质的支持或庇护的行为。但在自然生态系统中它本然合理，在社会生态系统中，它在与公正无私的游戏规则的纠缠中，具有推动社会发展的助力作用。

自然界丛林法则具有合理性。地球生物圈由若干生态系统构成。不同生态系统之间在长期共存中，形成互相依托与互相竞争双重动力的平衡。这是自然本体赋予生物界的基本规律，亦即自然生态系统生存与发展的动态规律。这一动律是靠自然生态系统的不同物种间生态位互补，此一物种或生态系统的生存废料作为正熵输出，彼一物种或生态系统作为负熵输入则为营养源。因此，生态系统内部以极其精妙的方式构成生生不息的物种集群，形成和谐完美的生境。

但我们不容忽视，各个生态系统分属不同的营养级系列。下一个营养级是上一营养级的营养源。以此类推，可以发生多层营养级。陆地生态系统的营养级别之间存在 1/10 法则，即次级动物消耗90%的营养源以维持生命，10%转化为动物有机体本身。我们以草地生态系统为例，草地上生长的植物是第一营养级，以此为营养源的草食动物为第二营养级，草食动物所消耗的营养源，只有1/10转化为草食动物本体，90%营养源为草食动物维持生命所消耗。肉食动物为第三营养级，即以草食动物为营养源，依然依照1/10法则转入第四营养级。最终形成陆地生态系统以营养源1/10等差的营养级构成的营养级金字塔。在金字塔的顶端的肉食动物必然具有霸主地位，如为狮、虎等所盘踞。众所周知，居于生态金字塔顶端的肉食动物无不具有领地占有的本能。它们要保持或扩展领地，必须通过强力搏斗战胜对方来保持或扩大领地。这就是自然界的丛林法则的本然合理属性。

据此，我们可逆推，居于生态系统金字塔顶端的肉食动物，实际上具有自上而下地控制营养金字塔所含内部生态系统的权威影响。美国黄石公园为了保持生态系统的稳定性，曾将肉食动物清除。但此后草食动物因缺少天敌而发展过多，植被不堪重负，于20世纪80年代引入肉食动物的狼，谋求从金字塔顶端调节生态系统的结构，使趋于平衡。因此，居于金字塔顶端的肉食动物发出信息，下级生态系统据此而自行调整以响应上一级发出的信号，维持生态系统的稳定发展。

以上的论述，得出了自然界的正常秩序是以丛林法则为皈依的理性认同。达尔文的物竞天择理论，以更深广的语境给自然界的丛林法则做出理性肯定。

当人的群体出现，其数量和智慧为各类动物所难以企及，经过系列历史阶段的发展而形成了人类社会系统，高踞生物圈顶层。随着科学技术的发展，其影响已超越生物圈，覆盖了气圈、水圈、岩石圈，从而发生全球性影响，使地球发生本质改变。地质学家认为发生了一个新的地质时代，称为“人类世”①。这是一个人类对地球的营力超过自然界营力的新地质时代。

农业就是这个新时代营造的启蒙者。农业作为自然生态系统与社会生态系统的耦合体（以下简称“农业耦合体”），包含自然的和社会的两个生态系统。因农业耦合体是自然生态系统的人为干预产物，无疑人居于农业耦合体生态金字塔的顶层，人类对农业耦合体所属生态系统具有决定性影响[1]。这种影响的受体，既含自然生态系统，也含社会生态系统。因此，农业伦理学作为农业耦合体的行为道德准则，它应既包含自然丛林法则而又超越自然丛林法则的道德表述。人类除了像野兽那样占有地球资源以外，还有维护地球资源的道德责任。这就是对农业耦合体蕴含丛林法则的伦理学的正面回答。

（一）农业伦理学中的丛林法则的定位

农业伦理学是研究农业行为中人与人、人与社会、人与生存环境发生的功能关联的道德认知，并进而探索农业行为对自然生态系统与社会生态系统这两大生态系统的道德关联

① 由诺贝尔奖得主，荷兰大气化学家保罗·克鲁岑（Paul Crutzen）于2000年提出。2008年，英国地质学家扎拉斯维奇（Jan Zalasiewicz）认为已正式进入了“人类世”。《自然》报道，隶属于国际地层委员会（ICS）的“人类世工作组”（AWG）投票认定，地球已进入新的地质年代——“人类世（Anthropocene）”，并指出20世纪中叶是“人类世”的起点。AWG计划在2021年向国际地层委员会提交一份关于“人类世”的提案，标志着正式定义一个新地质年代的工作迈出重要一步。

的科学[1]。按照农业伦理学的这一界定，只有摆脱物质利益的游戏规则属农业伦理学范畴[2]，而丛林法则旨在追寻个人或某一集团的私利，是游戏规则的对立面，在农业伦理学中应无立足之地。

但如上所述，丛林法则在自然生态系统中合理存在，而社会生态系统中则为非理性存在。两者固有的悖论，迫使农业伦理学作出回答。

农业耦合体的动力学逻辑判明，农业社会的发展应受自然丛林法则与社会游戏规则，即伦理观的两种力量制约。笔者在《游戏规则，农业伦理学必需严守的伦理学高地——必要的生存方式，人类的文明基石，搅局者的禁区》一文中，基于丛林法则为社会搅局者的巢穴的现实，批判了丛林法则对社会发展的负面影响。本文则冀图对丛林法则作较全面阐述。

丛林法则可发生于两种情景，一是生存资源不足，为求生而发生的生物间强力争夺；一是为生产资源有余，为满足占有欲而强力争夺。依照伦理学语义，无论哪一种情况，强力争夺都具有丛林法则“错”的表征，都是与道德规范不相洽和的。但历史唯物主义告诉我们，为了维护生存权而发生的强力争夺，甚至发动战争，在特定情景下是必要的，即伦理观的“对”，在实践中应予肯定。这里发生了伦理学的是与非，与对与错的悖论，这在社会实践中屡见不鲜。伦理观的是与非和对与错的悖论。如果二者必择其一，我们只能根据两者在伦理观认知系统中的定位做出判断，即对与错优先于是与非。例如，秦始皇许多政策是正确的，即“是”的，如统一文字、统一度量衡、筑“驰道”、开运河、修水利、“废封建立郡县”等，经得起历史考验，属“是”范畴，所谓“百代皆行秦政治”。但因这些“是”的政策失去伦理学“度”与“法”的规范，则发生实质性错误。导致“是”异化为“错”的社会效果。这位期望行之万世的“始皇帝”，立国十数年而败亡，与昏聩无道的太平天国相去无几。因为伦理观中对与错应居是与非的上位。因而求生者的强力争夺应肯定，即肯定丛林法则的正义性；为贪欲而发生的强力争夺应否定，即丛林法则的非正义性。结论是丛林法则具有双重性，不能一般地予以否定或肯定。

（二）丛林法则的双重性留下的道德漏洞

如前所述，丛林法则在求生与贪欲之间存在伦理观正与负的分野。问题在于“求生”需求的延伸幅度是难以精密测度的。社会应满足求生的有限需求，却难以满足贪欲的无限扩张。这令人想到宋太祖想把已经投降宋朝的南唐李煜的小朝廷彻底消灭，理由就是“卧榻之旁岂容他人酣睡”。这是对生存空间贪欲霸权的赤裸表述，当然也违反人类伦理观的正义原则。这类丛林法则双重性的道德漏洞，超越正当需求的欲望扩张，有类型之别，大小之差，但在社会上随处可见，补救之道不外两途。

一条途径是施以伦理教化，使人以农业伦理学多维结构中的法、度自觉，安于自我之分，恪守自我之道，“不忮不求”，与环境友好相处，完尽个人的社会责任。

另一条途径就是设定伦理观底线，即法律红线，对超越客观需求的贪婪行为在道德谴

---

① 任继周．中国农业伦理学导论［M］．北京：中国农业出版社，2018.

② 参阅笔者《游戏规则是农业伦理学的重要元素》。

责之外，加以法律制裁①。

二、丛林法则与社会游戏规则纠缠的时代特征

如前所述，丛林法则的发生路径有二，一是为满足生存正当需求而发生的违反游戏规则的强力搏斗；二是超越正当需求为满足贪欲而发生违反游戏规则的巧取豪夺。因为保障生存正当需求的游戏规则是随着社会发展的时代嬗替而异的，因此贪欲也必然如影随形而与之俱来。从这一意义上说，游戏规则与丛林法则两者在互相纠缠中共同体现时代特征。符合游戏规则的正当需求应受社会伦理系统的保障，而违反游戏规则的丛林法则应受谴责。因此我们需对两者的纠缠做时代性探索。

（一）原始氏族社会游戏规则与丛林法则的纠缠特征

原始氏族社会因游牧的发生而从野蛮人群中分离出来[2]。相当我国的羲娃②时期，必然带着野蛮人群的某些烙印。所谓野蛮人群就是由血缘发生的氏族。恩格斯说“自由性关系或多偶制盛行的地方，群族差不多是自动形成的”③，并说“最古老、最原始的家庭形式是什么呢？那就是群婚，即整群的成年男子与整群的成年女子互为所有”，这种婚姻形式可有效消减雄性相斥，维护族群发展[2]。“不仅兄弟姊妹曾经是夫妇，而且父母和子女之间的性关系，今日在许多民族中也还是允许的”。此后衍发了普那路亚婚姻式家庭，特点就是一群姐妹有着她们的共同之夫，但她们的兄弟除外；一群兄弟有着他们的共同之妻，但她们的姐妹除外。即准血缘关系。这正是后来构成原始形式的氏族成员。她们全体有一个共同的女始祖，即群婚-普那路亚式婚姻④。都是母权社会的婚姻和由此产生家庭，其特点就是只知其母不知其父。氏族高级婚姻关系中还包含了抢婚，定期的萨恩节（美洲、大洋洲）等习俗⑤。在社会的蒙昧-野蛮转型期出现了野牲驯养，因而有了私有财产和真正意义的家庭，随而发生了一次从母权到父权的人类文明的大过渡。此时因明确了父亲的人格特性，从而明确财产继承权，氏族关系趋于稳定。但原始的群婚或偶婚遗风犹存，如大家熟知王昭君的故事，她先是嫁给了匈奴的呼韩邪单于，生了一个女儿，丧夫之后又嫁给继任的复株累单于，生了两个儿子。在华夏文化中也有类似的例子，如春秋时期

① 伊索寓言载，狼法官尝到灵活使用法律带来的无穷好处，处处标榜动物界一定是讲法律，唯有法律才是维持社会秩序的不二法门。它在河边逮到一只小羊，厉声问：“你知罪吗？”小羊胆怯怯地说：“我……我不知道。”狼说：“你为什么把河水弄脏？”小羊说：“没有啊，这是上游，我是在下流的河里喝的水，怎么会把这里弄脏呢？”狼法官大怒：“还狡辩，你的嘴角边还沾着水，铁证如山，依法当死。”冠冕堂皇合理合法地扑上前就吃了小羊。

② 任继周．中国农业系统发展史［M］．南京：江苏凤凰科学技术出版社，2015：25.

③ 恩格斯．家庭、私有制和国家的起源［M］．中共中央马克思恩格斯列宁斯大林著作编译局，马克思恩格斯文集卷四．北京：人民出版社，2009：13－33.

④ 普那路亚婚姻“若干数目的姐妹——同胞的或血缘较远的即从表姐妹或更远一些的姐妹——是她们共同丈夫的共同妻子，但是在这些共同丈夫之中，排除了她们的兄弟；这些丈夫彼此不再称为兄弟了，而是互称为普那路亚。同样，一列兄弟——同胞的或血统较远的——则跟若干数目的女子（只要不是自己的姐妹）共同结婚，这些女子也互称为普那路亚”。这是亚血缘群婚的典型形式。

⑤ 美洲和大洋洲部分地区虽已脱离氏族血缘关系，但每年一定时间定为萨恩节，允许开放性生活。

卫宣公娶了自己父亲的妃子夷姜，郑文公娶了自己叔叔的妃子[3]。众所周知，春秋是八百年周朝盛世以后，对礼崩乐坏的反映，因而折射了某些氏族习俗。

以血缘关系形成的氏族在其领袖领导下，对内维持氏族内部的伦理秩序，采集食物等生存资料并分配给本族成员，保护生存领地及其成员安全；对外抵抗外敌入侵，扩张领地，掠夺食物与俘获奴隶。凡能率领本氏族成员出色完成上述任务的领袖人物就受到尊重。在优秀的氏族领袖领导下，本氏族不断兼并融合其他氏族，氏族不断扩大，形成自然分支和氏族联合体，邦国雏形发轫于此。中国历史传说中的三皇五帝，都属此类强大的族群联合体领袖[4]。此为自发的领袖与被领导的群体构成命运共同体。

简言之，氏族社会符合游戏规则的伦理观可概括为：维护既有领地，保护族群，满足族群的生存需求，维持族群内部生活秩序，掠夺和扩张领地。良好完成上述任务者具有领袖的美德，受尊重和颂扬，甚至其他氏族部落主动加入其部落联合体。

反之，如不遵守食物分配规则、破坏婚姻、扰乱家庭、分裂族群领地、逆反族群领袖等，则归属丛林法则，成为氏族社会游戏规则的搅局者。搅局者总离不开强力博弈。如黄帝与炎帝的阪泉之战，就是神农氏部落内部的黄帝与第八代炎帝争夺领导权的内战，战后统一为炎黄族群。遂为炎黄后裔所尊崇，但其战争行为仍属丛林法则。黄帝与蚩尤的涿鹿之战则为不同氏族之间的对外争夺领地的战争[5]。战争结果为驱逐外敌，俘获奴隶，扩大领地，奠定了华夏农业社会的历史格局。黄帝族群的发展取决于这两次武力大博弈。因无历史旁证其非正义性，故无悖于伦理原则，黄帝从而具有华夏始祖之崇光。以上述黄帝两次征战为例，说明丛林法则有两面性，即符合社会游戏规则的正义性和悖反游戏规则的非正义性。

（二）农业社会游戏规则与丛林法则的纠缠特征

中国羲娲时期野牲驯养为标志，出现了家庭和由此组成的农业社会，从此人类进入农业文明时代。这是人类有史以来历时最为长久的社会形态。它覆盖了晚期氏族社会、封建社会、皇权社会和废除皇权以后的近代农业社会。因历史久远，包含社会发展诸多阶段，游戏规则和与之相对应的丛林法则也随之多变。但总的历史趋向是在游戏规则与丛林法则互相纠缠中，游戏规则居主导地位，社会趋向发展，由分散的氏族集团到邦国，然后逐渐形成中央集权的大帝国。其间可分为松散中央集权的封建宗法社会和强度中央集权的皇权社会两大阶段。

封建宗法社会时期。农业社会由三大集团构成，即最高领导中心“天子”及其家族，“受命于天”，成为无可争议的天下共主。另一集团为受天子赐封的各诸侯国贵族集团，他们各自从封建共主那里获得封地及其所连属的庶民（含本族平民和奴隶），直接管理境内的政务和生产，并收取庶民所缴纳的赋税。第三集团为诸侯国所属的土地和连属于土地的庶民。庶民只对所在诸侯国负责，对共主天子无任何关系。这三个集团之间以完备的礼乐系统体现其从属秩序。此时游戏规则与丛林法则两者纠缠中所显力度因诸侯的善恶而异。封侯之恶者，其治下的领地丛林法则胜于游戏规则，庶民生活艰苦。反之，则生活宽松愉快。因此前者常有庶民“非法”叛逃归附后者。总体看来，封建社会游戏规则占显著优势，庶民负担较轻，一般为“什一税制”①，社会比较安定，经西周（公元前 1046—前 771）近 300 年的稳定发展，而达到人类文明史的伦理高峰，是谓历史称赞的“礼乐”时代。

春秋战国时期。此后随着封建制的势微，土地私有制发生，丛林法则大盛。诸侯国之间的杀伐兼并的风暴盛行。春秋初年的四百多个邦国，到战国时期只余“战国七雄”，最后以统一于秦而终结[6]。此时游戏规则只是作为个例闪现于丛林法则风暴的间隙中，传为历史佳话。例如，晋齐之间的鞍之战，晋宋之间的泓水之战，表现对古战法之笃诚。子路结缨而亡之忠于礼，钟子期挂琴而去之忠于义，介子推避封而死终于廉等，只能作为挺立于污泥中的芙蓉供后人凭吊了。丛林法则即使如此强如风暴，但它无法脱离历史辩证法的规律，经过与游戏规则的纠缠，两种力量的结合推动社会发展，进入新阶段，即皇权社会。这说明即使社会在丛林法则盛行的艰难时刻，游戏规则也未失去对社会的匡正作用。或可理解为丛林法则与游戏规则是推动社会进步的左右双手，同它们从未分离。

皇权社会时期。始于秦的皇权社会绵延 2 500 多年，其政治和经济基础是不断强化的城乡二元结构；其精神支柱为儒家思想，起步于正心、诚意、修身、齐家的个人修持，到达到治国、平天下的最高目标，建立了历时 2 000 多年，屹立“海内”的皇权帝国。游戏规则与丛林法则在不断纠缠中无可争议地取得辉煌成就。但其中所包含的中国特色的“农业丛林法则”不容忽视。

中国农业社会与城乡二元结构联袂发生②。国家统治阶层的精英分子居城堡，为土地和附着于土地的庶民（农民和农奴）的所有者，具有社会资源的所有权及农产品的分配权。而散居乡野的庶民负有保护城堡安全，承担兵役和一切劳役，缴纳产品的义务。农民和农奴与土地固结为一体，成为一支世袭“贱民”族群。在城乡二元结构中也是“礼不下庶民，刑不上大夫”，基层庶民被隔绝于社会上层[7]。城乡的区别世界各国皆然，唯独割裂社会的城乡二元结构为中国所独有。这一独具特色的社会结构直到 2012 年的中共十八大，因取消乡村户籍为发轫，才逐步取消对农民的歧视，取得划时代的进步。

在城乡二元结构的社会结构笼罩下，国家上层社会的辉煌和奢靡与基层平民生灵涂炭如影随形，难以割舍。这生动体现了社会游戏规则与丛林法则在纠缠中的两面性。一方面，建造辉煌的宫殿、精美的工艺产品，以及大量诗歌绘画和诸多文化瑰宝，不失为社会永久财富，作为人类文明的特殊符号，“农耕文明”而永存。另一方面，即城乡二元结构的另一半，即庶民，呻吟于贵族强权之下，承受残酷煎熬，社会发生贫富两极分化。据统计，自秦代进入皇权社会到 1949 年新中国诞生前 2 530 年以来，有历史记载的战争达 3 125 次，年均 1.2 次。有关民间的苦难文史记载不绝于书③。即使为后世传颂的诗经时代，也渗透着基层劳动者的辛酸，如诗经的北门④、采薇等诸多篇章。至皇权时代，其苦

① 按产值的 1/10 缴纳赋税。

② 任继周．中国农业系统发展史［M］．南京：江苏凤凰科学技术出版社，2015：75，76，557，558，576－578.

③ 《诗经·小雅·采薇》，史记中有关战争和酷吏的记载，以及唐诗杜甫的《三吏》《三别》，白居易的《卖炭翁》等名著。

④ 诗经，国风，北风，邶，北门。

难情状更达罄竹难书，如“朱门酒肉臭，路有冻死骨”[①] 和“一将成名万骨枯”[②] 等这样的名篇，都将城乡二元结构的上下两端，即贫富的两极分化做了生动而忠实的记载。这充分展示了游戏规则与农业丛林法则纠缠的两面性。在阶级社会正如恩格斯所说：任何进步同时也是相对的退步，因为在这种进步中一些人的幸福和发展是通过另一些人的痛苦和受压抑而实现的[③]。

我们作为华夏民族的后来人和见证者，讲述农业伦理学，不可无视为乡野庶民血泪所浸染的农耕文明的全豹。近来有些批判国家工业化带来污染及诸多社会问题的著述，对中国农业社会所遗留农耕文明，描绘为美好的田园风光几乎覆盖了中国农业发展史，而将筑就数千年世界 GDP 峰的基层大众的血泪贡献未予重视，这未免有欠公允。

综合上述，中国农业丛林法则的核心内涵可概括为：对内，高踞城堡的贵族为刀俎，散居乡野的黔首为鱼肉，残酷迫害，掠夺无度；对外，则在儒教“平天下”为最高目标的指引下，兵连祸结，热衷开疆拓土，争当天下霸主。对丛林法则应给以历史唯物论的公正评议，当它与思无邪的游戏规则相纠缠时，留下了推动社会发展的轨迹。

（三）工业社会游戏规则与丛林法则的纠缠特征

工业社会以提高劳动效率，追求最大利润为最高目标，创造了人类历史的新页，功不可没。但 19 世纪中后期，达尔文“物竞天择”的科学思想被异化为“达尔文主义”，于是弱肉强食排他性竞争，亦即“工业丛林法则”，披上伦理学的外衣，走上道德的神坛，其非道德行为获得社会“理性”认同，人类文明的游戏规则遭受肆无忌惮的毁坏，这无异使人类文明堂而皇之地退回到蛮荒时代。

迄今为之，工业丛林法则的危害凸显于四个方面，即凌霸异己、消费无度、损毁资源、社会失序，成为搅局者的巢穴。从多方面影响农业生态系统，违反农业伦理原则。因非本文主旨，在此从略。

三、结语

农业生产即含有自然生态系统的精义，也含有社会生态系统的精义。所谓精义就是农业生产过程中不可缺少的自然的和社会的伦理学真理。这些精义都受时、地、度、法多维结构的制约。我们可依据这四个维度给以解析阐明。但在实践中将四者精妙组合，建成一个没有缝隙的完美农业伦理结构，却很难做到。

游戏规则的必然及其阈限。农业的游戏规则为维护社会秩序的正能量，农业的道德规范即农业伦理学的四维原则，此外无私利意图。只要有农业，就需要这样的道德规范。失去游戏规则的农业，就是失序的农业，是不存在的。游戏规则为我们提供了度与法的范

---

① 杜甫：《自京赴奉先县咏怀五百字》。

② 曹松，晚唐诗人，《唐诗百名家全集》《己亥岁二首》：泽国江山入战图，生民何计乐樵苏。凭君莫话封侯事，一将功成万骨枯。传闻一战百神愁，两岸强兵过未休。谁道沧江总无事，近来长共血争流。

③ 恩格斯．家庭、私有制和国家的起源［M］．中共中央马克思恩格斯列宁斯大林著作编译局，马克思恩格斯文集卷四．北京：人民出版社，2009：47.

畴。其中含有一系列的道德的度，和到达这个度的途径，即法。

在农业耦合体中，适度，我们确认为“对”。过度与缺度我们确认为“错”。可表达为这样的模式：负阈限>缺度—适度—过度<正阈限。适度两侧各有一个区间，或称正负阈限差。这个阈限差是难以避免的，亦即适度之外存在难以避免的缺陷。这就为农业丛林法则留下活动余地，但缺度与过度都不能超越阈限，否则农业行为将失序而崩溃。这在中国历史中并不罕见。农业工作者应按照游戏规则本然美德，将适度的正负差控制在阈限之内，以压缩农业丛林法则活动余地，确保农业伦理美德之常在。

丛林法则的必然及其阈限。如前所述，丛林法则出于自然生态系统的本然，也有伦理学的过度与缺度所难以消除离差而给丛林法则入侵农业耦合提供的机遇。当这类意念和行为保持在合理阈限以内时，表现为社会发展的推动力。如为私利所驱使，发展为不可遏制的欲望时，则表达为丛林法则对社会游戏规则的搅局者而危害社会。

游戏规则与丛林法则纠缠的必然。游戏规则与丛林法则是农业耦合体中常在的两种动力。它们形影不离，纠缠不休。在特定的社会环境和历史条件下，忽焉前者显而后者隐，忽焉后者显而前者隐。而居于农业生态系统金字塔顶端的人，应以自然赋予的生态权威，对游戏规则和丛林法则，因势利导，以时、地、度、法的多维原则纳入农业伦理学的基本规范，守其益而避其害。

丛林法则是在物质生产过程中，为满足贪欲而发生与游戏规则的纠缠。因此，社会的物质生产是游戏规则与丛林法则纠缠的思辨基础。

因而认知，丛林法则与游戏规则两者都属生态系统的本然禀赋。两者不是谁战胜谁的问题，而是两者在纠缠中共同推动社会前行。即所谓“和实生物，同则不继”[①]。关键在于以农业耦合体的多维结构管住游戏规则与丛林法则的纠缠适度。

【参考文献】

[1] 任继周，方锡良．中国城乡二元结构的生成、发展与消亡的农业伦理学诠释［J］. 中国农史，2017，36（4）：83－92.

[2] 恩格斯．家庭、私有制和国家的起源［M］. 中共中央马克思恩格斯列宁斯大林著作编译局，马克思恩格斯文集卷四．北京：人民出版社，1972.

[3] 左丘明．春秋左传集解［M］. 上海：上海人民出版社，1977.

[4] 刘正瑶．中华朝代知识歌［M］. 北京：科学普及出版社，2006.

[5] 司马迁．史记（卷一）五帝本纪［M］. 北京：中华书局，1959.

[6] 刘向．战国策注释［M］. 北京：中华书局，1990.

[7] 胡平生，陈美兰．礼记·孝经［M］. 北京：中华书局，2011.

① 见于《周语上·西周三川皆震伯阳父论周将亡》及《史记·周本纪》。

时代挑战背景下农业伦理学展望

方锡良　任继周

摘要： 当今时代，全球农业发展面临着环境污染、生态破坏、食物安全、技术风险、饥饿与贫困等多方面的挑战，为有效应对这些挑战，首先人类应遵循生态文明规则，积极承担生态责任和历史使命，促进农业健康可持续发展；其次以全球伦理关怀的开阔视野和宽阔胸怀，去应对农业挑战、解决农业问题；再次人类需要积极推动全球农业系统的开放合作与协作共生，以全球资源去发展全球农业；最后我们将以中华文明独特的生态自然观为基础，融合古今中外自然观念、生态智慧与伦理思想，拓展农业伦理容量，以扎实推进世界农业伦理学研究、交流与合作。进而，我们需要构建基础厚实、结构优化、丰富多样、开放包容、协作共生的新时代农业伦理大厦，以保障农业系统的生存权与发展权，维护农业领域的社会公平与正义，推动农业健康可持续发展，增进“农业、食物和健康”等方面的人类福祉，促进美好生活之实现，积极构建人类命运共同体。

关键词： 农业伦理学；生态文明规则；全球伦理关怀；系统开放与耦合；生态自然观；人类命运共同体

作者简介： 方锡良（1977—　），兰州大学哲学社会学院副教授，主要从事农业伦理学、马克思主义哲学、生态哲学与生态文明方面的研究。

进入21世纪，就农业而言，人类共同面临着生态环境危机、食物安全危机与健康危机、饥饿、贫困与社会动荡冲突等方面的挑战，为有效应对上述挑战，人们需要综合生态文明理念和规则，发扬中外生态自然观念和农业生态智慧，借鉴现代农业发展的经验教训和路径方法，推动全球农业系统的开放交流和系统耦合，激发农业活力，以全球资源去发展全球农业，拓展农业伦理学的容量，积极构建新时代的世界农业伦理学，维护农业的生存权和发展权，促进农业系统均衡协调和繁荣稳定，推动农业健康可持续发展，同时努力消除贫困、饥饿、不平等与社会动荡，为促进人类的安全保障、健康福祉和构建人类命运共同体作出贡献。

一、遵守生态文明规则，承担生态责任和历史使命，促进农业健康可持续发展

21世纪的农业生态系统面临许多威胁和挑战，全球气候变暖背景下极端气候事件频发，滥用农药、化肥和水土资源等情况较为普遍，土地肥力下降，不少土地酸化和荒漠

化，这容易导致农业环境污染破坏和农业生态系统失衡崩溃，造成农业减产甚至绝收，进而危及食品安全和民众健康。在此背景下，我们要综合哲学、生态学和经济学等不同视角，深入反思今日农业生态系统危机之根源、后果与解决路径，促进农业自然生态系统与农业社会生态系统两大系统的耦合，承担相应的生态责任和历史使命，促进农业健康可持续发展。

为此，我们不妨借鉴卡逊、康芒纳、沃斯特、利奥波德等学者的反思批判和智慧洞见。在这些学者看来，自然生态系统是一个相互联系、相互依赖的生命之网，地球是一个内在关联、活的有机整体，大地更是一个生命共同体，这些观念引导着人们去理解和遵守生态文明规则，如康芒纳的生态学四法则和利奥波德的大地伦理学，尊重自然、保护环境、蓄养生态。就农业生态系统而言，我们需要对滥用农药和化肥、肆意侵凌和掠夺土地资源、工业化农业和集约化生产的巨大影响和潜在危害进行深入反思，如借助《寂静的春天》（卡逊）、《尘暴：20世纪30年代美国南部大平原》（沃斯特）以及《失控的农业：廉价肉品的真实代价》（林伯里和奥克肖特）等著作，自觉反思各类短视自利、麻木冷漠、盲目乐观和霸权主义行为，并深入思考其解决路径，积极承担起人类对农业系统的生态责任和历史使命。

卡逊在《寂静的春天》一书中深刻揭示出生态系统是一个相互联系、相互依赖的生命之网，滥用杀虫剂、除草剂对自然环境、农业生态系统和人类健康福祉产生系统而深远的影响，如毒害土壤、水体和各类生物，进而贻害人类自身，破坏细胞的生命机制和基因遗传物质，扰乱甚至阻断生命的正常生长发育，诱发恶性突变和癌症，留下一个死寂的世界，造就一条死亡的河流。卡逊大声疾呼：我们人类必须从这种滥用化学药剂的短视行为和控制自然的虚妄观念中走出来，道法自然、热爱生命、保护生态系统。从科学方面来讲，就是要求我们尊重自然规律和生态机制，顺应自然、效法自然，发挥生态系统自我组织、自我调节和自我修复的机制与功能；从文化方面来讲，我们需要积极传承和发扬中华农业文明“道法自然、尚土重农、厚德载物、护佑生灵”的文化传统和伦理观念，构建一个“人与自然和谐共生、生生不息、德性深厚”的生态系统和人文世界，与之相应，我们还可以积极借鉴利奥波德在《沙乡年鉴》中所倡导的“大地伦理学”，维护土地共同体与大自然的和谐、美丽和稳定，承担起我们对大自然、人类社会和我们子孙后代应有的责任。

康芒纳进一步深入探究环境污染和生态危机的深层原因，他认为现代经济增长模式和战后技术变迁造成了日益严重的生态环境危机，许多新技术从经济上看是取得了胜利，但从生态学上来看是失败的，甚至是生态学上的祸端。而现代技术在生态上的失败，很大一部分原因在于技术专家和人员往往仅仅注意到自然界复杂整体中一个狭小的部分，在方法论上过于孤立、片面和狭隘。现代技术及其科学基础的这种失败，被康芒纳概括为“理论概念上的简化论和机械还原论”，当现代技术和工业生产中的这种孤立割裂、机械分工的方法被运用于有机整体、内在关联的生态系统时，必然会招致失败。进而，在资本增值、利润动机和广告宣传刺激下，现代社会大量消耗资源和能源，大量使用人工合成材料，从而大规模快速推动经济发展和消费扩张，不断突破生态承载力，造成生态环境危机。“某些最严重的环境问题恰恰可以追溯到美国农场的变迁上去……而农业企业（agribusiness）

是环境危机的一个主要肇事者”[1]。例如，美国大型农场牲畜与土壤在自然上的分离，造成粪肥不但无法有效还田，反而造成严重水土污染和营养循环断裂；而为了满足不断增长的人口对粮食的需要，以及各类养殖业和工业对谷物饲料和原料的持久巨大需求，现代农业生产快速耗尽土地中的肥力，只能靠大量使用化肥、农药来维持产量、控制病害，这往往会造成农业环境污染、土壤退化和肥力衰竭，进而导致农产品品质下降、民众健康受损、相关生命遭受戕害、农业生态系统的紊乱乃至崩溃，这些都需要当代人或子孙后代付出巨大代价。现代工业化农业及其技术体系所带来的生态危机、潜在危害与巨大代价，值得我们系统深入思考，汲取经验教训，理解和遵守生态文明法则。

有鉴于此，康芒纳提出了生态学四法则：其一，每一事物都与其他事物相联系；其二，一切事物都必然有其去向；其三，自然界所懂得的是最好的；其四，天下没有免费的午餐。从农业系统角度来看，生态学四法则启示我们把农业生态系统看作是一个有机统一、内在关联和复杂多样的整体，我们必须尊重自然、节约资源、养护土地、呵护生态，承担起我们对土地、自然的看护职责和养护义务，才能促进人与自然之间的和谐，才能维护农业健康可持续发展。

前述利奥波德的“自然保护的伦理观”或“大地伦理学”，赋予人一种新的责任，“去尊重其他有机物的生活权利，保护自然共同体的完整和稳定，并为达到这些目的而更加谨慎地约束人类的经济”[2]，但当我们深入考察 20 世纪 30 年美国南部平原由于滥用土地资源而导致尘暴肆虐的经验教训时，我们可以循着沃斯特的视角，从自然生态系统拓展到社会生态系统，进一步深入批判资本主义文化或精神，并将康芒纳关于自然、人和技术之间的探讨，进一步聚焦到土地资源和农业生态上去。在沃斯特看来，尘暴（dust bowl）的产生，不能简单归咎于教育水平低下或人口压力，而是“一种文化的不可避免的产物，这种文化蓄意自觉地为自己指派了这样的任务，那就是竭尽全力地驯服和掠夺这片土地”[2]，换言之，土地是按照资本主义精神所教导的那种生态价值观来加以理解和使用的：第一，自然被当作资本，成为利益之源泉和财富之工具；第二，在资本主义经济体系中，人有权利甚至义务去利用自然这一资本；第三，资本主义社会制度鼓励这种持续不断的个人财富的增长，社会则帮助个人承担环境的代价[2]。在沃斯特看来，追求利润的最大化和资本的不断扩张，这一信条代表并支配了美国人对待土地的态度，除非实施一场体制上的广泛变革，如“终止工厂式农业，对农业投资、利润获取以及土地所有权严加控制”[2]，否则无法挑战商业性农业的霸权，无法遏制被资本主义经济体系和价值观念所激发出来的掠夺土地资源和扩张农业生产的冲动。

在此基础上，沃斯特强调对土地的公共规划、科学管理和合理利用是非常重要的，这些行动将更多关注整体利益和共同福利，尊重农业发展的自然极限，积极保护农业自然，构建一个超越资本主义精神、与自然处于均衡状态的新的生态和经济体系。沃斯特在《尘暴：20 世纪 30 年代美国南部大平原》这本书出版 25 周年纪念版“后记”中提到应该从生态学和经济学等角度来综合研究环境史学，他旗帜鲜明地提出“尘暴的原因是经济上的侵袭和草原的破坏，现代市场经济体系带来前所未有的环境变迁新问题，教给人们一套全新的对待自然界的价值观”[2]。

读史使人明智，沃斯特对尘暴成因和机制的研究，开启了环境史学研究之滥觞，启示我们不仅要从伦理角度来批判美国滥用土地之弊病，更要深入资本主义精神/文化中去反思工业化农业、商业化农业和土地私有制之弊端，用科学合理的公共土地规划去对抗自由放任的企业霸权，用与地球和谐共存的生产生活方式去代替那种侵凌、掠夺有限而宝贵的土地资源的生产生活方式，创造更加适应自然生态的经济文化和永续农业。21世纪以来，在生态文明战略和乡村振兴战略的指导下，结合全国生态功能区划和农业资源环境规划，我国农业进行了不同的功能分区，积极优化农业空间布局，重点建设农产品主产区，着力保障主要农产品有效供给，同时结合土地利用总体规划，积极开展全域土地综合整治和高标准农田建设，并统筹山水林田湖草系统治理，打造生命共同体，建设美丽中国。这些土地治理和农业建设的思路和举措，充分发挥了我国社会制度、历史传统和文化观念的优势，克服了片面追求利润增长和资本增值的局限，突破放任自由的企业霸权，更加重视社会整体利益、人类共同福祉和未来永续发展，将生态文明和可持续发展的理念落到实处，积极解决沃斯特所提出的时代课题，指示了一条走出“尘暴”、面向未来的新文明路径。

遵守生态文明游戏规则，积极承担人类对农业系统的生态责任和历史使命，除了前述对滥用杀虫剂和除草剂、侵略和掠夺土地资源等时代课题的深入反思之外，我们还可结合生产生活方式的变革来深入思考，如结合全球人口压力、食物系统和饮食结构的变迁来深入反思工业化农业和集约化生产的巨大影响和潜在危害。以大规模养殖畜禽的工厂式农场（factory farm）为例，工业化农业和现代集约化生产（intensive farming）在为现代人提供大量廉价肉制品的同时，却也隐藏着致命的代价，药物滥用、抗生素超标、巨量废弃物排放，催生耐药性强的超级细菌滋生泛滥，造成有毒物质残留，进而污染环境、危害健康；消耗大量谷物饲料，加剧全球贫困人口的饥饿状况与营养不良；动物福利得不到有效保障，其所产出的大量廉价肉制品品质堪忧，容易诱发各类营养超标型疾病，尤其是癌症、肿瘤等恶性疾病，危害民众身体健康；而大型农场和跨国公司借助于大规模集约化生产和资本、技术的优势，一方面不断挤压农民利润乃至生存空间，另一方面为了获取超高利润而操控食物的生产和供应，事实上阻碍了全球脱贫事业发展和食物安全有效供给，加剧了世界的饥饿和不平等。

以上都是工业化农业和集约化生产的廉价肉品的真实代价，尤其是随着现代人饮食结构的变化，人类对肉类蛋白质需求不断增加，将不得不消耗更多的谷物、豆类和鱼类等宝贵的食物资源来生产更多肉品，工业化的养殖方式，只会让农场动物和人类之间的食物争夺战愈演愈烈，甚至可以说工厂式农场“不制造食物，而是浪费食物，运作过程中还糟蹋了宝贵的耕地”[3]。我们不禁要追问，这些致命的代价有多少是我们能承受的？这种填鸭式的工业化农业和集约化生产，是解决人口压力下全球食物危机的唯一选择吗？当然不是，为了更公平和持久地养活全球现今乃至未来的人口，未来的食物生产需要回归常理，如因地制宜，大力发展草地农业和草原畜牧业，鼓励发展动物轮牧和作物轮作的混合型农场，“使作物、牧草和农场动物交融其中，减少对人工肥料的依赖，并且改善动物福利”[3]，这样不仅可以有效利用人类无法直接食用的各类植物或饲草，从而减轻大量谷物和豆类消费大压力，缓解日益减少的耕地的压力，还可以缓解遭到过度开发的海洋和日益枯竭的渔业资源的压力，从而总体上减轻“陆地和海洋”农业资源的压力，有利于农业生态系统的休养生息和自我修复，从而扭转农业的失控局面，维护农业系统的繁荣稳定和生机活力，为人类持久提供安全、充足和健康的食物，进而构建新的食物系统观："健康的食物系统，使生态系统可能持续发展，生产力成倍增长，可兼顾生态和生产效益，是食物安全的保证。增加动物性食物，减少对植物性食物，尤其是谷物的依赖，是我国与全球食物系统调整的方向。其中，合理利用天然草地，大力发展栽培草地或实行草田轮作，发展草食家畜，减缓对耕地资源的掠夺性作用，是完善食物系统的必然途径"[4]。

综上，坚持生态文明战略，科学合理地制订土地利用规划，优化农业空间与产业布局，开展土地治理修复与高标准农田建设，发展绿色、生态和循环农业，以及特色优势农业；同时结合食物系统与饮食结构的时代变化，在保证主粮安全的前提下，积极发展草地农业、草食畜禽与奶产业、果蔬产业和渔业，构建生态互补、健康持续、产品丰富、结构完善的新食物系统；进而遵循"节能减排、保护生态"理念，积极采取措施减少农产品生产、加工和储运等环节中的能耗与排放，践行绿色环保生活理念与健康合理的消费理念，我们才能有效面对生态环境危机挑战，为维护我国乃至全球的农业和食品安全，促进农业系统健康可持续发展。

二、以全球性伦理关怀，积极应对"农业、食物和健康"等领域的各项挑战

在地球村中，我们人类正面临着许多共同的挑战和任务，如全球气候变化、环境污染、重大疫病感染与传播，以及巨大人口压力、贫困、饥饿和社会动荡，这些全球性的挑战，都与"农业、食物与健康"问题相关，迫切需要以全球性伦理关怀，加以积极应对。

全球气候变化，尤其是气候变暖和极端天气相交织，引发或加剧农业生态系统的失衡与崩溃，如水资源短缺、植被破坏和土地荒漠化加剧等，进而引发农业减产绝收，导致食物危机，加剧人口贫困和社会动荡。伴随着农药、化肥的滥用而来的农业面源污染和重金属残留，又经由物质循环和生物链传播，间接或直接影响农产品品质和农业环境质量，给食品安全和民众健康带来威胁，类似于日本政府将核废水排入海洋中的举措，将更是给全球海洋生态系统和食物链，进而给人类的生存与发展带来巨大的潜在风险，我们要揭露和批判日本政府和西方国家在这一问题上的自私自利、自欺欺人和盲目短视。民以食为天、食以安为先，以新冠疫情为代表的重大疫病全球暴发和传播，更进一步突显了农业的基础地位和食物安全的重要性。亚洲等地巨大的人口压力，非洲地区的贫困、战乱与社会动荡，中东地区的纷争、战乱与社会动荡，都或多或少，或远或近地与食物短缺或粮食安全问题有着内在关联。

在巨大的人口和环境的退化双重压力之下，消除极端贫困与饥饿，保障食物与健康，缩小贫富差距，促进社会公平，成为当今世界所面临的重大时代课题，也是联合国千年发展目标的重要内容。广大发展中国家，尤其是那些饱受饥饿、贫困、战乱和社会动荡之苦的发展中国家，迫切需要可持续发展的农业、稳定可靠的食物供给和公平合理的生活资料分配，为此，不少发展中国家积极推动工业化农业和集约化生产，以期迅速改变"农业、食物和健康"等领域的困境。客观上讲来，工业化农业和集约化生产，在一个国家工业化早期阶段，为迅速解决贫困、饥饿、农业资源短缺等问题，提供了有效途径，取得了明显

效果，但正如后工业时代文明的生态转向一样，片面的“工业化农业和集约化生产”，终究因为其在生态和经济上不可持续性、社会和政治上的不公平性，而不得不转向更具可持续性和包容性的生态农业、多样化农业和包容性农业①。

对“工业化农业和集约化生产”的批判性研究，我们可以借鉴《失控的农业：廉价肉品的真实代价》一书中的反思与分析。如前文所述，该书揭示了工业化农业和集约化生产由于消耗大量谷物、豆类和鱼类等食物资源，给本来就非常紧张的耕地资源和渔业资源带来更大压力，造成农场养殖的畜禽与人类之间的食物争夺战愈演愈烈，加剧了人口与食物之间的矛盾；同时，从全球食物公平有效供给和消除贫困、饥饿的角度来看，作者提醒我们要丢弃廉价食品的富足幻想和工业化农业的公平假象，工业化农业生产由于需要消耗大量谷物和豆类，破坏了供需关系的微妙平衡，它以牺牲其他地区民众权益为代价来给发达国家消费者供应廉价的肉品，或以牺牲处于弱势地位的农民为代价来为城市居民提供廉价的肉品，使贫困人口无法得到充足的食物而忍饥挨饿，并引发食物价格上涨，更进一步加剧贫困人口的饥饿和营养不良，而食物价格暴增、粮食短缺、饥饿盛行，又会影响现代政治，引发社会动荡甚至战争，进一步加剧了发展中国家的贫困、饥饿和社会不公，如印度贫困农民被跨国食品公司、生物科技公司和世界银行等组织所鼓动，相信工厂式农场和集约化农业不仅可以喂饱人民，而且还能让农民致富，而实际结果却是众多贫困农民被这些组织所劫持，生产成本过高，种子被劫持，日益陷入债务危机，濒临破产的边缘，最终甚至走向自杀。

以全球伦理关怀去积极应对当代农业发展所面临的时代挑战和全球问题，我们将更好地去领会农业的基础地位，更全面地理解当代中国农业发展的伦理意涵、示范作用和世界意义。农业发展作为各项社会工作的“重中之重”，在经济社会发展过程中起到了“定海神针”的作用。可持续发展的农业和健康营养的食物，是人类应对各类风险挑战、消除社会贫困与动荡、促进经济社会发展、维护社会稳定与繁荣的基石，同时也是实现美好生活的前提。中国近些年在农业和食物领域的所开展的系列工作，可圈可点，在全世界具有示范效果。

中国政府和人民积极应对前述全球性挑战，调整产业结构，转变经济发展方式和生产生活观念，注重节能减排、绿色环保，落实巴黎气候协定，积极推行生态文明战略，可以说为全球应对挑战作出了贡献和表率，体现了我们对“美好生活理念”中所蕴含的价值观念的秉持和社会责任的担当。就农业而言，人们积极采取措施，对化肥农药等的使用注重减量提效，既减少了农业投入、减轻了农民负担，又直接缓解了农田环境压力，同时减少了生产运输这些农业生产资料所需的能源和资源，从而间接减轻了环境压力，与之相应地

---

① 所谓生态农业、多样化农业和包容性农业，指的是除了以利润最大化和资本增值为主要目标的工业化农业和集约化生产的农业发展模式之外，我们更要结合全球化趋势和地方实情，统合时代发展和习俗传统，在促进农业现代化的同时，推动生态有机农业和绿色健康食品的产业发展，推动农业生态系统修复养护和高标准农田建设，促进农业系统健康可持续发展；同时因地制宜地发展各具特色、优势互补的多样化农业以及更富弹性、更加灵活的包容性农业，探索特色农业、草地农业、草食畜禽产业、休闲观光农业、农业文化遗产项目传承创新、社区支持性农业（community support agriculture，CSA）、“互联网＋农业”等多样化且更具包容性的农业发展模式，让农业发展根基与底蕴更加深厚，农业的产业生态更加丰富多样、生机勃勃，让更多的农村和农民受益，并且能够持久受益。

提升各类有机肥和腐殖质的用量和效率，同时积极开展农业生态系统修复工作，建设高标准农田，可以有效地肥田固碳、恢复地力和提升农产品品质。中国政府近些年来着力推动的“精准扶贫”工程，则借助于帮扶结对、对口支援、产业引导、品牌建设等途径，有效解决了绝对贫困问题，改善了贫困地区的产业结构、就业状况和社会保障措施，从而为我国解决“三农”问题，保障农业和食品安全，维护社会稳定和发展，夯实了基础，同时也为联合国所推动的“消除贫困和饥饿、保障粮食安全、维护社会稳定”事业做出了典范。新冠疫情肆虐全球之际，中国政府和民众一方面科学、积极防控，另一方面有效、稳步开展包括农业生产在内的各项生产工作，保障了食品的有效供给和价格稳定，起到了“社会稳定器”的作用，推动经济有效复苏和社会生产生活转型升级，而疫情期间，人们借助于网络平台，直播带货，广为宣传介绍各类农产品，为农产品销售、农业领域的“三产融合”和城乡融合开辟了新的路径。

中国政府不仅在国内积极致力于夯实农业基础、推动“脱贫攻坚、精准扶贫”工作，以“农业现代化任务、乡村振兴战略和美好生活理念”为指引来着力解决“三农”问题，从而积极解决国内农业发展问题，更是在国际上积极致力于农业援助工作，助力当地经济社会发展和民众福祉改善，如在非洲地区一方面积极开展各类援建项目，另一方面因地制宜地引导当地民众从事农业生产、种植谷物和蔬菜，积极帮助当地经济社会发展，促进劳动就业，切实解决食物短缺问题，助力消除贫困和饥饿，消除社会动荡和战争，为保障全球食物供给和消除贫困、饥饿事业，扎实开展工作，贡献力量。

三、促进农业系统开放与系统耦合，以全球资源发展全球农业

随着全球化的发展，人类处于一个相互联系日益紧密、相互依赖日益加深的时代，这就需要人们秉持开放原则，进一步加强合作。而随着后工业化时代的到来，“不论是自然生态系统还是社会生态系统，其内部各个子系统的互利多于互伤，凝聚多于分裂，互助多于对抗”[5]。这一点表现在农业领域，就是要在全球范围内发挥农业系统的开放原则，消除各种人为的壁垒（如关税、贸易、意识形态或宗教等壁垒），推动农业系统资源和要素的畅通流动、互补协作，进而促进农业系统的系统耦合，以全球资源去发展全球农业，有助于在全球范围内逐渐消除贫困和社会动荡、促进公平，同时有助于抵御各类风险、保障食物安全和民众健康。

后工业化的今天，社会系统多元化迅速发展，多重系统的系统耦合与系统相悖并存，前者使一部分社会成员受益，释放生产潜能，解放生产力，推动社会发展，后者使另一部分成员未能受益甚至受损，农业伦理学重要任务之一在于妥善处理二者之间的关系，不仅要关注系统耦合与受益方，也要关注系统相悖与非受益方，扩大社会伦理学容量，增强社会伦理观对各类社会组分的系统性包容协调能力和弹性调节机制。“农业伦理学所承担的重大任务就是扩大其系统伦理学容量，对系统相悖的弱势一方予以较多关注、理解，保护他们的合理权益，建构保障社会公平、促进社会稳定的安全阀”[6]，社会的稳定基于社会容量所能包含的诸多系统，使参与的各方都能适当获益，实现共赢，同时相关各方自愿承受系统相悖所带来的代价，做出适当的牺牲或奉献。当前，“我国农业在全球一体化的社

会巨生态系统中，处于众多层次的界面矩阵之中。先是中国农业进入 WTO 所经历的震荡，接着将迎来建设全球命运共同体的历史使命”[6]，其复杂的界面矩阵引发了系统耦合与系统相悖的无限发生，它将引发一系列的系统进化和众多界面结构的重构，不仅要推动农业的现代化，与之相应的伦理学容量势必扩容，新的农业伦理学已经曙光初现。

农业伦理学规定系统的开放性是农业的基本属性，开放性不断激发农业之活力，而农业系统开放的要素是界面和通过界面而实现系统耦合和农业系统生产力提升。因此，以开放的陆海界面为基准线，中国农业现代化“可以中国为本体，通过陆海界面，利用世界农业资源，建设世界农业”[7]，从而弥补我国农业资源的匮乏、吸纳世界先进农业科技、融入世界农业系统，并通过不断自我更新和自我创造，使我国农业长盛不衰，积极构建人类命运共同体。

21 世纪，人类进入一个科技迅速发展、经济贸易更加活跃、竞争更加激烈的新时代，这带来了国际格局的深刻变革，欧美等国家为遏制中国崛起，对中国在诸多领域实施了一系列的阻挠与遏制措施，我们国家在国际贸易与交往、产业发展与调整等方面面临着前所未有的挑战，这也给我国农业健康可持续发展和食物安全带来很大的挑战，越是这种情况之下，我们越是要增强战略定力，充分发挥中国在市场、产业和资源等方面的巨大潜力和比较优势，借助于“生态文明、一带一路”等战略，以及“结构转型、产业升级和内外双循环”等机制，在新冠疫情肆虐全球、全球经济严重下滑、世界各国就业和消费受阻的背景下，中国坚定不移地推动农业系统的开放、交流与合作，充分利用全球的农业资源来弥补我们自身的不足，推动农业的结构调整与优化升级，促进我国农业发展方式从耕地农业转向“粮草兼顾、农林牧副渔联动、三产融合”的大农业，农业经济发展方式从传统的自给自足的小农经济转向优势互补、综合协调的产业经济，食物系统与饮食结构从“以粮为纲、力保粮食安全、消除贫困与饥饿”为主的传统粮食观转向“以粮为基、优质果蔬肉禽蛋奶充足均衡、保障食物营养健康”的新食物观，时空方位从传统陆地主导型农业转向“陆海互补、空间立体”型全方位农业。这不仅有助于进一步夯实我国农业之根基，促进我国农业的现代化与国际化，而且将大大拓展农业伦理之容量，构建基础厚实、结构优化、丰富多样、开放包容、协作共生的农业伦理大厦。

四、发扬中华文明独特生态自然观，融合世界生态智慧与伦理观念，创建新时代农业伦理学

某种意义上，“我们对土地和土壤资源的态度，深刻影响着现代文明的生存与发展”[8]，现代文明的走向和未来社会的前景，奠基于充满生机与活力的自然生态系统，有赖于大地母亲的滋养，更有赖于生生不息、厚德载物的农业。为保持自然和大地的生机活力，为保障农业的健康可持续发展，既需要经济的发展、产业的变革和技术的进步，也需要思想、观念的提升和价值、伦理的引导，新时代农业的健康持续发展，需要我们传承创新和融会贯通古今中外各类自然观念、生态智慧和伦理价值，在中华文明独特生态自然观和大地伦理学、环境伦理学等基础上，积极构建新时代的农业伦理学，为人类命运共同体构建作贡献。

中华文明在人与自然的关系上有着独特的智慧，其中《道德经》《周易》等经典著作中所蕴含的“道法自然、日新又新、厚德载物、生生不息”的独特生态自然观，对于构建新时代的农业伦理学具有奠基作用，同时有助于构建人类命运共同体。《道德经》中关于人与自然关系最经典的表述是“人法地、地法天、天法道、道法自然”，法，法则、效法之意，人立于天地之间，由人而地、天、道、自然，层层遵循、效法，最后归于自然。“道法自然”是中国农业伦理学的根本大法，并在农事活动和农业系统中得到鲜明体现，农业活动作为沟通“人与自然”之间内在关联的基础活动，应遵循自然之法则、时序、节律和阈限，农事活动和农业生产应不违农时、把握时宜和节令，同时因地制宜、努力耕作、保护地力，发挥“自强不息、厚德载物”的天地之德，尤其注意保护土地等农业资源，禁止“涸泽而渔、焚林而猎”之举，做到种植业与养殖业均衡协调发展（种养均衡），使用土地和养护土地相结合（用养结合），人们从自然界中索取和回报自然应均衡有度（取予有度），使得自然界不断更新、长葆生机与活力（日新又新、生生不息），使得土地能够长久保持肥力和健康，养育其上的万物生灵（地力常新、厚德载物）。在这种生态自然观的指引下，中华农业文明自觉遵循自然之道，巧妙沟通天地人三才，积极护佑万物的生机与活力，为中华文明永续发展保驾护航，为构建新时代的农业伦理学提供了丰富的精神滋养并指明了前进道路，同时也为农业健康可持续发展、积极构建人类命运共同体贡献思想智慧与精神力量。

与中华文明智慧独特的生态自然观相呼应，现代西方生态思想和环境伦理学也积极拓展伦理关怀的范围，将伦理学从主要探讨人与人之间关系的思想学问，拓展至探讨人与自然之间关系的智慧洞见，这方面尤以利奥波德的“大地伦理学”和罗尔斯顿的“环境伦理学”为代表。利奥波德基于其在沙郡的劳作、生活与思考，强调我们应关心我们所赖以生存的地球家园的命运，他称之为“大地共同体”，人们应努力保护大自然的完整、美丽与和谐，这么做才是正确的、善的行为，是为大地伦理学；而罗尔斯顿在其代表作《环境伦理学：大自然的权利以及人对大自然的义务》中，列举了自然所具有的“实现潜能与多样性、传承历史与文化，促进审美和生命”等诸多价值，突出强调自然具有客观的内在价值，尊重自然及其内在价值是道德上的应然，自然系统发展演变展现出一部完整而系统的生态史，生态系统是一个有机关联、整体协调、和谐均衡的共同体，大自然之“大”就体现在这一“共同体”的自我完善与不断深化基础之上，人作为此一“共同体”中的独特个体和高级生命，有责任像利奥波德所说的那样去维护此一共同体的完整、和谐与美丽，有更高的道德义务去尊重和呵护自然、爱护生命，有责任去展现人的尊严伟大和价值担当；从存在论角度来看，人这一物种的伟大之处即在于人与自然/万物息息相关、休戚与共，人欣赏自然的神奇瑰丽、丰富多样、生机盎然，以他自己的全部生命活动去呼应和展现自然之奥妙、生机与活力。

这一维护大地或自然界之完整、和谐与美丽的“大地伦理学”，以及强调自然万物皆有其内在价值与生态系统“共同体”价值的“环境伦理学”，与前述强调“道法自然、日新又新、厚德载物、生生不息”的中华文明生态自然观，有着内在的契合之处，它们都强调大自然和生态系统作为一个有机整体所具有的内在价值及其“共同体”地位，人应尊重、保护和欣赏自然，应维护这一“共同体”的和谐稳定、协调共生和美丽繁荣，这一点在后工业化时代的农业健康可持续发展上表现得淋漓尽致，恰恰在深度工业化、产业化变革、科技化推动和全球一体化的背景下，农业系统需要强调和谐稳定、系统共生，一方面从实践和政策等方面尊重自然、保护土地、养护生态，另一方面也要积极拓展农业伦理学之伦理容量，深化农业伦理之价值内涵，农业伦理方面的“教育教学、理论研究和价值申发”工作方兴未艾、大有作为。

五、结语

当今时代世界农业发展，一方面正经历着文明的生态转向和后工业化时代来临所带来的深刻变革和全局影响，另一方面也面临着全球一体化、生态环境危机、人口压力与食物危机等全局性、系统性的时代挑战，为积极有效回应这些社会变革和时代挑战，现代农业需要综合生态文明规则、全球性伦理学关怀主题，以及中外自然观念和伦理智慧，深入反思滥用农药化肥、掠夺土地资源、片面发展工业化农业和集约化生产，思考其给农业系统健康持续发展带来的巨大危害和潜在风险，批判上述行为中的短视自利、麻木冷漠和霸权主义，倡导人类积极承担自身对农业系统的时代责任和历史使命；进而以“道法自然、和谐稳定、系统耦合、协调共生”等伦理观念和系统理论为引领，积极推动农业系统的开放与耦合，推动农业系统内外交流与合作，以全球资源发展全球农业，激发农业的活力，拓展农业伦理之容量，促进农业之现代化，助力人类积极应对“气候变化、人口压力和食物危机”等各类挑战，努力消除贫困、饥饿与动荡，为构建人类命运共同体作贡献。

【参考文献】

[1] 巴里·康芒纳．封闭的循环 [M]. 侯文蕙，译．长春：吉林人民出版社，1997.

[2] 唐纳德·沃斯特．尘暴：20 世纪 30 年代美国南部大平原 [M]. 侯文蕙，译．南京：江苏人民出版社，2020.

[3] 菲利普·林伯里，伊萨贝尔·奥克肖特．失控的农业：廉价肉品的真实代价 [M]. 郑襄忆，游卉庭，译．北京：人民日报出版社，2019.

[4] 任继周，南志标，林慧龙，侯扶江．建立新的食物系统观 [J]. 中国农业科技导报，2007 (4)：17 - 21.

[5] 任继周，方锡良．中国工业化的历史过程与农业伦理学响应——兼论后工业化的历史机遇 [J]. 中国农史，2019 (3)：3 - 10.

[6] 任继周，方锡良，林慧龙．伦理学容量和农业文明发展的史学启示 [J]. 中国农史，2017 (5)：3 - 11.

[7] 任继周．中国农业现代化基准线的农业伦理学界定 [J]. 草业学报，2020 (12)：1 - 4.

[8] 戴维·R. 蒙哥马利．泥土：文明的侵蚀 [M]. 陆小璇，译．南京：译林出版社，2017.

农业生物伦理观的特征与意义

董世魁　赫凤彩　史　航　郝星海　任继周

摘要： 农业生物伦理是人们对家畜、作物、林木等农业生物的道德表达与判读，是维系养殖业、种植业、林业等农业产业可持续发展的伦理准则。中国农业生物伦理蕴含了丰富的生态智慧和朴素的道德理念，作物种植的农业生物伦理观强调重时宜、明地利、用有度，动物养殖的农业生物伦理观强调关爱动物、重放牧散养、取盈余、有循环，培育林果的农业生物伦理观强调生态保护（尤其是生物多样性保护），农林牧耦合生产的农业生物伦理观强调共生和互补，对促进现代农业的可持续发展具有十分重要的指导和借鉴意义。针对目前我国严重的农业生态环境问题，亟待加强农业生产的农业生物伦理观思想引领，发展现代特色效益农业，统筹山水林田湖草系统治理，推进生态文明建设和乡村振兴战略。

关键词： 家畜；作物；林木；复合农业；农业伦理

中国劳动人民在长期农业生产实践过程中，与家畜、作物、林木等农业生物产生了密切而复杂的关系，形成了对农业生物的道德表达与判读即农业生物伦理观[1]。中国的农业生物伦理观蕴含了丰富的生态智慧与朴素的道德观念，“五谷丰登、六畜兴旺”是自古以来中国劳动人民期盼农业丰产的高度总结，更是以小农经济为主的中国人向往幸福生活的真实写照。

但是在农业工业化的进程中，如何有效促进生产、繁荣经济和提高社会文明程度的同时，更加合理、科学地对待自然和保护生物，从而更好地协调人与自然、人与生物之间的关系，将是当前农业伦理学必须研究和探讨的话题。藉此，梳理中国农业生物观的特征并揭示其现实意义，对缓解农业工业化带来的日益凸显的环境问题，促进农业可持续发展具有重要作用。

一、种植作物的伦理观

中国的主要作物泛指为“五谷”，即稻、黍、稷、麦、豆。由于南北地域的差异，北方常种小麦、大豆、高粱和小米；而南方则以水稻、麻、桑等为主[2]。中国的传统作物种植一直注重农业伦理，遵循“夫稼，生之者地也，养之者天也，为之者人也”的思想，将“人法地，地法天，天法道，道法自然”的中国生态伦理思想融会于作物种植业，以保证“地、天、人”的和谐关系。

小麦是中国北方地区种植的主要作物之一，从古至今一直受到人们的重视，小麦播种、田间管理、收获的全过程中，充分体现了“重时宜、明地利”的农业伦理观。如《农政全书》强调小麦种植的时宜性和地宜性：凡麦田，常以五月耕，六月再耕，七月勿耕，谨摩平以待种时。五月耕，一当三。六月耕，一当再。若七月耕，五不当一。得时之和，适地之宜，田虽薄恶，收可亩十石[3]。《四民月令》强调了小麦田间管理的“顺天时”伦理思想：凡种大、小麦，得白露节，可种薄田；秋分，种中田；后十日，种美田。惟穬古猛反，大麦类。麦，早晚无常。正月，可种春麦，尽二月止[4]。《氾胜之书》也强调了小麦收获的时宜性伦理观：五六月麦熟，带青收一半，合熟收一半，若候齐熟，恐被暴风急雨所摧，必至抛费，每日至晚即便载麦上场堆积，用苫密覆以防雨作，如搬载不及即于地内苫积[5]。

大豆也是中国北方地区广泛种植的作物之一，历代先民在大豆种植中形成了明确的伦理观。《齐民要术》强调了大豆早种晚收的时宜性伦理：二月中旬为上时（一亩用子八升），三月上旬为中时（用子一斗），四月上旬为下时（用子一斗二升）；此不零落，刈早损实；叶不尽，则难治[6]。这种认识充分表现了“不违农时”的伦理思想，不合时宜的种植或收获活动会显著降低大豆的出苗率和产籽量。《齐民要术》还强调了种大豆不求地熟的地宜性伦理观，即“秋锋之地，即稀种。地过熟者，苗茂而实少”。另外，《杂阴阳书》强调了大豆生长的物候节律，豆“生”于申，“壮”于子，“长”于壬，“老”于丑，“死”于寅。这些文献古籍从大豆播种时间的选择、播种方法到田间管理和收获作业等多个方面[7]，强调了“顺天时、明地利”的农业伦理观。

水稻是最早在我国南方种植的作物，在生产实践中先民们总结了种植水稻的先进经验和伦理思想。《齐民要术》强调了水稻种植的地宜性，即选地欲近上流，地既熟，净淘种子，浮者不去，秋则生白；同时《齐民要术》也强调了水稻种植和收获的时宜性，即三月种者为上时，四月上旬为中时，中旬为下时；霜降获之，早刈米青而不坚；晚刈，零落而损收[6]。可见，农业伦理思想体现在水稻种植、田间管理、收获和储藏的全过程。这些先进的农业伦理思想的传承和发展，不但保证了水稻种植历史在我国延续千年、经久不衰，而且也将水稻种植相关的优良中华传统传播至海外、造福全人类。

中国古代十分重视麻的种植和生产，将其列为“五谷”进行培育管理。在麻的栽培、抚育和收获等管理方面，中国先民形成了先进的伦理思想。《齐民要术》记载了物种搭配混播的“尽地力”的伦理观：与谷楮混播，秋冬仍留麻勿刈，为楮作暖，即起防寒作用。同时，也强调了麻种植管理的“时宜性”伦理：纤维麻宜早播，籽实麻不宜播[6]。《农政全书》记载了麻抚育管理的“时宜性”伦理“今年压条，来年成苎”[3]。《农桑辑要》记载了麻田间管理的伦理观“收苎作种，须头苎方佳”[8]，头苎养分完全集中在母株上，可使麻的籽实生长更好。这些农业伦理观传承至今，持续指导麻的高效生产。

中国的作物种植以“道法自然”为基础，做到顺天之时、因地制宜、循物之性，积极发挥人的作用，集万物之时利，即遵循中国农业伦理学的“重时宜、明地利、行有度、法自然”的多维结构和基本原则，促进天、地、人的和谐统一。

二、养殖动物的伦理观

“六畜”（即马、牛、羊、鸡、犬、猪）是中国养殖业的主体。在《三字经·训诂》

中，对“此六畜、人所饲”有精辟的评述：牛能耕田，马能负重致远，羊能供备祭器，鸡能司晨报晓，犬能守夜防患，猪能宴飨速宾。中国的动物养殖自古就有伦理思想，据齐文涛总结，中国古代动物养殖活动的伦理观主要包括四个方面：第一，有爱重之心，尊重畜养对象生理天性，并对其用心照顾、呵护关爱；第二，重视放牧散养，在条件允许的情况下放养禽畜，采食新鲜食物；第三，营造循环系统，建立养殖与种植互利循环的农业系统，畜禽可获得天然饲料，养殖过程不产生垃圾与污染；第四，取系统盈余，收获动物产品时不影响畜禽的个体生存或种群繁衍，使系统持续提供服务[9]。这四大伦理观促成了传统养殖业的高福利、低污染、可持续的特质[9]，对现代养殖业的可持续发展具有十分重要的指导意义。

在六畜中，牛的养殖管理中爱重之心、重视放养散养、营造循环系统、取系统盈余的四大伦理观体现最为明显。《王祯农书》记述：“视牛之饥渴，犹己之饥渴。视牛之困苦羸瘠，犹己之困苦羸瘠。视牛之疫疠，若己之有疾也。视牛之孕育，若己之有子也。”[10]这充分体现了从饮食、困苦、疾病、孕育等多个方面，古人对牛的伦理关怀和爱重。在牛的饲养和役用管理中，特别注重时宜性，根据季节和气候的变化选择调制好饲料，初春新草未生之时，要“取洁净藁草细剉之，和以麦麸、谷糠或豆，使之微湿，槽盛而饱饲之，豆仍破之可也”。在隆冬牧草枯萎时节，则要“处之燠暖之地，煮糜粥以啖之即壮盛矣……天寒即以米泔和剉草、糠麸以饲之”[11]。夏季天气炎热，要在役使前喂饱耕牛，乘太阳还未出时使役，就能力倍于常；当中午天气炎热时把牛放到阴凉的树林里，下午天气转凉时再使役[11]。此外，还要讲究牛的卫生，牛厩需要每日打扫，厩外积肥，以使厩中保持清洁，“夜夜以苍术、皂角焚之”，以防疾疫。常对耕牛心怀感恩，当其“羸老，则轻其役而养之”，形成了“度饥渴、体劳逸、安暖凉、慎调适”的爱重之心，构建人牛同甘共苦、和谐共处的伦理观。从古至今，人们非常珍视牛的放养散养管理。在耕种时节，放牧要为耕作让路，但在耕作空隙仍强调放牧“至明耕毕，则放去”及“夏耕甚急，天气炎热，人牛两困，已收放外”。种养结合、粪肥还田的自然循环模式，在牛的养殖管理中占有十分重要的作用。种植绿豆、蚕豆等豆科植物为牛补充营养，同时将牛的粪便制作堆肥还田，同时促进种植业和养殖业的高效发展，这些做法对我国当前的“粮改饲”政策有诸多启示。

马作为骑乘和役使兼用家畜，其养殖管理中四大伦理观的作用也十分突出。《齐民要术》概括了养马的基本规则“饮食之节，食有三刍，饮有三时”[6]，强调因时因地给予饮水和草料。同时，古人还有“盛夏午间必牵于水浸之，恐其伤于暑也；季冬稍遮蔽之，恐其伤于寒也”的关爱之举，强调夏“毋群居”，冬“须曝日”的养殖伦理，形成了“慎饥渴、顺寒温、惕好恶、量劳逸、老不弃”的爱重之心伦理观[9]。此外，在马的养殖管理中，古人十分重视放养散养，“十日一放，令其陆梁舒展，令马硬实也”及“春末，宜放山野，令舒精神”都是马放养散养的伦理经验。与作为役用的马相比，骑乘为主的马常在长途骑行的过程中进行牧养，专门放牧的机会较少，但也特别重视其放牧，强调“饮后宜骋骑，使精神爽快”，尽管当前马的役用功能已被弱化，但这些伦理观的传承价值不容忽视。种草养畜、粪肥还田是马饲养业中营造循环系统的主要体现，清代祁隽藻的《马首农言》一书中有马的圈粪可以肥田的记录。这种养殖与种植的有机结合，不仅提高了物质的高效利用，还符合可持续发展的要求。对于马的骑乘和役使，常会强调“不穷其马力”，防止“五劳”，即心、肝、脾、肺、肾五脏的劳损，充分体现了仅取盈余的伦理思想。这些伦理思想也是中华民族强调的“厚德载物、仁民爱物、民胞物与、厚生养德”的优良品格。

羊作为肉用和奶用家畜，其科学养殖管理也应遵循四大伦理观。在长期的养羊实践中，先民形成了“度饥饱、知冷暖、思好恶、量体力”的爱重之心伦理观。牧羊一定要让羊群缓缓前行，这样才会使养肥壮[12]。圈养管理时，羊圈选址要顾及羊“怯弱”的特点而“与人居相连”，人居要开窗对着羊圈，便于观察、保护生性怯弱的羊群；羊圈构造要尊重羊“喜燥恶湿”的天性，形成“作棚宜高，常除粪秽”的养殖习惯，使羊生活得舒适。除考虑时宜性、地宜性外，还要根据羊的品种或体质进行分类管理，如白山羊产后要留在圈里2～3天，然后母子一起放出去；而黑山羊产后，母羊留在圈里1天就可以放出；冷天要将羊羔放到坑里，等母羊回来再抱出来喂奶，15天后羊羔能够吃草后就一起放牧。放养散养是羊的养殖管理中十分重要的伦理思想，先民在羊的放牧实践中形成了“应起居以时，调其宜适”的伦理观[12]，并总结出了相应的管理经验：春夏早起得阴凉，日中不避热则秋冬季就会生疥癣；秋冬晚起避霜露寒气，不避则羊容易生口疮、得腹胀病。在羊的养殖管理中，“仅取盈余”的伦理思想从选种、育羔和饲养等多个方面保证了其健康生长。《齐民要术》中记载了选羊（留种）的准则，“常留腊月、正月生羔为种者上品”“非此月数生者，毛必焦卷，骨骼细小”“其三、四月生者，草虽茂美，而羔小未食，常饮热乳，所以亦恶”“其十一月及二月生者，母既含重，肤躯充满”。冬羔的母乳好，母羊在秋季草肥时怀孕，牧草资源丰富，膘肥体壮，乳房膨大，小羊羔出生后，虽没有青草，但母羊还有膘，母乳充足，待小羊断奶时，青草已长出，羊羔可吃上新鲜青草，可以留种。这不仅充分体现了家畜对饲草的营养需求与植物物候的协调统一的自然法则，而且也充分体现了家畜饲养过程中“仅取盈余”的伦理观念。目前，我国西北地区仍传承这一伦理思想。

猪是我国饲养量最大的家畜之一。在漫长的养猪历史进程中，先民总结出了一系列成功经验和伦理思想。尽管《齐民要术》记载的“圈不厌小、处不厌秽、泥污得避暑”养殖模式具有严重的小农意识，并未对猪的饲养给予充分的伦理关怀，但在养猪实践的诸多方面，充分体现了爱重之心的伦理意识。例如，猪圈搭建的时候要能够让猪避雨雪；饲喂猪要放牧兼喂糟糠，春夏混饲；八、九、十月只放牧不喂糟糠，把糟糠存起来留到寒冬和初春用；初产母猪应特别照顾，要“煮谷饲之”。尽管中国的养猪方式以圈养为主，但也十分珍视放养的作用，古文献记载中常可以看到牧养猪的实践活动，如“（公孙弘）牧豕海上”“（吴祐）常牧豕于长垣泽中”“（孙期）牧豕于大泽中”“（梁鸿）牧豕于上林苑中”。另外，根据季节变化实时调节舍施和放牧的结合方式，常有“春夏草生，随时放牧，八、九、十月放而不饲”“豕入此（八）月即放，不要喂，直至十月”的饲养规律。营造循环系统的伦理观在猪的养殖管理中起了十分重要的作用，用农作物副产品如麦麸、谷糠、豆秸、楮叶等饲喂猪，用猪粪沤肥还田、提高地力是中国特色的种养结合的最佳例证。在猪的饲养和留种实践中，冬天出生的小猪，由于神经中枢缺乏体温调节机能，故需要用笼束缚住蒸一下，增加体温，防治冻伤猪脑，这与现代大型养猪场用灯供暖有异曲同工之处，充分体现了先民取盈余的智慧。时至今日，有爱重之心、重视放养散养、营造循环系统、取系统盈余等伦理思想仍对我国养猪业具有重要指导意义。

以鸡为主的家禽养殖管理中，从古至今中国人也形成了明确的伦理观。从建窠到卫生管理，充分体现了爱重之心的伦理意识，选址建窠谨防天敌骚扰致其惊恐，充分遂顺鸭“不喜陆居”的天性而择近水处饲养；窠窝要“数扫去屎”，保证环境卫生。对于家禽的饲养，古人也有放养散养的伦理思想，如“据地为笼，笼内着栈”“屋下悬箦”“于厂屋之下作窠”等记载，虽有笼、栈、窠，但家禽的实际活动范围较广，不仅有“别筑墙匡，开小门；作小厂，令鸡避雨日”，而且“设一大园，四围筑垣。东西南北，各置四大鸡栖，以为休息”。中国自古至今的家禽养殖管理实践中，充分体现了营造循环系统的伦理思想。用稗等饲鸡、鸡粪肥田的种养结合模式，在中国古代农业种植中发挥了举足轻重作用。在家禽的饲养和留种实践中也强调“仅取盈余”。据《齐民要术》记载，“鸡种取桑落时生者良”，这种鸡“守窠、少声、善育雏子……雌雄皆斩去六翮，无令得飞出。常多收秕、稗、胡豆之类以养之”。这种饲养方法，不仅利用了农业生产过程中的剩余残料（“取盈余”），而且家禽不怕鹰、狐狸等天敌，减少了人力的投入。

除规模化养殖的牛、马、羊、猪、鸡（禽）等家畜外，水产养殖中也充分体现了中国人有爱重之心、仅取盈余及营造循环系统的农业生物伦理观。例如，养鱼要注意“安定鱼心”、混群养殖时要注意物种相容性“内鳖，则鱼不复去，在池中，周绕九州无穷，自谓江湖也”“草鱼之粪，又可以饲鲢鱼”的观念[13]，都充分体现了关爱水产动物的伦理思想。再如，“作羊圈于塘岸上，安羊。每早扫其粪于塘中，以饲草鱼”的循环养殖理念以及浙江湖州桑基鱼塘系统等重要农业文化遗产项目[14]，都充分体现了营造循环系统的伦理观。又如，“三池”养鱼法主张将鱼池分作大、中、小三类，小池鱼长大移至中池，中池鱼长大移至大池，而“每食鱼，只于大池内取之”[13]，且“数罟不入洿池，鱼鳖不可胜食”，这些思想观念充分体现了仅取盈余的伦理思想。

中国人在长期的动物养殖历史过程中形成的有爱重之心、重视放养散养、营造循环系统、取系统盈余的四大伦理观，不仅透射了中国农业伦理学的“时、地、度、法”四大特征，即在农业养殖中一定要遵循“重时宜、明地利、行有度、法自然”的基本原则。而且与英国农场动物福利委员会（Farm Animal Welfare Council）于 1979 年提出的“五个自由”的动物福利标准不谋而合，即动物享有不受饥渴的自由，生活舒适的自由，不受痛苦、伤害和疾病的自由，生活无恐惧和无悲伤的自由，以及表达天性的自由。这些伦理观从生理和心理两个层面，充分保证了养殖动物的福利，使其健康、舒适、安全、快乐地生活，实现人与养殖动物的和谐共生。

三、培育林木的伦理观

在林业生产实践中，中国先民形成了经营与发展“取之有度”的伦理观，做到“斧斤以时入山林，材木不可胜用”。从古至今，中国人遵循可持续、循环的伦理思想，发展多种林业种植模式，提高土地利用率。

种植果树可以获得可观的经济收益，自古以来也得到了人们的青睐，形成了各果树种植的先进经验和伦理思想。《齐民要术》总结了种枣的“时宜性”伦理“正月一日日出时，反斧斑驳椎之，名曰‘嫁枣’（不椎则花而不实，斫则子萎而落也）”[6]。意指正月初一太阳出来时，用斧背在枣树上到处捶打，这样枣树才可以开花结果，在其他树种中依然适用，而且传承至今。古人也总结了梨树种植的伦理经验“杜如臂以上，皆任插；先种杜仲，经年后插之”，意指胳膊粗的杜梨树才可以作砧木来嫁接，故要先种杜树，一年后再嫁接。古人对李树的嫁接也形成了一定的伦理经验“正月一日，或十五日，以砖石著李树歧中，令实繁”。意指将砖块石头放在李树树枝中，或用拨火棍放在树枝间使李树多结果子，利用了开张角度，促进营养生长向生殖生长转化。中国先民总结的伦理学观念对现代果树等经济林的可持续发展奠定了基础。

除培育经济林的伦理学思想外，先民们还形成了保护林木资源的诸多伦理思想，如“孟春之月，禁止伐木”“孟夏之月，无伐大树”“季夏之月，树木方盛。季秋之月，草木黄落，乃伐薪为炭”，意指人们要尊重树木生长规律，使之生长达到最理想状态。中国自古就有靠山吃山，靠水吃水的思想。在长期的生产实践中，人们注重砍伐林木时要“有砍有植”，做到取之有度，还要通过严防山火来确保林木的安全，以最终实现林业生态的平衡。林木资源丰富的地方每年都要进行封山，常在进山路口悬挂表示封山的“草标”，禁止上山砍树[15]。解封砍伐树木时，要有意识地保留长的粗壮的植株留种；同时禁止连片砍伐，避免出现水土流失问题。这种统筹伐木，有侧重、有选择的思想一直沿用至今。为更好地保护林木资源，人们遵循“五不烧”的原则，即“不开火路不烧，人力不足不烧，未经批准不烧，中午夜间不烧，风大不烧”。若有违背者，除进行一年的种树还山处罚外，还要根据损失量进行赔偿[16]。在制定防护政策的同时，进行多渠道防火，通过法律法规和伦理道德的双重约束，保证林木资源的可持续利用。这些伦理学经验和思想是我国现代林业可持续经营的基础所在。

四、我国农业整体的生物伦理观

在长期的农业生产实践中，中国历代先民充分利用生态系统能量流动、物质循环的原理，创造出了复种轮作、种养结合、农牧互补的诸多生态农业模式。这是当地劳动人民长期生产实践经验的结晶，也是中国农业生产系统最具特色的整体生物伦理观，对实现中国特色现代农业的可持续发展也会发挥积极的借鉴作用，非常有必要对这些凝聚了历代先民智慧与汗水的生产经营模式进行保护、研究和推广[17]。近年来，我国学者总结了具有代表性、示范性和可推广性的一大批模式，如浙江青田稻鱼共生系统、浙江湖州桑基鱼塘系统、贵州从江侗乡稻鱼鸭系统、甘肃迭部扎尕那农林牧复合系统等，成功获批了“全球重要农业文化遗产（globally important agricultural heritage systems，GIAHS）”，为保护和传承我国优秀的农业生产模式、农业文化和农业伦理起到了积极的推动作用[15]。这些生态农业模式通过农业生物见的共生或互补效应，充分体现了中国农业伦理学的“时、地、度、法”的多维结构和基本原则。

种植业的整体生物伦理观的主要表现形式是复种轮作。它是指在同一块田地上按不同时间依次轮种（一年多熟）的多种作物，实现土地、光、热、水、肥等资源的错时利用，又可分为间作、套作、混作等多种形式。复种轮作是对中国汉代的《异物志》中“一岁再种”的双季稻和《周礼》“禾下麦”（即粟收获后种麦）和“麦下种禾豆”的耕作方式的更新和改进，也是对北魏《齐民要术》中“豆类谷类轮作”的养地和用地相结合的农学思想的提升和强化。目前，中国复种轮作的主要类型有：华北地区旱地的小麦-玉米两熟或春玉米-小麦-粟两年三熟模式；江淮地区的麦-稻或麦、棉套作两熟模式；长江以南和台湾水田的麦（或油菜）-稻和早稻-晚稻两熟模式、麦（或油菜、绿肥）-稻-稻三熟模式；旱地的大（小）麦（或蚕豆、豌豆）-玉米（大豆、甘薯）两熟，部分麦、玉米、甘薯套作三熟。这些模式的推广使我国耕地的复种指数提高150%以上，为我国的粮食安全作出了重要贡献[18]。

养殖业的整体生物伦理观是家畜的搭配组合和水草资源的季节调配。“逐水草而居”的生产、生活方式是游牧民族在生产实践中形成的生态智慧和农业伦理，在草地资源利用、家畜品种搭配、农牧生产耦合的空间格局优化方面起到了十分重要的作用。被列为全球重要农业文化遗产之一的“内蒙古伊金霍洛旗农牧生产系统”中，牧民根据牲畜的食草特性以“绵羊/马-牛-山羊”的次序进行分群放牧，以实现草场资源的错时利用和有效保护。青藏高原高寒地区传统的牧业生产体系中，牦牛和藏羊混群放牧，藏羊采食高草，牦牛舔食低草，可以实现草地资源的同期充分利用；夏季（5—9月）在高山上放牧，喜凉怕热的牦牛和藏羊等家畜适宜这种气候，又能充分利用牧草资源；秋季（9月下旬至10月中旬）牧草已结籽并成熟，在中山地段育肥牦牛和藏羊（俗称“抓膘”）；冬春季（10月下旬至翌年5月），在低海拔、避风向阳的草场放牧，保证牦牛和藏羊安全越冬。这种基于时宜性和地宜性的牧业生产、生活方式，充分体现了动物和动物之间、动物和植物之间整体的生物伦理观，具有很高的科学性和可操作性[19]。

种养结合、发展生态农业是提高农业生产效率、解决畜禽粪便污染问题的根本出路。中国先民早在商代就已经开始给农田施用粪肥肥田，西汉《氾胜之书》记载“汤有旱灾，伊尹作为区田，教民粪种，负水浇稼；区田以粪气为美，非必良田也”。稻鱼共生系统、桑基鱼塘系统、稻鱼鸭共生系统都农业文化遗产是种养结合的绝佳模式，也是“共生、互补”中国农业整体生物伦理观观的最佳例证。在林业生产实践中，中国先民们发展了林-粮（油）、林-菜、林-菌、林-草-畜等多种林下种养模式，多资源整合，提高土地利用效率，促进经济发展[20]。林-粮模式是指在林下种植小麦、大豆、花生、棉花、绿豆等低秆作物，这些作物要与林木保持一定的距离，避免损伤幼树根系、竞争土壤水分，实现林木和作物间的空间互补和营养互补，提高林地整体的生产和经济收益。林-菜模式则根据蔬菜的生长季节差异、喜光性，选择适合林下种植的蔬菜品种，实现林木和蔬菜间的空间互补和时间互补，不仅可以熟化土壤，而且可以增加经济效益。林-菌模式是在水源干净的空闲林地，利用树荫、散射光照、通风、温湿度等条件，种植食用菌，增加生物多样性，增加生态和经济收益。林-草-畜模式是在郁闭度80%以下的树林里种植苜蓿、黑麦草等优质牧草，同时在林下饲养牛、羊、兔子等家畜，家畜的粪便可以作为树木的肥料，林下种草供家畜食用，从而实现空间互补和营养互补，节约饲料成本且能促进禽畜生长，也能保证林木良好生长，形成了良性循环系统。这也充分体现了中国农业伦理观“重时宜、明地利、行有度、法自然”的核心思想。

五、我国农业生物安全的伦理学反思

尽管中国现代农业继承和发扬了部分优秀的传统农业伦理思想。但是，当前工业化的种植业发展面临着一系列问题：化肥农药的过量使用造成土壤板结和农药残留，外来商品种的广泛使用导致本土优良种质资源丧失，耕种土壤和灌溉水体污染后造成“镉大米”“毒小麦”等问题，不仅危机了种植业的生物安全，更是殃及了全社会的食物安全[17]。究其原因，工业化的种植业片经营方式和发展模式，违反了农业生物伦理观的时性、地宜性、行有度、循自然的本质，亟须将中国农业伦理学的优秀思想与工业化时代的先进技术结合起来，以中国农业伦理学的“时、地、度、法”多维结构和特征为准则，推进种植业“良种良法配套，农机农艺结合，生产生态协调，农业科技创新与增产增效并重”[18]，实现作物生产“少打农药、少施化肥，节水抗旱，优质高产，保护环境”的绿色种植业发展模式。

当前工业化的养殖业也存在诸多伦理问题：集约化的狭小养殖场使牛、羊、猪、鸡、鱼等家畜家禽水产动物失去自由活动的空间，配方化的饲草料限制了牛、羊、猪、鸡、鱼等家畜家禽水产动物的自由选食，不当的饲料添加剂导致“速生鸡”“健美猪”“红心蛋”“激素鱼”等问题动物产品，不良的饲养环境催生“泔水猪”“垃圾猪”和“臭水鱼”等不安全动物产品，不仅严重威胁了我国养殖业的健康发展，而且严重危及了我国的生物安全和食品安全。这些问题产生的深层原因就是农业生物伦理观的严重缺失所致，亟须用中国农业伦理学的优秀思想纠偏改错，在养殖业的工业化进程中，要重塑爱重之心、重视放牧散养、营造循环系统与取用系统盈余，给养殖动物良好的福利保障和伦理关怀，通过科学合理的管理以及人性的处置，实现人与饲养动物的和谐共生和民安国富。

当前规模化的林业发展也存一些伦理问题：单一林木（果）种植导致生物多样性减少和水土流失，造林密度过高造成地下水的过度消耗，非宜林地造林导致“小老头树”或林木死亡，林下清除“杂草”导致径流增加，果树种植比重过大造成生态功能下降等。这些问题的产生与伦理观缺位有密切联系，亟待加强规模化林木培育过程中的农业伦理学思想引领，发展现代特色效益农业，因地制宜，宜农则农，宜林则林，宜果则果，宜草则草，宜沙则沙，统筹山水林田湖草沙生命共同体系统治理。

六、结语

中国农业在悠久辉煌的发展历史上，形成了独具特色的农业伦理观。在近代农业工业化恶果凸显的困境中，需要充分认识中国农业伦理观对发展现代农业的指导和借鉴价值，必须汲取中国农业伦理思想智慧的精髓，以有效促进中国农业的绿色、健康和可持续发展。作物种植的农业生物伦理观强调重时宜、明地利、用有度，动物养殖的农业生物伦理观强调关爱动物、重放牧散养、取盈余、有循环，培育林果的农业生物伦理观强调生态保护（尤其是生物多样性保护），农林牧耦合生产的农业生物伦理观强调共生和互补，对促进现代农业的可持续发展具有十分重要的指导和借鉴意义。我们应从以下几个方面加强中国农业生物伦理观的传承和包括：第一，继承和发扬中国农业生物伦理观的思想精髓，充分发挥人的主观能动性，大力宣传并践行中国农业生物伦理观。第二，促进现代农业技术与中国农业生物伦理观的紧密结合，在生产优质、高产、安全的农产品的过程中，将农业生物伦理观作为基本原则。第三，注重种养结合，农林牧并举，以农业生物伦理观的视角全面审视农林牧生产，因地制宜、因时制宜，自觉将增殖五谷、繁育六畜、栽种桑麻、发展果蔬、植树造林与生态文明建设和谐统一起来。第四，充分借鉴中国农业生物伦理观的思想理念，在农业生产实践中，保护自然资源，注意生态平衡，充分借鉴传统生态农业经验，适度创新，推进生态文明建设和乡村振兴战略。

【参考文献】

[1] 任继周．中国农业伦理学史料汇编［M］．南京：江苏凤凰科学技术出版社，2015.
[2] 赵松乔．中国农业（种植业）的历史发展和地理分布［J］．地理研究，1991（1）：1－11.
[3] 徐光启．农政全书校注［M］．北京：中华书局，1979.
[4] 崔寔著．四民月令校注［M］．北京：中华书局，2013.
[5] 万国鼎．氾胜之书辑释［M］．北京：中华书局，1957.
[6] 贾思勰．齐民要术译注［M］．上海：上海古籍出版社，2009.
[7] 董钻．历代农书中的大豆［J］．大豆科技，2014（1）：1－5.
[8] 石声汉．农桑辑要校注［M］．北京：中华书局，2014.
[9] 齐文涛．中国古代动物养殖活动的伦理倾向［J］．自然辩证法研究，2015，31（10）：80－84.
[10] 王祯著．王祯农书［M］．湖南：湖南科学技术出版社，2014.
[11] 王金梅，杨远，苗永旺．傣族水牛养殖中的农业伦理［J］．农业考古，2020（4）：245－251.
[12] 王晨璐，马刚．《齐民要术》中的动物养殖技术伦理探析［J］．青岛农业大学学报（社会科学版），2017，29（3）：84－88.
[13] 何好如，黄硕琳，邱亢铖．现代渔业治理的伦理逻辑［J］．水产学报，2021，45（4）：621－631.
[14] 杨伦，王国萍，闵庆文．从理论到实践：我国重要农业文化遗产保护的主要模式与典型经验［J］．自然与文化遗产研究，2020，5（6）：10－18.
[15] 安丰军．瑶族林木生态伦理思想探析［J］．广西民族大学学报（哲学社会科学版），2011，33（6）：107－111.
[16] 黄世恒．林下种植——林荫下的生态种植模式［J］．农村新技术，2014（2）：4－6.
[17] 王思明，刘启振．论传统农业伦理与中华农业文明的关系［J］．中国农史，2016（6）：3－12.
[18] 董世魁，任继周，方锡良，杨明岳，张静，祁百元．种植业的农业伦理学之度［J］．草业科学，2018，35（10）：2299－2305.
[19] 董世魁，任继周，方锡良，杨明岳，张静，祁百元．养殖业的农业伦理学之度［J］．草业科学，2018，35（9）：2059－2067.
[20] 高男．冷链物流体系中果蔬产品质量安全问题与对策［J］．科学技术创新，2015（4）：10－14.

山地农业伦理观的特征及时代价值

董世魁　赫凤彩　史　航　郝星海　任继周

摘要： 山地农业养活了中国近三分之一的人口，山地农业可持续发展对生态环境保护和乡村振兴具有十分重要的影响。山地农业伦理是山地农业发展过程中人与人、人与社会、人与生存环境发生功能关联的道德认知，进而探索农业行为对自然与社会系统的道德关联。中国的山地居民在漫长的农业实践过程中，形成了具有“时宜性、地宜性、有序度和法自然”特征的山地农业伦理观，对山地乃至整个农业的可持续发展起到了重要的指导作用。当前生态文明建设中，应充分吸收山地农业伦理观的积极因素，因地制宜地利用现代科学技术与传统农业相结合的技术，发挥地区资源优势，发展种养结合的生态农业，以经济发展水平和“整体、协调、循环、再生”为原则，合理组织山地农业生产，推动山地农业高产优质、高效可持续发展，实现生态和经济两个系统的良性循环。

关键词： 山地农业；种植业；养殖业；林业；农业伦理

作者简介： 董世魁（1973—　），教授，博士，主要从事草地生态、恢复生态、农业伦理方向的研究工作。

山地农业是指人们在山区生存和发展过程中，对可利用的资源进行农业化的活动，包括种植业、园艺、林业、畜牧业及其他涉农产业，具有立体性、多样性、脆弱性和多宜性等特征[1]。山地农业的发展不仅是农业生产发展的重要组成部分，更是农业文明发展的基础。中国是一个多山的国家，山地、丘陵和高原占中国国土面积的 69%，人口和耕地分别约占全国总人口和全国耕地总面积的 1/3 与 2/5，大多是“老、少、边、穷”的地区[2]。山地在中国原始农业的发生期具有重要作用，山地作为农业生产的起源地，不仅因为它具有刀耕火种的条件，且还是人类居高而处的选择。《吴越春秋·吴太伯传》记载“尧遭洪水，人民泛滥，逐高而居。尧聘弃，使教民山居，随地造区，研营种之术，三年余，行人无饥乏之色”[3]，可见，山地以洪水防治为纽带而与原始农业紧密联系在一起，农业便随着民之山居最早在山地起源、发展，为平原、低地等区域的农业形态提供了参照基础。

在山地农业发展过程中，人们改变原始的农业形态（渔猎、采集），发展与种植有关的营种之术，并将山地农业生产技术带到平原、低地[4]，人们不但积累了丰富的生产实践经验，而且也形成了独具特色的农业伦理观。随着社会经济的发展，渔猎、采集的地位在社会生产上进一步下降，同时粮食生产提供了稳定的保障，“耕田种土”的生产生活意识得到进一步加强。在这一历史进程中，赖以生存的农业和山地让他们感怀在心，山地崇拜由此演衍生了农业祭祀活动的雏形。山地农业崇拜的思想常见于中华文化，如“乃立冢土”“冢土，大社也”“社者，土地之神。土地阔不可尽祭，故封土为社，以报功也”“土地广博、不可遍敬”“故封土立社示有土尊”。从事农业生产的先民对山地形成的热爱之情，就是早期山地农业伦理的萌芽[4]。

山地农业伦理观的形成必然对劳动行为产生深远的影响，对社会发展不同阶段起到促进或阻碍作用。我国南方保留原始山地农业的民族多以扁担、锄头、镰刀为基础，坚守“耕田种土”的伦理观，创造了诸多独具特色的农业产品。西南地区有高低起伏的山脉，嵌有大小各异的山谷，还有河流贯穿其间，为水稻和其他粮食作物的种植提供了良好的条件，造就了世代相袭的山地农业生产模式，具有平原或低地农业无可比拟的立体性和多样性优势。山地农业在发展过程中产生了丰富的伦理思想，与“耕田种土”的农本思想同期发展的“稻鱼结合”和“稻林兼营”的山地农业伦理观，不但促进了山区农业生产发展，提供了多样性的食物资源，而且还创造了可观的经济收益[5]。在当今人与自然关系不和谐的背景下，继承和发扬合理的山地农业伦理观，树立绿水青山就是金山银山的时代价值，对于有效解决山地生态环境问题和“三农”问题、促进山地农业的可持续发展具有十分重要的意义。本文以中国农业伦理学的“时、地、度、法”四维结构[6]为依据，全面梳理我国山地农业伦理观的时宜性（合时宜）、地宜性（明地利）、有序度（行有度）和自然之法（法自然）的基本特征，系统分析山地农业伦理观在推动我国农业现代化的重要作用，为新时期构建我国山地农业伦理观的传承和发展路径提供基础。

一、山地农业伦理观的时宜性

“不违农时”是中国农业伦理观时宜性的最佳概括[6]，其基本原理是生态系统内部各组分以其物候节律因时而动。对于农业生产而言，无论科学技术发展到何种程度，都不能违背时间节律来进行农业活动，山地农业（包括种植业、养殖业、渔业等）也不例外。农业是人类通过社会生产劳动，利用自然环境提供的条件，促进和控制生命活动过程来取得人类社会所需要的产品的生产部门。这个定义暗含农业生产受三个自然规律的制约，一是自然环境变化和分布规律，二是生物的生命规律，三是社会需求规律。这三个规律决定了农业生产具有四个特性：生命性、季节性、地域性和周期性[7]。植物的生长繁殖过程要从环境中获得二氧化碳、水和矿物质，通过光合作用将它们转化为有机质供自身生长、繁殖。草食动物通过采食植物，消化合成供自身生命活动的物质，将植物性产品变为动物性产品，由动物产生的排泄物等废弃物返还到土壤中，经过微生物分解成植物能利用的营养物质。这就形成了以土壤为载体的动植物、微生物生命循环体。缺少任一环节，农业发展都会陷入不可持续的危机。

随着科学技术的发展，人类对动植物生长发育规律的认识日益深入，改变动植物生长发育过程的手段也日益加强。但是，无论生长发育过程如何改变，动植物的生命性是不可改变的。农业的生产对象是生命体，就要创造良好的生长环境和进行精心的呵护。由气候周期性和作物的生长周期共同决定了农业生产的季节性，这是农业伦理不可或缺的要素。作物在生长发育过程中所经历的发芽、生长、开花、结果、成熟、采收等环节都需要一系列的农事活动，稼穑之事，须依时而做，适时而动。适宜时期的播种、适时浇水、及时排涝、合理施肥、防止病虫害、适时采收、科学贮藏等，每一个环节都有严格的时序规律，得不到有效的照料，就前功尽弃。由此，中国人发明了二十四节气，产生了大量指导农业生产的谚语，在黄淮以北的地区常说，“头伏萝卜，二伏菜，三伏只得种荞麦”“白露早，寒露迟，秋分麦子正当时”，就是提醒人们什么时节干什么活。季节性带来的农忙和农闲，有极强的时效性，“龙口夺粮”就是说到抢收、抢种的季节，不分老幼，不分昼夜，全家上阵；农闲时负责田间管理。山地农业生产的季节性与地域性密不可分，山坡适于发展旱作农业，河谷适于发展灌溉农业，农耕生产的时间节律则顺应自然规律，依次从河谷、低山、中山、高山，按照物候迟早形成“春耕、夏耘、秋收、冬藏”的时宜性生产实践。这种多样化的种植业模式，根植了丰富而多样的农业伦理观。

山地畜牧业也非常注重时序节律。“逐水草而居”是高山、高原地区牧民践行草原畜牧业时宜性伦理观的最好例证，牧民通过一年四季不停地游走来适应不同海拔高度水、草分配随时间的变化，不但满足一年内家畜对食物和水源的需求，而且也保证了家畜秋冬季繁殖和保膘的需求。“冬不吃夏草，夏不吃冬草”（藏族民谚）、“开春羊赶雪，入冬雪赶羊”“春放阴坡，夏放东西，秋放近坡，冬放高坡”“与其冬天干熬，不如夏天抓膘”“春放一条鞭，夏秋满天星”“早晨在向阳坡放牧，中午天热在背阴处放牧”（哈萨克族民谚）、“春来剪毛两头落，冬来剪毛落两头”“霜降配羊，清明分娩”“马配马，一对牙（两岁就可配种）”等，都充分体现了居住在高原或高山牧区的牧民在畜牧业生产中形成的“顺天时”的伦理观。在农区养牛为耕田、养猪为积肥的生产实践中，山地畜牧业的时间有序度体现在家畜饲养、保健、育种管理等多个方面，如“故养长时，则六畜育”“暑伏不热，五谷不结；寒冬不冷，六畜不稳”“春不吃盐羊无力，冬不吃盐饿肚皮”“秋来追膘冬不愁，春天羊羔满山游”“夏天赶着放牲畜，冬天拴着喂牛羊”等，这些经验总结充分体现了农区山地畜牧业的“顺天时”的伦理观。

农业动植物都要经历从生到死的生命周期过程，决定了其周期性。一株稻谷从种子的发芽、生长、开花、结果，再到成熟经历一个生命周期；一只动物从出生、生长发育、繁殖、到死亡。不同的品种，其生命周期不一样，有的几十天，有的数十年，如多年生的植物，其生命周期是多年，但完成开花结果的生产周期是在一年内完成的。另外，气候的变化也具有周期性。一年四季温度、光照、降水，不尽相同，春夏秋冬，周而复始，而动植物生长又受气候因子等自然因素的影响，随季节变化呈现出一定的周期性变化。人类经过长期的选择，培育了一批生长周期与大自然周期性相吻合的农业动植物品种，如粮食作物，春天气温上升，开始播种；秋天，天气转凉，粮食成熟，春种秋收，周而复始。有些粮食作物要经过休眠来年才能开花结果，如冬小麦在农业生产中要经过春化的阶段，落叶果树要经过低温条件，解除休眠后才能正常发芽。

农业生产的时宜性伦理观启示：农业生产急不得，从开花到结果，任何一个环节都不能缺少，即不能揠苗助长；农业生产不能随意调整种养内容，不能种了玉米，中途改种高粱。“猪周期”是农业生产时宜性的典型例证，生猪过量，市场价格低迷，亏损严重，进而淘汰母猪，引起生猪供应链减少，肉价上涨，养猪潮出现，如此反复，陷入“价高伤民，价贱伤农”的怪圈。

二、山地农业伦理的地宜性

农业生产依赖于土地，土地既是农业生产的载体，也是农业生产改造的对象。人们在利用和改造土地的过程中，深刻认识到土地是有生命的，要养护其地力常壮不衰，施德于地以应地德，并形成了与之适应的农业伦理观“天之所覆，地之所载，莫不尽其美，致其用，上以饰贤良，下以养百姓，而安乐之”。山地农业生产系统中，“靠山吃山”的谚语形象地表达了地宜性的人-地关系，山地居民吃、穿、住、用等诸多方面都离不开农业生产活动。历史上刀耕火种的山地农业生产方式表明，焚烧林草形成的草木灰可以增加土地肥力、游耕山地可以使土地得以休养生息。但是，长期的实践证明，这种粗放的山地农业生产方式带来了两大弊端：第一，以这种方式开垦耕地，两三年后肥力便逐渐减弱，产量下降，收获越来越少，不得不另辟新地；不断弃荒，不断开垦新地，人均所需土地面积急速扩张。第二，由于烧草补充的肥料有限，农作物产量极低，要解决更多人的吃饭问题，需要不断扩大耕地，广种薄收。这样的农耕方式，在地广人稀的地方，行之有效，但随着人口的增长，可耕的土地日益减少，刀耕火种的生产方式受到限制。更重要的是因大量的毁林开荒，破坏草地，生态环境日益恶化，威胁到生存与发展。因此，坚守“施德于地”的农业伦理观对维持山地农业系统的可持续发展至关重要。

山地农业伦理的地宜性不仅表现在农业生产方式，而且表现在种（植）养（殖）结构上。古代先民总结得出的“非其地而树之，不生也”“橘生淮南则为橘，生于淮北则为枳”实践经验，反映了人们对万物生长都有其生存条件的客观认知。春秋战国时期，人们已经总结出了基于地宜性的农作物种植分区方案“职方氏辨九谷，以宜九州之土：冀（州）、雍（州）谷黍、稷；兖（州）谷黍、稷；青（州）、徐（州）谷稻、麦；并（州）、豫（州）谷黍、稷、麦、稻；扬（州）、荆（州）谷稻、麦、稷”[8]。土壤深厚、土质肥沃、水资源丰富的山区，可以发展梯田水稻种植，稻田里兼养鱼、泥鳅、黄鳝、田螺、河蚌等充分利用水田资源；山凹处种其他粮食作物，塘中种水草，养鱼虾；宜林的山坡种杉种桑，林粮间作，养殖山蚕；适宜的气候环境种漆树、茶树、油桐、栗、核桃、银杏等经济林；以“稻鱼结合”为主，多种林业经济为辅的山区农业形式提高了农业价值效益，对发展区域特色农业具有指导意义。

早期山地居民开垦水田，种植产量较高的水稻。然而山区适宜水稻种植的土地面积有限，不得不扩大水田面积，于是便在山地开垦梯田[9]。梯田是因地制宜扩大耕地的一大壮举，既充分地利用了地形，又有效地利用了水资源。《黔南识略》记载：“田分上、中、下三则，源水浸溢，终年不竭者，谓之滥用。滨河之区，编竹为轮，用以戽水者，渭之水车田。平原筑坝，可资蓄浅者谓之堰田。地居洼下，溪阗可以引灌者谓之冷水田。积水戚池，旱则开放肴谓之塘田。山泉泌涌，井汲以资溉者谓之井田。山高水乏，专恃雨泽者，谓之干田，又称望天田。坡陀层递者，渭之梯子用。斜长洁曲者，谓之腰带田。大约上田宜晚稻，中田宜早稻，下田宜旱秥……”说明了当时人们对山地的充分利用和对种植面积的有效扩充。山地开垦的过程中，人们积累了利用水资源的宝贵经验[9]。“望天田”一般在地势较高的地方，主要靠天然的降水灌溉；“腰带田”是沿山修筑的“拦山沟”，充分利用了山腰的狭长地带，以天然降水和山间泉水为水源灌溉；“梯子田”是在有溪涧的山坡上筑坎，分层开垦，利用溪水进行灌溉；为适应田在高处、水流其下的情况，拦河筑坝、提高水位，引水灌溉，开创了“堰田”；还有以水为动力，又以水灌溉的“水车田”。这些都是有效利用自然资源的科学发明，充分体现了山区居民的生态智慧及顺应自然的伦理思想。“塘田”在山间溪水汇集的地方开挖池塘蓄水，“水满而溢，节级而下，顺有头塘、腰塘、三塘……次第开启，以灌田亩”；塘田不仅可以按需供水，蓄水救旱，还能利用水来种植。自古以来，云南元阳哈尼族依据“山有多高，水有多高”的环境特点，充分思量并开垦出了上万亩梯田的农业生态奇观，开垦的梯田随山势地形变化，坡缓地大则开垦大田，坡陡地小则开垦小田，甚至沟边坎下石隙也开田，因而梯田大者有数亩，小者仅有簸箕大，往往一坡就有成千上万亩。这种山地农业模式充分利用了土地资源和水利资源，创造出极具智慧的生产技术和方法，为脆弱山区社会经济可持续作出了重要贡献，因而在第37届世界遗产大会上被联合国教科文组织列为“世界文化遗产”。

“地宜性”也是养殖业伦理的重要元素。早在春秋战国时期，人们对养殖业的地宜性有了充分认识，《周礼》记载了因地制宜地发展畜牧业的方案“职方氏变方圆六畜以识物情，便其豢牧。但鬣有鬣之养，角有角之牧，毛有毛之刍，羽有羽之饲，畜于水者须知水，畜于山者须知山，飞者得其动，潜者得其动”。草原牧区的先民在历史长河中形成的“逐水草而居”的游牧方式，同样也体现了“地宜性”的伦理观，根据地形，气候，水源、牧草的生长状况，合理放牧家畜，充分利用草地资源。他们在放牧实践中总结出了“夏季放山蚊蝇少，秋季放坡草籽饱，冬季放弯风雪小”“冬不吃夏草，夏不吃冬草”“先放远处，后放近处；先吃阴坡，后吃阳坡；先放平川，后放山洼”“晴天无风放河滩，天冷风大放山弯”等丰富的放牧经验。长期的生活实践，山区牧民掌握了不同空间上牧草生产随季节变化的自然规律，积累了什么时候进行转场，什么时候给家畜进行配种等经验。一年四季中，牧民按照游牧区地形地貌、植被分布及气候特征的差异性（春旱、多风，夏短、少炎热，秋凉、气爽，冬季严寒漫长、积雪厚等特点），把放牧草地划分为四季牧场进行流动放牧。例如，新疆山地的哈萨克族牧民在长期的山地放牧实践中，总结出高山-低山-平原-绿洲等不同系统间游动放牧的形式。这种“地宜性”的放牧伦理思想一直沿用至今，对山区畜牧业发展产生深远影响[10]。

除宜农、宜牧的土地外，山地居民因地制宜发展林业或混农林业。山地地貌复杂，气候多样，雨量充足，适宜多种森林植被生长。因良好的自然条件，树种繁多，质地好，成为植树造林的重要地区。长期的生产实践，山地居民根据地势、土地等特点，积累了“山顶松、山腰桐、池塘河边柳丛丛”“肥土点柏香，黄土种青㭎，背风槐花满坡香”“山多载土，树宜杉”等众多经验。也有“种杉之地必预种麦及苞谷一二年，以松土性，欲其易植也。杉阅十五六始有子，择其枝叶向上者撷其子，乃为良；裂口坠地者，弃之。慎术以其选也。春至则先粪土，覆以乱草，既干而后焚之。在后撒子于土，面护以杉枝，厚其气以御其芽也。秧初出谓之杉秧，既出而移之，分行列界，相距以尺，沃之以土膏，欲其茂也。稍壮，见有拳曲者则去之，补以他栽，欲其亭亭而上达也。树三五年即成林，二十年便供斧柯矣”等记载，充分体现了林木和粮食作物间作的经验之谈，林粮间作，一举两得，既解决了种树人的粮食问题，也发展了林业[9]。

三、山地农业伦理的有序度

农业伦理的有序度，就是农业生产过程中各组分之间在时空序列中物质的给予与获取、付出与回报，与自然生态系统和人类的发展行为相关联和适应的程度。农业生产讲求“帅天地之度以定取予”，取予有度，才能维持农业生态系统健康平衡。中国古人总结出了“夫稼，为之者人也，生之者地也，养之者天也”的农业生产“三才理论”，通过“顺天时”“尽地力”“促人和”，即天时、地利、人和三者间协调和谐的“自然观”，才能保证五谷丰登、六畜兴旺的局面。数千年来，中国人对老、孔二子创立的“自然观”的传承和发展，才使农业生产的有序度得到合理调控和维持，才使农业生产系统及其承载的文化延续至今，经久不衰[11]。

山地种植业尤其注重农时。天时是节气农时的条件，即温度、水分和光照等自然条件；节气是我国劳动人民长期生产实践总结出的经验，确保农事活动顺利进行，就要准确把握农时。节气是固定不变的，而自然条件时常变化，因此，农业生产必须根据节气的变化，因地制宜，不违农时的安排生产。农谚“种田无命，节气抓定”就是这种思想的体现，若“节气抓不定”则会出现“人忙天不忙，早迟一路黄”的现象。同一地区，由于地势不同，气候条件、温度和湿度也不同，故有“白露种高山，秋分种平川”的说法。“立冬种豌豆，一斗还一斗”“立秋摘花椒，白露打核桃，霜降下柿子，立冬吃软枣”“白露没有雨，犁地要早起”“寒露到霜降，种麦莫慌张，霜降至立冬，种麦莫放松”“种麦过立冬，来年少收成”等农谚均体现了山地种植业伦理观的重农时思想。由于同源性和普适性，山地农业重农时的伦理思想也广泛印证于平原和低地农业生产实践中。

中国的山地农业生产自古以来一直强调“尽地力”的思想。“尽地力”是指在一定的农作（种植、养殖等）技术水平及与之相适应的各项措施下发挥土地的最大生产能力。“尽地力”的思想不仅要强调土地的生产潜力，更强调人对土地的伦理关怀，体现了“人和”对土地的作用。把用地和养地结合起来，保持“地力常新”，提高土地生产力，是中国传统农业伦理观的突出成就。有“息者欲劳，劳者欲息；棘者欲肥，肥者欲棘”的土地休闲、施肥恢复地力的原则，也有“治田勤谨，则亩益三升”的精耕细作。农业生产实践经验的积累，“多粪肥田”已成为“农夫众庶之事”，而“粪多力勤”成为夺取农业丰收的法宝。品种的轮换种植，作物的轮作、间作及套作，种植和养殖的结合，都是保持土壤肥力，维持地力，发挥作物增产潜力的例证。“换种强于下肥”“肥田不如换种”，形成了每年换种的做法、不可年年种一色的伦理观念，取得了良好的效果，如《齐民要术》中记载的谷物与绿豆轮作、棉稻轮作、稻田蓄萍等做法[12]，不仅可以控制草害、病虫害，还可以提高土壤肥力；选用耐瘠薄的品种可以应对地力下降，利用“瘠土山田多种”的生物多样性原理可以控制土地退化。

中国的山地畜牧业生产实践中也非常重视“尽地力”的思想。山区牧民常强调“牲畜熟悉草场才会长膘”“放牧牛马草地好”“没有草场就没有畜牧”。畜牧业的“尽地力”不仅要强调单位面积的畜产品产量，更强调人对家畜和土地的伦理关怀，自古先民就有爱护家畜、保障动物福利的意识，《王祯农书·农桑通诀·畜养篇第十四·养牛类》中就有

“夫农之于牛也，视牛之饥渴，犹己之饥渴，视牛之困苦羸瘠，犹己之困苦羸瘠，视牛之疫疠，犹己之有疾，视牛之子育，若己之有子也”的记载[13]。高原或高山牧区的季节性轮牧，如蒙古族的“走敖特尔”、藏族的“转场”都是通过“逐水草而牧”的理念践行着畜牧业生产的伦理观。它不仅关注家畜的需求，保证家畜吃饱且尽可能地吃到新鲜牧草，而且可以使草原在适度利用的基础上得以休养生息，让草原资源得以永续利用，草原生态得以保护修复。

种（植）养（殖）结合也是保持地力常新的重要手段，尽显“帅天地之度以定取予”的农业伦理。山地农业“稻鱼结合”的生产模式就是保持地力常新的做法，鱼在稻田里游动，调节稻田的内环境，减少田间杂草，鱼排泄的粪便作为肥料，增加稻田肥力。稻鸭结合也有类似效果。养猪和种田是紧密结合在一起的，养猪不仅提供了肉食，利用了农副产品，猪粪还可以为肥料，形成“猪多、肥多、粮也多”的良性循环。故有“种田不养猪，秀才不读书”“养猪不赚钱，回头望望田”的说法。“汤有旱灾，伊尹作为区田，教民粪种，负水浇稼；区田以粪气为美，非必须良田也”是西汉《氾胜之书》中所记载的农田施用厩肥[14]。这种思想对今天的养殖业生产有指导作用，家畜粪尿归田不仅解决了养殖业污染问题，还为种植业提供了有机肥料，提高了土地肥力。基于这种农业伦理，实现地尽其用、尽地力。

四、山地农业伦理的自然之法

自然之法是不可违逆，如有违逆自然之法必遭殃灾。人类的农业生产活动必须遵循自然规律，违背自然规律而行动，不仅会遭受失败，还会受到大自然的惩罚。人类自从进入文明就一直处于人为与自然的张力中。农业生产活动开始之初，由于技术水平低，对自然的干预较少。随着农业技术的提高，对自然的干预也逐渐增强。在中国农业发展史上，由于生产技术的不断改进，对自然环境的影响也在不断加重，过度垦殖、大兴土木、滥砍滥伐，使水土流失、土地荒漠化、土壤污染、食品安全等问题日益突出[15]。

山区得天独厚的地理环境和气候条件，形成了复杂多样的生态类型，生物种质资源丰富，适于发展复合农业系统，可以开展林、粮、鱼、牧兼营，发展多种农业生产模式。但在山地农业开发利用过程中，存在许多问题：一些地方在产业结构调整中把山坡地作为种植短期经济作物的重点，为了发展烤烟，砍伐森林作为烤烟的燃料，严重破坏了植被，使地表长期裸露，水源涵养能力下降，造成水土流失；为满足粮食问题，不断进行山地开垦，开垦后的土地又不能做到因地制宜合理利用，降低了山地农业的可持续性；山地生态遭到破坏，导致自然灾害次数增多、周期缩短；植物多样性遭到破坏，为追求产量和品质，农业生产中大量引进良种，淘汰产量低的品种，造成品种单一，对原生物种保护不力，导致本地物种消失，给生态安全造成极大的隐患[16]。山区天然优质树木可以给人们带来额外收入，但是过度伐木使森林遭受破坏，加剧降雨对地表的冲刷，造成区域水土流失和洪涝灾害频发，给农民的生产生活带来负面影响，甚至导致农牧民贫困。农业生产中追求产量，过量使用农药、化肥、地膜，同时又缺乏环境意识和责任意识，造成土壤污染、退化，水质恶化和富营养化，主要表现为氮、磷、钾元素比例失调，氮肥过剩，磷、钾肥不足，肥效持久且无公害的有机肥及作物所需的微量元素严重不足，长期过量地使用氮肥，土壤理化性质发生改变，土壤板结，通气、透水性差，肥力下降，影响作物生长。长期过量使用农药，在杀死害虫的同时也危及了害虫的天敌，如此形成恶性循环，破坏生态平衡。由于生物富集作用，长期过量使用化肥和农药也会对农产品产生污染，威胁人的健康。农用地膜的使用虽可以提高地表的温度，保持土壤水分，但作物栽培的广泛应用，使土壤中地膜残留量增多，自然状态下难以分解，土壤透水、透气性变差，阻碍作物根系发育和对水、肥的吸收，造成耕地“白色污染”和农作物减产[16]。

山地畜牧业是充分利用牧草资源，放牧牛、羊等家畜，获得动物性产品如肉、奶、皮等，但是山地资源的过度利用，则会导致严重的生态环境问题。山区加大畜牧业发展的过程中，忽略土地承载力，造成土地退化，植被覆盖率下降，地表草被践踏和减少，加剧水土流失，影响农牧民生存，造成农村地区贫困。而且，急增的人口也需要生存空间，迫使人们为追求短期的生存利益，放弃可持续发展的资源经营方式，过度使用牧草等自然资源，破坏人居-草地-畜群的耦合系统，忽略农业系统的界面耦合。这些有违农业伦理的行为引发了一系列生态和社会问题，导致“三农”问题（“农民真苦，农村真穷，农业真危险”）在山区凸显[17]。破解目前山地农业发展中存在的问题和瓶颈，需要从伦理认知上维持山地农业可持续发展的“自然之法”，可选择的模式业应为生态农业。

五、山地农业伦理的时代价值

中国山地农业伦理是我国山地居民在长期的农业生产实践中形成的对人、社会和自然的道德认知，进而探索并践行山地农业行为对自然与社会系统的道德关联，即山地种植业、养殖业、林业和渔业生产活动的时宜性（合时宜）、地宜性（明地利）、有序度（行有度）和自然之法（法自然）。正是这种与平原或低地农业具有同源性和相似性的农业伦理，共同促进了中国农业的可持续发展。但是，山地农业的边缘性、稀缺性、脆弱性、分散性和多样性造就了山地农业伦理观有别于平原或低地农业。山地农业立体种植模式的物种组合和空间配置，充分体现了基于“植物（物候）节律而动”的伦理思想，顺应了山地气候多变、生态环境脆弱、适生物种多样的特点，实现了山区农业资源的合理利用和社会经济的可持续发展。山地畜牧业“逐水草而居”的游走式放牧模式，充分体现了基于“草场-家畜-人居”放牧系统单元时空动态平衡的伦理思想，顺应了山地牧草资源多样、水草时空分配不均、边际土地稀缺的特点，实现了山区牧业资源的合理开发和社会经济的发展。山地林业多元化营林模式和林下种植模式，充分体现了基于“适地适树、适地适草”的伦理思想，顺应了山地地形多变、气候多样、树种繁多的特点，实现了山区林业资源的优化利用和林业经济的发展。但是，违背山地农业伦理的生产开发活动，如25度以上陡坡地开垦种植、山地草场的超载过牧、山地森林的过度砍伐等行为，造成了严重的生态环境破坏问题。

当前，生态文明建设成为国家重大战略的新时代，应高度重视绿水青山就是金山银山的发展理念，应充分认识到中国山地农业伦理观的时代价值，在农业现代化进程中应充分汲取山地农业伦理观的有益思想，为有效解决山地生态环境问题和“三农”问题、促进山地农业的可持续发展提供可行的路径，主要包括：

第一，以山地农业伦理观的有益思想为行动指南，合理规划山地农业发展布局，整体谋划现代山地农业发展方向，根据不同区域山地的自然环境特点，明确主导产业、特色产业和发展模式，突出生态农业的生产、生活和生态功能，探索融合中国山地农业伦理和现代农村经济发展的新形式，创新农业领域的现代理念、现代技术和现代制度，实现山地农业经济、生态和社会效益的同步提升。

第二，以山地农业伦理观的有益思想为行动纲领，牢固树立农业绿色发展理念，创新绿色发展模式和实现路径，推进山地农业绿色、均衡、高质量的现代化，形成一批优势山地农业的产业基地、高水平山地农业人才基地和山地农业高新技术基地，通过发挥规模效益、外部效应、知识溢出和创新效应，促进山地农业现代化均衡和高质量发展。

第三，以山地农业伦理观的有益思想为科学指导，延伸山地农业产业链，拓展山地农业新功能，发展山地农业融合新业态，转变山地农业发展方式，促进农村持续向好，增进农民收益，提升山地农业质量效益和可持续性，真正解决山地生态环境问题和“三农”问题。

六、结语

中国山地居民在漫长的农业实践过程中，形成了独具特色的山地农业伦理观，对促进山地农业的可持续发展、山地生态环境保护和乡村振兴具有十分重要的意义。当前生态文明建设中，应充分吸收山地农业伦理观的积极因素，因地制宜地利用现代科学技术与传统农业相结合的技术，发挥多种土地资源、多种地貌特色，多种气候环境、多种农业生物的优势，建立山地生态农业。山地生态农业是建设中国特色生态农业的宝贵财富，也是我国建设山地生态文明的基础。山地生态农业可以促进自然资源的合理使用，推动山地农业的可持续发展，支撑我国生态文明建设战略，即由破坏生态的增长方式转为符合生态的增长方式。山地生态农业注重“自然观”为指导的环境和经济协调的发展思想，重点强调农业系统内物种共生、物质循环、能量多层次利用，因地制宜地利用现代科学技术与传统农业相结合的技术，发挥地区资源优势，以经济发展水平和“整体、协调、循环、再生”为原则，全面规划，合理组织农业生产，实现农业高产优质高效可持续的发展，达到生态和经济两个系统的良性循环。山地将成为我国生态农业的示范基地，对发展现代化农业必将作出积极贡献。

【参考文献】

[1] 祁春节．现代山地农业高质量发展路径［J］．民主与科学，2019（1）：18－22.

[2] 王秀峰，程康．山地农业研究文献综述与展望［J］．南方农业学报，2019，50（5）：1149－1156.

[3] 赵晔．吴越春秋［M］．北京：中华书局，2019.

[4] 刘兴林．山地崇拜与农业起源［J］．中国农史，1997（4）：3－5，12.

[5] 杨安华，杨庭硕，粟应人．侗族传统农业伦理对发展畜牧业经济的制约［J］．吉首大学学报（社会

科学版)，2008 (5)：43-48.
[6] 任继周．中国农业伦理学导论 [M]. 北京：中国农业出版社，2018.
[7] 朱启臻，陈倩玉．农业特性的社会学思考 [J]. 中国农业大学学报（社会科学版)，2008 (1)：68-75.
[8] 郑玄注，贾公彦．周礼注疏 [M]. 北京：北京大学出版社，1999.
[9] 刘磊．关于贵州古代山地农业的思考 [J]. 贵州民族研究，2001 (2)：58-62.
[10] 董世魁，任继周，方锡良，杨明岳，张静，祁百元．养殖业的农业伦理学之度 [J]. 草业科学，2018，35 (9)：2059-2067.
[11] 李根蟠．农业实践与“三才”理论的形成 [J]. 农业考古，1997 (1)：92.
[12] 贾思勰．齐名要术译注 [M]. 上海：上海古籍出版社，2009.
[13] 王祯．农书译注 [M]. 济南：齐鲁书社，2009.
[14] 万国鼎．氾胜之书辑释 [M]. 北京：中华书局，1957.
[15] 张聿军，蒲强．我国古代社会的环境破坏问题 [J]. 环境教育，2004 (9)：58.
[16] 谢晓慧，王家银，孙玲，郑宇鸣．云南山地农业开发现状，存在问题及综合开发措施初探 [J]. 西南农业学报，19 (9)：5.
[17] 任继周．中国农业系统发展史 [M]. 南京：江苏凤凰科学技术出版社，2015.

（原文刊载于《草业科学》2020年第4期）

农业伦理学视域下的渔业之度

董世魁　任继周　方锡良

摘要： 渔业作为大农业的组成部分，具有农业伦理学之度的“时宜性”“地宜性”和“尽地力”等特征。从古至今，中国的海洋渔业文化和内陆渔业文化铸就了“相宜”和“适度”的伦理观，强调渔业生产的“人水和谐”和“鱼水一家”，千百年来这一伦理观维系了中国渔业生产的永续发展。但是，当前渔业资源过度开发、水生生态环境严重破坏的现状下，如何继承传统渔业的伦理学思想，促进渔业经济健康发展，是关系农业伦理学容量扩增的重要命题。本文在全面梳理中国传统渔业伦理观的基础上，提出生态渔业是促进渔业可持续生产、保护渔业文化、实现农业伦理学容量扩增的有效途径。

关键词： 农业伦理学；伦理学之度；渔业伦理；生态渔业

渔业文化是中华文化的重要组成部分，在中华文明的历史长河中一直熠熠生辉，其伦理观对当今社会的启迪不可忽视。中国渔业文化所代表的伦理观不仅能反映渔业生产的发展历程，而且能从一定层面上反映渔业生产的时空秩序，对当今渔业的可持续发展具有一定的指导作用。中国的渔业文化按照地理位置可以分为海洋渔业文化和内陆渔业文化两类，海洋渔业文化是海洋区域从事渔业生产活动的渔民所创造的物质财富和精神财富（疍家人为代表），内陆渔业文化是江、河、湖、泊等水域地区从事渔业生产活动的渔民所创造的物质财富和精神财富。无论是中国的海洋渔业文化还是内陆渔业文化，都体现了“时宜性”“地宜性”和“尽地力”的农业伦理学之度的内涵。

一、渔业伦理观的“时宜性”

中国的渔业起源较早，据《易・系辞》载“古者包牺氏之王天下也……作结绳而为网罟，以佃以渔”[1]，指在伏羲氏（包牺氏）统领天下的时候，人们学会了制作绳子，又把绳子按照一定的规律连接起来做成渔网，用来捕鱼。另据《史记》记载“舜耕历山，渔雷泽”，指当年舜帝在历山耕种，在雷泽（今山东菏泽地区）捕鱼。这些史料表明，原始氏族社会时期中国的渔业已经成型，并与种植业、养殖业一并发展[2]。在渔业生产实践中，当时的古人已经产生了“时宜性”伦理意识，如《史记》载“言黄帝教民，江湖陂泽山林原隰皆收采禁捕以时，用之有节，令得其利也”[3]，意指黄帝已经教导民众，在江河湖泊山林草原湿地采集渔猎时，适时适度，由此获利。其后，在中国历朝历代的渔业生产发展过程中，人们不断丰富与渔业相关的伦理学思想，如周代的《逸周书・聚篇》记载“夏三月，川泽不入网罟，以成鱼鳖之长”[4]，即指夏季三个月内河流和湖泊不宜捕鱼，以保证鱼鳖的生长；《荀子·王制》在描述“圣王之制”时指出“故养长时则六畜有育，杀生时则草木殖……鼋鼍、鱼鳖、鳅鳣孕别之时，罔罟毒药不入泽，不夭其生，不绝其长也……汙池、渊沼、川泽，谨其时禁，故鱼鳖优多而百姓有余用也”[5]，意指（圣明的君王治理国家时）巨鳖、扬子鳄、鱼、鳖、泥鳅和鳝鱼孕育的时候，不将渔网撒入池塘、湖泊、河流，不要将它们全部捕杀，抑制它们的生长，如果严格遵守池塘、湖泊、河流的季节性禁令，则出产的鱼鳖数量会很多，而百姓吃不完、用不尽。从古至今，中国的渔民在渔业生产中一直继承、并不断完善“时宜性”的伦理学思想，不但指导了渔业生产实践，而且形成了丰富的渔业文化。

当前，无论在海洋渔业文化还是在内陆渔业文化中，“时宜性”的伦理观仍在渔业生产中发挥着重要作用，这一点可以从当地的渔业言语中得到印证。以浙江舟山地区为代表的海洋渔业文化中，常常可以看到这样一些谚语“过了三月三，草绳好带缆”“三冬靠一春，三春靠一水；一水靠三潮，一潮靠三网”“谷雨到渔场，立夏赶卖场”“夏至鱼头散，抲秋要拢班”“七月八月，青蟹脱壳”“九月九，望潮吃脚手”“种田靠三秋，抲鱼靠早冬”“六月出洋要晒煞，冬天抲鱼要冻煞”“蟹立冬，影无踪”。以内蒙古杜尔伯特（嫩江流域）为表的内陆渔业文化中，可以看到这样一些渔业谚语“二、三月网，四、五月渔（即二、三月是结补渔网的季节，四、五月是打渔的季节）”“三月三，上江滩（即春天来临，鱼大多喜欢游到江河滩岸附近）”“雨水鱼起水，惊蛰鱼张嘴”“三月三，不行船；九月九，还能走”“小满前后，打鱼没够”“黄豆开花，打鱼摸虾”“寒露霜降水退滩，鱼洄深水船上岸”“小雪不种地，大雪不行船”。这些朴素的民间谚语和歌谣，富含生态哲理，体现了渔民对渔业“时宜性”的伦理认知。

当前，夏季休渔就是时宜性的农业伦理观在现代渔业生产体系中的最佳体现。休渔期就是在夏天伏季禁渔，它根据水生资源的生长、繁殖季节习性等，避开其繁殖、幼苗生长时间，以保护渔业资源。中国自1995年起在黄海、东海两大海区，以及自1999年起在南海施行夏天伏季2～3个月的休渔期以来，多年来的实践证明伏季休渔保护了主要经济鱼类的亲体和幼鱼资源，使海洋渔业资源得到休养生息，具有明显的生态效益。渔船在休渔期间也节约了生产成本，休渔结束后渔获物产量增加、质量提高。

二、渔业伦理观的“地宜性”

中国古人较早认识到了人居生活、农业生产与地域的关系最为直接，要求人们因地因势选择适宜的农业生产方式。尽管两千多年前的春秋时期中国的航海业并不发达，人们并不知道海洋面积多大，但是齐国战略家管仲就已在《管子·揆度》一书中指出“（天下）水处什之七，陆处什之三，乘天势以隘制夫下”[6]，意指全天下的面积水域占到十分之七，陆地占十分之三，应尽量因势利用。西汉时期的《淮南子·齐俗训》一书明确提出“水处者渔，山处者木（采），谷处者牧，陆处者农”[7]的农业生产布局原则，深刻体现了“因地制宜”“扬长避短，发挥优势”的农业伦理学思想。这个思想强调了农业生产具有很强的地域性，即俗语讲的“靠山吃山，靠水吃水”，各个区域地区必须发展或从事与当地环境相适应的农业产业方式。时至今日，中国大农业的各个分支包括种植业、畜牧业、渔业等仍在沿用这一思想，指导各自的生产布局。中国当前的渔业区划按照“因地制宜”的地宜性农业伦理学原则，又细化了“水处者渔”的方案，明确了内陆河流、湖泊（包括池塘）、湿地、滨海、滩涂、海岛等不同水域的渔业资源和空间分布格局，为现代渔业生产的空间合理布局提供了科学依据。

除渔业生产区域布局（区划）外，地宜性原则还体现在具体的渔业养殖技术中。据《齐民要术·养鱼》所述“池中九州、八谷，谷上立水二尺，又谷中立水六尺……所以养鲤者，鲤不相食，易长又贵也”[8]。这种生态设计能让鱼环洲而游、栖谷而息，深水利于鱼类避暑和越冬，浅水适于鱼类产卵孵化和幼苗活动，各得其宜[9]。另据《庄子·大宗师》所载“鱼相造乎水……相造乎水者，穿池而养给”[10]，意指鱼依赖水而生，若选好适宜鱼类生存的地方，掘地成池养鱼就可以达到供养丰足。可见，中国古代先民依据地宜性的原则，模拟鱼类生存的适宜环境条件，进行人工饲养管理，促进了渔业养殖的可持续发展。这些可持续渔业的理念传承至今，指导现代的渔业养殖和捕捞实践，如浙江舟山的渔业民谚“北边生，南边养，养大再到北边来剖鲞”“带鱼向南跑，网要朝北套”“种田靠三秋，网鱼拦上游”等体现了地宜性的原则。可见，“因地制宜”的伦理学思想在中国渔业从古至今的发展历程上发挥了十分重要的作用。

三、渔业伦理观的“尽地力”

对于渔业生产而言，尽地力就是单位水体内的渔业最大可持续产量和捕捞量[11]。渔业的最大可持续产量一方面取决于水体的环境容量或承载能力（水体养殖的鱼类数量不会导致环境质量恶化的限值），另一方面取决于渔业的合理养殖结构（鱼种结构和年龄结构）。渔业的最大可持续捕捞量一方面取决于渔业资源状况，另外一方面取决于社会对海洋水产品的需求状况。中国古人“上善若水”的人水和谐思想不仅强调水体中的渔业产量，而且强调人对自然（水生生物和水环境）的伦理关怀，可以理解为渔业的伦理学容量。老子所说的“上善若水，水善利万物而不争”以及王安石后来注解的“水之性善利万物，万物因水而生”均说明，水资源对世间万物生长的重要性。《吕氏春秋·义赏》论及的“竭泽而渔，岂不获得，而明年无鱼”[12]，说明了鱼的高产不仅要依靠充足的水资源而且要靠种源（鱼苗），而且要靠鱼苗资源不断更新。如果把水放干来捕捞（池塘、湖泊）所有的鱼苗，来年将不会再有鱼的产出。《孟子·梁惠王上》所述的“数罟不入洿池，鱼鳖不可胜食也”[13]，意指不把细密的渔网放入池塘捕捞，鱼鳖就可以持续生产、吃不完。甚至有些伦理道德已经上升为法律法规来约束人们的行为，如《淮南子·主术训》记有“先王之法……不涸泽而渔，不焚林而猎……獭未祭鱼，网罟不得入于水……孕育不得杀，鷇卵不得探，鱼不长尺不得取”[7]。

这些伦理思想以维护自然平衡为根本，山水并养，统筹兼顾，成为中国古代自然资源管理的基调，对于渔业资源维持、生态保护、维护和谐人水关系，具有十分重要的作用，可谓善莫大焉[14]。时至今日，中国渔民传承了先辈们“人水和谐”的“尽地力”伦理思想，并将其变为捕鱼作业中的行动指南，如以浙江舟山为代表的海洋渔业文化中的谚语

"浅水养不住大鱼""一日三潮，捕大养小，吃用勿光""风打正月半，春夏七水网勿满，风打七月半，秋冬七水网勿满""种田靠三秋，抲鱼拦上游"等，以内蒙古杜尔伯特（嫩江流域）为代表的内陆渔业文化中的谚语"泡子打鱼留鱼种，江里打鱼也得懂""秋风响，鱼脚痒，浪打草根鱼虾墙""寒伏温浮，日伏夜浮，清伏浑浮"等，都是渔业生产中人水和谐关系的真实写照。

除强调捕鱼作业中的"人水和谐"思想外，中国古人在渔业养殖中也强调"鱼水一家"的思想[15]。西汉刘安等编著的《淮南子・说山训》载"欲致鱼者先通水……水积而鱼聚"[7]，意指要优化水环境，使水生生物能自然滋育，自然繁荣昌盛，从而实现经济目的。东汉班固所著的《汉书・沟洫志》中记载，西汉太始二年，泾水、渭水之间的白渠修成后，"水流灶下，鱼跳入釜"，意指合理调配水资源既得到水利之益，又不经意间为人民增加了一份丰饶的渔业收成。清代郑元庆所著的《湖录》载"青鱼饲之以螺蛳，草鱼饲之以草，鲢独受肥，间饲以粪；盖一池之中畜青鱼、草鱼七分，则鲢鱼二分，鲫鱼、鳊鱼一分，未有不长养者"[16]，说明古人充分利用"大鱼吃小鱼、小鱼吃虾米"的食物链关系，实行青草鲢鲫鳊等鱼类的混养，利用不同鱼种食性、食量、生活水层等生态习性的差异，合理配比养殖密度，既可以实现多品种鱼类的健康、优质高产，又可以通过不同营养级生物的互作关系净化水体、改善水质[14]。

然而，面对当前日益严峻的水环境问题，今天的人们很难再感受到古人对渔业生产的伦理情怀。水利工程拦河筑坝彻底改变了天然河道自然流态，阻隔了鱼类索饵、繁殖的洄游通道；大坝构筑使鱼类天然的产卵场被淹没，产浮性卵的鱼类因流速、流程不够而沉淀死亡，产黏性卵的鱼类因失去鱼卵赖以黏附的水生维管束植物而至资源枯竭，幼鱼也会因坝流冲击过大而致死亡，原江河急流型鱼类及底栖生物因水域生态环境骤变而消亡[17]。海洋石油钻探和运输造成的油类泄露对鱼类生存环境造成严重影响，油类中的水溶性组分可使鱼类出现中毒甚至死亡，油膜附着在鱼鳃上会妨碍鱼类的正常呼吸，油类会使藻类和浮游植物死亡，进而降低鱼类的饵料基础，油类降低鱼类的繁殖率和成活率[18]。生活污水和工业废水直接排入养殖水体或海域中，造成一些水体和海域严重富营养化，甚至产生重金属污染问题，对渔业资源造成严重破坏[18,19]。盲目增添渔船、渔网、无节制的捕捞，使捕捞作业于渔业资源（尤其是海洋渔业）状况不相适应的矛盾不断加剧，导致渔业资源逐年减少[20]。渔业养殖自身的环境污染也呈发展之势，大水面的过度开发，"三网"（围网、拦网、网箱）养殖的无序增加，引进品种不当，鱼苗放养量过大，投放饵料营养单一且投放量过大，放养品种混养不当，生长激素和药品使用量过大等，严重影响了鱼类的生活环境甚至通过食物链影响人体健康[18]。当前，水体污染问题日趋严重、渔业生产严重受限的困境，呼唤人们重塑"人水和谐""鱼水一家"伦理情怀，回归渔业生产的"尽地力"伦理学之路。

四、渔业伦理之度的优化——生态渔业

从时宜性、地宜性和尽地力三个维度来看，中国的海洋渔业文化和内陆渔业文化铸就了"相宜"和"适度"的伦理观，强调渔业生产的"人水和谐"和"鱼水一家"，千百年来这一伦理观维系了中国渔业生产的永续发展。但是，当前在严峻的环境问题挑战下，如

何继承传统渔业的伦理学思想，在保护生态环境的同时，促进渔业经济健康发展，是关系农业伦理学容量扩增的重要命题。

渔业的健康稳定发展受到多方面因素影响，如科学的管理理念、规范的操作方式等，但从现实情况来看，过度捕捞、养殖密度过大、不科学投饵、疫病防治等问题在渔业生产过程中普遍存在，这不仅对渔业的度造成一定负面影响，同时也对生态环境等造成破坏[21,22]。从国内外的实践经验来看，生态渔业是解决渔业可持续发展、扩大渔业的伦理学容量扩增的有效途径。鼓励促进将生态与渔业相结合的发展模式则在维护生态平衡、提高经济效益、保证水产品质量安全等方面具有重要作用。

生态渔业是指通过渔业生态系统内的生产者、消费者和分解者之间的分层多级能量转化和物质循环作用，使特定的水生生物和特定的渔业水域环境相适应，以实现持续、稳定、高效的一种渔业生产模式。生态渔业是根据鱼类与其他生物间的共生互补原理，利用水陆物质循环系统，通过采取相应的技术和管理措施，实现保持生态平衡，提高养殖效益的一种养殖模式。中国南方的桑基鱼塘是全球历史最长、最具代表性的生态渔业模式之一，其原理是为充分利用土地而创造的一种挖深鱼塘，垫高基田，塘基植桑，塘内养鱼的高效人工生态系统。桑基鱼塘通过养蚕而结束于养鱼的生产循环，构成了桑、蚕、鱼三者之间密切的关系，形成池埂种桑、桑叶养蚕、蚕茧缫丝、蚕沙、蚕蛹、缫丝废水养鱼、鱼粪等泥肥为桑树提供肥料，形成了一个比较完整的物质、能量流动系统，“桑茂、蚕壮、鱼肥大，塘肥、基好、蚕茧多”的谚语充分说明了桑基鱼塘循环生产过程中各环节之间的联系。系统中任何一个生产环节的好坏，也必将影响到其他生产环节，在这个系统里，蚕丝为中间产品，不再进入物质循环，鲜鱼才是终极产品，提供人们食用，这是传统的桑基鱼塘模式。在这个系统中又增加了一个环节，即蚕沙作为原料发酵生产沼气，沼气作为中间产品输出，沼气渣作为鱼饲料排入鱼塘（图 1）。桑基鱼塘的发展，既促进了种桑、养蚕及养鱼事业的发展，又带动了缫丝加工、沼气制造等产业的发展，已然发展成一种完整的、科学化的人工生态系统。

中国古人以“无为而无不为”“辅万物之自然”的理念，创造出了可持续渔业生产模式——桑基鱼塘，历经千百年不衰并愈来愈凸显其高妙。与单一渔业养殖模式相比，桑基鱼塘将水、陆生态系统衔接成一体，使水陆间物质循环、养分利用愈加充分，能量流通更快捷，产出更丰富，综合效益更为突出。目前，这一模式又衍生出了多种生态渔业模式：

（1）渔-牧结合型：将渔业与鸡、鸭、猪等畜牧业结合，充分利用水陆资源，促进生态效益和经济效益“双提升”。渔牧结合型，是改变肥水养殖鱼类的传统方式，将鸡、鸭、猪等动物的粪便加工成配合饲料，用以喂养鲤鱼和罗非鱼。这种养殖生产模式，既丰富了鱼类养殖的饲料类型，又降低了养殖成本。

（2）渔-农结合型：将养鱼与种粮、种菜、种花等结合，用鱼塘中的泥肥田，在田中种植经济作物或饲料，以增加种植收入，降低家禽、鱼类养殖生产成本。

（3）渔-牧-农复合型：是一种多元化的生态渔业养殖生产模式。以养鱼为主，利用塘泥、粪肥肥田种植粮、菜、果、青饲料，饲料用以喂养家禽、猪、鱼，既生产原料，又生产加工品，形成种养加工为一体、循环生产、综合经营的新的生产模式。

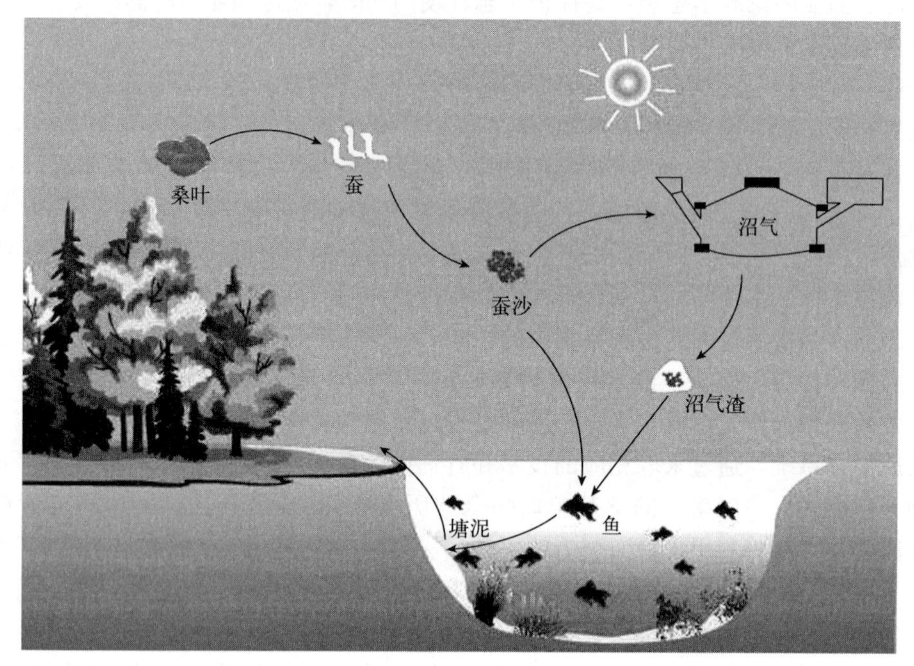

图1　桑基鱼塘模式

发展生态渔业，既有利于增加农民收入，调整农村产业结构，同时也有利于改善种养殖生态环境，实现生态系统内部的良性循环和发展，生产优质、高产、安全的渔业产品，达到人与自然和谐相处，促进生态、经济、社会效益协调统一，实现渔业生产的农业伦理容量扩增。

五、结语

从古至今，中国的渔民在渔业生产中一直秉承并不断完善“时宜性”“地宜性”和“尽地力”的农业伦理学思想，才使中国的渔业文化和渔业生产经久不衰、永续发展。当前渔业资源过度开发、水生生态环境严重破坏的现状下，应进一步传承中国悠久的渔业文化中“相宜”和“适度”的伦理观，强调渔业生产的“人水和谐”和“鱼水一家”，发展基于传统农业伦理观的现代生态渔业，实现渔业之度的农业伦理学容量扩增，促进渔业社会、经济、文化的可持续持续发展。

【参考文献】

[1] 郭彧．周易［M］．北京：中华书局，2006：304.
[2] 丛子明，李挺．中国渔业史［M］．北京：中国科学技术出版社，1993.
[3] 司马迁．史记（第一册）［M］．北京：中华书局，1959：9.
[4] 黄怀信．逸周书校补注译［M］．西安：西北大学出版社，1996：207.

[5] 王先谦. 荀子集解 [M]. 北京：中华书局，1988：165.
[6] 黎翔凤. 管子校注 [M]. 北京：中华书局，2004：1371.
[7] 刘文典. 淮南鸿烈集解 [M]. 北京：中华书局，1989.
[8] 贾思勰. 齐民要术译注 [M]. 缪启愉，缪桂龙，译注，上海：上海古籍出版社，2009：399.
[9] 董恺忱. 中国科学技术史：农学卷 [M]. 北京：科学出版社，2000.
[10] 郭庆藩. 庄子集释 [M]. 北京：中华书局，2004：272.
[11] 王丽艳，王卫，高伟明. 河北省海洋渔业最大可持续捕捞量计算及可持续利用对策 [J]. 河北师范大学学报（自然科学版），2003，27（2）：198-202.
[12] 许维遹. 吕氏春秋 [M]. 北京：中华书局，2009：329.
[13] 朱熹. 四书章句集注 [M]. 北京：中华书局，1983：203.
[14] 李茂林，金显仕，唐启升. 试论中国古代渔业的可持续管理和可持续生产 [J]. 农业考古，2012（1）：213-220.
[15] 李茂林. 渔业相关传统生态智慧与水域生态养护研究 [D]. 北京：中国科学院，2011.
[16] 转引自：李茂林，金显仕，唐启升. 试论中国古代渔业的可持续管理和可持续生产 [J]. 农业考古，2012（1）：213-220.
[17] 杨志峰，董世魁，易雨君，刘世梁，尹心安. 水坝工程生态风险模拟及安全调控 [M]. 北京：科学出版社，2016.
[18] 尹航. 我国海洋生态伦理问题研究 [D]. 南京：南京林业大学，2014.
[19] 夏春萍，董蓓. 我国省域渔业可持续发展水平测度及时空演变特征分析 [J]. 农业技术经济，2014（12）：118-126.
[20] 王芸. 我国海洋渔业捕捞配额制度研究 [D]. 青岛：中国海洋大学，2012.
[21] 覃永晖，于小俸. 环洞庭湖区村镇水生态系统的问题分析与整治对策 [J]. 中国农业资源与区划，2010，31（5）：6-11.
[22] 岳冬冬，王鲁民. 我国渔业发展战略研究现状分析与初步思考 [J]. 中国农业科技导报，2013，15（4）：168-175.

农业伦理之“时”的传播初探

韩凝玉　张　哲　王思明

摘要：农业伦理是人与自然和谐互动的行为基础，农业伦理之“时”是诠释农业伦理的哲学起点并且内涵丰赡、深奥，值得钻研。以农业伦理之“时”为切入点从两个维度探析其传播经纬：在农业伦理的“时”之传播维度阐释“时”之符号“时序”“时宜”和“际会”，三者耦合呈现“和而不同”尊重自然宇宙之“时”的传播规律以达“道”之大境界；在农业伦理“时”的传播仪式维度，以世界非物质文化遗产二十四节气为传播媒介阐述其记忆表征，将固定的时空节点应用传播仪式化扩散其所汇聚和承载的对“时”的文明记忆，两个层面融合互动共筑农业伦理之“时”的传播结构脉络，以期不断完善结构丰厚的多层级现代农业伦理观。

关键词：农业伦理；时；传播；仪式；二十四节气

作者简介：韩凝玉（1977—　），南京农业大学园艺学院副教授，研究方向为农业文化遗产与传播。张哲（1972—　），南京林业大学风景园林学院副教授，研究方向为农业景观规划与实践。王思明（1961—2022），南京农业大学中华农业文明研究院教授，研究方向为农业科技史。

农业伦理是建立人与自然和谐共生关系和道德的基础。中国工程院任继周院士将哲学、伦理学、环境科学、农业科学融合进农业系统科学理论与实践并建构中国传统农耕社会的农业伦理观，从“时”“地”“度”“法”四个维度搭建中国农业伦理体系。农业伦理是农业本体内部的必然，是农业活动本体所有而非外铄，是“从心所欲不逾矩”“万物一体”达到“天人合一”“天地与我并生，万物与我为一”的动态平衡之大自在境界。

任继周院士认为，农业伦理中的“时”不仅指时间，还蕴含规律，更有丰富的伦理内涵，是诠释农业伦理的起点。“时”之内涵丰赡、深奥，值得探究。中华古代文明认知天的客观存在并依据客观规律对天进行适应性阐述。管子说：“如天如地，何私何亲”（《管子·牧民》）“天不变其常，地不易其则，春秋冬夏不更其节”（《管子·形势》）。老子认为“天、地、人、道”这“四大”与农事活动有紧密的内在联系，是农业生产和发展系统归于自然之大道。

农业伦理之“时”的共性源于农业时序的趋同性，表现为农业时序节律，农民习惯遵循节律的社会活动，体现为具有农业伦理中蕴含的节气文化。节气文化构成中华历法时序量纲之网。对“顺天时”的最佳表征是被联合国教科文组织列为《人类非物质文化遗产代表作名录》并誉为“中国的第五大发明”的中国的二十四节气（2016）是继中医针灸、珠算后第三项“有关自然界和宇宙知识和实践”的典型代表。不仅作为时间维度构建农户的农业生产和生活秩序，还提供认知农事活动的时间坐标。节气连贯诸多际会，有助于推行政令、关联生产和社会活动，推动以农立国的有序运行，保护和弘扬华夏文明具有重要的现实和理论价值。

与此同时，传播是一个承载着土地与人类互动关系的记忆容器。农业伦理之“时”的传播是为了记忆自然和宇宙规律，存储时序进而更好传承其伦理精神。正如语言学家萨丕尔所认为的，文化与传播是同构的，文化即传播，传播即文化。美国传播学者詹姆斯·凯瑞认为，文化的传播分为传递观和传播仪式观。传递是将天地万象的信息传递给人，仪式是人对天象规律和节点记忆的文化共享与传承。因而，以下从农业伦理的“时”之传播与“时”之仪式表征为例探析农业伦理之“时”的传播经纬。

一、农业伦理的“时”之传播

“时”作为农业伦理观之首要元素具有丰富的农业伦理内涵，是人感知事物存在和变化的方式之一。“时”无象无位、无法辨认。人们把“时”的延续过程加以刻画作为符号，即“间”。而“间”是“时”的分割时序段落，是时的刻度。“时”在人的参与下构成“适时”与“违时”，是人与自然互动行为的善与恶、正义与非正义的判断，这其中就蕴含着农业伦理。

农作物生长时至而生，时过则竭，各组成部分间依时而做、适时而动、兴衰消长无不与“时”息息相关。而“不违农时”是农事不可须臾之法，更是中华民族对农业伦理的本初认知，其基本原理是农业生态系统内部各组成部分都依据物候节律变动而变化。中国传统农耕遵循“顺天时”的基本原则是农业伦理在“时”之维度有序有度的最佳诠释，不仅阐释东方耕作技术还充分体现农业伦理。正如美国农业部土地管理局局长富兰克林·H.金（Franklin H. King）（1990）在考察中国及东亚农业数千年不衰的经验并写出论著《四千年农夫：中国、朝鲜和日本的永续农业》（*Farmers of Forty Centuries：Permanent Agriculture in China，Korea and Japan*）中所认为的，中国传统农业长盛不衰的秘密在于中国农民的勤劳、智慧和节俭，善于利用时间和空间来提高土地的利用率。

农业伦理的“时”之传播在农业伦理系统中演绎为关键的时序、时宜和际会等符号。“时序”由农业生产过程中以时段相对间隔和延续构成，是人类对农业生态系统事物认知的经验积累，针对“时序”安排并做相适宜的农业生产的决策和设计。换言之，“时序”是人们在序这个领域能做的对“时”的最高经验模型。

“时宜”是适应时序的农业活动，即适时、适地、恰切的农事活动。农事时间的适当契合点，是人尊重、顺应自然前提下改造自然行为的“时”机与事物自身规律“时”是否吻合的表征，是农事活动对自然生态“时机”是否是最大程度的尊重的体现。敬畏天时以应时宜，是对天时的遵循敬畏之情。“时宜”所指的时间的刻度与关键位置是不同时序的节点。农事活动的“宜”是保持时序运行的必要措施。春生夏长，秋收冬藏，月省时考，岁终献功都是按照生命时序规律来安排农事活动。（《周易·系辞下》）“日新之谓盛德，生生之谓易”，把“时宜”表述为“日新”更替，由“日新”更替的德行和“生生”不息的动态序列过程延展到宇宙的脉动景象。天父地母各得其位时，万事万物就“保和太和，乃利贞”(《乾坤·彖传》)，以达到宇宙和谐的至善境界。

“际会”是人发挥主观能动性准确认知和捕捉最佳“时宜”的节点，并表达事物从发生至消亡的过程与周围事物的相对坐标。各类农事与其相关事务之间存在多种“际会”，是时间、空间和事件三者结构链接的枢纽和主轴，是综合“三维耦合体”协调的最佳合之状态，是农业生态系统中“和而不同”协同进化的完美时宜表达，更是农业伦理“时宜”之升华。换言之，三者耦合是亘古不变的铁律，是农业所得须遵循在适当时间、适当地点做适当的事情。溢出效应并扩大某一件事情的影响，即“风云际会”是农业伦理智慧的体用所在。“际会”与“时宜”共同搭建农业伦理时间维度的结构脉络。

中华先民通过天之“时”影响“地”，通过直接观察天象气候、体悟土地资源、水体、矿藏及适合耕种农作物和旱涝寒暑做出相应的符合生态系统的农业化行为。这种天象信息的传播层次就是对老子“人法地，地法天，天法道，道法自然”哲学逻辑的最佳体悟。老子对“四大”的哲学论述是以人为基点，由人而地、而天、而道，从人的生存出发探索契合农业伦理的人本思想和宇宙的运行规律，将自然本体规律：道，置于农业伦理的最高层。因而，农业生态系统多个界面复杂而协调运行归于其内部各个组成部分都以物候节律因时而动，时序之精微缜密，进而遵循自然宇宙“时”之规律并不断传播以达到“道”之大境界。

二、农业伦理的“时”之传承

农业伦理的“时”之维在气温高低与降水多少所造就的农业活动之“时序”体现一定时段内农业获得的“际会”组合并与天地同在与宇宙共存，是农业行为不同时段尺度的伦理观的总归。其短期尺度《礼记·月令》记载，年分四季，季含三个月；半月为一节气，年有二十四节气。节分三候，五日一候，一年有七十二候。年、季、节和候相应的农事时序过程共同构成农事活动。农业伦理中对“时”的遵守构筑趋同性并建构农业时序节律。农民遵循时序节律体现为节气，节气是时序规律在土地上的展现、记忆和传承，蕴含“时”的节点之伦理内涵、体现“时”之规律的节气和人与地的互动反映共同构筑农事时序的传播仪式表征。

中国的二十四节气有特定而丰富的农业伦理内涵，是农业社会时序自在发生的节理，不仅指导农业生产生活，还提供认知农事际会的时间坐标。是时间、农耕和生活知识体系的典型代表。华东师范大学田兆元教授认为，二十四节气是社会价值的表现，是传统文化、思想观念的文化连接点，表达的文化内涵是循天时、重人伦，尊重土地长期观察的经验汇集，需顺势而为和传承发展。同时，习近平指出，讲清楚中国传统文化的历史渊源和发展脉络及未来走向，讲清楚中华文化的独特价值、观念和特色，以此不断增强民族自信弘扬民族文化。

具体而言，我国古代历法自商周以来就是阴阳合历，为了调整回归年与朔望月间的关系，设置闰月。为了合理置闰需掌握节气反应季节变换，节气与置闰是传统历法要素和重要特点。战国时期形成完整的二十四节气，汉武帝将其并入历法。公元前104年，由邓平等制定《太初历》把二十四节气定于历法并明确二十四节气的天文位置。节气的天文定位按照12次进行，每一次分为初、中两段，太阳运行（地球绕日公转轨道）整个轨道分为24份，太阳进入一次就是节气，到达这次的中点就是中气。根据太阳一年在黄道上24个不同运动位置将其分为24份，每份（15度）为一节气。两个节气间相隔日数为15天左右，全年就是二十四个节气：立春、雨水、惊蛰、春分、清明、谷雨、立夏、小满、芒种、夏至、小暑、大暑、立秋、处暑、白露、秋分、寒露、霜降、立冬、小雪、大雪、冬至、小寒、大寒。

可见，二十四节气是“通过观察太阳周年运动而形成的时间知识体系及其实践”，是土地生产与天地变换关系的经验结晶，是有序配合又有序分布于时间和空间之中，因时制宜，将取物顺时的生态思想移植在农业活动之中。是认知一年中时令、气候、物候变化规律形成的生产体系、知识体系和社会实践的总结，是自然环境和生命主体相依、相容的体系，是中华文明的物质和精神载体，反映农业生产的意识、生产性节律性变化规律、受自然规律影响农业生产播种收获有节律性特征及农事节律，更是身心体悟自然、追求与自然和谐的意识，是真正表达农耕文明作为中华优秀传统文化重要组成部分的伦理内涵价值。其内在节奏性不仅充分反映季节变化，而且，体现古代先民张弛有度、和谐自然的生活态度。即古人认为，人的生活状态与农业伦理的“时”相适应方可维持自然平衡。也正如费孝通所认为的中国农民用传统的节气记忆、预计和安排他们的生活展现对生活在物质层面和精神层面需求的满足性思考。

同时，节气在精神世界、农耕生产和社会生活中的文化应用表明时空观、人生观、风俗观的自然衔接和实践方向，在一定程度上展现节气应用的文化结构。二十四节气在文化层面蕴含着“时”的伦理，体现天文科学规律，反映在节日庆典和时令之中，延续在土地精神文脉和社会生活之中。

可见，节气是传播仪式观的表象，是人们记忆土地、天象规律并认知的路径。节气仪式以符号的形式存储在情境中，存储在以信念和价值为基础的农业伦理系统之中。作为仪式传播的节日从节气中分化而来，是节气记忆的容器，中国传统节日庆典、仪式、信仰和禁忌与节气耕作相关。具体而言，庆典仪式依阴历固定周期，节气按阳历固定周期（阳历以地球围绕太阳公转周期为依据，阴历以月亮圆缺变化周期为依据）。清明、中秋、春节、端午四大传统节日就是天人合一，顺应四时之理念。即二十四节气知识体系反映在民族节日与时令的生活中。其内容是中国节日形成的重要元素，节日传承二十四节气的众多文化、生活和民俗内涵。例如，“立春梅花分外艳，雨水红杏花开鲜，惊蛰芦林闻雷暴，春分蝴蝶舞花间”。可见，二十四节气是天人合一的自然生活方式，根据节气安排农活，根据物候、气候安排农耕，把握时机不误农时。

节气作为仪式在农业伦理传播内容和方式层面植入共享的集体记忆之中，建立在农民之间的亲情关系基础之上。通过这种集体记忆的纽带，链接土地与人的情感，链接集体的心理呼唤，留住和土地息息相关的记忆、生存智慧、思维方式和价值观并赋予时空的归属感。

中国的二十四节气，一节气一世界，一节气一景观，一节气一乾坤，这是智慧之果，更是文化基因。正如耶路撒冷希伯来大学哲学教授、伦理哲学家阿维夏伊·马格利特（Avishai Margalit）在《记忆的伦理》所言，记忆的责任与义务属于哲学范畴。即节气不仅与天时物候周期性转换相适应，更是对过去继承并兼有对未来预见的责任。

三、结语与展望

农业伦理之“时”的传播是宇宙自然规律在人类土地上的规律呈现。是对“时”的尊重，同时，也对“时”的活态传播与农耕文化的认知路径所固定下来的自然规律和农耕模式时间节点的仪式记忆，是共同享有的思想时空知识体系的理论研究与实践凝结进而达到哲学之道的传播与承续。

农业伦理中生态系统具有开放性和人工自然与天然自然两个阶段，人工自然是从天然自然中产生并存在于天然自然之中是人与自然的媒介。农业伦理中生态系统有输入和输出的功能，农业活动是付出与收获，取之有道，取之有度，在尊重天然自然的前提下建立人工自然并遵循自然规律，才能保持相对平衡地维持系统正常运行与协调发展。

与此同时，如任继周院士所说，结构丰厚的多层级现代农业伦理观是对传统农耕文明的重大发展。“跳出农业看农业”不仅要研究“农业如何”，更要研究“农业应当如何”。通过农业伦理之“时”的传播和仪式表征探析人、土地、自然之“时”对农业伦理的功能和效用梳理，不仅反映农业伦理蕴含的丰富哲学之道，也是中华文明研究院院长王思明教授所提出的积极响应“乡村振兴计划”来解决农业伦理学思想、体系和面临的现实困境进行系统研究的现实需求。同时，对农业伦理中存在“时”的问题归类，探究农业伦理传播障碍和伦理失忆等背后的根源也有裨益。

【参考文献】

（略）

（原文刊载于《自然辨证法通讯》2021 年第 8 期）

农业伦理视域下二十四节气与现代农业生产体系的耦合

胡　燕　张逸鑫　陆天雨

摘要：二十四节气是我国劳动人民长期对物候、气象、天文进行观测、探索、总结的时间制度，用来指导农业生产，安排农民生活。其中蕴含的敬畏天时、施德于地、适度取予、精慎管理的四大农业伦理维度，在现代农业生产中仍具有重要的实践意义与现实意义。二十四节气与现代农业生产的应然耦合，主要体现在思想观念方面，包括自然环境的保护、气节精神的追求和民俗文化的认同。在二十四节气被列入人类非物质文化遗产名录的背景下，赋予二十四节气以生命力，挖掘节气的农业伦理内涵，解决现代农业生产体系中不符合农业可持续健康发展的问题，是生态文明建设的应有之义。基于农业伦理二十四节气的传统农业与现代农业生产体系的耦合，也是传统农业向现代农业生产体系转型的过程。

关键词：农业伦理；二十四节气；现代农业生产体系；乡村振兴

作者简介：胡燕，南京农业大学人文与社会发展学院教授。张逸鑫，南京农业大学人文与社会发展学院硕士研究生。陆天雨，南京农业大学人文与社会发展学院硕士研究生。

党的十九大提出以绿色发展引领乡村振兴战略，强调要加快构建现代农业生产体系，大力发展人与自然和谐共生的生态循环农业，加大农业面源污染的治理力度，并从源头上保障农产品质量安全，提供更多优质农产品，实现中国由农业大国向农业强国转变，在营造良好生态环境基础上实现乡村自然资本加快增值的目标。

2016年，中国申报的“二十四节气——中国人通过观察太阳周年运动而形成的时间知识体系及其实践”被正式列入联合国教科文组织人类非物质文化遗产代表作名录。以二十四节气为农耕劳作时间指南的中国传统农业生产体系，是基于农业伦理原则通过低能耗和低污染的生产方式养育数量庞大的人口。农业生产的发展关乎人民的健康生活，有必要研究二十四节气与农业生产的关系，以期化解现代农业生产过程中科技应用的伦理冲突等，促进农业的可持续发展。

一、农业伦理视域下中国现代农业生产问题

中国人口众多，但耕地面积较少。工业化农业以先导性科技为核心，以化肥农药、保护地栽培、引水灌溉、规模化生产为特征，突破时空束缚，节省人力资源，极大地提高了

经济效益，但同时也带来了环境污染、资源短缺、生态失衡、食品安全、农村空心化等很多农业生产问题。

（一）生态资源环境问题

在我国农业生产问题中，首当其冲的是农村生态资源环境问题。比如生态系统多样性减弱、水体富营养化、农作物重大病虫害频发等生态问题，大气污染、水污染、畜禽粪便污染、白色污染、农作物秸秆污染等环境问题，土壤板结、土地沙化、土地盐碱化、水土流失、城市规模扩大而大量农田被占用等土地资源危机，等等。此外，虽然乡镇企业快速发展，农民生活水平不断提高，但是发展缺乏环境保护的道德约束，农业生态资源被剥夺式使用。

（二）农产品安全问题

在农产品安全方面，农民由于缺乏农副产品的安全生产知识，又渴望加大粮食产量，而在农业生产中过量使用农药，导致害虫产生抗药性，不得不逐年增加农药的使用量。另外，部分农民为了保持农产品美观形象，直接在其表面喷洒农药，导致农药残留物严重超标，对牲畜、鸟类、有益昆虫和土壤微生物等构成一定的威胁，甚至会对人类的身体健康造成慢性伤害。能够减少农药使用量的转基因等高新科技对人体健康具有潜在风险性。同时，土地长期使用工业化肥会造成土地板结、肥力下降，甚至导致重金属等有害成分严重超标、农产品质量严重下降，影响人体健康，比如2013年湖南的镉大米事件。化肥还会通过地表径流导致江河湖泊的水体富营养化或随土壤渗滤水转移至根系密集层以下而造成地下水体污染，影响人、畜饮水安全。畜禽粪便含有大量寄生虫和病原菌，可能造成人畜共患病，比如2004年禽流感事件。

（三）农村空心化问题

在农村“空心化”问题方面，改革开放以后，农业机械化解放了大量劳动力，农村年轻人口逐渐涌入城市，乡村已经成为“留守儿童”和“空巢老人”的聚集地。有效劳动力的严重缺失，导致农田撂荒、农村环境污染无人治理、生态系统修复保护难度加大等农业生产的新问题。此外，现代科学技术的高速发展也打破了乡村原本恬静的生活状态，传统的农业生产与农业生活节奏骤变。当下加速的城市化进程不够重视农村的发展，农民已没有对自然生态的敬畏之心和关心他者的同理之心，同时缺乏耦合共生的生命共同体意识，现代人与自然处于一种疏离的关系，生活节律也逐渐和自然脱节。

二、二十四节气与传统农业生产的实然耦合

二十四节气作为我国独特的时间制度，其每一个节气都有自己的气候分析和天气预报的气象科技知识体系，可有效指导农民的生产活动。二十四节气最根本的农业生产特性是自然性，让农民能够顺应自然时序。农民再根据农作物的自然生长属性，协调好农作物与外部生长环境的关系。在二十四节气的农业生产中，农民与自然的关系是互动关联的，农

民既是自然的受惠者，也是自然的维护者和贡献者，符合农业可持续发展要求。农业可持续发展的实质，就是协调人与自然的关系，处理好人对自然的依赖与控制的平衡，从而保障人类的生存发展。二十四节气是古代农民世代传承的农业时间制度，其基于“敬畏天时以应时宜、施德于地以应地德、帅天地之度以定取予、依自然之法精慎管理”的四大农业伦理原则。

（一）敬畏天时以应时宜

传统的农业生产，是一种季节性和周期性非常强的劳作活动，敬畏天时是传统农业伦理的首要原则，顺天应时是农民恪守的首要准则。农民习惯顺应时序，观候而乘乎天时，在每一个节气完成特定的农事活动，以保证来年农作物的丰收。农业生态系统内部各组成部分都要以农作物的物候节律为基本生产原理。不违农时，就是不违背农作物的生长规律，是中华民族对农业伦理的本初认知。“花木管时令，鸟鸣报农时”“凡耕之本，在于趣时”“春争日，夏争时”等农业谚语也表明我国先农拥有很强的时间意识。山西地区有农谚“芒种、芒种，样样都种”，长江流域有农谚“多插立夏秧，谷子收满仓”“栽秧割麦两头忙”。不仅立夏时节和芒种时节农民很忙，而且一年四季农民手里都有闲不下来的活。正是这样的劳作忙碌，练就了中国农民遵守时间的性格与勤劳淳朴的品德，滋养了敬畏天时的传统农业伦理文化。

“一年之计在于春”，甲骨文中的“春”字就是太阳和草结合的形象，太阳给万物生长提供了能量，一年的农事也从这里开始。在以农为本的传统社会，中国人对春时的期望尤为强烈。立春意味着生命力的恢复，人们由此期待丰收。现在浙江省衢州市柯城区九华乡妙源村依然存在“九华立春祭”民俗，祭祀春神句芒，以求风调雨顺、五谷丰登。如今江苏盐城农村地区还流行“鞭春牛”习俗，该习俗不仅是要唤醒冬睡的春牛，而且是农民的自我鞭策，告诫其不违农时，也传达出当地农民对丰收的期盼。广西侗族农村“送春牛”习俗，不仅要将丰收和幸福送到各家各户，而且表达出当地农民对耕牛的钦佩之情、对勤劳美德的赞颂。数千年间，立春的一系列迎春、鞭春、送春等习俗都得到了官方与民间的双重推动，这些民俗活动都体现出我国农民那种未雨绸缪、提前进入春耕时间的爱岗敬业的劳动精神。

（二）施德于地以应地德

传统农业生产重视土地，认为土地具有养育的功能。《氾胜之书》记载：“凡耕之本，在于趣时和土，务粪泽，早锄早获。”传统农业生产的本质就是要掌握好时间来整合土地，以施肥来保持墒力，及时进行锄草，最后尽早收获。宋代农学家陈旉提出的“地力常新壮”，就是在高土地利用率和生产率的基础上保持用养结合，用地是核心，养地是基础。在中国农民意识里，种植庄稼也就要消耗地力，必须不断地改良土壤、补充地力，才能保障持续增收。富兰克林·H. 金在 20 世纪初考察中国农业时，认为传统的中国农业是人类农业史上的一个奇迹：中国农业在保持土壤肥沃度的基础上，把每一寸土地都用来种植作物以提供食物和燃料，从而养育了庞大人口。在中国，土地经过数千年的连续使用，通过因地制宜与合理耕作、深耕细锄与多耕多锄、积肥造肥与合理用肥、轮作复种与间作套种等基本方式长期保持了土壤肥力。

万物土中生，无土便无农；土之不存，人之焉附。土地有好生之德，是农作物生长的载体，是人类生存和发展的基础。这是中国农业活动的本初认知。中国传统的农业民俗中常常把土地作为崇拜对象。春社和秋社，分别是立春和立秋后的第五个戊日，自古就有礼仪庄严的官社活动和娱乐聚喧的民社活动，其实最早的社日是祭祀土地神的日子。费孝通也曾提到直接靠农业来谋生的人是粘着在土地上的，中国人民有特殊的乡土情结，格外珍重土地，形成了落叶归根、入土为安、安土重迁的社会心理以及对土地的神灵崇拜和土地耕作制度。

（三）帅天地之度以定取予

“度”原指衡量和计算一个具体事物长短的标准。在农业伦理的系统耦合理论中，度是指把握好农业生产的节奏，分析农业生产行为的过度与不及，调节各个子系统之间的利益，以维护农业整体系统的均衡有序发展。农业系统有其开放性，具有物质输入和输出的功能。张弛有度，要求实现农业生态系统营养物质的合理循环，使之在一定阈限内起伏，保持相对平衡，以维持生态系统的持续健康。传统农业具有较为完善的自组织能力，传统农业生产体系中没有废物产生，农民充分而合理地利用土地、水等自然资源以及作物秸秆、人畜粪尿等农业废弃物来建立资源循环体系。二十四节气中蕴含的传统农业伦理，要求在尊重自然、顺应自然的前提下适量享用自然的恩赐，合理而有节制地利用自然。二十四节气能够因时、因地、因法地把握好利用自然资源的度，倡导循环利用、御欲尚俭的农业节用观。

秋天是作物成熟的季节，在甲骨文中，“秋”字的形象就是果实累累、谷物成熟。《月令七十二候集解》也记载：“秋，揫也，物于此而揫敛也。”南方曾有为避免秋收减产而禁止人们于立秋节气在稻田间行走的禁忌，表达出农民对丰收的渴望。浙江丽水的平卿村还有“立秋福”习俗。立秋时节，当地水稻正处于生长旺盛阶段，村民为稻苗祈福，希望其不受虫灾。在贵州怀仁地区，农民在立秋时仍有尝新习俗，即将稻田里的第一把成熟的新谷煮饭，用其祭祀祖先，祈求五谷丰登。尝新习俗不仅体现了农民对水稻丰收的渴望，更是农耕民族对不忘祖先的传统美德的传承与发扬。湘西花垣地区的苗族农民也会在立秋日放下手中的农活，盛装参加一年一度的赶秋节。赶秋，原指赶秋千的娱乐活动，据说这样可以锻炼筋骨以备体力进行水稻等农作物的收获工作。此外，赶秋节还能进行物资和农事经验交换等农业社交活动。赶秋节，在农忙的时候让农民停休一天，也体现出张弛有度的生活态度以及农民对丰收的强烈期盼。

（四）依自然之法精慎管理

传统的农业生产，以土地秩序作为农业生产活动的出发点和落脚点，就是要保护人类赖以生存的自然。人类的所有生产活动都是效法自然的秩序规律、依从自然规律而运动变化的，农业生产也不能违背农作物的自然法则。古人畏惧大自然，因此通过占卜和巫术等方式来预测天气、抵制灾害，以便让损失降到最小。二十四节气的农业伦理智慧的核心就是各地农民通过二十四节气揣摩气候变化、灾异的原因，从而总结规律，产生丰富的认知，并择取适当的规避方式。选育良种是农业生产永恒的话题，比如大家所熟悉的零食爆米花，最初是南方稻农用来占卜收成、选育良种的。看似玄妙的爆米花占卜，其实蕴藏着农民积年选育稻种的生产经验。

农业生产的管理必须要有法，而繁复的农业生产过程也需要周到的伦理关怀，伦理关怀中又处处渗透着法理。虫害严重威胁农业生产。西方主张运用农药科技消灭害虫，而中国传统社会认为虫灾的发生是对人有违自然的惩罚。《中庸》说："万物并育而不相害，道并行而不相悖。"在中国传统的农业伦理中，没有真正的害虫。人类与自然万物是共同存在并且各得其所的。农民对于病虫草害因敬畏而崇拜，既产生很多民俗信仰和禁忌，也积极改进方法面对农业灾难，利用相生相克的原理，掌握病虫草害的防治技术。华中地区有农谚"过了惊蛰节，春耕不停歇"。惊蛰时节，气候逐渐温暖，我国大部分地区进入春耕时节，田地里的庄稼便开始有了病虫害，需要搞好病虫害的防治工作。云南地区，惊蛰时节有咒骂鸟雀的习俗。咒雀时，农民要走遍自家所有的稻田，还要念咒雀词"金嘴雀，银嘴雀，我今朝来咒过，吃着我的稻谷子烂嘴壳"。虽然是农业娱乐活动，却也反映了农民对庄稼的爱惜之情。湖北地区的土家族有"射虫日"的习俗，他们称惊蛰的前一天是射虫日，当地人会于射虫日的当天晚上在田里画出弓箭的形状，进行模拟射虫的仪式，寄托扫除晦气、消除虫患的愿望。浙江宁波沿袭着"扫虫节"，在田里地头插上扫帚，以此来扫除虫害。广西地区的瑶族会有惊蛰日吃"炒虫"的习俗，意思是吃掉虫子后田间就不会再有虫子了。山东地区的农民会在庭院之中生火炉，烙煎饼，熏死害虫，此外还会在窗户上贴"公鸡叼蜈蚣""剪子剪蝎子"等剪纸以防害虫。陕西地区农民会炒黄豆，黄豆在锅中爆炒发出的噼啪声象征虫子在田中的挣扎声，以此寄托丰收的美好愿望。山西北部地区的农民有惊蛰日吃梨习惯，梨谐音离，寓意虫子能够远离庄稼。

三、二十四节气与现代农业生产的应然耦合

华夏民族是一个古老的农耕民族，而农耕生活与大自然的节律息息相关，二十四节气自始至终都是中国传统农业社会根据自然季节循环的节律、物候、气象、天文等划分农耕周期、安排农事劳作的农耕历法。二十四节气包含现代农业必须遵循的农业气候变化规律，其农业伦理内涵丰富，历史悠久。传统农业立足于二十四节气进行生产，讲究天时地利人和，其农业伦理核心是天人合一、道法自然的秩序。现代农业生产在传统农业生产的基础上采用现代农业科技，运用现代科学管理办法，其农业伦理核心正是农业生态系统的生存权和发展权。

（一）自然环境的保护

二十四节气是中国人适应农业生态环境和农作物物候变化的生活智慧和生存策略，不仅可以提醒人们尊重自然规律、保护生态环境，而且可以指导人们保持生产节律、倡导健康生活。二十四节气既是对自然生长规律的把握，也是对农业生产行为的规范，至今仍是现代农业的主要遵循。二十四节气的伦理观念包含保护生态环境就是保护农业生产力、改善生态环境就是发展农业生产力的理念。南方稻作地区春分有"粘雀子嘴"习俗。春分这

天，农民家家吃汤圆，还要把煮好的汤圆用细竹叉扦至田坎，以免雀鸟来破坏庄稼，表达一种护春护粮的愿望。其实"粘雀子嘴"习俗，是在给鸟儿投食，保护庄稼的同时也在保护鸟类。

事实上，人类不可能抛除基本利益诉求而无条件地保护生态环境，所以悬置维系人类生存实践的理论难以真正面对现实。农业伦理学也不是以自在自然为目标，而是以人化自然的恰当和合理方式为目标。应当从道德上规范人们对待自然环境的态度和行为，唤醒人们自觉保护自然环境的伦理意识，做到善待自然。二十四节气农业生产的核心思想包含与自然和谐相处的价值追求，比如冬至是祭祀的节气，俗称腊祭，中国人都会在冬至举行祭祖祭神仪式。例如现在浙江三门的祭冬习俗，当地村民要在冬至的前一天举办"取水常流"仪式，将高山龙潭的水装进青花瓷坛送回杨氏祠堂。村民在取水前都要祭拜，表示对自然的感恩和对天赐圣水的感谢。

（二）节气精神的追求

节气，顾名思义，是由节和气共同组成的。《说文解字》记载："节，竹约也。"节，原本就是竹节的意思。二十四节气中的"节"，是天地交泰、阴阳转换的节点。《黄帝内经》记载："五日谓之候，三候谓之气。"气，是一种动态、变化的过程，存在于宇宙之间。二十四节气中的"气"是宇宙、万物能量的流动。每一个节气，都基于古代人对于太阳周年运动的准确观察，也包含着古代人独特的世界观和宇宙观。节气不仅自成时间坐标，代表传统农耕劳作的时间制度，而且演化成精神气节，提醒人们人生百年，需要有守有节，要求社会生活有节，身体性能有气。

（三）民俗文化的认同

中国现在正处在高度城市化的转型期，整个农村社会呈现动荡状态。"离土"是时代的主旋律，农村中大部分的劳动力已转移到城市，人们对土地的感情变淡。当代乡村建设不断生发出文化认同的危机。中国城乡二元结构的鸿沟导致中国农民道德话语权的缺失。城乡二元结构是美丽乡村建设的主要障碍。建设美丽乡村，亟须扩大新时代的伦理容量，重构乡村与城市耦合共生的伦理基础。针对乡村文化主体的虚无化、碎片化，二十四节气恰好是一剂良药。二十四节气，既可以促使人们对过去乡村共同体生活的深情回望，又可以为农民提供社群共享的情感交流。其独特的价值理念和审美情趣，潜移默化地影响和规束人们的道德意识和生活行为。二十四节气可促进文化归属感，在特定的节气参加集体仪式，会带来一种共同的心理感受，从而提高团体的凝聚力和认同意识。湖南郴州的"安仁赶分社"民俗，相传是为纪念炎帝神农氏而兴起的祭祀活动。《群芳谱》记载："雨为天地之合气，谷得雨而生也。"谷雨时节，"雨生百谷"，雨量充足，谷物茁壮成长。陕西白水至今仍有谷雨祭祀仓颉的习俗。传说仓颉创造文字，不要上天的其他赏赐，只求老百姓能够五谷丰登，于是天降谷粒如雨，从此便有了谷雨节。此后每年谷雨节，附近村民都要组织庙会纪念仓颉。

二十四节气讲究天人和谐的宇宙观，注重人与自然的有机统一，具有极强的包容性和整合能力，呈现出中华文化强大的同化力。人们以天人和谐的思维，分析异常，解读祥瑞，这一理念不只表现在精耕细作、自然平衡的传统农业生产体系中，而且融入社会交往过程中，成为人们立身处世的准则。比如冬至是祭祀的节气，俗称腊祭，中国人都会举行祭祖祭神仪式。人们正是通过对亡故先人特殊的缅怀方式增强民族凝聚力和自我认同意识。虽然祖先和神灵崇拜的神秘感已经消失，但节气中的祭祀民俗可以作为培育感恩情怀、增强生命伦理意识的教育方式，在急功近利的现代社会创造相互关爱和同情的人际交往机会，给农民提供理性、冷静思考人生的氛围。当代农业生活节律所体现的伦理核心应为张弛有度的劳作态度、休息与劳作并存的生活作息。我们应该创造良好的社会文化氛围，提高农民对构建现代农业生产体系的主动性和参与性。安徽绩溪就有芒种“安苗”习俗。芒种时节，当地各村为显示插秧工作的顺利完成，家家户户都会用新棉来蒸包子，然后把面捏成农作物的形状，并用蔬菜汁染色。这样的农事习俗，既体现了劳作之后农民需要休息的生活状态，也彰显出祈求五谷丰登的美好愿望。现在芒种安苗已经转化为当地重要的民俗文化活动，是当地农民最为喜欢的节气活动之一。在壮族霜降节，当地农民在晚稻收获后，会用新糯米做成迎霜粽招待客人。霜降节当天，农民还会进行农产品交换。现在的霜降节还结合了当地流传的瓦氏夫人抗倭传说，当地的“歌圩”也烘托出节日的娱乐氛围。

四、结语

在现代农业生产体系亟须转型的今天，我们不能追求经济增长的片面发展，而要反思传统农业与工业化农业的利弊，汲取农业伦理的精髓。中国农业尚未完全工业化、现代化，乍一看这是不足，但这恰恰又是中国的优势所在：既可以借助现代农业的优势，又可以吸纳传统农耕文化的智慧和方法，因而有一种后发优势。二十四节气作为传统农耕文化的重要组成部分，是一种关乎未来的农业文化遗产。二十四节气蕴藏的追求人与自然和谐相处的生态可持续发展观念，是目前世界各国人民的共同追求。我们需要吸纳传统农业伦理的智慧和方法，深化对二十四节气中自然生长规律等科技理念的认知，使农作物与其生长的自然环境协同配合，促进农业可持续健康发展。要基于农业伦理视角反思工业化农业生产体系的问题，促进二十四节气与现代农业生产的耦合，吸纳二十四节气中农业伦理的智慧，对现代农业生产的困境进行思考和分析，从而创造出更高的土地生产率和资源利用率，促进农业长期持续稳定健康发展，为“三农”问题的解决和乡村振兴战略的实施提供一些新思路，走出一条高效、优质、安全、低耗、资源节约、环境友好的可持续发展的现代生态农业之路。

【参考文献】

（略）

（原文刊载于《江苏社会科学》2021年第5期）

农业伦理中的地之维与自然农法的生态智慧

韩凝玉　张　哲　王思明

摘要：“地”作为华夏农业文明的文化核心和人类生存的根本具有特殊而深厚的伦理学意涵，农业伦理关注地的整体协调运行与和谐发展。自然农法沿用农业伦理中的道家无为而治的理念并以植物和动物为例具体解析不分解自然、利用自然内部生态资源以达到生态制衡、物竞天择、回归自然的整体自然生态与和谐，进而形成以善念感召自然，以诚心和爱心践行自然农法，不断传承自然而智慧的农业伦理观中地之维并构建生态和谐的共同家园。

关键词：农业伦理；无为而治；自然农法；以草治草；以虫治虫

一、农业伦理的地之维

中华文化赋予“地”以特殊意义。“地”在《说文解字》中为“元气初分，轻清阳为天，重浊阴为地。万物所陈列也”[1]。“地”乃万物之源、生命根源，万物于天地之间。《道德经》认为万物虽各有不同，但都源于“道”且在阴阳二气的激荡贯通下形成息息相通的有机生命体[2]。庄子认为自然万物与自我并生合一[3]。《荀子·王制》中阐述了人享用天地之德[4]，儒家主张尊重自然和生态规律智慧劳作，注重天地人息息相通，休戚与共。可见，“地”作为华夏农业文明的文化核心是我们的生存根本。

不仅如此，《易经》认为“地”更具有“厚德载物”的伦理学内涵[4]。任继周院士也提出，地在农业伦理学中是不可或缺的元素[4]并具有深厚的伦理学意蕴[4]，是人与动植物和非生物之间自然谐发展的基础，是“道法自然”中“人法地”的伦理关联之核心。可见，“地”的生态伦理思想关注焦点是生态整体性[4]。也正如生态伦理之父美国生态学家奥尔多·利奥波德（Aldo Leopold）在《沙乡年鉴》（*Sand Country Almanac*）（1949）中所提出的，如果保持了生物群落完整、稳定和美丽时事物的发展就是正确的方向[5]。他进一步认为与土地和谐相处与朋友相处一样，是一个整体，不能因为爱惜动物而捕杀它的天敌，不能为了保护河流而糟蹋牧区。可以看出，他对土地生态伦理的整体性思想与道家的生态伦理思想一脉相通[4]。即道法自然，因天地万物的存在是自然而非人为，效法天地之道，按照天地万物本性善待自然以维持生命体的多样与整体协调。

因而，我们需要读懂自然并尊重自然生长的过程与实践，与天与地自然和序，周而复始，尊重顺天补天的自然之道，不断追求自然农业之美以构建人与自然和谐整体的生态圈，并以此不断构建人在大地上自然而诗意栖居的哲学意境[6]。

二、无为而治的农夫哲学

庄子推崇自然无为，因“无为而万物化”（《庄子·天地》），“无为者，则用天下而有余；有为者，则为天下而用不足”[7]（《庄子·天道》），自然无为对于自然万物和谐共生具有利益攸关性，具有道德和伦理意义。“圣人处于无为之事，进行无言的教诲。万物创而不辞，生而虚有”（《老子上篇·第一章》）。这与日本自然学家和哲学家冈田茂吉提出自然农法（1935）一致[8]，他认为自然万物是人的根本，种庄稼要与自然协调一致。福冈正信继续沿用“无为而治”顺应自然方向之路去种田，发展不耕地、不施肥、不治虫、不喷洒农药和不除草的农业耕作体系。他主张通过增加土壤自身内部物质和能量以草治草并运用自然天敌治虫[9]不断达到“与自然共生”的和谐状态[10]。

自然农法的哲学思想主要体现在以下三点：其一，遵循道家的自然观并认为“人是自然的一员”[11]。其二，将自然视为统一而不可以分解的自然[10]。因为自然在被分解时，部分已不是部分，整体也不再是原来的整体[10]。农业生产与生态自然是密切相连不可分割的整体[10]。中国古代农业就与有“天时、地力、人和”三者紧密结合就能使得农耕作自然运行的例子，如“物宜”就在关注植物自然生长中逐渐形成独特的“以田养田”技术使地力恢复而从未分解自然就是例证。其三，减少使用化肥等化学物质来促进农业作物和土地之间的自然往复循环。这是自然农法践行的根本原则，因为不同动植物和微生物之间自然形成的食物链和生存链是自然的生物圈[10]，是在生态自然内部通过物质能量的流动，经过动植物和微生物生存链条的循环往复而不断地回馈大地，并以此形成良性循环系统。

而在现代耕种中，人类按照自己的需求，在一定程度上对农作物的自然规律进行改变，播撒农药、施加化学肥料破坏、加速和扰乱了土地的自然生态环境和自身循环系统。可以说，某种程度上，人们在不断地沿着缩短时间和扩大空间的目标狂奔，反而失去了真正的时间与空间[10]。

因而，我们应遵循独立于人类信念之外的自然本身的运行模式[12]，以心换心，视万物为家人，用善念和至爱去营造与耕种不断沿承农业伦理地之维的内涵和自然生态的智慧[13]。以下逐以土地中存在的植物和动物为例具体解析自然农法中所给予我们宝贵的哲学理念与实践经验。

三、自然农法的生态传播智慧

自然界中不同植物都有自身不同于其他植物的生存智慧。阳光、空气、温度和湿度，万物和气象相互影响、相互作用形成连绵不断的作用力，助推不同物种的进化，我们需要充分利用自然力的功效，以尽天时地利，顺应伦理之道[4]并尽可能减少人为干预的方式进行自然的农业耕种。

（一）自然农法的生态传播表现之一：以草治草

自然界是否有我们认为的杂草？对作物而言杂草是恶魔，两者存在相互竞争的关系。

根源在于杂草与作物共同吸收土壤各种微生物能量。一般的做法是只选择自己所需的作物加以培育，而将其他植物作为杂草予以排除[14]。

那么，湖北神农架这一南北植物种类过渡区的原始森林，拥有各类植物近四千余种和数不尽的参天大树，当然也会有我们认为的杂草。那么，各类植物和古树从哪里获取营养？各种植物和谐生长在一起的原因又何在？

自然农法中认为杂草有其存在的许多益处。原因有以下四点：其一，杂草能使土壤肥沃。因为每一种植物都有其自身存在的作用和功能，都朝着促进地表土壤肥沃方向发展，因为土壤中如果没有微生物，地面就不会长出杂草。杂草是土壤生存的有机体。动植物和微生物从本质上是相似的，对虫害、病原菌有害而对动植物无害是利用了它们的不同抗性[10]。也就是说，土地的肥沃程度与微生物和动植物的生活环境密切相关[11]。其二，杂草根深扎进土壤使土壤疏松，杂草的根系死亡后增加了土壤腐繁质并繁殖蚯蚓和鼹鼠使得土壤松动更利于作物生长。其三，土地表面如果没有杂草就会有风蚀、水蚀和水土流失的危害隐患。因为即使是很小的缓坡，每年的土壤流失量有的每亩达到几万乃至几十万斤（每亩地的一厘米表土层重六至七吨），二三十年后表土被冲走，地力全部丧失[15]。印度农田沙漠化的主要原因之一就是清扫农法所致。其四，杂草致力于绿能内循环，杂草和作物蔬以及菜瓜果没有区别，都是土地上光热积累的产物，都是自然给予人们的恩赐。杂草汇集生态食物链中的能源，从一粒草籽充分利用土地每一缕阳光及土壤逐渐缓释养分，放大、储存和转化为营养。田间杂草见缝插针将无法利用的光能储存再回馈给作物，不仅维护小气候环境，还提供小动物生存良好空间，提供能量，活化土壤[16]。可见，杂草本身的生长就是在发挥其自身的功用。

当然，如果杂草过于繁茂影响作物生长就除去。从利用杂草的益处和农作方便层面而言，宜采取杂草与无杂草结合的方式[17]，不用机械和农药歼灭而用草自身解决问题。锄草成为抽槽后回填材料变成果树养分，不仅将杂草变绿肥[10]，还可以在杂草中铺上青草和鸡粪等促使其发生酸酵以减少夏季杂草的生长[11]。

同时，不同作物的杂草也有不同的处理方式，如对于果树间的杂草，只清理果树树兜附近影响果树呼吸和光照的杂草，其他不碍事的杂草放任自由生长。杂草最多长到五十厘米左右就停止长高进入生殖期，影响不到果树。对高秆、灌木和蔓藤类杂草要除去。蔬菜品种如黄瓜、苦瓜、豆角、甜瓜，这类作物优于杂草可以高攀到杂草上部获取阳光而无须担心杂草的影响。高秆作物如玉米、高粱不怕杂草，硬秆作物如茄子、辣椒放任杂草生长，杂草弱不禁风，见风就倒[16]。

可以看出，杂草非但无害而且有利，“肥田长猛草，猛草又肥田”，杂草是充满无限生机，带来无限灵气的草[16]。

自然农夫哲学理念中隐含着丰富的自然哲理使我们深悟到自然界本来没有生死，没有大小、盛衰、强弱之分，没有正邪、善恶之分，一切皆为生命。天地滋养万物、以静养心[18]，我们需要关注事物良好的开端，重视事物当下、个体、局部、群体的必然联系，借助自然力自身的功效，最大限度地尊重作物自然生长规律，收获更有利于自身的安全作物，才可以不断践行自然健康的生态伦理之农道[16]。

（二）自然农法的生态传播表现之二：以虫治虫

防治虫害是农业种植的重要工作。巴西前环保部部长何塞·卢岑贝格认为消灭害虫不是解决问题的方法，促进植物茁壮生长才是正确的选择[16]。这与自然农法超时空立场是一致的。日本爱媛县自然农业试验场的田地与相邻经过十多次虫害处理的田块相比，其害虫数大体相同[10]，这就是最好的例证。

科学农法是以时空为基准，在一定时间内、一定土地上取得一定的产量，将一切都安置在时空的框架中，研究虫子停在稻草上，研究虫子与作物关系和虫子习性后从自然循环外部输入化学物质予以扑杀。而自然农法聚焦作物与虫子关系，既看稻又不看稻，既看虫又不看虫，不抓局部而是观察虫子为什么发生，以及从什么时候、在什么地方发生。

对此，法国生物学家弗朗西斯·沙波索的“取食共生理论”也认为，健康的植物上基本没有害虫。因为，只有在植物内部养分失衡下才会招惹害虫。所以当发现虫子时候，其一，反省。是否是操作不当使得作物本身出现问题[16]？其次，害虫本能的躲避。在一个充满泥鳅、青蛙、小鸟的地方，虫子是否乐意落户？害虫会选择适合自身生长环境的地方存在。其三，单一作物具有危险性。自然界规模单一的生物多样性如果被打破，病虫就有机可乘[19]。多样化食物链可以达到还原生态制衡，把单一生产的自然灾害风险有效化解。例如，韭菜、大蒜根本没有虫害，但大规模长期单一品种成片种植韭菜、大蒜的地区总有害虫病的现象发生。

因而，从生态伦理层面来看，自然界本无作物与虫害的概念，自然在任何时候都是既有害虫又没有害虫[10]。而虫既是害虫又不是害虫，稻和虫都生长在大地上，它们之间能够共生共存，毫无抵触和矛盾，存在有害，必存在无害。可以看出，自然农法防治虫害主张用生态制衡的生态链农法营造保护害虫天敌的环境。

例如，2012 年何兴在上海兴建全息自然农法体验基地。在实践过程中发现浮沉子只危害水稻初期的二点黑尾叶禅，从冬季到早春在田埂的杂草中寄生，把田埂杂草烧掉比直接用毒剂消灭更好。夏季发生白背飞虱和秋季的褐飞虱，如果水落干而田面通风透气干燥，蜘蛛和青蛙活跃就可控制虫害。而且，虫子的危害有限，某些蚜虫自己不过完夏天就消失，还可以采用多供给养分促进植物过量生长，过量的营养作为富足留给虫子吃，虫子吃饱了就不吃作物了。一般病虫害带来的产量损失刚好是需要我们保留给土壤的三分之一产出，最多不超过二分之一，即虫子吃剩下的那一部分就是自然允许我们获取的部分[16]。

不仅如此，自然农法对作物还主张“允许一定程度的危害”，这是最大程度尊重自然规律的切实体现，其源于植物有受伤应答反应机制。植物在生命受到侵害时，体内会分泌阻止害虫或吸引害虫的天敌的物质来保护自己。例如，尸香魔芋花的生存智慧就是自动分泌香气吸引益虫来保护和传播自己。有些植物甚至会“改变生物钟”或者改变花期快速了解害虫习性后自动做出应激反应。还有一些植物受到危害的枝梢后期会表现得更好。这也是植物超越补偿的一种表现，即植物遭到伤害后会有一种积极反应，非但减产反而大幅度增产。果树几乎所有的破坏性措施均能促进果树发芽分化和质量并提高果实品质。农药、化肥浇灌出来的作物证明主要营养含量大多不及自然成长状态同类植物的十五分之一，百般呵护的作物自身与自然竞争，敌不过杂草，也抵御不了害虫。所以，过度浇灌反倒会使作物失去自然竞争力。

让物种在自然竞争中寻求生存机会，放任杂草、病虫陪练作物自然进化还原作物的自然抗性，从而使培育的物种更富于顽强的抗逆性能量，这才是促进作物健康与获取健康食物的途径[16]。因而，农业生态系多样类型植物组成需尽可能多样而完备，最大限度地尊重自然生长规律，尊重农业生物多样性，顺应天地法则，进而践行自然之道。

四、结语

《华严经》"一即一切，一切即一"，《道德经》"万物得一而生"。万物并作，顺其自然而无为人造作。以天地万物相应和谐共生，观天之道，依天地之理，执天之行，与道同行，化育天机，万物互联，各归其位，各得其所，生生不息。

也正如清代画家郑板桥所认为，天地生物中一蚁一虫都心心爱念，这是天之心，我们应"体天之心以为心"[20]。所有生命都有生存的权力，包括杂草和虫子。人类生存在大地上，虔诚的敬畏自然、爱护自然。唯有诚心与爱心才是践行自然农法的初心。因为，自然是农业行为的最后皈依[4]。

与此同时，农业伦理"地"的传播存储土地的时空序，顺应自然节律、传承土地伦理精神，才有美好、诗意、自然的幸福生存。我们需要不断延展和传承中国五千年农业文明和丰富的智慧，回归自然，坚守保护与传承发展优秀农耕文化，以感恩大好河山及祖先智慧对我们身心健康的养育之恩，渗透生态文明的灵魂[16]并不断构建生态和谐的未来家园。

【参考文献】

[1] 陈赟．《易传》对天地人三才之道的认识［J］．周易研究，2015（1）：41－51，76.
[2] 陈绍燕．庄子与《庄子》［M］．济南：山东文艺出版社，2004.
[3] 赵丽端．庄子与马克思物我关系思想论析［J］．学术探索，2008（5）：19－24.
[4] 任继周．中国农业伦理学导论［M］．北京：中国农业出版社，2018.
[5] 张冬烁，谢亚兰·克利考特．伦理整体主义理论研究［J］．世界哲学，2008（4）：65－70.
[6] 曹诗图，韩国威．以海德格尔的基础存在论与诗意栖居观解读旅游本质［J］．理论刊，2012（6）：156－158，175.
[7] 谭邦和．《庄子》选读［M］．武汉：长江文艺出版社，2005.
[8] 阎莉，张春玲．傣族自然农法思想探析［J］．中国农史，2008（2）：41－47.
[9] 胡晓兵，陈凡．从自然农法看循环农业技术的哲学基础［J］．自然辩证法究，2006（9）：41－44，68.
[10] 福冈正信．自然农法：绿色哲学的理论与实践［M］．哈尔滨：黑龙江人民出版社，1987.
[11] 福冈正信．一根稻草的革命［M］．北京：中国人民大学出版社，1994.
[12] 濮德培．万物并作：中西放环境史的起源与展望［M］．韩昭庆，译．北京：三联出版社，2018.
[13] 白奚．仁爱观念与生态伦理［J］．首都师范大学学报（社会科学版），2002（1）：98－102.
[14]《农业经济译丛》编辑部．农业经济译丛：1987年第一辑［M］．北京：农业出版社，1988.

[15] 程习勤，毛茵．老庄生态智慧与诗艺“态观”视角的文艺理论［M］. 武汉：武汉出版社，2002.
[16] 何以兴农．全息自然农法实践［M］. 北京：中国农业科学技术出版社，2014.
[17] 葛荣晋．儒道智慧与当代社会：寻找传统文化与当代社会的结合点［M］. 北京：中国三峡出版社，1996.
[18] 郭美华．从“天人之际”看《易传》“三材之道”的意蕴［J］. 人文杂志，2007（4）：20-26.
[19] 李俊清，李景文．保护生物学［M］. 北京：中国林业出版社，2006.
[20] 叶朗．中国传统文化的生态意识［J］. 北京大学学报（哲学社会科学版），2008（1）：6.

农业在何种意义上体现生存论

阎 莉 高 航

摘要： 自人类诞生到现在，农业就一直存在于人类生存之中，成为标示人类存在的生存方式。但是针对农业的生存论问题，学界的探讨却非常少，而另一方面，有关农业的生存论问题却需要给予更多的关注和探讨，以使农业可以在生存论层面上得到解释。基于此，本研究尝试从农业以何种目的出现在人类生存中、农业以何种方式进入人类的生存、农业如何展开自身的生存论路径、农业生存论显明的功能四个层面，对农业在何种意义上体现其生存论特征加以分析，试图给予农业一种生存论理解，使农业原本存在的生存论特性得到彰显。

关键词： 农业；生存论；生存方式

作者简介： 阎莉（1966— ），博士，南京农业大学人文与社会发展学院教授，研究方向为科技与社会，民俗学。

自人类诞生以来，农业就以显扬的方式进入人的生存之中，成为人在世界中最原始、最基础的生存方式，与人的生存须臾不可分离。或许由于农业以不可替代的方式融入人的生存中，成为司空见惯的现象，人反而没有给予农业的生存特征和解释更多的关注，体现为学术界从生存论角度对农业进行考量和探究的论述非常少。事实上，人们仅仅知道农业是人最古老的生存方式，但是却没有从生存论角度论及农业的特点、功能等，缺失了在哲学生存论层面上对农业加以剖析和理解的成果，进而在生存论意义上透视农业存在的价值与合理性。正因为如此，本研究立足于哲学生存论视角，对农业在何种意义上体现出生存论进行探究，试图从农业存在的目的、农业作为人类的生存方式、农业如何展开自身的生存论路径、农业生存论的功能四个层面阐述农业的生存论特征，使农业在生存论层面上得到揭示。

一、农业以何种目的出现在人类生存中

在考察农业以何种目的出现在人类生存之前，首先需要知道何谓农业。从一般辞典对农业的定义来看，“农业是饲养动物、栽培植物和其他生命形式，以生产食物、纤维和用于维持生活的其他产品的社会活动”。由此，从农业出现的目的来看，它是为了给人类提供必需的食物以使人类可以维持和延续自身在自然界中的存在。这样看来，农业实际上是人类得以维持和延续生命的食物来源和基础。如此，农业与人的生存就构成不可分割的关系，是人类生存最根本的基础。农业是为着人类的生存而存在，它是人类维持生存必不可

少的方式和手段。正因为如此，农业存在的价值和意义都是围绕人类的生存而展开，没有人类的生存，就无所谓农业，而有了人类的生存，农业就必然要出现，成为人类无法离开、不能忽略的基础。农业与人类的生存须臾不可分离，也伴随着人类的生存而展示自身。

既然农业是为着人类最基本的生存而出现，那么农业也必然围绕人类的生存而开展，为人类的生存提供最基本的需要。从人类生存的特征来看，人首先需要的是维持生命运行和延续的食物，农业为人类提供的最主要的东西就是食物。在赫西俄德的800行诗歌集《工作与时日》(*Works and Days*) 中表达了农业劳动是人类的普遍需求，透过农业劳动即可获得所需的农业生存论思想。赫西俄德在他的诗歌中表达了这样一种生存论理解，即人类通过其农业生产的行为可以获得物质生存基础的满足。尽管不同的学者、不同的学科对农业的理解各有千秋，但是无人可以否定农业对维持人类生存和人类社会持续发展的基础作用和价值。当然，这种基础作用和价值不是体现在农业作为人类文化的一种存在方式或者作为一门自然科学学科的地位，乃是农业自身作为人类食物来源的基础地位与人类生存水乳交融在一起，这是农业存在和延续几千年以后仍然存在的理由和根据，也是人类从自身生存意义上理解农业的切入点。因为农业是以怎样从所依赖的土地中获得植物性食物以及从所饲养的动物中获得肉类食物而展开，土地成为人类生活的“中心”。在土地的层面上，人类开始了日出而作、日落而息的农业生产，将自己的生存深深扎根于土地之中。在生存论的意义上，土地成为承载生命的载体，而农业则成为使各种动植物生命可以在土地上显示自身的人的生存手段。关于这一点，利奥波德给予了精彩描述，他写道：“土地，不仅仅是土壤；本土植物和动物能够保持能量回路的开放；其他的则未必；人类所导致的变化与自然演化的变化是不同级别的，人类行为所产生的后果远比人类的意图和预想更为复杂。”由此，农业就将眼光停留在怎样为人类提供植物性和动物性食物作为自身存在的目的与核心要务，围绕农业而展开的生产也是以此为目的，进而形成农业生产的特点。

不同于工业生产，农业生产的特点体现为人干预自然而获取农作物产品的过程，这一过程体现出农业自身的展开必须涉及三个维度：人、自然和农作物。这三者同时在农业生产中呈现自身，其目的是最终获得人生存所需要的食物。在农业的这三个维度中，人的维度最重要，既是农业生产的发起者和组织者，同时又是农业生产所要达到的目的，是农业得以在生存论意义上显明的推动者和表达者。按照海德格尔的观点，人是作为一种特殊的存在即此在而显明自身。人作为此在的存在，其特点就是在世界中存在，这是海德格尔对此在进行生存论建构的依据。虽然海德格尔是在哲学抽象的层面上剖析此在在世界中存在的特点和意义，但是他所要表达的“在世界中”并不是一个抽象的概念，乃是每一个具体的世界。相比海德格尔，马克思对此在世界中的存在解释得更加清晰，也更符合人的生存特征。按照马克思的理解，此在的在世就是现实的人生活在现实的世界之中，这样的人是在具体的现实世界中生存的人，世界也是为这些现实的人生存而呈现的存在。以海德格尔和马克思在生存论意义上对人和世界的解释为依据来看农业生产中的人，可以说这里的人已经不是抽象意义的人，乃是具体的、现实的人，他们的特征体现为生存，是为着生存而进行农业生产，或者说让农业生产在人生存的层面上得到体现和存在的依据。与此同时，农业就相应地成为人这一此在生存的具体世界，是融入人的生存中甚至生命中的世界场域，使人可以在其中扎根，透过自己的感性实践活动而获得其在场的根据，同时展示自己丰富的生命和生存本性。由此，农业成为人的栖居方式，人栖居于农业之中，以生存的特征与农业照面。

尽管人是农业自身展开的最重要的维度，但是这绝不意味着人可以超越其他两个维度而为所欲为。事实上，农业生产比其他任何人类生产更受制于自然与农作物的需要和影响。其原因在于，农业生产必须依赖自然才能开展。自然不仅为农业提供了生产场所，更是直接参与在农业生产之中，是农业生产得以展开的基础和保障，主要体现为农业本身就是在自然之中来开显，或者说，农业本身就是一种融于自然的人类活动，体现着自然的特征和意义。其中的原因在于，农业出于自然、立足于自然，农业需要在自然中呈现自己，同时也显明出自然特有的生命特征。就自然本身的特征而言，它包含着生命的意义，为所有依赖于自然而存在的生命体提供生存场域。在早期希腊人对自然的定义中显明地体现着这一特征，他们视自然为 physis 或 phusis，其含义是生长、过程和结果。在亚里士多德那里，对自然的理解依然保留了最初作为一种存在方式的特征，所以他将自然理解为生长物出自本性的自生自长、自我涌现的存在过程和方式。这表明，在古希腊哲学家的思想中，自然是万物的存在方式，所以是自我涌现的。由此，从自然而出的农业也体现为一种存在方式，它是生长物出自本性的自生自长、自我涌现的存在过程和方式，是人类利用自己的技能和智慧推动和参与植物动物生长的过程，其目的是为了满足人类自身依赖于自然而生存的需要，表征着人类如何依赖于自然所提供的生命而生存的特征。在这个意义上，农业不只是人类从事的一种行业，它更是人自身生存必不可少的生存方式，是人类用于标明自身生存特征的途径。

农业在人类生存中出现的目的性标明它不仅是人类必须依赖的生存手段，而且它已经成为显明人如何在世而存在的生存方式，直接将人显明在依赖生命而生存的框架和场域之中，使人成为以生命呈现自身和依靠动植物生命而存在的生命体。

二、农业以何种方式进入人类的生存

自诞生到现在，人类已经经历了几千年的生存历程，各种事物都曾经在人类生存的历史中展现过自身。但是相比于其他事物，农业不仅是最古老的人类的生存方式，也是人类一直要延续的生存方式，无论人类历史如何发展，社会如何进步，农业都以它无法取代的位置滞留在人类生存的历史中，成为人类生存无法离开、必须拥有的场域。为什么农业有如此魅力能够展示人类的生存？农业以何种方式进入人类的生存？

从人们对农业的认识而言，农业被理解为人透过自身的技能和手段，利用动植物的生物机能，为人类生产可以生存的食物产品和原料的过程。从这个意义上讲，农业生产的对象有着非同于一般物质的特征，它们是有着生命标记的植物和动物。这表明，农业所操作的对象并非存在于自然界的一切事物，乃是生命附着于其上的植物和动物，农业为人类提供的是生命体。这就决定了农业是以生命体的形式进入人类生存之中，以生命体的方式维持着人类的生存，使人类可以依靠农业所提供的动植物而生存。农业的这一特征不仅决定了其参与人类生存的唯一性，也决定了农业进入人类生存的独特性和无可替代性。因为就人类自身而言，人类在这个世界是以一种生命体的形式而存在，农业也恰恰是在生命体的层面上展示出来以维持人类自身基本生存的需要。正因为如此，农业比人类所依赖的任何生存方式都出现得早而且持久。可以说，只要人类在这个世界上生存一天，农业就以其无法替代的方式在人类的生存中持续一天，成为与人类相伴而生的存在。

以生命体作为其存在的基础和操作对象决定了农业与其他人类存在有着本质的不同。从存在的目的来看，农业始终都要围绕植物和动物的生长来展开。如此一来，农业所关注的核心要点就成为如何促进植物和动物的生长发育以使其能够维持人类的生存和发展。为此，植物和动物如何生长、在怎样的环境下生长以及如何持续生长等一系列问题就成为农业所要关注的事情。毋庸置疑，从生长环境来看，所有生命体都需要在自然环境下生长，植物和动物也不例外，它们的生长需要在自然环境中展开。或者说，植物和动物是融入自然之中而生长，具有一切自然物存在的特征和表现。对于自然的理解，无论是西方，还是东方，人们都将其解释为依赖于自身、以其本性而存在的本体。最早出现于《道德经》中的自然就被老子解释为自己而然、自己如此的意思。“因此，老子之自然，讲的是天道、人道之自然，万物生成之变化之道的自然，以及作为整个宇宙间一切事物总体流行变化的过程之自然”。老子对自然的讲解中注重两个方面：天道和人道，而天道是更为基础的道，人道需要首先遵行天道。无论是天道，还是人道，其核心都在“道”上，需要对道做出解释和评价。按照德文版和法文版对“道法自然”的翻译，“道是它自己的规范”“道除它自己以外没有别的规范”，英译本将其理解为“道遵循它自己的轨道（方式）”。虽然这些对道法自然的翻译并没有准确表达出老子蕴含的深邃的道家神韵“自然”，但是其中也透露出老子所理解的自然即是万物成全自己本性的特征。王弼在他的校释里干脆将自然看作不可解释，即“自然者，无称之言，穷极之词”，拒绝了人们对自然所做的一切解释。虽然这看上去有一些独断，但是也表明了自然无法言说以及自己成其为自己的特性。自然的这种特性并非是一种抽象概念，乃是显现于每一种依靠自然而存在的存在物中。因为无论哲学上怎样用抽象的术语定义自然，而现实的自然终归是以具体的自然物存在。如此一来，自然所拥有的特性必然反映在具体的自然物中，也就是自然是透过具体的自然物呈现自身存在的本性。基于此，生长于自然之中的农业的植物和动物同样具备了自然使自己成其为自己的特性，甚至可以说，它们比其他自然物更具有老子道法自然之中的道的特征。因为无论是农业所关注的植物还是动物，它们都属于生存于自然之中的生命体。生命体在自然中显明自己，这种显明即是以道的方式开显，体现为以自身的本性生存和存在，总是趋于实现不受外力干扰和强制的自己如此的正常状态，就是在从生存到消亡的过程中按照自己的本性适应环境的常态和趋势。这样一种特性决定了农业所操持的植物和动物虽然体现着人种植和饲养它们的目的是为自身的需要，显明着人自由意志的选择。但是人自由意志的选择却是有限的，并不能超越植物和动物自身生长的特点，反而要适应被选择的植物和动物特性，按照它们所拥有的道种植或饲养它们。这一点使得农业所操持的植物和动物不是按着人想要的方式而被强求，反而是人需要以守候与照料的态度对待这些植物和动物。

按照齐文涛的观点，守候与照料是农业生产应当遵守的伦理规则，可以将其表述为：“‘人本身’要干预在农作活动中宜以‘守候与照料’的态度面向‘自然界’，对待‘农产品’。”守候与照料原本出于海德格尔的存在论思想。在海德格尔那里，守候与照料是人与自然相融合的一种生存方式。在《技术的追问》一文中，海德格尔描述了与现代技术所倡导的促逼方式不同的人的生存方式，这种生存方式是在农民先前耕作的田野中才能看到，农民在播种时，把种子交给大地，大地以其所独具的生长之力守护着种子的发育、呵护着种子的成长、等候着种子自己转变为禾苗和谷穗，这一切都在关心和照料之中展开，没有任何强求和促逼。在守候与照料的农业生产方式中，农民是所有行为的发出者，他们给予操持对象的植物和动物是一种带着人文情怀的对生命的尊重。“守候”表明农民愿意遵守自然所显明的天道，就是按照植物和动物所显示的本性在生存的意义上种植植物、饲养动物，任继周先生将其总结为“‘时’的农业伦理学”，就是按着时序、依照节令、顺应天时种植植物、饲养动物。《周易》对农业的这种特征表述为：“极天地之渊蕴，尽人事之始终。”《大雅·生民》中提出农耕应“有相之道”，《周易》中的“十二消息卦”更是具体描述了一年十二个月和四季的阴阳寒暑变化与季节循环。农业生产中的“守候”即是操作农田的农民愿意按照天时和节令的要求安排一年的劳作，为此，战国末期至西汉早期的阴阳家专门写作《月令》详细记述了人们应当如何从天、地、人三个层面安排一年之始孟春之月的农事活动。即使是一般农民也知道“春种一粒粟，秋收万颗子”“谷雨前后，种瓜点豆”“谷雨时节种谷天，南坡北洼忙种棉”等农耕经验。农业耕作中的“守候”显明作为守候者的农民在存在的意义上听任自然的节律和时序，将种植植物和饲养动物看作是自身生存的一部分给予体贴和关照，体现出对农作物和动物的照顾和料理，在这种照顾和料理中，农民愿意“晨兴理荒秽，戴月荷锄归”，用自己的双手为农作物施肥、拔草，看顾、守护所饲养的动物，等等。在这种“守候与照料”的农业生产中，人会从生存的意义上亲近和领会存在，使农业生产不是停留在一种仅仅为人类提供食物的层面上被理解，乃是将其纳入生存的一部分而给予关注。在这种关注中，人持有的是领受大地的恩赐，并且尽力熟悉所领受的法则，为的是保护存在之神秘，照管可能之物的不可侵犯性。这里的存在之神秘、不可侵犯性都是植物和动物作为生命体所具有的特征，是它们自显于世界的方式，也是它们进入人生存的方式。

农业的操作对象即负载生命特征的植物与动物以其特殊的方式显明在人类生存之中，促使人需要以守候和照料的方式尊重它们、给予它们最好的生存环境，它们才能以最好的方式回报人类，使人类可以依赖农业而生存。

三、农业如何展开自身的生存论路径

从起源来看，生存论是哲学历史上最早也是最根本的主题。生存论主要来源于生成论传统。巴门尼德以前的古希腊哲学主要是生成论传统，但是在巴门尼德哲学中生成论的意义被排除了，从而使哲学走向了实体论的存在哲学。那么，何为生存论？要理解生存论需要先知晓生存的涵义。按照弗罗姆的考证，“‘生存’（being）是指一种生存方式，在这种方式中不占有什么，他心中充满欢乐和创造性地去发挥自己的能力以及与世界融为一体”。显然，这样的生存是与具体的现实的人的生活连接在一起，是不能剥离现实性的人的生存。在这样的生存中，人需要现实地做一些事情维持自己的存在，农业就是人建基于现实生存中而持守的一种活动，是支撑人生存的基础，体现着人之为人的自为的本性。如此，透过农业，人将自身的历史逻辑显明出来，人在现实的、具体的历史情境中得到解释和理解，人的生存不再是知识意义上的自然的、认知的对象，而是一种创造性的、根植于生活意义上的有目的性的、历史的存在。

在人的生存论意义上理解农业，这一人类远古就存在的生存方式不再是抽象的、无时间性的、永恒不变的物的逻辑，而是属人的、属世的，与人、与自然融为一体的人的生存方式，人在具体的历史情境中操作着农业，使农业成为他们生存的一部分，而农业也在人与自然具体打交道中得到展示。在这种情景中，农业实际上展示的是作为此在的人如何在世界之中生存的过程，此在的人在农业中不是一个静观者，而是一个参与者和融入者，参与到农业的具体实践中，融入农业开显的每一个环节，成为到场者进入农业。这时候的农业不是以一种无形的载体存在于人的生活世界，乃是以一种展示着人的生存情景的状态进入到对此在本身的澄明之中，成为标示人生存特征的途径。这里，借用海德格尔对凡·高所画的农鞋来理解农业如何展示自身的生存论路径。在海德格尔看来，凡·高绘画中的农鞋绝不只是为了展示它被穿在农妇的脚上用于裹她的脚或者是带领她走遍劳作的田野，这双农鞋其实诉说的是农妇如何依靠她所操持的农业而生存着，“从鞋具磨损的内部那黑洞洞的敞口中，凝聚着劳动步履的艰辛。这硬邦邦、沉甸甸的破旧农鞋里，聚积着那寒风料峭中迈动在一望无际的永远单调的田垄上的步履的坚韧和滞缓。鞋皮上粘着湿润而肥沃的泥土。暮色降临，这双鞋底在田野小径上踽踽而行。在这器具里，回想着大地无声的召唤，显示着大地对成熟谷物的宁静馈赠，表征着大地在冬闲的荒芜田野里朦胧的冬眠。这器具浸透着对面包的稳靠性无缘无艾的焦虑，以及那战胜了贫困的无言喜悦，隐含着分娩阵痛的哆嗦，死亡逼近时的战栗。这器具属于大地，它在农妇的世界里得到保存。正是由于这种保存的归属关系，器具本身才得以出现而得以自持”。在海德格尔存在论的视角下，一双农鞋不再是被制作者打造出来的商品，而是成为言说农妇生存的路径，使农鞋赋予了生存的意义。这是艺术作品展示出来的人的生存意义。农业所展示的人的生存意义不只是在艺术作品中，更是在农民每天日出而作日落而息的具体的生存层面上，也展示在农民在其间操持的大地之中。

何谓大地？在海德格尔那里，大地是一切涌现者自身露面、涌现之处，更是生命奠立于其上、建造自身的所在；大地是一切生命的庇护者，它总是竭力维护生命所是的样式，让生命可以在其上自由绽放。大地对于生命没有任何促逼，总是容让一切生命在其上生长、繁荣，每一种生命都可以在大地之上书写自身的生存历史。“大地乃是涌现着——庇护者的东西。大地是无所促迫的无碍无累和不屈不挠的东西。立于大地之上并在大地之中，历史性的人类建立了他们在世界之中的栖居”。农业就是在这样无所促逼的大地上展示生命的风采，并将这种展示与人的生存联系在一起，成为人建立自身生存的基础。在这样的生存之中，中国的儒家学者以自身的认知总结了“天、地、人”三才说农耕思想，将地看作有好生之德，是万物由此而出的根基。《吕氏春秋·审时》视地为生育农作物的泉源，“夫稼，为之者人也，生之者地也，养之者天也”。这里，人虽然是种植禾稼的发起者，但是真正能够让禾稼生长发育的却不是人，而是大地，天则成为养育禾稼的因素。天与地一阴一阳成为农作物生长的道，操持农业的人唯有按着天地阴阳之道的引导才能真正将农业带入自身生存之中，使农业成为自身生存的一部分。《周易正义》对此解释为：“坤既为地，地受任生育，故谓之为母也。为布，取其地广载也。为釜，取其化生成熟也。为吝啬，取其地生物不转移也。为均，取其地道平均也。为子、母牛，取其多蕃育而顺之也。为大舆，取其能载万物也。为文，取其万物之色杂也。为众，取其地载物非一也。为柄，取其生物之本也。其与地也黑，取其极阴之色也。”显然，周易对地的理解是极为广泛的，不是将地单单看作是一块块可见的泥土，乃是将地视为有机整体，是万物由此而生化的源头，农民可以将种子撒在其上，经过一定的生产环节，就可以秋收万颗籽，生命就如此神奇地在大地之上生育、广载、化生成熟、多蕃育，年复一年地繁育生长记载着此在的生存历史，使作为此在的人类可以透过大地将自身的生存特征标明出来，也为自身创造了农业文明，将原本为支撑肉身而生存的农业转化为一种生存方式和生存文化。正因为如此，在田地里操持的农民不只是将负载生命的各类种子种在泥土里，更是将自身的生存期许交付于大地，使大地可以承载他们生存的愿望，帮助他们实现生存的目的。

因为农业承载了此在的生存期许和愿望，农业就不再简单地是各类种子在泥土里生长的过程，而是标志此在依附大地而生存的活动。在这一活动中，人以其生存的智慧参与到农业生产之中发挥自身独具特色的创造性，体现为农民以劳动的方式在田地里操持。在操持过程中，农民遵循“万物各得其和以生”的原则，以自己的劳动来变革田地的土壤，为农作物生长创造一个个“和”的环境，《氾胜之书》将其总结为：“凡耕之本，在于趋时和土。务粪泽，早锄早获。”在这样的过程中，农民将自己的劳动赋予田地，对田地进行耕作、松土、除草、施肥等劳作，田地则以各种农作物生长成熟之后的籽粒回报农民。这样的农业生产表面看似乎是人与田地之间的一种交易，而实质上却是人在田地之上展示自身生存的过程，田地以其年复一年被农民耕作、操持以及出产农作物记录着此在真实的生存场景，这种生存场景已经融入参与其中的人的生活中，成为他们生活的一部分，展示着他们如何种植各类农作物、如何精心呵护这些带着他们期盼的农作物，同时也记录着他们在与田地打交道过程中获得的各种种植经验和农业知识，甚至反映着他们喜怒哀乐的情感以及对生活的体验、生命的态度、思想价值观念，等等。这正是农业给予人类生存的价值和意义，也是农业自身所体现出的生存特征。这一特征一直会伴随着人类的生存而存在，生生息息延续、持存，永远不会在人类存在的视野中消失。

四、农业生存论的功能

从产生和存在的目的来看，农业是为了解决人类最基本的生存问题，如何使人类生存得更好成为农业生存论所关注的焦点，这也是农业存在的目的。与现代农业相比，生存论意义上的农业不过度强调农业生产的经济利益，主要是从人类生存最基本的需要层面理解农业、安排农业生产。这样的追求虽然不能将农业带入更大的经济效益之中，但是却为人类的健康和维持长久的生存带来实际的价值和意义，体现为农业生存论为人类提供了安全的粮食、与自然建立良性的生态关系、给社会创造有益的经济价值等。

实际上从生存论的意义理解农业，人们需要考虑如何以最恰切的态度对待农业。按照海德格尔的观点，人们对所自而出的自然通常有两种做法：“一种做法是一味地利用大地，另一种做法则是领受大地的恩赐，并且去熟悉这种领受的法则，为的是保护存在之神秘，照管可能之物的不可侵犯性。”这样两种对土地的态度体现为人应当仅仅在生存论的意义上从事农业生产，还是在经济效益的意义上从事农业生产。在生存论意义上从事农业生产，人们关注的不是怎样竭尽所能地从土地上获得最大收获，而是以满足人的生存需要和品味为前提获得最好的粮食。这样的农业生产对所耕种的土地不是带着限定与强求的态度迫使土地必须按着人的设计获得农作物，而是带着守候与照料等待农作物从自然生长而出。因为不带着限定与强求进行农业生产，参与生产活动的人们自然也不会使用自然以外的力量强迫土地，从土地而出的粮食自然不存在安全问题。这并不意味着人不用自身的能动性进行农业生产，反而参与耕作的人们更积极地运用人力从事农业生产，人们也积极利用各种自然而出的粪料促进农业生产。以此为基础进行的农业生产从种植到最终收获都是在自然之中或者是人利用自然力量和能源进行，由此而出的粮食和各种农产品都在自然的生命循环中，是安全的，这一点完全不同于现代农业用化肥、农药等各种技术手段强求而出的粮食和农作物，是真正在根源上保障粮食的安全性。这是农业生存论带给人们最大的功能，就是将农业带入给人类提供安全粮食的考虑中。在这样的过程中，农业生存论的焦点不是如何从土地上获得更多的产量，而是关注如何合理利用自然，以自然所容许的方式获得人类生存所需要的粮食，并且使这些粮食成为安全的，成为可以维护人类生存延续的保障和基础。正因为如此，在生存论意义上存在的农业在人类历史上已经持续存在了几千年，为人类的生存提供了安全可靠的粮食几千年。这是生存论农业为人类作出的极大贡献。

生存论意义上的农业同时也保障了农业生态环境的良性运行。农业作为一种人类行为，体现着人与自然的基本关系——共生与约束的生态功能，一方面体现为农业需要在良性的自然环境中才能维持和发挥作用，另一方面农业本身就是自然生态环境中的环节，直接参与自然生态的运行。农业与自然环境共同构成一个个生态循环，在这样的循环中，农作物种子被种植在土地之中发育、生长，最终长成成熟的农作物产品供应人的需要。在这一过程中，农业不仅与所出的自然构筑了生态循环系统，同时将人带入相应的生态循环系统中，使人成为其中的一环，显明出由人、农业、自然构筑的美好的生态循环图景。这一图景昭示人类文明离不开人类的生存，人类的生存扎根于农业行为的进化，而农业的发展受制于土地、河流、气候、海洋、物种等生态环境维持的状态，使人类的农业行为提供的不仅仅是一种生存方式，也是一种思维的范式结构，其目的在于追求人类作为生态系统中一个物种的永续存在，在人类自身的现实发展中显明天人合一的理想追求。

农业的生存论虽然没有将获得较大的经济效益作为自身追求的目的，也不过分寻求经济利益最大化，但是这并不意味着农业生存论没有给社会带来经济价值。事实上，生存论意义上的农业带给社会带来的经济价值是持续的、长久的，它是在人类最基本的生存意义考量经济，将人对经济的观念带入一种生存意义上而不是功利的意义上，这一点显然与工业化以来人类社会所追求的经济效益最大化不同。工业化意义上的经济效益最大化带给农业的是首先要考虑如何为人类提供大量的粮食，将是否能够解决人类对粮食的需求看作是农业生产成功与否的标志。为了达到这一目的，人们不仅在可以利用的土地上辛勤耕作，而且将人可以利用和创造的技术能力运用在耕作之中，使原本以生存为目的的农业逐渐转变为以生产主义（productionism paradigm）为核心的产业。这一转变使农业从最初维持人类生存的目标转向迷恋各类高产出和高效率的神话之中，其结果是虽然农业实现了从有限的土地之中获得最大的收成，但是也引发了农业生态系统的脆弱、粮食安全等问题，使农业陷入了追求经济效益和维持生态平衡、粮食安全的两难境地。基于此，如何重新在生存论意义上审视农业的经济价值就显得极为重要。在生存论意义上考量农业的经济价值首先应当避免将农业带入生产主义的状态，不以纯粹追求农业生产的产量为目的，而是将农业生产置于生态环境和粮食安全的角度加以考虑，在保障生态环境良性循环与得着安全的粮食基础上寻求产量，将农业所带来的经济效益置于生产所需要的特殊环境和限定中加以考量。在这种情况下，一些对农业环境不利只单单能够提高产量的化肥、农药就需要减少甚至禁用。虽然这样的做法可能会降低农业产量，似乎不能极大地提高农业经济效益，但从作为维护人类长久生存的角度来考虑却是获得了农业持续的社会经济价值，这样的社会经济价值才是农业所要追求的目标和价值。

以此为目的，农业生存论意义上的社会经济价值对于农业政策的制定也提出了自身的要求，这就是农业政策的制定不是在如何获得最大收成和经济效益的层面，乃是基于如何使农业成为维持人类生存的基础。这样的政策制定会综合考虑农业生产的生态环境和所出产的农作物对人类健康的有益性等各方面因素，以保障农业的生态环境和出产健康的粮食作物成为政策制定的基础和考虑，使农业真正实现其维护人类生存的功能，从而推动农业真正进入可持续循环中以体现其作为人类生存基础的价值和意义，并要使农业可以一直延续到未来以利于人类亘古长久的生存和发展。

【参考文献】

（略）

（原文刊载于《山西农业大学学报》社会科学版 2020 年第 6 期）

藏族“聚”观念农业伦理

赖　毅

摘要： 藏族“聚”观念源于原始宗教的灵魂崇拜，在苯教和佛教的影响下成为藏族独特的自然观。“聚”作为生命的精华与自然万物的繁荣相联系，归结为土地的生发能力，其存在决定着人类生产生活的福运、福祉——“央”的获得。将环境“聚”的维护与获得农业生产收益所需的“央”相结合，藏族传统农业形成了“择地域”“齐物用”“返天然”“有节制”的伦理原则，在维护环境“聚”的同时，获得了生存所需的“央”。现代农业对“聚”观念农业伦理的突破，带来的是环境的危机和发展的困境。在生态文明语境下，藏族“聚”观念农业伦理仍可在经济社会发展多元价值的聚合中发挥其作用。

关键词： 藏族；农业伦理；“聚”观念

作者简介： 赖毅（1970—　），博士，云南农业大学档案馆研究员。

藏族主要聚居于我国西藏自治区、青海省、甘肃省甘南藏族自治州、四川省阿坝藏族羌族自治州、甘孜藏族自治州及云南省迪庆藏族自治州，受青藏高原高海拔环境的影响，这一地区生态环境较为脆弱。将环境多样性与人们社会生活的福运、福祉相联系，藏族形成了其特有的“聚”观念农业伦理，在这一农业伦理规范下，藏族农牧业生产在保障人们基本生活的同时，还维护了自然环境的多样性和农牧业生产的可持续性。

一、藏族“聚”观念的内涵

藏族“聚”观念是在原始宗教、苯教和佛教生命观的融合过程中逐渐形成的，原始宗教的万物有灵以及生命体多元灵魂观念是其来源，苯教多功能神灵观以及佛教聚合观共同构成了其内涵。

藏民认为生命的存在是不同灵魂汇聚共同作用的结果。灵魂作为人与万物生命存在的根本，表现为人类活动和每一种自然现象都由灵魂支配，这一支配生命存在的灵魂常有多个。古代藏族对魂、鬼与神的区别不明显，多个灵魂常常表现为多种保护神，藏族史诗《格萨尔王传》描述格萨尔王有13位重要的保护神护佑，其战马也有多神护佑。这些保护神不仅可以共同作用于人和自然，还可以在人与自然事物中相互转移，如格萨尔王不仅可以变化形体，他的13位保护神也常常幻化为各种动物的形体。这种神或魂转移为各种自然事物的方式也是生命体得以保全的方式。根据事物具有的能力和威力的不同，藏族先民认为灵魂可以寄存在一个或多个自然物中，这种寄存物也称命根子。命根子有多个，越不易摧毁，生命力就越强。能力超强的人、魔通常有多种保护神或命根子，普通人也有其命根子，只有将这些命根子全部摧毁生命才会消亡。通过人的灵魂与自然万物的联系，自然物成为人类生命的必要组成，共同维护着人的生存。

苯教传入藏地后，继承了原始宗教的灵魂信仰。一方面，苯教相信灵魂不死，人死后，灵魂会转生为不同的生命体。另一方面，苯教将与人类生产生活密切相关的神灵进行了功能分类，构建了天神、战神、山神、阳神、母神、财神等神灵体系，这些神灵取代灵魂成为生命的控制者。与此同时，苯教也将神、人、鬼所在的空间划分为不同的地界。上界为神界，分为七层，称为七层天；中界为人界，是人和自然物生存之地；下界为鬼魂所居，分为六层、三层或七层。三界之间虽有区别，但可互通。大山作为与天连接的阶梯，是神下人界的路径，大山及山中的动植物也常为神灵所依附，而下界鬼怪则可以通过寄居于各种自然事物游荡在人界。人类要生活得好，对上要勤于供奉天神，取悦天神；对下要伺候好鬼怪，不得罪它们，不使它们来祸害自己。与人共同生活的动植物也因被神或鬼依附而为人们所敬畏。

与多魂或多神共同组成和管控生命体观念相似，佛教把生命视为“五蕴”的聚合，而“蕴”本身也是“积聚”的意思，“五蕴”意为一切有为法的积聚，即在人和万物生成中起作用的色蕴、受蕴、想蕴、行蕴、识蕴五种类别的法的积聚。“色蕴”为过去、现在、未来、内外等物质现象，“受蕴”“想蕴”“行蕴”“识蕴”等是人类感受、思想、行为和意识等活动产生的业力，“色蕴”与其他“四蕴”和合形成生命体。

“五蕴”合则生命成，散则生命亡。在“五蕴”生命观与多魂、多神生命观念的整合中，“聚”成为万物生成的动力和万物运动、变化及秩序的决定因素。作为维持世界存在的一种纯粹的“特质”，“聚”不是一种有形的物质，而是一种无形的精髓、精气。它虽然看不见、摸不着，却可以为人所感知和获得。在藏民看来，动植物丰富之地有“聚”，生长茂盛的植物有“聚”，威武强壮的动物有“聚”，吃一点就可以饱的食物有“聚”，一个忠诚热情和处于激励状态下的人也会散发出大量的“聚”，人群汇聚之时也有“聚”。自然万物的存在都是因为有“聚”，山有山的“聚”，水有水的“聚”，植物有植物的“聚”，动物有动物的“聚”。如果丧失了“聚”，山会崩塌，树木会枯死，飞禽走兽会绝迹，水会干涸断流，土地会草木不生，天地之间也会气候反常。“聚”的多少影响着生物的生长发育，如活佛所言，如果“聚”多，早上摘了果子，晚上就能长出来；如果“聚”少，不仅生物生长发育较慢，而且收获同样的粮食需要更多的种子。同样，“聚”也会影响到人的获得，含“聚”多的食物，吃一点人就可以饱，而含“聚”少的食物，要吃很多人才能饱。

由于“聚”的存在表现为万物生长繁衍和生机勃勃的状态，而万物又由土地生发，在活佛看来，“那些完整的、未被破坏的具有某种力量的土地是‘聚’的源泉，屈服于这种力量就可以汲取‘聚’而获得活力”。因“五蕴聚合”有人类精神和行为的共同作用，“聚”也与人们共同的行为活动——“业力”有关。藏民认为一个地方居住的人的行为都好，大家都能维护自然环境、相互帮助、遵规守矩、尊老爱幼、和睦相处，环境中的“聚”就会丰富，反之，人们开矿、砍伐树木，就会使“聚”减少。

二、“聚”与“央”的关系

藏民们认为人们趋利避害、获得生存利益需要有“央”的作用，而“央”作为一种有利于人类生存的力量，根本上还是来源于环境中的“聚”。因此，“聚”的维护也就成为人们获得“央”的前提条件。

“央”作为个人、家庭和村庄的福气、福运和福祉，看不见、摸不到，却关乎人们的生存利益，因为有了“央”的存在，人才会运势通畅，家庭才会幸福吉祥，人畜才会无病无灾。一个人或一个家庭有了“央”，即使人们没有某种有利于自己的事物，以后也会拥有；而如果没有“央”，即使有了也会失去。由于“聚”对于生命的重要性，以及人类生存对多种自然事物的依赖，在藏民看来，一个地方如果“聚”得到养护，不仅能使青山绿树繁茂，而且还会为家庭不断汇集起“央”。因此，老人们常说，只要“聚”和“央”保护养育好了，人就可以获得安居乐业的好福气。

由于“央”对于人类生活的重要性，招“央”成为藏民生活中最为重要的活动。在云南迪庆藏族自治州，梅里雪山群因森林茂盛、动植物种类丰富以及有众多神灵的存在而有大量的“聚”，每年都会有因为村庄遭受灾害而特意前来招集“央”的人群。山神作为一方地域“聚”的掌控者，招“央”也成为藏族祭山神时的重要活动。祭山神时，人们首先要建山神居住的“拉则”。“拉则”地下部分埋有宝物，包括一截“命木”和装有粮食、金银、珠宝之类的宝瓶、兵器等，地上部分垒有石头，上插柏木、桦木、竹子及木制的刀、箭，上系白羊毛、哈达和经幡等。以代表福运的“箭”作为供品，在煨桑、念经活动后，参与祭祀的人需要将代表各自福运的“箭”插入“拉则”中。通过这一集体仪式，个人和家庭就可以将“拉则”中的“央”集于“箭”中带回家。婚礼、集会等人多热闹的场合，人们也常把象征各家福运的“箭”或其他“央”的象征物带出，以此将人群中的“箭”收集于“央”的象征物中来获得福运。日常生活中更为普遍的招“央”活动是在神山、佛寺、圣地等处悬挂“风马旗”和五色经幡。“风马旗”按东、南、西、北四个方位绘有虎、狮、金翅鸟、龙等动物并印有经文，几种动物分别代表健康、权势、永生、气运，中央是一匹马，马背上驮着象征财宝和好运的宝珠，人们希望借助风的吹动，以马为使者传递生命生存所需的“央”。

由于“央”的重要作用，人们既要招“央”，还要不使“央”流失。在藏民看来，牛羊等家畜的售出会使“央”损失，而人的婚嫁和死亡也会伴有“央”的减少，因此，为使“央”能留存，每当售出家畜后，藏民会留下家畜身上的鬃毛，将其绑在家中用于收集“央”的器物上，而在作物收获入仓之际，也会将象征“央”的器物插入谷堆中。婚嫁时，为弥补因儿女离家带来的“央”的损失，当男方把一种代表福运和吉祥的“聘礼箭”作为聘礼送给女方家后，女方受礼者要将代表福运的“回礼箭”赠送给女儿，以平衡双方家庭原有的“央”的水平。谷物成熟之际，也是作物生命力旺盛之际，一项重要仪式就是招“央”，藏村各户要出一人带上各自象征福运的彩箭，结队排成长龙绕寺、绕田，最后绕村游行。绕村队伍经过各家时，都会有人手拿彩箭站在屋顶迎接，以此为自家招财引福。

虽然“央”可以通过召集来获得，但由“央”带给人的福运却要由个人的“索南”来决定。“索南”是一个人穿越时空的有利于自身的福报，这种福报由个人过去和现世的“业力”形成。“索南”如同“央”的容器，决定着个人能承载的“央”的多少。一个具有较大、较好“索南”的人可以容纳较多的“央”，这样的人不仅能避免不幸，而且能把不幸转化为运势；相反，一个具有较小“索南”的人虽然会有一时的运势，但这样的运势不仅不会长久，还会伤害其已有的“索南”。

个人“索南”的积累不仅会影响到“央”的积聚，也会对“聚”产生影响。一个福报大的人会使环境中的“聚”增加，反之则会使环境中的“聚”减少，其根本还在于人们行为对“聚”的影响。对自然事物的破坏、人与人之间的争吵、过多的占有都会减少“聚”，从而影响到个人的“索南”，因此提升个人的道德修养才是人们获得福运——“央”的根本。佛教在藏区传播以来，遵从佛教戒律生活成为提升个人道德修养的重要途径。

藏族把出家做喇嘛视作为家庭和父母积善的行为，至今大多数藏族家庭还会选择这样的积善方式。在云南迪庆藏区，有两个以上男孩子的家庭大都愿意选一个男孩出家做喇嘛，喇嘛要遵守各种戒律，但极少有人还俗。作为普通人，遵循“十善法”（不贪欲、不嗔恚、不邪见、不两舌、不恶口、不妄言、不绮语、不杀生、不偷盗、不邪淫）的生活是个人增加“索南”的重要方式。“十善法”中剥夺有生的生命是最为不善的行为，有生的生命包括人和其他动植物的生命，特别是人和动物的生命。在佛教思想的影响下，藏族最大的禁忌便是杀生，受此影响，藏民一年较少宰杀牲畜，他们虽然也吃牛羊肉，但通常不自己宰杀，杀牛取肉不仅会被人看不起，还会影响到个人的社会地位和威信。此外，藏族在饮食上也忌食鱼、虾、骡、马、驴、犬肉，不吃鸡、鸭、鹅等家禽，在献神、祭神时也较少供以肉品。

三、“聚”观念农业伦理

农业伦理作为农业行为中人与人、人与社会、人与生存环境发生的功能关联的道德感知，调节着人与自然间的平衡。为了维护农牧业生产的可持续发展，藏民将生产生活中“央”的获取与环境“聚”的维护相统一，以土地“聚”的利用与维护为根本，形成了藏族农牧业生产“择地域”“齐物用”“返天然”“有节制”的伦理规范。

农业生产需要有适宜的气候和土壤肥力，畜牧生产也需要有丰富的水草，为了保障农牧业生产的顺利进行，藏族农业生产会有地域的选择。藏区常由寺庙喇嘛和行政官员共同依海拔高低、距村庄远近等标准为每一个村子的山林划出一条“日挂线”，通常“日挂线”以上为封山区，禁猎禁伐，也禁止耕种放牧，“日挂线”以下才能从事生产活动。由于作物生长与动物放牧所需环境不同，在“日挂线”以下地域，藏民还会根据地力的不同将其划区分为牧场和农地。即便如此，当“日挂线”以下的地域发生滑坡、泥石流等自然灾害时，人们也会在这些地方设“日挂”以封山，用砌墙或挂经幡的方式将这一地区围挡起来以示警诫，并且不再进行生产活动。如有大的灾害发生，还要在封山时请活佛念经、背经书绕山以安神灵，并栽种与被毁树木数量相同的树木。这一地域划分和利用方式排除了不适宜种植和放牧的高山地带，也使农业生产不对自然资源有过多的占用。

通常藏族会选择在村寨周围种植作物，这与藏族村寨选址中“聚”的考察相关，这种考察也在农作生产中有所保留。拉萨河谷地区，藏民们在耕种之前要招“央”，用白石作为“央”的象征，人们在白石上洒一些青稞酒或撒一些糌粑，并沾上酥油，然后驱赶着牛围着白石犁出五道沟，分别撒上青稞、小麦、油菜、豌豆、蚕豆种子，然后唱祈神歌。十天后，人们查看白石旁五种作物种子的发芽情况，五种作物的青苗长出，白石也就拥有了“央”。由于“央”与“聚”的关系，能否招“央”成功与土地拥有“聚”的情况相关。为了保证草场能满足畜牧生产的要求，藏民们通常还要依照自然地形地势划分草场，并按季节选择不同的放牧草场，由此也形成了“夏放高山，秋放半山，冬放沟湾，春放河湾”的放牧安排，这样既可保障动物生长，又能维护环境中的“聚”。为此，藏族村寨有农牧业生产活动的统一安排，牧场草场也为集体公用，以避免放牧对水草资源的争夺和放牧与农业生产的冲突，许多藏族村庄都会通过集体约定或由头人统一安排放牧活动的时间和地域。小部分农地虽属个人所有，但也服从集体生产安排。农作生产中每遇耕地、下种、除草、收割等活动，头人都会召开村民大会规定开始时间和完成期限，一旦规定形成，大家都会遵照执行。

为满足多样化生产生活的需求、充分利用环境资源，藏族农业生产和生计活动具有丰富的多样性。在农区有限的土地中，藏民们不仅要生产主粮青稞、小麦，还要种植燕麦、荞子、蔓菁、油菜、核桃、花椒、酸木瓜等杂粮或经济林果，这些农业作物还要根据地域的不同选择不同的品种。此外，藏族民间流传着“有毒就有药”“有药便治病”的说法，为使农业生产顺利进行，他们还要保留或有意种植有毒性的植物药材，如草乌、三分三、马桑果、白泡树等，一方面取其“以毒攻毒”之意排除各种邪气；另一方面也将这些药材用于疾病防治，或者用于销售以增加农业收益。畜牧生产中，藏民们不仅要饲养牛、羊、马、骡、猪、鸡、犬、猫、蜂等多种动物，养殖活动中还要根据家畜习性选择放牧环境，除遵守“水马、旱羊、平地牛”等基本放牧原则外，还要根据动物生理情况进行调节，如将繁殖母羊放牧于干燥阳山，母牛放牧于沼泽草地，马、阉牛、羯羊放牧于高山草地等。除农牧业生产外，藏民还进行自然资源的采集、狩猎、伐木、采矿、手工业等生产活动。为了合理利用劳动力以获取足够的生活资源，部分藏族地区在旧时期有一妻多夫的婚姻习俗，除妻子在家从事家务外，几个丈夫往往从事不同的经营活动，有的从事耕种，有的从事放牧，有的做手工业或外出做交易，家庭成员彼此合作不仅可以集中有限的生产资料和劳动力，也有利于家庭财富的积累。新中国成立前，藏族地区有同属于农奴阶级的差巴、堆穷和朗生三种人，遵循一妻多夫制且有多种家庭分工的差巴阶层也较为富裕。通过多样化的种植和饲养，藏族农业生产不仅充分利用了生态系统产能，作物病虫害和家畜疫病发生的规模也较小。

农业生产总会对环境造成破坏，藏族不仅通过农业生产地域选择和多样化生产活动安排维护环境中的“聚”，还要以农业生产弥补自然“聚”的损失。藏族多样化的农作生产还要有意种植野生品种或老品种，以此保持作物生产与自然物种的延续。青稞作为藏族生产的主要粮食作物，是为数不多的既可以野生又可以栽培的物种。早在格萨尔王时代，青稞就有多个品种被种植，不同的青稞具有不同的地位，野生青稞被誉为本尊红青稞，以突出其重要性。如今在藏区虽然已无野生青稞的种植，但许多农户会保留 1～3 个传统青稞品种，将不同的品种种植于相邻的田块或同一田块的不同区域。藏族传统作物种植不仅不能灭虫，金龟子等农作物害虫还被视为神物而不得伤害。农作物病虫害虽然会带来产量损失，但在藏族人看来，人有了吃的，虫子也要有吃的，因害虫减少百多斤粮食产量不仅不是损失，还是一种善行。因此，在病虫害不严重时，他们不主张杀虫，因为杀死害虫也是一种罪过。当病虫害较为严重时，他们也会请喇嘛在受灾的田块中念经治虫，但喇嘛多采用念经及背经书绕田洒甘露的办法治虫，其目的还在于让虫得到佛法教化和甘露喂养。即使不得不使用农药，法师们也主张提前三天在喷药的地方给这些农作物上的小虫念往生咒、念佛号，请它们赶快搬家。藏民们不主张杀虫，传统农业也较少使用人工灌溉，因为灌溉也会杀死虫豸，藏民们许愿的方法之一就是向喇嘛保证不往地里灌水，以保全虫豸的生命。

牛、羊、猪、马被视为藏民的财富，特别是牦牛，但不论是在高山牧场还是住家饲养，藏民都较少将它们圈养起来，大部分时间家畜都处于自然采食状态，有时家畜也会走失，与野生种相配繁衍或野化。此外，藏族还有放生的习俗，为积德行善或家中有不顺时，藏民们会请活佛来测算，根据祈愿或还愿的大小，选择不同的动物放生。通常牛、羊、猪、鸡均放生于神山中，鸡也可放生于喇嘛寺中，鱼则直接放入江河。藏民们不敢猎杀放生的动物，任由其野化。由于家畜家禽的野化，藏民饲养的牦牛相比黄牛、水牛等家畜更难以驯服，鸡也具有较强的飞翔能力。与此同时，藏民还常通过杂交、回交等育种方式恢复自然物种。藏族喜欢饲养的犏牛由牦牛与黄牛杂交而来，由于其产奶量大和役用性好而成为藏民喜欢饲养的家畜，经过母犏牛与牦牛或黄牛的几代交配又可再次获得自然的牦牛或黄牛品种。

在农业生产“返自然”的同时，藏族农业生产对土地和环境资源的利用也较为节制。藏族地区传统农业通常一年只种一季，民主改革前，西藏有大量的耕地退耕和撂荒，耕地中休闲地所占比重也较大，即使是在土地垦殖率较高的河谷平原地区，休闲地所占比重也在10%～20%，高寒地区休闲地所占比重则更高。藏族农牧业生产规模也较小，新中国成立之前，西藏除拉萨河河谷、年楚河河谷、泽当平原等河谷地区开发程度较高外，广大高寒山区的垦殖程度均较低，宜农土地未能得到充分利用，耕地极为零星。至20世纪50年代，藏区载畜量仍小于理论承载量，西藏属于藏区载畜量指数较高的地区，实际载畜量只有理论载畜量的66%。藏区山林中虽然野生菌、药材、木材、虫草丰富，但藏民们对其采集的数量也不多，发展市场经济以前，野生菌一般只采集那些成熟开伞的，而且不能多采，海拔较高、位于神山中的虫草则更少被藏民们采集。上山伐木也和野生菌的采集相同，藏民们不在一个地方砍伐所需的树木，而是要在不同的地方选择树木砍伐。打猎时藏民不仅要请供猎神、履行长时间的斋戒，猎人套捕猎物也有禁忌，只要绳套套中了猎物就要立刻收手，不能贪得无厌。此外，打猎还有季节的限制，许多藏族村寨在“乡规民约”中规定从田里出苗到收割结束期间不准打猎和捕鱼，也不准下河洗衣、拆房倒墙，甚至村民还不准吵架。违反规定的村民不仅会受到经济处罚，还会受到道德的谴责。虽然藏族以蓄养牛羊为生，但即使是拥有300只藏羊的牧户，每年宰杀五六只羊食用已很奢侈，如果视自己家的牛羊为放生牛羊，则一只也不能宰杀。

由于藏民在农业生产中对环境“聚”的维护，藏区虽然土地开发和技术投入有限、农业生产产量不高，但仍可维持藏族人民日常生活所需。以藏族居住较多的西藏为例，1952

年西藏人口约100万，全藏播种面积达202.3万亩（13.4万公顷），平均单产约80.3公斤，人均产量约135.1公斤，牛、羊等家畜共计974万头，人均9.74只。酥油产量约759.5万公斤，人均7.6公斤，1公斤酥油需10～15公斤奶，人均占有奶量为76～114公斤。据《西藏的商业和贸易》一文研究，西藏年出口羊毛量达210万～300万公斤，出口量占生产量的一半，每年生产羊毛量为420万～600万公斤。与膳食营养平衡的日本人均年消耗粮食110公斤、动物性食物135公斤相比，藏族人均粮食和动物性食品占有量可满足藏民基本的生存需求。此外，还有一半羊毛产量可用于出口、换取生活用品，加上对其他自然资源的利用，排除社会分配的影响，“聚”观念农业伦理不失为环境保护与生存利益相统一的生产规范。

四、“聚”观念农业伦理的启示及其现代转化

在传统农业生产与土地生产力“聚”维护的关联中，藏族传统农业生产保障了藏民的基本生活需求。一旦突破“聚”观念农业对土地生产力的维护，藏区农牧业发展将带来一系列生态环境问题，由此也影响了藏民生活水平的提升和藏区的可持续发展。

以人均粮食占有量为标准，藏区粮食产量较低，新中国成立后，提高粮食产量成为藏区农业发展的方向，利用现代农田水利、栽培施肥、品种改良等技术，藏区农业突破了原有的粮食生产地域限制。1953—2000年，藏区持续不断地进行草地垦荒，其中，西藏累计垦荒10.367万公顷，青海累计垦荒54.855万公顷，四川牧区垦荒5.142万公顷，甘肃牧区垦荒9.46万公顷。这些开垦的耕地中很大一部分因不适宜耕种或缺乏肥力而不得不弃耕，这一现象在青海尤为突出。1956—1967年青海省累计垦荒62.5万公顷，但耕地面积仅净增2.3万公顷，1968—1978年累计开垦土地面积达3万公顷，但耕地总面积基本未变。大量的土地开垦造成了草场和森林的破坏，而弃耕又进一步导致弃耕土地本身及周边更多土地的沙化、碱化和退化。由此产生的经济损失也在不断扩大。对2000年青藏高原净增耕地平均每年造成的直接生态经济损失进行测算，西藏为3 000元/公顷，青海为5 400元/公顷，甘肃牧区为6 000元/公顷。随着时间的推移，这一损失将会不断增加。

在开垦土地、扩大作物生产之后，发挥藏区草场优势、扩大畜牧业生产成为藏区采取的另一经济增长措施，这一措施再次打破了藏族传统自然多样化生产格局。由于一部分草场被开发为农地，藏区以畜牧为特色的产业发展导致的是环境的超载。1951年，实际载畜量与草场理论上可承受载畜量之比的载畜量指数为66%，1964年西藏实际载畜量就已占理论载畜量的108%，至1990年，这一指数达157%。1951年，青海省载畜量指数为53%，至1991年，这一指数达到132%。四川、甘肃载畜量指数也于1988年达到最高，分别从1951年的51%、42%增加至142%、124%。农牧业生产的扩张使藏区生态环境不断恶化，西藏、青海、四川、甘肃、云南藏区草原沙化、退化无一能够避免。其中西藏草场沙化、退化情况尤为严峻，20世纪90年代，“一江两河”农区严重、强烈和正在沙化的土地占比达60%，藏北和藏西北各类土地沙化面积达4万公顷。1992年后，明晰产权的草山承包制作为有效解决因草山“公有”责任主体不明造成的生态破坏的措施在藏区实行，但在经济利益的驱动下，这一政策未能取得成功。藏区有关生态环境影响研究发现，

草山承包制实行以来，藏区生态环境恶化的状况并未得到缓解，草山生态仍持续恶化。2004 年全国荒漠化沙化监测统计结果显示，西藏荒漠化沙化总面积达 6 503.3 万公顷，青海荒漠化沙化总面积达 3 172.25 万公顷。

为了解决环境资源不足的问题，藏族传统依靠自然的农牧业生产逐渐被化肥和地膜等现代农业技术取代。以西藏为例，1980 年化肥折纯量为 0.3 万吨，至 2018 年，用量上升为 5.2 万吨，增长了 16.3 倍。而农用地膜使用量也呈持续上升态势，1994 年用量为 65 万吨，2014 年用量达 1 778 万吨，增长了 26.35 倍。由此带来的土壤板结和土地利用强度增加进一步加剧了土壤的退化。2005 年以后，国家加大了退耕还林还草力度，一部分草场严重退化地区和重点生态环境保护地区实施了生态移民，土地沙化面积有所下降，但至 2014 年，西藏耕地沙化面积仍有 2.18 万公顷。退耕还林还草虽然减轻了生态压力，但随着耕地的退化，藏区粮食人均占有量呈下降趋势。1999 年，西藏耕地面积为 36.26 万公顷，人均粮食占有量为 363 公斤，至 2018 年，西藏耕地达 44.4 万公顷，人均粮食占有量下降至 306.7 公斤。与此同时，农业生产成本不断增长，1999 年，西藏农牧渔业中间消耗为 12.5 亿元；2018 年，中间消耗增加至 63.3 亿元，增长 4 倍有余。为了解决藏区环境维护与生产间的矛盾，国家加大了藏民环境维护的转移支付力度，但由于农业和其他收益的不足，西藏仍是我国特困地区中面积最大的贫困区。在贫困人口中，缺乏耕地、草场、牲畜等生产资料是最为突出的致贫原因。

转变农业发展方式后，一部分借助传统“聚”观念农业伦理发展农业产业的藏族乡村却取得了生态环境和生存状况的改善。迪庆藏族自治州维西县塔城乡巴珠村过去由于气候寒冷、自然条件恶劣、基础设施落后，是迪庆藏族自治州维西县贫困面积最大、贫困程度最深的村子。近年来，在村书记及村民委员会成员的带领下，以保护环境资源的多样化产业发展经济，该村走出了一条生态致富之路。该村山林、牧场由集体管理，放牧牲畜、采集野生菌，外村成员不得随意进入，村社内部成员也需遵守规定的森林资源砍伐限额以及野生菌采集时间。为保证这一规定的执行，每家每户都需要派出人员守护山林，违反规定的村社成员要受处罚。此外，巴珠村还以行政村为经营主体，成立了“生态产业党小组”“药材产业党小组”“经济林果产业党小组”“畜牧产业党小组”，负责产业发展的产前、产中、产后的示范带动以及技术培训指导。他们对农业生产进行统一安排，统一农牧产品生产、销售和村寨旅游服务定价，以此平衡各产业的发展，减少因抢客、拉客造成的矛盾，使那些能力或劳力缺乏的村民也能获得收入。这一村社集体经营方式不仅在生物资源产业发展中有效保护了村社的森林和环境资源使其免受大面积的破坏，通过环境资源的集体管理和多种产业的发展，也增加了藏民的收入。如今，巴珠村不仅森林覆盖率达 99%，村民存款数量也位居全镇第一，成为维西县最富裕的村子之一。

藏区现代经济发展的经验表明，自然环境维护仍是藏民幸福生活的保障，传统“聚”观念农业伦理作为藏区环境适应性生产规范仍然在藏区现代农业发展中具有指导作用。藏区现代农业伦理的构建无疑要与现代市场经济和科学技术相结合，但那些有助于藏民生活改善的产业政策和技术措施仍需在环境维护中为“聚”观念所诠释。由于藏区生态环境的脆弱性，传统“聚”观念仍是藏区环境改善需要遵循的规范。同时，在藏民人口增长和收入增加的压力下，“聚”观念农业伦理还需要在现代经济社会语境中获得新的诠释。

自然经济依靠生物多样性的利用满足人们的生活所需，现代市场经济以差异性和不平衡性获得交换价值，在差异性利用中，环境多样性利用为两种经济生产提供了耦合的可能。民族地区人民生活条件的改善和资源的有效配置离不开市场经济的调节作用。近年来，随着我国社会生产力水平的提高，人们的生态消费意识逐步增强，生态屏障建设和生态功能区红线的划分得到了社会的广泛认可，旅游等环境消费支出不断增长。民族地区收益不再局限于传统的农产品交易，自然景观、农业景观、文化休闲、生态养生等非农生产收入越来越成为民族地区经济收入的重要来源。2005—2018 年，按当年价格计算，西藏旅游收入从 19.4 亿元增长至 490.14 亿元，增长了 25 倍。2014—2018 年，青海省旅游收入从 202 亿元增长至 466 亿元，4 年增长了 2.3 倍。而旅游业发展较早的云南迪庆藏族自治州，至 2018 年，旅游总收入达到了 275 亿元。在消费多元化的推动下，藏族地区环境多样性优势、文化差异优势逐渐转化为市场优势，藏族“聚”观念农业伦理可以通过农业的景观、生态和文化功能等多元价值的聚合获得市场利益。

与自然经济下法律规约对社会成员的压制不同，市场经济法律多采用恢复性制裁，其目的还在于拨乱反正，将社会关系恢复到平等、自由的状态。弥补农业分工效益的不足，农业补偿成为各国激励农业生产、发挥农业社会作用的重要措施。藏族地区经济发展长期滞后，生态环境脆弱是一个重要的原因。要弥补环境生物多样性农业效益的不足，一方面，政府可以根据生态产出率对不同地域环境给予补偿；另一方面，由多样性农业承担的社会和政治效益也可以通过转移支付成为藏民现实的经济利益。

【参考文献】

（略）

（原文刊载于《民族论坛》2020 年第 3 期）

新时代中国共产党的“三农”价值认识

李 敏 尹北直

中国共产党因时因地制宜所制定的农业农村工作方针，体现马克思主义伦理思想的精神追求。党依据民族复兴历史使命，将中国农业农村发展状况进行历史地考察、研究、横向与纵向比较而得出的价值认识，是制定“三农”工作方针的基础。以习近平同志为核心的党中央倡导新理念、新思想、新战略，把发展农业、造福农村、富裕农民、稳定地解决14亿人口的吃饭问题作为治国安邦重中之重的大事，就如何推进现代农业、促进农民增收、深化农村改革等提出了一系列战略性、前瞻性、创造性观点和要求，反映出新时代党的“三农”价值认识的新变化。

一、党对“三农”工作价值认识的总体特点

以习近平同志为核心的党中央明确提出了“乡村振兴战略”，符合民族根本利益，是民心所盼。因此，新时代党中央处理农业、农村、农民问题的最大突破，是不限于“三农”而论“三农”，着眼于乡村振兴与城乡融合，突出地体现了创新、协调、绿色、开放、共享发展的理念，坚持以人民为中心，真正解决和彻底消除农与非农、乡村与城市之间的鸿沟，构建和形成了农业多重功能、农民多重属性、农村多重价值的现代“三农”认知观[①]。

以习近平同志为核心的党中央认识到，实现中国梦，基础在“三农”。在对农业的价值认识上，不仅强调农业是“基本盘”，更强调“食为政首”“谷为民命”，指出农业对民族复兴而言不可替代的战略性作用：“中华民族的伟大复兴不能建立在农业基础薄弱、大而不强的地基上，不能建立在农村凋敝、城乡发展不平衡的洼地里，不能建立在农民贫困、城乡居民收入差距扩大的鸿沟间。”[②] 同时，农业的生态价值和文化价值、粮食对国家安全的战略价值、农业发展对农民乃至全体人民生活幸福的重要性等，均被提到重要的位置。要“下决心把民族种业搞上去”[③]“提高农业质量、效益、整体素质”[④]。对农业发展总的态度，是实现粮食安全和现代高效农业相统一。

在新时代的政治语境中，“农村”化为“乡村”，一字之差，反映了党中央一力破除城

---

① 张红宇．坚定不移推进农业农村优先发展［J］．中国党政干部论坛，2019（3）：6－11.

② 张祝祥．坚持农业农村优先发展谱写内蒙古乡村振兴新篇章［J］．理论研究，2018（4）：67－72.

③ 中共中央文献研究室．十八大以来重要文献选编（上）［M］．北京：中央文献出版社，2014：664.

④ 《中共中央关于制定国民经济和社会发展第十四个五年规划和二〇三五年远景目标的建议》，人民日报，2020－11－04.

乡差距的决心，以及对农耕文化这一中华文明基本载体的价值认同。十九大提出乡村振兴战略，既是从处理好城乡关系、实现共同富裕的价值目标出发，亦是站在世界百年未有之大变局，筑牢中华文明精神根基的需要。因此，以习近平同志为核心的党中央坚决反对“以城吞乡、逼民上楼”，提出“新农村建设一定要走符合农村实际的路子，遵循乡村自身发展规律，充分体现农村特点，注意乡土味道，保留乡村风貌，留得住青山绿水，记得住乡愁”[①]。在乡村振兴中，不论是经济方面的精准扶贫、精准脱贫，增强贫困群众获得感；政治方面健全党委领导、政府负责、社会协同、公众参与、法治保障的现代乡村社会治理体制；文化方面注重传承发展提升农村优秀传统文化，强化农民的社会责任意识、规则意识、集体意识、主人翁意识；社会方面提高农村民生保障水平，以及生态方面持续改善农村人居环境等，均是要在全党和全社会营造乡村振兴良好氛围，避免“农”字背后的低认同感，提倡尊农、爱乡的社会新风尚。

对农民问题而言，以习近平同志为核心的党中央在制定农业农村政策时，体现了坚持农民主体地位，充分尊重农民意愿的原则，坚持了发展依靠人民的基本立场。2018 年 9 月 23 日，我国迎来第一个中国农民丰收节。习近平总书记代表党中央，向全国亿万农民致以节日的问候和良好的祝愿：“希望广大农民和社会各界积极参与中国农民丰收节活动，营造全社会关注农业、关心农村、关爱农民的浓厚氛围，调动亿万农民重农务农的积极性、主动性、创造性。”从“互联网＋农业”到“综艺＋扶贫”，当农业变得时尚，农民不是在城镇化、市民化中承受二重身份悖论的尴尬，而是集成了更多文创、休闲、养生的时代新人。从保障和改善民生出发，党中央高度重视农民群众的获得感，重视发展成果由人民共享。党对农民积极性的重视、对发展新型职业农民的支持，使农民成为令人向往、有吸引力的职业，为在微观上实现工农互惠的价值追求奠定了基础。

这些新的“三农”价值认识，有其深刻的历史依据、政治情怀。在社会主义革命和建设时期，党领导农民开展社会主义建设，主要完成了农业支持工业、农村支持城市发展的任务；在改革开放和社会主义现代化建设时期，党在处理领导农民率先发起改革、实现农村经济快速发展的同时，一方面，明确提出“三农”，开始下决心解决已经长时间积攒的一系列问题；另一方面，在发展和解决旧问题的同时，也出现了一些新的矛盾因素，如经济发展与生态环境保护之间不够协调等。于是，新时代，以习近平总书记为代表的中国共产党人以长期工作经验和理论探索为基础，形成了关于“三农”工作的重要论述，着重于以全民族作为价值主体，从民族复兴的要求出发，在实践活动中促使“三农”对价值主体形成新的价值关系。这萦系着“社会主义道路上一个也不能少”的共同富裕理想，表现出要彻底改造发展中滋生的城乡失衡与社会关系异化的决心。

总之，在新时代，党中央对“三农”工作价值认识的特点，是更为强调农业的战略性、乡村作为文明根基的不可替代性，以及农民在发展中的主体性，“农业农村农民问题是一个不可分割的整体”[②]。党的“三农”新认知带动了全体人民对城乡融合与乡村振兴的热情，“中国要强，农业必须强；中国要美，农村必须美；中国要富，农民必须富”成

① 习近平：《在云南考察工作时的讲话》，人民日报，2015-01-22.

② 中共中央文献研究室．习近平关于“三农”工作论述摘编［M］.北京：中央文献出版社，2019：8.

为全社会共识，正因为中国共产党“举全党全社会之力推动乡村振兴，促进农业高质高效、乡村宜居宜业、农民富裕富足”[①]，故而“农业基础稳固，农村和谐稳定，农民安居乐业，整个大局就有保障，各项工作都会比较主动”[②]。这既体现了人口大国、发展中大国的基本立足点，也体现了一个马克思主义政党对实现共同富裕目标的信念与决心。

二、党对促进“三农”发展各要素的价值认识

以习近平同志为核心的党中央对促进农业农村发展各要素的认识出现了新的进展，一方面，对于促进乡村各方面建设的具体要素，考虑得愈加细致全面；另一方面，从宏观政策的角度，对农业农村发展的制度保障进行了新的部署，要求调动产业、人才、文化、生态、组织等各方面的积极因素，着力促进农业高质高效、乡村宜居宜业、农民富裕富足。

对促进农业高质高效的要素，党中央进行了高屋建瓴的思考和总结，其突出特征，便是将改革创新作为发展农业现代化的不竭动力。2013 年，习近平在山东农科院调研时指出，“解决好“三农”问题，根本在于深化改革，走中国特色现代化农业道路。”[③] 2014 年，李克强在中央农村工作会议上正式强调，“加快推进农业现代化是现实与历史的重大任务”；“过去我国农业发展取得巨大成就，靠的是改革创新。今后加快推进农业现代化，仍然要靠改革创新”[④]。作为发展动力的改革创新包含了两方面的内容：改革，即要调整与变革生产关系；创新，即要创造生产力新的增长点。由于“加快农业现代化，既涉及生产力发展，也涉及生产关系变革”，这一总的要求给出了解决农业结构性矛盾、农产品国际贸易风险、农业资源环境约束等一系列问题的根本解决出路。只有改革创新才能长久发展，正所谓“农虽旧业，其命维新”。

在此基础上，党中央对促进农业现代化的各要素及其价值作用和具体要求进行了分析（表 1）。

表 1　以改革创新为动力，加快推进农业现代化的要素分析

促进农业农村发展的要素	要素的价值、作用	政策工作的具体要求
农业产业化	按市场规律办事，讲求经济效益，让农民有积极性	由“生产导向”向“消费导向”转变；由单纯在耕地上想办法到面向整个国土资源做文章；产业链“内外联动”
多种形式适度规模经营	农民群众的自觉选择；农业现代化的必由之路	重要方式：土地流转；其他方式：土地股份合作和联合、土地托管、订单农业等；坚持因地制宜；培育新型农民

① 中国政府网：《习近平出席中央农村工作会议并发表重要讲话》，2020－12－29. http://www.gov.cn/Xinwen/2020－12/29 content5574955.html.

② 中共中央文献研究室．十八大以来重要文献选编（上）[M]. 北京：中央文献出版社，2014：658.

③ 央广网：《习近平在山东农科院召开座谈会：手中有粮心中不慌》，中国广播网，2013－11－28. http://china.cnr.cn/gdgg/201311/t20131128_514264155.shtml.

④ 中共中央文献研究室．十八大以来重要文献选编（中）[M]. 北京：中央文献出版社，2016：258－261.

（续）

促进农业农村发展的要素	要素的价值、作用	政策工作的具体要求
农业可持续发展	不断送发展，让透支的资源环境得到休养生息	“减、退、转、改、治、保”；加强技术指导，建立健全资源制度
农业政策支持和资金投入力度	确保农业投入只增不减，确保财力集中用于农业现代化的关键环节	集中力量建设重大水利工程；完善农产品价格形成和调控机制；健全金融支农制度
两个市场，两种资源	作为世界上农业开放程度最高的国家之一，农业深度融入国际市场是机遇也是风险挑战	加大引进国外关键技术、管理经验、种质资源和高层次科研人才等力度；调控好进出口规模和节奏；农业“走出去”
新型城镇化	与农业现代化相辅相成，对农业现代化有辐射带动作用	解决好“三个一亿人”问题；积极推动以城代乡、以工促农；多渠道促进农民增收；深入推进新农村建设；加快推进农村扶贫开发

资料来源：《十八大以来重要文献选编（中）》，中共中央文献研究室编，中央文献出版社，2016。

总的来说，对于农业生产力而言，要提升粮食等重要农产品供给保障水平、农业质量效益和竞争力，以及产业链、供应链现代化水平，“给农业插上科技的翅膀”“促进农业技术集成化、劳动过程机械化、生产经营信息化、安全环保法治化，加快构建适应高产、优质、高效、生态、安全农业发展要求的技术体系”①；对于农业生产关系而言，要“深化农村改革，完善农村基本经营制度，要好好研究农村土地所有权、承包权、经营权三者之间的关系，土地流转要尊重农民意愿、保障基本农田和粮食安全，要有利于增加农民收入”②。

对促进乡村宜居、宜业的要素，党中央着重提出了“创新乡村治理体系，走乡村善治之路”③ 的要求。由于“西方工业化国家在二三百年里围绕工业化、城镇化陆续出现的城乡社会问题，在我国集中出现”④，故而，“乡村治理”强调自治、法治、德治的结合，是实现农村现代化的核心路径。在此基础上，基础设施、生态保护、乡风民风、党的建设等要素均作为实现乡村善治的价值客体而得到重视。新时代要强化农村基层党组织领导作用，吸引、培养一批思想先进、能力突出的优秀党员，发挥优秀党员先锋模范作用和带头示范作用，提升基层党组织领导力、凝聚力，实现基层治理与时俱进；新时代又要加强农村思想道德建设和公共文化建设，用优秀乡村文化提振农村精气神，培育文明乡风、良好家风、淳朴民风，提高乡村社会文明程度；新时代还需加强村庄基础设施、公共服务设施建设，通过农村设施的完善满足农民多方面需求，提升农村公共服务水平。在党中央领导下，各地用乡村“法律明白人”推进“法治中国”建设，用“智慧物联”推进“平安中

① 新华社：《习近平在山东考察：汇聚全面深化改革的强大正能量》，中国政府网，2013-11-28. http://www.gov.cn/ldhd/2013-11/28/content_2537584.htm.

② 人民论坛编辑部：《习近平“三农”思想新观点新论述新要求》，中国共产党新闻网，2015-10-21. http://theory.people.com.cn/n/2015/1021/c82288-27722874.html.

③ 习近平．论坚持全面深化改革［M］．北京：中央文献出版社，2018：407.

④ 中共中央文献研究室．十八大以来重要文献选编（上）［M］．北京：中央文献出版社，2014：680.

国”建设；用“厕所革命”推进“健康中国”建设，用“最美庭院”推进“美丽中国”建设；“物”的现代化与“人”的现代化并重，积微成著，聚少成多，推动各要素在乡村善治中协同发挥作用。

对促进农民富裕富足的要素，党中央全面顺应农民群众对美好生活的向往，把“农民技能化”和“乡风文明化”作为农民能力素质和精神面貌的价值评价标准，聚焦增加农民收入和提升农民生活品质，重视发展、提升农民综合素质方面的价值，并将发动农民、组织农民、服务农民贯穿乡村振兴全过程，充分尊重农民意愿，弘扬自力更生、艰苦奋斗精神，发挥好农民在农业生产和农村建设中的主体作用。通过让广大农民平等参与现代化进程，让农民逐步摒弃落后、愚昧的思想观念，用新进的观念意识武装大脑，同时，提高农民科技文化素质，多渠道增加农民收入；构建新型职业农民培育体系，为实现乡村振兴注入新的活力。

三、对重塑城乡关系的价值认识

在新时代，社会主要矛盾转变为人民日益增长的美好生活需要和不平衡不充分的发展之间的矛盾。中国城镇化率已逼近60%。当城镇化率处在50%～80%之间时，城乡发展独立性削弱，依赖度提高，城乡发展的相互制约因素加大，城乡都难于独立发展，尤其是超大、特大、大城市，即使中小城市也是如此；城乡互促互补要求增强，城乡融合或城乡一体是城乡发展的共同目标，城乡统筹是城乡管理的主要方法，城乡逐步应进入协调平衡的发展状态[①]。因此，以习近平同志为核心的党中央基于马克思主义对缩小工农差别、消除城乡对立的思想要求，不失时机地提出“我国处于正确处理工农关系、城乡关系的历史关口”[②] 的科学论断。对重塑城乡关系形成了新的价值认识。

城乡融合发展是重塑城乡关系的主要方向，是解决新时代社会主要矛盾的必然选择。城乡发展不平衡不协调，是我国经济社会发展存在的突出矛盾，是加快推进社会主义现代化必须解决的重大问题。改革开放以来，我国农村面貌发生了翻天覆地的变化。但是，城乡二元结构没有根本改变，城乡发展差距不断拉大趋势没有根本扭转。以习近平同志为核心的党中央十分重视推进城乡发展一体化，坚持从国情出发，从我国城乡发展不平衡不协调和二元结构的现实出发，从我国的自然禀赋、历史文化传统、制度体制出发[③]，对城乡关系调整做出了新的部署，强调“互促”“互补”“融合”[④]。以习近平同志为核心的党的新一代领导集体站在新的历史高度，从推进农业一二三产融合、加强农业基础设施建设、质量兴农、发展和壮大村级集体经济等方面提出要求，着力于促进农村经济发展，同时注重农业农村的公共服务，注重乡村治理，立足于确保乡村社会的充分活力、和谐有序。

---

① 朱建江．习近平新时代中国特色社会主义乡村振兴思想研究［J］．上海经济研究，2018（11）：7.

② 习近平．把乡村振兴战略作为新时代“三农”工作总抓手［J］．求是，2019（11）：页码不详．

③ 人民日报：《习近平在云南考察工作时强调：坚决打好扶贫开发攻坚战　加快民族地区经济社会发展》，2015-01-21.

④ 中共中央国务院：《关于实施乡村振兴战略的意见》，光明日报，2018-2-5.

实现乡村振兴是重塑城乡关系的根本途径。“把农业和工业结合起来，促使城乡之间的差别逐步消灭”[1]，是共产主义运动的政治理想之一。19 世纪中叶以来，无论是社会主义思想家还是资本主义改良思想家，都意识到农业与工业的均衡、农村与城市的融合不仅有利于经济发展，更是人类幸福生活的必由途径。马克思的城乡观包含着城乡关系的发展目标和价值指向，即消除城乡对立和差别的共产主义城乡一体化的社会目标[2]，以习近平同志为核心的党中央把实施乡村振兴战略作为新时代“三农”工作的总抓手，深刻认识到，只有农村不断实现产业兴旺、生态宜居、乡风文明、治理有效、生活富裕，加快培育农业农村新功能，才能使农村留得住人，甚至比城市更具吸引力；乡村全面振兴之后，才能通过互利互补达成城乡宜居程度的同步改善。于是，在党正确方针的指导下，新时代不仅“进城”继续进行，农业转移人口的市民化程度不断加强，新的“下乡”也成为潮流，懂农业、爱农村、爱农民的“三农”工作队伍源源不断进驻乡村，进一步促进了农业的现代化和农村的迅速发展，使工农差别、城乡差别进一步缩小，“四化同步”不断力行，而工农互促、城乡共荣，一体化发展亦取得阶段性胜利。城乡关系的面貌改变，整个社会的面貌也随之改变。

传承发展提升农耕文明是重塑城乡关系的价值基础。新时代统筹城乡发展、振兴乡村的政策导向有一个非常明显的新特征，即是在人民生活水平显著提高的前提下，着力于优化工农城乡群众的社会心理，传承发展提升农耕文明。“如果人们只看到穷，但不是历史地看，发展地看，就很容易失去自信心，自暴自弃，也很容易让外面的人动起异样的‘恻隐之心’：同情有之，望而却步有之，看不上眼也有之”[3]。2013 年 12 月，在中央农村工作会议上，习近平总书记指出，农耕文化是我国农业的宝贵财富，是中华文化的重要组成部分，不仅不能丢，而且要不断发扬光大。多年来，在大力推进工业化、城镇化的背景下，工业文化和城市文化逐渐成为人们心中“现代文明”的同义词，城市与先进富裕、农村与落后贫穷的联系趋于固化。而农村的发展需要依靠人民，只有逐步改变对乡野的淡漠心理，才谈得上发展农村。因此，乡村振兴的基本前提便是农业、农村、农民重新认识自身，进行价值重塑和形象重塑。中国特色的现代化农业需要进一步与传统农耕智慧相结合，中国特色的现代化农村则应承载更多的文化、生态功能，而农民的精神面貌则是衡量城乡关系调整成功与否的重要标准：“如果我们改变了农村的外在面貌，却没有改变农民的精神面貌，那么新农村建设还是在低层次开展。”[4] 政府可以引导和支持，但不能代替农民决策，更不能违背农民意愿搞强迫命令。即使是办好事，也要让农民群众想得通。在这一价值认识基础上，遵循乡村自身发展规律，注重地域特色就成为的必由路径，正所谓“城乡有别，各美其美”，党对重塑城乡关系既擘画了历史性蓝图，又拿出了历史的耐心，谋定而后动，积小胜为大成，展现了博大的政治胸怀。

马克思主义者的政治伦理目标是使人民成为国家和社会的主人，实现全体人民共同富

① 中共中央国务院：《关于实施乡村振兴战略的意见》，光明日报，2018－2－5.

② 周志山．从分离与对立到统筹与融合——马克思的城乡观及其现实意义［J］．哲学研究，2007（10）：9－15.

③ 习近平．摆脱贫困［M］．福州：福建人民出版社，2016：21.

④ 习近平．之江新语［M］．杭州：浙江人民出版社，2017：198.

裕。在此过程中，农业农村不仅不能缺位，反而更应发挥巨大作用；乡村的生命力全面激活，才能推动城乡关系健康发展，使城乡融合成为现实。为此，新时代以来，党中央提出正确处理好长期目标和短期目标、顶层设计和基层探索、充分发挥市场决定性作用和更好发挥政府作用、增强群众获得感和适应发展阶段之间的关系，实施乡村振兴战略，因而在重塑城乡关系方面取得了举世瞩目的成绩；而通过这些举措，平等公正的价值理念正逐渐成为由社会共享的价值现实，全社会对乡村和农民的道德责任被进一步强调出来，农业生产劳动改造自然、塑造社会的巨大价值也得以彰显。这是通过利益关系调节而实现社会主义道德追求的范例。

四、结语

马克思主义政党为实现其道德理想，需要把改造主观世界和改造客观世界统一起来；要使城乡关系发生重大转变，不仅需要坚持维护农民根本利益、深化农村改革，也需要通过党自身的政治建设和理论建设，用正确的理论、方针、政策及其蕴含的伦理精神进一步规范、约束、协调城乡关系，引导全体人民重视“三农”、共同解决“三农”问题。因而，党自身对“三农”价值认识的发展与革新就尤为重要。

“三农”问题是农业文明向工业文明过度的必然产物。以习近平同志为核心的党中央从新中国“三农”工作的历史发展规律中汲取智慧力量，站在中国发展新的历史方位看“三农”，提高了对农业的战略性、乡村作为文明根基的不可替代性，以及农民在发展中的主体性等方面的认识，从产业、人才、文化、生态、组织等多方面着手促进乡村振兴，重视每一个要素的价值，着力促进农业高质高效、乡村宜居宜业、农民富裕富足；同时，重视城乡融合发展，实施乡村振兴战略，传承发展提升农耕文明，力图重塑农业、农村、农民的现代价值，全面调整城乡关系。在对“三农”价值认识调整的基础上，新时代党中央领导人民打赢脱贫攻坚战，实现全面小康，开启了乡村振兴与民族复兴新的伟大征程，不仅反映了无产阶级政党一以贯之的伦理追求，为通过利益调节实现社会主义道德追求积累了新的实践经验和思想智慧，也进一步丰富了人类和谐发展的伦理实践，在文明史上写下了公平向善的时代答卷。

三、农业生态/环境伦理

论《农业圣典》中的生态智慧与伦理意蕴

方锡良

摘要：《农业圣典》作为有机农业的奠基作品，既包含了丰富的生态智慧，又具有深厚的“农业伦理学”意蕴。作为有机农业的首要法则，自然法则崇尚混合农作，动植物互利共生，充分发挥自然共生协作机制，促进物质的自然循环和资源的合理利用，高效而简洁。任何持久的农业系统，其首要条件是维持土壤肥力和健康，肥沃健康的土壤是一个“活的有机生命体”，其中富含腐殖质、真菌与菌根，将为动植物的丰产优质和农业的健康繁荣提供坚实的基础。而健康的秘密就在于，肥沃健康的土壤为农业、食物和国民健康奠定基础。作为永续农业的核心主题，土壤的肥力与健康，既是农业生态系统耦合共生、均衡繁荣的基础，又充分体现了农业伦理学“重时宜、明地利、合宜有度、道法自然”的多维结构，是我们需要细加呵护的珍宝与财富。

关键词：《农业圣典》；自然的法则；活的土壤；健康的秘密；农业伦理学意蕴

作者简介：方锡良（1977—　），兰州大学哲学社会学院副教授，主要从事农业伦理学、马克思主义哲学、生态哲学与生态文明相关研究。

霍华德的《农业圣典》，作为有机农业的开山之作，通过对比古今东西农业生产实践与经验教训，尤其是深入研究东方（中国、印度等）农业生产经验和生态智慧，总结凝练出“永续农业应遵循自然法则，采取混合农作、均衡种养、保持肥力等措施”“基于土壤腐殖质基础上肥沃健康的土壤至关重要，事关农业健康持续发展和国民健康”“农业应进行整体、综合研究”等重要观点，为农业的现代化和生态转型，进而为后世农业的健康可持续发展指明了方向、奠定了基础。

霍华德围绕着“土壤的肥力与健康”这一永续农业的核心问题，来展开其有机农业思想，这一思想对当今的“土壤治理、水土保持、病害防治、持续农业、食品营养、人类健康均具有深远影响”[1]。

这本书首先深入阐发了土壤肥力的性质作用与恢复途径，进而通过对印多尔堆肥工艺原理、应用与发展的深入考察，来阐发利用作物秸秆、动物粪污乃至城镇垃圾等生产腐殖质，从而提升土壤肥力的堆肥工业方法，之后又通过考察土壤通气性、土壤疾病和动植物病虫害等主题，揭示出土壤肥力与健康事关动植物健康以及国民福祉、人类健康，这一系列研究既奠定了有机农业的基础观念与科学依据，又充分发扬了传统农业的文化价值和实践智慧，把传统农业和有机农业的价值提升到社会繁荣稳定、健康持续发展的高度。

当代中国正处在全面建设小康社会的重要阶段，“三农”问题的解决、生态文明的建设，尤其是乡村振兴战略的推进，都需要在农业领域进行顶层设计、战略规划与结构转型、实践创新，《农业圣典》中的生态智慧与伦理思想值得我们认真思考和深入领会。

一、自然的法则

农业，最为基础性、始源性地关联着人与自然之间的关系。今天，当人们借助于工业化、市场化和技术化体系而大规模改变传统农业生产生活方式之际，人与自然之间的关系问题，尤为突显：在人们忽视自然法则、深度改变农业生态系统、过度攫取土地等自然资源的背景下，我们的农业如何才能健康持续地生存和发展下去？

（一）自然简一之道

霍华德认为土壤管理的自然法则或自然农业的基本规律是：混合农作、自然循环、合理利用、种养均衡。具体而言，就是结合当地自然环境、气候条件和农业传统，选择合适种类与数量的作物与动物，让动植物共同生活，促进农业生态系统的自然循环与合理利用，为土地提供充足的腐殖质、养分和水分，从而确保农业的可持续发展。而肥沃的土壤和健康的环境又有助于抵御病虫害的影响，并提供健康的农产品，从而有利于身体健康和国民素质。

霍华德以森林为例，来说明这一自然法则的威力。在森林中，各种各样的动植物共同生活、互利共生，其中阳光、雨水、动植物残体等，都能够得到较为合理充分的循环利用，不会形成太多浪费，也不会产生太大危害。阳光、降水等被各类植被加以合理充分利用，动植物残体经由细菌、真菌以及其他生物分解转化为营养丰富、透气性好且具有良好涵水性能的腐殖质，从自然生态系统的角度来看，自然的土壤最为经济高效，它能有效储存各类养分和水热资源并持久合理地循环利用，并不需要太多额外的化肥与农药，其自身就可以维护自然的高效循环与生态系统的均衡有序。

森林自己生产营养丰富的腐殖质，将各类养分有效储存在土壤库中，不会造成太大浪费，并不断从底层土壤中补充矿物质，进而充足的水肥条件、自然的生长环境与物种之间的制衡作用，有利于提升动植物的抵抗力与免疫力，抑制了各类传染疾病或病虫害的大规模暴发与过度蔓延，自然界中的各类事物兼容共存。总之，大自然能够很好地肥沃自己和保护自身。

可以说，大自然本身就是一个优秀的管理者，其法则简洁而高效，这一法则注重混合农作、自然循环、合理利用、互利共生，从而形成生态均衡。

（二）古今东西方对比视域下的农业实践反思：回归自然法则

霍华德还从历史发展的角度总结了罗马帝国农业衰败的原因，以及传统东方农业实践经验和现代西方农业实践的经验教训，对这些不同地区、时代农业实践特点与经验教训的对比性分析，有助于我们更好地理解农业领域的根本自然法则。

罗马帝国的军队与战争不断消耗国力，地主经营加剧了自由农的衰败与国家的衰退，种养失衡更进一步加剧了土地肥力衰竭。其结果是罗马帝国的土地肥力日衰，农民合法权益受损，农业缺乏健康与活力，所以农业最终走向衰败。而传统亚洲农业作为一个相对稳定的系统，非常重视粮食与饲料作物的种植，以满足衣食之需；同时注重混合种植与种养平衡，如注重谷类与豆科作物的混合种植，注重复种与轮作，充分利用动物粪污与作物秸秆、杂草、绿肥等生产腐殖质，增加土壤肥力。尽管传统亚洲国家人口众多、灾害频仍、土地资源有限，但在注重混合种养、循环利用、精耕细作、培肥地力等传统农业思想的指导下，却在有限的土地上养活了众多人口并保持肥力，维护了自然农业和小农经济的长久发展，进而维系了庞大帝国的权威和文化传统的发展延续。

今日西方农业实践倾向于扩大农场规模、普遍推行单一种植，并广泛使用农药化肥、农业机械和农业科学技术，因其具有节省劳动力和减轻劳动强度、提升效率和产量、简便好用、技术强大等优势特点，而被广泛推广使用。这一工业化、市场化和技术化的农业生产模式与发展路径，现在已经成为大多数国家或地区农业发展主导模式，其中的许多深层次问题日益显现。现代人在过度追求高产、高效益、高利润与便利化的动机驱使下，借助于工业和技术，不断扩大单一化种养，大规模施用农药、化肥等，不断掠夺、侵凌和扰乱大自然，破坏农业系统平衡。而狭隘的功利主义、日益细化的专业分工和逐渐烦琐的技艺，又使得各类问题越来越复杂纠葛，许多问题沉疴已久，积弊日深，必须得有根本的转变。

根本转变之道，就是回归自然简一之道——师法自然、系统耦合。道法自然、敬天法地、精心耕作、培肥地力，在深入理解和领会自然法则（“道”）的基础上，积极保护农业生态系统均衡有序，维护土地的肥力与活力，促进万物生生不息、日新又新。进而，利用农业生态系统内部各亚系统之间，以及农业生态系统与经济社会系统之间的系统耦合，推动有机、生态农业发展，以“保持和改善该系统内的生态动态平衡为总体规划的主导思想……获取生产发展、生态环境保护、能源的再生利用、经济效益四者统一的综合性效果”[2]。

（三）师法自然之实践

霍华德以牧草种植为例来说明“师法自然”的生产实践。

牧草种植的基本原则是：师法自然、混合种养、精耕细作、培肥地力、提升土壤活力和牧场承载力、助力草畜健康。这些观念充分体现了有机、生态农业的自然法则。

牧草种植的基础条件是：施用足够的腐殖质，保持土壤通气性，并使用合适的牧草品种。禾本牧草和豆科苜蓿属于同一组植物，也是菌根形成者，对腐殖质反应明显。它们都需要持续的农家肥以提供充足的腐殖质，适度耕作和管理土壤以保持通气性，“并通过活的真菌桥（菌根）在植物营养和草地管理中发挥关键作用”[1]。

霍华德还考察了牛羊群合理的室外取食与生活对于培肥草地、提升牧场承载力的积极作用：牛羊粪尿遗撒在牧场上，牧草与粪尿、空气、土壤接触，经由土壤中的微生物作用生产腐殖质，蚯蚓等劳动者进一步分配腐殖质，增强通气性；借助于菌根作用，牧草和苜蓿根系充分利用腐殖质，提升牧草产量和牧场承载力，而且也会减轻病害和虫害，提升牲畜的健康水平，这是土壤管理自然法则的鲜明例证之一：混合种养、自然放养畜群具有积极作用。

人们可以借助于东方农业的长期经验，尤其是精耕细作传统，来培肥地力、提升通气性，如此一来就可以有效解决世界上的草地问题，大道至简，“土壤一定要回到活的生命状态里，微生物和蚯蚓一定要有新鲜的腐殖质和空气，土壤条件改善后就要提供牧草和豆科作物”[1]，如此一来，可以生产出大片绿色的地毯，草地也将如森林中的大自然那样美丽多彩。

二、活的土壤

（一）有机整体与系统综合视野中的“活的土壤”

培肥地力或维护土壤肥力之所以如此重要，最为基础的原因就在于肥沃的土壤中富含腐殖质。这些土壤是养分丰富、充满活力的“活的土壤”。约而言之，“土壤肥力就是大自然活动创造的一个环境条件，这些活动既包括生命年轮的逐渐演化，也有农业第一法则（即生长过程与腐解过程间的平衡）的认识和实践。其结果应该是一个活的土壤，丰产、优质的作物和健康的动物，腐殖质就是土壤肥沃和农业繁荣的关键”[1]。

为此，我们需要从生命循环和系统分析的角度来开展研究，换言之，土地（壤）问题需要联系自然生态系统开展整体研究。今天，越来越细分化的科学研究和专业化的实验分析，不足以完整有效地阐发农业问题，要想真正理解农业真谛，应采用有机整体的观点和综合研究的方法。

以棉花研究为例，霍华德认为其“最根本的缺点是把不同影响因素分割开、缺乏方向、不能准确把握问题、科学方法过于狭窄以及没有充足的种植经验等”[1]，而这种过于细化的专业分工及其研究往往导致：割裂总体、视野狭窄、经验匮乏。所以霍华德在考察棉花生产时，强调我们要进行整体研究，既要生产和施用腐殖质，以恢复土壤肥力，同时在特定区域中，也要保持牲畜数量和棉花种植面积之间的合适比例，从而保持种养平衡。未来的棉花研究将始于一个新的基础——土壤肥力，肥沃的土壤不仅有助于植株碳水化合物和蛋白质的合成，增加纤维产量，改善纤维质量，从而提升价格，而且可以有效保持水土，节约用水，增强抗病性，改良种质。

作为农业之母体的土地、自然，乃是一个有机联系的整体，同时生命循环（之轮）各阶段紧密关联，生命链条密切关联、循环往复，我们应联系自然系统、采用综合系统方法去研究土壤肥力。从有机农业的观点来看，“我们面对不是一堆简单的死的物质……而是一组巨大的有机复杂体，其中生活着一些看不见的‘劳动者’”[1]，这些劳动者主要有腐殖质、真菌、菌根等，并且腐殖质也并非静止不变，而是动态变化，不断被微生物所分解。富含腐殖质的土壤是“活的有机生命体”，它充满活性，不断动态变化。

（二）腐殖质有效保证土壤活力：化肥与腐殖质作用对比

在霍华德看来，化学品永远无法取代腐殖质，“因为大自然注定土壤必须是活的，菌根互动必须是植物营养的重要一环”[1]，菌根互动过程中的真菌桥把土壤和植株密切关联在一起。而各类化学替代品，虽然施用方便，短期效益较好，但终将付出极高的代价才能恢复土地的肥力和生态系统的健康均衡。

霍华德在分析印多尔堆肥工艺的实际应用时，曾经结合不同种类作物，通过深入对比化肥与腐殖质在农业活动中的不同作用，充分揭示了腐殖质的活力与作用，并着重考察了土壤和植物之间的自然营养渠道及其作用机制——腐殖质及其与真菌、菌根的共生关系。

通过观察茶园改善的例子，人们发现了腐殖质的作用机制，除了提升土地肥力之外，更进一步原因还在腐殖质与菌根真菌的共生关系，这种夯实地力的作用、巧妙共生的关系，是肥沃土壤具有活性与生命力的基础所在。

就茶园培肥的最优方法而言，一派认为茶叶产量直接受土壤中氮元素供应的影响，所以最为简便的方法是采用便宜的人工肥料——硫酸铵，但霍华德认为“全世界的趋势是土地越肥沃，人工肥料就越无效，直到效果彻底消失”[1]；另一派即腐殖质派，强调“茶叶种植的核心是质量，应尽可能保持土地的原始肥力”[1]，通过施用各类新鲜腐殖质，并采取正确利用遮阴树种、绿肥作物措施，土壤会逐渐变得肥沃，作物也会自我供应氮素，而无须加入过多人工肥料。这种观点从长远角度来考虑问题，并不急于当年提升产量，而在于长久储备土壤肥力，以持久缓释土地的肥力，生产品质更高的产品。所以，需要长远考虑、储备肥力，以提升质量。

在此，霍华德提出了一个有趣的问题，即在这两种较为鲜明对立的观点之间，采取一条中间路线，用化肥补充腐殖质，这个方法是否真正有效？为此，霍华德进一步考察了施用堆肥促进改善茶园、提升茶叶品质的内在机制：除了提升土地肥力之外，腐殖质与菌根真菌之间存在着微妙的共生关系，腐殖质刺激了植物根部菌根真菌的发展，通过根部菌根这个媒介来影响茶株健康生长——产量、质量以及抗病能力。“茶株的健康问题并非只需提供便宜的氮素营养，还需要腐殖质和菌根真菌的共生关系”[2]。而水稻也是菌根形成者，对于有机质或腐殖质也有明显的反应，堆肥施用明显改善了土壤状况、增加了土壤肥力，促进了水稻丰收和品质改善。

长期施用化肥，不仅会造成土壤板结、肥力下降，还会造成作物品种退化。这在甘蔗品种上有显著体现。霍华德追问：为什么一个甘蔗品种会退化以及为什么会生病？在自然养分充足的条件下长出健康新芽时，甘蔗的品种性状表现持久；但是当甘蔗新芽在施用化肥条件下萌发时，其品种是短命的。其基本理由是：化肥会导致甘蔗初期营养不良，生长活力弱化。这样碳水化合物和蛋白质的合成较差，结果是一代低于一代。它会消除或阻碍真菌的消化吸收，不能抵抗病害侵袭，最终导致退化。这种初级营养不良与生长活力丧失的影响，在许多作物中表现非常普遍。

充足的腐殖质，不仅培肥了地力，增强了作物的活性，而且也能有效地控制病虫害。以玉米为例，“良好的种植方式能够提供一种自动控制寄生害虫的方法”[1]。如果我们用来自牛圈中的含土垫料制作富含腐殖质的堆肥，然后施用于被独金角感染的土地上，就可以有效避免病害的困扰，第二茬玉米再次摆脱了独金角的困扰；而对照组未施用腐殖质的土地则深受病害困扰，形成“红色的地毯”。

化肥虽然使用便捷、快速有效，但它无法取代有机肥和腐殖质的地位和作用。“化肥是一个人良心的责任和诱饵。然而腐殖质意味着更多的劳动，更多的关注，更多的运输和麻烦。不过，腐殖质是永久性农业的基础，化肥则是现在和已经消逝的昨天的政策”[1]。

从长远和整体来看，施用腐殖质具有促进农业健康可持续发展的诸多基础功效：改良种质、维持特性、保持水土、减少用水、增加产量、增强抗病性、改善品质、提升价格。

而从中华传统文化角度来看，正是基于这些肥沃的土地和活的土壤，我们才能接地气、通地脉，“厚德载物”的地德才能真正得以实现，我们的国家和民族才能历经磨难而生生不息。

三、健康的秘密

土壤健康与活力，事关农业健康、食物健康与国民健康。所以，从农业发展和国民素质等角度来看，健康的秘密其实很简单，就在于遵循自然之道，保持土壤肥力和健康，守护田园的生机与活力。在全球化贸易与工业化生产、市场化运作日益深化的背景下，那些大量进口农产品（如玉米）的国家，除了需要关注产品价格之外，还应依据生产与加工方式对所进口农产品的品质进行产品分级，这对于一个国家的粮食安全、农业的健康发展和国民身体素质具有深远的影响。

（一）土壤之健康事关农业、食物与国民健康

在霍华德看来，“食物的营养和质量是人类健康至关重要的影响因子”[1]，而不合理的农业生产、加工方式和不新鲜、不健康的食物都会带来健康的危害。

现代城市中销售的各类蔬菜很大程度上依赖于化肥施用与大棚种植，一般来讲，这种种植方式虽然“可能有令人满意的产量，但在口味、质量和保持特性等方面远不如农场有机肥料种植的蔬菜”[1]。

霍华德建议将商品蔬菜种植园扩展为一个有机综合农场，这是一个包含牲畜、耕地、草地和园艺在内的完整农业单元，基于混合农作、系统耦合与合理循环的基本原理，它将成为一个自我组织、循环利用的有机单元。其中很重要的有两点：第一，保持动物与作物（品种、面积、结构与顺序）适当的均衡，实现种养均衡；第二，充分利用农业废弃物生产腐殖质以培肥地力。这样一来，既可以发挥自然生态系统的自组织能力和自我修复机制，又能不断培肥地力、焕发生机，进而逐渐恢复土地的生机活力与健康有序。并且随着土地肥力的改善与活力的提升，农药、化肥的使用将逐渐减少，直至最后停止使用。霍华德认为，当我们的食物建立在合理的农业基础之上时，“从土壤到植物、动物和人就形成一个完整的自然循环，没有任何化学品和替代物的干预”[1]，当天然食品逐渐逃脱支离细化的农业科学视域和繁复多样的食品保鲜工艺时，则各类疾病就会逐渐减少减弱，农业和人类的健康可期。

我们所食用的各类农产品，不仅是谷物蔬菜，而且还有瓜果茶叶等，其良好的品质也依赖于健康的土壤，这一点在葡萄身上得到了很好的印证。霍华德曾通过对比东西方葡萄种植方式的差别来反思欧洲葡萄种植方式的问题：葡萄种植面积与牲畜数量之比例种养失衡，由于牲畜短缺而引发畜肥短缺，故而代之以更多的化肥，病虫害泛滥又加大了农药的使用力度，一系列不健康的种植管理方式，带来深远的问题——品种退化、抗病性下降、葡萄酒品质下降。痛定思痛，人们采取措施增加牲畜的数量，将农业废弃物转化为腐殖质，尽快回归自然的生产种植方式，恢复土壤的健康与活力，进而恢复和保持葡萄的品质。

土壤的健康，不仅关涉到我们直接食用的各类农产品，而且也关涉到草地的健康。在饮食结构逐渐发生变化①和草地退化沙漠化推进的背景下，草地的健康直接关涉到大农业的健康持续发展②与国民的身体健康。霍华德认为“世界上草地的问题只有一个，也很简单，即土壤一定要回到活的生命状态里，微生物和蚯蚓一定要有新鲜的腐殖质和空气，土壤条件改善后就要提供牧草和豆科作物品种”[1]。无论是禾本牧草还是豆科苜蓿，它们的健康生长都需要共同的条件——丰富的腐殖质与良好的土壤通气性，这两者都与土壤有机质联系紧密，而且其关键作用机制都是通过活的真菌桥在植物营养和草地管理中发挥关键作用。

（二）气与土壤健康

从肥沃的土地到优质农产品的转换，依赖于诸多有氧过程。各类土壤生物，如细菌、真菌和活性根系组织等，都需要充足氧气的有效供给。如此一来，土壤通气性就成为土壤健康的一个关键环节。而这与土壤肥力也又密切的关联，“只有当腐殖质含量达到较高水平时，土壤才能维持其良好的通透性”[1]。反过来，如果土壤氧气供给减少乃至耗竭的话，则会导致土壤肥力丧失乃至死亡。我们可以通过增加腐殖质和下层土壤排水、适度混作、及时深耕与除草等措施来增加土壤的通气性。

中国农业文化传统中的“气论”思想，不仅仅涉及土壤通气性，更深入地阐发了农业生态系统的运行机理，可以更好地帮助我们理解土壤的活力机制与健康条件。中国传统农业中各种“气”关涉到土壤生态状况与耕作原理，具有较强的生产指导意义。如《氾胜之书》中的“天气、地气、土气、阴气与和气”等概念，其中“‘天气’主要指气温状况，‘地气’和‘土气’主要指土壤温度和水分状况，‘阴气’主要指降水以及土壤的水分状况”[3]，尤其是秋分时节，天地气和，谓之“和气”，适时合理耕作，土壤性状可达致最佳状态，谓之“膏泽”。进而，作物的栽培管理，尤其要注意随着时令变化和土壤性质来合理安排作物耕作方法、节奏与程序，不仅改善土壤的通气性，更使得土壤的水、热、气、肥诸条件相互协调，使得土壤更加健康可持续。

（三）从土壤疾病与农业病害来理解健康的秘密

土壤的相关疾病，以水土流失和土壤盐碱化为代表。

土壤的轻微流失，本是大自然的正常活动；土壤的合理运动，也是一个自然循环过程。正常状态下，大自然会通过风化、剥蚀、水流等作用，搬运和积淀土壤，并逐渐形成肥沃的土壤和广阔的冲积平原，奠定农业持久发展和人类繁衍生息的基础。保持在自然系统内与合理限度内，土壤的运动与流失，也许会带来部分危害，但同时也农业和农民带来更大的希望，如江河一年一度的泛滥，既带来了洪涝之灾，也给下游冲积平原带来肥沃的土壤。

① 现代社会生活中，人们对各类谷物、主粮的直接消费逐渐下降，而对各类优质蛋奶肉类制品、水果蔬菜的需求不断增加。

② 从农业发展趋势来看，我国农业有一个从传统耕作农业向现代草地农业、复合农业转变的趋势，进而，从产业系统角度来看，现代农业是一个统合农林牧副渔诸领域，融合一二三产业的复合大农业系统，草地的健康构成了草地农业、畜牧业等健康可持续发展的基础。

但日益频繁剧烈的人类活动，尤其是那些功利主义的滥砍滥伐、过度垦殖与放牧等人类活动，却将“毫无害处的自然过程转变为一种土壤疾病，也就是众所周知的水土流失，它是一种人为的土壤疾病，代表了肥力丧失的开始”[1]。在霍华德看来，水土流失，根源在于土地的滥用，其问题的实质和关键在于修复自然水利系统，完善水利设施，恢复集水区的贮水、排水功能，用自然的方式向城乡提供日常水源供应。通过对比日本治理水土流失的经验和中国黄河流域水土流失的教训，霍华德强调要将自然生态系统或江河流域当作一个“有机整体”来对待，根本问题是有效保护上游区域的植被，尤其是森林和草地的恢复和涵养，那些“由有生命的森林覆盖赋予的要素，包括土壤保护、土壤孔隙和保水能力，在解决水土流失中起到了关键作用”[1]。草地既是所有农业土地利用之基础，也是地表排水系统设计中的一个重要因素。治理水土流失，我们既要将整条河流沿线流域当作一个自然单元，加以整体把握和系统研究，又要因地制宜，针对不同地域与实情，采取不同措施组合。基本的水土保持措施包括：保护流域上游植被覆盖，提高土壤腐殖质含量，恢复土壤团粒结构，禁止过度垦殖与放牧，利用等高线种植或排水等。

土地盐碱化，其成因主要包括：过度灌溉、过度耕作、过度施肥。过度持续灌溉会降低土壤渗透性和通气性，既造成土壤缺氧，又会“破坏土壤颗粒与土壤有机物的黏合作用”[1]；而过度耕作，既会破坏土壤腐殖质积累与库存，也会破坏“土壤颗粒和团状结构所依赖的有机黏合力”[1]；过度施肥，既会破坏土壤的有机化合过程，也会促进厌氧发酵。上述三者，都会造成盐碱土地的形成与加剧，其改造的代价非常巨大，提供了许多农业失败的经验教训。盐碱地的改造，可用足够的石膏来处理土壤，利用水洗法等去除可溶性盐分，并添加大量的有机物和腐殖质，进而通过合理的灌溉与耕作来提供充足的土壤通气性，保证灌溉和排水、通气与肥力的有机结合，改良土壤，使其恢复生机与活力。

如何理解和处理动植物病虫害？这不仅仅是一个农业科学技术层面的问题，更是一个密切关联农业实践经验和农业生态系统的深层问题。霍华德因此而进一步追问：基于学科细化、实验研究与表征思维的现代农业病虫害研究，是否为农业提供有永久价值的东西？对于越来越多的各类病虫害，除了发明和使用越来越厉害的毒药去攻击它们，是否还有什么替代方法？东西方农业实践能为我们提供什么有益的经验教训？[1]这些基础性的问题非常值得人们深入思考和探究。现有的病虫害研究，往往基于狭隘分科、缺乏整体视域、脱离农业实践，破坏科学研究开展所必需的“自由空间”，这种工作及其基础上的病虫害防控机制代价高昂，往往将农业生产引向歧途，终将失败。只有基于感兴趣的真实问题、农业实践经验、有机整体的综合系统研究，才能理解农业的真正问题和病虫害问题的实质所在，从而提供更为基础深入、系统综合的病虫害防治方法，并为未来提供指引。

在上述理论高度与实践经验指引下，霍华德称农业是一门艺术，“研究者既要是一个农民，又要是一个科学家，而且要对所有涉及因素胸有成竹”[1]。农业真正的问题乃是“如何种植（养殖）健康的作物（动物）？”由此来看，疾病的本质并非病毒或害虫入侵、危害农业，而是“一个复杂的生物系统的破坏，其中包括土壤以及与之相关的植物和动物”[1]。所以，真菌、昆虫乃至病毒等并非农业病虫害的真正原因，而是大自然派给我们的“检查员和指示器”，用以检查农业生产过程是否合理，指示当地那些不适合的品种、不适宜的耕作方法和营养不良的作物。“病害通常被认为是大自然对农业系统的惩罚，其主要原因是土壤被剥夺了培肥的权利”[1]。解决病虫害的正确方法不是去毁灭病菌或害虫，而是利用它们来指导农业实践，进一步，霍华德称病虫害为大自然的农业导师，农业应循此去弄清腐殖质、菌根组织与作物健康之间的共生关系，关注土壤与作物之间的相互关系，提供丰富的腐殖质来激活农作物自身的抗病性与提升农作物的适应性。

总而言之，只有拥有丰富的腐殖质和健康肥沃的土壤，才能有健康且富有活力的农业，才能自然而从容地应对各类病虫害，化害为益，和谐共生。

（四）城镇垃圾有效利用与农业健康发展

现行城镇垃圾基本处理办法往往是填埋或焚烧，结果污染环境、占用土地、浪费资源。城市各类有机废弃物和人粪尿已经全部脱离农业。从农业角度来看，城镇成为一个“寄生虫”，不断地从农业和土地中攫取资源和出产，却割断了物质循环代谢的路径，造成物质代谢的断裂，使得大量的有机废弃物（生活垃圾与粪尿等）无法及时有效地返回土地，从而及时补充养分、保持肥力，而且为了满足不断增长的城镇人口食物需要和工业原材料需要，人类又不断加大化肥农药的施用量，这更加剧了土地肥力的衰竭。

为此，霍华德展开了高屋建瓴的反思：

（1）从农业系统健康可持续发展的角度来看，“只有当地球肥力以及现存农业系统可维持的前提下，城镇才得以维持，否则我们的整个农业体系就将崩溃”[1]。

（2）从国民整体福祉和人类文明持续角度来反思城市垃圾处理方法。城镇垃圾或废弃物的处理经常被当作一宗生意，却并未从国民整体福祉角度来加以考虑，并通常会细分为“医疗、工程、行政、财务”等主题，以至于失去了方向，这一细碎化的做法会导致整个文明体系的崩塌。

在上述反思的基础上，霍华德提供了一条城镇垃圾的合理出路：其处理方法由填埋、焚烧转向堆肥利用，而垃圾填埋场也将变成一座座腐殖质富矿，通过对城市垃圾的资源化利用和返回土地，培肥地力，城镇生活将开启其对土壤的还债过程。

循此一思路，我们需要追问：城市生活中，在垃圾分类处理都难以有效推行的现实处境下，我们如何开展垃圾的资源化处理？其中的思想观念、行为方式、处理流程、机制保障、产业衔接等相关问题，如何得以有效解决？其中的劳力、资金、场地如何保障？

四、《农业圣典》中的“农业伦理学”意蕴

从更高的层次来看，保持土地肥力与健康，这一有机农业的核心论题，充分体现了农业伦理学的系统特征（巧妙共生、系统耦合）与多维结构（重时宜、明地利、合宜有度、道法自然）[4]，换言之，保持土地肥力与健康具有丰富的“农业伦理学”意蕴。

（一）《农业圣典》中所体现的农业伦理学“系统特征”

《农业圣典》中对“自然法则、活的土壤和健康的秘密”三大主题的探讨，都体现着农业系统中“巧妙共生、系统耦合”的基本思想。

就自然法则而言，大自然如同一个优秀的管理者，自然法则简洁而高效，它注重混合

农作、自然循环、合理利用、互利共生，从而形成生态均衡，而“道法自然”可谓农业伦理学的最高法则。

就活的土壤而言，霍华德强调作为农业之母体的土地、自然，乃是一个有机联系的整体，需要采用综合系统方法加以研究，从有机农业的角度来看，土壤、土地并非一堆简单、僵死的物质集合体，而是一个巨大的复杂有机体，是充满活力、不断变化的“活的生命有机体”，其中的关键是肥沃的腐殖质，而腐殖质与菌根、真菌之间的巧妙共生关系，恰恰是肥沃土壤具有活性与生命力的基础所在。通过与化肥作用的对比，我们还可以清晰地了解腐殖质对于恢复土地肥力和维护生态系统健康均衡的重要作用。

就健康的秘密而言，霍华德更进一步将农业自然生态系统与农业社会生态系统相联系，将农业系统健康的研究从农业生产扩展到与农业相关的社会生活各个领域，霍华德强调土壤肥力与健康对于农业系统健康、食物健康和国民健康具有深远影响，从而揭示出了健康的秘密，如建立在肥沃而健康土壤基础之上的有机综合农场，乃是一个自我组织、循环利用的有机单元，可以提供健康的农产品，逐步减少并抑制病虫害，恢复农业生态系统的均衡与活力；霍华德还进一步从整体把握和系统分析角度探究了现代农业生产与社会生活中“土壤疾病诊治、农业病虫害防治与城镇垃圾处理”等难题的问题实质和解决之道，如霍华德强调农业疾病或病虫害的本质并非病毒或害虫入侵、危害农业，而是一个复杂的农业生态系统遭受破坏，真菌、昆虫乃至病毒等并非农业病虫害的真正原因，而是大自然派给我们的“检查员和指示器”，用以检查农业生产过程、耕作方法是否合理，解决之道不是去毁灭病菌或害虫，而是利用它们来指导农业实践，弄清腐殖质、菌根组织与作物健康之间的共生关系，提供丰富的腐殖质来激活农作物自身的抗病性与提升农作物的适应性，从容地面对各类病虫害，化害为益，和谐共生。

（二）《农业圣典》中所体现的农业伦理学“多维结构”

中国农业伦理学的“多维结构”，主要包括“重时宜、明地利、合宜有度、道法自然”四个维度，这四个维度也体现在《农业圣典》的研究与分析之中，且以绿肥的合理积制与施用为例来加以集中阐发。

霍华德强调绿肥（尤其是豆科植物）施用的对于培肥地力、提升土壤活力大有裨益：绿肥的根瘤固氮作用可以为土壤提供丰富的氮肥，可以说是一座天然氮工厂，作物其余部分可以提供有机质或腐殖质，而且绿肥花费较少，不会严重干扰普通作物的种植。通过分析绿肥施用的经验教训，我们可以总结出其中的“时、地、度、法”等农业伦理学基础维度。

重时宜，因时制宜（时序与时节）。为更好地使用绿肥，人们需要与当地农业实践相结合，全面把握当地农业的氮循环知识，了解一年中氮积累或消耗的恰当时节与合理方式。例如，如果希望通过使用绿肥迅速提高土壤的养分，应在其生长初期进行翻耕；如果希望增加土壤腐殖质，则宜于在生长旺盛期进行翻耕。此外，人们还要关注绿肥作物生产制作与农作物生产收获的合理时序安排，让绿肥制作的腐殖质能够持久有效地培肥地力、促进农作物健康生长发育。

明地利，培肥地力，合宜有度，增加土壤活力。在绿肥作物种植之前，人们可以在土壤中施用适量的农家肥，以促进作物生长和根区菌根组织发育，同时应努力维护土壤腐殖质与植物之间的活的桥梁——菌根组织。绿肥翻耕后，人们要关注土壤的条件：是否有足够的氮素和矿物质、合适的水分、良好的通气条件和适当的温度。

依自然之法精慎管理。以积累硝酸盐、提供氮肥为例，霍华德追问：大自然是如何通过土壤微生物从有机质中获取硝酸盐以及如何加以调控的？

农民一般通过种植豆科作物或通过管理杂草和土壤藻类来让它们自动固氮。通过植株的生长和土壤生物转化为可资利用的氮素和矿物质。人们如果精细管理杂草和填闲作物，依据时序来进行混合耕作和适时间作，并辅之以动植物农肥，就能由大自然提供更高效的绿肥作物，这样甚至无须播种豆科作物，因为自然本身可以做得更好。腐殖质生产后硝酸盐的保留，或者说绿肥翻耕入土之后氮素的固定，都需要时间来完成，这并非简单地增加化肥氮素的问题，而是一个“宽泛的和涉及多方面的生物学问题”，而且它是一个涉及多种因素的动态问题，不同因素相互作用，“一方面与农业实践相适合，另一方面和季节相吻合”[1]。这样一个复杂问题，不能仅仅只是从氮素含量或碳氮比角度来解决，否则必然违反生物学法则，应效法自然。

五、结语

霍华德的《农业圣典》一书，作为现代有机农业的开山之作，围绕着“土壤肥力与健康”这一永续农业的核心问题，提出了一系列富有生态智慧与伦理关怀的重要观点：强调遵循自然法则（混合农作、种养均衡、保持土地肥力、自然修复）来发展永续、有机农业；借助于堆肥工艺来生产腐殖质、真菌和菌根，构造富有生命活力、肥沃健康的土壤，为农业、食物和国民健康奠定坚实的基础；同时结合农业生态系统与生产生活实践开展整体性的综合研究，以更好地理解利用腐殖质、真菌等来增强土壤肥力与健康的作用机制，以及土壤的肥力、健康与农业、国民健康之间的内在关联。“保持土地肥力与健康”这一核心论题具有丰富的“农业伦理学”意蕴，充分体现了农业伦理学的“巧妙共生、系统耦合”的系统特征，以及“重时宜、明地利、合宜有度、道法自然”的多维结构。

《农业圣典》中的这些重要思想与观点，既奠定了有机农业的观念基础与科学依据，又充分发扬了传统农业的文化价值和实践智慧，为农业的现代化和生态转型，为农业的健康可持续发展指明了方向、奠定了基础，有待人们进一步深化理解和付诸实践。

【参考文献】

[1] 霍华德．农业圣典［M］．北京：中国农业大学出版社，2013．

[2] 金鉴明．生态农业——21世纪的阳光产业［M］．北京：清华大学出版社，2011．

[3] 惠富平．中国传统农业生态文化［M］．北京：中国农业科学技术出版社，2014．

[4] 任继周，林慧龙，胥刚．中国农业伦理学的系统特征与多维结构刍议［J］．伦理学研究，2015（1）：页码不详．

（原文刊载于《中国农史》2019年第2期）

生态农业伦理的价值与事实之合

赖　毅　王金梅

摘要： 克服现代农业的生态危机，生态农业在关注农业技术改造的同时，农业伦理问题也越来越多地为学者们所关注。由于近现代以来科技与伦理的分离，针对农业生产及其产品和衍生产品的自然生态系统和社会生态系统的多重价值关联，现代生态农业伦理需要从价值与事实的关联中寻找解决问题的途径。西方价值与事实的分离揭示了伦理价值与科学事实的区别，但现代科学哲学研究和道德研究又从各自的角度揭示了出两者的相关性。科学研究在揭示科学事实道德影响的同时，道德研究也指出，价值判断需要以事实为基础，这一事实包括了道德事实和科学事实。由于中西方“德性”与“理性”价值导向的不同，中国传统农业形成了以道德事实为基础的生态和社会价值规范，西方生态农业则形成了以科学事实为基础的自然价值规范。由于两种伦理价值和事实的局限，实现人与自然的和谐，现代生态农业伦理还需要两种价值和事实的融合。在西方生态农业伦理寻求科学事实与社会价值统一的同时，我国生态农业伦理的构建不仅需要传统农业伦理的现代转化，还需要有生态科学事实和道德事实的社会认同。

关键词： 农业伦理；生态农业；科学；社会

作者简介： 赖毅，云南农业大学档案馆研究馆员，博士。

农业作为直接干预自然的生产活动，关系到人类的生存利益和环境系统的可持续性。克服现代农业造成的环境危机，发展人与自然和谐的生态农业成为我国生态文明建设的重要课题。解决生态农业发展中面临的生态问题和社会问题，中国工程院院士任继周在农业生态系统研究的基础上，提出重视农业发展的伦理维度。他将农业伦理学定义为探讨人类对自然生态系统农业化过程中发生的伦理关联的认知，亦即自然生态系统与社会生态系统耦合过程的付出与回报的合理性的伦理诠释。李建军通过对国外农业科学研究群体的价值分歧、哲学和伦理学的理论阐述以及农业和食品生物技术的现实需要，研究揭示了农业伦理发展中的多元价值诉求。严火其指出人类的自然观，人对自然界的基本看法制约和决定了传统的农业伦理。齐文涛、潘宝才、胡燕、卢勇等人揭示了中国传统农业伦理和少数民族农业伦理的现代价值，提出了传承和发展传统农业伦理的设想。孙雯波等人也关注了农业伦理与食物伦理多重伦理价值相结合的社会制度和教育问题。这些研究多以农业伦理的应然性价值为主开展研究，在提倡传统农业伦理的传承和发展中，对传统农业伦理的现代性适应还缺乏关注。随着全球化科技、文化交流的扩展，社会价值日趋多元化，传统农业伦理面临现代环境下的创造性转化与创新性发展，在这一转化和发展中，价值与事实关联为我们提供了思路。

一、价值与事实的分离与融合

价值与事实的探讨关系到求善与求真，求善的道德与求真的知识之间具有的区别与联系是伦理价值与科学事实分离与融合的根源。

古希腊智者认为知识有赖于具体的认知者，在他们看来，知识取决于人的主观判断，道德也不过是协约，因此没有客观真理，只有主观意见，良知也由主观来决定。反对智者派的言论，苏拉底提出“美德即知识”，认为人通过学习知识可以学会明智地控制自己的情感和欲望，从而在行动中弃恶扬善。柏拉图进一步强调“如果作为整体的心灵遵循其爱智部分（理性）的引导，内部没有纷争，那么每个部分就会是正义的”。由此他指出理性而非感性理解的不变模式的最高形式即为“善”，它既是宇宙的原理，也是人类的行为规范。亚里士多德虽然把德性分为道德德性与理智德性，但德性作为灵魂进行选择的品质，仍然要追求理智活动肯定的事物。此后，依据理性构建一种普适的道德原则成为西方哲学的理想。至近代，笛卡尔、斯宾诺莎等理性主义者均主张以理性知识控制感性的误用和泛滥，排除经验和情感内容的道德规则成为道德合理性的标志。

然而，休谟的人性研究却指出，虽然理性判断可以推动或指导情感，确实能够成为行为的间接原因，但由于情感、意志和行为没有实存关系真与伪的符合性判断，因此，道德的善恶区别不可能由理性做出。道德价值判断取决于人的情感，道德的普遍有效性也只能借助于人人皆有的同情来担保。由此休谟提出了从理性事实判断“是”推出道德价值判断“应该”是否有效的问题。康德虽然承认道德行为的动机是因为对那个行动或其结果产生了兴趣而具有的快乐感或不快乐感，但他认为道德法则的普遍性、有效性只能由具有客观性的理性来做出，情感偏好具有的主观性不符合普遍性客观法则，因此，道德情感只是道德变得必要的条件，真正的道德行为应来自理性认知的道德法则的约束。如其所言，“德性的唯一原则就在于它对于法则的一切质料（亦即欲求的客体）的独立性，同时还在于通过一个准则必定具有的单纯的普遍立法形式来决定意愿”。虽然理性认识把握的对象包括道德情感，但康德认为这一把握不同于理性对质料事实的把握，这不仅因为善与主体道德行为有关，而且与不依赖于人的先验的、形而上学的道德法则有关。要使一件事成为善的，仅有合乎道德法则的行为还不够，还必须是为了道德而做出的。

在康德的基础上，摩尔将道德问题区别为物自体实存的问题（道德法则）以及为这种实存采取的行动问题（道德事实），物自体实存的问题（道德法则）除道德事物本身外，不可能由任何真理来推论它们是正确的或是错误的，而为事物实存采取的行动应包括因果真理和行为主体的道德价值判断。此后，善的特性只能凭人的直觉、情感和态度把握成为一种理论倾向，即使排除道德形而上学的逻辑实证主义者也认为价值规范的客观有效性是不能用经验证实的。如艾耶尔就认为，“就它们不是科学的陈述来说，则价值陈述就不是在实际意义上有意义的陈述，而只是既不真又不假的情感的表达”。卡尔纳普进一步以语言的描述和表达功能区分了科学事实与道德事实，在他看来，描述有真假，而表达仅是一种态度，没有真假之分。与科学事实作为描述性的真假判断不同，道德事实（价值）仅是一种态度的表达，不具有客观性，因而不能成为科学。由于道德事实“价值的”主观判断与科学“事实的”客观实证不能相容，不仅科学知识因客观性被认为是价值无涉的，道德判断也因主观性与科学事实无关，由此产生的是科学与伦理的分离。

弥合价值与事实的分离，黑尔通过对语词的分析指出，尽管语词的描述性或评价性有不同的发展方向，不同语词的描述性与评价性也有所侧重，但这些不同并不否定语词具有的描述性和评价性双重意义，人类进行道德判断的基本前提是某种特定的标准或原则，这些标准和原则本身，也具有事实描述性和价值评价性双重品格。如其所言，“所有的价值判断都隐含着普遍性，这也就是说，它们都涉及一种标准，并且都表达着人们对一种标准的接受，而这种标准也可以应用于其他类似的事例”。通过道德判断与事实描述的关联，黑尔将道德法则作为人们表达与描述事实符合性的判断，从而使道德法则成为真与假的判断。在此基础上，普特南进一步揭示了事实、规范对价值选择的依赖，如其所言，“价值与事实无法分开，每一个事实都有价值负载，而我们的每一个价值都负载事实”。事实负载价值表明了价值对事实发现的指导和规范作用，真理作为语言建构的过程不再是价值无涉的，而是以价值为导向的，而价值负载事实表明价值以事实为基础，这一事实既包括科学事实，也包括道德事实好与坏的表达。

科学哲学对科学事实的研究进一步表明了价值与事实的这种缠结。拉卡托斯认为理论不能被证实，也不能被证伪，因为理论可以通过设置外围保护带理论调整修改与经验事实的不一致。奎因则指出科学命题的客观性与预先设定的模式有关，借助客观信息的相同并不足以表明事实描述的相同，因为同一经验可以为不同的命题提供实证，根据客观信息难以判断模式的相同。库恩把这一设定模式与不同时代的社会背景、不同的文化基础形成的科学研究范式相联系。法伊尔阿本德进一步点明，一切证据都是受评价者的世界观或自然观的影响而彻底地渗透理论的，一个理论可以同证据相矛盾，不是因为它不正确，而是因为证据受污染了。基于科学认识的社会成因，以布鲁尔为代表的英国爱丁堡学派提出了相对于科学知识“自然实在论”的“社会实在论”，认为所有知识都具有永远无法消除或超越的社会维度。

弥补布鲁尔以社会优先性解释科学知识的不足，调和科学知识自然实在论与社会建构论的矛盾，拉图尔提出了行动者网络理论。通过赋予人类和非人类同样的地位，将人类、非人类、自然、社会等各种异质性因素相结合，拉图尔指出，科学知识的实在性由自然行动者和社会行动者磋商决定，在科学技术活动中，科学知识在人类与非人类不同要素的联结、耦合与扩展中生成。弱化人类因素对科学知识的作用或弱化自然因素对人类社会的作用都有着片面性，都不能对科学事实和人们社会生活做出合理的解释。行动者理论将多种人类因素和非人类因素共同参与到科学事实的生产中，开启了现代科技与伦理的融合之门。

二、两种生态农业伦理的价值与事实之选

中西方生态农业虽然有着称谓上的一致性，但却有着本质的不同，这种差异根源于中西方人性规定的不同。西方以“理性”为人本质规定，形成的是以科学事实为基础

的，强调自然的内在价值（生态系统自组织价值）的生态农业伦理。而中国以“德性”为人的本质规定，形成的是以情感体验为事实基础的，强调自然的人化价值的生态农业伦理。

西方将“理性”作为人的本质规定，人因为具有理性而高于其他自然存在物，依据技术与理智的生活成为人之为人的生活和道德的追求。早在古希腊，哲学家就有物质与精神两分的倾向，他们认为一种或几种简单的物质受外在于物质的“爱”“恨”“心灵”产生运动变化形成不同的事物，柏拉图继而把事物的形式归结于事物之外的宇宙精神。亚里士多德虽然将质料与形式相整合，但仍把构成事物的动力和目的归结于事物之外。此后，人作为认识宇宙精神以及事物形式、动力、目的的理性主体与自然逐渐分离，人虽然能通过理性认识宇宙精神，但宇宙精神并不来自人的情感或意识。至近代科学产生以来，无论是培根观察实验归纳法对“四种假象”的排除，还是笛卡尔的数学方法都力图排除人的情感和主观意志，由此不论是作为近代科学典范的物理学，还是生理学、进化论、生态学和遗传学，研究的都是不包含人主观感情因素的物的科学。虽然人和自然事物共同成为科学研究的对象，但科学得出的事实仅限于人作为生物体或物的特性，而不包括人的情感意志。认识到人与其他生命均是生态系统的组成，减少人类活动对自然环境的影响，一种符合生态学物质、能量循环规律，甚至维护自然的“荒野”（自组织生态系统）状态的自然主义农业伦理提出。

有机农业之父霍华德就认为自然即是一个农业系统，因为“地球母亲从来没有试图离开动物从事过农作，他一直推崇着混合经营，精心呵护着土壤以防止水土流失，他把动植物残体转化为腐殖质以致没有废物产生，其他生物的生长和腐解是平衡的，并最大限度地保持着土壤肥力，尽可能截留雨水，在自然界动植物提倡自身保护不受病害影响”。因此，顺应自然的农业生产不需要从手到嘴的“进食”，而是通过生态系统之间的分工完成。大自然不需要喷洒药物来控制病虫害，也不需要疫苗和血清来保护动物，植物和动物照看着它们自己，即使动植物有病虫害，它们也不会大量发生。这一思想经过日本岗田茂吉对水稻、花卉、果树、小麦和大豆进行“无化肥、无农药”的栽培试验以及福冈正信“无肥料、无耕作、无农药、无除草”的“四无”农法的试验后进一步得到了系统总结。在他们看来，自然界是一个有生命的统一体，不容许分解，依赖分解“自然”而拼凑的知识因为缺乏对自然本质的认识，无论怎样合理的研究，都会犯原则性错误。因此，农业的本来面貌应是任其自然，以土改土、以草压草、以虫治虫等不花费大量劳动的有益的农法。福冈正信以顺应自然、花费劳力程度的不同将自然农法做了大乘和小乘的区分。大乘自然农法是归顺自然的、超时空的、达到最高境界的农法，将人作为自然界中的一员，其活动和生活与大自然保持协调一致，按自然规律办事，服务于而不随心所欲地去破坏自然。小乘农法是以达到大乘自然农法为目标，人为寻求大自然的恩惠，并为接受这种恩惠而进行不断调整和努力。人与自然的关系，表现为眷恋而又乞求自然，为达到最终目标而不断努力着。尽管自然主义农业伦理强调排除人的干预，但其排除的主要是人非生态运行规律的干预，在农业生产中，人只是生态系统的一员，人的活动需要遵循生态规律。

与西方将“理性”作为人的本质规定不同，中国古人以“德性”作为人的本质规定，追求德性的生活成为人之为人的生活。不同于西方对自然的认识，中国古人将万物视作物质与精神相统一的存在，这种存在体现在事物形成的基本物质“元气”中，元气因有精神而能自主运行，因而能变化为阴阳生成万物。由于“气”所具有的神，“气”所凝聚而成的万物均是可感之物，因此，《易·咸·象》曰：“天地感而万物化生……观其所感，则天地万物之情可见矣。”将万物视为精神的存在，也使中国古人能从多种情感体验上认识自然，如张载所言：“感之道不一，或以同而感，圣人感人心以道，此是以同也；或以异而应，男女是也；或以相悦而感，或以相畏而感。如虎先见犬，犬自不能去，犬若见虎，则能避之。又如磁石引针，相应而感也。若以爱心而来者自相亲，以害心而来者相见容色自别。”万物与人同情同感，因此，人也可以通过认识人来认识自然，以人与人之间的伦理规范作为人与自然的伦理规范。

由于人与自然同情同感，中国主流儒家以社会生活的“仁”“义”“礼”“智”四德来解释自然的运行。“仁”作为儒家极其核心和重要的范畴，与气所蕴有的“生生之德”的相联系，好生恶杀是天理之自然，也是人心之本然，所以人心之“仁”的本质属性为“生”，而人之“生”是天之生的流露发用。由此，仁之本初之爱与对“生”之爱相联系，既要爱人，也要爱万物。儒家将“义”与“仁”相联系，“仁者爱人，爱人，故恶人之害之也；义者循理，循理，故恶人之乱之也”（《荀子·议兵》）。“义”即是对天地生发运行规律（阴阳运行规律）的维护，其作用在于使万物各得其所，如《释名》所言：“义，宜也。裁制事物，使各宜也。”自然事物的生存和发展有它的条理，有其运行的规范与准则，人之“礼”在于对天地自然规律的效同，人对自然的效同要求人有节制，顺应自然，因此，“礼者，所以缀淫也”。缀淫即防止超过限度；儒家德性之“智”，不是聪明才智，而是明辨是非、善恶的能力。虽然儒家也把知“天”作为“智”的最高境界，要求人们把握和遵循阴阳运行规律，但知天主要还是对人性的认知和社会道德规律的把握，如孟子所言，“尽其心者，知其性也，知其性，则知天也”（《孟子·尽心上》）。

在德性价值观的指导下，中国古人也有其认识自然的方法，由于“气”的阴阳变化是万物物质与精神形成的根本，阴阳二气运行规律成为中国古人的“科学”事实。如《黄帝内经》所言，“阴阳者，天地之道也，万物之纲纪，变化之父母，生杀之本始，神明之府也”（《素问·阴阳应象大论》）。“气”的阴阳变化成为中国传统医学和农业生产遵循的自然规律。将这一自然认识与社会道德相统一，中国传统农业形成了“顺天时”“量地利”“合物性”“有节制”的农业伦理。“顺天时”即农业生产要跟随自然阴阳二气的变化把握农时，以阴阳二气盛衰消长对作物生产的影响来安排农业生产，以利于生物的生长发育；“量地利”即根据土壤状况进行生产，保持土壤营养，以保证自然的生长繁衍，同时还要弥补土壤地力的损失；“合物性”即“辨物居方”及“有其类，遂其情”，在辨别或认清农业生物的“物性”或“物情”的基础上，根据天地阴阳之气的运动变化，为作物创造一个有利于生长发育的良好环境，从而使作物的本性得以发展，顺利地完成其生长收藏的过程。“有节制”一方面表现为农业生产不可以贪多而草率，应做到少而精，种少种好，提高亩产，另一方面人类生活还要对自然资源的利用有所节制，不使环境资源因人的利用而枯竭。在传统农业伦理规范下，中国传统农业实现了“天人合一”，但这一“天”更多表现为与人类情感和社会道德统一的自然，而非排除人类的客观自然。

三、现代生态农业伦理的价值与事实之合

中西方生态农业伦理虽然都有利于自然环境的维护，但两种生态农业实践却表露了各自固有的缺陷，价值与事实选择的单一是其原因所在。

西方自然主义农业强调自然的客观性、先在性，甚至自然的“主体性”，否认人的主观干预，这种荒野自然观力图排斥人的实践，因为实践会改变自然的物质结构和原初形式，“破坏”自然原生的“完整、稳定和美丽”状态。尽管以自然生态的自组织方式开展农业生产减少了人的主观干预，但也因为农业伦理对人类主体作用的排斥而产生人道主义冲突，从而只能吸引少数人进行一些理想主义的试验，其出发点还在于以小规模、封闭式农业生态系统的生态循环合理性对常规农业进行批判。生态学原理表明，只有植物光合作用尽可能大，有足够的能量进入到农业系统，才有可能使农业系统进入到良性循环状态，因此，农业生产不能排斥必要的物质和能量较多量的投入。自然农法虽然可以小范围增加生态系统产量，但却因缺少外部投入，农产品产量并不能与系统产量的增长保持同步，缺乏人类干预的自然农法也导致了农业生产的高成本。以自然农法为主导的有机农业虽然尽可能采用作物轮作、作物秸秆、绿肥以及农田以外的有机废弃物和生物防治病虫害的方法来保持土壤生产力，但由于较低投入带来的物质和能量转化不足，生产力较低。

20 世纪 70 年代至今，以自然主义农业为特征的有机农业生产虽然有了快速发展，但有机农产品大多集中于畜产品、经济作物、水果等高价值农产品的生产，全球有机方式管理的土地中 90%用途明确，主要种植类型为有机草地、水稻与青饲料等一年生作物，咖啡与橄榄等多年生作物。大洋洲有机农业用地面积最大，但有机土地 97%为草场及牧区，产值的一半以上都来自家畜和畜产品。此外，有机土地占整个农业用地的比例仍较小，我国有机农业用地面积虽居世界第四位，占全国总耕地面积也不足 1%。

与自然主义农业减少人对自然的干预不同，中国传统农业并不排除人的作用，农业生产不仅有大量人力的投入，还有对自然环境的调节，但这一调节顺应的是感性认识的阴阳规律。在传统农业伦理规范的约束下，中国传统农业虽然没有对环境造成重大影响，但由于强调人的“德性”本质，中国古人致思的主要方面在“人”，自然的认识处于不受重视的状态，这也导致了中国传统除与人有关的农业、医学得到发展外，对其他自然事物的认识不足。由于重视反省、直觉、感悟等非理性的认知方式，中国传统农业生产技术的改进只能依靠长期的经验积累，农业生产投入劳力较多，生产率难以大幅度提高，人民生活长期处于饥饿的边缘。随着人口的增长和消费水平的提升，传统农业生产也因技术水平的限制导致自然环境的破坏。

中西方生态农业的实践表明，缺少自然价值和人类价值的生态农业难以达成其生态目标和社会目标。作为自然系统和社会系统相整合的生态农业，不仅需要自然科学的事实依据，也需要社会道德事实的支持。此外，随着理性科学的发展，人们不仅对生态系统有了更多科学认识，社会价值也在发生变化，人的自由、平等、公正、法治成为社会基本价值。由于中西方生态农业伦理各有其价值与事实的局限，弥合两种生态农业伦理价值与事实的缺失，中西方现代生态农业伦理趋向两种价值与事实的融合。

解决常规化学农业对环境造成的影响，以生物转基因技术克服化学农业污染的二次绿色革命兴起，为防止转基因技术带来的环境风险，西方社会开始以人类道德底线规范转基因作物的研究和推广。根据不伤害人、尊重人、有益于人、公正对待人以及人与人之间互相团结的伦理原则，转基因作物评价遵循福利原则、实质等同原则、遗传稳定性原则、基因不扩散原则及保障公众权利原则。福利原则要求种植转基因作物是为了提高粮食自给，同时也应当创造环境效益，使恶化的生态环境得到改善；实质等同原则要求转基因作物以人的安全为目的，同时也包括了动物是否受到伤害的比较。遗传稳定性原则要求保持外源基因的遗传稳定性减少有害物质的产生和营养成分的损坏，从而减少转基因对人或动物产生伤害。基因不扩散原则要求转基因作物不会造成对野生作物品种的基因污染以及对生物多样性的破坏。而公众权利原则要求通过公众与科学家的沟通对话以及对转基因作物研发、生产、推广的监督，以此避免转基因的环境风险和社会风险。

克服动物福利与人道主义的冲突，西方动物福利运动正在通过赋予动物福利以人们日常生活的意义来融合自然与人的价值。作为生活场域和科学场域的动物福利概念，从早期借助动物与人相同的感知能力反对虐待动物，主张动物权利不同，科学家们正在通过动物福利状况的测量结果指向生活领域中好与坏的价值判断，并通过好与坏的价值判断来决定我们对动物该做什么和不该做什么。

与西方生态农业发展路径不同，中国现代生态农业强调从系统思想出发，按照生态学原理、经济学原理和生态经济原理，运用现代科技成果和管理手段与传统农业的有效经验相结合，实现经济效益、生态效益和社会效益的增长。虽然生态农业也借助传统农业生产技术或有机农业生产方式，但由于这些生产方式缺乏现代社会价值道德事实的支持，这一农业模式却难以大范围推广和防效。正如任继周院士所指出，仅从农业生态系统科学难以理解生态农业，农业生产过程中的众多环节的分割与份额权重的确认；投入与产出的贡献与权益；社会习俗干预等制约因素都影响着农业生产的应该与不应该、正义与非正义。这其中，既有中国传统伦理城乡二元结构造成的城市利益对乡村利益的剥夺，也有市场分工效用对自然效用的取代和强势文化对弱势文化的改造。这些制约与干预使生态学、经济学和生态经济学原理难以发挥其生态效益，现代科技成果应用付出的是环境污染的代价和突出的“三农”问题。

由于中国传统农业伦理和生产技术社会基础与现代社会的不同，在西方生态农业伦理强调生态科学事实与人类社会价值相结合的同时，中国生态农业伦理不仅需要传统社会价值的现代转化，还需要将生态科学事实与道德事实好与坏的表达相统一。由于传统农业伦理具有的文化社会基础，中国现代生态农业伦理的构建仍需要以传统农业伦理为基础，但由于传统农业伦理的社会价值和自然认识与现代社会价值和自然认识的不同，其伦理内涵还需要在现代社会价值和科学事实中得到转化和发展。一方面，传统农业伦理中有利于环境维护的元素只有纳入现代社会经济运行模式和价值规范中才能发挥其生态作用。另一方面，那些有助于环境改善的现代生态科技、经济运行模式和社会组织方式以及法律法规也应在环境改善和人们日常生活意义好与坏的表达中为传统农业伦理所诠释。在这一过程中，科学事实与道德事实好与坏的判断相结合是关键。

与国外民众对转基因技术和动物福利的伦理争议以及伦理委员会对科学技术应用的干

预和规范不同，国内科学技术伦理问题大多局限于人文学者和科学家群体的讨论，缺乏民众的参与和诉求，在有关环境影响的重大经济项目开发决策中也缺少环境利益群体的参与，由此产生的环境投入与收益的不平衡使生态农业成为政府单方面的职责和意愿。在现代生态农业伦理的构建中，政府不仅需要依据生态学、经济学等科学事实开展生态规划和政策设计，还需要有农业生产者作为环境维护主体对这些规划和政策意愿的表达。改变当前中国生态农业的现状，作为公共产品的生态环境维护投入不仅应由政府负担，还应让环境维护主体从中获得生活意义好的感受，这样才能将环境维护的政府意愿内化为环境行为主体的责任。

【参考文献】

（略）

（原文刊载于《中南林业科技大学学报》社会科学版 2019 年第 6 期）

“地力常新壮”生态价值探析

阎　莉　贺　扬

摘要：作为一种注重实用的理论，地力常新壮不仅对农业耕作者如何改善土壤有重要的指导作用，而且这一理论包含着丰富的生态价值，体现着农业耕作者如何在自身的耕作实践中按照自然生态环境的要求对土壤施粪，进而促使生长在其上的禾稼能够得到丰产以供应人类的需要。从整个地力常新壮思想产生来看，生态思想就贯穿于其中。同样，地力常新壮思想在具体运用中也是按照自然生态环境的要求加以展开。从更一般的生态价值来考量，地力常新壮思想其实反映着中国古代农业思想家如何看待土地、如何利用土地所处的自然生态环境而获得人类所需要的农作物产品。

关键词：地力常新壮；生态价值；农业

作者简介：阎莉，博士，南京农业大学人文学院教授，硕士生导师，研究方向为科技与社会、民俗学。贺扬，南京农业大学马克思主义学院硕士研究生，研究方向为农业伦理。

中国是农业大国，有着几千年的农业生产历史。在中国农业发展中，人们不仅积累了丰富的农业生产经验，同时也提出了一些具有重要理论价值和现实意义的农学思想，地力常新壮就是其中重要的农学思想之一，对人们如何解决在较少的土地上获得更多的收成有着重要的实践意义和价值。同时，地力常新壮思想也蕴含了丰富的生态价值，体现着人们如何利用有限的土地资源和生态环境达到高产的目的，值得从生态价值的角度对其进行深度挖掘和理解。

一、地力常新壮思想产生的生态基础

从历史发展的脉络来看，最早明确提出地力常新壮思想的是宋代农学思想家陈旉。在所著的《农书·粪田之宜篇》中，陈旉结合自身的农业耕作经验和当时社会地少人多的现实矛盾，提出：“或谓：土敝则草木不长，气衰则生物不遂，凡土田种三五年，其力已乏。斯语殆不然也，是未深思也。若能时加新沃之土壤，以粪土治之，则益精熟肥美，其力常新壮矣，抑何敝何衰之有？”地力常新壮思想自此产生。从陈旉的论述中可以看出，他提出地力常新壮思想是为了解决“凡土田种三五年，其力已乏”的问题，这在当时的农业生产中是常见的现象，即使是土壤肥沃的田地，种植三五年之后，其力量就减弱了，难以支撑庄稼更好地生长，其引发的后果就是收获的粮食减少，致使人们难以依靠有限的土地维持自身对粮食的需求。现实问题推动农学家思考并提出合理有效的解决办法，陈旉提出的

“地力常新壮”思想就是为了解决农民种地所遇到的现实问题。

陈旉提出解决土壤肥力减弱的办法非常简单并不复杂，具体而言就是“以粪土治之”。用通俗的语言来讲，就是往力量已经薄弱和懈怠的土壤里施加粪料，如此就可以“其力常新壮矣”，即不仅可以解决土壤乏力的现实问题，而且能够保持地力持续有效、强壮。

从陈旉对解决土壤肥力减弱的思想和方法而言是简单而有效的，但是其中所蕴含的生态思想却极为丰富，是中国古代农业生态思想的实践运用。中国古代农业生态思想的核心是人与天、地、物的关系，就是人怎样利用天、地和万物获得自身生存所需要的农产品。从人类生活实践而言，这似乎是一件寻常的事情，是几千年来农民日出而作日落而息的劳作过程。然而实际上这最为基本的实践过程却蕴含了人如何面对天、地、物等外在环境以利于自身生存的思想理念，在这样的生存理念中，中国古代农业生态思想得以产生和发展。

中国古代农业生态思想体现为人如何尊天时、尽地利、假外物。尊天时就是顺应天象和气象规律来安排农业生产，具体而言就是要知道什么时节最为适宜做什么事，按着时节进行劳作。先秦时期的《礼记·月令》系统阐述了如何按照天时安排农业生产，是中国古代农业生态思想中尊天时的具体体现，被具体践行的农民广泛使用，成为指导人们进行农业生产实践的农时。除了尊天时，还需要尽地利。因为无论在什么样农时之下操作的农业生产，都必须在人们生存的土地中加以展示。土地是生长养育万物包括人类的基础，是人所依靠的粮食的产出之处。由此，如何合理利用土地生长万物的功能以获得相应的收益，就成为人们必须思考和面对的问题。而且从可操作的层面讲，人们改变天时比较困难，至少在中国古代农业生产中，人们还没有能力改变天时，只能顺应天时。但是尽地利就不同了。人们可以对脚掌所踏之地进行改造，使土地最大限度地发挥效力。《墨子·七患》中就有“地不可不力也”之说。虽然这一说法还没有明确提出地力常新壮思想，但是已经蕴含了人可以改造土地的理念。在《周礼·地官·司徒》中，人们已经能够将“土”“与”“壤”加以区分：“以土宜之法，辨十有二土之名物，以相民宅，而知其利害，以阜人民，以蕃鸟兽，以毓草木，以任土事。辨十有二壤之物，而知其种，以教稼穑书艺。”这里的“土”被看作是没有改造过的泥土，适用于造房子或任草木鸟兽在其中生长，而“壤”指可用于耕作的土地，是经过改造了的土地。这说明，不是所有的土地都可以用于耕作，只有利于禾稼生长的土壤才适宜耕种。而土壤并非天然土地，需要经过人工改造。人们可以借助对土地性质的认识来达到改善土地为土壤的目的。既然天然土地可以被人认识和改造成为可以适宜耕种的土壤，那么土壤可以被改良以增强其支撑植物生长的力量就成为可想而知的推论。地力常新壮思想的提出就是这一推论的直接结果。

从地力常新壮思想的表述来看，陈旉看到了已经乏力的土壤可以被人工改造，使之适宜于种植相应的作物，这实际上蕴含着人对土壤生态系统的改变。按照生态学的理解和解释，每一种生物都是在一定的自然环境中生存，生物与其周围自然环境会形成一定的关系，这样的关系就构成了生物的生态环境。每一种生物都需要在一定的生态环境下生存，人同样如此。人生存的生态环境通常就是所居住的生境，包括动物、植物、微生物构成的生物群落以及天空、土地等非生物环境。人作为生态环境中的能动者，不仅会有意识地依赖于生态环境而生存，而且要学会运用自身对生态环境的认识而恰如其分地改造生态环境。地力常新壮思想就是体现世世代代依靠土地而生存的耕作者如何运用自己的能动性，改造生态环境以使其可以为自身所用。在地力常新壮思想中，耕作者与土壤之间构成了一种生态关系，耕作者是生存于土壤之上的生物，土壤成为耕作者所依赖的生境。在这样的生态关系中，人是依赖者，土壤是被依赖者。但是作为依赖者的人在面对自身的生态环境中却并非束手无策，而是可以运用自身特殊的能动性对生态环境加以改造。由此，地力才能够保持常新壮。以此为据，可以看出，陈旉提出的地力常新壮思想实际上反映的是人如何运用自身的智慧和认识对生态环境加以改善乃至改造的过程，具备了中国古代农业生态思想尽地利的基本特点，是中国古代农业生态思想宝库中的重要分支，对人们如何合理利用土壤达到丰产丰收的农业生产目的有着重要的实践指导意义，或者说，这一思想正是中国古代在土地上劳作的人们如何运用自身能力假外物以改善生存环境的反映。恰恰在假外物的过程中，地力常新壮思想从一种理论体系转变为实践操作，从而使这一中国古代的农业生态思想得以在实际操作中实施。

二、地力常新壮实现的生态路径

中国古代农业思想中的“假物”之说源于荀子的《天论》。“假物”的发起者是主体世界的人，“物”则是主体世界以外这个客体世界的任何事物。“假物”思想倡导的是主体可以为着自身的目的“假”任何事物。具体到农业生产中，作为主体的耕作者所假的物可以是天地，也可以是动物植物。地力常新壮思想中所假的物即是粪料，假物的目的则是促使地力得到强壮而足以支撑农作物发育生长获得丰产。

地力常新壮思想的提出者陈旉，在其《农书·粪田之宜篇》中云：“土壤气脉，其类不一，肥沃硗埆，美恶不同，治之各有益也。且黑壤之地信美矣，然肥沃之过，或苗茂而实不坚，当取新生之土以解利之，即疏爽得宜也。硗埆之土信瘠恶矣，然粪壤滋培，即其苗畅茂而实坚栗也。虽土壤异宜，顾治之如何耳。治之得宜，皆可成就。”陈旉在这里注意到土壤有肥沃和瘠薄之别。对于瘠薄的土壤，人们可以借助施粪而使其得到“滋培”，进而可以使“苗畅茂而实坚栗也”。这里改善瘠薄土壤的关键点是施用粪料，即以粪治之。粪料成为改变土壤性质的关键因素。持有这种施粪以改善土壤瘠薄状况的思想早在春秋战国时期的《荀子·富国篇》中就已经显示：“多粪肥田，是农夫众庶之事也。”《韩非子·解老篇》也强调：“积力于田畴，必且粪灌。”汉代的王充在《论衡·率性篇》也指出改变硗而埆者性恶的土壤需要“深耕细锄，厚加粪壤，勉致人工以助地力”。《氾胜之书》甚至提出施粪为农耕之本：“凡耕之本，在于趣时和土，务粪泽，早锄早获。”这些思想都明确阐述了人们可以依赖于施粪改善土壤以使地力常新壮。

那么，为什么施粪可以改善土壤瘠薄的状况而保持地力常新壮呢？其中所蕴含了怎样的生态思想呢？从土壤施粪的具体操作来看，中国古代农业施粪无外乎耕作者将粪料施加在田地之中，他们所施的粪料种类有许多，及至宋元时期已经多达百种之多。但是这些粪料都可以被概括为两大类：植物粪料，《荀子·致土篇》中称“树落则粪本”，指一切植物的枯枝落叶都可作为粪料投入土壤中；动物粪料，《老子》中言“走马以粪”，指一切动物的粪便也都能作为粪料投入土壤。古词典《集韵》将“粪”字解释为“秽也”，实在是恰如其分。告诉人们一切污秽的东西、废弃的东西都可作为“粪”投入农田土壤。当然，《集韵》对“粪”的解释是在古人还没有化学人工制品的语境中，一切污秽、废弃的东西也不包含这类制品，单单指出于植物和动物的废弃物。如此一来，中国古代粪料可以说都是出自生物有机体或无机体中的废弃之物，包括野生绿肥被称作“草粪”、栽培绿肥被称作“苗粪”、泥土肥料被称作“泥粪”、用火烧制的肥料被称作“火粪”、人的粪便被称作“大粪”，还有牲畜粪分别被称作“马粪”“牛粪”“羊粪”“猪粪”“鸡粪”“狗粪”等。虽然这些粪料种类不同，对土壤所起的作用和效果也有差异，耕作者会因着土壤的需要对这些粪料加以人工搭配甚至有一些改造。但是毋庸置疑的是这些粪料有一个共同特点，这就是它们都属于自然物，是自然界的一部分，是自然界生态链环中的存在物。同样，粪料施入的土壤也并非人工化学制品，乃是立足于自然而存在的自然物，与一般自然物的不同仅仅在于耕作者对它进行了人为改造，但是这样的改造并未否定土壤的自然本性，反而是保持了土壤可以用于生长万物的自然特性。如此一来，耕作者向土壤施用的粪料和土壤本身都是自然的一部分，都属于自然物，而耕作者将粪料施加在土壤中也是在自然界生态循环中操作。如此一来，中国古代农业借用粪料而肥田促使地力常新壮的操作都在自然生态中进行，而且符合生态循环的要求。这样，当这些归属于自然的粪料被施入土壤之后就能发挥作用，肥田壮苗。

从现代科学的角度加以分析，“‘粪’之所以能成为农田土壤中能量循环和物质变换的一个重要环节，是因为‘粪’作为有机废物投入土壤以后，在土壤微生物的分解作用下，一部分变为‘腐殖质’，成为稳定土壤结构、保存土壤肥力的胶体；另一部分则被分解为‘矿物质’（无机盐），重新被农作物吸收利用，进入另一轮能量和物质的循环和变换。‘粪’作为微生物生活和能量的来源，是土壤这个有机体所必不可少的”。虽然古人并不清楚粪料如何在土壤中被微生物分解成为可以被土壤吸收利用的胶体和矿物质，他们只是根据自身的生活常识和切身体验利用施粪增加土壤肥力，但是这种出自生活的实践总结却包含了合理利用废弃物肥田的科学思想，是古人运用自然界物质循环为自身利益服务的理性思考结果。

在如何运用施粪提升土壤肥力的实践中，中国古代的农学思想家提出了余气相培论、垫底接力论、三宜用粪论、胎肥祖气论、酿造十法论、粪药论、粪屋论等，这些理论为耕作者如何实际施粪、怎样施粪、施多少粪提出了可供操作的具体方法，而其中都蕴含着重要的生态循环思想。以清代《知本提纲》中提出的“余气相培论”为例，杨屾在这一理论中指出：“粪壤之类甚多，要皆余气相培，即如人食谷、肉、菜、果，采其五行生气，依类添补于身，所有不尽余气，化粪而出，沃之田间，渐渍禾苗，同类相求，仍培禾身，自能强大壮盛。又如鸟兽牲畜之粪，及诸骨、蛤灰、毛羽、肤皮、蹄角等物，一切草木所穰，皆属余气相培，滋养禾苗。又如日晒火熏之土，煎炼土之膏油，结为肥浓，亦能培禾长旺。”杨屾在这里实际上提出了与现代土壤学中的“生物小循环”理论相似的余气相培论，这一农学理论包含了植物生产和动物生产以及人类消费中的废弃物如何用作粪料来肥田。比如在植物生产中，人们获得了谷、牧草、菜、水果等产品，同时产生了秸、秆、糠、麸等废品；动物生产中，肉、乳、蛋、皮等成为可以为人提供消费的产品，废品则是动物粪便；人类消费中，谷、肉、菜、果等是产品，而人的粪便是废弃物。杨屾将动物和人体不能消化吸收排出的粪便称为“余气”，所谓“不尽余气，化粪而出”。这些不尽余气能够“沃之田间，渐渍禾苗”，原因是它们与土壤禾苗为同类，属于同一个生态循环系统中的链环，因而可以作为增加土壤肥力的粪料归还农田，培肥土壤，壮实禾苗。

杨屾余气相培论的地力常新壮思想蕴含了 B. P. 威廉斯有关农业生产三个车间的理论。按照威廉斯的理论，第一车间是植物生产，它的任务是把太阳光能变成贮藏在绿色植物中的化学潜能；动物车间是第二性生产，它处于消费者的地位，不能直接利用太阳能制造有机物，只能利用植物有机质再生产出肉、乳、蛋、皮毛等，供人利用。第三个车间是土壤分解环节。从植物生产来看，所需要的太阳光能是取之不尽用之不竭的，但是这一生产所需要的氧、碳、氮、磷、钾等元素却是极其有限的，需要把构成有机物的植物残留物和动物排泄物还原为植物可以吸收利用的无机物，否则作为第一性生产的植物生长就无法继续下去，而土壤微生物对植物残留和动物排泄物的分解还原可以补充植物生产所需要的各种元素，维持植物生产的持续进行。显然，威廉斯有关农业生产的三个车间理论揭示的是农业生态系统的物能循环特征，而第三车间所包含的微生物对植物残留物和动物排泄物的分解还原与中国古代农业生产施粪以增加地力的理论基础不谋而合。由此可以看出，建立在施肥之上的地力常新壮思想不只是中国古代农业生产的经验总结，更是体现着深厚的生态循环基础，是农业生产者运用自然界的生态循环特征借助人力实现地力常新壮、提高粮食生产产量的实践操作，这一实践操作被运用于实际生产中，成为中国古代农业生产持续增产的主要原因，促使中国古代农业走出一条完全不同于西方社会的农业生产路径。德国著名农业化学家李比希将中国古代农业施用有机肥料培肥地力的技术称为“合理农业的模范”，他说：“中国的农业是建立在这样一个原则上的，即从土壤取走的植物养分，又以农产品残余部分的形式，全部归还土壤，”中国的农业“是以经验为指导的，长远的保持着土壤肥力，借以适应人口的增长而不断提高其产量，创造无与伦比的农业耕作方法”。

可以看出，透过施粪，地力常新壮思想从一种理论变成符合农业生态循环的现实操作，从而促使中国古代农业生产可以维持几千年而长久不衰，为世界农业生产树立了典范。

三、地力常新壮体现的生态意义

虽然地力常新壮思想阐述的是农业生产者如何透过施粪增加地力以保持土壤可以持续支撑植物的生长和发育，但是从更大的生态范围来看，地力常新壮思想实际上反映的是人如何适应生态环境，并借用人力提升自身的生存能力。具体而言，地力常新壮思想体现的是人如何在土地上进行操作而获得自身生存的需要。在整个思想构建中，地力常新壮顺应生态环境的需要，体现了大地生态系统的特征。

大地伦理学的创建者利奥波德在其所著的《沙乡年鉴》中，从生态学的角度将大地视作生态系统，认为：大地不仅包括土壤，还包括动物、植物、空气、水等自然界存在的一切物质，有机体之间相成了“生态金字塔”的相互关系。在这一上下层级的关系中，“金字塔的底层是土壤，植物层依赖土壤层，昆虫层又依赖植物层，鸟和啮齿动物又依赖昆虫层。以此类推，它通过不同级别动物类别而到达顶层。较高级别的食肉动物盘踞在金字塔的顶层，人类只是这座复杂的、高高的金字塔中成千上万的增添物之一”。在利奥波德的生态金字塔中，植物层依赖于土壤层而存在，而且二者是靠得最紧密的层次。这实际上表明土壤层是支撑植物层生长的基础，如果没有这个基础，植物根本无法生长发育，更谈不上禾稼的收获，而且支撑植物层生长的土壤层还必须肥沃，否则无法让禾稼长得壮实，获得丰产。地力常新壮理论体现的正是植物层对土壤层的依附关系，要想禾苗茁壮成长，就必须依赖于土壤的肥沃，而且要通过施粪达到土壤能够长久保持肥沃的目的。

在地力常新壮理论中，关键的要素有四个：人、土壤、施粪和植物。这四个要素体现的是人如何利用自身的认识和借助施粪达到改善土壤的目的，而改善土壤的目的是为了能够促使生长在其上的禾稼能够丰产，禾稼达到丰产的目的最终是为了让人获得更好的生存。在这样的生态循环链条中，人是最终的目的。尽管人成为整个生态循环的目的，也是整个生态链条的发动者，但是在这一理论中的人却不是独立于自然之外而完全按着自己的意识操纵土壤，反而是顺应环境，利用自然物之间的生态转化而达到目的。这一点，符合利奥波德建构的生态金字塔关系中人类如何依赖于环境而生存的论述。在利奥波德看来，“没有任何动物，甚至是人类能够独立于环境。植物、动物、人类以及土壤是共同体或有机体中相互依赖的组成部分”。人是在特定的生态环境中生存，同时也利用特定的生态环境改善自己的生存状况。地力常新壮理论所展示的就是人如何利用施粪以改善耕种的土壤，促使土壤生长出人所需要的禾稼。在这一过程中，人虽然作为主体发挥着极为关键的因素，是地力可以保持常新壮的发起者，但是处于这一状态中的人却并非完全按照自己的意识和需要而作为，乃是根据生态循环中各个要素之间的关系来发挥自身的能动性，体现为人改善土壤的方法以及使用的材料都是在这个事态循环链条中的，施加的粪料并非人手所造的人工物，乃是取之于人、动物、植物之中的有机废物，这些有机废物完全可以被土壤吸收利用，不会对土壤造成任何伤害，反而会滋养土壤，给土壤提供养分，促使土壤恢复原初肥沃的样式从而可以继续支撑禾稼的茁壮生长。

从海德格尔存在论意义上来理解，地力常新壮理论揭示了人如何依赖于大地而生存的特征。在《荷尔德林和诗的本质》一文中，海德格尔强调荷尔德林诗中的一句名言：“充满劳绩，然而人诗意地，栖居在这片大地上。”海德格尔运用荷尔德林诗中的语言描述了作为此在的人的生存状态以及人的生存根基。人的生存状态是充满劳绩，就是人的所作所为是人自己劳神费力的成果和报偿，人需要用自己的劳绩维持生存，而维持人生存的根基并非其他，乃是大地。大地作为自然的一个方面，所呈现的特征就是支撑生命的生长，使生命可以在其上自行开启、自我涌现。按照海德格尔的理解，“大地是无所促迫的无碍无累、不屈不挠的东西。立于大地之上并在大地之中，历史性的人类建立了他们在世界之中的栖居”。人依赖于大地而生存，也在大地上建构自己的生存。人在大地之上的建构通常有两种：一种是技术性的建构，另一种是顺应自然的建构。技术性的建构往往使人对大地采用一种订造、摆置式的方式，使人的技术成为建构的主要因素，凸显的是技术本身。而顺应自然的建构则是依赖于自然生态结构，借助人力推动整个生态系统的运行。地力常新壮理论表现出来的就是人顺应自然的对大地的建构。

在地力常新壮理论中，人是地力能够常新的发动者，是人运用自身的能动性和知识对所耕种的土地施加影响和改变，这一点毋庸置疑。但是作为发动者的人却没有凌驾于自然生态环境之上对土地进行促逼以致改变土地的性质和本质为人摆置，反而是人对土地给予关心和照料甚至是守护，体现为耕作者施加于土地的粪料是完全能够被土地吸收，是按照土地本身的需要施加不同的粪料。以清代杨屾在《知本提纲》中提出的“三宜”原则为例，他提出施粪一定要贯彻“时宜”“地宜”“物宜”三宜原则，以此为据引导耕作者如何对缺乏粪料的土地进行施粪。杨屾解释三宜原则为：“时宜者，寒热不同，各应其候，春宜人粪，牲畜粪；夏宜草粪、泥粪、苗粪；秋宜火粪；冬宜骨蛤、皮毛粪之类是也。土宜者，气脉不一，美恶不同，随土用粪，如因病下药。即如阴湿之地，宜用火粪，黄壤宜用渣粪，沙土宜用草粪、泥粪，水田宜用皮毛蹄角及骨蛤粪，高燥之处宜用猪粪之类是也。物宜者，物性不齐，当随其情，即如稻田宜用骨蛤蹄角类，皮毛粪；麦粟宜用黑粪、苗粪；菜蓏宜用人粪、油渣之类是也，皆贵在因物试验，各适其性，而收自倍矣。”可以看出，杨屾在所提出的三宜原则中，详细描述了如何根据天时、土地状况以及禾稼生长的需要进行施粪，不同时期、土地、禾稼，所需要的粪料不同，耕作者就应当按照这些不同施加相宜的粪料，而不是以整齐划一的方式向土地施加粪料。

由此看出，地力常新壮理论涵盖了中国古代农业合理利用生态环境，采取人工施粪的方式达到地力长久保持旺盛状态的生产理念，这一理念体现着古人适应自然生态环境而生存的智慧，是中国几千年农业生产得以持久维持和发展的基础，对现代农业如何回归自然、顺应自然生态环境而发展提供了可资借鉴的经验，是古人留给现代人的宝贵农业思想遗产。

【参考文献】

（略）

（原文刊载于《农业考古》2020 年第 6 期）

中国传统农业的“地力常新壮”思想探析

阎 莉 贺 扬

摘要： 在中国传统农业几千年发展中，古人积累了丰富的耕作经验和技术，其中“地力常新壮”思想是影响广、持续久的农学思想。这一思想的提出不仅体现着农学家的智慧和人与地相互促进的农业哲学思想，而且反映着古人对所耕种的土地具有的呵护和挚爱之情，是古人在自己的生存实践中积极寻求以自己的智慧适应土地的好恶，并以自身的能力改善所耕种的土地，使土地成为可以为人效力的好土壤。在这一人积极发挥能动性的过程中，古人并未超越土壤生态的要求，而是以符合土壤生态循环的方式为其施肥，使多年耕种的土壤能够长久保持常新，从而将人类生存所依赖的农业土壤带入良性生态循环之中，不仅使土壤可以支撑人类耕作的需要，而且其本身也得到养护。

关键词： 中国传统农业；地力常新壮；施肥

中国是一个历史悠久的传统农业古国，在几千年的农业耕作历史中，积累了丰富的农业耕作技术、经验和理论，其中“地力常新壮”就是最能反映中国农业耕作特点的理论模式。这一模式揭示了中国传统农业耕作长期保持已耕地肥沃程度的特征，这一点使得中国农业耕作显示出积极利用土地实现增产的效果。

一、“地力常新壮”思想的产生及其背景

在中国历史上，首次提出“地力常新壮”思想的学者是南宋杰出的农学家陈旉。1149年，陈旉在前人研究和自己躬耕实践的基础上写成了一部举世瞩目的农学著作——《陈旉农书》，在这部著作中，陈旉提出了“地力常新壮”思想，论述了“地力常新壮”的涵义以及如何在农业耕作中保持“地力常新壮”。在其《农书·粪田之宜篇》中，陈旉写道：“或谓土敝则草木不长，气衰则生物不遂，凡田土种三五年，其力已乏。斯语殆不然也，是未深思也。若能时加新沃之土壤，以粪治之，则益精熟肥美，其力常新壮矣，抑何敝何衰之有。”陈旉的观点非常明确，就是如果经常在耕作的土地上增添肥沃的客土，施加肥料，就可以促使所耕作的土地保持地力常新壮，从而使土地可以长期支撑农作物发育生长结出籽粒。

陈旉提出“地力常新壮”思想主要是针对当时出现的“地久耕则耗”地力衰竭论农学思想，这一思想由南宋的吴怿提出。吴怿在《种艺必用》中表达了如此观点，即“三十年前禾一穗若干粒，今减十分之三”。虽然吴怿所描述的现象在实际农业耕作中现实存在，

耕作土地如果不加以补充新的肥料进入，的确会使土地越种越瘦，这是吴懌和具体种地的农民所担心的，也是西方农学家所持有的“地力枯竭论”和“土壤肥力递减论”思想。但是陈旉却从另外一个角度提出了耕作土地可以地力常新的观点，很好地解决了地越种越衰退的现实问题。

从社会实践的意义来考量，陈旉提出“地力常新壮”思想有着深厚的社会背景。从陈旉生活的时代来看，当时的宋代人口增长非常迅速，数量已经达到1亿多人。相比而言，1亿多人口所居住的面积主要集中在长江以南的江浙一带，可耕地面积比较少。据秦观《淮海集笺注》记载：“今天下之田称沃衍者，莫如吴、越、闽、蜀，地狭人众。培粪灌溉之功至也。”这就存在着人口数量大与可耕地面积少的现实矛盾，如何解决这一矛盾就成为当时农学家需要思考的问题。正是在这种现实需要的情况下，陈旉提出只有保持地力常新，提高土壤肥力，才能保证和提高耕作面积的单位产量，进而可以利用有限的耕作资源养活逐渐增长的人口。

陈旉提出“地力常新壮”思想除了现实的社会需要之外，还有前人的思想渊源。早在战国时代成书的《吕氏春秋·任地篇》中，就有了“地可使肥，又可使棘”的土壤肥力发展变化观点。这一观点阐述了耕作土壤可以越种越肥，也可能越种越瘦。关键不在于人面对什么样的耕作土地，乃在于人如何在土地上进行耕种。在战国时代土壤肥力发展观的基础上，汉代思想家王充在所著《论衡·率性篇》中对改良土壤、改善地力做了深刻阐述：“夫肥沃硗埆，土地之本性也。肥而沃者性美，树稼丰茂；硗而埆者性恶，深耕细锄，厚加粪壤，勉致人功，以助地力，其树稼与彼肥沃者相似类也。”王充所阐述的观点显明，在自然状态下，土壤有肥沃和瘠薄之分，这是土地本身具有的本性。而另一方面，要想让树木或者禾稼长得枝繁叶茂多结果实又必须依赖肥沃的土地。面对硗埆（瘠薄）的土地，人并非无可奈何，而是可以改良土壤，使性恶的土地变成良田。如何改变硗确的土壤以利于树木或禾稼生长呢？方法是“深耕细锄，厚加粪壤，勉致人功，以助地力”，就是借用深耕细锄和施加粪料的方式，用人工培肥地力，改善土壤瘠薄的状况。当这样做之后，瘠薄的土壤就能如同肥沃的土壤一样长出丰盛繁茂的禾稼。这表明，人们所耕作的土地并非一成不变，而是可以改变的。汉代的班固在《白虎通德论·天地》中阐述了土壤的功能可以改变：“地者，易也。言养万物怀任，交易变化也。”班固所要表达的意思非常明确，就是土壤可以变易、交易。土壤如同怀孕生子一样，具有养育万物的功能，体现为播在土壤里的种子长出植株，再由植株变成种子。在这一过程中，人们与土壤之间好似在进行交易，一方面从土壤里取走农产品，另一方面通过施肥给予土壤以回报，促使土壤恢复可以养育万物的功能。土壤在这样的变易和交易中成为一个活的有机体，既能给予，也能吸收。

正是基于对前人农学思想和经验的总结，陈旉提出了“地力常新壮”思想。更为重要的是，陈旉不仅提出一种重要的农学思想，而且他将这一思想与人的生存联系在一起，将理论思想转化为具体的实践操作，解决了人们如何在具体农业生产中实现“地力常新壮”的问题。陈旉观察到土壤如同有生命的生物体一样，多种多样，各有不同，人们对这些土壤的治理应当采取不同的方法和手段，这就是：“土壤气脉，其类不一，肥沃硗埆，美恶不同，治之各有宜也。”面对不同的土壤，人们可以加以相宜的治理，治理的方法就是合理施肥。陈旉将合理施肥称为“用粪犹用药”，用药讲究对症下药，施肥也需要针对土壤本身的特性来决定施什么样的粪以及施多少粪，用粪应当“得其中则可”，不宜过多，也不宜过少，而是恰如其分，适时施肥，即“相视其土之性类，以所宜粪而粪之，斯得其理也。俚谚谓之粪药，以言用粪犹用药也”。从粗略的方面来看，陈旉主张瘦田需要多施粪，肥田应当少施粪或不施粪。对一些农作物，陈旉提出了具体的施粪方案。在所写的《农书》中，陈旉针对种萝卜和菘菜要在入冬前用“烧土粪以粪之”，这样就“霜雪不能调”，可以安全越冬。而种桑应该“以肥窖烧土粪以粪之”，这样可以使土壤久雨不糊烂，久旱也不会坚硬板结。对于其他一些农作物，陈旉提出多次施肥追肥。例如，种麦“宜屡耘而屡粪”，锄一次草就要施一次肥，大麻则要“间旬一粪”，就是每隔十天施一次肥；桑树在剪完后要扒开根部四周土壤施“开根粪”，每年还要另施两次追肥。在果树施肥方面，南宋时期柑橘已经实行冬、夏各施一次肥料。为了配合适宜施肥使地力常新壮，陈旉在他的农书中还提倡用建造“粪屋”的办法来积肥以备施肥之需，他主张：“凡农居之侧，必置粪屋，低为檐楹，以避风雨飘浸。且粪露星月，亦不肥矣。粪屋之中，凿为深池，以砖甓，勿使渗漏。”建造粪屋的目的是为了积累肥料，而且防止风雨侵袭以免肥料失去肥田的效能。值得关注的是，陈旉将积肥肥田看作人们生存的一部分，体现为粪屋的建造不是放在荒野郊外，而是在农居之侧，紧靠人们的居所，成为人们生存的一个方面和记载。关于这一点，古罗马时期的农学家瓦罗也关注到了，他在所著的《论农业》一书中提出：“在农庄建筑物的附近应当有两个肥堆，或是两个肥堆分成两个部分；一部分应当是新鲜的肥料，另一部分则只有在放陈了的时候才拿去上地，因为沤烂的肥料比新鲜的肥料力量大。肥堆的四边和上面如果用树叶和叶子遮盖起来，是不受日晒，它的质量就可以更高一些，因为不能让太阳事先把土地所需要的好东西给吸走。”透过瓦罗的描述，可以推测当时的古罗马人也是采用施肥使地力保持效能。可见，中外古代农学家共同拥有地力常新壮思想，也都以施肥作为保持地力常新壮的手段和方法。这种共同的理解和看见表明农业理论的产生是基于人们共同的生存实际和生产实践，农业不只是人劳动生产的一个方面，更是人实际生存的场域，反映着人真实的生存和生活景况，是人真实生活的描述和概括，映射着人如何应对所处的自然环境而生存。

二、“地力常新壮”思想的发展

在中国历史上，元代是紧随宋代而建立的朝代。元朝在统一北方和南方之后，社会生产力急需迅速恢复和发展，而其恢复的基础就是北宋和南宋积累的各种生产经验和技能。在农业生产中，人们迫切需要一部总结和指导农业生产实际的农书。在这样的现实需要背景下，作为农学家的王祯写成了一部内容丰富、推陈出新的农学巨著，综合了宋元以及历代农业技术和经验，提出了许多重要的农学思想和如何实践操作的耕作、施肥等方法。在这部农书的《粪壤》篇里，王祯继承和发展了陈旉地力常新壮的农学思想，将这一思想发扬光大，详细论述了如何使土地长期保持肥沃、力壮的用地、养地相结合的粪壤理论。

王祯如同陈旉一样首先阐述了出于天然自然的土地有良薄之分、好坏差异，这是客观事实，是每一位种田者需要明白和面对的现实状况。但是在这样的事实面前，人并非无所作为，听凭自然的安排，反而可以利用施粪的方法改善土壤。为此，王祯论述道："田有良薄、土有肥硗，耕农之事，粪壤为急。粪壤者，所以变薄田为良田，化硗土为肥土也。"而且"所有之田，岁岁种之，土敝气衰，生物不遂，为农者必储粪朽以粪之，则地力常新壮而收获不减"。王祯所阐述的粪壤理论包含三个方面：其一，农业耕作的当务之急不是不加辨别地将种子下种到田地里，反而是先考察了解土壤的现实状况，对瘠薄之田进行改善和改良，化硗土为肥土。如此才能保障种植的种子可以在好土地上得到较好的生长和发育而最终可以结实百倍。其二，变薄田为良田，化硗土为肥土的方法是厚加粪壤，粪壤成为耕田者急需要做的，是在耕种之前就应当做好、做实的事情，否则后面的耕种就不会达到丰产的预期效果。其三，即使是肥沃的田地，经过多年种植之后，也会出现"土敝气衰，生物不遂"的问题，而解决这一问题的方法只能是"为农者必储粪朽以粪之"，就是耕种土地的劳作者提前储备粪肥，将所储备的粪肥加添在田地之中，如此就可以恢复地力常新而收获不减的耕作目的。

为了使人们更好地理解施粪对保持地力常新的重要性，王祯区分了古代人们恢复地力与施粪恢复地力的区别，他认为以前人们采取撂荒让土地休闲的方式恢复地力，这是在技术尚未发达的早期农业生产中常常采用的方法。例如，在云南的哈尼族，早期人们耕种一片土地几年之后会将土地闲置，另外到新的地方开辟田地用于种植，经过几年恢复之后再返回来在以前的田地里种植。这显然是一种最简单、最原初的恢复地力的方法，仅仅适用于地广人稀的农业生产时代和地区。当人口数量增加、地少人多之后，撂荒式的恢复地力方法就不再适合了。尤其是在实行同一块土地上长期连种之后，土地地力的恢复就显得异常重要，需要借助人工力量帮助地力快速恢复。王祯给出的解决方案就是储粪施粪，促进土壤改良，使地力保持常新壮而获得连年丰产。在所著的农书中，王祯列举了当时的粪料类别，描述了苗粪的使用，也就是如何施用绿肥用于栽培，具体而言，就是在种植稻田的土地中栽培苕草作为肥料，王祯指出："江淮以北用为常法。"说明元代北方种植一些绿色植物作为绿肥是非常普遍的现象。王祯在他的农书中还记载了草粪，就是野生绿肥，指用野生的青草、树叶和嫩枝做绿肥。王祯指出："于草木茂盛时芟倒，就地内罨腐烂也。"又说："江南三月草长，则刈以踏稻田，岁岁如此，地力常盛也。"王祯提倡将耘除的草深埋在稻苗的根部可以增强土壤肥力，"沤罨既久，则草腐而土肥美也"。王祯在他的农书中还记载了人畜尿粪甚至石灰肥田："下田水冷，亦有用石灰为粪，则土暖而苗易发。"这些都表明，在元代，人们对如何施用粪料增强田地的肥力已经积累了非常丰富的经验，以至于可以针对不同的田地、庄稼使用不同的粪料保持地力常新壮。据史料记载，宋元时期，人们已经有了"粪田胜如买田""惜粪如惜金"的民间习语，当时施用的肥料已经达到 60 多种，其中人粪、畜粪和家粪多达 13 种，饼肥 2 种，泥肥 4 种，土肥 2 种，灰肥 3 种，熏肥 3 种，绿肥 4 种，矿物肥料 5 种，蒿秸 3 种，渣肥 2 种，杂肥 21 种。

宋元时期的地力常新壮思想在清代得到了更大的发挥，使这一思想得到延续和拓展。清代的《三农纪》在"粪田"一节中指出："土有厚薄，田有美恶，得人之营，可化恶为美，假粪之力，可变薄为厚。"并指出："以生生之土，岁岁种之，不得粪助，土疲气衰，则生长难茂。农夫必储粪以育之，则土力精壮而收获必倍。"这里，作者一方面陈述了土壤客观具有的基本状况，就是田地有肥厚的，也有瘠薄的。即使肥沃的田地长久在上面种植，也会出现土壤疲劳，气力衰竭的时候，这时候的田地难以支撑庄稼生长茂盛多结果实。但是人在面对瘠薄的土地时，并非无能为力、无所作为，反而可以借助粪料对瘠薄的田地加以改造，将其改造为良田，恢复田地力量实现增产丰收的功效。

在继承地力常新壮农学思想方面，清代的杨屾最为著名，他在所著的《知本提纲・农则》中明确阐述了地力常新壮思想："若夫勤农，多积粪壤，不惮叠施补助，一载之间，即可数收，而地力新壮，究不少减。""产频气衰，生物之性不遂；粪沃肥滋，大地之力常新"。杨屾在这里不仅提出人可以借助粪料滋润田地，使地力实现常新壮的状况，而且他还看到可以透过给田地施粪达到一年之内多次收成的目的，这应当是后来双季稻、三季稻农业种植生产实践的思想渊源。

由此可以看出，地力常新壮是中国古代农业思想的核心，是人们在农业方面从被动适应自然环境到积极主动地改造环境转变的过程，对人们如何依赖所耕种的田地获得丰产有重要的实践价值，可以帮助在田地上辛勤操劳的人们通过改善土地达到自身依赖于土地而生存的目的。正因为如此，杨屾在其《知本提纲》中提醒人们要积极主动地广积粪壤、增加地力，也就是"广积粪壤，人既轻忽而不争，田得高润而生息，变臭为奇，化恶为美，丝谷倍收，衣食并足"。借用施粪，人不仅促使地力得以常新，而且实现了在土地上运用自由意志获得自身利益的目的。如此，人在田地的操劳中得到了自由，可以凭己意提升自己的生存目的，达到丰衣足食的生存目标。

三、"地力常新壮"对用地和养地相结合的生态价值

近代农业化学的奠基人、德国著名化学家李比希在《化学在农业和生理学上的应用》一书中提出农业建立的基础："农业是建立在这样一个原则上的，即从土壤取走的植物养分，又以农产品残余部分的形式，全部归还土壤。"李比希在这里实际上提出了一种用地和养地相结合的农业耕作原则，表明人们对土地耕种的使用不是一味地索取，而是在使用的同时积极借助人力恢复土地功能，使土地可以得着滋养而重新供给人们所需要的农产品。

土地之所以能够用养结合，立足于一个基本前提，就是土地可以借用人力被改造。当人们获得土地如何被改造的基本认知之后，就可以利用所拥有的认知对土地加以改造。对于土地可以被改造的认知早在中国的周朝就已经开始，《周礼・郑玄注》对"土"和"壤"加以区别，让人们获知二者的差异。在这本书里，作者将"壤"看作人可以在其上耕作的土地，即"以人所耕而树艺焉，则曰壤"。这意味着不是所有的土地都可以被称作"壤"，只有耕作之地或农业用地才能叫作"壤"。这样的"壤"与"土"有本质区别。"以万物自生焉，则曰土"。这意味着"土"指所有在地球上存在的土地，是以自然的方式存在，人通常不会有意识地改造它。这样，"土"只具有自然肥力，而农业土壤因为可以被人加工、改造和利用，所以它就不仅具有自然肥力，而且具有人工肥力。在自然土地上，虽然也可以生长一些植物，但这些植物都是就地而生，又就地而死，生与死都是自然发生。土地的养仅仅依靠死亡的植物循环，是靠自然植被自发恢复地力。与之相异，农业土壤却是利用人工因素来养地。一方面，在农业土壤上生产的农产品被人拿走、消费了，地力受到损

耗；而另一方面，人们又想方设法利用自身的能动性恢复并增加土壤肥力，促使土壤重新恢复地力。这就是李比希所讲的“归还学说”，即以归还补偿的方式维持地力，采用恢复式的耕作方式。

虽然李比希作为农业化学家深刻意识到应当不断增加土壤肥力以恢复其地力的归还式耕作方式，但可惜的是西方国家却没有在实践上真正体现这一重要的农学思想，反而是以掠夺式的经营毁灭了土壤的生产能力，以至于影响到国家的继续昌盛。真正体现李比希归还式土壤经营观念的是中国古代的农业，李比希对此有很高的评价，他指出：“地球上一个伟大帝国的历史，说明了这个民族从不知晓兴衰隆替为何物。从亚伯拉罕进入埃及的时候起，一直到我们所处的时代，在中国只是由于内战才偶然中断了人口有规律的增殖；但在它广大国土的任何一部分，都没有使土壤肥力衰竭，也没有耕作者锄犁没有触及的地方。”中国古代农业之所以没有使土壤肥力走向衰竭，并不是因为中国所在的土地有更强大和持久的土壤肥力，而是中国古代的农业耕作者很好地践行了用养结合的土壤归还观念。使这一观念变成现实的做法就是借助人力为土壤施肥，从而恢复土壤肥力，汉代的王充称此方法为“粪壤”，即所谓“深耕细锄，厚加粪壤，勉致人工，以助地力”。王充的思想表明可以通过人工方法帮助地力恢复和加强，所依靠的手段就是“厚加粪壤”，也就是利用“多粪肥田”的办法滋养土壤，增加土壤的肥力。这样，农业土壤就不再只是依靠自然肥力，而更重要的是依靠人工肥力，使其被改造为人们可以持续耕作的农业用地。

那么，为什么人们必须依靠施粪来滋养土壤而使其进入用养结合的良性循环呢？在中国古代，农业耕作者对粪料为什么能够滋养土壤的机制并不一定非常清楚，他们仅仅是依靠经验积累获得的生存常识给土壤施粪以增加地力。但是这种来自生存常识的经验却隐藏着丰富的科学性。实际上，“现代科学研究成果证明，‘粪’之所以能成为农田土壤中能量循环和物质变换的一个重要环节，是因为‘粪’作为有机废物投入土壤以后，在土壤微生物的分解作用下，一部分变为‘腐殖质’，成为稳定土壤结构，保存土壤肥力的胶体；另一部分则被分解为‘矿物质’（无机盐），重新被农作物吸收利用，进入另一轮能量和物质循环和变换。‘粪’作为微生物生活物质和能量的来源，是土壤这个有机活体所必不可少的”。其实，从古代中国使用的粪的来源来看，都是出自动物或者植物。无论动物，还是植物，都属于有机体，出于其中的粪虽然是作为废物被排放出来，但其根本上也是属于有机物。当这些有机物作为肥料被施加在农业耕地进入土壤之后，它们就可以被微生物分解成为可以被土壤吸收的元素而成为滋养土壤的养分，这整个过程完全是一种与自然相契合的生态循环，本来为废物的粪成为可以滋养土壤的养料，实现了变废为宝的良性循环。整个过程之所以能够进入良性循环，是因为粪作为自然有机物的性质所决定，这一点完全不同于现代农业耕作中所使用的化肥。从化肥的性质来看，无论哪一种，都属于化学制品，是借着人工制造的肥料，这样的肥料失去了自然特征，不属于自然循环中的一部分。因而当被施予土壤中时，微生物无法对其进行分解，它也就无法成为滋养土壤的养分。非但如此，化肥不仅无法滋养土壤，而且对土壤有破坏作用，会使土壤板结，反而会导致土壤失去地力。

由此可以看出，中国古代持续了几千年的土壤用养结合是建立在施用粪料保持地力常新的基础上，粪在其中起到了关键作用。人们通过将粪施入土壤，经过土壤消化吸收之后，被消耗的土壤肥力就可以得到恢复和增加。这样，土壤就可以继续维持禾稼的生长，使土壤进入良性循环，农业耕作也进入良性循环。正因为进入良性循环，所以中国传统农业体现出土壤连续利用多年不使其休闲却仍然能够很好地维持禾稼生长。在土壤上耕作的中国传统农民既充分用地，又借助施粪积极养地，使土壤越种越肥，产量不断提高，以少量的土地养活了较多的人口，支撑了整个民族的延续和发展，成为世界传统农业耕作的典范。虽然随着现代农业的兴起，农业耕作不再采取传统施粪的方式维持地力常新，但是这一持续了几千年的用养结合的土壤利用方式仍然有其重要的借鉴价值，促使人们思考如何利用有机肥归还被长期使用的土壤的肥力，从而使现代农业耕作如同古代农业一样建立在用养相结合的良性生态循环中，成为持续支撑人类繁衍生息的基础和力量。

【参考文献】

（略）

（原文刊载于《农村经济与科技》2020 年第 15 期）

青藏高原草原文明中的农业伦理内涵对草地生态保护的借鉴

周岐燃　帅林林　胡　健　田莉华　陈有军　汪　辉　周青平

摘要： 青藏高原是我国重要的生态屏障和草原文化区。由于受地理位置和气候环境的影响，人与自然之间相互依存的关系更为紧密，千百年来青藏高原牧民与草地生态环境之间探索出一套独特的相处法则，形成了具有青藏高原浓厚色彩的农业伦理观，造就了保存完好的青藏高原草原文明。文章从青藏高原放牧制度、高原牧民的宗教信仰、高原传统法规体系和高原生活习俗四方面出发，剖析了青藏高原牧民与自然相处中体现出来的“不违农时”“施德于地”“取予有度”和“道法自然”的农业伦理内涵，在生态安全日益重要的今天，深入挖掘和发扬青藏高原草原文明中的农业伦理观，对于当前青藏高原草地生态治理具有不可忽视的重要作用。

关键词： 青藏高原；草原文明；农业伦理；生态保护

作者简介： 周岐燃（1996—　），主要从事农业伦理学研究。周青平（1962—　），教授，博士研究生导师，博士，主要从事牧草育种栽培、高原草地生态环境治理、农业伦理学研究。

一、研究背景

农业是人类有意识的通过社会劳动，利用自然资源和环境，对动植物的生物机能进行人工调控和管理，为人类提供农副产品和部分工业原料的社会生产部门。伦理学是一门古老的学问，是人类社会所具有的特殊属性，主要调节人与人、人与社会和自然之间的行为关系。农业伦理学属应用伦理学，是研究农业行为中人与人、人与社会、人与生存环境发生的功能关联的道德认知，并进而探索农业行为对自然生态系统与社会生态系统这两大生态系统的道德关联的科学。人类进行农业活动，必然涉及人与自然和社会的关联，相应的会发生农业伦理关系，因此，农业伦理自然地存在于农业生产系统中，是农业生产系统的有机组成。国外农业伦理学兴起于 20 世纪 80 年代初，随着农业领域科学技术的大量兴起和利用，各种环境污染和食品安全事件的爆发引起了部分农业科学家的反思和觉醒，进而促进西方农业伦理学的出现和发展，经历 3 个发展阶段后成为一门新兴的科学理论。我国农业伦理学的兴起，则是基于当前环境污染，农业生产领域转型升级面临的系列难题，使得农业工作者不得不向传统农业生产文化寻求解决之道而出现的。我国草业科学家任继周院士是农业伦理学研究的集大成者，他指出，农业伦理学是研究农业行为中人与人、人与社会、人与生存环境发生的多种结构与功能关联和道德关系的科学，是探讨人类对自然生态系统农业化过程中发生的伦理关联的认知，和对这种关联的道义解释，判断其合理性与正义性的一门科学。其核心理念是在以人为本的总纲下保障农业生态系统的生存权与发展权，并建立了以“时”“地”“度”“法”为基本原则的农业伦理学四维结构体系。从2014年秋开始，兰州大学率先在全国高校开展“农业伦理学”系列讲座。2015年，任继周主编的《中国农业伦理学史料汇编》收集了我国传统农业伦理史料600条，首次提出了中国农业伦理学分类标准，并将我国传统农业伦理史料分成11大类，农业伦理学研究开始受到我国众多学者的关注。2017年，中国草学会农业伦理学研究会在南京成立。2018年，第二届农业伦理学大会在兰州大学召开，会上发布了任继周主编的《中国农业伦理学导论》，全书从时、地、度、法四个维度构建农业伦理学体系，成为农业伦理学研究的纲领性著作，填充了我国农业伦理学研究与教学的空白，至此，我国农业伦理学研究进入新阶段。

草原文化作为我国传统农业文化系统中的一个重要分支，是各草原游牧民族在历史的长河中共同创造的一种与草原生态环境相适应的，并经过草原民族长期生产活动的积淀而形成的特有文化。按照自然环境、民族特点、游牧方式的不同，我国的草原文化可划分为三大板块，以蒙古族为主体的蒙古高原草原文化，以藏族为主体的青藏高原草原文化，以及以哈萨克族、塔吉克族、柯尔克孜族为主体，以新疆为核心的西北内陆草原文化。作为华夏农耕文化的重要一翼，草原文化先于农耕文化出现，不仅是人类文明发生的源点，其独特的农业伦理更是维系了数千年来草地畜牧业的可持续发展，和农耕文明一起创造了灿烂的中华文明。相比于农耕文明，草原文明与自然生态系统联系更为紧密。近年来，随着气候变化和人类活动的影响，我国90%以上的草原生态遭到极大破坏，严重威胁着我国生态安全，生态危机问题从根本上来说就是人与其文化和自然的关系问题。因此，除了相关草原保护方面的法律政策，更是亟须大力发掘草原文化中千百年来形成的农业伦理，促进我国草地生态的恢复和草地畜牧业的转型升级。

以藏族为主体的青藏高原牧区，位于我国西南部，东自横断山脉，西连帕米尔高原，南达喜马拉雅山脉，北抵昆仑山-阿尔金-祁连山脉，东西延伸3 000千米，南北跨越1 400千米，面积250多万平方千米，占我国国土面积的1/4，平均海拔3 500～5 000米，是全球海拔最高的自然地域单元，常年冰雪覆盖，平均气温−2 ℃以下。在高原严酷的自然环境下，高原人民培养了适应当地高寒气候条件的藏系家畜，如牦牛、犏牛、藏羊、藏马、藏猪、藏獒等，形成了高寒草地＋藏系家畜的高寒草地畜牧业区域，同时，在严酷脆弱的高原生态环境和地域性宗教文化的影响下，青藏高原畜牧业充满了浓厚的尊重自然，爱护自然的农业伦理思想，造就了当地独特的高寒草地生态系统和人与自然和谐相处的草原文明，是我国草原文化保存最完整的地区之一。当前，受全球气候变化和人类活动的影响，青藏高原草地严重退化，草原文明受到严重威胁，从草原文明传统的农业伦理视角出发，利用青藏高原草原民族数千年形成的农业伦理思想来治理退化草地的相关研究较少。因此，本文试图从青藏高原草原文明中的放牧制度、宗教信仰、传统法规体系和牧民生活习俗四个方面出发，分析青藏高原传统畜牧业文明中体现出的农业伦理内涵，对于促进青藏高原草地恢复、促进青藏高原人-草-畜的系统耦合和草地畜牧业的可持续发展具有重要意义。

二、青藏高原草原文化中的农业伦理内涵

（一）青藏高原放牧制度中的农业伦理

放牧是草原文化的基本要素，通过放牧这一行为，将人-畜-草三者联系起来形成自然社会生态系统是草原文化形成的基础，“不违农时”是青藏高原牧业生产活动长期以来严格遵循的时序逻辑，“逐水草而居”正是对青藏高原放牧制度“因时而动”的集中表达。青藏高原气候寒冷，“长冬无夏，春秋相连”，牧草生长季节只有4～5个月，草地植物群落以寒冷的多年生草本植物为优势种，每年5月底至6月初牧草开始返青，7—8月达到盛草期，是全年牧草的最佳生长季，生物量达到最高，9—10月青藏高原牧草进入枯黄期，生物量逐渐降低，11月至翌年4月是该区草地枯萎期，生物量达到最小。

根据不同地方牧草的生长周期和长期的放牧实践，藏北草原形成了“春放水边、夏放山，秋放山坡、冬放滩”的放牧制度，藏南牧民有“春季牧场在山腰，夏季牧场在平坡，秋季牧场在山顶，冬季牧场在阳坡”的经验总结。在一个年周期内，形成了青藏高原牧区3～4季转场轮牧的放牧制度，11月至翌年4月为冬春季节，此时牧民将牛羊赶到冬季放牧场，此处海拔较低，位于背风坡的山谷地带，牧草返青迟，枯黄晚，可以为牛羊提供足够的天然牧草和躲避寒冷的北风，此时放牧晚出早归，并且按照“先放阴坡，后放阳坡”“先放远处，再放近处”的原则进行放牧；5—8月，气温回升，积雪融化，牧草开始生长，牧民将牛羊放牧在高海拔的夏季牧场，此时牧草供给丰富，牧民放牧早出晚归，家畜借此机会补充营养物质；9—10月，气温开始下降，牲畜放牧逐渐由高海拔夏季牧场转向低海拔的秋季牧场，牲畜利用秋季牧场抓膘后进入即将到来的冬季牧场。这种游牧方式是藏区牧民对自然环境的主动适应和合理利用，夏季牧场在山上，春秋季牧场在两山之间的谷地或山前丘陵平原，是春季接羔和秋季配种的主要场地，三季牧场中，冬季牧场最为脆弱，选择无风、向阳且温度偏高的地带如山沟、凹地或河谷两岸作为“冬窝子”，对保证牲畜顺利越过寒冬至关重要。

四季牧场之间的转移是一个以一年为周期的“大游牧圈”，转移的路线基本固定不变，牧民会根据天气情况确定转移的时间，在季节牧场内还存在一个“小游牧圈”，牧民会以营地或者水源点为中心，以一定距离为放牧半径，向四周划分出不同的放牧区，每半个月左右进行一次轮换。这符合植物的“补偿再生机制”，如果把没有放牧的草地生产力视作100%，当放牧一周之后，草地生产力下降到70%，当放牧两周以后，草地生产力能达到207%，此后草地生产力随放牧强度逐渐下降。

牧民根据高寒草地的生产周期来安排放牧，既保证了家畜的营养需求，也使得草地生态系统得到休养生息和持续健康发展，这种遵循自然规律形成的人-畜-草的放牧组合，符合天人合一的互动关系，正是生态系统的本质表达。当前，现代化集约型畜牧业生产体系所倡导的划区轮牧，其理论基础正是来源于此。美国、新西兰、澳大利亚等畜牧业发达的国家，更是在20世纪30年代完成了现代畜牧业的转型。

（二）青藏高原宗教信仰中的农业伦理

受地质运动的影响，青藏高原的隆起不仅对我国的水文气候产生了巨大的影响，其内部更是山壑相嵌，地形复杂封闭，差异巨大，气候变化万千难以预测，自然灾害频发，严酷的环境威胁着高原人民的生存，同时又提供给高原民族丰富的生活资料，人们对自然的认识和改造不足，于是产生了对自然的敬畏、崇拜、感激等心理，藏民是全民信教的民族，无论是高原本土苯教还是藏传佛教，都注重从保护自然环境，珍惜自然资源的角度出发和延伸，培养高原人民保护自然、关爱生灵、万物一体的道德理念，成为藏族关于自然和生命的一整套价值理念和行为准则，约束着高原人民的行为。

苯教是藏族的原始宗教，是在牧业相对发达的情况下产生的，远古时期的藏民主要靠牧业生存，因而苯教具有特色鲜明的牧业特征，在原始苯教中，牛、马、羊等动物是用于祭祀的重要祭品，牧民通常会在重要祭祀典礼上宰杀大批牛羊用于祭祀神灵，一定程度上调控了牲畜结构和数量，同时牛羊也是牧民的崇拜对象，在藏族英雄史诗《格萨尔王传》中，许多英雄首领的灵魂都和牦牛联系在一起，在今天的西藏阿里地区，藏北那曲的岩画中仍保留着大量的三千年前的牛、羊、马等动物画像。出于对脆弱的自然环境的感激和敬畏之情，藏族苯教认为，高原上每座山都有山神守护，每条河都有河神居住，神山神水都是本民族的祖先或者保护神，并规定了系列保护性禁忌，如不能挖掘和砍伐神山上的树木花草、不能将不洁之物倒入湖水中，牧民在畜牧业活动中，更是重视对草地生态环境的保护，不会随意挖掘草皮，禁止在草地上开挖水渠，以防止水土流失。

公元前7世纪，藏传佛教进入青藏高原以后，与苯教相互融合，并逐步取代苯教成为青藏高原占统治地位的宗教信仰。同样具有深刻的农业伦理内涵。藏传佛教糅合了苯教“崇拜自然，敬畏自然，万物有灵”的思想，以“因果循环”“普度众生”“万物平等”为核心，倡导节制，注重“轮回”思想，认为众生平等，人也是自然界的一分子，都是轮回生命中的一分子，彼此相互依存和转化。牧民对天然草地上一切生命都尊重与保护，会为草地上的野生食草动物留出草地，对于草地的野生动物从不主动干扰，认为“羊要放生，狼也可怜”，不过分依靠牲畜追求经济利益，饲养的牲畜以牦牛和藏羊为主，二者的比例在1∶1和1∶3之间，海拔越高，牦牛的比例越大，海拔越低，藏羊的比例越大，宰杀的牛羊也都是以满足自身生存需求即可，牧民还会选择一部分牛羊以“放生”，在其犄角系上三色或五色彩带，不宰杀和出售。高原牧民通过与自然环境的这些互动关系，保证了珍贵遗传基因资源的续存，并使得草原生物群落保持顶级群落演替状态，家畜个体生产性能达到最高，维护了草地生物多样性，实现了草地畜牧业体系和草地生态系统稳定延续的目的。

（三）青藏高原传统法规体系中的农业伦理

在藏区，不仅普通民众会自觉遵守各种宗教习俗的制约，自觉保护自然环境，各级官府、寺庙、部落也会制定系列关于草地保护的法规，他们共同构成了一套形式多样、层次立体的法规体系。

藏传佛教传入西藏后，为了保护自然环境和生物多样性，松赞干布先后颁布了《十善法》和《法律二十条》，禁止藏族民众随意杀生，严厉打击杀生和破坏环境的行为。历代达赖喇嘛都专门颁布了保护生态环境的法典训令；清朝时期，雍正年间的《番例六十八条》，对纵火焚烧和霸占草原，无故伤害牲畜，不按规定放牧等行为做了更加明细的处罚说明，各地方也会制定具体的执行法规。例如，青海刚察部落规定，一年四季禁止打猎，违规者根据猎杀的动物处罚一定数量的金额或者粮食，并要求在部落全体人员面前忏悔乞求原谅。果洛部落法规规定，每到转场时，要听从头人号令统一迁移；若有不听头人指令的，须罚牛羊若干，头人也要连带受罚；在未搬进秋季牧场之前，禁挖藏麻；离开冬季牧场时，不能恶意破坏冬窝子上的原居住地和牛粪圈，若毁则受罚。各部落严格禁止牧民过度利用草地的同时，还要求牧民积极种草植树，合理利用草地，保障草地可持续生长。通过法律制度和宗教引导两种手段的制约，藏区生态保护被放在突出的地位，牧民不是为了谋利而放牧，更像是为了维护人-畜-草共同的生存权而放牧。

（四）青藏高原生活习俗中的农业伦理

藏族牧民认为，畜牧业活动的目的是既要照看家畜又要保护草地，并在此基础上获取生活资料，于是产生了牧民对生产消费的限制和对自然的守候与照顾，形成了一种低消费型的生产生活方式，“一壶酥油茶、一碗糌粑或一块风干的牛羊肉，就是长期的饮食内容；一件藏袍，白天当衣穿，夜间当被盖，一顶小小的帐篷就是自己的家”。从藏族牧民传统的生活习惯中，更是可以直观地感受到藏族牧民的勤俭节约和与自然融为一体的“绿色”生活方式。

青藏高原牧民的一切生活资料来源于自然，牧民对生物资源的利用达到极致，对环境的污染降到最低。以牦牛为例，牦牛是青藏高原上的特有种，具有耐力好、抗寒冷、善走雪山等特点，也是唯一产绒的牛种。对藏族牧民来说，牦牛是牧民的生活资料的主要提供者，是高原之舟，是牧民心中的“全能”家畜，为当地牧民提供奶、肉、毛、役力、燃料等生产生活必需品。人们喝牦牛奶，吃牦牛肉，它的毛可做衣服或帐篷，皮是制革不可或缺的材料，牦牛还是高原牧民转场时的主要运输工具，在牧民的能源结构中，主要以牦牛粪、柴薪等生物质能为主，极少使用石油、煤炭、天然气等高热值高污染能源。

受宗教信仰的影响，藏族牧民认为如果破坏自然环境就会遭到神灵的抛弃，会带来自然灾害和各种疾病，于是形成了许多具有独特的民族特点的习俗。如牧民每天都会对当地的神山圣水进行祈祷，每年会定期举行祭祀典礼，在山的垭口，牧民会将山上滚落的石头堆成石堆，磕头作揖如同参拜活佛；每年游牧之前，牧民都会请喇嘛择日念经，祈求草原神灵的同意并保佑农畜兴旺；牧民将铁匠、屠夫、猎人、渔夫视为“下等人”，认为他们或打造各种杀生武器，或宰杀牲畜为业，给生灵带来了灾难。除了活佛去世后实行塔葬供人祭拜以外，牧民逝世后都实行天葬、水葬或火葬，他们认为这是还其本源，重返自然的方式。

三、农业伦理对青藏高原草地恢复的借鉴意义

草地是人类的发祥地，人类文明的第一缕曙光是由草地农业创造的，作为我国草原文

明保存最完好的地区之一，青藏高原拥有高寒草地面积 1.3 亿公顷，是我国天然草地面积最大的地区，占全国草地面积的 1/3，是高原大尺度空间异质景观和该区的生命支持系统，也是我国物种及遗传基因最丰富和最集中的地区之一。青藏高原草地承载着近 1 300 万头牦牛，5 000 万只藏羊，是近 200 万牧民世代繁衍生息的家园，是我国乃至亚洲重要的牧区之一。近年来，随着气候变化和人类活动的影响，青藏高原草地退化严重，人-畜-草之间矛盾突出，草地生态表现出从未有过的系统性衰竭，具体表现为超载过牧严重，青藏高原主要牧业县普遍存在超载现象；草地严重退化，沙化面积扩大，据不完全统计，青藏高原约有 4 500 万公顷退化草地，约占青藏高原草地总面积的 1/3。草地退化加剧草原鼠虫害，水土保持能力下降，湖泊河流断流，多年冻土和湿地面积减小，草地生物多样性遭到破坏；人口增加，环境承载压力大，从 20 世纪 50 年代起，青藏高原内部人口年均增长率均高于全国水平，人口不断增加带来的环境问题严重影响了当地社会经济和草原文明的发展，更威胁着周边地区的生态安全。

在科技越来越进步的今天，人与自然的关系正逐步从依靠科技发展生产的理性思维转向关注人与自然之间的人文价值内涵。农业伦理学要研究人类如何在取得良好的经济效益的同时，更加科学合理地对待自然和保护生物，从而更好地协调人与人、个人与社会以及个人与自然之间的关系，这更需要深入挖掘我国传统农业文化中形成的“顺天时，量地利，取予有度，道法自然”的深刻的伦理内涵。为了治理高寒退化草地，实现传统畜牧业的转型升级，自 20 世纪 50 年代起，我国相继实施了草地承包制度，退牧还草工程，生态移民政策，草原生态保护补助奖励政策，建立了完善的草地畜牧业科研体系，并自上而下制定了一整套完善的关于草地生态保护的法律法规，但是青藏高退化原草地生态并没有得到明显的好转，人-畜-草之间的矛盾仍然突出。究其原因，在于忽视了青藏高原牧民千百年来生产生活中形成的人与自然之间的农业伦理内涵和其内在的约束作用，而这正是青藏高原草原文明保存最为完好、人居-家畜-草地三者之间和谐发展的关键因素。因此，在今后的草地生态保护工作中，要充分重视青藏高原草原文明中合理的农业伦理思想，加强对青藏高原传统放牧制度和生产方式的传承与创新，既要保持对大自然的敬畏之情，改变以依靠牲畜数量增加收入的思想，传承青藏高原传统的因时而动的轮牧制度，又要加强科技创新，加大人工牧草种植力度，保证饲草供给；改良牲畜品种，提高牲畜生产性能，实现高原牦牛生产由传统的三年二胎转化为一年一胎，藏羊生产由一年一胎转为二年三胎，加快周转，进行适度的规模化养殖，发展优质高效的现代畜牧业。除了制定完善的草地生态保护的法律法规之外，还应充分发扬高原传统的天人相依、和谐共生的思想理念，尤其是要重视牧区传统的乡规民约在草地生态保护与管理方面的作用，充分发扬高原优秀的传统草原文明，对于当前青藏高原草地生态保护具有极大的现实意义。

四、结语

青藏高原因其高寒脆弱的自然环境，使得高原牧民与自然相处中更加重视对环境的保护与敬畏之情，形成了高原独特的农业伦理关系，这种农业伦理关系渗透到青藏高原牧民的方方面面，从宗教信仰到牧民生产，从法律制度到生活习俗，无不体现着“敬畏天时以应时宜”“施德于地以应地德”“帅天地之度以定取予”和“依自然之法精慎管理”的农业伦理学原则。由里而外地约束和影响着高原牧民的行为，创造出灿烂的青藏高原草原文明。当前，青藏高原正遭受的生态危机，除了相关的政策法规、科技投入之外，还应该从青藏高原草原文明流传下来的优秀农业伦理角度出发，重新重视青藏高原牧民千百年来形成的敬畏自然、保护生态的伦理道德对当前草地生态保护的借鉴意义。

【参考文献】

（略）

（原文刊载于《草业科学》2019年第11期）

集约化养猪环境正义：美国北卡州经验及启示

周杰灵　严火其

摘要： 集约化养猪环境正义属于环境伦理实践哲学的研究范畴。20 世纪 80 年代兴起的环境正义运动使弱势群体在环境受害方面的不公正待遇受到美国社会的普遍关注，学术界和政府随即展开了对环境正义的理论和实践探索。作为美国集约化养猪发展最快且养猪环境问题最早显现的地区，北卡罗来纳州在承认正义、制度正义和分配正义三个层面的集约化养猪环境正义探索经验，可为中国解决集约化养猪环境非正义问题提供有益的参考。

关键词： 环境正义；集约化养猪；北卡罗来纳州

作者简介： 周杰灵（1991—　），南京农业大学中华农业文明研究院博士，主要研究方向为农业科技史。严火其（1963—　），博士，南京农业大学中华农业文明研究院教授，主要研究方向为农业史和科学思想史。

环境正义概念源于 20 世纪 80 年代初的美国民权运动，是用社会公正价值观念来解决环境社会问题的一种价值伦理取向。环境正义最初产生于美国少数族裔或弱势群体反对政府在环境受害方面所做出的非公正安排，之后该概念得到学术界和政府部门的广泛应用，并在承认正义、制度正义和分配正义三个层面得到较为集中的体现。本文以美国农业部和环保局发布的统计数据及相关文献为参考，从美国集约化养猪兴起过程中的环境问题入手，通过对北卡罗来纳州的典型分析，揭示美国集约化养猪环境非正义产生的主要原因；整理美国集约化养猪环境正义的探索经验，并进一步探讨对中国的启示。

一、美国集约化养猪的兴起及其环境非正义的产生

（一）美国集约化养猪的兴起

美国传统养猪业主要分布在以艾奥瓦、明尼苏达、伊利诺伊、印第安纳等州为代表的美国东、西玉米带上。由于美国玉米带生产了美国 70%以上的玉米，为养猪生产提供了充足、廉价的饲料，所以大部分美国生猪生产分布在玉米种植地带。

二战之前，美国玉米带的生猪饲养以小规模家庭农场为主，生猪粪肥大多经过腐熟发酵后被用于恢复农田肥力。在这种饲养方式下，土壤-作物-猪粪尿之间形成密闭的养分循环，可有效防止粪肥养分的流失和环境污染问题。

二战之后，原本在战争期间应用哈伯-博施的大批量工业合成氨方法制造炸药的美国

化工厂纷纷转向生产农用化肥。由于玉米生长对氮素养分需求较多，美国玉米带便成为人工合成氮肥的主要消费基地，玉米生产逐渐变化为主要依靠化肥来满足其养分需要的农业产业。人工合成氮肥的广泛应用割裂了养殖业与种植业之间通过动物粪便还田形成的传统养分循环链条，随后出现了以种养分离为特征的专业化、规模化种植产业以及同样集约化发展的动物养殖业。

20 世纪 70 年代以后，随着世界范围内中低收入国家中产阶级人口比例的增长，这些地区的人们营养结构在逐渐发生变化，对动物蛋白的需求也在不断增加，导致全球肉类需求的持续增长，并极大地刺激着以猪肉、牛肉、鸡肉为主的畜牧业生产的产业升级。美国是重要的生猪生产大国，其生产的三分之一的猪肉用于出口。在过去的几十年间，美国生猪养殖农场数量在不断减少，而生猪养殖数量却在不断增加，形成高度集约化的生猪养殖发展趋势（图 1）。

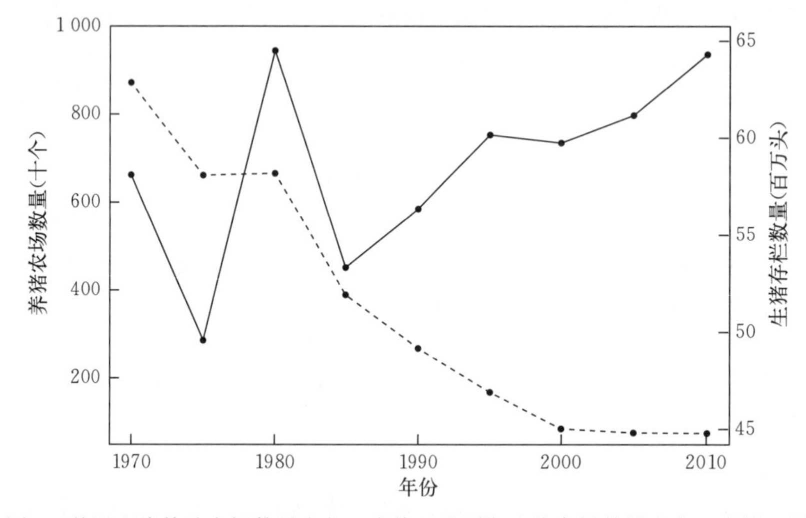

图 1　美国生猪养殖农场数量变化（虚线）及同期生猪存栏数量变化（实线）图

注：图中虚线表示美国养猪农场数量变化趋势，实线表示美国生猪存栏数量变化状况

（资料来源：美国农业部统计中心）

至 20 世纪末，美国生猪养殖农场大多已发展成为动物密度大，拥有复式畜棚和大型化粪池（用来处理养殖粪污）的集约化养殖农场（CAFO）。由于相当一部分工业化养殖粪污得不到及时、有效的还田利用，成为不可忽视的污染源。大量集约化养猪场散发的臭味以及养殖粪污池外泄事件的频发造成了人们对空气、水污染和公共健康的普遍担忧。

（二）集约化养猪环境非正义的产生

美国的环境非正义最初被认为是源于有害废弃物存放分配中存在的种族歧视问题，而其背后的真正原因则是一些企业和地方政府在选择废弃物存放地点时所寻求的“最无力抵抗路径（path of least resistance）”，即将废弃物存放于不太会受到抵制，或土地极其便宜的地方（这些地方往往也是抵制力弱小的地方），致使欠发达地区或少数族裔集聚地更容易遭受有毒废弃物侵害。美国最早显现集约化养猪环境非正义的北卡罗来纳州就是这样的典型。

从地理位置上来看，北卡罗来纳州位于美国东海岸中部，与传统中西部养猪地带相隔数百英里。该州猪业的发展受到了当地政策的支持，扩张速度极快。经济政策上的路径依赖使得该地区贫困人口很难摆脱集约化养殖所带来的环境污染。

北卡罗来纳州的集约化养猪场集中在该州东半部的黑人居住区域，一个月牙形的历史上南方黑奴从事种植劳作的地方。被解放的黑奴后来大多成为这一地区的分成制佃农（sharecropper）或佃户（tenant）。虽历经百年，这一地区仍然有相当多的黑人处于贫穷、失业状态，缺少医疗和教育机会，且享受不到正常住房条件。因而该州所呈现的环境非正义大多与低收入和少数族裔相关。

北卡罗来纳州的东部沿海地区曾经是专门种植烟草的农业区，但随着烟草种植收入不断下降，需要寻找新的农业领域来刺激当地经济发展。20 世纪 70 年代，当地的养猪企业家兼政治家温德尔·墨菲（Wendell Murphy）将工业化养鸡方式引入到北卡罗来纳养猪业中。就在墨菲当选北卡罗来纳州众议院议员的 1983－1988 年期间，他帮助该州通过了两项法案：一是免猪场设备的营业税，二是禁止北卡罗来纳地方政府利用区域权力来处理养殖场的气味问题。随着这些法案的通过，北卡罗来纳州在 1989 年到 1994 年的 5 年间，平均每个农场饲养猪数量增加了 5 倍，并迅速发展成为全美第二大猪肉生产州。

20 世纪 90 年代，北卡罗来纳州 95%的猪场都成了集约化养猪场，平均每个猪场养殖数量超过 2 000 头，而 1 头猪所产生的废弃物是 1 个人的 2～5 倍。该州从 1991 年养殖生猪 370 万头到 1997 年养殖生猪已近 1 000 万头，每天所产生的废弃物相当于 2 000 多万人的粪污，超过整个纽约州人口所产生的粪污量。高速发展的生猪养殖产业虽然给当地带来了更多的就业机会，但同时也引发出一系列环境不公问题，表现在以下四个方面。

一是在集约化养殖条件下，一个养猪场能养成千上万头猪，这使得狭小的空间内会积累大量的养殖粪污，并散发出氨、氧化氮、硫化氢等各种臭气。累积的猪粪液在大雨时还会随着雨水流到周围的河流、水沟和农田等，污染周围的环境。虽然集约化养猪场通过高效率的运作，给养殖者带来了可观的经济收入，但也严重干扰了周围居民的正常生活。

二是养猪粪污池外泄或养殖粪肥中的氮、磷养分经淋溶和径流进入水体后，使水质富营养化，刺激毒费氏藻生长并造成大量鱼类及贝壳类水生动物的死亡。1995 年，北卡罗来纳州沿海区域 7 家大规模生猪养殖场的露天粪污池发生泄漏，超过 4 000 万加仑的猪场粪污泻入北卡罗来纳州东部海域，引起大面积毒费氏甲藻暴发，造成约 1 500 万尾鱼的死亡。当地和邻近海域的生态环境也遭受严重破坏，墨西哥湾 7 000 平方千米水域成为一片“死海”，沿海居民生存权利受到威胁。

三是集约化养猪场周边不少居民因长期吸入氨、氧化氮、硫化氢、二氧化碳等有毒有害气体或物质而罹患各种呼吸道和心血管疾病，并常伴有紧张、焦虑、恶心等症状。一些居民和养猪场工人在受到猪的病原体、沙门氏菌以及寄生虫侵袭后还感染上了脑膜炎、（猪）流感、蠕虫病、蓝婴综合征等一系列疾病。养猪场工人及周边居民的健康权益受到损害。

四是大规模养猪场的建立与发展不仅迫使小规模家庭养殖场退出养猪行业，当地旅游观光及休闲娱乐产业也受到不利影响，地产价值随之贬值。当地居民，尤其是以非裔和拉美少数族裔及低收入人群为多的小规模家庭农场主的经济利益受到严重侵害。

二、美国环境正义运动与生猪养殖环境正义的探索经验

（一）环境正义运动与承认正义的诉求

受“社会达尔文主义”思想的影响，美国社会直到20世纪80年代，仍然有人把贫穷—不幸—饥饿与无能—鲁莽—懒惰联系在一起，认为强者排挤弱者，并使弱者处于艰难和痛苦的境地都是上帝的旨意。在一些人看来，“垃圾”一样的人就该跟垃圾待在一起，以此体现出上帝的伟大和远见卓识。美国人文地理学家大卫·哈维（David Harvey）指出：那种认为只有被视作垃圾的人才能消化垃圾的逻辑，将弱势群体同污染、败坏、不洁及堕落相联系，使其形象刻板化，并受到污蔑。被蔑视的道德体验同有毒废弃物一样，会现实地对弱势群体造成伤害，这种由承认的缺失所导致的伤害往往会激起人们的反抗。因此，社会运动的兴起与被蔑视或扭曲承认的道德之间，常常存在内在的联系。

1982年，以非裔美国人和低收入白人为主要居民区的美国北卡罗来纳州华伦县（Warren County）爆发了大规模抗议活动，要求政府停止在当地修建有毒废弃物填埋场。抗议活动持续7周，其间不断有人从全美各地赶来声援，共有523人遭到逮捕，其中包括民权运动领袖，甚至国会非裔议员联盟主席。虽然华伦县的废弃物填埋场并未因此而被停建，此事却激起了美国社会对环境问题和社会正义问题的广泛关注。

1991年，以弗吉尼亚作为生产基地的史密斯菲尔德食品公司（Smithfield Food, Inc.），由于无法在当地找到符合该州环保规定的生猪粪污排放场所，转而计划在经济相对落后且环保环境较为宽松的北卡罗来纳州布莱登县（Bladen County）近海场所建立世界最大的生猪屠宰场。该计划一经公告，北卡罗来纳州居民就自发地成立了一个称为“清洁产业市民（Citizens for Clean Industry）”的组织，通过组织公开听证会，广泛征集支持议案并诉至法院等方式，希望阻止修建这一计划耗资5 000万美元，每日要宰杀32 000头猪的生猪屠宰场。尽管该组织的诉求并未如愿，但还是在北卡罗来纳州产生了很大的影响。该州14个县的居民随后成立了一个联合会，通过定期举行会议来商讨应对集约化生猪养殖污染的对策。

1992年，北卡罗来纳州又出现了两个呼吁养猪环境正义的民间基层组织：一个是养猪业责任联盟（Alliance for a Responsible Swine Industry），另一个是哈利法克斯环境损失防治组织（Halifax Environmental Loss Prevention）。前者主要由少数族裔所组成；后者已打破种族界限，并声称要保护当地居民免遭集约化养猪带来的环境与经济威胁。哈利法克斯环境损失防治组织最早揭露了集约化养猪所带来的一系列环境非正义问题，指出集约化养猪业的迅速扩张已迫使穷人、黑人或美国土著居民不断投身于大型猪场的建设，不仅对周边环境和公共健康构成威胁，还造成小规模和少数族裔农场主退出养殖行业，阻碍传统农业社区的经济和农业的可持续发展。

1993年，哈利法克斯环境损失防治组织和另外两个北卡罗来纳州的环境正义组织

“蒂勒里县公民（Concerned Citizens of Tillery）”与“生态力量（ECOFORCE）”共同发起成立了生猪养殖圆桌协会（Hog Roundtable），该协会在短短4年里就在本地区发展了42个环境正义组织会员，成为集草根组织、法律界以及传统环保组织为一体的独特环保联盟。该联盟的组织活动不仅使与养猪相关的环境非正义得到了社会各界的重视，而且还在民间环境正义组织和政府主导的环保组织间建立了密切的沟通渠道。

1998年10月，北卡罗来纳州环境正义组织以“拯救人类（Save the People）”为主题召开了全国性的环境正义大会。这次为期2天的会议集聚了来之美国城乡环境正义社团、工会组织、农场主以及学术界的各方代表，集中讨论了环境正义运动的协同推进目标和战略，明确指出了集约化生猪养殖业的扩张对农村少数族裔和低收入人群所造成的伤害和损失。

1999年9月，弗洛伊德飓风横扫北卡罗来纳州东部区域，约250家集约化养殖农场遭到水淹，50多个生猪养殖粪污池发生泄漏，造成污水横流，病菌滋生，严重影响当地居民和家畜的生存环境和健康状况。此次灾情应验了环境正义倡导人士早先的预言和警告，不仅使北卡罗来纳州的环境正义运动得到升级，而且激发了全国性环境正义运动的高潮。北卡罗来纳州的基层环保组织随即向美国环保局发出呼吁，要求立即淘汰露天养殖粪污池，并禁止在洪涝灾区建立新的集约化养殖农场。当地的环境正义组织还通过网络媒体披露了飓风灾情对当地有色人种和低收入人群造成的伤害与损失情况，弱势群体在环境问题上遭受的不公正待遇在美国社会受到了广泛的关注。

（二）环境制度正义的实践探索

环境不公正现象的发生，在学理上是由于环境的特性与经济人的自利性不谋而合；在制度上则是由于制度自身的欠合理性和落差所造成。因此，“解决环境公正问题不仅需要价值上的诉求，而且需要制度上的设计”。

1992年，美国环保局在《环境公平：减少所有社区的风险》的报告中提出了环境调查的结果和对策，随后又设立了环境公平署，后改名为环境正义署（Office of Environmental Equity）。环境正义署将环境正义定义为：“所有人员，无论种族、肤色、国籍或财产状况差异，在环境法律、法规和政策的制定、适用与执行方面均应得到公平对待，并享有实际的参与权利。”显然，政府对环境正义的定义已体现出制度正义的内涵。

1994年，克林顿总统签署行政令，要求将“环境正义”纳入联邦政府的政策制定中，允许环境权受到歧视性剥夺的当事人向环保局提出“行政投诉（administrative complaints）”。联邦政府对“环境正义”的制度设计得到了地方政府的响应，各州地方政府也都相应修订了地方法规，而且通常还会严于国家要求。

1997年8月，北卡罗来纳州议会通过了《清洁水责任法》，规定了新的措施来控制恶臭，保护水质量，给予县级政府管制权来监管北卡罗来纳州东部大型集约化养猪场。同时，这项法规还禁止现有猪场扩大养殖规模并暂停建立新的集约化养猪场。北卡罗来纳州《清洁水责任法》和集约化养猪场的停建规定在美国各州引发了一场针对集约化养殖污染治理的大讨论，包括美国哥伦比亚广播公司、纽约时报在内的新闻媒体都做了追踪报道。此后，堪萨斯、伊利诺伊、印第安纳、明尼苏达、密西西比、内布拉斯加、科罗拉多、俄克拉荷马等各州相继出台了与北卡罗来纳州相类似的法规。

1997年12月，在（美国）全国环境正义咨询委员会（NEJAC）的年会上，与会代表一致呼吁联邦政府对生猪养殖农场制定更加严厉的清洁水法实施标准，并对美国政府忽视有色人种和低收入人群所遭受的环境非正义待遇提出批评。美国参议院农业委员会在当年的一份调查报告中也指出：美国畜禽养殖产生的废弃物总量已远远超过居民生活废弃物总量，其中绝大部分养殖废弃物都集中在少数族裔和低收入人群居住的地区。对此，美国联邦立法机构制定了《动物养殖业改革法案》（*Animal Reform Act*）。克林顿总统随即发布行政令，要求对沿海地区的畜禽养殖农场实施更加严格的农田径流限定标准，并责成环保局对少数族裔的环境不公待遇提出具体解决方案。

1998年美国政府推出了清洁水行动计划，将农业面源污染作为水污染的主要源头进行治理。事实上，北卡罗来纳州发生的生猪养殖环境非正义问题只是美国环境非正义问题的冰山一角，农业面源污染实际上已取代城市或工厂污水成为美国最大的水污染源。1999年美国环保局和农业部联合发布畜禽养殖粪污治理统一战略，同时推出畜禽粪便综合养分管理计划（CNMP），要求规模化养殖农场将粪污作为养分还田的管理对象，以减少养殖粪污通过农田径流和氨挥发形成的农业面源污染。

2007年，北卡罗来纳州颁布了《猪场环境绩效标准法》（*Swine Farm Environmental Performance Standards Act*），成为美国第一部禁止生猪养殖场自行建造或扩大化粪池的地方法案。该项法案对猪场新建的废弃物治理系统建立了健康环境标准，要求新建或者扩建的集约化养殖场必须使用环境优先技术（environmentally superior technologies）来最大限度地减少养殖废弃物向地表和地下水排放。除此之外，该州还通过了一个成本分担法案来帮助农场主对现有化粪池进行改造和升级。北卡罗来纳州在制度正义上的实践探索为美国其他生猪养殖区域提供了良好的范本。随后，全美至少有12个州都相继出台了类似的集约化生猪养殖粪污治理法规和管理办法。

（三）环境分配正义的实践探索

美国环境政治学家戴维·施劳斯博格（David Schlosberg）指出：分配正义和承认正义的缺乏是环境正义运动的二大社会根源。约翰·罗尔斯（John Rawls）认为，正义实现的关键所在是将利益以正当的程序分配给社会成员。然而“环境正义”分配的对象已不再是“利益”，而是环境污染产生的“不利益”。

1995年，北卡罗来纳州毒费氏甲藻暴发后，该州的《新闻观察家报》刊登了关于北卡罗来纳州“猪肉革命”的系列报道。这篇报道基于记者7个月的调查，覆盖了从粪污泄漏到北卡罗来纳州议会贿选等方方面面。该篇报道因此获得了美国新闻界的最高荣誉奖项——普利策奖。此后，集约化生猪养殖法规不再成为摆设，州政府陆续拨出150万美元用于处理猪业污染问题，并对违反排放规定的养猪场征收更多的罚款。

1997年，美国审计总署和美国农业部针对环境非正义展开了一项联合调查。调查结果显示了美国黑人家庭农场长期受到集约化养殖污染的影响，所受损失远远超出其应承担的经济责任，且很难得到联邦政府的贷款和补贴。此项调查结果经媒体曝光后，1 000多户美国黑人家庭农场联名提起诉讼，要求政府就1983年以来美国黑人家庭农场因集约化养殖污染所遭受的损失进行赔偿。1999 年，美国农业部正式向这 1 000 多户因受到不公正环境影响的黑人农户提供了 3 亿美元的补偿，成为美国政府因集约化养殖污染而对污染对象做出补偿的滥觞。

2000 年 7 月，美国最大的猪肉生产企业史密斯菲尔德食品公司与北卡罗来纳州议会签订协议，同意开发和使用新的生猪养殖粪污处理技术来改变原有的储粪系统，并支付北卡罗来纳州立大学 1 500 万美元用于环境优先技术的研究上。同时，还投入 5 000 万美元用于环境改善和猪场检测设施上。该州第二大生猪养殖大户“普利民标准农场（Premium Standard Farms）”也随后与州议会和北卡罗来纳州立大学签订了协议，同意支付 250 万美元用于集约化养殖粪污处理设施的研究与更新改造。

为鼓励规模化养殖农场改进养殖环境污染治理方式，2002 年美国《农田安全和农村投资法》明确规定集约化养殖农场可以享受环境质量激励项目的资金支持。每个农户或农场可在 6 年的项目期限内申请不超过 45 万美元的资金援助。项目援助资金可用于养分管理计划的编制、动物养殖和粪污处理必备设施的建设，以及动物粪肥按照批准的方式还田所产生的运输耗费等。1996—2000 年，美国投入环境质量激励项目（EQIP）的资金达 2 亿美元/年，2002 年增加至 4 亿美元/年，2007 年后增加到 13 亿美元/年。其中 60%的资金用于激励养殖农场粪肥养分管理的实践活动。

三、启示与建议

（一）承认正义的呼唤

目前，中国养猪业中的环境非正义存在多种表现形式。如国家按生猪养殖规模对集约化养猪场给予财政补贴，集约化养猪的利益是养殖业主的，但环境污染却是社会的；许多农村的养猪场没有污物处理设施，或即使有污染处理设施也很少运行，污物任意排放，既污染空气，又影响农业生产；发达地区不愿意养猪，主张把猪场建在不发达地区等。这些集约化养猪的环境非正义问题都隐含着共同的原因，就是作为强势群体的养殖业主在利润最大化经济动机驱使之下，往往漠视社会公众尤其是弱势群体的生存与生命权利，而管理部门又总是想用比较好管的方法，“最大限度地行使权利，最小限度地承担责任”。

承认正义的缺失是环境正义中相对隐蔽的一种形态，无论是强势群体还是弱势群体，往往都意识不到这种最根本的环境“非正义”。在不同环境条件下，环境问题中的强者和弱者时常会发生转换：当集约化养猪场的养殖废弃物被排放到水沟和农田时，养殖者是强者，种植者是弱者；而当种植者将化肥农药超量施用在饲料作物上时，种植者成为强者，养殖者则会变成弱者。又如，农民在受工业化污染方面是弱者，而在食物供应方面则可能是强者。因此，需要在全社会唤醒尊重弱者环境权益的意识，让每一位社会成员都能认识到今天对弱者尊严与需求的漠视，也许明天自己同样也会遭受弱者待遇。

（二）接近制度正义

近几十年来，现代农业制度的大行其道，使农民逐渐形成了对化学品的路径依赖，即便认识到恶性循环的症结所在，也很难抽身回转，而在被固化的农业体制中，种植农户会在为“市场”生产而不顾环境和消费者的同时，种上一些“不打药”的蔬菜供自己食用；养殖农户则会将喂有抗生素药物和饲料添加剂的猪提供给市场，而将少部分绿色养殖猪留给自家。显然，这种现代农业制度下的环境“非正义”行为已不能简单地用道德标准来进行评判，而是需要用完善的制度来予以矫正。在这一方面，美国畜禽粪便综合养分管理计划的实施经验值得借鉴。

首先，中国应尽快启动综合养分管理的立法程序，建立种养间的综合养分管理政策体系，将养殖粪肥的养分还田管理作为养殖粪污治理的关键予以政策规范。其次，需要组织专业人员并利用大中专院校科研资源，制定综合养分管理计划实施标准；同时，要加快培养综合养分管理计划的农村基层推广人员，使综合养分管理计划能真正落到实处。除此之外，还需建立完善的奖罚机制，使综合养分管理成为每一位农户自觉、自愿的实际行动。

中国作为一个地少人多的国家，谋求农业集约化发展是解决温饱、摆脱贫困、消除区域发展不平衡障碍的基本途径，但又不能输出污染，沿着“先发展后治理”或“边发展边治理”的“不利益”道路越走越远。这不仅要求政府要公正履行对环境破坏的监督职能，自上而下地推动农业增长方式的转变，保障制度正义的实现；还需要农村基层组织和广大农户以合法和有效的方式参与农业环境政策的制定与执行，自下而上地集结环境正义的力量，促进政府与集约化养殖企业正视和改变各种环境“非正义”的行为。

（三）建立公平、有效的农业生态补偿机制

环境权责的分配不公是中国集约化养猪环境“非正义”最具显性的形态，“表现为一部分人获得了想要的收益，另一部分人却失去了清洁水、空气以及赖以为生的土地和健康”，这种状况需要通过建立公平、有效的农业生态补偿机制来加以矫正。依据公共负担均衡原则，当某一个或者部分社会成员为维护社会的整体利益做出了特别牺牲，相关的利益既得者应当对这种特别牺牲公平负担。而农业生态补偿就是基于公共负担均衡原则构建的一套环境权责分配体系，它通过对农业的这种特别牺牲进行合理补偿来协调相关主体之间的利益关系，以维护社会的公平正义。从理论上来说，农业生态补偿的主体包括公共主体和其他主体。公共主体主要是指国家，其他主体是指依据“谁污染谁治理、谁开发谁保护、谁利用谁补偿、谁破坏谁恢复”原则负有补偿义务的主体，包括市场、社会和个人。从美国北卡罗来纳州的经验来看，农业生态补偿主要是通过法律手段和环境激励政策来实现的。政府作为负有补偿义务的公共主体，在协调其他主体共担环境责任方面应发挥积极主导作用。

目前，中国政府对生猪养殖环境污染治理的补偿主要针对养猪场及养殖环境治理设施的建设项目，而受到污染侵害的弱势群体则因缺乏必要的法律支持往往难以获得满意的补偿。一些大规模养猪场虽有治污设施，但为节约开支而很少运行，使污染治理流于形式。

因此，需要政府在制度正义的保障下，切实履行分配正义的职责。一是要加强对环境受害方的权益保护，使弱势群体的权益维护或损失补偿有法可依。二是要在养殖与消费，

受益与受害者之间建立有效的环境责任分担机制，使生猪养殖得益方能够承担更多的环境责任，以此保障环境污染受害方的权益诉求能够获得具体落实。三是可借鉴美国环境质量激励项目的做法，将财政补贴与畜禽粪便综合养分管理实践活动挂钩，对养殖污染治理设施的运行成本给予一定的补贴，形成多处理多补贴的公正补偿机制。

【参考文献】

（略）

（原文刊载于《自然辩证法研究》2019年第2期）

四、农业与食品科技伦理

前沿生物技术领域安全风险治理的历史经验和重要启示

李建军

摘要： 包括基因编辑技术在内的前沿生物技术突破，在农业和医学等事关人类发展重大利益的关键领域预示着颠覆性革命的同时，也潜存着严重的重大安全风险乃至"生存性风险"，迫切需要我们尽快构建负责任、可信赖和可持续的生物安全风险治理体系，以有效化解前沿生物技术创新可能引发的多种安全风险和治理危机，促进前沿生物技术负责任、高质量和可持续地发展。重组DNA实验、农业转基因技术创新和人类胚胎基因编辑研究安全风险治理形成的宝贵经验和历史教训，如对相关重大安全风险进行"预警性思考"、加强安全风险的社会沟通和增加社会互信，以及完善机构伦理审查机制等，对我们今天讨论前沿生物技术领域的安全风险治理，依然具有建设性的参考价值。

关键词： 前沿生物技术；安全风险治理；预警性思考；生存性风险

作者简介： 李建军（1964— ），中国农业大学人文与发展学院教授，博士研究生导师。

讨论前沿生物技术领域安全风险治理，首先应当研究前沿生物技术领域创新可能产生或已产生的诸多安全风险问题或治理挑战，进而针对这些安全风险问题或治理挑战提出建设性的治理框架和应对策略。问题在于，如果对以往生物技术领域风险治理的历史经验和教训缺乏深刻的理解和反思，我们可能很难对今天生物技术前沿领域面临的安全风险治理挑战及其复杂性作出客观而理性的判断，更不要说构建出普遍适用且行之有效的安全风险治理体系或治理框架。基于这些认识，本文旨在总结分析重组DNA技术实验、转基因农业技术创新和基因编辑技术在人类胚胎安全风险治理的历史经验和基本教训，以期为我们今天讨论前沿生物技术领域安全风险治理的规制体系提供经验参照。

一、重组DNA技术安全风险治理的历史经验

1972年，斯坦福大学的生物化学家保罗·伯格（Paul Berg）和他的研究小组进行了一个具有划时代意义的基因拼接实验，首次实现了不同生物体之间的遗传材料组合。他从感染猴子的病毒SV40中分离出一种基因，并采用化学方法将其组装在拉姆达噬菌体的基因组中。他原本计划将这种组合的杂合体基因组插入大肠杆菌，以观察其是否能正常工作，但却遭到纽约长岛冷泉港基因实验室遗传学家罗伯特·波拉克（Robert Pollacck）的

警告，理由是病毒SV40能让小鼠和仓鼠罹患癌症，将这种病毒基因插入能存活在人体内的细菌中，可能存在严重的安全风险。基于对实验室同事安全和其他可能出现的生物安全风险的考虑和权衡，伯格中止了拟定中的实验计划。

问题在于，并不只有伯格所在的实验室在进行这种预示着多种可能性的安全风险的重组DNA实验，也不是所有的生物科学家都像伯格一样对此类实验的安全风险有清醒而理性的考量。如何将重组DNA技术相关的生物安全风险降到最低程度，让这类意义非凡的生物技术创新实验以安全、可靠的方式持续推进，是当时的生命科学共同体面临的最紧迫问题和最大挑战。1973年1月22日至24日，在伯格、波拉克等著名科学家的倡议下，美国国家基金会、国家癌症卫生研究所联合在阿希洛马召开第一次专题会议，讨论重组DNA新技术领域可能存在的安全风险和各种非自然发生的生物危害问题，有100余名科学家参加了会议。6月11日至15日，在由来自世界各国的131位科学家参加的有关核苷酸研究的戈登会议（Gordn Conference）上，重组DNA技术的实验进展引起与会者的高度关注。但许多科学家只关心新技术创新的可能性，而对相应的生物安全风险缺乏充分理解。出于对新技术可能使有害的重组DNA以前所未有的速度被创造和扩散而引发的各种生物安全风险的担忧，英国生物学家爱德华·兹夫（Edward Ziff）和保尔·赛达特（Paul Sedat）建议会议主席马克西姆·辛格（Maxine F. Singer）安排特别议程，讨论相关的生物安全风险问题。辛格破例采纳这一建议，并在主持特别会议时强调，科学家有责任关心实验室同事安全和社会公共事务。与会专家在对新技术应用研究可能存在的生物安全风险和危害进行认真讨论的基础上，建议国家科学院设置特别委员会，协同调查重组DNA技术应用研究可能产生的安全风险问题。这一建议公开发表在当年9月22日出版的《科学》杂志上。

根据这一建议，美国国家科学院指定由伯格召集组建一个分子生物学家小组，即所谓的伯格委员会，成员包括大卫·巴尔的摩（D. Baltimore）、赫尔曼·路易斯（Herman Lewis）、理查德·罗布林（Richard Roblin）等八位生物学家，详细调查重组DNA应用研究的安全风险问题，讨论"现有的和计划的重组DNA实验是否存在严重的安全风险问题"，以及如果存在严重安全风险问题应该怎么做。尽管有科学家建议暂停诸多重组DNA实验，但也有科学家担心这会侵害科学家自主研究的权利。基于对重组DNA实验相关的创新利益和生物安全风险的审慎考虑，委员会决定致信《科学》和《自然》杂志，以公开信的方式，向生命科学共同体发出暂停重组DNA技术实验的倡议，呼吁生物科学家在重组DNA技术实验研究的潜在风险得到充分评估、相应的指导规则出台之前，暂停生物技术领域的某些实验，同时建议国家卫生研究院尽快建立咨询委员会负责审查相关实验计划，评估其潜在的生物学和生态学危害等生物安全风险，并召开国际会议来讨论应对新技术研究潜在危害和安全风险的适当方法，制定可供研究者遵循的准则。美国国家科学院对这份公开信给予积极回应，当月就成立了以伯格委员会为基础的"重组DNA分子研究顾问委员会（Recombinant DNA Molecular program Advisory Committee，RAC）"。

1975年2月24日至27日，来自世界各国的分子生物学家、新闻记者、律师和政府官员等140余名代表相聚阿希洛马会议中心，参加了在前沿生物技术安全风险治理史上具有里程碑意义的"阿希洛马会议（Asilomar Conference）"。尽管会议聚焦于重组DNA研究的潜在危害而不是有关实验是否应该作、如何避免这些研究被用作生物战等宽泛问题，但相关讨论还是引发了激烈的争辩。伯格、辛格等多数与会者主张，“不经审慎考虑和评估就进行重组 DNA 的实验是错误的”；安德鲁·路易斯（Andrew Lewis）建议，少数高风险的研究计划在实验之前，必须搜集足够的安全证据；生物学家理查德·诺维克（Richard Novick）坚决反对生物武器和生物战争，要求尽快出台措施禁止该领域的实验研究。但也有科学家认为这些担心是多余的，因为可通过在实验中使用弱致病性的抗菌素、质粒和细菌，设法使其“不能离开试管单独生存”等技术手段来化解实验风险。还有一些科学家因担心暂停研究变成永久限制而拒绝对任何实验的危害性进行评价。当然，也有科学家强调，DNA 重组技术“是诊断和医药治疗领域的一个绝佳的机会，可以无限地生产人类所需的蛋白质”，主张尊重科学研究活动的自主性。来自印第安纳大学法学院的罗杰·道凯（Roger Dworkin）在发言中提醒与会者说，科学家对自己所开展的研究具有不可推卸的社会义务和法律责任，那就是工作场所不能有造成伤亡的危险，否则后果将会十分严重。律师亚历山大·凯普伦（Alexander M. Capron）则进一步强调说，科学家对安全风险估计有局限性，他建议让公众代表参加规制讨论，以充分评估重组 DNA 研究对人类文明的可能影响。

这次会议取得了积极的重要成果，首先是就重组 DNA 研究的重大意义和可能存在的安全风险达成了共识，即重组 DNA 技术的应用研究将显著增进我们对生物化学基础的理解，引发分子生物学领域的革命，但因其允许对来自不同组织的遗传信息进行拼接融合，可能使我们进入充满不确定性的生物安全风险时代。我们迄今还难以通过非常有限的研究活动对其潜在危害和安全风险进行准确评估，因此谨慎从事相关研究是明智的。其次是会议在充分协商的基础上达成了暂停重组 DNA 实验的协议草案，提出了重组 DNA 实验研究的指导方针，要求研究者在实验设计阶段就预先考虑其潜在的生物危害等安全风险，明确制定相应的控制措施。当然，这种保护措施和安全标准是暂时的，需要根据未来实验技术的进步做必要的修改。此外，与会者还就暂缓或严令禁止的实验类别达成一致意见。这些实验尽管具有可行性，但在当下的知识和防控设施下开展，可能会引发严重的生物安全风险，如对源于高致病性生物体重组 DNA 的克隆，以及可能对人和动植物产生潜在伤害的大规模实验等。最重要的是，本次会议明确制定了生物科学家和科研机构开展重组 DNA 研究的行动指南，具体包括严格实验室程序，对所有工作人员进行安全风险防控方面的适当培训等，并明确指出，由于重组 DNA 实验研究正在迅速展开，并将被用于解决各类生物学问题，而在任何有限时间内要预知和评估所有潜在的安全风险又是不可能的，因此，依据新科学知识的进步对相关问题进行持续再评估是至关重要的。

需要指出的是，阿希洛马会议是“预警性思考（precautionary thinking）”应用于生物技术安全风险治理的成功例证，尽管科学界对重组 DNA 实验可能产生的潜在风险的判断完全是假设性的，这些生物安全风险在理论上是似是而非的，且没有确定的生物伤害的证据支持，但这种谨慎态度在未妨碍前沿生物技术进步的同时，也确保了人类和环境生态的安全，值得我们在前沿生物技术风险治理中继承发扬。特别地，这次会议确立的规制充满诸多风险和不确定性的前沿技术领域的新策略，即通过专家咨询委员会、广泛的社会参与和多学科评估，充分讨论重组DNA研究存在的安全风险和可能危害，进而制定切实可行的指导方针和行为准则以规范新兴技术的实验探索的策略，对于我们今天讨论新兴生物技术领域的安全风险治理具有重要的参考价值。

二、转基因农业生物技术创新安全风险治理的历史经验

中国在转基因水稻商业化安全风险治理方面遭遇的困境，可能对我们思考前沿生物技术领域安全风险治理提供了另类经验。2009年10月22日，中国农业部生物安全委员会分别向中国农业科学院一种旨在提高动物饲养效率、减少动物粪便污染的转基因玉米品种，和华中农业大学两种能够产生生物杀虫剂且增加产量的转基因水稻“华恢1号”“Bt汕优63”颁发了安全证书。这意味着中国在转基因主粮作物的研发、环境释放和商业化方面迈出了实质性的一步。尽管根据《农业转基因生物安全管理条例》《种子法》和主粮作物商业化的审批程序，这几种转基因水稻和玉米在商业化推广和耕种之前还需进一步审批，以获取生产和商业许可，但这样一个看似平常的政府决策还是在中国社会激起了前所未有的公众辩论，显现出政府决策和公众意愿的某种冲突和紧张关系，要求政府明确转基因生物技术安全风险治理的价值原则和规制框架。其中的原因涉及转基因农业生物技术安全风险的复杂性、安全风险治理的透明度、完备性和风险沟通的策略等多个层面，对此，我们简要做如下讨论。

首先，转基因农业生物技术创新预示着巨大的商业前景和未来的粮食安全保障，但转基因作物等主粮作物的商业化同时也与“舌尖上的安全”和更大范围内的生物安全高度相关，因此早在转基因农业生物技术创新的初期就成为各国生物安全风险治理的焦点问题。美国和欧盟两大利益集团基于对转基因农业生物技术安全风险和创新利益的不同考虑，分别确立了价值原则各不相同的转基因生物安全风险治理框架和规范体系。1986年，美国政府科学和技术政策办公室（Office of Science Technology Policy，OSTP）就发布了《生物技术规制的协调框架》（Coordinated Framework for Regulation of Biotechnology），明确提出“实质等同性（substantial equivalence）”原则或“不采取特别对待”的原则，对转基因生物体安全进行规制，理由是转基因生物技术创新生产的作物与传统作物并无实质性差别，不需要接受额外的过程和方法监控。在此基础上，美国建立起以产品为基础的、协调性的、基于风险评估的生物安全治理体系，分别由食品和药品管理局、环境保护署和农业部动植物健康检疫局负责相应的生物安全风险监管，旨在保证环境安全、人类和动物健康的同时，推进生物技术产业创新，提升国家产业竞争力。由于这一安全风险规制体系倾向于为转基因技术创新及转基因作物的商业化“放绿灯”，因此可被看作“创新友好型的安全风险治理策略”。而欧盟几乎在同期却强调“预警原则（precautionary principle）”或“审慎原则”，要求在科学尚未提供充分的证据证明转基因生物技术创新安全风险可防可控的情况下，暂停相关的创新推广和商业化进程，并因此建立起基于过程规制的转基因生物安全风险治理体系，包括转基因生物体的规制指令和生物技术发明指令等。例如，1990年发布的《关于封闭使用遗传修饰微生物的90/219/EEC指令》《关于向环境有意释放遗传修饰生物体的90/220/EEC指令》等，要求严格控制生物安全风险，维护公民的基

本权益，确保人类文明的永续发展。与美国不同，欧洲确立的转基因生物技术创新安全风险治理体系更关注转基因生物技术及转基因作物商业化可能造成的生物安全风险，包括可能出现的食品安全风险问题和转基因作物在大田释放后可能造成的“基因污染”等生态安全问题，强调对转基因生物技术创新及相关作物的商业化实行严格的生物安全风险管控策略，可称之为“防控优先型的安全风险治理策略”。大西洋两岸的主要经济体对转基因作物商业化采取的规制策略无疑对世界其他国家的相关治理政策都有深刻的影响，并导致全球至今尚未形成具有共识性的转基因作物安全风险治理框架。受其影响，包括中国在内的许多国家基于政治和经济发展的多重考虑，期望综合借鉴美欧两方的生物安全风险治理策略，在促进转基因技术等生物技术创新的同时，能规避相关技术发展的不确定性和风险，保持国家的生物和生态安全。

其次，由于转基因生物技术在农业上的应用涉及相对复杂的应用场景和安全风险与不确定性，嵌含着相关技术创新融合社会过程中的诸多重要利益关系和价值冲突，难免会出现不同群体在转基因生物技术创新安全风险方面的意见分歧和非理性争辩。具体在中国，有关转基因水稻商业化的社会辩论之所以会转换成重要的公共事件，引发强烈的社会争辩，其中主要原因在于，转基因技术商业化支持者和对此保持质疑态度的社会公众的兴趣点或关注点处在不同的波段上，难以达成共识性的意见。转基因作物商业化的支持者和生物技术专家口口声声强调的是转基因技术育种的精准性和安全可靠性，而反对者耿耿于怀的却是转基因水稻或转基因食品的健康安全性。或者更具体地说，转基因科学家心中憧憬的是转基因水稻商业化带来的美好前景，而多数社会公众担心的却是转基因水稻商业化可能引发的“舌尖上的安全”和健康风险，双方之间缺乏风险沟通和理性对话的基础，结果使相关的社会争辩逐渐变得非理性，甚至出现人身攻击的情况。事实上，转基因技术应用于药物、转基因棉花和木瓜的商业化几乎都没有引起消费者的抵触和反对，因为它们不是社会赖以生存的“绝对必需品”，而转基因水稻和转基因食品却不同。因此，转基因生物技术创新及其作物的商业化尽管对中国的农业生产和粮食安全具有重要的战略价值，中央政府也已将转基因作物育种列入国家重大专项，视为新兴的战略性产业，但如果没有明确的安全风险沟通及监管机制设置来化解其中可能存在的生物安全风险和其他社会问题，包括因此而产生的社会心理恐慌，无论技术专家如何宣称转基因作物对人类、动物和环境的重大利益远高于它蕴含的任何风险，强调转基因食品的安全性和转基因作物的优越性，如增加产量、更集约化地使用稀缺的土地资源、喂养日益增加的世界人口、减缓环境的退化，以及通过减少对杀虫剂和除草剂的使用降低水土污染等，都很难化解转基因作物生物安全治理的“结”，重建技术专家与社会公众之间的信任关系。

值得注意的是，在关于转基因作物商业化的相关争辩中，一些科学家和决策者想当然地假定，所有在转基因水稻商业化中产生的风险和问题都是科学问题，完全可以通过科学方法加以解决，因此他们很难理解公众的激愤情绪，漠视转基因水稻商业化决策中的伦理和其他社会问题，如消费者的知情同意权。而一些转基因水稻商业化的反对者强调，转基因水稻的商业化涉及 14 亿中国人的健康和利益，中国公众有权利了解与转基因水稻商业化相关的决策细节，包括其收益和风险评估结论、政府的决策意志和公共政策、规制程序和预警措施等，以便充分地表达他们的支持或反对意见。即使农业农村部已经授权进行转基因水稻的商业化试验，我们也不能放弃选择种什么和吃什么的权利。作为终端用户，消费者应该对转基因水稻有最终的决策权。

还有，转基因农业生物安全风险不仅涉及转基因作物商业化可能引发的食品安全和生态安全风险问题，还涉及食品主权安全等事关农业、食品和社会经济发展的重大安全风险。转基因作物商业化在国际社会遭遇很大抵制，还与孟山都等跨国公司借机垄断全球医药和食品产业的产业安全风险高度相关。

最后，也是最重要的，信任危机可能是我们在转基因水稻商业化安全风险规制和治理方面面临的核心挑战。由于社会公众与科学家和政府部门之间缺乏充分而有效的信息沟通，转基因育种科学家和一些政府部门的管理者批评人文学者和其他公众对生物技术“无知”和对转基因食品“无端由地恐慌”，而社会公众则质疑积极推动转基因水稻商业化的科学家和政府官员的动机，谴责其出卖国家利益等，这种种非理性的表述以及由此造成的信任的缺失和误解，无疑是相关社会争辩日益激烈和情绪化、非理性化的主要原因所在。同时，一些科学家和研究机构经常出于各种动机和考虑，只向社会公众提供“有选择的事实”等明显违背科研诚信等基本价值原则和科学规范的不端行为，也在不同程度上销蚀了科技专家和公共机构的公信力，误导了政府的公共政策。前美国农业部长丹·格里奇曼（Dan Glickman）曾强调，“如果生物技术提供的一切不被接受的话，那就什么都没有。那取决于信任——对规制过程中的科学的信任……对规制过程的信任”。因此，中国要化解转基因农业生物技术安全风险治理的困境，推进可持续的生物技术应用研究和创新，亟须通过优化和完善转基因生物技术安全风险规制体系，增加相关安全风险规制的透明度，促进科技专家与社会公众之间的安全风险沟通，以及加强对各种不端科研行为的惩戒等机制和措施，重树公众对科学共同体和生物技术应用研究的信心和信任。

三、基因编辑婴儿试验引发的生物安全风险治理难题

2018年11月26日，南方科技大学副教授贺建奎培育一对“基因编辑婴儿”露露和娜娜的新闻，在国际社会掀起前所未有的伦理“风暴”。许多科学家和生命伦理学家明确表示，此类试验“非常草率”“不合伦理”“后果十分可怕”，是“史诗般的科学灾难（epic scientific miaadventure）”。贺建奎利用基因编辑培育双胞胎女婴试验因此被美国《科学》杂志视为2018年度“负面事件（breakdowns）”之一，贺建奎本人也被英国《自然》杂志列为年度十大人物中的“反派角色”，称他为“基因编辑流氓（CRISPR Rogue）”。贺建奎进行的“基因编辑婴儿”试验再次凸显了前沿生物技术领域重大安全风险治理的紧迫性和复杂性。

首先，贺建奎的基因编辑试验跨越了基因编辑技术应用的伦理底线，引发了国际社会对基因编辑技术治理前景的普遍担忧，并使相关技术重大安全风险治理成为国际科学界必须直面的最迫切的大挑战。2015年12月1日至3日，中国科学院、美国科学院、美国医学科学院和英国皇家学会在华盛顿联合召开首届“人类基因编辑国际峰会”，就基因编辑

技术应用人类生殖细胞编辑可能存在的安全风险、不确定性和相关的伦理问题等进行讨论，会后发表的声明强调说，在相关的安全性和有效性问题得到解决……和相关应用的合法性达成广泛共识之前，"进行生殖系编辑的任何临床应用都是不负责任的"。"因为'生殖细胞的临床应用'将会'作用在被编辑后代的所有细胞上，该编辑基因会传至其后代并成为人类基因库中的一员'"，而人类共同体的福祉有赖于这个基因库中基因序列的多样性。鉴于生殖细胞基因编辑的安全风险目前尚无法估计，且生殖细胞编辑临床应用的影响"不可逆、不受地域限制"，所以"目前为止还不具备进行任何生殖细胞临床应用的条件"，应该暂时"禁止用于人类生殖的相关细胞系（germline）的基因修饰和编辑"。然而，利欲熏心的贺建奎等投机者和商业机构却公然违背国际社会的研究规约，铤而走险，做出冒天下之大不韪的极端事情，对人类健康胚胎进行基因编辑，将两个新生双胞胎女婴、社会群体甚至整个人类置于严重生物安全风险之下。正如美国国家健康研究院的主席柯林斯所说，制定为此类研究设定限制的具有约束力的国际共识的必要性从未如此紧迫，人类已再一次面临科学与社会规制大挑战。

其次，贺建奎基因编辑试验首次将前沿生物技术安全风险升级到存在主义风险或生存性风险（exis－tential risk）的高度。2017年，牛津大学未来人类研究所和芬兰外交部联合发布题为《生存性风险：外交和治理》（*Existential Risk：Diplomacy and Governance*）的研究报告强调说，前沿生物技术的广泛应用可能带来无法想象的灾难或"生存性风险"，将永久削弱人类繁荣发展的机会。尽管那样的风险似乎不可能、难以想象和十分遥远，但细微的可能性的累积却可能引发严重的灾难，危及地区或全球公共物品。越来越多的科学家通过使用CRISPR－Cass9编辑人类胚胎基因组的实验揭示，相关技术过程不仅可能存在远离目标区域的突变或"脱靶"效应，还可能对靶位点或其附近的基因组造成不必要的巨大影响，如在目标序列周围区域出现大规模的、非预期的DNA缺失和重排，而这些变化可能被传统的安全筛查所忽视。所有这些改变生殖细胞基因的实验研究可能带来的安全风险会最终影响社会群体和人类的整体利益和福祉，因此必须采取"预警原则"给予规范和监管。特别地，对于基因编辑技术的研究和使用，仅仅依赖科研人员或科学共同体的自律是不够的，必须由国家或国际社会制定相关的法律法规予以规范，否则基因编辑技术滥用的后果是科技工作者个人、国家乃至人类都难以承受的。一旦允许人类生殖细胞基因编辑，就很难阻止大规模地改变人类基因的问题，而且由少数人决定的基因编辑后果将会扩散到整个人群，这样就会带来整个人类的灾难。正是基于对基因编辑技术应用于人类生殖细胞可能带来的巨大风险和严重后果的严肃考虑，早在2015年4月3日，18位国际著名的科学家、法学家和伦理学家就在《科学》上联名发表题为《走向基因组工程和生殖系基因修饰的审慎道路（*A Prudent Path forward for Genomic Engineering and Germline Gene Modification*）》的文章，呼吁科学家、临床医生、社会科学家、一般公众、相关的公共机构等利益相关者开展公共讨论，建议国际社会确立"应用CRISPR－Cass9技术操控人类基因组"的规制框架，"采取步骤强有力地阻止人类生殖系基因组编辑的临床应用"。

再者，贺建奎事件在一定意义上还凸显了机构伦理审查制度在相关技术安全风险治理中的重要作用。贺建奎基因编辑婴儿事件之所以发生，与其供职的南方科技大学机构伦理审查机制缺失或未尽审查和监督责任有关，当然也与贺建奎通过一家缺乏伦理审查资质的私人医院伪造伦理审查文件、规避伦理审查的主观故意与投机行为有关。与贺建奎不同，同样涉及人类胚胎基因编辑研究的中山大学黄军就教授，则在研究中严格接受机构伦理委员会审查，并依据伦理委员会的建议，采用无法继续发育的三原核合子胚胎，严格遵守胚胎研究的“14 天规则”，合规中止实验进程，而且研究目的是改善有缺陷基因患者的健康，对相关实验供体的提供者可能带来“实质性的”健康利益。因此，黄军就的研究成果得到科学界的最终接受和认可，并因其人类胚胎基因修改研究，入选《自然》“2015 年度对全球科学界产生重大影响的十大人物”之列。正反两方面伦理治理的经验表明，机构伦理审查机制是科研人员从事负责任的研究和创新的重要防线，也是其取得高质量研究的防火墙和安全锁，有助于保护人类受试者和试验动物的权益，增加社会对科学家和科研机构的信任和支持。

基因编辑技术 CRISPR－Cass9 自问世以来，就因简单、高效和好用而被几乎所有的生命科学家誉为“基因魔剪”，并很快被应用在临床医学、动植物育种、药物筛选等诸多领域，预示着十分诱人的商业前景。但这一前沿生物技术工具同时也潜存着巨大的、甚至可能是毁灭性的生物安全风险和不确定性，迫切要求科学家在进行相关实验和创新时坚守科学伦理底线思维，全面评价其安全风险，负责任地开展相关领域的研究和创新，同时也要求整个社会审慎对待基因编辑技术在临床医学等诸多领域的应用，要求相关领域的科学家和决策者、社会治理者、伦理学家、法学家和社会公众一道，尽快制定透明“规矩”、划定行为“红线”，将相关的安全风险降低到最小，以便在不妨碍基因编辑技术创新发展的同时，尽可能减少对后代人和人类整体利益的伤害。

四、结论：对前沿生物技术领域安全风险治理的重要启示

自有关重组 DNA 技术规制的阿希洛马会议之后，前沿生物技术领域取得了包括基因工程技术、基因编辑技术等诸多革命性的突破，并被广泛应用到农业、医学、生态修复等事关人类重大利益的产业部门，相关的安全风险关注也已从最初的实验室安全转向包括食品安全、生态安全和人类生殖安全等重大社会安全风险方面，并使人类生物安全、生命健康和生存性风险成为优先而紧迫的重大治理目标。前沿生物技术领域安全风险治理出现的新情况、新挑战，迫切需要我们系统反思过去四十多年的安全风险治理实践，直面当前前沿生物技术领域安全风险治理的系统性、复杂性和根本性问题，完善相关的法律法规和伦理治理体系，提出负责任、可信赖和可持续的安全风险治理策略。尽管我们当前讨论的重组 DNA 研究、转基因农业生物技术创新和人类胚胎基因编辑试验只是前沿生物技术安全风险治理的一些个案，但相关的安全风险治理经验依然对前沿生物技术领域安全风险治理体系建设具有多层面的重要启示。

首先，重组 DNA 技术安全风险治理有效推进的成功经验在于，科学共同体和重组 DNA 技术咨询委员会首次将“预警性思考”作为应对新兴技术可能存在的生物危害风险的重要原则，并通过自愿规制和公开讨论等策略，保持了重组 DNA 试验研究和其社会规制之间的必要张力。预警性思考及其预警性原则，依然应成为我们讨论前沿生物技术领域

安全风险治理的底线思维和基本原则。当然，我们也必须认识到，曾在重组 DNA 技术安全风险治理中发挥重要作用的科学共同体和重组 DNA 技术咨询委员会，或许在今天已无法胜任对生物技术研究和创新进行安全风险监管和治理的职责，理由是它们没有正式的强制执行权，只能在科学共同体的精英内部施加一定的舆论影响，而当今前沿生物科技领域的研究和创新范式转换早已使科学共同体内部出现实质性分化，其中很多研究人员与生物技术产业或商业公司存在相当复杂的利益关系。前沿生物技术领域的重大安全风险治理需要科学家和科学共同体发挥作用，但更需要科学共同体、政府和其他利益相关者共同参与和协同行动。

其次，转基因农业生物技术创新预示着粮食增产和营养品质改善等巨大潜力，值得我们积极研发，但要保障国家的粮食安全、食品安全、生态安全和生物安全，我们应该审慎权衡转基因农业创新收益和相关的安全风险与不确定性，以实现转基因农业生物技术创新安全、可信任和负责任的发展。转基因生物技术创新安全风险治理的最大教训是，在前沿生物技术领域的安全风险早已超出实验室风险，延伸到食品安全和生态安全等社会重大安全风险，且相关的科技问题已转化为社会伦理问题和公共决策问题时，相关领域的技术专家如果依然抱持“精英”治理的惯性而对公众的风险关注缺乏清醒的认知和理性的回应，其结果必然会加剧那些技术专家与社会公众在安全风险沟通方面的非理性对抗和信任缺乏，造成转基因生物技术安全风险治理的僵局，增加相关安全风险治理的成本和复杂性。因此，我们必须认识到，加强由科技专家进行的风险评估、建立相应的安全标准和透明的规制体系和决策机制，仅仅是争取社会公众对相关技术的商业化支持的第一步，重要的是通过生物安全风险沟通和社会参与，从总体上改变转基因技术专家与社会公众的紧张关系，增加社会公众对科学和社会规制的信任。

最后，相对重组 DNA 技术实验室管控和转基因作物田间种植安全风险监测而言，基因编辑技术因其简单易行且高效，可适用于任何场景和条件，如贺建奎在常规研究体制之外进行的基因编辑婴儿实验，因此难以进行有效监控。事实上，恰恰是这些常规体制之外的实验活动，可能因为缺少有效的监管而肆意妄为，构成前沿生物科技领域安全风险治理的短板或“漏洞”。不仅如此，基因编辑婴儿实验潜存的生物安全风险已升级到生存性风险的高度，而且基因编辑等前沿生物技术的应用研究还可能涉及高度敏感的社会伦理问题，如违背生命神圣的价值共识，将人类生命工具化和商业化等，而现行社会的法律规范、行政监管和伦理规制又无法对常规体制之外的实验活动进行有效监管。为此，亟须在科学家自律和机构严肃审查的基础上，尽快完善相关的安全风险治理的机制和策略，包括在相关研究和创新中嵌入公共价值和安全责任意识教育，通过利益相关者和社会公众参与等多种形式，发现前沿生物科技领域重大安全风险治理的隐患和不确定性，为负责任的生物科技研究和创新提供持续发展的社会组织保障。或许更重要的，机构伦理审查机制应成为国家科技风险治理体系的重要组成部分和基础配置，我们应该在国家科技治理现代化的战略高度上，重视机构伦理审查的重要作用，否则，再好的伦理原则和研究指南都难以规范少数利欲熏心的科学家或常规体制外的试验活动。

前事不忘，后事之师。相信我们在历经重组 DNA 技术、转基因生物技术和基因编辑技术治理挑战之后，一定能够在国家生物安全治理体系和能力现代化方面取得重大突破，探索形成前沿生物科技领域安全风险治理的中国经验，从而有效化解由于前沿生物技术的应用研究可能引发的多种安全风险治理危机，促进前沿生物技术负责任、高质量和可持续地发展。

【参考文献】

（略）

（原文刊载于《山东科技大学学报》社会科学版 2021 年第 5 期）

农业大数据技术的伦理问题

刘家贵　叶中华　苏毅清

摘要： 大数据技术在使农业获得巨大进步的同时，也给其带来了诸多伦理问题。基于农业特性，农业大数据技术的伦理问题主要表现为数据所有权的归属不清、农业企业制造垄断损害市场公平、农户生产自由受限、农业大数据的滥用四个方面的问题。农业大数据伦理问题的本质，是作为数据生产者的农户不但无法占有自己所生产的数据，而且反过来还因为他人对自己所生产的数据的占有而导致生存状态受到危害。该过程在理论上属于农业大数据技术阻碍了人的本质确证问题。农业大数据伦理问题的解决，应通过引入公众来协调农户和农业组织之间的伦理冲突，从而实现伦理治理。

关键词： 农业；大数据；伦理；乡村振兴

作者简介： 刘家贵（1978—　）中国科学院大学公共政策与管理学院博士后，研究方向为农业经济管理、农村治理、产业经济。叶中华（1955—　）中国科学院大学公共政策与管理学院教授，研究方向为社会治理、创新管理。苏毅清（1986—　）清华大学中国农村研究院博士后，研究方向为农业经济学、食品经济学、产业经济学。

一、引言

在快速的环境变化当中，农业的发展面临着许多重要的课题：如何能够在有限资源的条件下依然实现农业产量的增长？如何能够在人口不断增加的情况下保证粮食安全？如何能够在不断变化的气候条件下实现作物的丰收？如何在人类社会结构不断调整的情况下更好地实现农民的生存和农业组织的共同发展？如何在信息极度膨胀的情况下保证食品安全？近些年来，大数据技术的不断成熟和发展，为人类解决这些关键课题提供的了重要支持。将大数据技术应用于农业当中，不仅能够增加农业的经济收益，还能够减少农业活动给自然环境带来的影响。基于大数据技术对农业发展的巨大推动作用，中共中央、国务院印发的《乡村振兴战略规划纲要（2018—2022年）》中明确指出，夯实乡村信息化基础，应“深化农业农村大数据创新应用”。可见国家也力图通过探索、创新和推广大数据技术，来助推乡村振兴战略的实施。

然而，任何技术创新都是一把“双刃剑”，大数据技术给农业带来巨大的改善和进步的同时，也给其带来了较为深重的伦理问题。从大数据在经济社会各行各业中发展应用的历史来看，大数据应用的伦理问题，是决定其是否能够有效推动经济社会不断前进的关键问题。大数据应用的伦理问题若不解决，则大数据技术的创新就无法形成推进经济社会进步的有效力量。由此，分析和讨论农业大数据技术的伦理问题，是大数据技术是否能够在农业领域得到有效应用的关键问题，也是事关国家农业发展的重要议题。迄今为止，关于农业大数据技术的伦理问题，国内还鲜有研究对其进行关注和探讨。因此，本文将基于对大数据伦理问题的已有研究，结合农业生产所具有的特殊性，分析讨论大数据技术在应用于农业生产和经营过程中所存在的伦理问题，并基于此从伦理治理的角度，提出农业大数据技术伦理治理的对策与建议。

二、大数据在农业中的应用

大数据遍布于农业生产的整个价值链。通过对气候、土壤和空气质量、作物成熟度，甚至是设备和劳动力的成本及可用性方面的实时数据收集，使得农业生产者可以运用预测分析来做出更明智的决策。例如，在大数据所引导的精准农业中，遍布田间的传感器用于测量土壤和周围空气的温度与湿度；控制中心实时收集并处理数据，来帮助农民在播种、施肥和收割作物等方面做出最明智的决策。卫星图像和无人机会被用来拍摄田地的照片，并且随着时间的推移，图像会显示作物成熟，加上对未来相应时间段内的精准天气预测模型，大数据系统就可以建立模型并进行模拟，从而预测未来的农业生产及风险情况，帮助农业生产者做出前瞻性的决策。

美国是较早利用大数据打造精准农业的国家，通过大数据和互联网方法提升农业生产的效率和效益。美国伊利诺伊州的农场主罗德尼·席林（Rodney Schilling）经营着一个土地面积约有 7 900 亩的农场。农业大数据公司提供的 APP 软件会提醒他何时下地查看，该打药或是该施肥了，以及提供实时的和未来几天的天气数据。席林甚至聘请了专业服务公司，在田地中，每 4 亩设 1 个取样点，做土壤的分析测试。完成后，得到一份书面报告，除了给出各个地块详细的土壤成分数据，还有种植不同作物时所需要的肥料、水分以及未来产量等数据。据此，他可以精确安排农场的生产计划。随着种植活动，土壤的成分是动态变化的。因此，每过三年，席林会重新做一次土壤分析，每次要花费 5 000 多美元。不过，由于精确数据意味着几乎最高的投入产出比，席林还是很乐意花这笔钱的。在席林的平板电脑里，他特意安装了 Climate Corporation 的气象数据软件。他将农场的坐标和相关信息通过软件上传至大数据系统后，即可获得农场范围内的实时天气信息，如温度、湿度、风力、雨水等，这些信息可以帮助他判断每个地块的播种、收获、耕作时间。Climate Corporation 这款大数据应用软件每年都会帮助席林做 40 多项决策，决策内容涉及生产规划、种植前准备、种植期管理，直到采收等农业生产环节和内容。这些决策大多环环相扣，若不是 Climate Corporation 软件提供的帮助，席林在很多时候都要被迫忍受农业生产风险所带来的损失。

农民对于大数据软件的使用，是大数据在农业当中应用的典型特征。农业大数据软件，如 Climate Corporation 软件，是大数据技术应用在农业的过程中，链接农业生产者和大数据技术供给者的重要渠道。以 Climate Corporation 软件为例，Climate Corporation 由两名 Google 工程师在 2006 年创办，随后孟山都以 9.3 亿美元并购 Climate Corporation 公司，试图通过海量的时间序列气候数据来提供更加精确的小范围气象预测。基本模式是运用遥感和其他测绘技术，将美国的土地都“描绘”下来，并在其上叠加一切可用的气候信息。然后，依靠大数据分析结果向农民出售农作物保险服务。

大数据在农业当中进行应用，不仅给农业带来了强大的生产动力，也给农民带来了丰厚的收益。具体表现为：其一，大数据技术使人们能够实时的获得较长周期的农业生产的相关信息，从而可以解决农业生产过程一直以来无法被有效监督的问题，进而提高生产效率，增加农业收益。其二，大数据技术能够改善人们对于农业生产的决策，以更有效率的使用农业生产投入品，从而降低生产成本，提高农业收益。其三，大数据技术能够预测农产品的产量走势和农产品消费市场的需求变化，从而提供精准的农业生产计划，提高农业组织的运行效率，增加农业收益。其四，大数据技术能够综合的考虑大气环境、水环境、土壤环境等自然环境与人类的农业生产活动之间的互动关系，从而得到既能适应人类农业生产，又能保证生态环境可持续发展的农业生产活动模式，综合提高农业的经济和生态效益。

三、农业大数据的伦理问题

大数据技术是一种技术创新，从辩证法的角度来看，任何技术创新在给人来的生产生活带来巨大的机遇和改善的同时，也会给人类社会带来危机和挑战。对于大数据而言，其所引发的一系列伦理问题，就是其在应用过程中所需要面对的重大课题。与科学技术要解决“能不能”的问题不同，伦理问题要解决“该不该”的问题。大数据技术在应用于经济社会的发展过程中会提出一些我们应该做什么，以及我们应该如何做的问题，前者属于实质伦理问题，后者属于程序伦理问题。作为一项创新性的科学技术，大数据技术本身没有“好”与“坏”的区分，因此其本身在伦理学上是中性的。但是，因为使用大的数据技术的个人、组织各自存在着不同的目的，使得大数据技术在使用时，就会引发一系列的伦理问题。目前，关于大数据伦理问题的研究，主要关注于互联网使用者所面临的大数据伦理问题，包括数字身份（Digital Identity）问题、隐私（Privacy）问题以及可及性（Access）问题。

正如大数据技术在其他领域进行应用时所表现出的客观规律，当大数据技术给农业生产和农民生活带来巨大的进步和改善时，它也带来了较为深重的伦理问题。相较于目前主流研究所对应的网络使用者所面临的大数据伦理问题，农业由于其具有区别于网络服务业的特点，因此农业大数据技术的伦理问题就遵循着农业的特性，展现出了其自身的特点。

（一）数据所有权的归属问题

农业大数据相较于网络大数据，其数据的总量相对较小，因此农业大数据中每一组数据观测值对整个农业大数据的边际贡献就相对于网络大数据要大。因此，相比于通常所研究的网络大数据，农业大数据的归属问题就更具重要意义。在网络大数据中，数据的生产者是每一个使用网络的用户，由于网络用户的数量巨大，所以每一个用户所生产出来的数据相对于网络大数据整体而言并不具有很大的边际贡献，因此网络使用者通常并不会去追究自己所生产的数据是否归自己所有，以及是否能获得自己所生产的数据的知情权问题。

而在现代农业当中，亲自从事农业生产的农户是农业数据的生产者，现代农业由于规模化生产的需要，会不断地将农地进行集中，并交由少数的农户进行经营，由此现代农业中数据的生产单位数量相对来说是在不断变少的，因此每一个农户所提供的农业生产数据对于农业大数据整体而言，就具有了相对较高的边际价值。

由此，当许多使用农业大数据技术的企业依旧按照网络大数据的规则来使用农业大数据时，就会受到来自农户对其是否符合伦理地使用了农户生产的数据的质疑。这其中的伦理冲突主要体现在，农业大数据由农户生产，但是单个农户并没有能力有价值的使用来自所有农户的大数据资料，因此农业大数据总是由一些大型组织来进行开发和使用。但是在一些西方国家，这些大型组织在使用了农户生产的数据后，并不会向农户反馈数据的使用情况和使用去向，有的甚至不允许农户使用（Access）其自己所生产出来的数据。这种对农户所生产的数据的所有权的忽视，引发了西方农民的广泛担心。一份 2014 年针对美国农民进行的调查显示，有 77.5%的受访农民对美国的地方政府和相关企业组织在不经过农民允许的情况下就使用和交易农户所生产的数据表示不满；有 76%的受访农民担心他们所生产的数据会被用作其他不良用途。而超过 81%的受访农民表示他们对自己所生产的数据应保有受保护的所有权、知情权和使用权，这个数量远远超过了网络用户对自己所生产的数据的所有权的诉求。

（二）农业企业制造垄断损害市场公平的问题

在农业生产领域，农户既是一个家庭单位，同时又是一个生产单位。该特点决定了农户对于个体数据被外界使用的关注焦点，并不在于隐私权是否受到侵犯，而在于农户所生产的数据被外界使用后，所导致的农户自身无法公平的参与市场活动的问题。农户作为一个家庭单位和生产单位的混合体，其在农业生产中所生产的数据信息，理所当然会包含其个体“隐私”的信息，但是，由于大多农业生产数据只与作物、气候等问题相关，因此，虽然存在一定程度的“隐私”泄露问题，但是在农业领域，大数据给农户带来的在市场中被垄断组织所支配，以及由此所引发的公平问题相比之下要更受人关注。

在农业大数据的应用中，由于农户的生产行为会被以数字的方式传送到云端，因此各个使用农业大数据的企业组织将能够从详细的数据条目中，计算出农户对于农业生产投入的具体需求，由此可以通过算法的运行，得到农户对于农资投入品的保留价格水平。而从经济学理论上看，当一个企业获得了市场上所有消费者的保留价格时，逐利的企业就会采取一级价格歧视的方式来垄断市场，最大限度地压缩农户作为农资消费者的剩余，并最大化企业组织自身的利润。此时，相比于在完全竞争市场下的生产成本，农户在一级价格歧视之下的生产成本将会被极大的抬高，并导致农户在购买农业生产资料的过程中没有任何理论上的福利剩余所得。

在这个过程当中，市场公平的伦理将会受到严峻的挑战。具体表现为：其一，采取一级价格歧视的企业组织根据对农业生产资料持有不同保留价格的农民索要不同的价格，这本身就是对市场公平性的扭曲。其二，这种基于农业大数据技术所实施的垄断策略，实质上是企业组织把农户在市场中的部分或全部收入再分配给自身的一种方式，因此企业组织利润的增加实质上是以损害农户的利益为代价的。其三，企业组织基于大数据技术所采取的垄断策略，将使得市场上出现整体的福利损失，即本应该生产的生产资料没有得到生产，而对生产资料有需求的一部分农户却因为垄断而没有获得需求的满足，造成了供需的不平衡，这也是对市场公平性的破坏。目前，西方的一些大型农资企业，比如孟山都、杜邦先锋，在使用大数据技术的过程当中，就频频地受到来自反垄断法律和法规领域的质疑，公平伦理问题凸显。

（三）农户生产自由受限的问题

在大数据时代，数据信息成了链接农户和农业企业的新型纽带。传统的农业经济学理论指出，个体农户由于市场力量的薄弱，需要依靠在产业链上与农业企业建立合作关系来增加自己在市场中的竞争力，或者说，生存的可能。由此，在传统的农业产业化过程中，市场力量单薄的农户和市场占有率较大的农业企业之间，就存在着天然的权利不对等（power asymmetry）问题，这种权利不对等，使得在农业产业化过程当中，农户常常受制于农业企业。如今，农业大数据技术的出现，虽然在理论上能够改善农户的生产决策，增加农户的横向联合，从而增加农户的市场竞争力。但是，农户的工作特点——从事农业生产，决定了他们并没有能力来处理和使用他们所生产的大数据。因此，现实中农业大数据技术的采用并没有减轻农业企业对农户的控制，相反，在一些国家和地区，农户的生产自由反而因为农业企业对大数据技术的采用而受到了更严格的限制。

例如，在一些国家，农业企业会按照所搜集来的农业大数据，为每个农户制定具体的农业生产指导计划，从企业的角度讲，可称之为农业生产性服务。为了使得这些产计划能够准确实施，许多的农户往往被要求购买农业企业依据大数据技术所开发出来的种子，并在播种后严格的执行生产计划。由于许多农业企业对地区农业资源的垄断，使得农户如果不依照企业所提供的生产计划，他们将直接被农业企业排除在区域性的农业生产之外，而失去大数据技术的支持，意味着这些农户将最终在市场竞争中败北，并引发严重的个体生存危机。由此，他们不得不接受农业企业的强制性计划，从而失去了对于农业生产的自由选择权利。对此，不少国外的农民只能表现出无可奈何，对于农业企业通过大数据技术对他们的生产自由施行的限制，他们的回答往往是“要么听话，要么灭亡”。

（四）农业大数据的滥用问题

掌握农业大数据技术的农业企业，除了与数据的生产者——农户之前存在较多的伦理矛盾冲突之外，其使用农业大数据技术的过程也对经济社会的运行造成了较大的伦理影响。具体表现在以下三个方面。

第一，农业企业有运用农业大数据操纵市场的倾向。大数据技术最重要的功用就是其能够实现对市场发展趋势的预测。因此，通过大数据掌握了海量农业信息的农业企业，就会有使用这些信息来操纵市场的倾向。例如，对收获信息的掌控能够使得企业对农作物的收获情况进行准确预测，这使得他们对于未来农产品的市场供求了如指掌，由此追求利润最大化的企业一定会通过期货市场来调节当前与未来的投资情况，以使得农产品市场朝着有利于自身的方向发展。这将必然会引起短期或长期内农产品市场价格的不断波动。农产品，尤其是粮食作物，不仅是可供贸易的商品，而且还是国家主权的象征，因此对于一些体量较小，粮食作物供给条件较差的国家来说，农产品市场的价格波动，尤其是粮食市场的价格波动将对其整个国家的安全带来严重影响，而这些影响，对于那些利用大数据技术来操纵市场的农业企业来说，可能并不是其所要考虑的主要问题。

第二，大数据的预测功能将会激发农业领域的过渡投资。大数据技术的预测功能，将会使得投资的风险减少，而对于农业这样一个受到不可控制的自然风险影响的产业来说，风险的减少必然引来大量的外部投资。而这些投资的进入，将不断的推高农业生产资料的价格，尤其是土地的价格。土地价格的不断升高，不仅会导致一些不愿意经营土地的人出租或变卖土地引发土地兼并的现象，而且还会使得想进入农业的新进者，尤其是那些想从事农业经营的年轻人由于进入成本过高，或者说生产资料的价格太高而无法获得进入农业产业的机会。对于一般产业而言，市场竞争的优胜劣汰属于正常现象，但对于掌管一国生计的农业产业，如果没有年轻人进入产业的话，那么一个国家的生存和发展问题将会受到很大的制约。而对于这种国家生计安全的风险，基于大数据分析的投资者在做决策时也通常不会予以重点考虑。

第三，政府数据滥用问题。大数据本身是中性的，但是使用者目的的不同则导致了其会产生相应的伦理问题。在西方一些国家，政府通常以采集大数据从事环保事业为名义，对农户的信息进行收集，并将数据除了用于环保事业之外，也用于国家安全防范与监督等其他用途。这样的数据滥用，本质上是一种不正当的行为。

四、农业大数据伦理问题的本质及治理

通过对农业大数据的伦理问题的分析，我们能够感受到，农户作为数据的生产者——无论是作为经济生产中的个体，还是作为社会活动中的个体——都受到了来自农业大数据技术应用的伦理威胁。因此，农业大数据伦理问题，本质上反映为作为数据生产者的农户不但无法占有自己所生产的数据，还反过来因为他人对自己所生产的数据的占有而导致生存状态受到危害。这个问题在理论上属于农业大数据技术阻碍了人的本质确证问题。

马克思认为，人占有自己的全面本质即为人的本质确证。例如，人全面的占有和享有以科学技术为基础的现代工业化成果就是人的本质确证。而在农业大数据的应用过程中，由于大数据的使用者忽略了农业生产的特殊性，从而一般性的认为农业大数据技术的相关成果肯定由大数据的使用者所占有，由此使得农业大数据的数据单元的生产者——农户，失去了享有自身所生产的数据的机会。这就产生了一个关于人的本质确证的悖论：作为数据生产者的农户不但无法占有自己所生产的数据，还反过来因为他人对自己所创造的数据的占有而导致生存状态受到危害。由此所产生的问题是，作为数据生产者的农户能够确证自己的本质吗？事实上，由于对大数据的使用和分析需要掌握极为专业的技术，因此真正能够占有和享有大数据技术成果的只能是少部分人，而绝大多数人只能处于被利用和被挖掘的状态。由此，作为一个个体的农户的本质确证也就很难获得成立。这是大数据技术在农业应用当中受到异化的表现，是农业大数据伦理问题的产生根源。

农业大数据技术的伦理问题，本质上是作为数据生产者的农户与大数据技术使用者的农业企业之间的伦理矛盾问题。农业大数据技术的伦理问题是一个涉及多个利益相关方的

问题，如果仅仅采用法律规制的措施，可能并不能得到各方都能够满意的结果。因此，治理作为一个对多方共同行动进行协调的过程，应当引入对于农业大数据技术伦理问题的解决过程中。从对农户的本质确证问题的探讨来看，协调作为数据生产者的农户与大数据技术使用者的农业企业之间的矛盾难度较大，因此，对追求各自利益的这两个利益相关方的协调，可以通过引入公众这个第三方利益相关者的方式来予以应对。具体而言包含两个政策思路：一方面，企业所掌握的农业大数据库，应该努力对公众公开，使得数据的使用在公共领域中接受公众的监督，并对数据进行匿名化处理，以防止数据滥用、身份盗用和隐私受到侵犯等问题的出现。另一方面，农业大数据技术的使用成本非常高昂，这是阻碍作为数据生产者的农户从数据中受益的一大原因。因此，在将农业大数据公开，使其进入公共领域后，应该努力将这些数据能够交由一些有经济实力和影响力的社会组织来进行使用和管理，以使其最大限度地发挥公平性和实现农户个体的本质确证。

【参考文献】

（略）

（原文刊载于《自然辩证法通讯》2019年第12期）

农业负责任创新及其对农业伦理的理念助推

刘战雄

摘要： 农业负责任创新的兴起是应对涉农领域“巨挑战”、治理农业 4.0 和校正资本逻辑的必然。其特征包括利益相关者参与，考虑替代性方案和积极准备响应公共诉求等；其价值主要体现在增强行动者信任，构筑企业竞争优势，进而提高农业创新及其成果的社会可接受度，实现农业可持续发展等；其实现则主要包括宏观、中观和微观三个层面的进路。农业负责任创新可为农业伦理提供“全责任”的理念助推，使农业伦理将更多责任主体、责任客体、责任类型和责任时空纳入其中，同时发挥其比较优势。

关键词： 负责任创新；全责任；农业 4.0；农业伦理；理念助推

作者简介： 刘战雄（1985—　），哲学博士，南京农业大学副教授，主要研究方向为负责任创新、农业伦理、人工智能治理。

负责任创新旨在对创新进行伦理治理，强调将公共性责任嵌入创新的早期阶段，以使创新切实造福于人。农业伦理是“研究农业行为中人与人、人与社会、人与生存环境发生功能关联的道德认知，并进而探索农业行为对自然生态系统和社会生态系统这两类系统的道德关联的科学”。而创新尤其是科技创新直接影响甚至决定着“农业行为中人与人、人与社会、人与生存环境”所发生的“功能关联”，因此“农业技术风险防控”和“科技在农业中应用的伦理学”等都是农业伦理的重要论题。但迄今国内关于涉农领域负责任创新的论述依然较少。有鉴于此，本文尝试对农业负责任创新及其对农业伦理的理念助推做一粗浅探讨，谨作引玉之砖，以期引起学界关注和深入、系统的研究。

一、负责任创新在农业领域的兴起

负责任创新在农业领域的兴起一方面是由于其自身的题中应有之义，另一方面则主要是因为农业发展面临一系列重大挑战的现实需求。

首先，负责任创新本身即为应对“食品安全与可持续农林业”等“巨挑战（grand challenges)”而提出。根据《世界人口展望 2019》，世界人口将在 2030 年增至 85 亿人，2050 年则可能达到 97 亿人。而《世界粮食安全和营养状况》则显示，截至 2018 年全球估计共有 20 亿人处于“中度或重度粮食不安全”状态，其中粮食不足的人数高达 8.216 亿人；但世界可用耕地有限，再加上浪费严重、土壤沙化、水源短缺、不合理的粮食政治等问题，使得全球业已紧张的粮食供给雪上加霜。由此导致的饥饿问题和食品安全问题不但损害人的生存发展，甚至会引发全球动荡，而负责任创新正是尝试对此类问题提供可行的解决方案。

其次，云计算、人工智能、物联网等使农业开始进入智能化时代，农业 4.0 初露端倪。但一方面这些高新科技的影响亟须关注和预测，另一方面如果对其“创造性破坏”治理不当，则极可能损害农民等弱势群体的切身利益，造成严重的社会问题，进而损害农业的健康发展。比如随着大数据、无人机等技术在农业领域的应用，提高了农业生产率，但也使越来越多的人远离农业实践，已然不知盘中餐，粒粒得来皆辛苦，爱农护农助农之心日趋弱化。此外，直接从事农业庄产的农民对农业活动的掌控也日趋减少，无论是基本农业资料的研制和生产，还是对农事活动的管理都越发依赖于实验室和企业，其已有知识和技能逐渐变得无用，话语权不断被削弱，在产业链中的地位与捍卫自身权益的能力也随之下降。这些都需负责任应对。

更为严峻的是，资本逻辑下，企业为了利润很可能会置农民的切身利益于不顾，使此境况更加严重。国外学者就指出，很多转基因育种几乎完全集中在主要用于动物饲料和工业食品加工的出口作物，而非当地的粮食安全和农民的生计。且常规性农业技术亦被这一资本逻辑所主导。例如，学者研究发现，新西兰乳业智能技术的研发并未考虑其伦理与社会影响，而是聚焦于技术发展和农场应用。与之类似，尽管一些荷兰食品企业认为其有义务提供安全食品并对公众健康负有责任，但在创新过程中，经济与技术考量依然稳居上风。另外，由于存在透明性不足等妨碍性因素，食品生产等领域缺乏公众参与，所以用户和公众对转基因等农业技术的疑虑、恐惧甚至拒斥普遍存在。由此，也为农业领域的负责任创新提出了现实需求。

在此情况下，国外学界明确意识到负责任创新对农业的重要意义，开启了对农业负责任创新的直接性研究（表 1），成为农业负责任创新兴起的标志。

表 1　农业负责任创新直接性研究文献汇总

期刊/论著	专刊/专章
国际食品与农商管理评论	农业与食品中的负责任创新
负责任创新	基因驱动路线图：社会、政治和生态语境中的研究与治理需求
食品工程	食品价值链中的负责任研究与创新
农业与环境伦理	高技术农业的负责任创新：智能农业技术中的社会——伦理议题
食品与农业伦理百科全书	食品领域的负责任创新

二、农业负责任创新的特征、价值及进路

（一）农业负责任创新的特征与价值

首先，大多学者都强调了利益相关者参与。如食品领域的学者就指出，为了应对粮食保障、食品安全和食物主权等面临的风险，需要食品科学家、教育者、食品企业和其他相

关专家等所有食品系统行动者的共同参与。

其次，也有学者针对性地提出了农业生物技术负责任治理所应具备的五大基本属性，由于负责任创新本身即为治理理念，因此这些属性均可视为其特征。其一，对坦诚的恪守：真诚接受并坦然承认相关争议所涉及因素及其局限性，如可用科学知识的范围与质量，研发应用技术的潜在动机，所主张利益的现实性，物理风险之外所关切问题的范围，现有文件中信息的可得性以及评估和决策中可能的利益冲突等。其二，潜藏价值与假设的识别：反思暗含的价值取向和情景假设如何形塑对农业生物技术风险的认知与应对，找出并识别不同利益相关者潜藏的对未来的构想、对问题及其解决方案的设计和理解等，使其充分暴露进而通过有效商谈来直接应对。其三，广泛的知识和行动者参与：对不同的视野、观点和知识开放，将来自不同学科，以及不同的利益相关者纳入治理过程。其四，对系列替代方案的考虑：在特定农业生物技术引发的风险和社会、伦理关切之外，也考虑界定及解决这些问题的不同方案，在寻求技术解决的同时亦寻求社会解决。其五，进行响应的准备：所有利益相关者愿意并做好对社会需求、公众关切、新科技知识、价值变化、潜在后果解释的多元性以及社会-生态条件的变迁进行认真考量和有效应对的准备。

关于其价值，阿什菲尔德等指出，负责任创新可加强农业各利益相关者彼此间信任、促进其合作；麦克纳顿则认为，当前关于转基因作物的争论过于局限在安全方面，而由于更多利益相关者和更广泛议题的纳入，负责任创新将是治理农业技术变革的一种包容性方案，有助于相关争论走出僵局。

具体地，达齐尔等研究发现，负责任创新有助于相关企业向顾客证明其生产系统考虑了环境、动物福利以及社会与文化标准，可提升其信任属性、平抑成本。里斯等则基于新西兰和法国羊乳制品业的对比指出，负责任创新可作为一项差异化能力，有利于企业提升其品牌价值和社会声誉，改善与其他利益相关者的关系以及获取政府资助等，构筑其竞争优势。

（二）农业负责任创新的实现进路

实施农业负责任创新的路径有宏观、中观和微观三个层面，这些路径可为国内学者提出的农业伦理规范（表 2）提供方法助推。

表 2　国内农业伦理规范汇总

序　号	农业伦理规范
1	时、地、度、法
2	敬、和、因、为
3	把握人工自然发展的自然限度，主动高扬人的主体创造力并不断摆脱其认识和改造自然中的盲目性和不合理性，建立人工自然的全球发展范畴
4	扩增农业伦理学容量
5	可持续
6	中度原则
7	守候与照料

（续）

序　号	农业伦理规范
8	纠正技术理性的偏差、技术伦理责任主体的自身建设、健全社会建制、适用技术的应用
9	自然之善、自我之善、人类之善
10	营养化、绿色化、节俭化、文明化、快乐化
11	生命价值原则、无害原则、健康原则、公正原则

（1）宏观与中观层面：宏观层面的代表有罗斯等提出的三条策略，即一个更为系统化的进路，以描述和关注与第四次农业革命相关的创新生态；一个更加拓展化的“包容性”概念，以促进农业科技相关行动者的参与；一个更高层级的扩充性框架，以检验其在实践中是否使创新更负责任。

在中观层面，汤姆森提出了“六域框架”，包括科研伦理标准、风险解释与识别、受托责任、技术民主化、对知识与权力关系的反思以及程序伦理；查图维迪等主张在“预测—包容—反思—响应”四维框架基础上，加入“可持续”与“社会期望”两大维度，以此作为农业负责任创新实施框架。戈达德和布劳克等则将价值敏感性设计、开放式创新2.0等作为其实现进路。

（2）微观层面：关于农业数据的收集与分配，学者提出：①若数据创新被企业当作利益至上的工具，就可基于多数人的利益采取大胆的治理策略来规范对农民个体的数据收集；②若对农业数据的严格控制被企业权力用以侵入食品体系，就可采取法律措施来保障充分的市场竞争，以使各企业间的数据系统相互兼容；③进一步推进相关学术研究，使设计人员和工程师也参与进来，并使他们反思其所形塑的数字农业创新的目的及相关规范问题：为什么是这些而不是那些数据被收集？究竟谁能从特定研究中获益？这项设计或工程决策可能产生哪些影响深远的不公？

而在食品领域，海恩等指出，负责任创新至少意味着相关技术的行动者充分回应各种社会关切。可由于负责任创新所注重的文化、伦理和政治等弱关切难以有效满足公共议程所要求的“可量化、公共性和因果性”，常被技术行动者认为是主观的、私人的、模糊的甚至不理性的，相关议题往往被制度性边缘化。但研究却发现，关于基因编辑作物风险的担忧更多的是受社会-政治因素而非科学原则的影响。

为解决这一问题，学者提出以话语意识和技术-伦理想象力（discursive awareness and techno ethical imagination，DATEI）来帮助话题引导员组织相关的创新行动者商谈。在此过程中，参与者都有相应的权利和责任（表3），其中认识论维度的权利和责任是行动维度的权利和责任的基础。

表3　DATEI方法中的责任与责任归属（示例）

项　目	认识论的	行动导向的
权利	你有权获得此知识	你有权以此方式行事
责任	你应该知道此知识	你应该以此方式行事

具体来说，在话语行动方法中“描述”被认为是参与者执行行动和达到目标的方式。例如，言者“这里很冷”的描述可使听者做出关窗的动作。话语行动方法不仅分析他人如何对待参与者的表述，还分析如何论证观点的合理性、反驳他人提出的替代性方案。其出发点是，参与者可参考并拥有潜在描述，并可选择适当描述来证明其方案的优越性从而达到目标。其步骤通常是，首先，采取非规范性方法使参与者尽量客观，防止其过早对商谈内容提出批评；其次，使参与者了解商谈中彼此之间的相互作用以及形成这些作用的具体行为，熟悉反复出现的、阻碍开放交流的互动模式，进而使其意识到此模式通常暗含于商谈之中，并在下一步的交流中改进其行为。基于此，话语行动方法所关注的并非个体的动机、意愿或态度，而是他人对商谈的理解，如赞同、抱怨、责备等。一旦大家认可了所预测的结果，确定了相应的策略，非规范性分析就会要求参与者来判定其是否可取。

DATEI 方法的第二部分是技术-伦理想象力，该部分旨在通过展示因技术创新未能恰当地融入一些用户珍视的价值、规范或意义而遭到公众拒斥的情节或场景，进而使参与者想象当相应技术社会化后所可能产生的伦理的、文化的或政治的影响。

技术-伦理想象力有三重功能：其一，使参与者认识到之前被忽略的弱关切与其业已认识到的严重后果密切相关，如一些对健康有益的功能性食品就因未能契合用户对好食品的界定而未得到市场认可。其二，帮助参与者集体认识所设想的情节中具体会出现的问题，鼓励其阐明可通过技术来加强、弱化或重塑的各种价值、规范和意义。通过分析创新人员、工程师、政策制定者、消费者和公民间关于相互影响方式的早期对话，参与者就能公开、审辨地评估其关于知识权威的隐性主张，使他们可以讨论和探索健康食物的含义、价格或生产制造过程与方法。其三，有助于参与者想象一个技术创新走向社会实践和公共话语的具体未来，这些设想包括对技术创新代替性方案的讨论，由此可使参与者表达对彼此的期望，并就行动导向的责任分配达到临时共识。

三、农业负责任创新对农业伦理的理念助推

农业负责任创新之所以对农业伦理具有理念助推功能，主要原因有二。

首先，两者均以可持续发展为目标。负责任创新追求“创新成果的可持续性”，有学者甚至直接将其界定为“可持续（发展）在创新政策中的说明”，而农业伦理的核心任务是“实现负责任的农业和食品研究与创新，促进农业和人类文明的可持续发展”，亦旨在“促进负责任的农业创新和可持续的农业与食品生产体系建设”。可见，两者目标一致。

其次，两者皆为解决“道德超载”。根据霍温的界定，能扩充主体的可行性道德选项进而解决道德超载的创新就是负责任创新。而农业伦理研究和探讨的也是农事活动过程中人类面临的道德超载问题，如怎样在促进生产、繁荣经济和提高社会文明程度的同时，更加合理、科学地对待自然和保护生物，从而更好地协调人与人、个人与社会以及个人与自然之间的关系。可见，两者所欲解决的问题亦相通。

（一）升级农业责任系统

负责任创新追求“全责任”，即“面对责任客体，所有利益相关者组成的责任共同体

应该在其可达范围内积极共同地履行或承担全部责任”。将此理念移植到农业伦理领域，即对农业责任系统升级，将更大范围的责任主体、责任客体、责任类型和责任时空纳入考量，并强调其协同。这与农业伦理学容量扩增相似，但不只包括对伦理观的重塑，也包括对责任观、创新观以及相关制度安排等的重塑。

（1）扩充责任主体与责任客体：一方面，农业研发和生产经营活动与农民和公众的切身利益息息相关，但很多活动却缺乏这两类行动者的充分参与，导致其成果可接受性不足；另一方面，农事活动当然要对本地区管理机构、投资企业、劳作农民等负责，但也要对消费者、公众、其他地区的利益相关者和后代人负责。无论哪一方面，都需要将农民、教育者、自然科学家、社会科学家、工程师、人文学者和后代人等更多的责任主体和责任客体纳入农业责任系统。而且，农业伦理尤应注意不同责任者间的跨学科合作，借鉴经济学、政治学、社会学及其他应用伦理学等的知识与方法。此外，个体型行动者因为有限的能力、活动范围、所处领域等只能照顾到农事活动的某一或某些方面，与之相比组织的影响力就大得多，因此还应考虑组织型责任者。

（2）拓展责任类型：当前农事活动往往比较注重经济责任和个体责任，对社会责任、生态责任、伦理责任和集体责任等考虑不足，这就导致很多农业技术尽管先进却并未有效增进社会福祉，很多农产品虽然经济效益良好却造成了严重的农业不可持续，两者都会影响农业技术的健康发展和农业活动的持久盈利。例如，为降低农业生产成本，提高农业环境效益，瑞典于20世末90年代开始研发推广无人驾驶空中系统（unmanned aerial systems，UAS），用以喷洒农药、农情监测和作物保护等。为促进其发展，交通部门规定对其使用必须申请许可。但因担心其被用来窥探隐私，瑞典法院后裁定，所有未经许可、携带摄像头的UAS均违法，这严重损害了其研发应用。如果设计者、制造商和用户等利益相关者在初期就未雨绸缪地将公众隐私等伦理责任和社会责任也考虑在内，并设法通过相应技术创新来保护隐私，就可避免此事发生。

（3）延伸责任时空：一方面，农业技术创新和农事活动的影响远超出一时一地，如基因编辑昆虫就很容易飞离其释放区域，并影响更广泛的社会与生态系统，因此必须在更大的时空范围考虑其影响。另一方面，其他科技也会对农业产生重大影响。例如，我国农民工中40岁及以上、高中及以下文化程度、未接受过技能培训的占比较大，且所从事工作大都技术含量低、重复性高（表4），随着机器人的发展，其就业必然遭遇挑战。正如韩少功所说，“‘黑灯工厂’的下一步就是‘黑灯办公室’，如果连小商小贩也被售货机排挤出局，连保洁、保安等兜底性的再就业岗位也被机器人‘黑’掉，那么黑压压的失业大军该怎么办……一旦就业危机覆盖到适龄人口的99%，哪怕只覆盖其中一半，肯定就是经济生活的全面坍塌”。而这些必然影响农业发展，因此农业伦理也应将其纳入研究范围。

表4　我国农民工2009—2019年若干特征汇总

单位：万人、%

项　目	2009年	2010年	2011年	2012年	2013年	2014年	2015年	2016年	2017年	2018年	2019年
农民工总人数	22 978	24 223	25 278	26 261	26 894	27 395	27 747	28 171	28 652	28 836	29 077
高中及以下文化程度人数	89.6	89.8	94.3	94.3	93.3	92.7	91.7	90.6	89.7	89.1	88.9

（续）

项　目	2009年	2010年	2011年	2012年	2013年	2014年	2015年	2016年	2017年	2018年	2019年
未接受过任何技能培训人数	51.1	52.4	68.8	69.2	67.3	65.2	66.9	67.1	67.1	—	—
41岁及以上人数	16.1	34.1	38.3	40.7	41.6	43.5	44.8	46.1	47.6	47.9	49.4
第一产业从业比	—	—	—	—	0.6	0.5	0.4	0.4	0.5	0.4	0.4
第二产业从业比	—	—	—	—	56.8	56.6	55.1	52.9	51.5	49.1	48.6
其中：制造业	36.1	36.7	36.0	35.7	31.4	31.3	31.1	30.5	29.9	27.9	27.4
建筑业	15.2	16.1	17.7	18.4	22.2	22.3	21.1	19.7	18.9	18.6	18.7
第三产业从业比	—	—	—	—	42.6	42.9	44.5	46.7	48.0	50.5	51.0
其中：批发和零售业	10.0	10.0	10.1	9.8	11.3	11.4	11.9	12.3	12.3	12.1	12.0
交通运输、仓储和邮政业	6.8	6.9	6.6	6.6	6.3	6.5	6.4	6.4	6.6	6.6	6.9
住宿和餐饮业	6.0	6.0	5.3	5.2	5.9	6.0	5.8	5.9	6.2	6.7	6.9
居民服务、修理和其他服务业	12.7	12.7	12.2	12.2	10.6	10.2	10.6	11.1	11.3	12.2	12.3
公共管理、社会保障和社会组织	—	—	—	—	—	—	—	—	2.7	3.5	—
其他	—	—	—	—	12.3	—	—	11.0	8.9	9.4	12.9

资料来源：根据国家统计局2009—2019年度农民工监测调查报告整理。

（二）发挥农业伦理的比较优势

负责任创新虽然强调对伦理议题的关注和考量，但并不意味着其他责任类型不重要。一则，只有兼顾经济利益的负责任创新才能在现实中取得成功。二则，农业的主要功能是为人类提供食物和纤维，因此相应领域内的负责任创新须以此功能为主。三则，尽管负责任创新可提供避免“道德锁定”的替代性方案，但并无道德完美的方案。

究其原因，一方面乃是因为农业并非封闭系统。因此，在关注农业同时，还需从更为宏阔的视角，从经济、社会、生态、伦理、政治等综合维度来看待农业问题。例如，“城乡二元结构的改革（就）涉及社会巨系统的大变革，必将触及社会集团利益和文化深层，绝非朝夕之功”。另一方面则是因为伦理价值只有在与其他价值因子的互补及其有机关联所形成的价值生态整体中，才能确证其合理性。所以，农业伦理应突破学科壁垒，走出伦理学的象牙塔，从伦理学走向经济学、社会学、政治学、文化学，在伦理-文化-经济-社会的生态整合与辩证互动中，建构其价值的合理性。

有鉴于此，农业伦理应认识到“三农”问题的解决之道“不能单纯依靠管理和技术手段，需要从思想观念和农业发展伦理上进行反思和改变”，因为“中国农业的问题绝非单纯的技术和管理问题，从根本上说是农业哲学和农业伦理观念上衍生的问题”。但在充分发挥伦理有效性的同时，亦需直面其有限性，任何伦理都不是万能灵药，只有知其长亦知其短才能有效发挥其比较优势。以技术伦理为例，实际上其对技术的“匡正”效应极为有限。而就农业伦理而言，正如严火其所说，尽管中国传统农业更生态，但生产效率却远不及建基于西方农业伦理之上的现代农业。因此就不能一味地“发思古之幽情”，而必须充分考虑现实，借鉴一种“大模样伦理学”的系统思维和整体视角，“在其他学科的‘余地’

里去思考”，认识到“伦理问题不是人类行为的全部问题”，学会“尊重其他学科揭示的事实和规律”，承认自己的“责任有限”，也即承认在具体的实践中，任何主体和知识都有自身的“域”，都不是万能的，对相关责任的主体、客体、性质、类型、时空、环境等所有要素进行综合考量。

（本文得到中国农业大学李建军教授指导，谨深表谢忱！）

【参考文献】

（略）

（原文刊载于《自然辩证法研究》2020年第11期）

转基因作物产业化的伦理辩护

毛新志

摘要：从1996年个别转基因作物在美国规模化商业种植以来，全球转基因作物种植面积连续14年保持迅速和稳定增长。同时，围绕转基因食品是否安全、是否应该产业化、是否应该标识的争论也从未停止过。从伦理学的道义论和后果论来看，转基因作物的产业化可以得到部分的伦理辩护，即转基因作物可以产业化。因此，转基因作物产业化的伦理学研究应该由实质伦理转向程序伦理，建立一种合理的程序伦理，对转基因作物的产业化进行科学与有效决策，并规范管理，使其为人类带来更多的福祉。

关键词：转基因作物；产业化；伦理辩护

作者简介：毛新志（1974— ），湖南师范大学公共管理学院教授，博士。

转基因作物的研究与发展作为现代基因技术研究与应用的最重要的领域之一，越来越受到学者、公众与政府的关注。1983年世界上首例转基因作物——转基因烟草问世，1986年首批转基因作物被批准进入田间试验，1994年首例转基因作物——转基因耐储藏番茄在美国被批准投放市场，从此转基因食品开始走向老百姓的餐桌。从1996年个别转基因作物在美国实行规模化商业种植以来，全球转基因作物种植面积连续14年保持迅速和稳定增长，2009年比2008年（1.25亿公顷）增长了7%，总面积已达1.34亿公顷，相当于1996年面积（170万公顷）的近80倍（根据ISAAA的资料整理得出）。同时，围绕转基因食品安全的争论也从未停止过。从1997年英国的“普斯泰”事件和1998年美国的“大斑蝶”事件激起了转基因作物安全的大讨论之后，有关转基因作物/食品的争论一波未平，一波又起。2001年墨西哥的“转基因玉米污染野生玉米”事件、2002年加拿大的“转基因油菜中超级杂草威胁野生草”事件、2003年“雀巢奶粉”事件、2005年孟山都“转基因玉米”事件、2008年“转基因玉米影响老鼠的生育能力”事件（2008年11月奥地利研究人员发现长期食用MON810型转基因玉米可能影响老鼠的生育能力）等，这些都表明转基因食品一直成为政府、学者和公众关注的焦点。

近年来，我国政府对转基因作物的研究与发展非常重视。《国家中长期科学和技术发展规划纲要（2006—2020年）》和国家“十一五”规划中已将“转基因生物新品种培育”列为关系到我国未来科学发展、堪称“重中之重”的16个重大专项之一，此重大专项的预算约240亿元。2009年10月，农业部批准了两种抗虫的转基因水稻品种和一种转植酸酶基因玉米品种的安全证书，为转基因水稻、转基因玉米的商业化种植迈出了关键一步。

与此同时，围绕转基因主粮、转基因水稻产业化的争论是一浪高过一浪。2010年，《中共中央 国务院关于加大统筹城乡发展力度，进一步夯实农业农村发展基础的若干意见》提出：“继续实施转基因生物新品种培育科技重大专项，抓紧开发具有重要应用价值和自主知识产权的功能基因和生物新品种，在科学评估、依法管理基础上，推进转基因新品种产业化。”我国政府从粮食安全、经济安全甚至国家安全的高度对转基因新品种的产业化给予了充分肯定。大部分从事转基因作物研究的科学家甚至院士（诸如张启发、陈章良、黄大昉等）也提出要大力发展转基因作物，推进转基因作物的产业化进程。按理来讲，既然政府想通过发展转基因作物来为人民群众谋福利，而且大部分从事转基因作物研究的科学家也大力提倡，应该得到公众的大力支持。事实上，转基因作物的研究与发展不仅是科学家、人文社会科学学者重点研究的问题，也是政府决策部门应该重视的问题，还是广大公众关注的焦点，因为它与生态环境、公众的身心健康和粮食安全等重大问题息息相关。本文主要是从伦理学的道义论和后果论来探讨转基因作物的产业化是否能够得到伦理辩护。

一、从道义论来看转基因作物产业化的伦理辩护

伦理学的道义论认为一个行动的对错应该根据伦理义务的原则或规则来判断，而不能诉诸行动的后果，有些原则或规则是不管后果如何都应该贯彻。诸如分配公正、遵守诺言、尊重自然都应该做，而不管效用如何。从伦理学的道义论来看，对转基因作物是否应该产业化主要有以下三种代表性的论证。

（1）转基因作物是非自然的，我们应该禁止发展转基因作物。这种观点认为，跨越天然杂交屏障的基因转移是非自然的，是不可预测的，是“反进化”“违背自然”和“扮演上帝”。转基因作物是一种内在的错误，自然界有自身的权利和进化规律，包括不能打破物种界限的权利和进化规律。传统的杂交技术、育种技术是在同一种物种或亲缘种之间的基因转移，是按照自然本来的发展规律而进行人工选择的技术，用这些方法种植或生产的作物/食品符合自然规律，被人们食用许多年之后，被证明是安全的。而科学家利用转基因技术研究出来的转基因作物则完全打破了自然界的物种屏障，他们忽视自然作物的生长规律和生态自我平衡的规律，是运用“上帝之手”来干预自然。转基因食品是非自然的，是不能被人们接受的。事实上，转基因食品作为高新技术的产物，其本身非常复杂，我们对它的内在机制缺乏清晰的了解，自然界经不起突如其来的“惊奇”。就像，雪莱夫人所写的小说《弗兰肯斯坦》中的怪物一样，我们无法确定，在转基因技术的背后，是否潜伏着“异形”一样的怪物。因此，人们在享受转基因技术带来的惊喜之时，必须时刻牢记，不要被手中掌握的改变基因的权利所腐蚀，我们现在所能做的其实是特别粗糙，是很原始的一小部分。数亿年来，大自然已经替我们完成了大部分“生命的奇迹”。同时，我们也不能忘记，人类的过去充满了“人为的悲剧”，而在这一场席卷一切的“新农业革命”中，我们首先要做的就是竭力避免悲剧的重演。人类不应该研究与发展非自然的转基因作物，更不应该对非自然的转基因作物进行大规模的产业化，否则会遭到自然的报复。

转基因作物是非自然的是否能作为反对转基因作物发展的一个充分的伦理理由或者论证？我们在此重点讨论两个问题。第一，自然界的进化是不是神圣不可侵犯的？其实，自然界的进化过程不是一成不变的，也并非是神圣不可侵犯的。进化本身是一种随机的突变，而自然选择本身又是一种长期的适应过程和淘汰过程，它们本身都是随机的，都不是沿着人类福利最大和危害最小的路线进行的。对于人类而言，它可以是"智慧的"，也可以是"愚蠢的"。只有人类的道德实践，才是谋求人类的最大幸福和最少痛苦，这就不可避免要干预自然进化的过程。我们知道，自从人类在自然界出现以后，人类就开始以不同的方式认识、改造和干预自然。工业革命以后，人类对自然的改造和干预能力有了极大的提高。在当代科学技术突飞猛进的高科技时代，人类对自然干预的广度在不断拓展，深度也在不断加深，更是让人感到不适、担忧甚至恐慌。在当前的境遇下，要求人类不干预自然是不可能的。这里就涉及对自然干预的"度"的把握问题。只要人类能够正确把握对自然干预的"度"的问题，干预自然也是合理的。第二，转基因作物究竟是自然的还是非自然的？转基因作物有非自然的一面，它是利用转基因技术将跨物种的基因转入目标作物中去，将动物的基因转入到植物中去，完全打破了物种的界限，如番茄里含有鱼的基因，小米里含有蝎子的基因，这在自然状况下是很难实现的，但转基因技术却将它变为现实。同时，转基因作物又有自然的一面。从质上看，将特定的动物基因、病毒转入到目标植物中得以表达、实现，并能发挥抗虫、抗除草剂、抗病毒、延迟成熟等特殊功能，这本身说明这种操作符合大自然的内在规律，否则转基因作物也不可能研发成功。从量上看，转基因作物中转入的基因数量非常有限，一般转入一个或者几个基因到目标生物体中，转入的基因在整个转基因作物中所占的比重是微乎其微的，转基因作物还是以原来的自然的目标生物为根本，只不过转入的基因发挥了特定的作用。因此，转基因作物应该是自然与非自然的统一体，以"转基因作物是非自然的"来反对转基因作物发展是得不到充分的伦理辩护。

(2) 转基因作物的产业化对于解决发展中国家人民的饥饿与贫困问题是道德至上命令，给饱受饥饿之苦的人提供更多的食品是对那些反对转基因作物/食品的人进行有力回击的一个重要的"伦理武器"。在这种论证看来，吃饭是人的生存与发展的最基本的层次。按照马斯洛的需求层次理论，生理需求（包括呼吸、水、食物、睡眠等）处于最底层，安全上的需求（人身安全、健康保障、家庭安全等）、情感和归属的需要或社会交流的需求（友情、爱情等）和尊重的需求、自我实现的需求等不断上升。因此，解决世界人口的吃饭问题是最大的伦理问题。在这个最大的伦理问题面前，其他伦理问题（诸如转基因作物的安全、尊重公众的知情权和参与权）都应该让步。如果连吃饭问题都解决不了，连温饱都没有解决，我们还谈什么转基因食品的安全问题，还谈什么尊重公众的知情权、选择权、参与权和监督权，还奢望如何提高生活质量。

如何看待上述道德命令的论证？从转基因作物商业化发展的现状来看，转基因作物的产业化在解决世界人口尤其是发展中国家的吃饭问题方面表现出了一定的潜力，也为解决全球人口不断膨胀、耕地不断减少、人多地少的矛盾提供了一条路径。但是，转基因作物的产业化并非是一种道德至上命令，而更多的是为我们提供了一个选择。第一，转基因作物的产业化未必能够带来更多的食物或未必能够解决地球上所有居民的吃饭问题。跨国私人公司发展转基因作物的主要目的是为了追求利润，而不是为了给发展中国家提供更多的食物。在商业利益的驱动下，跨国私人公司将力量集中在能够为自己赚取高额利润的转基因食品，而不是为了解决世界粮食问题做最大的努力，这对解决世界贫困人口的吃饭问题不可能有多大改善。同时，从目前转基因作物的产业化来看，各国推广的转基因作物主要是延迟成熟（方便运输和储藏）、抗除草剂、抗虫和抗病毒等特性的作物，重点不在于提高产量和改善营养成分，这对解决发展中国家的贫困和饥饿问题不可能有实质性的帮助。第二，即使转基因作物的产业化能够提供更多的食物，这也未必能够解决发展中国家人民的饥饿与贫困问题。如果不解决发展中国家的结构问题，不解决当今的不公平的分配制度，不解决旧的国际经济、政治秩序，那么解决发展中国家的吃饭问题、贫困问题也只是一句空话。与其说转基因作物大规模的商业化是为了解决世界饥饿问题，倒不如说是出于商业和政治上的考虑。可见，转基因作物的产业化并非是发展中国家的救星，也不是道德至上命令，而是给发展中国家提供了一个选择，它可能是一个好的选择，也可能是一个不好的选择。这需要转基因作物的产业化实践来检验和证明。因此，转基因作物是福是祸，关键在于我们自己，在于我们是否能够建立科学和合理的制度，在于我们是否能够建立国际经济、政治新秩序，规范转基因作物的研究、发展及其产业化的管理。

（3）转基因作物带来社会不公问题，违背社会公正的道义原则。科学技术的发展与应用应该促进社会公正与和谐，转基因技术的发展与应用也不例外。就当前转基因技术/作物的发展来看，它不仅没有促进社会公正，反而带来了社会不公，加剧了社会不平等。我们应该禁止转基因作物的产业化来防止其带来社会不公。

从目前转基因作物产业化的发展进程来看，确实存在着利益与责任分担不公的现象，不符合伦理学的社会公正原则。但是，这种分配的不公的关键并非在于转基因作物产业化本身，而是我们的制度设计（包括决策机制、管理制度等）不合理。换言之，转基因作物产业化所带来的社会不公主要不是转基因作物产业化本身的问题，而是转基因作物的研究、发展与产业化的制度设计存在许多问题。一方面，在转基因作物的产业化决策中，没有把不同的利益相关者的各自利益进行综合考虑。例如，在转基因作物的产业化决策中，缺乏独立的对转基因作物产业化进行评估和监管的机构，因而一些公众对转基因作物有排斥心理。如果在转基因作物产业化决策中，不能把不同的利益相关者的利益进行协调和平衡，受到不公平待遇的利益相关者会反对转基因作物的发展。另一方面，责任的分担、风险的承担与利益的分享没有有机地统一起来。从目前来看，由于价格便宜，转基因食品的消费者将主要是穷人，与之有关的健康风险将主要由穷人来承担。从更广义上讲，风险可能主要由消费转基因食品的社会公众来承担。利益主要由发达国家、大的跨国私人公司（主要是提供转基因作物种子的公司、销售除草剂的化学公司等）和从事研究的科学家所享有，发展中国家、中小公司、农民和消费者不是利益的主要获得者，相反还要承担转基因作物产业化的风险（包括经济风险、人体健康风险和生态环境风险）。这样，不仅发达国家和发展中国家、大的跨国公司和中小公司之间存在利益分配不公，而且存在着风险和责任的分担不公，显然违背了伦理学的社会公正原则。要解决这些问题，最根本的措施从决策机制和管理制度上下功夫。如果我们能够建立一种决策机制，让不同利益相关者参与转基因作物产业化讨论和决策中去，建立公正合理的分配制度并切实付诸实施，这种社会不公是可以避免的。可见，以社会不公来反对转基因作物的产业化在伦理上也是不能得到有效的辩护。

综上所述，从伦理学的道义论上，完全反对或者支持转基因作物的产业化在伦理上都是站不住脚的，都是很难得到充分的辩护。

二、从后果论来看转基因作物产业化的伦理辩护

后果论认为，判断人的行动在伦理上对错的标准是该行动的后果。一个行动在伦理上是对是错，要看它的后果是什么，后果的好坏如何。我们应该如何判断一个行动的后果？后果论的一个有代表性的做法就是用一个行动或者决策所带来的效用（风险-受益）来判断。当一个行动或者决策所带来的风险大于受益时，这种行动或者决策是禁止做的，反之，是应该做的；如果一个行动或者决策的效用（风险-受益）不能确定，则是可以做的。从后果论来讲，转基因作物的产业化主要有两种代表性的伦理论证。

（1）转基因食品能够带来巨大的效用，我们应该大力发展转基因作物。一些学者认为，转基因作物的产业化带来了巨大的经济效益和环境效益。农业生物技术应用国际服务组织（ISAAA）报告表明，2005 年全球种植转基因作物的经济效益达到 50 多亿美元，1996—2005 年累计的经济效益达到 240 多亿美元。1996—2005 年 10 年间累计减少杀虫剂 22.4 万吨（按活性成分计）。此外，由于种植转基因作物减少了除草剂和农药生产和施用所需的能源以及减少锄草（免耕）带来的作物生产方式的变化，大大减少温室气体二氧化碳的排放，这样有利于生态环境的改善，也符合低碳经济的发展要求。总的说来，推广转基因作物的效益主要表现在少用杀虫剂、除草剂；有效地控制害虫和杂草；免耕、保护土壤；减少排放；增加食品安全性、有益于健康；提高作物产量；增加农民的收入等方面。

如何评价上述的效用论证？一方面，转基因作物的确在经济效用上给农民带来了好处，对环境的改善也可能有一定的帮助。但是，转基因作物的发展也可能带来经济风险、生态风险和人类健康风险。绿色和平组织在《转基因作物的经济代价》中指出，转基因污染的事件导致整个农业产业危机重重，农产品行业的各个环节经济损失惨重，据统计，拜耳 LL601 转基因水稻的污染事件共造成 12.8 亿美元的经济损失。中国科学院植物研究所的蒋高明认为转基因作物将破坏自然生态系统，对非目标生物尤其是有益生物产生危害，降低生物多样性和食品多样性，导致“超级杂草”，从而对生物多样性有较大的负面影响。而且，他还认为转基因作物破坏生态环境，并给人类健康带来不利影响。笔者认为，转基因作物的效用评价应该是一种综合评价。这种综合评价包含两个方面的含义：第一，转基因作物的效用评价是经济效用、健康效用、生态效用和社会效用的综合评价。转基因作物的效用不仅仅是经济效用，还有健康效用、生态效用和社会效用。从目前来看，转基因作物所产生的主要效用还是经济效用，如减少农药、化肥的使用，降低生产成本，提高经济效用。在转基因作物的效用评价中，一定要防止过分地强调经济效用而忽视了其他效用。对于我国公众来说，他们更多地关注健康效用，其次是生态效用、经济效用和社会效用。

例如，我们在2010年的861份有效的社会问卷调查当中，其中有一个问题是调查公众最关注的是哪种效用？有463人（占57.6%）最关注健康效用，有196人（24.3%）选择生态效用，有75人（占9.3%）选择经济效用，还有71人（占8.8%）选择社会效用。第二，转基因作物的效用评价是短期效用和长期效用的综合评价。当前转基因作物产业化面临的一个主要问题是，转基因作物的优势随着商业化种植时间的推移会越来越弱，而且逐渐变为劣势，这在转基因作物的产业化实践中已经体现出来。从长期来讲，这种经济效用的优势会随着时间的推移而大打折扣。例如，抗虫转基因棉花之中出现了原有的次生害虫大规模暴发，并演变成为主要害虫，有的抗虫转基因棉花当中出现了抗药性的"超级害虫"，农民不得不用更强、更多的杀虫剂来消灭这些害虫。抗除草剂的转基因油菜、转基因大豆当中出现"超级杂草"，农民不得不求助于更强和更多的除草剂来杀死这些杂草，从而给生态环境带来更大的破坏。因此，如果我们综合考虑转基因作物的经济效用、健康效用、生态效用和社会效用，长期效用和短期效用，我们目前还很难说转基因作物的产业化的受益一定大于风险、正效用就一定大于负效用。既然转基因作物产业化的效用还不能确定，按照后果论的效用原则，转基因作物的产业化不能得到充分的伦理辩护，而只能得到部分的伦理辩护，转基因作物可以产业化。

（2）转基因作物不安全，有各种风险，对于不安全的转基因作物应该禁止商业化。一些学者认为，转基因作物有人体健康风险、生态风险、社会风险和产业风险，在安全问题上存在较大隐患，我们应该禁止转基因作物的产业化，避免给人体健康、生态环境和社会发展带来危害。1998年，苏格兰研究所的阿帕德·普兹泰（Arpad Pusztai）教授用转基因马铃薯喂养大鼠，并于1998年秋在电视上宣布大鼠食用转基因马铃薯后，引起大鼠器官生长异常，体重和器官重量减轻，免疫系统受损。虽然普兹泰教授的研究在科学界受到质疑，但要求科学家、政府和公众关注转基因食品的安全问题有重要意义。英国《独立报》报道，一种广泛用于美国和世界其他国家的抗虫转基因玉米污染了美国的河流。同时，转基因作物可能产生的"基因污染"也令人担忧。因为转基因作物在全球发展非常迅速，在商业利益的驱动下，许多变异、重组和修饰的基因、病毒及细菌不断地进入了自然界，进入了食物链，再进入生物链。这意味着基因重组物走出了封闭的试管或实验室，有可能导致生物圈的"基因污染"。相对于以往任何种类的污染而言，"基因污染"最为特别也最为危险，因为它是一种可以自己迅速繁殖并且大面积扩散的污染，而人类又对其束手无策。

以转基因作物不安全为由来反对转基因作物的产业化是否能够得到充分的伦理辩护？我们也不否认转基因作物的产业化有一定的风险。但是，以转基因作物不安全或者存在风险来完全禁止转基因作物的产业化在伦理学上也面临很多困难。因为转基因作物是否安全，在科学上还没有明确的结论。对于转基因作物产业化的安全问题，我们更多的是从转基因作物产业化的风险来理解，主要有两个问题需要探讨。第一，是何种意义上的安全？即我们应该如何理解转基因作物产业化的安全或风险？世界上不存在绝对安全的事物，转基因作物产业化的风险包括客观风险和主观风险两个方面。前者是指转基因作物危害发生的概率和危害的大小，本身有它自身的客观性，它和转基因作物的内在特性、内在机制以及自然生态系统的相互影响都密切相关，它受外界因素的影响相对要小一些。后者主要是指认识的主体（公众）对转基因作物风险的认知、感知和心理接受的能力，它受外界因素的影响较大，包括媒体的报道、国家的产业化政策和个体对风险的承担能力。转基因作物产业化的客观风险和主观风险是相互联系、相互制约的。转基因作物产业化的客观风险对公众的主观认识有重要影响，在一定程度上决定了转基因作物的主观风险。同时，转基因作物的主观风险对转基因作物的客观风险产生反作用，它在一定程度上可以减小或者放大转基因作物的客观风险。因此，转基因作物产业化的风险必须从客观和主观两个方面来把握。科学家在谈论转基因作物的风险时，主要是基于客观风险的角度进行研究，忽视了其风险有主观认识的一面。第二，如何对转基因作物产业化的风险进行管理？广义的风险管理包括风险评估、风险交流和风险管理。转基因作物产业化的风险管理应该将风险评估、风险交流和风险管理有机统一起来，这样不仅有利于建立转基因作物产业化的风险预警机制，也有利于规避和管理风险。只要我们建立转基因作物产业化的制度得当，执行的措施有力，降低风险的发生或者规避风险是完全有可能的。因此，转基因作物产业化的风险不仅是一个客观存在的事实，更是一个感知、认识的过程和心理接受、社会接纳的过程，还是一个风险评估、风险交流和风险管理的过程。由于科学上还没有充分的证据证明转基因食品是安全的还是不安全的，因此以不安全为由来反对转基因作物的产业化也很难得到伦理辩护。

从伦理学的后果论来看，转基因作物的产业化也可以得到部分的伦理辩护。

综合上面的道义论与后果论对转基因作物支持或者反对的伦理论证，相关的伦理论证都缺乏充分的说服力，完全禁止转基因作物的产业化或者大力推进（完全放开）转基因作物的产业化在伦理学上都是得不到充分的伦理辩护，转基因作物的产业化只能得到部分的伦理辩护。

三、转基因作物产业化伦理学上的研究应重在程序伦理

从实质伦理来看，完全禁止和任意放开转基因作物的产业化都是不符合伦理的。既然转基因作物的产业化可以得到部分的伦理辩护，笔者认为转基因作物的伦理学研究的重点应该由实质伦理转向程序伦理，重点在于我们应该如何对转基因作物进行产业化，即应该采取什么样的政策、制度和方法来实施转基因作物的产业化政策，减少其风险，扩大其收益，使其为人类带来更大的福祉。

程序伦理需要研究的主要问题如下。

（1）我们应该在什么时候对转基因作物实行产业化？这要分两种情况。第一，我国已经进行了产业化的转基因作物。例如，我国政府已经批准了转基因棉花、转基因番茄、转基因甜椒的商业化种植。对于这些已经批准的商业化的转基因作物，程序伦理的重点在于科学评估和检测这些转基因作物对人类健康、生态环境的影响，尤其是长期的累积效应。第二，我国还没有实现产业化的转基因作物或者计划实施产业化的转基因作物。我国农业部已经批准了安全证书的转基因水稻和转基因玉米，为其产业化的发展迈出了关键一步。对于这些转基因作物，是像有些科学家所说的那样，尽快推广其产业化，转基因水稻在3～5年之内走进老百姓的餐桌，还是等到转基因水稻的安全性有比较可靠的保障时再实

施其产业化？在像转基因水稻这种主粮的转基因作物，是属于重大的民生事情，必须扩大公众与社会的参与，应该把转基因作物产业化的信息公开，充分考虑和吸收公众的建议，提高决策的透明度，这样可能更有利于公众接受转基因作物。

（2）我们在多大范围内进行产业化？对于转基因作物产业化的范围的确定，可能主要有两种方式。一种是先试点，然后根据试点情况逐步推广；另一种是一开始就大规模商业化。前者是先在小范围试点，在指定的地区种植，并与传统的作物隔离开来，尽量防止基因污染。在小范围试点中，如果转基因作物对生物多样性、对环境影响的评估符合国家的要求，然后再逐步推广。后者是认为转基因作物安全有保障，能给社会带来巨大效用，不应该给转基因作物的产业化设置障碍，应该尽早开始实施大规模的产业化，以免我国在转基因作物的产业化在国际竞争中处于不利地位。在当前的境遇下，第一种做法在我国是比较可行的。

（3）在转基因食品的安全评估问题上，应该采取什么样的评估方法和机制？我们认为应该把结果评价法（“实质等同性”原则）和过程评价法（全面的毒性、过敏性、抗性的实验，环境释放的环境评估以及产业化的环境评估与监测等全过程评价）有机结合起来。在遵循科学、逐案评估、预防原则的前提下，对转基因作物的动物实验应该适当延长，应该规定动物实验的期限为3～5年，改变当前转基因作物的动物实验时间过短，一般不超过半年的普遍做法。在获得动物实验比较安全的情况下，可以考虑实施转基因作物对人体健康影响的人体实验，并制定转基因作物人体实验的规则与办法。同时，必须关注转基因作物对人体健康安全和生态环境安全的长期累积效用。

（4）对不同的转基因作物的产业化政策是否应该有差异？我们既不能对所有的转基因作物一棍子打死，反对其产业化，也不能对所有的转基因作物安全放开产业化，而是根据我国的需要尤其是公众和消费者的需要，对不同的转基因作物的产业化政策应该是有差异的。例如，对于我国已经产业化的转基因棉花，虽然也有些学者提出转基因棉花的效用随着时间的推移而不断下降，转基因棉花抗虫的稳定性有待加强。对于转基因大豆、转基因玉米和转基因水稻，产业化政策应该有差异，由于转基因水稻是主粮，对其产业化政策更严格一些，也在情理之中，毕竟涉及14亿人口的吃饭问题，对于这种重大的民生问题，容不得出现任何问题，否则后果不堪设想。在基础研究上应该重点投入，在产业化进程上应该慎之又慎。

在当前的境遇下，对转基因作物的伦理学研究的合适战略，应该从伦理批评、伦理批判的视角转向伦理治理、伦理建构的视角，即由转基因作物的实质伦理转向程序伦理，这样不仅有利于科学家和伦理学的沟通和对话，增进相互的认识和了解，有利于解决现有的分歧甚至对立，有利于建立转基因作物健康、有序发展的伦理机制。当然，这并非表示在转基因作物的伦理学研究中，不需要伦理批评，而是在于我们需要一整套的伦理反思、伦理治理、伦理审查的机制。转基因作物产业化的程序伦理更多的是从建设性的角度对转基因作物的产业化进行伦理治理。毕竟，在当前很多问题都不是非常明朗的境遇下，对转基因作物产业化的伦理批评或者伦理批判不仅无助于问题的解决，反而加剧伦理学家和科学家之间的矛盾。因此，从建设性的角度对转基因作物的产业化实行伦理治理，加强科学家和伦理学家的对话，消除科学家与伦理学家之间的分歧甚至对立，鼓励公众参与转基因作物产业化的决策中来，消除科学家与公众之间的鸿沟，这无疑有利于转基因作物产业化决策的科学化和民主化，也有利于其造福于人类。

【参考文献】

(略)

（原文刊载于《华中农业大学学报》社会科学版 2011 年第 1 期）

转基因作物产业化的伦理学研究

毛新志

摘要：转基因作物产业化带来的未知风险是人们非常担忧和关注的问题。从伦理学角度，研究转基因作物是否应该产业化的问题，认为从伦理学的道义论和后果论来考察其实质伦理，转基因作物产业化的伦理辩护在一定意义上具有合理性。转基因作物产业化的伦理学研究重在程序伦理，即应该如何产业化。要建立一种合理的程序伦理，包括确立转基因作物产业化评价的伦理原则，建立转基因作物产业化的伦理审查机制，建立转基因作物产业化的综合效用评估机制，提高政府、科学家、工程师和公众的伦理素养和社会责任意识，加强科学家与伦理学家的沟通和对话，对转基因作物的产业化进行科学有效的决策，规范管理，使其为人类带来更多的福祉。

关键词：转基因作物；产业化；伦理学

自 1996 年全球大规模种植转基因作物以来，转基因作物种植面积连续 15 年持续快速地增长，2010 年全球转基因作物的种植面积达到 1.48 亿公顷，与 2009 年的 1.34 亿公顷相比，增长了 10.44%，是 1996 年种植面积 170 万公顷的 87 倍。近年来，我国政府从战略决策、经费投入、安全评价、风险管理和制度建设方面都非常重视转基因作物的研究与发展。《国家中长期科学和技术发展规划纲要（2006—2020 年）》和国家“十一五”规划中把“转基因生物新品种培育”列为关系到我国未来科学发展，堪称“重中之重”的 16 个重大专项之一，并且在“十一五”期间对该重大专项实际投入 260 亿元。2009 年 10 月，农业部批准了两种抗虫的转基因水稻品种和一种转植酸酶基因玉米品种的安全证书，这为推进我国转基因作物的产业化进程迈出了重要一步。2010 年，中央 1 号文件指出：“在科学评估，依法管理的基础上，推进转基因新品种产业化。”国家计划在“十二五”期间对“转基因生物新品种培育”的投入预算约 300 亿元。与此同时，围绕转基因主粮、转基因水稻产业化的争论也非常激烈。大部分从事转基因作物研究的科学家甚至院士（诸如张启发、陈章良、黄大昉等）也提出要大力发展转基因作物，推进转基因作物的产业化进程。各种事实表明，转基因作物的产业化不仅是我国学术界关注的重大理论问题，也是政府科技决策的重大实践问题，还是和广大公众的切身利益息息相关的重大民生问题。本文主要是从伦理学视角探讨转基因作物产业化的实质伦理和程序伦理，转基因作物产业化的伦理学研究重点应该由实质伦理走向程序伦理。

一、转基因作物产业化的实质伦理

实质伦理主要研究一个行动或者决策是否应该做，而程序伦理重在研究一个行动或者决策应该如何做。实质伦理和程序伦理研究的重点不同，但彼此之间又相互联系。一项行动或者决策只有在实质伦理上得到辩护，其程序伦理的研究才有基础、价值和意义。例如，从实质伦理来讲，生殖性克隆基于生命伦理学的不伤害原则和尊重原则而得不到伦理辩护，在立法上表现为禁止生殖性克隆，联合国和许多国家以立法的形式禁止生殖性克隆，也就没有必要研究生殖性克隆的程序伦理。相反，治疗性克隆基于治病救人的义务和长远的效用而得到一定的伦理辩护，因而有必要研究治疗性克隆的程序伦理。转基因作物产业化的实质伦理是研究转基因作物是否应该产业化，一般分为三种情况：应该做，禁止做，允许做。转基因作物产业化的程序伦理是研究我们应该如何对转基因作物进行产业化，即采取什么样的评价标准、决策体系和管理办法对转基因作物的产业化进行科学规范的管理。只有转基因作物的产业化在实质伦理上得到一定的伦理辩护，才有研究程序伦理的必要性和可能性。

笔者主要从伦理学的道义论和后果论来分析转基因作物产业化的实质伦理问题。从伦理学的道义论来看，转基因作物是否应该产业化的论证主要有三种。

第一种论证认为，转基因作物是非自然的，我们不应该发展非自然的转基因作物。在这种观点看来，使用基因工程技术实行跨物种的基因转移，本身是“反进化”和“违背自然”的。人类发展转基因作物是运用“上帝之手”干预自然，是在“扮演上帝”的角色。转基因作物是一种内在的错误。人类不应该研究和发展非自然的转基因作物，更不应该对非自然的转基因作物进行大规模的产业化，否则会遭到自然的报复，后果将不堪设想。

笔者认为，“转基因作物是非自然的”不能成为反对转基因作物发展的充分的伦理理由。这主要是因为：其一，自然界的进化过程不是一成不变的，也并非神圣不可侵犯。自从人类在自然界出现之后，人类就开始以各种不同的方式认识、改造和干预自然。工业革命以来，人类对自然的改造和干预能力在不断提高。而当前人类对自然的改造和干预达到了令人担忧甚至恐惧的地步，人类对自然的改造和干预导致地球千疮百孔，水土流失严重，各种自然灾害频繁爆发，生态严重失衡，地球——人类生存的家园在哭泣。一些学者对人类使用科学技术改造和干预自然进行了批判，法兰克福学派是典型代表。但是，在科学技术突飞猛进的今天，要求人类不干预自然是不可能的。这里的关键问题是对自然干预的“度”的把握问题，这个“度”的一个基本前提是不应该破坏自然的完整性。只要人类能够正确把握对自然干预的“度”的问题，干预自然也可以得到一定的伦理辩护。其实，人类干预自然是人类生存方式的展现，关键在于这种干预是否“适度”与“合理”。其二，转基因作物是自然和非自然的统一体。转基因作物有非自然的一面，它是利用转基因技术将跨物种的基因转入目标作物之中，将动物的基因转入到植物之中，完全打破了物种之间的界限。这在自然状态下是绝对不可能实现的。同时，转基因作物又有自然的一面。从量上看，转基因作物中转入的发挥特殊功能的基因数量是极其有限的，在整个转基因作物中所占的比重是非常小的，而原来的自然的目标生物才是转基因作物的根本。从质上看，将具有特定功能的基因、病毒转入到目标生物中得以表达和实现，并能发挥延迟成熟、抗虫、抗病毒、抗除草剂等特殊功能，这本身说明它没有从根本上违背大自然的内在规律，否则转基因作物也不可能研发成功。由此可见，转基因作物具有自然的与非自然的双重属性，以“转基因作物是非自然的”来反对转基因作物发展缺乏应有的说服力。

第二种论证认为，转基因作物的产业化对于解决发展中国家人民的饥饿与贫困问题是道德至上命令。给饱受饥饿之苦的人提供更多的食品是对那些反对转基因作物的人进行有力回击的一个重要的“伦理武器”。

从转基因作物的发展现状来看，它不仅在解决发展中国家的吃饭问题方面有一定的潜力，也为解决全球人口不断膨胀，耕地不断减少的矛盾提供了一条路径。但是，转基因作物的产业化并非是“道德至上命令”，更多的是为我们解决“人多地少”的矛盾提供了一种选择。其一，转基因作物的产业化对于解决全球人的吃饭问题有很大的不确定性。跨国私人公司发展转基因作物的主要目的不是为了解决发展中国家人口的吃饭问题、贫困问题和饥饿问题，而是为了追求高额利润。资本的本质是追求利润，跨国资本也不可能摆脱资本的特有本质。同时，从目前转基因作物的产业化来看，各国推广的转基因作物主要是延迟成熟、抗除草剂、抗虫和抗病毒等特性的作物，重点不在于提高产量和改善营养成分，提高产量也并非是转基因作物的特有优势，因此转基因作物的产业化对解决发展中国家的贫困和饥饿问题不可能有实质性的帮助。其二，即使转基因作物的产业化能提供更多的食物，这也未必能解决发展中国家人民的饥饿与贫困问题。解决发展中国家人民的饥饿与贫困问题也有不确定性。主要是因为，当前发展中国家的饥饿与贫困问题主要不是世界粮食总量不够，而是分配不均造成的，是不合理和不公正的分配制度造成的。按照世界粮农组织的统计，全球的粮食完全可以满足世界所有人的吃饭问题。因此，如果不解决旧的国际经济、政治秩序，不解决不公平的分配制度，不解决发展中国家的结构问题，那么解决发展中国家的吃饭和贫困问题也仅仅是一句空话。

第三种论证认为，转基因作物产业化所带来社会不公问题，本身与社会公正原则是背道而驰的。科学技术的发展与应用的一个基本要求是促进社会公正，为人类带来更多的福祉，转基因技术也应该遵循这一要求。但是，从当前转基因技术/作物的发展现状来看，它不仅没有在“促进社会公正”方面发挥应有的作用，反而导致了社会不公。我们应该禁止转基因作物的产业化，以防止其破坏社会公正。

从目前转基因作物产业化的发展进程来看，确实存在着利益与责任分担不公的现象，不符合伦理学的社会公正原则。但是，这种分配不公的关键并非在于转基因作物产业化本身，而是我们的制度设计（包括决策机制、管理制度等）不合理。一方面，在转基因作物的产业化决策中，没有把不同的利益相关者的各自利益进行综合考虑，这在我国表现得尤为明显。例如，在转基因作物的产业化决策之前，没有充分征求广大公众的意见，忽视了公众究竟需要什么样的作物或者具备什么样特性的转基因作物，没有充分考虑公众究竟从转基因作物的产业化中获得何种利益。如果在转基因作物产业化决策中，不能把不同的利益相关者的利益进行协调和平衡，那么受到不公平待遇的利益相关者反对转基因作物的发展也是必然的。另一方面，责任的分担、风险的承担与利益的分享没有很好地统一起来。利益主要由发达国家，大的跨国私人公司（主要是提供转基因作物种子的公司、销售除草剂的化学公司）和从事研究的科学家所享有，发展中国家、中小公司、农民和消费者不是利益的主要获得者，相反还要承担转基因作物产业化的风险。这显然违背了伦理学的社会公正原则。这些分配不公主要是由于转基因作物产业化的公共政策和制度设计的不合理造成的，并非是转基因作物产业化本身。要解决这些问题，最根本的措施是从决策机制和管理制度层面进行完善和创新。可见，以社会不公正来反对转基因作物的产业化在伦理上也是很难站住脚的。

从后果论来讲，转基因作物是否应该产业化主要有两种代表性的伦理论证。

一是转基因作物的产业化能够带来巨大的效用，我们应该大力发展转基因作物。张启发院士指出，推广转基因作物的效益主要表现在少用杀虫剂、除草剂；有效地控制害虫和杂草；免耕，保护土壤；减少排放；增加食品安全性，有益于健康；提高作物产量；增加农民的收入等方面。既然转基因作物的产业化能够带来诸多方面的效用，大力发展转基因作物是有伦理基础的。

如何评价上述的效用论证？转基因作物的确给农民能带来一些经济利益，对环境的改善也有一定的作用。但是，转基因作物的发展会给经济发展、人类健康、生态风险和社会发展带来危害。转基因作物的效用应该是多向度的。从横向来看，转基因作物的效用包括短期效用和长期效用。当前转基因作物产业化面临的一个困境是，随着商业化种植时间的延长，转基因作物的优势会越来越弱，并逐渐变为劣势，这在转基因作物的产业化实践中已经体现出来。例如，中美两国的科学家联合研究表明，转基因抗虫棉在种植的第 3 年给农民带来的收益最大，从第 4 年开始递减。而 2009 年江苏转基因抗虫棉的次生害虫的大规模暴发，也证明转基因作物优势的稳定性存在问题。从纵向来看，转基因作物的效用应该包括经济效用、健康效用、生态效用和社会效用。从目前来看，转基因作物所产生的主要效用还是经济效用，如减少农药、化肥的使用，降低生产成本，提高经济效用。但是，转基因作物的效用不仅仅是经济效用，还有健康效用、生态效用和社会效用。因此，如果我们综合考虑转基因作物的各种效用，我们目前还很难说转基因作物产业化的正效用一定大于负效用，受益就一定大于风险。既然我们还无法确定转基因作物产业化的效用，从伦理学后果论的效用原则来看，转基因作物只能得到部分的伦理辩护，可以产业化。

二是转基因作物的安全性还没有定论，存在各种风险，我们不应该发展转基因作物。有些学者认为，转基因作物可能存在较大的安全隐患，为了避免其给人体健康、生态环境和社会发展带来各种风险，我们应该禁止发展转基因作物，更不应该实行产业化。

"以转基因作物不安全为由"来反对转基因作物的产业化是否能够得到伦理辩护？转基因作物的产业化的确有安全隐患。但是，以转基因作物不安全或者存在风险来完全禁止转基因作物的产业化在伦理学上也很难得到辩护。因为转基因作物是否安全，在科学上还没有定论。那么"以不安全为由"来反对转基因作物的产业化就缺乏应有的说服力。综上所述，从实质伦理来看，要完全禁止和任意放开转基因作物的产业化都是不符合伦理的，转基因作物的产业化可以得到部分的伦理辩护。

二、转基因作物产业化的程序伦理

既然转基因作物的产业化可以得到部分的伦理辩护，研究转基因作物产业化的程序伦理就有其价值和意义。程序伦理的关键在于我们应该采取什么样的政策、制度和方法来实施转基因作物的产业化政策，减少其风险，扩大其受益，使其为人类带来更大的福祉，这就需要建立一套科学、合理和可行的程序伦理。

（一）确立转基因作物产业化伦理评价的基本原则

在转基因作物产业化伦理评价的基本原则方面，大多数国家都遵循不伤害原则、效用原则、尊重原则、预防原则。转基因作物产业化伦理评价的不伤害原则是指在对转基因作物的产业化进行伦理评估和价值判断时，防止其产业化给人类健康、生态环境和社会发展带来不必要的伤害，确保转基因作物的产业安全。效用原则是对转基因作物的产业化的风险-受益比进行分析，当其受益大于风险，则应该产业化，在产业化实践中积极提倡和鼓励；反之就不应该产业化，在立法上表现为禁止产业化；风险-受益比不能确定，则可以产业化，重点在于通过管理包括伦理治理等规范产业化。尊重原则主要有两个方面的含义，一是尊重公众和消费者的权利，包括知情权、选择权、参与权和监督权。例如，一些国家要求对转基因食品实行强制标识，其主要目的是尊重消费者的知情权与选择权，让公众参与转基因作物产业化的决策是为了尊重公众的参与权和监督权。二是尊重自然规律，保护生物多样性和生态环境。转基因作物的产业化不应该违背自然规律，破坏生态环境。预防原则凸显一种风险意识，强调一种“防患于未然”的前瞻意识和忧患意识，在转基因作物产业化的决策中通过风险评估、风险预测、风险交流等风险管理来事先预防和规避风险。我国在遵循这些基本原则的同时，必须结合我国国情和我国转基因作物的产业化实践，还应该坚持整体性原则和责任原则。整体性原则是为了防止转基因作物的产业化会影响和破坏自然的生态系统的整体性而提出的原则。整体性原则凸显的是转基因作物产业化对生态系统有自身的内在规定性的破坏性影响的边界效应，转基因作物产业化对处于边界效用的生态系统破坏性更大。责任原则是科技时代的伦理原则，凸显责任主体对自己的行为或者决策有一种责任意识和观念，并在实践中践行之。由于转基因作物产业化存在各种风险，政府、科学家、公众和社会都有责任和义务减少其风险，扩大其受益，促进转基因作物又好又快地发展。转基因作物产业化的伦理评价原则是相互联系、相互作用的统一整体，这些基本原则构成转基因作物产业化伦理评价的原则体系。

（二）建立转基因作物产业化的伦理审查机制

以上述伦理评价的基本原则为依据，根据转基因作物产业化的实践，充分发挥伦理审查在转基因作物发展中的规范作用，促进转基因作物产业化的健康和有序推进。技术的发展与应用已经越来越脱离人的控制，导致了“技术也疯狂”并产生各种风险，这就有必要对技术的应用进行规范。技术应用的伦理审查是规范技术应用的重要途径，也是进行风险防范的重要方法。尤其是生命科学技术，对其研究和应用进行伦理评价和伦理审查是国际上的通行做法。一般来讲，生命科学技术的研究项目在研究之前都要接受伦理审查委员会（IRB或ERB）的伦理审查，防止研究项目用于不良的目的。转基因技术的应用涉及多种风险，有些还可能是特大风险。这就要求对转基因技术进行伦理评价和伦理审查，以便确立转基因技术应用的界限、伦理原则和伦理规范，促进转基因技术/作物的良性发展。

那么，怎样建立转基因作物产业化的伦理审查机制？如何评价或者确保伦理审查机制的科学性、合理性、有效性和可行性？以下四点是关键。

第一，建立转基因作物产业化的伦理审查机构——伦理审查委员会。伦理审查委员会分为政府类和企业类，政府类又分为国家级、省部级和其他地方政府级，代表各级政府对转基因作物的产业化进行伦理审查；企业类的伦理审查委员会对转基因作物产业化进行自我伦理审查，分析存在的伦理问题，也可请政府类的伦理审查委员会代为审查和把关。伦理审查委员会的建立应该科学、合理，确保工作的有效性和可行性。伦理审查委员会的委员组成应该考虑学科的多样性，应该包括从事转基因作物研究的科学家、哲学伦理学家、生态学家、法学家和公众代表，一般由单数组成，其中伦理审查委会的主席或者主任应该由哲学伦理学家担任。

第二，确立转基因作物产业化的伦理审查的主要内容，包括转基因作物产业化的伦理问题和伦理困境，转基因作物产业化的安全性及其风险，不同转基因作物产业化风险的差异，转基因作物产业化的利益分配与责任分担及其整体的效用，公众对转基因作物的态度及其价值取向，如何保障公众在转基因作物产业化进程中的知情权、选择权、参与权和监督权，等等。

第三，确立转基因作物产业化伦理审查的合法化和制度化。我们应该以立法的形式赋予转基因作物产业化伦理审查的合法性，并作为转基因作物产业化管理的一种基本制度确立下来。

第四，建立和完善伦理审查委员会的自我评估机制。伦理审查委员会作为转基因作物产业化的独立的第三方审查、评估和监督机构，自身的建设和评估直接关系到科学家、政府和公众对伦理审查委员会的工作是否认可和信任，这不仅是伦理审查的科学性与合理性的必然要求，也是伦理审查的有效性和可行性的重要保障。

（三）建立转基因作物产业化的综合效用评估机制，科学、合理和客观地评价其效用

在转基因作物产业化的效用评价中，必须建立经济效用、健康效用、生态效用、社会效用及其短期效用和长期效用、正效用和负效用的综合评价机制。在转基因作物产业化的效用评估中，我们必须防止两种错误倾向，一是关注转基因作物产业化的短期效用，忽视其长期效用，二是过度注重转基因作物产业化的经济效用，忽视其健康效用、生态效用和社会效用，这就需要建立转基因作物产业化的综合效用评估机制。要在动物实验的基础上，开展转基因作物对人体健康影响的人体实验。必须改变转基因作物的动物实验时间过短的做法。当前对转基因作物进行动物实验的时间一般都不超过半年，我们应该适当延长，应该规定转基因作物动物得实验期限为3～5年。在获得动物实验比较安全的情况下，可以考虑实施转基因作物对人体健康影响的人体实验，并制定转基因作物人体实验的规则和办法，以便使转基因作物对人体健康影响的人体实验能够顺利进行，从而获得转基因作物对人体健康影响的科学数据。要重视研究转基因作物对人体健康和生态环境影响的长期累积效用。一方面，在获得转基因作物对人体健康影响的人体实验数据的基础上，应该关注和研究转基因作物对人体健康影响的长期累积效用，这是证明转基因作物的人体健康安全的关键。另一方面，对转基因作物对生态的影响应该进行长期的监测与评估。生态影响应该重点研究转基因作物对传统作物、土壤、水资源、生物多样性的长期累积效用。只有

这样，才能对转基因作物产业化的效用有一个科学、合理的和客观的评价，也有利于政府、专家和公众做出合理的决策。

（四）扩大公众和社会的参与，提高决策的透明度和执行力

我国当前的科技决策体制还是一种传统的、政府主导的专家决策体制。这种科技决策机制在大科学时代，在高风险的高科技时代，尤其是在转基因作物这种全新的、有太多不确定性和复杂性的事物面前，有一定局限性，其主要表现为公众参与科技决策的渠道匮乏，科学家和公众的对话和交流的机会很少，公众向政府反馈信息的渠道不畅通，决策的科学化很难实现。例如，对于我国农业部已经批准了安全证书的转基因水稻和转基因玉米是像有些科学家所说的那样，尽快推广其产业化，转基因水稻在3～5年之内走进老百姓的餐桌，还是等到转基因水稻的安全性有比较可靠的保障时再实施其产业化？我们认为，转基因主粮的产业化是属于重大的民生事情，应该把转基因作物产业化的信息公开，需要充分考虑和吸收公众的建议，提高决策的透明度。在转基因作物的产业化决策中，必须改变政府主导的专家决策体系，扩大公众与社会的参与范围，建立政府、专家、公众和社会四维一体的对话、协商和决策机制，这不仅有利于转基因作物产业化决策的科学化与民主化，而且有利于公众认可和接受政府的决策，提高决策的可行性，有利于更好地推进转基因作物的产业化。

（五）提高政府公务员、科学家、工程师和公众的伦理素养和社会责任意识

在转基因作物产业化实践中，政府、科学家、工程师和公众的伦理素养和社会责任意识的高低是转基因作物能否造福于人类的关键。当前，需要加强政府公务员、科学家、工程师和公众的伦理培训与教育，为他们提供各种伦理学习的机会。一方面，政府公务员、科学家、工程师和公众自觉地学习各种职业伦理，通过道德的内化和积淀，不断提高伦理素养和社会责任感。另一方面，政府、相关机构和单位定期举行各种伦理学习、培训和教育的活动，为政府公务员、科学家、工程师和公众提供学习机会，提高他们的伦理素养和社会责任感。政府公务员的伦理素养直接关系到转基因产业化决策的价值引导，社会责任意识与转基因产业化决策的责任导向密切相关。在转基因作物产业化进程中，政府的主要责任是搭建科学家、伦理学家和公众相互交流和对话的平台，促进他们之间的有效沟通和平等对话，制定科学、合理的转基因作物产业化的评价、决策和监管制度，并有效执行。科学家的伦理素养是关系到科学研究及其应用是否是“善”的逻辑起点。在转基因作物的科学研究中应该树立责任意识，对那些可能危害人类健康，破坏生态环境，威胁产业安全的转基因作物研究应该采取审慎的态度，对那些可能被人用于不良目的的转基因作物的科学研究及其应用（如妄图通过转基因作物来控制世界粮食市场的跨国公司）应该自觉地抵制和揭发。工程师在技术的应用和工程设计时应该考虑其对环境、社会和未来人的各种影响，在基因工程的应用中，以一种对环境、社会和人类高度负责的态度来审视和规范自己的行为，综合考虑基因工程对公众健康、生态环境和社会的多方面影响。公众有责任参与转基因技术及其产业化风险的讨论和监督，各种集体、组织以及全社会都应该有一种责任意识和责任伦理的精神来处理各种问题。只要政府、科学家、工程师、公众、媒体、集

体、组织以及全社会在转基因作物产业化过程中都树立强烈的责任意识，树立过程风险意识，减少风险源，并在转基因作物产业化过程中践行之，我们就有理由相信转基因作物的产业化风险可以得到有效的控制，转基因作物产业化就能够造福于人类。

（六）加强科学家和伦理学家的沟通与对话

当前，在对转基因作物产业化的问题上，科学家和伦理学家之间的分歧很大，这在我国表现得更为突出。一方面，伦理学家批评部分科学家在转基因作物的产业化的问题上过于急躁，缺乏整体思维和长远考虑。另一方面，科学家批评伦理学家没有从事转基因作物的研发，无权也没有资格对转基因作物的产业化评头论足。科学家和伦理学家在科学技术应用的初期出现这些分歧也是正常的，但是长期下去，不仅不利于科学技术的应用与发展，也不利于科学技术造福于人类目标的实现，在转基因技术的发展与应用方面也不例外。为了解决科学家和伦理学家在转基因作物产业化方面的分歧，需要建立科学家和伦理学家交流的平台，加强彼此间的沟通和对话，就转基因作物的科学问题、伦理问题、安全评估、风险管理及其决策进行交流与对话，互相学习，取长补短，求同存异。只有这样，才有利于形成共识，有利于解决分歧，有利于转基因作物产业化的有效决策。

三、结语

转基因作物的产业化不仅是一个非常复杂的问题，也是一个复杂的系统工程，其决策和管理涉及方方面面，伦理学研究是其重要的一环，是制定产业化政策的道德基础和价值依据。在当前的境遇下，转基因作物的伦理学研究的战略应该从伦理批评、伦理批判的视角转向伦理治理、伦理建构的视角，即由实质伦理转向程序伦理，这样不仅有利于科学家和伦理学的沟通和对话，增进相互的认识和了解，解决现有的分歧甚至对立，也有利于研究和探索转基因作物健康、有序发展的伦理治理机制，这里就需要重点研究转基因作物产业伦理治理的结构系统，包括原则和标准、内容和机制等。这样不仅有利于加强科学家和伦理学家的交流和对话，消除科学家与公众之间的鸿沟，也有利于公众参与转基因作物产业化的决策，推进转基因作物产业化决策的科学化与民主化，从而共同推动转基因作物产业化的健康、有序和可持续发展。

【参考文献】

（略）

（原文刊载于《武汉理工大学学报》社会科学版 2012 年第 4 期）

我国转基因主粮产业化的伦理困境

毛新志

摘要：我国政府和大部分从事转基因研究的科学家要推进转基因主粮的产业化进程。但是，一些学者和许多公众抵制我国转基因水稻的产业化，反对的声音也越来越多。在当前的境遇下，我国转基因主粮的产业化主要面临效用评估、社会不公、基因专利和公众权利得不到保障的伦理困境，其产业化的条件和时机并非成熟。如果我们不能科学、合理和有效地解决这些困境，要推进我国转基因水稻的产业化将面临很多困难。

关键词：转基因主粮；产业化；伦理困境

2009 年 12 月 31 日发布的《中共中央　国务院关于加大统筹城乡发展力度，进一步夯实农业农村发展基础的若干意见》提出："继续实施转基因生物新品种培育科技重大专项，抓紧开发具有重要应用价值和自主知识产权的功能基因和生物新品种，在科学评估、依法管理基础上，推进转基因新品种产业化。"这表明我国政府对转基因新品种的产业化给予了充分肯定。我国大部分从事转基因作物研究的科学家也提出要大力发展转基因水稻。其主要理由包括：转基因水稻是解决我国人多地少的唯一出路；转基因水稻经济效益好；转基因水稻有利于生态环境的改善；转基因农业代表未来农业的发展方向；等等。但是，一些学者和广大公众不仅对科学家所说的这些好处表示质疑，而且对政府的决策表示抵制，反对我国转基因主粮产业化的声音也越来越多。在当前的境遇下，我国转基因水稻的产业化将面临很多伦理困境，产业化的条件和时机并非成熟。

一、我国转基因主粮产业化的效用评估困境

从理论上看，伦理学的效用原则是建立在后果论的基础上。后果论的最大学派是效用主义学派，效用主义认为，一个行动的对错（善恶）是看它的效用如何，即该行动是带来快乐（幸福）还是痛苦（不幸）。但更多的人认为效用不仅仅指快乐（幸福）或痛苦（不幸），还包括友谊、爱情、健康等，这是多元效用主义或多元价值论。但是，无论是快乐效用主义还是多元效用主义，按照效用主义的要求列举一切可供选择的方法来计算每一种方法可能的效用，再找出最大正效用、最小负效用的办法，实际上是行不通的。不过，建立在后果论基础之上的效用原则为我们的行动和决策并进行伦理分析、价值判断提供了一个重要的伦理原则，并在实践中有着广泛的应用。我们的行动不仅不能伤害人和其他生命客体，而且还要使我们的行动尽可能有利于人和其他生命客体的发展，尽可能取得最大的

好的效用。效用主义的“最大多数人的最大幸福”较好地反映了效用原则的基本内涵。因此，我们的行动和决策不仅要考虑不伤害人、尊重人等义务，还要考虑行动的后果、斟酌其效用，使我们的行动或决策更加合理，使我们对某一问题的伦理判断和分析更有说服力。效用原则强调用一个行动或者决策所带来的效用（风险-受益）来判断，一般有三种情况：当一个行动或者决策所带来的风险大于受益时，这种行动或者决策是禁止做的，反之是应该做的；如果一个行动或者决策的效用（风险-受益）不能确定，则是可以做的。

我国转基因水稻产业化既有各种风险，也给我们带来各种利益。风险是指我国转基因水稻的产业化可能给经济发展、人类健康、生态环境和社会发展带来的各种危害，即经济风险、健康风险、生态风险和社会风险。我国转基因水稻产业化的经济风险主要包括：抗除草剂的转基因水稻是否导致“超级杂草”的产生而借助杀伤力更强、危害更大的除草剂，抗虫的转基因水稻是否导致“超级害虫”的产生而借助毒性更强的杀虫剂，从而增加种植者的生产成本，等等。健康风险主要是指以转基因水稻作为直接的食品来源（稻米）或者以其为原料制成食品是否对人体健康产生危害，包括短期的直接危害和长期的、间接的累积效应。由于转基因水稻是完全跨越了物种界限而转入一些基因、病毒或抗生素抗性等标记基因，那么这些转入的基因是否含有毒素和过敏源，抗生素抗性等标记基因是否安全，整个食品的营养成分是否改变和均衡，是否引起跨物种感染等人体健康风险令人关注。生态风险是指在转基因水稻的产业化过程中，它对生物多样性和生态环境的潜在危害。例如，利用转基因技术对细菌、病毒进行基因改造，可能使无害或弱致病性的细菌、病毒变成有害或强致病性的细菌、病毒，对其他生物的生存带来危害；抗除草剂的转基因作物产生“超级杂草”破坏野生草的生存环境，减少生物多样性；转基因水稻可能通过“基因逃逸”或“基因漂流”对野生稻或者其他传统水稻品种产生“基因污染”，危害水稻品种的多样性，破坏水稻的基因库。社会风险是指在我国转基因水稻的产业化过程中，它可能导致不同的利益主体之间产生各种矛盾和利益冲突，对农民的就业和生存带来危害（如导致农民失业），对我国的农业结构、粮食安全、经济安全等重大社会问题有重要影响，影响社会稳定。

同时，我国转基因水稻的产业化也可能给经济发展、人类健康、生态环境和社会发展带来利益和好处。我国转基因水稻产业化的经济受益主要表现为降低生产成本，提高经济效益。ISAAA 报告表明，转基因作物在 1996—2009 年在全球产生了大约 650 亿美元农业经济收益，其中 44％是由于减少生产成本（耕犁更少、杀虫剂喷洒更少以及劳动力更少），56％的收益是由于 2.29 亿吨可观的产量收益。人类健康受益主要体现在：农民种植抗虫的转基因水稻，可以少用杀虫剂，减少农药对农民身体健康的伤害和农药中毒事件的发生，减少作物中农药的残有量，而改善营养的转基因优质水稻，如提高维生素含量的转基因“金稻”、提高铁元素含量的转基因水稻，这些都有利于人类健康。生态受益主要体现在：种植转基因作物显著减少杀虫剂喷洒，节约矿物燃料，通过不耕或少耕减少二氧化碳的排放，以及通过使用耐除草剂转基因作物实现免耕、保持水土。1996—2009 年，杀虫剂活性成分累计减少了 3.93 亿公斤，根据环境影响指数（EIQ）的测量，这相当于减少了 17.1％具有相关环境影响的杀虫剂。这不仅有利于生态环境的改善，也符合低碳经济的发展要求。社会受益主要体现在：转基因水稻不仅为解决我国人多地少的问题表现出了一定的潜力，也为我国农业结构的调整和农业的多样化发展提供了选择路径。在现代农业技术不断取得突破的同时，实现传统农业、绿色农业、有机农业、生态农业和转基因农业的协调发展是未来农业多样性发展的必然要求。

问题是，我国转基因水稻产业化的效用评估，到底是风险大于受益，还是受益大于风险，目前还没有一个明确的结论，即转基因主粮产业化的效用评估具有不确定性。这不仅是因为：一方面，转基因作物的效用本身的复杂性、多变性和不可预测性的特征；另一方面，我们没有建立转基因水稻产业化的综合效用评估体系，也缺乏科学和有效的评估这些效用的精确方法。“21 世纪之初，世界科学的水平还不可能完全精确地预测一个基因在一定的新遗传背景中会发生什么样的相互作用。而且转基因生物是过去人类历史上从未经历和遇到过的新鲜事物，其对生态环境的影响存在着很多不确定性和模糊性，转基因作物在环境中的行为、边界条件、影响过程和机制、各种因果关系等都是很不清楚或难以界定的”。这种效用评估的伦理困境给政府的决策带来困难，主要表现为：一方面，如果我们在很多问题都没有弄清楚的情况下，就盲目地大规模推广转基因水稻的产业化，可能给人体健康、生态环境和社会发展带来不可逆的灾难，这不得不令人担忧；另一方面，如果迟迟不推广转基因主粮的产业化，又可能丧失给我们带来各种利益的机会，包括我国可能丧失转基因水稻产业化发展的比较优势，转基因水稻为农民减少成本、增加收入的愿望就不能实现，等等。

二、我国转基因主粮产业化带来社会不公的困境

社会公正不仅是人类追寻的社会目标，也是伦理学探寻的永恒主题。从客观方面或现实的实现途径来看，公正包括“分配公正”“回报公正”和“程序公正”，其中“分配公正”是指利益和负担的公平分配。“回报公正”就是我们所说的“来而不往非礼也”或“投桃报李”。研究人员和医务工作者在一个社区进行 DNA 采样调查研究，这个社区的样本提供者对研究作出了贡献，研究人员或相关单位应该给予样本提供者或其所在的社区适当的回报。国际人类基因组组织伦理委员会要求，如果 DNA 样本开发出产品，所获利润的 1%～3%应该回报给该社区。“程序公正”要求所建立的有关程序适用所有的人。例如，审查人体研究的计划书，不管是哪一位研究负责人都要按照既定程序接受伦理委员会的审查，任何人不能例外。公正的实质是权利（利益）和义务的统一，利益和责任的平衡。

目前，转基因作物商业化利益的主要获得者是大的跨国公司，而对生态环境的危害、对人体健康的风险则由广大公众承担，这显然是不公平的。从回报公正看，我国没有建立转基因水稻产业化的回报或者补偿制度。生物技术公司以优质的野生稻作为目标生物体，通过转基因技术将特定功能的基因转入到优质的野生稻中得以表达，研发出转基因种子和作物，从中获取高额利润。但是，他们并没有对从获得水稻基因资源的国家、地区或者社区进行补偿，忽视了原居民的利益。印度新德里的非政府组织“基因运动”主任萨瓦（Suman Saha）也说出了一个很明显的道理：“上帝并没有给我们‘大米’‘小米’或‘土

豆’。这些都曾是野生植物，都是经过无数年的驯化栽培，许多代农民的耐心育种而来的。”但令人遗憾的是，专利法只是酬劳那些在实验室里创新的个人，世世代代的集体努力统统被称为“先有技术”而不予考虑。在第三世界许多国家看来，生物技术公司是在免费获取几千年的民间经验。公司们在蚕食遗传多样性，以获得遗传资源的慷慨赏赐。他们把遗传资源轻微地修饰制作，然后用专利形式保护起来，再以高价出售。有史以来，所有这些产品都曾在农民和村庄之间免费共享或自由交换。印度科技与资源政策研究基金会主任希瓦（Vandana Shiva）博士指出，《与贸易有关的知识产权协议》（TRIPS 协议）没有给民间经验以任何形式的补偿。按照这个协议，知识产权只是一种私有权利，排除了村庄中的农民、林业人员等许许多多的人们，排除了他们在知识公产方面所有的经验、思想和创新。可见，基因专利只是给那些投资的公司带来巨大利润。发达国家的跨国生物技术公司通过“基因海盗”掠夺这些野生的基因资源，并进行技术研发而申请基因专利，这是非常不公平的。

从目前转基因作物产业化的发展进程看，确实存在着利益与责任分担不公的现象，不符合伦理学的社会公正原则。一方面，在转基因作物的产业化决策中，没有把不同的利益相关者的各自利益进行综合考虑。如果在转基因作物产业化决策中，不能把不同的利益相关者的利益进行协调和平衡，受到不公平待遇的利益相关者反对转基因作物的发展也是必然的。另一方面，责任的分担、风险的承担与利益的分享没有很好地统一起来。利益主要由发达国家、大的跨国公司（主要是提供转基因作物种子的公司、销售除草剂的化学公司等）所享有，发展中国家、中小公司、农民和消费者不是利益的主要获得者，相反还要承担转基因作物产业化的风险，显然违背了伦理学的社会公正原则。

三、我国转基因主粮专利的伦理困境

我国转基因主粮专利的伦理困境包括理论困境和现实困境。前者是指从伦理学理论上讲，转基因主粮的专利很难得到伦理辩护；后者是指转基因主粮的专利权到底掌握在谁的手中，我国转基因水稻的产业化是否会受制于人，是否遭遇专利陷阱。从伦理学理论上讲，转基因主粮专利是否能够得到伦理辩护？如果得不到伦理辩护，在立法中就应该禁止专利。其实，各国法律对授予专利都有伦理规约，即生命物质的专利保护应受到道德伦理与公共秩序的制约。我国专利法第五条就明确规定：“对违反法律、社会公德或者妨害公共利益的发明创造，不授予专利权。”欧盟 1998 年通过《关于生物技术发明的法律保护指令》（以下简称《指令》），在《指令》序言第（14）项中明确指出：国家法可以增加限制或禁止的规定，或者对研究进行管理和对该结果进行使用或商业化等，并尤其从公共健康、安全、环境保护、动物的生存、基因多样性的保存以及遵循一定的道德标准等的要求的角度来考虑。许多国家也有类似的伦理规定。因此，凡授予专利的发明创造都要符合社会公德或者不能损害公共利益，这也是授予发明创造专利的伦理基础。

基因专利的一个严重后果就是分配不公。大的跨国私人公司垄断基因专利，赚取巨额利润，中小公司纷纷破产。发达国家从中获利颇丰，发展中国家则获利甚少，还要支付高额的专利使用费。目前，基因专利进一步加大了大公司和小公司、发达国家和发展中国家的贫富差距，这本身同利益分配公正的原则是背道而驰的。鉴于转基因技术/作物的专利会给专利权所有人垄断一个产业，给公共利益带来许多不利影响，我们应该淡化给基因授予专利权，而采取其他措施鼓励基因技术的发展。毕竟，转基因技术/作物不同于传统的技术/作物，专利权人对某项基因专利拥有太大的控制权，将会损害大多数人的利益，并破坏公共利益，我们不应该对基因物质、转基因技术/作物授予专利权，专利法的制定者和基因专利的审查者应该考虑传统技术与转基因技术之间的差异性，但在专利审查过程中往往忽视了这一点。法律是维护公共利益和大多数人的利益，如果专利法只是为少数人谋利益，有悖于法律的初衷，也不符合公正的伦理原则。给转基因生物授予专利权，造成大公司和发达国家对基因技术的垄断，这会损害农民的利益和发展中国家的利益，两极分化问题越来越严重。可见，给转基因水稻授予专利权，将会导致私有利益侵害公共利益，违背社会公正原则，从伦理学理论上很难得到辩护。

从现实看，转基因主粮的专利权到底是在我国手里，还是被美国垄断？绿色和平组织在其研究报告《谁是中国转基因水稻的真正主人》中明确指出：我国最接近商业化种植的转基因水稻中，由华中农业大学研发的 Bt 转基因水稻中至少涉及了 11～12 项国外专利，中国科学院遗传与发育生物学研究所研发的 CpTI 转基因水稻中涉及了至少 5～7 项国外专利，由福建农业科学院牵头与美国俄亥俄州立大学、复旦大学等合作完成的转基因 CpTI/Bt 水稻至少涉及 10～11 项国外专利。根据最新研究显示，这三个转基因水稻品系（Bt，CpTI 和 CpTI/Bt）涉及更多的国外专利，这些专利都是在转基因水稻研发过程中必然会使用到的基本方法、技术和元件。而遗传作物改良实验室对上述观点进行了驳斥，认为我国研发的转基因水稻拥有完全自主知识产权。“通过专利检索，我们发现，该报告指称的 12 项专利，有 4 项提出了专利申请，1 项未获授权……在授权的 3 项中，1 项公告号为 CN1263946 的‘合成杀虫蛋白基因’发明，将于 2009 年过期失效……另 2 项专利的权利内容，和我国自主研发的 Bt 转基因抗虫水稻采用的技术、方法、材料完全相同”。我国对这两个品系的转基因水稻拥有完全的自主知识产权。

从上述争论可以看出，我国研发的转基因水稻品系是否拥有完全自主知识产权似乎一时难以定论。但是，我们从中可以得出两个结论。第一，我国研发的抗虫转基因水稻并非拥有完全的自主知识产权。抗虫 Bt 基因的原始专利权并非在我国手里，而是被美国垄断。一旦我国商业化种植涉及国外专利的转基因水稻，将不可避免地受到国外专利持有人的制约。第二，跨国私人公司支持我国研发转基因水稻的真实目的在于控制甚至垄断转基因水稻的市场。跨国私人公司投入经费甚至以技术支持的形式支持我国某些科研院所从事转基因水稻的研发，其根本目的不是为了解决全球人的吃饭问题，而是为了获得相关领域的知识产权，从而控制和垄断我国转基因水稻研发的市场。我国转基因水稻的知识产权在现实层面面临伦理困境。

四、公众权利在转基因主粮产业化决策中缺乏保障的困境

尊重人主要是指尊重人的自主性、自我决定权，也包括尊重隐私权和为他人保密的权利。为什么要尊重一个理性的人的自主性？在康德看来，尊重一个人的自主权是基于所有

人都具有绝对的价值和每个人都有权决定自己命运的能力的认可。人是有价值、有尊严的生命，是理性的生命实体，是自在地作为“目的”而存在着。因此，人不能作为物而被当作手段使用，人应该是受尊重的对象。违背一个人的自主性就是把他仅仅当作手段对待，即按照其他人的目的行事，而没有考虑这个人自己的目的，这就违反了康德的“人是目的”的绝对至上命令。我们之所以要强调应该尊重人的自主性，应该重视人的主体性，是因为“人是有目的、有价值、有尊严的生命实体”。尊重人的自主性不仅是尊重人的主要体现，也是保障人权的重要基础。

我国转基因主粮的产业化决策，涉及每位中国公民的切身利益，应该充分尊重公众的权利和意见，通过民主化的程序进行科学决策。在转基因主粮产业化的决策中，我国公众的权利主要包括知情权、选择权、参与权和监督权。知情权主要是指公众有权知道转基因作物的产业化决策、转基因种子的购买、转基因食品的消费等各种相关信息。为什么我国要求对转基因食品进行强制标识？其目的在于尊重消费者的自主权和知情权。不标识就是不尊重消费者的自主权和知情权，会给消费者带来伤害。选择权有以下方面的含义：第一，农民在知情的基础上，能够自己留种，或者在种子市场上选择转基因种子或者非转基因种子种植；第二，公众在知情的基础上，能够从市场上选择转基因食品和非转基因食品（传统食品）进行消费，如果市场上销售的都是转基因食品，那么消费者是无法选择的；第三，公众有购买能力选择，如果市场上销售的大部分食品都是转基因食品，传统食品价格太高，普通大众没有能力购买非转基因食品，那么公众的选择权就很难得到保障。因此，在转基因主粮的产业化决策中应该充分考虑这些问题。“关起门来由少数人（哪怕是为多数人利益）决策的时代应成为过去，像转基因食品这样的事的决策，需要做到事先公布‘全面、准确、真实’的信息（国务院《全面推进依法行政实施纲要》），充分展现各种不同观点，在公众可以充分参与的情况下，经过长时间的辩驳论争后，由全国人大及其常委会做出——因为它事关人的健康、生命及人类后代。在这里，每个人的知情与选择都是重要的”。公众的参与权是指公众有权利参与转基因主粮的各种讨论和决策，包括风险交流、安全评估、公众的消费意愿等。公众的监督权是指公众有权监督转基因主粮的决策是否科学和民主，转基因的信息是否真实可靠，转基因主粮的安全评估是否客观、科学和公正，转基因主粮的管理是否透明等。我国公众在转基因主粮产业化的决策中应该享有的知情权、选择权、参与权和监督权是相互联系和相互统一的整体，知情权是基础，选择权是目的，参与权是途径，监督权是保障。

转基因水稻产业化决策与我国公众健康、生态环境和社会发展等息息相关，属于重大的民生问题。因此，决策机构不仅要认真调查和全面了解我国公众对转基因水稻产业化的态度，而且应该充分听取广大公众的意见，尊重他们的知情权、选择权、参与权和监督权，这是我国转基因水稻的产业化决策走向民主化的必然要求。

综上所述，我国推进转基因水稻的产业化面临诸多伦理困境，实现转基因水稻产业化的条件和时机并非成熟。如果我们不能科学、合理和有效地解决这些困境，要推动我国转基因水稻的产业化发展将面临很多困难。我国将来要想健康、稳步和有序推进转基因主粮的产业化进程，必须着手解决当前我国转基因水稻产业化面临的伦理困境，这就需要建立我国转基因水稻产业化的综合效用评估体系，建立和完善以分配公正、回报（补偿）公正和程序公正等为基础的社会公正制度，大力开发我国具有完全自主知识产权的转基因水稻品系，尊重公众权利、扩大公众参与转基因水稻的产业化决策，为我国转基因水稻产业化创造良好的伦理环境和发展空间。

【参考文献】

（略）

（原文刊载于《中共天津市委党校学报》2011年第6期）

转基因作物产业化伦理治理的特质初探

毛新志　任思思

摘要：在当前的境遇下，转基因作物产业化的伦理学研究应该由伦理批判转向伦理治理，这种转向有其理论合理性与现实合理性。转基因作物产业化伦理治理的主要特质重在“伦理建构”，转基因作物产业化的伦理治理的实质是“商谈伦理”，转基因作物产业化伦理治理的目的是“善治”，转基因作物产业化伦理治理的基本途径是“公众参与”。

关键词：转基因作物；产业化；伦理治理；特质

作者简介：任思思（1987—　）武汉理工大学政治与行政学院硕士，研究方向为科技哲学与生命伦理学。

农业部在2009年10月给两种抗虫的转基因水稻品种和一种转植酸酶基因玉米品种颁发了安全证书，这为其商业化种植迈出了重要一步，也激发了新一轮转基因作物的大讨论。一方面，我国大部分从事转基因研究的科学家提出要加快转基因作物（尤其是转基因水稻）的产业化进程，我国政府在2010年的中央1号文件中也确立了“在科学评估、依法管理基础上，推进转基因新品种产业化”的立场。另一方面，有关转基因作物的安全评价、利益冲突、专利制度、标识管理和产业化政策的争论非常激烈。各种事实表明，转基因作物的产业化是我国政府、学术界和广大公众共同关注的重要民生问题。在生命科学技术突飞猛进的今天，对于涉及不同意见、态度和观点的生命伦理问题可以采取“伦理治理(Ethical Governance)”的方式来商讨和解决，其核心是坚持科学性与民主性的统一。从伦理治理的视角研究转基因作物的产业化问题，具有重要的理论意义和现实价值。转基因作物产业化的伦理治理是指政府、科学家（科研机构）、伦理学家、生态学家、企业组织、民间团体、非政府组织和公众等主体对转基因作物产业化的伦理原则、评价标准、管理内容和实现机制等问题进行平等对话和民主协商，确立共同遵守的伦理规则和评价标准，塑造转基因作物产业化的良好伦理环境，最终实现转基因作物产业化的公共利益最大化。简而言之，用伦理治理的方式对转基因作物的产业化进行伦理评价和社会管理，是一种全新的决策机制和管理模式。转基因作物产业化伦理治理的主要特质包括：重在“伦理建构”，实质是“商谈伦理”，目的是“善治”，基本途径是“公众参与”。

一、转基因作物产业化伦理治理重在“伦理建构”

在当前的境遇下，转基因作物产业化的伦理学研究应该由伦理批判转向伦理治理，这种转向有其理论合理性与现实合理性。从伦理学的道义论来看，以人类不应该干预自然和“扮演上帝”来反对转基因作物的产业化是否能够得到伦理辩护？从根本上讲，“扮演上帝”的实质是人类对自然干预的合理性及其限度问题。其实，自从人类在地球上出现之后，就开始以各种不同的方式认识、改造和干预自然。工业革命以来，人类通过发展与应用科学技术，改造和干预自然的能力也有了质的飞跃，而当前人类改造和干预自然的能力更是达到了令人担忧甚至恐惧的地步。转基因技术的发展与应用是人类对自然进行改造和干预的典型代表。一些学者批判转基因作物的研发，许多公众反对转基因作物的产业化，都是这种担忧和恐惧的表现。但是，在科学技术日新月异的今天，要求人类不干预自然是不可能的。只要人类能够正确把握对自然干预的“度”的问题，干预自然也可以得到一定的伦理辩护。从伦理学的后果论来看，当前转基因作物产业化的效用（风险-受益）具有不确定性。当前，转基因作物产业化的后果到底是受益（正效用）大于风险（负效用），还是受益（正效用）小于风险（负效用），即转基因作物到底是否安全，转基因作物的产业化究竟是弊大于利还是利大于弊或者转基因作物的产业化到底是好事还是坏事，学术界并没有定论。因此，根据伦理学的效用原则，当一项行动或者决策的效用不确定时，该行动或者决策是可以做的，即能够得到部分的伦理辩护，即转基因作物可以产业化。可见，从伦理学的道义论和后果论来看，完全禁止或者全面放开转基因作物的产业化在伦理学上都是行不通的，这也为转基因作物产业化的伦理治理提供了理论基础。从转基因作物的产业化实践来看，全球转基因作物快速发展表明其生命力和发展空间。从 1996 年以来，全球转基因作物种植面积连续 16 年保持持续、快速增长，2011 年达到 1.6 亿公顷，是 1996 年 170 万公顷的 94 倍；全球种植转基因作物的国家不断增多，由 1996 年 6 个国家发展到 2011 年的 29 个国家（与 2010 年持平）；全球种植转基因作物的农民不断扩大，由 1996 年的不足 50 万人增加到 2011 年的 1 670 万人。我们在实践中已经实行了转基因作物的产业化，这不仅是不争的事实，也为转基因作物的伦理治理提供了实践基础。我们需要在实践中总结经验，提炼智慧，用实践智慧指导转基因作物的产业化发展，而在伦理批判基础上的伦理治理是实践智慧的重要体现。因此，转基因作物产业化的伦理学研究的重点不在伦理批判，而在伦理建构。伦理建构不仅是“伦理治理”的重要方式，也是“伦理治理”的本质特征。

伦理批判和伦理建构是转基因作物产业化伦理治理的两个重要维度，而伦理建构是转基因作物产业化伦理治理的根本维度。伦理批判是转基因作物产业化伦理建构的基础，伦理建构是转基因作物产业化伦理批判的目的。转基因作物产业化的伦理批判和伦理建构是相互统一的，伦理建构是伦理批判和反思的目的和归宿，伦理批判和反思又是伦理建构的重要手段。转基因作物产业化的伦理建构为伦理批判和伦理反思提供价值指引和实践向度，把伦理批判的实践功能最终贯彻到转基因作物产业化政策的制定和执行中去。转基因作物产业化的伦理建构主要有两种途径：第一，建构转基因作物产业化伦理治理的依据。转基因作物产业化伦理治理的依据主要包括伦理治理的原则、标准和方法。建构转基因作物产业化伦理治理的依据必须以公众的社会需求为基础，以促进转基因作物产业化的可持续发展为原则，以转基因作物产业化给人类带来最大福祉为标准，以转基因作物产业化的科学评估和民主管理为方法。具体的原则、标准和方法则需要根据伦理学理论和转基因作物产业化的伦理评估、社会评价和公众需求等实践需要来建构。例如，伦理治理原则不仅包括传统的四个伦理原则——不伤害原则、效用原则、尊重原则、社会公正原则，还应该根据责任伦理和科技时代的社会责任将“责任原则”、根据风险社会的高风险特征将“预防原则”都应该纳入转基因作物产业化伦理治理的基本原则。第二，建构转基因作物产业化伦理治理机制。转基因作物产业化伦理治理机制包括伦理审查机制、伦理交流机制、伦理评价机制和伦理决策机制。这四种机制的建构不仅可以丰富转基因作物产业化的管理机制和决策机制，还能提升伦理治理主体的伦理素养，促进其参与伦理治理的积极性和创造性。例如，伦理审查机制包括建立以伦理审查委员会为基础的转基因作物产业化的伦理审查机构，确立转基因作物产业化的伦理审查原则和主要内容，建立和完善转基因作物产业化伦理审查的自我评估机制，等等。转基因作物产业化的伦理审查、伦理交流、伦理评价和伦理决策的四种机制是相互联系、相互支撑的统一整体。当然，转基因作物产业化的伦理建构不仅要考虑现有的伦理理论、伦理观念和伦理评价体系的合理运用，也要反思现有伦理资源的限度。这就需要挖掘新的伦理资源甚至建构新的伦理体系，指导转基因作物产业化的伦理建构。同时，以转基因作物产业化实践作为现实依据，以转基因作物产业化的未来发展趋势作为参考，建构转基因作物产业化的伦理治理体系。

二、转基因作物产业化的伦理治理的实质是“商谈伦理”

转基因作物产业化伦理治理的实质是商谈伦理。德国社会学家、哲学家和思想家哈贝马斯提出了商谈伦理学理论。哈贝马斯在商谈伦理学中提出了两个基本原则。第一个原则是可普遍化原则：“一切旨在满足每个参与者的利益的规范，它的普遍遵守所产生的效果和附带后果，必定能够为所有相关者接受，这些结果对于那些知道规则的可选择的可能性的人来说，是他们所偏爱的。”哈贝马斯把商谈伦理理论中的可普遍化原则既看成是论证的规则，又把它作为实现商谈伦理学的“桥梁”原则，是联通论证规则和商谈伦理之桥。“我已把普遍化原则作为论证规则引了进来，如果质料能够在一切相关者的齐一性意趋中得到调节，这一论证规则就总是会使实践讨论达于一致为可能。只有通过论证这一搭桥原则，我们才能走向商谈伦理”。这就意味着商谈伦理共同性的论证和程序规则，尤其是经过论证或话语双方接受的共同利益，保证了通过商谈取得道德共识。第二原则是话语伦理学原则：“一切参与者就他们能够作为一种实践话语者而言，只有这些规定是有效的：它们得到或能够得到相关者的赞同。”话语伦理学原则表明：每个主体都拥有话语权，都有权在商谈中表达自身的意志和利益要求。商谈后取得共识的伦理规范和标准应能代表全体或者大多数社会成员的意志，能为大家自愿地接受和遵循。可普遍化原则阐述了商谈伦理的可行性，而话语伦理学原则则说明了商谈伦理的必然性。这两个基本原则不仅集中体现了哈贝马斯商谈伦理理论的基本立场，也凸显了哈贝马斯商谈伦理学的核心内容。

转基因技术是将人工分离和修饰过的基因导入到生物体的基因组中，由于导入基因的表达引起生物体的性状可遗传性的修饰的一种技术，常简称为基因工程。转基因作物是利用基因工程把动物的基因、病毒转入到目标植物中进行表达，从而获得有特定性状或者功能的作物。例如，转基因番茄中含有鳕鱼的基因，可以延迟西红柿的成熟，使番茄储藏起来不易腐烂，这在自然状态下只能是神话，但基因工程却把它变成现实。转基因作物是一种跨物种的基因转移，这与杂交技术在同种之间或者亲缘种之间进行基因转移有本质区别。跨物种的基因转移是自然的还是非自然的？人类是否应该“扮演上帝”？转基因食品是否安全？转基因作物是否应该授予专利权？我们应该建立什么样的程序伦理来评价和管理转基因作物的产业化？可见，转基因技术的发展与应用的确带来了一系列的伦理、法律和社会问题（ethical，legal and social issues——ELSI），而伦理问题是根本。作为使用科学技术的人应该如何面对？伦理治理作为一种全新的决策机制和管理模式，通过商谈走入公众的视野。转基因作物产业化伦理治理的主体具有广泛性，包括政府、专家、公众、生产者与销售者、非政府组织、媒体和社会等不同的利益主体。伦理治理就是鼓励不同利益主体的代表参与转基因作物的研究、发展与产业化决策中来，通过交往、协商和对话来商谈转基因作物产业化面临的各种问题，包括商谈商讨如何创建伦理治理的外围环境，如何达到伦理治理的基本条件和要求，如何协调不同利益主体的利益冲突，如何评估伦理治理的效果，这样就有可能化解矛盾，消除冲突，平衡利益，求同存异，利益与共，从而实现转基因作物产业化的“善治”。不同利益主体参与伦理治理的过程，其实质是一个商谈的过程，人们通过交往和对话来形成大家共同遵守的道德共识和伦理规则，在实践中也有利于这些规则的共同执行，从而达到良好的伦理治理效果，这也体现了哈贝马斯商谈伦理的精髓。当然，不同的利益主体如何通过商谈程序对转基因作物产业化进行伦理治理，如何化解转基因作物产业化面临的各种问题和矛盾以及商谈伦理的限度等问题还需要进一步研究。

三、转基因作物产业化伦理治理的目的是“善治”

伦理学本质就是研究“什么是善”“什么是恶”，其目的是“扬善避恶”，使社会走向公正与和谐。现代公民社会就是要走向“善治”。何为“善治”？善治是指公共利益达到最大化的一种社会管理活动和过程。善治的本质特征在于它是政府与公民对公共事务的一种合作管理，是政治国家与公民社会的一种新颖关系，是两者达到和谐的最佳状态，强调政治国家与公民社会的共同合作和良性互动。

转基因作物的产业化问题与公众健康、生态环境和切身利益等问题都息息相关，是当前我国重要的民生问题之一。我国公众缺乏同政府、专家进行相互交流和平等对话的平台。当前我国公众有向政府反映自身对转基因作物产业化态度的强烈意愿和现实需要，遗憾的是公众很难找到同政府、专家进行有效交流的机会和现实交流的平台。相反，欧盟和美国都高度重视转基因审批过程中的信息公开和公众参与。例如，欧盟委员会在收到欧盟食品安全管理局有关转基因生物体（GMOs）的监测与评估意见之后，马上将相关信息通过网络公布，接受为期一个月的公众回馈的意见。美国食品与药物管理局（FDA）规定：转基因食品在上市之前，需要接受公众的评议。与欧盟和美国相比，我国公众向政府反映转基因作物产业化的意见和建议的有效管道严重不足，政府缺乏一种长效机制来确保公众参与转基因作物产业化的商谈和管理。

转基因作物产业化的伦理治理就是要试图解决我国政府在产业化决策中所暴露的各种

矛盾及其冲突等问题。第一，政府应该广泛调查我国公众对转基因作物的认知情况及其产业化的态度和意见，并将其态度和建议贯彻到转基因作物产业化的决策中去。毕竟，转基因作物产业化是否能够顺利推进，其中一个关键因素是公众的态度和意见。如果公众不接受和消费转基因作物/食品，其产业化最终是要失败的。第二，政府应该重视并加大转基因技术/作物科普教育的力度，提高公众对转基因技术/作物的认知情况。我国公众对转基因技术/作物的整体认知情况不高，导致很多公众表达自己的态度具有一定的盲目性和随意性，这就影响公众真实意见的表达，也不利于政府有效决策。政府和科学家必须共同努力，把公众的转基因作物的科普宣传作为转基因作物产业化的必要环节给予高度重视，并制订详细的科普计划，对不同文化程度、不同层面的公众进行各种科普教育，提高公众对转基因作物的整体认知情况。也只有这样，才能获得公众对转基因作物产业化态度的有效数据及其结论。第三，建立公众有效参与转基因作物产业化决策的公共交流平台。政府要根据我国公众科学素养的现状和改变政府主导的专家决策机制的需要，建立适合我国国情、公众有效参与转基因作物产业化决策的固定管道，建立共识会、焦点小组、小区论坛、听证会、网络论坛、问卷调查、公众访谈等多渠道、全方位、立体式的现实交流平台，获取公众对转基因作物产业化态度的真实数据和可靠信息，也促进政府、专家和公众之间的信息交流和共享。转基因产业化伦理治理作为一种全新的决策方式和管理模式，体现了一种协同治理和过程管理的思想，彰显了国家权力向公民社会的回归，伦理治理的过程就是一个还政于民的过程，伦理治理的目的是实现转基因作物产业化为社会带来最大福祉，促进政府、专家、公众与社会的共同合作和良性互动。

四、转基因作物产业化伦理治理的基本途径是“公众参与”

转基因作物的产业化涉及方方面面，很多因素影响转基因作物的产业化决策。同时，转基因作物的产业化政策必定深入影响社会的各个层面。例如，不同群体因宗教、文化和观念的不同而对转基因作物的产业化有不同的看法，不同国家在转基因食品社会评价机制方面存在分歧，不同的利益相关者之间存在利益冲突，等等，这些复杂的问题要完全使用传统的决策机制和管理模式是很难得到有效解决的。这就必然需要广大公众和社会的广泛参与，共同出谋划策，集思广益，才有可能解决上述问题。我国应该从英国的疯牛病（BSE）事件吸取教训。自 1985 年疯牛病被发现以来，英国政府及其科学顾问反复宣称 BSE 不会传播给人，而科学界又迟迟不能对疯牛病的传染给出精确答案，直到 1996 年，英国政府才根据越来越多的证据不得不承认：人吃了受感染的牛也会患上同样的症状。英国政府对 BSE 问题处理的一个严重教训就是隐瞒信息，其结果就是政府和科学界的信誉大大丧失，也引发了公众对政府和科学的信任危机。转基因作物食品也带来了更多的不确定性风险和伦理难题。尽管政府和专家多次声称它们对人们健康无害，但这不仅没有消除公众对其风险的疑虑和安全的担忧。转基因作物产业化的伦理治理有利于改变这种不利境地，而公众参与转基因作物的产业化决策是基本途径。

第一，公众参与是我国政府制定科学和合理的转基因作物产业化政策的重要保障。我国公众对转基因作物产业化的态度、意见和基本立场（支持还是反对）不仅是政府决策的重要依据，也是转基因作物健康和有序发展的必要条件，还是政府决策走向科学化和民主化的重要途径。例如，像转基因水稻这种主粮的产业化决策，属于重大的民生问题，政府和科学家应该让广大公众参与转基因水稻产业化决策的讨论，发表他们的看法，表达他们的态度，反映他们的心声，政府应该充分考虑和合理吸收公众的建议，促进决策的科学化与民主化。第二，政府和科学家应及时、客观和公正向社会公开发布转基因作物的相关信息。政府应该定期公布转基因作物的安全评估数据、对人类健康的长期累积效用、对生态环境的可能风险、专利的实际情况、利益冲突的现实境遇、产业化决策的依据等相关信息，以便公众随时了解转基因作物产业化的信息，提高决策的透明度。科学家应该科学传播转基因技术/作物的基本知识，公正评价转基因技术/作物的风险与利益，引导公众科学理解和正确认识转基因技术/作物的利与弊，加强与公众的交流和对话，缩小科学家与公众之间的鸿沟，只有这样，才能赢得公众对政府和科学家的信任。第三，公众应积极和主动参与转基因作物的产业化决策。公众作为转基因技术/作物社会评价和决策主体的重要组成部分，不仅有责任和义务参与转基因作物的产业化决策，也应该以主人翁的身份和姿态参与交流和讨论，这不仅是维护自己的健康权、知情权、选择权、参与权和监督权的重要管道，也是保护自己切身利益的重要途径。因此，在转基因作物的产业化决策中，必须改变政府主导的专家决策体制，建立政府、专家、公众和社会共同参与的决策机制，这有利于公众理解和接受政府制定的产业化政策，提高决策的可行性和执行力，有利于更好地推动转基因作物的产业化发展。

总之，“伦理建构”为转基因作物产业化的伦理治理打开逻辑信道，“商谈伦理”为转基因作物产业化的伦理治理提供伦理基础，“善治”为转基因作物产业化的伦理治理提供价值指向，“公众参与”为转基因作物产业化的伦理治理提供实践路径。我们相信，伦理治理作为一种全新的决策方式和管理模式，不仅在转基因作物的产业化决策中发挥重要作用，也必然促进转基因作物的产业化为人类带来更多的福祉。

【参考文献】

（略）

（原文刊载于《华中科技大学学报》社会科学版2012年第3期）

转基因作物产业化伦理学研究的转向

毛新志　罗圆萍

摘要：转基因作物产业化的实质伦理主要是研究转基因作物产业化是否应该做，而程序伦理重在研究转基因作物产业化应该如何做。在当前的境遇下，转基因作物产业化的伦理学研究应该由实质伦理转向程序伦理，这种转向有其理论合理性和现实合理性。建立以伦理治理为核心的程序伦理，包括明确转基因作物产业化伦理治理的主体，研究转基因作物产业化伦理治理的依据，确立转基因作物产业化伦理治理的主要内容，建立转基因作物产业化伦理治理的商谈伦理机制，对转基因作物的产业化进行科学和有效决策，规范管理，使其为人类带来更多的福祉。

关键词：转基因作物；产业化；伦理学；转向；伦理治理

2011 年全球转基因作物的种植面积达到 1.6 亿公顷，连续 16 年保持快速增长。转基因作物的产业化是我国学术界、政府和广大公众共同关注的重大民生问题之一，这是不争的事实。而伦理学的研究不仅是转基因作物研究与发展的基础，也将为其他学科的研究提供理论支撑和方法论借鉴。在一定意义上讲，转基因作物产业化的伦理学研究不仅是打开科技与人文研究相互融合的逻辑通道，也是推动转基因作物产业化的社会学、经济学、管理学、法学等不同人文社会学科协同创新的哲学前提。如果转基因作物的产业化在伦理学方面得不到政府、公众和社会的认同，那么实现转基因作物产业化的可持续发展不仅是不可能的，而且作为我国主粮的转基因水稻的产业化也将面临伦理困境。因此，转基因作物产业化的伦理学研究的重要性是不言而喻的。不过，在当前的境遇下，转基因作物产业化的伦理学研究应该由实质伦理转向程序伦理。

一、转基因作物产业化伦理学研究转向的含义

规范伦理学主要分为普通规范伦理学和应用规范伦理学两种。“普通规范伦理学试图提出一些原则或德性来支配人们做事或者做人，并提出理由来证明为什么我们应该采取这些原则或者培养这些德性”。应用规范伦理学是应用普通规范伦理学的原则解决特定领域的伦理问题。应用于生命科学技术和医疗保健就是生命伦理学；应用于解决工程师面临的伦理问题就是工程伦理学等[1]。规范伦理学研究的问题大致分为实质伦理和程序伦理两个方面。前者主要研究一个行动或者决策是否应该做，而后者重在研究一个行动或者决策应该如何做。实质伦理和程序伦理研究的重点不同，但彼此之间又相互联系。一项行动或者

决策只有在实质伦理上得到应有的辩护，其程序伦理的研究才有基础、价值和意义[2]。例如，从实质伦理来讲，生殖性克隆基于生命伦理学的不伤害原则和尊重原则而很难伦理辩护，在立法建议上就表现为禁止生殖性克隆，联合国和许多国家以法律法规的形式禁止生殖性克隆，这也就表明再没有必要研究生殖性克隆的程序伦理。相反，治疗性克隆基于治病救人的义务和长远的医疗价值而得到一定的伦理辩护，因而治疗性克隆的程序伦理的研究才有价值和意义。转基因作物产业化的实质伦理重在研究转基因作物到底是否应该产业化，即转基因作物的产业化是否能够得到伦理辩护。从一个行动或者决策的伦理辩护的强弱程度来看，一般分为以下几种情况：如果一个行动或者决策能够得到强的伦理辩护，则应该做，在立法建议上是“鼓励做”；如果一个行动或者决策不能够得到伦理辩护，就不应该做，在立法建议上“是禁止做”；如果一个行动或者决策只能得到一定的伦理辩护或者部分的伦理辩护，则在立法建议上“是允许做”或者“可以做”；如果一个行动或者决策只能得到比较弱的伦理辩护，在立法建议上则是“不提倡做”。转基因作物产业化的程序伦理主要是研究转基因作物应该如何产业化，即采取什么样的决策机制和管理制度对转基因作物的产业化进行科学评价、民主决策和规范管理。只有转基因作物的产业化在实质伦理上得到一定的伦理辩护，才有研究程序伦理的必要性和可能性。因此，转基因作物产业化伦理学研究的重点不在实质伦理，而在程序伦理[3]

二、转基因作物产业化伦理学研究转向的现实合理性

1983 年全球首例转基因作物——转基因烟草问世，1986 年首批转基因作物被批准进入田间试验，1992 年中国率先将抗病毒烟草推进市场，成为全球第一个转基因作物商业化的国家。1994 年转基因耐储藏番茄在美国被批准投放市场，转基因食品开始走向老百姓的餐桌。随后，转基因作物产业化发展速度也越来越快，市场上销售的转基因食品也日益增多。

（一）全球转基因作物的产业化面积不断持续、快速增长

自 1996 年全球大规模种植转基因作物以来，种植面积连续 16 年保持了快速增长。1996 年全球转基因作物的种植面积仅有 170 万公顷，1997 年飙升到 1 100 万公顷，2000 年全球转基因作物种植面积达到 4 420 万公顷，2006 年增长到 10 200 万公顷，首次突破 10 000 万公顷，2010 年为 14 800 万公顷，2011 年达到 16 000 万公顷，比 2010 年增长了 8.1%，是 1996 年种植面积的 94 倍。除了 2008 年、2009 年和 2011 年之外，全球转基因作物的种植面积的增长速度在 10%以上，具体情况见表 1。全球转基因作物产业化面积在未来将会继续保持快速增长。

表 1　1996—2011 年全球转基因作物种植面积变化

年　　份	种植面积（万公顷）	比上年增长面积（万公顷）	比上年增长比例（%）
1996	170	—	—
1997	1 100	940	547.1

（续）

年　份	种植面积（万公顷）	比上年增长面积（万公顷）	比上年增长比例（%）
1998	2 780	1 680	152.1
1999	3 990	1 210	43.5
2000	4 420	430	10.7
2001	5 260	840	19.0
2002	5 870	610	11.6
2003	6 770	900	15.3
2004	8 100	1 330	19.6
2005	9 000	900	11.1
2006	10 200	1 020	11.3
2007	11 430	1 230	12.1
2008	12 500	1 070	9.4
2009	13 400	900	7.2
2010	14 800	1 400	10.4
2011	16 000	1 200	8.1

（二）全球种植转基因作物的国家在不断增多

近 16 年来，在转基因作物种植面积不断增加的同时，种植转基因作物的国家也在不断增多。1996 年有 6 个国家实行转基因作物开始商业化种植，1998 年为 9 个，1999 年发展到 12 个，2003 年扩大到 18 个，2007 年增加到 23 个，2008 年种植转基因作物的国家达到了里程碑式的 25 个，2009 年与 2008 年持平，其中哥斯达黎加加入了种植转基因作物的队伍，而德国在 2008 年停止了 Bt 玉米的种植[5]。2010 年更是达到 29 个国家，德国重新回到转基因作物商业化种植国家的行列，3 个新增的国家（巴基斯坦、缅甸和瑞典）也加入了转基因作物产业化种植的行列[6]，2011 年种植转基因作物的国家与 2010 年持平。全球种植转基因作物的国家在将来还会继续增多。到 2015 年，全球种植转基因作物的国家达到 40 个。

（三）全球种植转基因作物的人数不断增加

1996 年，全球种植转基因作物的人数不足 50 万，2006 年达到 1 030 万，2007 年增长到 1 200 万，2008 年是 1 330 万，2009 年为 1 400 万，2010 年为 1 540 万，2011 年为 1 670 万，全球种植转基因作物的农民在不断扩大。到 2015 年，全球种植转基因作物的人数超过 2 000 万。

（四）发展中国家近年来种植转基因作物面积的增速明显超过发达国家

转基因作物商业化开始实施阶段主要是一些发达国家（如美国、加拿大等）种植，但是随着全球化的发展和世界各国农业政策的逐步开放，发展中国家种植转基因作物表现出了强劲的势头。在2006年全球种植转基因作物的国家中发展中国家和发达国家持平，比例为11∶11，2007年比例为12∶11，2008年比例达到15∶10，2009年为12∶11，2010年和2011年为19∶10。1997年以来，发展中国家转基因作物面积占全球转基因作物总面积比例呈持续上升趋势，1997年为14%，到2001年增长为26%，2002年达到27%，2003年为30%，2007年达到43%，2008年为44%，2009为46%，2010年为48%，2011年为49.875%，接近50%，2012年发展中国家转基因作物种植面积超过发达国家。

从转基因作物的产业化实践来看，全球转基因作物的种植面积在持续、快速增长，种植的国家在不断增多，种植转基因作物的农民在不断增加，发展中国家近年来种植转基因作物面积的增速要明显快于发达国家，这些都表明转基因作物的产业化有它的生命力和发展空间。可见，在当前的境遇下，问题的重点不是讨论转基因作物是否应该产业化，而是应该如何产业化，即转向转基因作物产业化的程序伦理的研究，转基因作物产业化伦理学研究的转向有一定的现实合理性。我们应该在产业化实践之中总结生存与发展的智慧，用实践智慧指导转基因作物的产业化发展。

三、转基因作物产业化伦理学研究转向的实践途径——走向伦理治理的程序伦理

既然转基因作物产业化伦理学研究的转向有其理论根基和实践基础，那么如何实现这种转向？建立以伦理治理为核心的程序伦理是转基因作物产业化伦理学研究转向的实践途径。

（一）明确转基因作物产业化伦理治理的主体

在转基因作物产业化进程中，利益相关者主要包括政府、科学家及种植、加工和销售转基因作物的农民和企业、购买转基因食品的消费者和参与转基因作物报道和讨论的媒体、非政府组织（像绿色和平组织、环保组织）等。这些利益相关者成为转基因作物产业化伦理治理的主体，并将其大致分为决策主体（政府）、专家主体（科学家和工程师）、生产和销售主体、公众主体（消费者、媒体和非政府组织等）四种主体。不同主体在伦理治理中的地位和作用有所差异。转基因作物产业化的决策主体的职责是为专家主体、生产和销售主体以及公众主体提供民主协商的管道和机会，搭建交流和对话的平台，共同研究和商讨转基因作物产业化的伦理治理的原则、标准、内容和机制，等等。专家主体是连接决策主体、生产和销售主体以及公众主体的桥梁，专家对转基因作物产业化的观点和建议直接关系到政府的决策、生产者和销售者的态度以及公众的各种反应，也是我国政府制定转基因作物产业化政策是否合理的关键。生产和销售主体作为转基因作物产业化伦理治理的中间环节，是政府转基因作物产业政策的实践环节，在转基因作物产业化的伦理治理中肩负着转基因作物生产和销售的重任，直接影响转基因食品的质量和市场的稳定。公众主体在转基因作物产业化的伦理治理之中有着特殊作用，公众主体对转基因作物产业化的态度、意见和观点是政府进行产业化决策的重要依据。当前，媒体和非政府组织尤其是绿色

和平组织作为公众主体的重要组成部分，其观点和态度也必然影响消费者的态度，而消费者的态度将对政府的转基因作物的产业化政策产生重要影响。应该充分发挥不同的伦理治理主体在转基因作物产业化决策中的各自作用，促进转基因作物产业化的科学决策和民主管理。当然，四种主体的伦理素养和社会责任感是转基因作物的研究与发展是否能够造福于人类的关键。加强他们的伦理培训和教育，从伦理道德和社会价值观层面提升观念认识，提高他们的伦理素养，增强社会责任意识，不仅有利于有效控制转基因作物产业化的风险，也有利于转基因作物产业化的顺利推进和可持续发展。

（二）研究转基因作物产业化伦理治理的依据

转基因作物产业化伦理治理的依据主要包括伦理治理的原则和标准。大多数国家把不伤害原则、效用原则、尊重原则、预防原则作为转基因作物产业化的社会评价和伦理治理的基本原则。我国在遵循这些基本原则的同时，结合我国国情和转基因作物的产业化实践，还应该坚持整体性原则和责任原则。整体性原则是为了防止转基因作物的产业化影响和破坏生态系统以及自然的整体性而提出的伦理治理原则。这一原则凸显的是转基因作物产业化对生态系统和自然界的内在规定性的破坏性影响而带来的边界效应，因为转基因作物产业化对处于边界效用的生态系统的破坏性可能更大，强调转基因作物产业化对人、自然和社会的整体效应的评价[7]。责任原则是伴随着科技风险的全球化、复杂化而提出的伦理原则，强调责任主体应该关注和思考科技的发展与应用的社会风险和社会影响，凸显责任主体对自己的行为或者决策的风险意识和社会责任观念，以高度的社会责任感来指引科学技术的发展与应用，是科技时代的伦理原则和价值要求。转基因作物的产业化涉及方方面面，对农业结构、粮食安全、经济发展和社会稳定必然产生广泛和深远的影响，转基因作物产业化的不同利益相关者都应该以责任伦理和责任原则规范自己的决策和行为，减少其风险，扩大其社会福利。这些伦理评价原则是相互联系、相互作用的统一整体，共同构成转基因作物产业化伦理治理的原则体系。

转基因作物产业化伦理治理的标准包括综合效用标准，利益、风险和责任相统一的标准，产量和质量相统一的标准[8]。转基因作物产业化的综合效用标准是指在转基因作物产业化的效用评价中，建立短期效用和长期效用，正效用和负效用，经济效用、健康效用、生态效用和社会效用相统一的综合评价机制，防止在其效用评估中，只注重短期效用、正效用和经济效用，而忽视了长期效用、负效用和健康效用、生态效用以及社会效用等方面的片面做法。综合效用标准是转基因作物产业化伦理治理标准的内核。利益、风险和责任相统一的标准主要是指在转基因作物产业化进程中，应该坚持转基因作物产业化的利益分享和风险、责任分担的统一。在当前转基因作物产业化进程中，明显存在利益分享和风险、责任分担不统一的现象。为了更好地实现利益、风险和责任的统一，转基因技术的科学家有义务和责任评估他们所进行科学研究和应用的正负影响和可能的社会后果，科学和客观地评估其各种风险，并真实和及时地告知公众和社会；利益相关者尤其是科学家和生物技术公司应该自觉地遵守利益分配和责任分担的公正原则。利益、风险和责任相统一的标准是转基因作物产业化伦理治理标准的基本要求。产量和质量相统一的标准强调转基因作物的产业化以质量优先，产量必须以质量为基础。但是在研究与发辗转基因作物的过程中，往往更注重产量。如果生产的转基因作物/食品的质量不好，安全得不到保证，这不仅增加不必要的社会成本，又损害了消费者的利益，其经济价值和社会价值就难以实现，转基因作物/食品的长远发展就会受到影响。因此，发辗转基因作物不仅要增加产量，更应提高质量，增进人类健康和改善生态环境，促进转基因作物又好又快的发展。这三个标准是相互支撑的统一整体，共同构成转基因作物产业化伦理治理的标准体系。

（三）确立转基因作物产业化伦理治理的内容

转基因作物产业化伦理治理的内容主要包括转基因作物产业化的安全和风险，转基因作物产业化的利益分配、责任分担和整体效用，公众对转基因作物的态度及其价值取向，如何保障公众在转基因作物产业化进程中的知情权、选择权、参与权和监督权等，其重点是安全性评估和公众权利的尊重。安全性评估重在以下两个方面：一是重点研究转基因作物对人体健康影响的长期累积效用。在动物实验的基础上，开展转基因作物对人类健康影响的人体实验。用转基因作物/食品对动物进行 3～5 年周期的喂养实验，对实验数据进行对比和分析。只有得出动物实验比较安全的条件下，方可进行转基因作物/食品对人体健康影响的实验，可以参考新药临床试验的办法制定转基因食品人体实验的规则和办法。其中应该重点研究和分析转基因作物/食品对人体健康的长期影响和累积效用，这不仅是证明转基因作物/食品是否给人体健康带来危害的关键，也是获得使公众相信转基因作物/食品是否安全的最有效的证据。二是应该重视分析和研究转基因作物对生态环境影响的长期累积效用。重点关注转基因作物对生物多样性的影响，包括其对种质资源、野生物种、生物群落和土壤、水资源等的长期影响，严格和科学评估其累积效用。只有对转基因作物的生态影响进行长期监测与评估，才可能科学、合理和客观地评价转基因作物产业化的各种风险和收益，也有利于政府、科学家和广大公众做出正确的判断和科学的决策。

尊重公众的知情权、选择权、参与权和监督权，是转基因作物产业化伦理治理的关键。公众的权利是否得到保障和有效发挥，这不仅是转基因作物产业化政策是否科学化和民主化的基础，也是转基因作物产业化是否能够健康和有序推进的必要条件。当前，我国转基因作物的产业化决策受到一些媒体、非政府组织和消费者的广泛质疑，其中重要原因之一是转基因作物产业化决策的信息没有公开，信息透明度不高。为此，必须建立转基因作物强制性标识的立法制度，在转基因作物/食品的生产、销售和出口的过程中严格贯彻执行，确保公众的知情权；必须确保市场上有足够的非转基因作物/食品供消费者选择，价格也应该与转基因作物/食品的价格相当，真正保证消费者有权利和有能力购买非转基因作物/食品；建立以共识会、情景讨论、焦点小组、小区对话等多种形式的公众参与转基因作物产业化决策的机会，尊重公众的参与权；政府应该给公众提供监督政府决策、科学家的科学研究和企业以及市场生产和销售转基因作物/食品等各种行为的管道和条件，公众不仅要重视并真正参与这种监督的权利，同时也应该肩负起监督的义务，共同努力确保转基因作物的可持续发展。知情权、选择权、参与权和监督权作为公众在转基因作物产业化进程中的基本权利，应该得到保障和尊重。

（四）建立转基因作物产业化伦理治理的商谈伦理机制

转基因作物产业化伦理治理的原则、标准、方法和内容，可能需要通过商谈伦理机制来探讨和确立。建立以平等对话和民主协商为基础的转基因作物产业化的商谈伦理机制，对伦理评价机制、伦理审查机制和伦理交流机制等进行商谈，促进伦理治理主体的沟通与对话，交流与合作。当前，不同的利益主体缺乏转基因作物产业化的平等对话和民主协商的平台，我国也缺乏转基因作物产业化决策的长效机制。不同的利益相关者对转基因作物产业化的态度存在很大分歧，这在我国表现得更为突出。为了解决不同的利益主体在转基因作物产业化方面的各种分歧甚至矛盾，需要建立决策主体、专家主体、生产和销售主体以及公众主体之间相互交流的商谈伦理机制，加强彼此间的沟通和对话，就转基因作物/食品的科学问题、伦理问题、安全评估、风险管理和产业化决策进行交流与对话，这样就有可能化解矛盾，消除冲突，平衡利益，求同存异，利益与共，从而实现转基因作物产业化的“善治”。不同利益主体参与伦理治理的过程，其实质是一个商谈的过程，人们通过交往和对话来形成大家共同遵守的道德共识和伦理规则，在实践中也有利于这些规则的共同执行，这样有利于转基因作物产业化的科学评价、民主决策和规范管理，从而达到良好的伦理治理效果。

四、结语

转基因作物产业化是一项复杂的系统工程，其研究与发展、决策和管理涉及不同学科和各个方面。伦理学研究是制定产业化政策的道德基础和价值依据。在当前的境遇下，转基因作物伦理学研究应该由实质伦理走向程序伦理，从建设性的角度建立以伦理治理为核心的程序伦理，不仅直接关系到转基因作物产业化是否能可持续发展，也决定了转基因作物产业化能够给人类带来多大的福祉。

【参考文献】

[1] 翟晓梅，邱仁宗．生命伦理学概论［M］．北京：清华大学出版社，2005：8－13.

[2] 毛新志．转基因作物产业化的伦理学研究［J］．武汉理工大学学报（社会科学版），2011（4）：1671－1677.

[3] 毛新志．转基因作物产业化的伦理辩护［J］．华中农业大学学报（社会科学版），2011（4）：5－11.

[4] 张启发．大力发展转基因作物［J］．华中农业大学学报（社会科学版），2010（1）：1－6.

[5] CLIVE. 2009年全球生物技术、转基因作物商业化发展态势——第一个十四年（1996—2009）［J］．中国生物工程杂志，2010（2）：1－22.

[6] CLIVEJ. 2010年全球生物技术、转基因作物商业化发展态势［J］．中国生物工程杂志，2011（3）：1－12.

[7] 毛新志．生命伦理学的整体性原则［J］．哲学研究，2011（10）：93－96.

[8] 毛新志．转基因食品社会评价的标准探析［J］．华中农业大学学报（社会科学版），2011（4）：5－11.

（原文刊载于《华中科技大学学报》社会科学版2012年第4期）

生命伦理学视野下的转基因作物产业化问题研究

毛新志　李　俊

摘要： 转基因作物的产业化作为当前生命伦理学的重要问题之一日益受到我国学术界、政府和广大公众的关注。转基因作物产业化不仅关涉到我国十几亿人的吃饭问题，也与我国公众的身心健康、基本权利密切相关。转基因作物产业化的生命伦理意蕴主要体现在：转基因作物产业化的基础是确保公众健康与生命安全，关键是尊重公众权利，核心是促进社会公正。

关键词： 生命伦理学；转基因作物；产业化

2011 年全球转基因作物继续保持良好的发展态势，种植面积达到 1.6 亿公顷，比 2010 年的 1.48 亿公顷增长了 8%，连续 16 年保持快速增长，是 1996 年 170 万公顷的 94 倍。2009 年 10 月，农业部批准了两种抗虫的转基因水稻品种和一种转植酸酶基因玉米品种的安全证书，这为转基因水稻、转基因玉米的商业化种植迈出了关键一步，也掀起了新一轮转基因作物安全及其产业化的大讨论。2010 年中央 1 号文件就明确提出：在科学评估、依法管理基础上，推进转基因新品种产业化”。大部分从事转基因作物/食品研究的科学家也要求政府为大力发辗转基因作物提供宽松的环境。按理来讲，既然是政府和科学家要发辗转基因作物，应该得到公众的大力支持。但是，许多公众不仅不支持政府和科学家的决策，而且反对的声音也是越来越大。为什么政府的决策、科学家的呼吁得不到公众的应有支持，公众的态度完全超出政府和科学家的预期。综观各种事实，转基因作物的产业化是我国学术界、政府和广大公众共同关注的重要生命伦理问题之一。从生命伦理学的视野研究转基因作物产业化面临的伦理问题，促进转基因作物产业化的可持续发展，具有重要的理论意义与实践价值。

一、转基因作物的产业化：当前中国生命伦理关注的重要问题

2009 年 10 月，农业部给转基因水稻、转基因玉米颁发安全证书之后，转基因作物（尤其是转基因水稻）的产业化问题在我国学术界受到了高度关注。生命伦理学界也开始围绕转基因作物是否应该产业化和应该如何产业化的问题展开了讨论。转基因作物产业化是当前中国生命伦理关注的重要问题之一，具有生命伦理问题的内在特质。

（一）转基因作物的产业化直接与我国十几亿人的吃饭问题密切相关

随着我国人口不断增多，耕地不断减少，人多地少的矛盾将更加突出。转基因作物可以适当提高粮食产量，也可以研发出在盐碱地、沙漠种植的抗逆境（包括抗盐碱地、抗旱）的转基因作物，间接扩大了耕地面积，这也是我国实现“转基因新品种”的重大科技专项的重要原因之一。转基因作物的产业化对于解决我国人多地少的矛盾表现出了一定的潜力。但是，转基因作物的产业化对于解决十几亿人的吃饭问题有很大的不确定性，转基因粮食作物（转基因水稻、转基因玉米等）的种植也未必能够保障我国的粮食安全。这主要是因为：转基因主粮被利益集团（如美国的孟山都公司、杜邦公司和德国的拜耳公司等）操纵和控制的风险在逐渐加大。同时，转基因粮食作物的增产的潜力有限。而且，转基因作物的隐性成本可能很高，这将进一步加大转基因作物产业化决策的不确定性[1]。对于涉及十几亿人的吃饭问题，必须从各个方面进行评价，从全局进行考虑，而不是仅仅从增加粮食产量这个单一的维度进行思考。毕竟，十几亿人的吃饭问题是一个重大的现实问题，容不得半点闪失，否则后果不堪设想。因此，对转基因作物产业化的推进采取审慎的态度也是可以得到伦理辩护的。

（二）转基因作物的产业化与公众的健康息息相关

一方面，转基因作物/食品是否对人体健康有害，目前科学界并没有值得信赖的结论。毕竟，转基因作物是一种跨物种的基因转移，其中可能含有毒素、过敏原和抗性标识基因，这些具有特定功能的基因是否给人体健康带来危害，尤其是转基因作物/食品对人体健康长期的累积效应，科学界并没有定论，这也是学界和公众质疑转基因作物产业化的重要原因之一。另一方面，转基因作物大规模的产业化推广必然给生态环境带来深远的影响。例如，抗虫的转基因棉花中产生超级害虫，从而需要使用毒性更强的杀虫剂；而抗除草剂油菜中的超级杂草需要使用杀伤力更大的除草剂，这些不仅危害生态环境，而且减少生物多样性，从而破坏生态环境。美国有机中心研究所的报告认为，种植转基因作物后，2005—2011 年美国农药使用量是增加的。绿色和平组织在 2011 年 1 月最新发布的报告中指出，在 6～10 年的时间跨度上来看，转基因作物导致农药使用的增加而不是减少[2]。一旦生态环境受到影响，也必然影响人体健康。可见，转基因作物的产业化关系到亿万公众的身心健康问题，这也给政府的产业化决策带来了困难。

（三）转基因作物的产业化与公众的权利紧密相关

在转基因作物产业化进程中，涉及公众的知情权、选择权、参与权和监督权。知情权是指公众有权利知道自己购买的食品是转基因食品还是非转基因食品，转基因的具体成分是什么，在食品中占多大比重，是否对人体健康有害等信息都应该在产品说明中进行标识和介绍。选择权是指公众和消费者可以在转基因食品和非转基因食品进行选择。这就要求市场上能够提供非转基因食品给公众选择，而且应该保证绝大多数消费者能够消费得起非转基因食品。参与权是指公众参与转基因作物产业化决策的讨论，表达自己的观点和态度，从而促进转基因作物产业化决策的科学化和民主化。监督权是指公众有权监督政府、科学家和企业在转基因作物产业化中的各种行为，包括政府决策的转基因作物的决策机制、科学家所从事的转基因作物的研究、企业的生产和销售行为等。在转基因作物的产业化过程中，公众的知情权、选择权、参与权和监督权应该得到尊重和保障。同时，如何尊重和保障公众的这些权利，成为转基因作物产业化是否能顺利进行，转基因作物产业化是否能够可持续发展的重要条件。

二、转基因作物产业化伦理意蕴

转基因作物产业化作为当前我国生命伦理学关注的重要问题之一，蕴含着丰富的生命伦理意蕴。转基因作物产业化的基础是确保公众健康与生命安全，关键是尊重公众权利，核心是协调利益冲突和促进社会公正。

（一）转基因作物产业化的基础是确保公众健康与生命安全

按照马斯洛的需求层次理论，人类需求从低到高分为生理的需求、安全的需求、情感和归宿的需求、尊重的需求和自我实现的需求。首先是生理需要，包括衣食住行，其次是健康和安全的需要。转基因作物产业化的一个重要问题就是公众的身体健康与生命安全。自 1998 年的英国的“普斯泰”事件和 1999 年美国的“大班蝶”事件以来，几乎每年都出现转基因食品安全的相关事件。2012 年 9 月，法国学者公布：食用常见转基因谷物会使实验鼠患上肿瘤和多种器官损伤。虽然这项实验结果受到科学界的质疑，但是又掀起了转基因食品安全的大讨论。可见，围绕转基因食品安全的争论从未停止过，也表明转基因食品的安全问题一直是政府、学者和公众关注的重要问题之一。转基因食品的安全不仅涉及转基因食品本身的安全和风险，也包括公众对转基因食品安全担忧、恐惧，甚至对政府政策不满而造成的心理负担和压力而对身心健康的影响带来的间接危害。生命伦理的首要原则是不伤害原则，最核心的要素就是生命安全与生命健康。生命安全与生命健康是生命伦理学的第一义务。保障公众的健康和安全不仅是生命伦理学“不伤害”原则的基本要求，也是转基因作物产业化面临的各种生命伦理困境和难题是否能够得到妥善解决的基本前提。公众健康和生命安全是转基因作物产业化的第一要素，是转基因作物产业化生命伦理意蕴的根基，也是实现转基因作物产业化可持续发展的出发点和立足点。因此，我们研究和发辗转基因作物/食品，不应该给人体健康和生态环境带来不必要的伤害。政府和科学家都应该高度重视转基因作物/食品的安全评估，确保公众的身心健康和生命安全。离开公众的身体健康和生命安全，转基因作物产业化的可持续发展就成了无源之水、无本之木。

（二）转基因作物产业化的关键是尊重公众权利

在当今的公民社会，尊重和保障公众的权利是政府推进民生工程，解决民生问题的必然要求，也是推进公民社会建设的本质规定。生命伦理学的尊重原则强调尊重人的基本权利尤其是自主权、知情权。在转基因作物产业化进程中，尊重和保障公众的知情权、选择权、参与权和监督权等基本权利，不仅是转基因作物产业化健康和有序发展的关键，也是评价转基因作物产业化政策是否科学、民主的重要依据。当前，我国转基因作物的产业化决策受到一些媒体、非政府组织和消费者的广泛质疑，其中重要原因之一是转基因作物产业化决策的信息没有公开，信息透明度不高，公众的有些权利在转基因作物的研究与发展过程中没有得到保障，以致有些公众对政府的公信力和科学家的社会责任感表示怀疑。为了改变这种现状，必须重塑政府和科学家在转基因作物产业化这一问题上的公信力和责任感，尊重公众在基因作物产业化进程中的健康权、知情权、选择权、参与权和监督权，使公众能够理性接受转基因作物/食品。为此，我们应该采取以下几条措施。第一，应该对转基因作物进行强制标识。基于生命伦理的尊重原则，尊重消费者的知情权和选择权，要求对转基因作物/食品进行强制标识，在生命伦理学上是可以得到辩护的[3]。毕竟，转基因作物/食品是否危害人体健康，科学界至今没有定论。这样就只能把知情权和选择权交给消费者，由他们自己选择和决定是否消费转基因食品。其实，我国也要求对转基因生物进行标识。当前，我国在转基因食品的标识管理上存在执法不严的问题，市场上流通的一些转基因食品并没有标识，这就需要加大转基因生物标识的执法力度。第二，重视转基因作物产业化进程中的公众参与[4]。政府和科学家应该让广大公众参与到转基因作物产业化的决策讨论中来，参与的方式可以采用共识会、情景讨论、焦点小组、小区对话、听证会、网络论坛、问卷调查等多种形式，让广大公众能够将其看法、态度和心声表达出来，同时政府应该充分考虑并合理吸纳公众的相关建议，促进转基因作物产业化政策的科学化和民主化。第三，充分发挥公众的监督权。公众的监督将在转基因作物的产业化进程中发挥重要作用。在转基因作物的研发中，公众的监督与政府的监督的差别在于：公众的监督无处不在，无时不有，灵活性强，而政府的监管相对比较机械。公众的监督就像在转基因作物产业化的责任主体身上加了一个无形的紧箍咒，时时刻刻发挥着其他监督所不能替代的作用。因此，政府要采取措施激发公众监管转基因作物的产业化的主动性和积极性，这不仅有利于充分发挥公众的监督作用，也有利于转基因作物产业化的健康发展。

（三）转基因作物产业化的核心是促进社会公正

公正是现代社会的核心理念与基本价值取向，也是指引我国社会主义现代化建设的基本原则之一。在转基因产业化政策的制定过程中，我们应该遵循生命伦理学的公正原则。当前转基因作物产业化存在分配不公的问题。第一，跨国公司与中小公司的分配不公。跨国公司掌握了转基因技术，并以专利的形式保护其知识产权，而中小公司在使用跨国公司的基因专利时要支付高额的专利费用，造成跨国公司与中小公司之间的分配不公。第二，种子公司与农民之间的利益分配不公。大的跨国公司通过专利技术的掌握来控制种子市场，农民很难自己留种，要购买高价格的转基因种子，农民的利益受到严重损害。第三，利益分享和责任、风险分担的不公。就目前而言，从事转基因作物研发的种子及其抗除草剂等公司、科学家是利益的最大获得者，消费者从中获益甚少，相反要承担健康的风险。因此，我们在进行转基因作物的产业化决策时，所要考虑的核心问题就是如何保障社会公正。

当前转基因作物的产业化发展导致了社会分配不公，这种分配不公的关键并非在于转基因作物产业化本身，而是我们的制度设计（包括决策机制、管理制度等）不合理。为了维护转基因作物产业化的社会公正，我们应该从如下几个方面着手。第一，完善转基因作物产业化的决策机制。政府应该提高转基因作物产业化决策的信息公开度和透明度，定期公布转基因作物的安全评估资料，对人类身体健康的累积效应，对生态环境的可能风险，以便让公众随时了解转基因作物产业化的信息。通过多渠道对公众进行转基因技术及其产业化的科普教育，让公众了解转基因技术的真实利弊。科学家应该对转基因技术/作物的风险和利益做出公正的评价，引导公众正确认识转基因技术/作物的利与弊，加强与公众的交流和对话，缩小科学家与公众之间的鸿沟[5]。第二，创新转基因作物产业化的管理体制。一方面，加强转基因作物产业化的伦理治理。建立和完善转基因作物产业化的伦理评价机制、伦理交流机制和伦理审查机制，通过建立各级（国家级、省部级和地方级）伦理审查委员会，审查转基因作物产业化的风险，评估其利弊。另一方面，加强转基因作物产业化的监管。农业部（现为农业农村部）、科技部、卫生部及相关部门对转基因技术的研发做到全程监控，成立专家组负责监督，生产研发的企业必须向监管部门提供年度报告，只有通过审核才能继续生产研发[5]。第三，政府引导公众积极参与转基因作物产业化的决策和管理。公众参与是实现民生公正的关键环节，公众应该主动积极地参与到转基因作物产业化的决策中，这不仅是维护自己的健康权、知情权、选择权、参与权和监督权的重要管道，也是保护自身利益的重要途径。因此，我国政府不仅要完善公众的利益表达机制，拓宽民意表达的管道，而且要引导公众积极参与转基因作物产业化的决策和管理，这不仅有利于转基因作物产业化政策的制定和完善，也有利于社会公正真正成为推进转基因作物产业化的动力与源泉。

三、结语

我们研究和发展转基因技术/作物的目的是减少成本，提高产量，减少环境污染，增进人类健康，提高人民生活水平，促进社会公正，给人类带来最大的福祉，但是，转基因作物产业化是否能够实现上述目的是需要实践来检验。就目前而言，我们还很难说转基因作物的产业化究竟是福还是祸。毕竟，转基因作物产业化面临太多的不确定性因素。这就需要政府、科学家、公众和全社会的共同努力，促进转基因作物产业化的可持续发展，促进转基因作物产业化给人类带来更多、更大的福祉。

【参考文献】

[1] 钟庆君．转基因主粮种植未必能保障国家粮食安全［J］．中国粮食经济，2010（7）：6.

[2] 康卓．转基因作物和化学农药［J］．农药，2012（1）：76.

[3] 毛新志，殷正坤．转基因食品的标签与知情选择的伦理分析［J］．科学学研究，2004（1）：23－27.

[4] 毛新志．我国转基因水稻产业化的现实困境及其出路［J］．南京农业大学学报（社会科学版），2011（3）：124－131.

[5] 毛新志．转基因食品的伦理问题与公共政策［M］．武汉：湖北人民出版社，2010：356－366.

（原文刊载于《生命科学》2012年第11期）

五、食品与饮食（安全）伦理

食品安全风险文化批判与风险伦理责任的构建

李玲玲　赵晓峰

摘要：当前食品安全问题的严峻形势突显着食品安全风险文化二重性相互制约又相互转化的过程。风险文化视域下，食品安全的治理不仅需要以制度性规范为中介的风险文化发挥作用，而且需要借助以内在价值认同为中介的规避型风险文化进行反思和自省。针对我国食品安全责任主体模糊、责任评估界定较难、责任难落实的问题构建食品安全风险伦理责任：由事后追责向前瞻性治理转向的价值导向、以食品安全风险文化的价值敏感设计来完善食品安全风险的伦理评估、形成多主体参与食品安全风险伦理责任共担的自觉意识以及建立食品安全风险防范的道德自省文化，最终借助实质性的价值主义来内省食品生产经营主体的行为以实现食品安全风险的根源性防范。

关键词：食品安全治理；二重性；风险文化批判；风险伦理责任

作者简介：李玲玲（1984—　），西北农林科技大学人文社会发展学院副教授，主要从事农村社会治理与社会政策研究。赵晓峰（1981—　），西北农林科技大学人文社会发展学院教授，博士研究生导师，主要从事农村社会学研究。

一、引言

我国社会正处于转型与结构性改革的时期，食品安全问题仍然是当代社会面临的焦点议题。我国《食品安全法》第十章附则第九十九条规定：食品安全，指食品无毒、无害，符合应当有的营养要求，对人体健康不造成急性、亚急性或慢性危害。我国食品安全中问题食品所涉及的品类越来越广，已从外部的卫生危害走向内部的安全危害，制作问题食品的手段也越来越多样、深入和隐蔽[1]。不同的食品安全事件暴露出我国食品安全治理机制问题，也向全社会发出了预警。传统中，学术界倾向借助技术主义去指证食品安全问题的产生。在处理食品安全问题时，研究的向度也主要是将其置于技术性程序中，通过理性的手段与工具进行规制。如果采用法律、政策等制度性的工具来评价食品安全风险事件，食品安全问题似乎可以通过“技术-规则”处理模式被准确地预防与化解。例如，国内学者对我国食品安全管理体制、治理机制所进行的研究，主要关注监管者的权力行使及其结构设计的问题[2]；国外学者对于全面过程监管的推崇，以及将食品企业的“雇员”纳入食品安全的治理主体中来[3]，并通过“吹哨人法案”的方式贯彻到食品安全立法中，从而最大限度地发挥食品安全各治理主体的作用[4]。然而，市场经济存在大量追求内生性本能的逐利主体，通过单纯的技术性以及制度性保障措施难以形成内生的行业自律，并不能有效地解决食品安全问题。斯金纳在其《科学与人类行为》著作中也指出："行为是一种很棘手的主体事件，这并不是因为它莫测高深，而是由于它极其复杂。"[5]行为主体的人具有能动性，在对社会创造的过程中会从价值上进行排序与判断，而从个体的价值与利益驱动下实施的行为通常带有风险性，当社会中个体过于追求经济利益而忽视规避型风险文化，就会导致食品安全问题难以杜绝。本研究认为，食品安全风险从心理认知的范畴来看，实质上还是一个文化价值认同的问题，蕴含着深层的文化内涵，因此，解决食品安全问题不能局限于技术与组织管理范式的视角。本研究将从风险文化上透视食品安全风险问题，通过对比分析两种食品安全风险文化，构建食品安全风险伦理责任，为突破食品安全风险治理的结构性困境拓宽视域。

二、风险文化语境下的食品安全问题

（一）风险文化二重性的蕴意

按照道格拉斯与威尔德维斯的风险文化理论，从文化角度寻找企业食品安全风险产生的原因，主要归结为三种模式：倾向于把政治风险视为最大风险的制度层级文化，倾向于把经济风险视为最大风险的市场利润主义文化以及倾向于把自然风险视为最大风险的食品行业协会的社会第三方文化。此种主观归因模式是从文化因素分析食品安全风险的产生原因，由此认为可通过制度创设、技术规范措施、行业协会的治理措施等客观性程序和规范来解决食品安全风险问题。可见，道格拉斯与威尔德维斯的风险文化理论除了先建构了风险问题，还假定了存在一套风险的治理边界[6]，其中每个主体因实际利益要求而存在一个等级秩序。此种主观建构和假设显然混淆了事实与判断。

斯科特·拉什的风险文化理论假定的是有一个需要自然调节的非确定性的无序状态，而风险文化就依存于非制度性和反制度性的社会状态，这种文化的传播不是依靠程序性的规则和规范，而是依靠其实际意义上的价值。拉什注意到了该问题，在其著作《风险社会与风险文化》对道格拉斯和威尔德维斯的思想进行批判的基础上，指出风险文化是从"谴责"开始，认为"风险文化是对风险社会所进行的理性自省与反思"[7]。风险文化的传播并非依靠明确的规范规则和秩序，而是依靠其实质性的价值。因此，拉什将风险文化定义为是对风险社会的反思与自省，并认为风险社会时代之后将迎来风险文化时代。按照拉什的风险文化理论，食品安全风险文化是对食品安全问题的反思与自省，并倾向于将实质性价值风险视为最大风险。因此，对于食品安全风险的治理不能仅依靠一些客观性程序，而应该借助对风险社会的反思与自省——一种高度自觉的风险文化意识。

综上所述，依据道格拉斯、威尔德维斯等学者所阐释的三种风险文化模式强调风险和风险社会是人们建构出来的，这实际是对人类实践中所产生的副作用的一种忽视，是对现实风险扩散和严重化的一种纵容，显然是一种制造风险的文化；斯科特·拉什的风险文化模式强调直面人类实践中所产生的负面效应，并进行反思和规避，以有助于走出风险困境，因而是一种规避风险的文化。由此，本文认为，食品安全风险文化的二重性是制造型食品安全风险文化与规避型食品安全风险文化。前者是指在实践中放任食品安全问题，甚至纵容食品安全风险的扩大化和严重化的价值观念和行为方式的文化因素，指代为制造型食品安全风险的文化。例如，忽视企业食品生产过程中的疏漏以及管理者判断的失误，纵容食品安全风险发生的文化因素；或者市场逐利主体为追求利润而使用变质食材、销售假冒伪劣、有毒有害食品等利己文化观念。规避型食品安全风险文化是指注重对食品安全风险进行省思、规避风险并走出食品安全风险困境的价值观念，是主体的一种积极观念和意识，借助积极的措施以规范约束行为，从而对食品安全问题进行治理的文化因素。以上体现了食品安全风险文化二重性。

（二）食品安全风险文化二重性与食品安全治理

从食品安全风险产生的根源上看，可归因于人类实践活动的进阶。在原始社会以及封建农业社会中，人类获取的食品来源主要是大自然，利用自然界的直接物质材料来满足人类基本的食物需求。人类活动很大程度受限于自然环境，且囿于人类改造自然的能力，在这个阶段中食品安全问题并不突显。即使存在，也表现层次较为初级，如遇到原始的有毒的食材等，而且由食品安全问题所造成的局部破坏性后果多为单个生命的威胁，所以，此时期食品安全风险主要为局部性对个体生命活动构成威胁的自然风险。这个时期的食品安全风险文化的二重性也并不明显，对于影响范围有限的食品安全问题也基本处于放任状态，表现为浅层的制造型风险文化。随着人类社会进入到工业文明时期，食品安全风险文化的二重性逐渐显现，更确切地说，人类改造自然生态能力增强，食品安全问题也越来越多。在食品生产与制造领域，消费者需求的多元化与个性化促使越来越多的市场主体追求更大的逐利性。一方面，科技的进步使得食品供给多元化、食品标准提升；另一方面，为满足消费者对食品干净、美观、易于加工处理的需求，不断有新的化学成分在食品保鲜中大量使用[8]。“人们在享受高科技带给我们快乐与便利的同时，却不得不面对它对人类的未来所带来的不确定性的风险”[9]。食品安全危机的频发和屡禁不止也使得人类开始关注如何去避免产生食品安全问题。于是，有关食品安全风险中规避风险的文化开始显现并受重视。在工业化快速发展时期，以往原始社会、封建农业社会“自然变化推动文化变化”的范式不再适用，新的范式表现为企业一心追求市场利润而忽视生产活动中产生的食品安全问题，整个食品行业中制造型风险文化占据上风。同时，随着现代科技逐渐推动食品生产销售活动的跨地域的发展，也使得局部性的食品安全自然风险逐渐呈现扩散趋势，影响的广度和深度在增加，这使得人类不得不重视实践活动中的食品安全问题，审视食品安全风险。因此，以食品安全风险为载体的食品安全风险文化在人类生产实践活动中的作用逐渐显现，并愈来愈受到重视。

从文化上透视食品安全问题，并将食品安全风险文化根植于社会中，从而使得人类食品安全风险意识透过主体的行动、价值排序而形成对食品安全问题的省思，这是审视食品安全风险防范和治理问题的一种新思维观。本文认为，食品安全风险在当代的突显“不仅是一个技术和组织的难题，而且有着重要的文化内涵”，在风险文化视域下，食品安全的治理不仅需要以制度性规范为中介的风险文化发挥作用，更需要以内在价值认同为中介的规避型风险文化进行反思和内省。

三、食品安全风险伦理责任困境

（一）食品安全风险伦理责任的提出

在风险社会理论视域下，风险和不确定性渗透每个领域，食品安全问题更是关乎社会中的每个个体，与食品风险对应的是食品安全风险责任。对于无处不在的风险，食品企业等主体往往会采用技术性的话语推卸责任，甚至无视风险。传统中的风险治理倡导“理性”，但是正是因为奉行“理性”至上的主体性原则，奉行“能做的就是应当做的”行为逻辑，科技时代的食品企业主体大幅依赖工具理性，无所不能、无所不为，从而带来部分市场主体过度沉迷于技术工具，并企图借助规则制度来消解风险，此种单纯依靠“理性”的规则制度去治理食品安全风险，而忽视规则、制度本身风险的风险文化，会带来更大范围、更深程度的食品安全风险问题。

食品安全风险责任伦理要求食品生产行为人在行为发生前就能预见行为完成后的可能结果，并努力克服自身的风险行为。因此，对于食品生产企业而言，不仅应当具有被监管中的消极被动的责任意识，而且还应当具有前瞻性的责任意识。从而形成以未来食品安全为导向，确定涉及食品行为的目的、手段以及结果都是无害时，再去考虑盈利性。因此，企业的食品安全风险伦理责任应当包括：食品安全事件与企业的行为存在着必然联系；食品安全事件是可以防范和避免的；企业拒绝承担食品安全责任违背了社会伦理，必将受到更为严厉的惩罚和付出更沉重的代价。显然，此种预防性、规避风险型的食品安全风险伦理责任能够帮助企业规避技术、工具理性可能带来的食品安全事件。

（二）食品安全风险伦理责任困境的具体表现

风险社会理论将“风险”划分为“外部风险”与“制造出来的风险”。其中外部风险是由于自然的不变性带来的，而制造型风险是人为的，主要是指人类不断改造客观世界的活动产生的风险[10]。在风险社会领域内的风险伦理责任困境主要表现为四个方面。

一是伦理责任主体的迷失。责任首先需要有主体为其行为后果承担义务，在权利义务对立统一的条件下，如果行为主体在活动中获益，则其需要对行为风险后果承担义务。食品安全风险不局限于局部、个体，而是以“蝴蝶效应”扩大风险程度，并且具体的风险后果与实际的诱因之间的因果联系的环节增多，直接性风险诱因行为难以确定，从而无法准确地找到责任主体。例如，河流上游污染物排放给下游养殖、居民用水产生污染后果（假定上游每个污染物排放单位的排放量都符合标准），难以找到责任主体，受损害者只能承担他人行为的风险后果。

二是伦理责任评价的困境。风险后果的隐藏与潜在性是食品安全风险的重要特征。从区域维度上看，一定区域内的行为未必在本区域内产生风险后果；从时间维度上看，当前的风险后果未必立刻显现。例如，在食品安全风险领域争议最为激烈的问题之一是“转基因食品风险问题”，转基因食品的生产消费是否会产生风险后果难以在当代显现，人类甚至不知道是否会有风险后果出现。从伦理责任评价的基本进路来看，其主要是根据人类现有的行为（可预见的行为）后果对行为进行的肯定或者否定的伦理评价，但是由于风险后果的潜在性以及不确定性，人类在当前无法对某种行为会产生什么样的后果进行预测，进而难以进行伦理责任评价。

三是伦理责任界定的难题。在食品安全风险问题上强调伦理责任的目的是唤醒人类的责任意识。现代化的技术手段运用到食品生产领域，食品生产企业的社会实践规模不断扩大，改造自然、利用环境的能力不断提升，其食品制造的手段、工艺高度技术化，在给人类创造丰富多样的食品、满足人类口腹之欲的同时，也威胁到人类的安全与生存。在食品安全问题领域，由于制度规范本身很难清晰精准界定责任主体，加之行为主体对于食品安全风险的漠视，产生“谁都有责任，但谁都不负责任”的伦理责任困境。在风险社会语境下，由于规范、制度本身也存在风险，处理食品领域频发的安全问题单纯依靠传统的法律法规、行政执法监督惩罚措施难以从根源上化解食品安全问题。缺乏实质价值性认同的风险文化建构，以及对制度规范本身的风险重视不够，成为治理食品安全问题的内在文化障碍。

四是伦理责任难以落实。此困境与伦理责任主体模糊紧密相连。在食品安全事件爆发后，监管部门会调用不同的资源进行专项整治活动，应急性地处理突发的食品安全事件，并且常常采取“命令-控制”的监管方式，被监管的企业往往作为食品安全治理的对象而非治理的主体，这将增加企业在食品安全问题上因信息不对称而带来的逆向选择和道德风险问题。

综上所述，伦理责任主体的迷失，伦理责任难评价、难界定和难落实共同构成风险文化视域中食品安全伦理责任困境。规避型食品安全风险文化对于食品安全危机的解决并不是要消除制度规制，而是需要通过构建食品安全风险伦理责任来发挥作用，核心在于“我能回答‘为何那样做’，并且能给予一个答案”[11]，这显然是突破了传统对形式化规则的消极接受，而追求一个实质性的价值认同，突显了风险文化在当代食品安全治理中的作用。

四、中国食品安全治理的哲学应对

（一）食品安全风险文化的反思

斯科特·拉什认为对风险社会的治理更多的是要借助风险文化的反思与自省功能，是一种规避性的风险文化。该风险文化模式倡导的是一种价值理性，强调实质价值认同的重要性。风险的产生与人的选择、决策相关联，针对风险治理也是采用特定的选择与决策方式。换言之，食品安全风险治理本身也具有风险，在治理食品安全风险过程中，风险治理手段也会蕴藏着风险与不确定。风险的治理如何有效地摆脱循环控制的悖论成为需要进行风险文化反思的最直接原因。对食品安全风险文化的反思有助于“唤起作为一个整体的行为主体的危机意识”[12]。

风险文化主张采用反省和自我监控以及自我校正来进行自省，促使食品企业、监管部门以及消费者深刻自省，认识到实质性的“价值主义”在治理当代食品安全问题方面的作用。通过食品安全问题的自我反省、自我监控、自我校正等，理性地预见自身的行为，并积极承担风险行为所产生后果的责任。因此，对于风险文化自省功能的认定有助于食品企业、监管部门、消费者以及其他组织认识食品安全风险的独特性，并树立合理的食品安全风险意识，也是食品安全风险文化反思性的现实逻辑[13]。

从深层次原因上剖析，现代生活中人们过分相信凭借人类的理性可以把握世界，在理性的引领下，人类获得知识进而掌握驯服自然的力量，且在现代科技发展的支撑下进一步加深这种观念[14]。从风险文化的视角来看，这种过度强调理性的功能实际上是缺乏风险意识。风险意识是一种对未来的责任意识，是一种针对风险社会的不确定性、可能存在的潜在危险的一种积极的、防御性的价值判断。当代的食品安全问题是现代生活的一种风险，更是一种人为风险。这里的“人为”是广义的“人为”，如企业规章制度的设定是人为的，食物制作的工艺是人为设定的，生产食物的材料也是由人为设定的种植或饲养方法培育出来的等。风险文化反思的主要任务是帮助人们弄清楚应该谴责哪一种风险文化，在食品安全风险文化二重性中应当如何扬弃。食品安全问题风险的产生根源在于制造型食品安全风险文化中对人的否定意义，从而使得食品安全风险制造主体的行为异化[15]。因此，要摆脱食品安全风险的困境在于风险文化的反思，扬弃食品安全制造型风险文化对人的否定作用，追求食品安全规避型风险文化对人的肯定作用[16]，帮助全社会确立合理的食品安全风险意识。

（二）食品安全风险伦理责任的构建

与风险对应的应是责任，高风险必然要产生更大的责任担当[17]。每一个个体和组织都应当是风险的负责人，责任就更需要成为普遍性的伦理原则……在伦理责任原则下，没有人能够逃避彼此休戚与共的责任要求[18]。在风险社会语境下食品安全问题的治理不仅强调立足于理性基础上的外在技术、法律政策上的外在控制，更需要立足于伦理心性对食品安全风险的内在控制。食品安全风险文化是企业主体、员工等在食品生产经营活动中形成的思想观念、意识、行为准则、价值排序等多方面文化因素的总和。食品安全风险文化具有二重性，重视发挥规避型风险文化的软约束作用有助于引导企业、市场经济中的其他主体在食品安全生产过程中“应该怎么做，禁止做什么”，逐步促使企业、企业的员工在食品安全的价值观念、行为准则、职业道德、企业伦理、价值观、社会舆论等方面保持一致，并形成价值认同的心理。规避型风险文化的核心任务就在于构建食品安全风险伦理责任[19]。那么究竟应当构建一个什么样的风险伦理责任担当，以及如何付诸实践呢？显然，对于食品安全的不确定性及其可能的负面效应，仅凭传统形式的规则去进行事后追责是不够的，而需要通过食品安全风险伦理责任的构建来更好地应对。

首先，形成以事后追责向前瞻性治理转变的价值导向。作为一种责任承担方式，食品安全风险伦理责任主要是以食品安全风险文化的价值判断、道德素养为基础，主动对自身风险过失或过错行为承担后果。不同于制造型食品安全风险文化所采取的消极事后追责，而是强调规避型食品安全风险文化视域下的事前责任[20]。以食品生产经营活动为例，食品安全风险伦理责任就表现为行为主体对于确保食品安全责任的自觉认识以及行为中的自愿选择，从而对其自身行为形成一种积极的引导。该伦理责任能够前瞻性地预防食品安全风险，从而使得伦理责任的承担由事后追究向前瞻治理转变。

其次，以食品安全风险文化的价值敏感设计来完善食品安全风险的伦理评估。价值敏感性设计能够将价值观与行为方式以及技术过程关联起来，并将价值观内嵌于食品生产、加工技术之中，从而使得技术运用能够符合价值观，属于技术伦理的范畴[21]。食品安全风险的前瞻性治理还离不开对食品安全风险的伦理评估。规避型食品安全风险文化采取一种预防式治理，对食品生产经营活动中未知的伦理影响与结果进行预测和评估，并借助食品安全风险文化的价值敏感设计等方法，来尽可能地预见食品生产经营食品技术运用可能带来的不确定性社会风险，从而增强食品安全中科技伦理风险防范的前瞻性控制与管理。

再次，形成多主体参与食品安全风险伦理责任共担的自觉意识。食品安全问题事关人民切身利益，在现实社会视域下，所有人都是利益相关者和命运共同体。于食品的生产经营主体而言，这项活动作为一项集体行动，最终的产品并不能清晰地向集团中的个体行为与价值判断意图进行还原，因而责任共担是必然选择。食品安全关系公众切身利益，同样离不开社会公众参与的作用发挥。通过不同利益主体代表进行多元协同共治，反思食品安全的公共要求与价值追寻是否已在食品生产经营中全方位地融入和体现，是否已将其作为内在要求纳入新的食品生产和经营活动中。一旦食品企业建立起一套食品安全道德自理的责任机制，便能形成讲信誉、讲道德的食品安全责任主体。

最后，建立食品安全风险防范的跨学科合作的道德自省文化。在规避型食品安全风险文化下，对于食品生产经营中的不确定性、风险、困境等问题应采取常态化的跨学科合作的模式，对于其中关涉食品安全风险的因素及其影响进行反复的自省，阐明新工艺、新技术、新材料或新方法的应用可能产生的影响，并响应社会公众对于生态环保、食品质量等层面的价值要求，反复进行各层面的价值自省。为食品安全的风险防范构建一个持续、交互的风险伦理环境，从而对食品生产经营活动中潜在风险的敞口、动机等进行纠偏。此外，还要构建食品安全风险交流机制，重塑责任主体与消费者间的信任。当前食品企业等责任主体的努力难以得到消费者的广泛理解和认同，存在着诸多的信息不对称，解决的有效办法是所有利益相关者都积极参与食品安全风险交流。在这个过程中，媒体应当严格遵守职业道德，应基于科学客观的事实对食品安全风险进行通俗易懂地解读，多角度宣传普及食品安全知识，并对相关法律法规和政策进行客观宣讲，澄清谣言，准确传递信息，增强社会公众对食品安全事件的解读能力和评估能力，使其采取更加理性的态度和行为面对和处理食品安全事件[22]。政府主体在食品安全风险治理上要健全科学决策、民主决策、依法决策机制，增强食品安全公共政策制定的透明度和公众参与度，拓宽社会公众表达意见、参与决策的管道，提升政策的权威性和实效性，并加强食品安全风险治理行政问责制。只有致力于形成一个开放、包容的食品安全风险文化交流氛围，才能有效完善责任主体与社会公众间良性互动的信任机制。

综上所述，当代社会需要对食品安全风险进行自省和反思。人类不能漠视自身行为产生的风险，需要对食品安全领域存在制造型风险文化进行反思性批判，引导人类在规避型食品安全文化中实现自我控制、自我反省、自我校正，并自觉形成实质的“价值”心性内控的食品安全风险文化，从内治角度规范自身行为，从而减少或者避免食品安全风险。在食品安全风险伦理责任的构建中，针对食品安全风险对人类生存与发展造成的巨大威胁，通过前瞻性治理转向的价值导向、食品安全风险的伦理评估唤醒人类的食品安全风险意识，形成多主体参与的食品安全风险伦理责任共担的自觉意识，并建立食品安全风险防范的道德自省文化，从而借助实质性的价值把握来内省食品生产经营主体的行为，有助于全面防范食品安全风险。

【参考文献】

[1] 赵向豪，陈彤．中国食品安全治理理念的历史追溯与反思 [J]. 农业经济问题，2019 (8)：108-116.
[2] 李良寓，蔡永民．中国食品安全问题忽略了什么——美国法的借鉴：制衡机制和雇员作用 [J]. 探索与争鸣，2016 (2)：78-82.
[3] Kowh，Nish. Establishing a behavioral model fora-chieving good food safety behaviors by food service employees in Taiwan [J]. Journal of Comsumer Protection and Food Safety，2020 (15)：63-72.
[4] Abdelhakimas，Jonese，Redmonde，et al. Cabin crefood safety training：aqualitative study [J]. Food Control，2019 (96)：151-157.
[5] 斯金纳．科学与人类行为 [M]. 谭力海，译．北京：华夏出版社，1989：26.
[6] 王郅强，彭睿．西方风险文化理论：脉络、范式与评述 [J]. 北京行政学院学报，2017 (5)：1-9.
[7] 韩宗生．风险社会理论范式的批判性阐释 [J]. 华东理工大学学报（社会科学版)，2018，33 (2)：32-39.
[8] 王晓楠．自反性现代化与风险社会：贝克、吉登斯和拉什思想比较 [J]. 广东开放大学学报，2015，24 (4)：52-57.
[9] 乌尔里希·贝克．风险社会 [M]. 张文杰，何博闻，译．南京：译林出版社，2004：21.
[10] 安东尼·吉登斯．失控的世界 [M]. 南昌：江西人民出版社，2001：65-66.
[11] 弗兰克·富里迪．恐惧的政治 [M]. 方军，吕静莲，译．南京：江苏人民出版社，2007：29.
[12] 甘绍平．应用伦理学前沿问题研究 [M]. 南昌：江西人民出版社，2002：136.
[13] 斯科特·拉什，王武龙．风险社会与风险文化 [J]. 马克思主义与现实，2002 (4)：52-63.
[14] 陈盛兰．拉什自反性现代化理论研究与启示 [D]. 上海：华东理工大学，2014.
[15] 刘岩．风险文化的二重性与风险责任伦理构建 [J]. 社会科学战线，2010 (8)：205-209.
[16] 张广利，陈盛兰．自反性现代化的动因、维度及后果——贝克、拉什自反性现代化思想比较 [J]. 东南学术，2014 (1)：51-56.
[17] 王国银，衡孝庆．技术风险及其责任担当：两则案例的启示 [J]. 自然辩证法通讯，2010 (1)：87-90.
[18] 薛晓源，刘国良．全球风险世界：现在与未来——德国著名社会学家、风险社会理论创始人乌尔里希·贝克教授访谈录 [J]. 马克思主义与现实，2005 (1)：44-55.
[19] 胡比希．技术伦理需要机制化 [J]. 王国豫，译．世界哲学，2005 (4)：78-82.
[20] 曾鹰．"风险文化"：食品安全的伦理向度 [J]. 伦理学研究，2012 (6)：14-17.
[21] 刘宝杰．价值敏感设计方法探析 [J]. 自然辩证法通讯，2015，37 (2)：94-98.
[22] 王建华，沈旻旻．食品安全治理的风险交流与信任重塑研究 [J]. 人文杂志，2020 (4)：96-103.

（原文刊载于《大连理工大学学报》社会科学版 2021 年第 5 期）

食品伦理学的演进

任　丑

摘要：食品伦理学的雏形蕴含在人类的食物习俗之中。一般说来，人类的食物习俗倾向于健康快乐的自然目的，并逐步形成相应的节制德性。当食物习俗和节制德性追求社会目的时，节制德性也就突破自身限制，走向外在食物伦理规范的轨道。在特定历史阶段（主要是中世纪），食物习俗和节制德性转化为神圣食物法则与世俗食物伦理的颉颃。二者的颉颃在农业科技大变革的历史境遇中演进为食品科技对人类伦理精神的挑战和后者对前者的反思。在此进程中，食品伦理学应运而生。食品伦理学既应当为人类健康快乐的个体生活提供理性行为规则，也应当为食品立法提供哲学论证和法理支撑，还能够为应用伦理学开拓出深刻宽广的研究领地。

关键词：食物习俗；节制德性；食品伦理

作者简介：任丑，哲学博士。西南大学国家治理学院哲学系教授，博士研究生导师，研究领域为道德哲学、应用伦理学、治理学。

食品（food）与伦理学（ethics）似乎是两个毫无关联的概念：伦理学属于实践哲学，食品则是满足饥饿需求的可食用物品。或许正因如此，直到20世纪末，人们才把Food和Ethics组合为“foodethics（食品伦理学）”。不过，食品伦理学绝非凭空而来，它具有传统食品伦理生活的深厚历史根基。食品伦理学正是源自人类实际生活中具有伦理传统的食品生活世界，有其独特的内在逻辑和历史进程。

一、食物习俗与节制德性

食物是人类生命存在的基本条件。《孟子·告子》说：“食色，性也。”朱熹也说：“饮食者，天理也。”如同伦理学源于风俗习惯一样，食品伦理学的最初形式就蕴含在人类的食物习俗中。人类的食物习俗倾向于健康快乐的自然目的，并逐步形成了相应的节制德性。

（一）食物习俗何以可能

食物的本质不仅仅是食物自身独自具有的，而且是相对于食者而言的。人之外的其他动物是自然食物的被动消费者，因为它们摄入食物时依赖其自然偏好和本能需求；而人的生活不是被动接受自然食物的本能活动，人不仅是自然食物的被动消费者，还是自然食物的选择改造者。在长期的食物实践过程中，人们逐步认识到好（善）的食物就是能够给食者带来健康快乐的食物。

自然提供的食物常常需要人类的加工提炼。如果人们摄入未经加工的粗糙食物，很有可能带来诸多可怕的痛苦疾病，甚至严重威胁身体健康乃至剥夺生命。为了避免自然食物带来的痛苦疾病，维系人类健康福祉，食物选择成为人类生活的日常行为。人所具备的理性能力使人能够主动自觉地把理性精神渗透到自然食物之中，使自然食物成为人的对象性客体。为此，人们必须发现、判断并选择适宜日常生活和身体健康的潜在食物，进而自觉栽培乃至改造自然作物，使之成为适宜人类美好生活的食物来源。在选取、生产和消费食物的生活实践中，人类逐步成为自然界天然食物的主人。这种行为是为了保持生命健康以抗争自然的利己利人的生存实践活动。在这样的生活实践中，人们逐步认同某些生活规则，达成某种程度的行为共识，形成一定范围内适宜个人生理结构和生存需求的食物习惯或风俗。食物习俗作为人类生活的最基本生存方式，蕴含着丰富的食品伦理内涵。

食物习俗伦理奠定在未经反思的日常行为之上，因此各个部落、各个民族或国家的食物规范呈现出千差万别的形态。尽管如此，普遍共识依然存在：保持健康快乐是人类食物习俗的基本目的。在谈到饮食习惯时，毕达哥拉斯特别强调说："不要忽视你的身体的健康。"人们为了健康目的而听命于某一种食物习俗，以此逐步培育相应德性并确证自身的道德身份。

（二）食物习俗中的节制德性

在食物习俗中，健康快乐是指食者而言的。这也就不难理解，营养学（dietetics）是食品伦理学的主要古典理论形式。在古希腊营养学（greek dietetics）中，古希腊基本的道德原则——依据自然（本性）生活和行动——同样适用于古希腊食物伦理。在人类的食物活动中，为了健康快乐，基本的行为规范就是避免食物的过度和不及，选择禁止与放纵之间的所谓中道，这就是节制。节制有两个层面的基本要求：一是注重避免食物的不及和过度，二是履行食物的中道或适度原则。换言之，节制是饮食有节的生活德性。

节制首先是对不节制食物行为的拒斥。不节制的生活方式"摇摆于过度和不及之间，有时消费过多饮食，有时又陷于饥饿和匮乏"。节制常常以诫命的形式要求禁止食用某些特定的食物。孔子讲到祭品的准备和礼仪时就说："食饐而餲，鱼馁而肉败，不食。色恶，不食。臭恶，不食。失饪，不食。不时，不食。割不正，不食。不得其酱，不食。肉虽多，不使胜食气。惟酒无量，不及乱。沽酒市脯，不食。不撤姜食，不多食。"毕达哥拉斯也曾经要求其弟子禁食豆类、动物心脏等。禁食还要求拒斥饮食过度或口腹之欲的享乐放纵。朱熹说："盖天只教我饥则食，渴则饮，何曾教我穷口腹之欲?"放纵供给的是豪奢失当的筵席，穷口腹之欲、追求美味悖逆自然之道，是应当禁止的行为。

满足基本的生理需求是食物行为的自然之道。为了尊重生命或其他道德目的，在拒斥过度或不及的前提下，节制就是顺从自然、饮食有节。朱熹说："'饥食渴饮，冬裘夏葛'，何以谓之'天职'？曰：'这是天教我如此。饥便食，渴便饮，只得顺他。'"和自然一致的生活就意味着节制的生活，节制的生活就是理性和道德的生活。节制的底线要求是不给身体带来苦难或伤害。毕达哥拉斯说："饮食，动作，须有节。——我所说有节，即不引来苦难之程度。"在避免苦难的前提下，人们应当知足，应当顺应自然生活。伊壁鸠鲁说：

“凡是自然的东西，都是最容易得到的，只有无用的东西，才不容易到手。当要求所造成的痛苦取消了的时候，简单的食品给人的快乐就和珍贵的美味一样大；当需要吃东西的时候，面包和水就能给人极大的快乐……不断地饮酒取乐，享受童子与妇人的欢乐，或享用有鱼的盛宴，以及其他的珍馐美味，都不能使生活愉快；使生活愉快的乃是清醒的理性。”增进健康的一大因素是“养成简单朴素的生活习惯”。饮食有节的人用灵魂和理性引领健康的饮食习惯。人们通过节制和生活的宁静淡泊达到增进健康快乐的目的。

节制供给的不仅是健康适度的筵席，它还把道德精英和大众或普遍的食品消费者区别开来，“绅士在任何境遇中都保持他所认为良好的生活方式，既不完全沉溺于欲望，也不完全放弃欲望”。可见，节制在食物行为中造就人的身份和地位。这是因为健康快乐的目的不仅是私人的，同时也是社会的。或者说，食物伦理行为总是在特定境遇中的社会行为，不仅仅是孤零零的个体行为。

一般而言，我的生活总是蕴含着他者的期望，如勒维纳斯（Emmanuel Levinas）所说：“我们把这称为他者伦理学呈现出的我的自发性存在的问题。”善的生活不但是我自己的生活，而且也包括他者的善的生活。如果没有他者的善的生活，我的善的生活就失去了存在的根基和价值。同理，食物伦理是食物习俗和节制德性在我和他者的交互呈现中形成的。当食物习俗和节制德性追求社会目的时，节制德性也就突破自身限制，走向外在食物伦理规范的轨道。

二、神圣食物发展与世俗食物伦理

人类历史的发展逐步呈现出食物的社会性，食物习俗和节制德性必然受到社会群体规则的冲击和影响。在特定历史阶段（主要是中世纪），人自身的健康快乐失去了食物的目的性地位，取而代之的是某种外在的行为法则：符合某种法则的食物是允许的，悖逆某种法则的食物则是禁止的。就是说，食物伦理推崇的不是私人的节制德性，而是特定团体（如宗教团体）的规则诫命，因而呈现出明显的外在他律倾向。这种倾向的典型现象就是神圣食物法则与世俗食物伦理的颉颃（或者食物禁欲主义与食物纵欲主义的冲突）。

在希伯来圣经（*Hebrew Bible*）中，食物伦理的根据不再是个人的健康快乐、营养或其他实用的世俗目的。希伯来圣经引入了一个新的食物伦理的重要规则：“食品被看作从根源上被污染了，不是因为它们不健康，无味道，难于消化，或诸如此类的缘故，而是因为它们自身是非法的。和古希腊的‘多些’和‘少些’不同，我们面对的是禁止和允许的二元对立的逻辑。”这种规则追求的是遮蔽身体健康的超验宗教目的：它要求教徒们通过遵守食物法则把自己与异教徒区别开来，在自我与他者的对立中确立自己的身份认同，进而获得与众不同的伦理身份和宗教地位。从其道德逻辑看，最为重要的禁止食用某种食物（如猪肉）的原因仅仅因为他律的法的禁止。达尔文（Charles Darwin）在《人类起源》中说，当时的印度人也具有类似情形：“一个印度人，对于抗拒不了诱惑因而吃了脏东西的悔恨，与其对偷盗的悔恨，很难区别开来，但前者可能更甚。”就是说，外在的团体行为法则成为衡量食物道德价值的根据：合乎道德法则的食物是洁净的，违背道德法则的食物则是肮脏的。质言之，根据某种团体认同的法则判定为洁净的食物是合乎道德的，判定为肮脏的食物则是违背道德的。

这样一种食物伦理思想在《圣经·新约》的《福音书》中得到强化并走向极端：食物的自然价值（健康快乐）在道德上彻底失去了举足轻重的价值地位，比食物和生命更为重要的是超验的上帝和希望。诚如斯瓦特（Hub Zwart）所说："基督把所有希望寄托在上帝王国之中，他只是要求追随者摒弃所有对食物生产和消费的关切。"对于基督的追随者而言，根本不必关心食物或饮料，因为食物和人的道德身份无关，只有上帝才是终极目的。中世纪僧侣的食物伦理在某种意义上接近基督原则，即食物本身是不重要的，食物及其摄入仅仅是戒律训练的工具。如此一来，古希腊的食物节制德性被食物禁欲主义所取代，食物道德规则遭到漠视、践踏甚至废弃。僧侣对食物的漠视逐步达到极端性的入魔状态，节食甚至成为自身正当目的或宗教使命。为了上帝这个终极目的，食物伦理致力于肉体的塑造和所有欲望的灭绝。

禁欲主义规则不可避免地和现实纵欲主义发生尖锐冲突。过度禁欲节食悖逆了基本的人性要求，带来的是截然相反的现实生活世界的纵欲享乐。过度禁欲主义的官方意识形态在现实中造就了吃喝无度的纵欲形象：大腹便便、饕餮贪吃的僧侣随处可见。僧侣的禁欲食品伦理在16世纪遭到了文艺复兴时期精英们的无情批判。爱拉斯谟尖锐地批评说，基督教似乎和愚蠢同类和智慧为敌，教士弃绝快乐，饱受饥饿痛苦，乃至恶生恋死，"由于教士和俗人之间存在着如此巨大的差异，任何一方在另一方看来都是疯狂的——虽然根据我的意见，的确，这个字眼用于教士比用于别人要正确些"。这些精英们拒斥中世纪僧侣的禁欲生活，推崇世俗道德生活，试图恢复古罗马奢华美艳的烹饪传统，开始出现更为积极地欣赏推崇食品的思潮。拉伯雷借高康之口说：人们不是根据法律、宪章或规则生活，而是根据自愿和自由，"想做什么，就做什么"，喜欢什么时候吃喝，就什么时候吃喝，"没有人来吵醒他们，没有人来强迫他们吃、喝，或者做别的事情"。食物伦理不再仅仅追求满足自然需求和简单回归古希腊的健康和节制，而是逐渐提升到追求美味和快乐。古典时代的"美味"或"人欲"由贬低、禁止转变为一种生活时尚和身份标志。这一时期，精英们主张抵制饥饿、满足口腹之欲给身体康宁带来快乐。他们通过消耗大量肉类把自己和乡村大众区别开来，肉类及其食用方式也因此得到社会精英的重要关注。

为了更好地享用肉类食品，人们在食用前，把肉分成小块、剥皮、分解，然后加工成美味以供享用。与此相应，肉类、其他食品的生产加工等生产预备地点和食用食品地点的距离也随之大为增加。食品生产和消费距离的加大"成为疏远和怀疑的根源，促发了食品生产自身正当性的道德关照"。屠杀动物的道德顾虑开始出现并日益增强，结果导致了素食主义的忧虑和反驳。在素食主义看来，被拒绝的污染性食物不是自然意义的污染而是道德意义的污染。肉类不是因为不健康、无味道、难以消化，而是因为源自动物，"这是一种内在污染的形式"。这种素食主义观点在一定程度上能够受到现代科学的支持。食品科学表明，猪、牛等动物消耗的卡路里比他们最后产出的多，降低肉类消费就意味着减轻全球食物匮乏问题。在此境遇中，古典的"君子远庖厨"之类的道德直觉有可能成为自觉的伦理行为规则。一旦进入现代科学视域，禁欲主义与纵欲主义的冲突也就彻底唤醒了人类的食品伦理意识，人类食品伦理学的建构也就提上了议事日程。

三、食物伦理学的出场

17 世纪以来，科技要素日益融入日常生活中的食品健康。到了 20 世纪，传统农耕生活形式基本消失，取而代之的是农业工业化的质的转变。人类依靠农业机械化较为有效地消解了食物匮乏带来的全球性饥饿威胁。从此，农业成为和其他工业密切相关的一个生产单元。在农业科技大变革的历史境遇中，禁欲主义与纵欲主义的颉颃演化为食品科技对人类伦理精神的挑战和后者对前者的反思。人类共同的食品道德意识被逐步唤醒，食品伦理的哲学反思日益深化。这就为食品伦理学的出场奠定了理论和实践的坚实基础。

（一）食品科技唤醒人类共同食品伦理意识

总体上讲，古代营养学基本上是一种私人道德。17 世纪以来，古代营养学发展为现代养生学或美食学，其主要著作如：意大利医师散克托留斯（Sanctorius）的《医学静力学格言》（1614 年出版）、德国柏林大学胡弗兰（Christoph Wilhelm Hufeland）教授的《益寿饮食学》（1796 年出版），等等。诸如此类的现代养生学著作或理论不但是医学科学的理论和技术进展（如研究摄入食物和饮用、睡眠、谈话等其他生活习惯对体重的影响等），而且把医学、道德和延年益寿联系起来，力图把道德因素渗透于日常饮食生活的养生健身活动。现代营养学依靠精确的测量（体重观察）和食品标签，告知饮食消费者相关食品的成分和元素、身体需要维生素和蛋白质的数量限制等，把食品生产、食物摄入卡路里（calorie）和体重（磅或公斤）体现在一种直接的数学关系中。现代营养学为饮食摄入和现代食品伦理提供了科学技术的新元素，把饮食营养和食品节制德性转化为一种可以量化的客观标准和科学要求，使传统的食物节制德性摆脱了个人主观经验的偶然性和随意性，为寻求涉及人类的共同食品伦理法则奠定了基础。

17 世纪末至 19 世纪期间，食品供应的社会水平开始成为国际争论的重要话题。全球规模的饥饿灾难威胁着人类的生活，食品成为人类面对的主要生存和道德问题。马尔萨斯（Thomas Robert Malthus）在《人口规则论》中认为："所有生命的增长都具有超越为之提供营养的界限。就动物而言，其数量的增长迟早会被食物匮乏所限制，人类或许可以依赖远见、算计和道德寻求一种更为理性的解决途径。通过当下的牺牲，或许可以阻滞全球灾难和饥饿。所有欲望中最强烈的是食物欲望，紧随其后的是两性间的欲求。"食品匮乏不仅是个人问题，也不仅是某些领域或某些地域的社会问题，而是关乎全球食品需求和人类生存的重大国际问题。幸运的是，马尔萨斯的可怕预测被新的食品科技所阻挡而未能成为现实。19 世纪，科尔（Thomas Cole）、布莱克韦尔（Robert Blackwell）等人成功地发展食品技术。在食品科技的推动下，食品生产体系发生了重大转变。农业产品大幅度增长，全球饥饿的可能灾难得到有效遏制。先进精良的食品生产技术在避免灾难促进道德的同时，也增强了人类对生命和环境的控制力量。新的食物污染形式随之出现，农药、人工饲料、转基因、防腐剂以及其他形式的生物技术产生了道德上令人质疑的至少是潜在的食品生产问题。出于安全原因和生物多样性的考虑，人们开始忧虑并担心食品科技是否会导致物种灭绝、环境污染以及其他全球问题。这就表明，食品科技和人类生存重叠交织的历史进程共同唤醒了人类共同价值追求的食品伦理意识，这种意识最为深刻地体现在食品的哲学反思和道德批判之中。

（二）食品的哲学反思和道德批判

现代营养学和食品科技带来的食品伦理问题引发了哲学领域的深刻反思。早在 18 世纪，德国古典哲学的开创者康德就把普遍性人类意识抽象提升为著名的哲学问题：人是什么？这既是哲学的根基问题，也是食品伦理必备的理论追问。在康德看来，人是有限的理性存在者。人们把食品科技运用于健康只是技术应用，而非道德实践，与此相关的福利或健康仅是饮食审慎的生理消费后果，并非实践理性或伦理行为。因此，食物和食品科技不具有道德价值，营养学也不是伦理学的形式。康德的这一观点遭到了费尔巴哈等人的激烈反对。

在“人是什么”这个问题上，费尔巴哈并不认同康德的观点，他主张“人是其所食(man is wha the eats)”。实证食品科学给费尔巴哈的这一极端命题提供了一定程度的科学证据：摄入铁少的食物的人，则血液中缺铁；摄入脂肪多的食物的人，则肥胖；吃简单食物的人，则消瘦；吃健康食物的人，则健康；等等。事实上，我们知道我们并不完全成为我们所食的东西，“人和其所食大不相同”。不过，费尔巴哈并没有简单地把人等同于其所食，而是赋予食物以伦理意蕴。费尔巴哈认为，根据道德（包括康德的道德），延续自己的生命是义务。因此，“作为延续自己的生命的必要手段的吃饭也是义务。在这种情况下，按照康德的说法，道德的对象只是与延续自己的生命的义务相适应的吃的东西，而那些足够用来延续自己的生命的食品就是好（善）的东西”。和食物相关的吃喝等行为是道德养成的必要途径，人“吸食母亲的奶和摄取生命的各种要素的同时，也摄取道德的各种要素，如相互依赖感、温顺、公共性、限制自己追求幸福上的无限放肆”。无独有偶，斯宾塞（Herbert Spencer）在 1892 年出版的《伦理学原理》中也把母亲喂养婴孩食物作为绝对正当的行为，“在以自然的食物喂养婴孩的过程中，母亲得到了满足；而婴孩有了果腹的满足——这种满足，促进了生命增长，以及加增享受”。费尔巴哈还把食物、美味和道德密切联系起来，他认为如果有能力享受美味，“并且不因此而忘记对他人的义务和责任，那么吃美味的东西无论何时也不会就是不道德的；但是，如果剥夺别人或不让他们享受如你所享受的那么好，那么，这就是不道德的”。在此意义上，食物甚至是“第二个自我，是我的另一半，我的本质”。其实，食物是一系列行为的产物，其中关键的一环是“吃”。在某种程度上，人类通过“吃”确证自我的存在方式。用萨特（Jean - Paul Sartre）的话说：“吃，事实上就是通过毁灭化归己有，就是同时用某种存在来填充自己。”对食物的综合直观本身是同化性毁灭，“它向我揭示了我将用来造成我的肉体的存在。从那时起，我接受或因恶心吐出的东西，是这存在物的存在本身，或者可以说，食物的整体向我提出了我接受或拒绝的存在方式”。吃或食物作为人的重要存在方式，在一定程度上彰显人的本质，人的本质也在吃或食物中得到一定程度的磨砺和实现。

（三）公平与自律的双重建构

在食品科技境遇中，食物成为工业化产品，也就意味着不从事食品生产的人们只是远离食品生产体系的消费者。因此，食品生产实践把人的存在和本质联结为一体的基本途径在于：①为了维系人人应当享有的食品消费权益；②食品生产者必须考虑消费者的喜好和正当要求；③食品消费者（食品生产者同时也是食品消费者）应当具有相应的食品知情选择的权利。这就需要个体自律和社会公平的双重建构。

在公平的社会制度中，食品伦理遵循为了自我和他者的善的生活的道德观念，古典的节制德性转化为食品自律（或者甚至是“自主权”）。罗尔斯（John Rawls）说：“自律行为是出自我们作为自由平等的理性存在者将会认同的、现在应当这样理解的原则而作出的行为。”自律本质上和正当客观性相一致，它是“要求每一个人都遵循的原则”。自律是一个补偿诚信遮蔽的食品伦理原则，这个原则的价值基准是人人生而具有的食品人权。食品伦理权益的保障也就是对食品负责的追求。胡塞尔说：“人最终将自己理解为对他自己的人的存在负责的人。”这种责任是对食品权益的重叠综合性的回应和承担，主要包括食品消费者和食品生产者的责任、食品生产销售监督等相关机构的责任乃至国家政府和国际组织的相应责任。自律和公平共同构成追求食物权益、维系食品伦理以及把存在与本质联为一体的伦理实践力量。

人类共同食品价值的维系、食品科技的道德批判、食品伦理权益的要求和相应的责任体系的思考建构奠定了食品伦理学的基本理论框架。在食品伦理的实践要求和理论反思的双重推动下，食品伦理学呼之欲出。

（四）食品伦理学的应运而生

食品伦理学深深植根于饮食风俗习惯中，食物风俗习惯既能呈现分歧差异又能强化共识联系。古典节制德性正是中道的共识联系，它所抵制的则是不及和过度两个极端。中世纪的食物禁欲主义和纵欲主义是古典节制德性所反对的两个极端的膨胀和叛逆。食品科技的冲击、食品伦理的反思是对禁欲主义和纵欲主义两个极端的实证消解和理论批判，而自律和公平则是在此前提下解决节制和极端（禁欲主义和纵欲主义）的冲突、寻求良好的善的生活的食品伦理建构。如此一来，食品伦理学也就水到渠成了。

20 世纪末，作为应用伦理学重要分支领域的食品伦理学应运而生，其标志性著作是1996 年出版的《食品伦理学》（*Food Ethics*）。该书由密赫姆（Ben Mepham）主编。密赫姆特别强调说，在诸多应用伦理学领域，食品伦理关涉普遍的、长期的、具有说服力的伦理问题。自《食品伦理学》出版以来，食品伦理学的研究和实践日益成为重要的国际课题。一些重要的食品伦理组织机构相继成立：1998 年，食物伦理委员会（Food Ethics Council）在英国成立；1999 年，欧洲农业和食品伦理学协会成立；2000 年，荷兰创办农业和食品伦理学论坛，联合国食品和农业组织成立了研讨食品伦理学和农业的杰出专家小组，等等。同时，一些重要著作也相继出版，如荷兰考沙尔斯（Michiel Korthals）的《饭餐之前——食品哲学和伦理学》（2004 年出版），丹麦柯佛（Christian Coff）的《伦理的味道——食品消费伦理》（2006 年出版），德国戈德瓦尔德（Franz - TheoGottwald）、尹晋希玻（Hans Werner Ingensiep）和曼哈特（Marc Menhardt）主编的《食品伦理学》（2010 年出版）。尤其值得注意的是美国汤姆森（Paul B. Thompson）和凯普兰（David M. Kaplan）主编的巨著《食品和农业伦理学百科全书》（2014 年出版），近两千页，几乎囊括了食品伦理学涉及的主要问题，堪称当下食品伦理学的百科全书。

时至今日，食品伦理学凭借其理论成就和实践业绩已经成为应用伦理学的重要分支领域。随着食品科技的日益发展和国家间经济、文化、政治的深刻交融，食品问题呈现出前所未有的复杂景象。因此，食品伦理学依然任重而道远。

【参考文献】

（略）

（原文刊载于《理论学刊》2016年第6期）

食品伦理的冲突与和解

任　丑

摘要：近年来频繁出现的食品安全事件凸显出尖锐的食品伦理冲突问题。反思食品伦理冲突并寻求和解之道，既是食品伦理学的历史使命，也是人类追求善的生活方式的正当要求。食品伦理冲突主要集中在三个层面：素食与非素食的伦理冲突；自然食品与人工食品的伦理冲突；食品信息遮蔽与知情的伦理冲突。这些冲突本质上是对食品道德法则的悖逆，因此和解路径就在于把握并信守食品道德法则。针对食品伦理冲突问题，必须秉持生命权之绝对命令，保障免于饥饿的权利，以此提升生活质量、实践善的生命追求。

关键词：食品伦理；冲突；反思；和解

衣食住行是人之为人的基本存在方式，诚如费尔巴哈所说："吃和喝是普通的、日常的活动，因而无数的人都不费精神、不费心思地去做。"人们享用食品好像是理所当然、毋庸置疑的自然现象，似乎是和伦理无过多关联的生活事实。但其实，自从人类出现以来，食品伦理就以饮食习俗的素朴方式渗透在人类历史进程之中，并逐步形成一定的食品伦理规则。20 世纪 90 年代末，食品伦理学正式诞生并成为应用伦理学的一个重要领域。

近年来，随着食品科技高度发展和生态环境问题日益严重，频繁出现的转基因食品、三鹿婴幼儿奶粉、地沟油之类的事件把食品伦理冲突推向食品伦理学研究前沿。这些食品伦理问题集中在三个层面：第一，素食与非素食的伦理冲突；第二，自然食品与人工食品的伦理冲突；第三，食品信息遮蔽与知情的伦理冲突。因此，透过纷宏复杂的食品伦理冲突的表象，反思食品伦理冲突之本质，进而探求和解之道，就成为当下食品伦理学不可推卸的研究使命。

一、素食与非素食的伦理冲突与和解

依据食品构成的基本要素，食品可以分为素食与非素食（主要指肉类食品）。围绕素食与非素食引发的素食主义与非素食主义的冲突是一个亘古常新的食品伦理问题。例如，早在公元前 450 年，素食主义者、罗马诗人奥维德与古希腊哲学家恩培多克勒对此问题就有过颇为激烈的争论。当下的食品伦理冲突则主要来自素食主义者的挑战。用约翰逊（Andrew Johnson）的话说就是：除了人之外，食用其他动物又会怎样呢？换言之，人类是否应当食用肉类？

在素食者（尤其是素食主义者）看来，食肉必然以屠戮人类伙伴为代价，这是极不人道的侵害行为，甚至可以说，“食肉就等同于谋杀”。素食主义者奥斯瓦德（John Oswald）在其《自然的哭泣，或基于迫害动物立场对仁慈和公正的要求》中对此有较为详尽的论述。素食主义者的理由是：人类与其他动物类似，具有物种共同体的同感。既然人们普遍认为吃人是错误的，那么就应该禁食肉类。绝对素食主义者不仅要求禁食肉类和鱼类，甚至还呼吁禁食所有动物产品，如鸡蛋、牛奶等。

与素食主义的悲悯思想不同，非素食主义其实是一种快乐主义。快乐主义把好（善）的食物的意义锁定在感官快乐的基点上，认为肉食及其带来的愉悦是对身体的鼓励。拉美特利说，饥饿者有了食物，就意味着“快乐又在一颗垂头丧气的心里重生，它感染着全体共餐者的心灵”。餐桌的愉悦是对食肉者的褒奖，讨论肉食和所食动物的来源有悖礼貌、优雅，甚至不可想象。德里达（Jacques Derrida）一直秉持快乐主义思想。对他而言，“杀死动物是不需要考虑的，既然我们必须吃以维系生存。吃是对死亡的拒斥，其道德问题是关注好（善）的餐饭……这是生命快乐的延绵——当然不是为了被食者，而是为了食者”。在快乐主义者这里，食肉是感官快乐的自然需求，根本不必考虑食用肉类或者杀死动物的道德问题，更不必听命于素食主义的哀婉苦求。

那么，如何化解素食主义和非素食主义（即快乐主义）的冲突呢？素食主义和快乐主义的冲突源于两者对人和食品的单一片面的理解。首先，作为杂食性动物的人与素食动物有类似之处（人依靠素食也能够生活），也有所不同。素食动物的身体结构、消化系统等决定着其不能也不需要食肉。素食动物吃的过程（如羊吃草）是一个纯粹的自然过程，而素食主义者食素却是以禁止食肉为前提的自由选择行为？作为有理性的存在者，人应当自觉地把自己与素食动物如食草动物牛羊等区别开来。另外，人也具有食肉的能力和需求，这一点和食肉动物类似，而与素食动物迥然有别。从经验的角度看，大部分人主张食肉是人类自然的身体需求，是有益身心健康的行为。约翰逊说：“绝大部分人认为食肉是没有错的，尽管许多人或多或少地反对吃某类动物的肉，或者不要在吃动物前虐待它们。”由此看来，素食主义的理由（人类与其他动物类似且具有物种共同体的同感）不能成立，把素食偏好看作目的并要求所有人遵循是一种霸道的独断论。其次，虽然食肉意味着某些动物的死亡，但是，从某种意义上看，“这是自然如何运行的方式，我们对此无能为力”，如狮、虎等食肉动物活吃猎物是自然过程，它们不会考虑猎物（如牛、羊等）绝望痛苦的哀嚎。但是，人作为道德主体，应当自觉地把自己与（非道德主体的）动物如狮、虎等区别开来。也就是说，人应当考虑动物感受性，而不是和食肉动物一样仅仅为了身体快乐而食肉。孟子说：“君子之于禽兽也，见其生，不忍见其死；闻其声，不忍食其肉。是以君子远庖厨也。”（《孟子·梁惠王》）快乐主义把人类混同于其他动物，其实是把人贬低为自然规律的奴隶而遮蔽了人的自由本性。由于动物能够感受痛苦，活食动物是残忍冷酷的，而“食动物前杀死动物是人道的”。可见，快乐主义和素食主义一样，其理论和行为也是缺乏道德反思的独断论。再次，人食素或食肉是一个自然过程，同时也是自我能力范围内的理性选择行为。亚里士多德主张，人应当为其自愿选择、力所能及的行为负责。素食主义、快乐主义和其他类型的人都应当对食品（无论是肉食还是素食）具有敬畏之心和感恩之情。这既是对食品的责任，更是对人类自己的行为负责。在固守不伤害的道德底线的前提下，素食主义和快乐主义可以坚持自己的言行和行为规则，但也应当尊重他人的食物选择方式和生活方式，不能强迫他者接受或听命于自己的食物信条和生活方式。最后，事实上，在选择素食还是肉食的问题上，只有极少数人是素食主义者和快乐主义者。这也从经验直观的角度否定了快乐主义食物信条和素食主义食物信条的正当性和普遍性。从理论上讲，奠定在感官快乐或痛苦基础上的食物信条具有偶然性、多样性和不确定性，不可能成为出自实践理性的普遍道德价值法则。因而，少数素食主义者和快乐主义者不应该强求所有人以其特殊偏好为普遍性的食物伦理标准。把个别人的要求和规范强加于所有人，既是对平等人性的侮辱，也是对自由规则的践踏。

二、自然食物与人工食物的伦理冲突与和解

从来源看，食品可以分为自然食品和人工食品。众所周知，自绿色革命（其标志成就主要是高产小麦、高产大米等）以来，食品科学技术便成为食品来源的主要人工手段。与此相应，自然食品与人工食品的形式主要具体化为有机食品与科技食品。由于食品科技既可以正当应用也可以不正当应用，所以有机食品与科技食品的伦理冲突也就不可避免。当今世界的这种冲突主要体现为有机食品与转基因食品之间的冲突。两者冲突的极端状况是：个别国家宣称宁愿饿死，也要坚定地拒斥转基因食品。拒斥转基因食品、选择有机食品似乎成为一种世界潮流。如此一来，自然食品与人工食品的冲突焦点也就凸显为有机食品与转基因食品之间的道德冲突。那么，有机食品与转基因食品之间存在何种伦理冲突？如何化解这种伦理冲突呢？

（一）何种伦理冲突

有机食品与转基因食品之间存在两个层面的冲突：身体健康层面的冲突和外在环境层面的冲突。

身体健康层面冲突的核心问题是：有机食品是否比转基因食品更有营养？人们反对转基因食品的基本理由或内在理由是：有机食品属于小农场生产的地方型产品，所以是安全、有益人体健康的自然食品。与此不同，转基因食品是国际集团生产的科技产品，是一种危害人体健康乃至生命的危险食品。基因技术有可能会导致感性知觉和现实之间的断裂，因为一个转基因食品（如一个胡萝卜），不仅仅是一个转基因食品，而且也携带着源自其他有机体的基因，这就可能对人体健康带来不利因素。对于这个问题，诺贝尔奖获得者、植物学家鲍拉格（Norman Borlaug）明确地反驳说："如果人们相信有机食品更有营养价值，这是一个愚蠢的决定。相反，没有任何研究表明有机食品能够提供更好的营养，此外，有机的自然食品并非都是有营养的或有利健康的食物。某些有机食品可能是不安全的，如有机的万苣或菠菜，通常生长在粪肥浇灌的土壤中，包含有大肠杆菌，它能够导致出血性结肠炎、急性肾衰竭甚至死亡。"因此，与转基因食品相比，某些有机食品可能对人体健康危害更大。但如果有的消费者相信从健康的角度食用有机食品更好，也应当尊重他们的选择。虽然他们购买时必须付出更多费用，而且也很难依靠有机食品保证健康。

从外在环境的角度看，有机食品是否比转基因食品更有利于环境保护？反对转基因食

品的外在理由是：有机食品比转基因食品更有益于维系和保护人类赖以生存的自然环境。事实上，植物（包括小麦、玉米等）本身并不能判断氮离子是来自人工化学制品还是分解的有机物质。如果有机农场不使用化学氮肥，那就只能用动物粪肥或人类粪肥给庄稼提供肥料。这不但不能给植物（包括小麦、玉米等）带来生长上的肥料优势，还会对自然环境造成严重污染和高度破坏。例如，主要向英格兰、欧洲、冰岛等地提供有机食品的种植者就破坏了厄瓜多尔的森林和草地。对于这类问题，鲍拉格分析说："目前，每年使用大约8 000万吨的氮肥营养物。如果你试图生产同样多的有机氮肥，你将需要喂养50亿或60亿头牲畜来供应这些粪肥。这将要牺牲多少野外土地来供养这些牲畜？这简直是胡作非为。"在当今世界，如果仅仅种植有机食品而不使用化学肥料和转基因技术，那么既不能维系人类赖以生存的自然环境，也不能养活当下的世界人口。虽然食品不是武器，但是一旦食物匮乏，不但会导致部分人口挨饿的问题，还有可能引发饥荒灾难。为了争夺粮食资源，甚至还可能爆发血腥暴力、危及人类的世界战争。

（二）如何化解这种伦理冲突

有机食品与转基因食品冲突的实质是人们对非自然食物的排斥情绪与道德理性之间的冲突。伯恩斯（Gregory E. Pence）说："总体上看，我们当下的食品检验体系对传统食品更多一些虚幻好感，对转基因食品更多一些排斥情绪。人们总是这样：惧怕街道上一个陌生的孩子，尤其是他的名字是'基因'的时候，更是增加了恐惧。"在这种排斥情绪与道德理性的冲突中，道德理性应当发挥其实践作用。

我们知道，休谟曾经把情感当作理性的主人，把理性当作情感的奴隶，并以情感作为道德的根据。康德颠倒了休谟的观点，主张实践理性是情感的主人，并以实践理性作为道德的基础。在我们看来，道德情感和道德直觉应当同样受到尊重，但我们依然同意康德的观点：实践理性应当是情感的立法者，是行为选择的道德基础。不可否认，有机食品与转基因食品的冲突本质上也是情感直觉和道德理性之间的冲突。在科学没有确证转基因食品对人类具有严重危害的情况下，如果出于某种情感直觉轻率地拒斥转基因食品，由此带来的危害生命权和免于饥饿权的严重后果将是不可估量的。这是违背科学理性和道德理性的行为。即便科学确证了转基因食品的严重危害，从道德理性的角度看，生命权和免于饥饿权依然拥有优先性，因为一旦饥饿重新向生命开战，饿殍遍野、易子而食的人间悲剧就可能重新上演。那种宁愿饿死也要拒斥转基因食品之类的情绪在饥饿威胁面前是不堪一击的。更为严重的是，由此引发的粮食争夺、瘟疫疾病、环境危机、暴力冲突乃至血腥战争等不良后果将给人类带来不可估量的惨重灾难。因此，在没有其他科学途径解决饥饿问题之前，人们可以在理论层面对是否拒斥转基因食品进行言论自由的辩论，但若付诸行动就必须有充足的科学根据和切实可行的实践路径。也就是说，付诸行动的有关措施和相应手段必须经过严密慎重的论证、正当合法的程序且具有切实可行的坚强保障。行动的底线或实践理性的最低命令是：只有在确保不会引发或直接导致饥饿威胁的前提下（即在不危害生命权和免于饥饿权的条件下），才应当完全拒斥转基因食品。

人类不应该在付出惨痛代价后再重新回到起点，而是应当遵循实践理性的命令，理性慎重地化解或缓解有机食品与转基因食品的冲突以及通常的自然食品与人工食品的冲突。

三、食品信息遮蔽与知情的伦理冲突与和解

从动态运行的角度来看，食品生产是一个信息遮蔽与知情之间不同程度冲突的历史进程。工业革命以来，食品要素发生了巨大改变。现代食品生产远离家庭和小区，改变了传统自给自足的食品生产和消费之间信息透明的历史。同时，烹饪在一定程度上也成为遮蔽食品来源及其历史的活动。食品信息遮蔽与食品信息知情的伦理冲突日益凸显。而且，这种变化缺少相应的医学或科学引导。众多食品消费者没有接受食品营养原则的应有教育，缺少食品营养原则的基本常识，既不知晓食品来源及其生产历史信息，也不了解自己的食品消费对自然和历史造成的影响。食品生产和消费之间的联系由此断裂，食品信息遮蔽和食品信息知情的冲突也不断升级。近几年出现的食品安全事件（如地沟油等）都是这种冲突的不同体现。

目前，由于食品信息遮蔽的技术性不断提高，我们生而具有的感官知觉已经很难辨别甚至不能辨别食品的本来特性。于是，我们不能相信自身的感官，只能外在地“依赖我们读到的东西：食品说明。在未来，对我们更为重要的是：不要吃没有读的东西”。消费者的食品知识和食品选择在很大程度上降低为食品说明。一旦“我们吃信息”，食品消费者的信息缺失和食品生产者的信息遮蔽之间的冲突就会更加激烈。这种冲突的本质是对食品信任的消解，因此，去蔽食品信息、重建食品信任就成为化解食品信息遮蔽与知情之间伦理冲突的根本路径。问题是：为何要重建食品信任？如何重建食品信任？

（一）为何重建食品信任

第一，重建食品信任是食品伦理追求善的生活的应有要求。虽然食品生产者和食品消费者有一定的利益冲突和认知矛盾，但这并非遮蔽食品信息的理由或托词。相反，遮蔽食品信息只会加剧双方的矛盾冲突。

食品信任并非单向度的个体活动，而是食品生产者和食品消费者双向认同的伦理行为。对此，柯弗从词源学的角度解释说：“英文 companion 和法文 copain 都源自拉丁文，意思是指‘和某人共食面包者’。既然市场上一人之美味常常是另一人之毒药，把消费者和生产者看作‘伙伴（companions）’是不正常的。但是，就食品伦理学来说，意识到消费者和生产者在某种意义上共食面包是重要的。”人们在这种社交活动中，实现其用餐权利的正当要求，其实也是社会（social）的基本意义。柯弗诠释道：“社交（social）的意义可以通过德语 Gercht 的运用来加以解释。Gercht 既有美食学的意义又有法定权利的意义（具有英语 dish 和 right 的双重意义）。对于共同体而言，基本的 Gercht 可以解释成用餐权利（a right to dish），这意味着有权享用属于共同体的食品。因此食品和用餐权利是一种表达关心他人和共同体的方式。”可见，食品信任本质上是人之为人的正当要求，因为食品生产和消费的共同目的是对善的生活的追求。在公平制度或社会机构中，善的生活的主体既包括食品生产者，也包括食品消费者。如果没有后者的善的生活，前者的善的生活就是子虚乌有；反之亦然。尽管食品消费者是食品信息遮蔽的被动受害者，但由此带来的对生产者的极度不信任即食品信任危机最终会危害食品生产者自身。如此一来，食品生

产者和食品消费者将会互不信任、相互猜忌，结果必然在相互危害中陷入恶的生活困境的循环之中。因此，为了食品消费者和食品生产者的善的生活，必须祛除食品信息遮蔽，重建食品信任。

第二，重建食品信任是人固有的脆弱性的内在要求。人在一定程度上凭借食品生产方式理解和把握自己："我是食用这种或那种生产方式所产食品的人。"实际上，当今多数人都认识到他们从事的是工业化农业而非传统农业。这种自我理解意味着他们并不怎么知道食品的生产历史："我是对自己所食用的工业化食品一无所知的人。"对食品消费者而言，食品生产是一个食品信息被遮蔽的历史过程。这是因为人并不是全知全能的存在者，而是天生的有限的脆弱的存在者。在生产过程中，"我们发现了脆弱性：人类、动物和自然作为生产过程的所有部分，通常能够被特别的生产历史所损害和践踏"。食品信任意味着承认食品认知和实践的脆弱性，因为信任意味着对他者的依赖。如果没有脆弱性，食品信息就不会被遮蔽，食品信任就没有任何意义。也就是说，食品信任关系只有通过脆弱性才可能建立起来。实际上，食品信息遮蔽带来的不确定性和茫然无知，正是食品信息知情要求的存在根据。就此而论，"在食品伦理学中，信任是一个关键概念，因为消费者倾向于依赖他们信任的来源信息而拒斥他们不信任的来源信息"。所以，食品信任的使命是必须能够理解并接受食品消费者的基本期望，并为满足这些基本期望而合理地行动。

（二）如何重建食品信任

食品信任本质上是食品消费者对食品生产者及其食品的信任。

食品信任的基本要素可以归结为：①食品生产主体：从事和食品相关的土壤培养、育种、排水作业、庄稼轮作、制作面包等食品生产的工作者，如专业食品师、农民、食用畜禽养殖者等。②食品消费主体，包括食品生产主体（同时也是食品消费者）和其他不从事食品生产的食品消费者，后者是狭义的食品消费者即通常意义上的食品消费者。③食品生产和食品消费的运行机制或组织实体。食品运行机制包括市场买卖、工作形式（如几个农场主的合作、工作日长度、分工等）、所有权形式、技能获得等。食品组织实体包括家庭、食品公司、食品研究单位、国家食品机构、国际食品组织等。据此看来，食品生产者的自律构成食品信任的伦理基础，食品消费者和食品运行机制或组织实体的他律则是纠正、弥补自律失误或缺失的必要伦理条件。所以，重建食品信任、化解食品信息遮蔽与食品信息知情冲突的基本途径是实现自律与他律在食品生产和消费过程中的有机结合。

食品生产主体同时也是食品消费主体，其自律既是为了其他食品消费主体的善的生活，也是为了食品生产主体自身的善的生活。但是，食品生产主体的自律不足以构成可以指望的食品信任。通常而言，食品生产主体追求利益最大化的目的与其自律带来的（短期）利益降低之间的矛盾可能会抵消其自律的道德力量与实际效果。食品信息遮蔽及由此带来的食品不信任正是自律不可指望的实际证据，或者说是食品生产主体自律缺失的不良后果。这就需要食品他律的力量予以纠正和弥补。食品消费主体的承认和信任在价值导向领域具有首要的重要地位，在私人和公共生活领域具有经验的实证作用。因此，食品消费主体的承认或者否认，是检验食品生产主体的自律与食品消费主体的期望是否匹配的根本尺度。根据这个尺度，食品生产和食品消费的运行机制或组织实体必须采取措施平衡营养和健康的关系，以便把提高食品数量和提升食品营养质量有机结合起来。同时，必须制定并严格执行相应的食品法律和规章制度，确保食品生产安全健康和食品信息知情权，严格追究遮蔽食品信息者的相关道德责任或法律责任，切实有效地加强食品生产主体与食品消费主体的自律和他律的结合，重建并维系食品信任，有效、正当地化解食品信息遮蔽和食品知情之间的矛盾冲突。

四、结语

追根溯源，食品伦理的各种冲突本质上是对食品道德规则的悖逆。因此，化解冲突的基本路径是把握并坚守最为基本的食品道德法则：秉持生命权之绝对命令，保障免于饥饿的权利，以此提升生存质量、实践善的生命追求。这既是食品伦理学的历史使命，也是人类追求善的生活方式的正当要求。

【参考文献】

（略）

（原文刊载于《哲学动态》2016年第4期）

食物伦理律令探究

任　丑　沈冬香

摘要：食物不仅仅是人类食用的自然之物，更是人类在其能力范围内超越自然的必然限制并自由地创造好（善）的生活的精神之物。在人类生活的历史进程中，食物以其特有的方式彰显着饥饿驱使下所产生的人与自然、人与人之间对抗颉颃与重叠共生的密切联系。在此联系中，食物自身蕴含着深刻的伦理关系。这就提出了食物伦理的根本问题：如何把握食物所蕴含的伦理关系？该问题可以分解为三个子问题：是否应当禁止食用任何对象？是否应当以任何对象为食物？应当以何种对象为食物？食物伦理第一律令、第二律令、第三律令分别回应这三个子问题。第一律令、第二律令是规定食物伦理"不应当"的否定性律令，其实质是食物伦理的消极自由（免于饥饿或不良食物伤害的自由）。第三律令是规定食物伦理"应当"的肯定性律令，其实质是食物伦理的积极自由（正当追求优良食物和善的生活的自由）。三大律令分别从不同层面诠释出食物伦理的根本法则或食物伦理的总律令——食物伦理的自由法则。

关键词：饥饿；伦理律令；自由法则

一、问题的提出

继罗尔斯《正义论》引发的学术盛事之后，国际伦理学界的另一学术盛事是：帕菲特（Derek Parfit）的皇皇巨著《论重大事务》以及一批当代重要伦理学家围绕此着所进行的热烈、持续而深刻的研讨。这些学者共同关注的重要伦理问题可以用帕菲特的话概括如下：为了"避免人类历史终止"，维系理智生命存在，应当如何面对各种生存危机？遗憾的是，正如帕菲特本人坦率地承认的那样，该著对此类大事的直接讨论极其薄弱。其实，人类历史延绵的要素固然复杂，但依然可以将其归为两类：

（A）人类历史延绵的基础要素；

（B）人类历史延绵的发展要素。

显然，当且仅当（A）得以保障，（B）才有可能。所以，（A）优先于（B）。

就（A）来说，人类历史延续的两大基础要素包括：

（C）饥饿；

（D）繁殖。

比较而言，饥饿是人人生而固有且终身具有的现实能力要素，而生殖则并非如此，如婴幼儿或没有生殖能力的成年人等也具有饥饿能力。换言之，饥饿是生殖得以可能的必要条件：当且仅当（C）得以可能，（D）才有可能。如果没有或丧失了饥饿能力，人类必然灭亡。就此而论，解决生存危机、延续人类历史的首要问题是饥饿问题。饥饿问题不能仅仅依赖人类自身予以解决，也不能仅仅依赖外物予以解决，只有在人与物的关系中才可能得以解决。饥饿与外物之关系的可能选项是：

（E）饥饿是否与所有外物无关？如果答案是否定的，那么

（F）饥饿是否与任何外物相关？如果答案是否定的，那么

（G）饥饿如何与外物相关？

众所周知，外物并不自在地拥有与饥饿相关的目的，因为外物“自身根本不具有目的，只有其制作者或使用者‘拥有’目的”。人们根据满足饥饿的目的，把外物转变为一种是否选择的食用对象。或者说，在满足饥饿目的的生活选择的实践境遇中，外物成为一种是否应当食用的对象。借用福柯（Michael Foucault）的话说：某一外物是否成为应当食用的对象（食物），“不是一种烹饪技艺，而是一种重要的选择活动”。与此相应，饥饿与外物关系的可能选项（E）（F）（G）分别转化为食物伦理的三个基础问题：

（H）是否应当禁止食用任何对象？如果答案是否定的，那么

（I）是否应当允许食用任何对象？如果答案是否定的，那么

（J）应当食用何种对象？

把握它们蕴含的食物伦理关系就是食物伦理律令所要响应的问题。食物伦理第一律令、第二律令、第三律令分别响应这三个问题。回答了这三个问题，事关人类历史延绵的食物伦理律令也就水到渠成了。

需要特别说明的是，由于篇幅所限，本文主要回答前两个问题（食物伦理的消极律令），兼及第三个问题（食物伦理的积极律令）。

二、食物伦理第一律令

凭直觉而论，食物伦理第一律令可以暂时表述为：为了生命存在，不应当禁止食用任何对象或不应当绝对禁食。这既是祛除饥饿之恶的要求，又是达成饥饿之善的期望，亦是饥饿之善恶冲突的抉择。

（一）祛除饥饿之恶的要求

饥饿是每个人生而具有的在特定时间内向消化道供给食物的生理需求与自然欲望，因此也构成人类先天固有的脆弱或欠缺。在弥补和抗衡这种脆弱或欠缺的绵延历程中，“饥饿可能成为恶”。饥饿之恶既有其可能性，又有其现实性。

强烈的满足饥饿欲求的自然冲动可能使善失去基本的生理根据，为饥饿之恶开启方便之门。虽然受到饥饿威胁的人不一定为恶，但是饥饿及其带来的痛苦却能够严重削弱甚至危害为善的生理前提与行为能力，因为“痛苦减少或阻碍人的活动的力量”。在极度饥饿的状态下，个人被迫丧失正常为善的生理支撑，乃至没有能力完成基本的工作甚或正常动作（如饥饿使医生很难做好手术、教师很难上好课、科学家很难做好试验等）。相对而言，忍饥挨饿比温饱状态更易倾向于恶，不受饥饿威胁比忍饥挨饿的状态更易倾向于善。尽管

为富不仁、饱暖思淫欲之类的恶可能存在，但是饥寒为盗、穷凶极恶之类的恶则具有较大的可能性。更为严重的是，在食物不能满足饥饿欲求的境遇中，大规模的饥饿灾难可能暴戾出场。饥饿灾难还极有可能诱发社会动荡甚至残酷战争，给人类带来血腥厄运与生命威胁。设若没有食物供给，饥饿则必然肆虐，人与其他生命就可能在饥饿的苦难煎熬中走向灭绝。从这个意义看，饥饿首先带来的是具有可能性的恶——为善能力的削弱甚至缺失，以及为恶契机的增强。

饥饿不仅仅囿于可能性的恶，在一定条件下还能造成现实性的恶。在食物匮乏的境遇中，饥饿具有从可能的恶转化为现实的恶的强大动力与欲望契机。饥饿能够引发疾病，破坏器官功能，危害身体健康，使人在生理痛苦与身心折磨中丧失生命活力和正常精力。一旦饥饿超过身体所能忍受的生理限度，人体就会逐步丧失各种功能并走向死亡（饿死）。对此，拉美特利描述道：人体是一架会自己发动的机器，“体温推动它，食料支持它。没有食料，心灵就渐渐瘫痪下去，突然疯狂地挣扎一下，终于倒下，死去”。值得注意的是，对于未成年人来说，饥饿还会导致其身体发育不良（或畸形），使其在极大程度上失去或缺乏基本的生存能力，以及随之而来的无助感，也有可能因饿死而夭折。诚如内格·道尔（Nigel Dower）所说：“饥饿尤其是苦难中的极端形式。”出于对饥饿等痛苦的伦理反思，斯宾诺莎甚至把恶等同于痛苦。他说：“所谓恶是指一切痛苦，特别是指一切足以阻碍愿望的东西。”显然，斯宾诺莎不自觉地陷入了自然主义谬误，因为痛苦（事实）并不等同于恶（价值）。尽管如此，依然不可否认：在自我保存和自由意志的范围内，饥饿带来的疾病、死亡等痛苦直接危害甚至剥夺个体生命的存在，因而成为危及人类和生命存在的现实性的恶。

饥饿直接危害甚至剥夺生命的同时，也严重损害道德力量与人性尊严。在某些地域的某些时代，饥饿与痛苦成为穷人的身份象征，饱足与快乐则成为富人的身份象征。爱尔维修说：“支配穷人、亦即最大多数人的原则是饥饿，因而是痛苦；支配贫民之上的人、亦即富人行动的原则是快乐。”一般情况下，人仅仅接受食物的施舍，其尊严就已经在某种程度上受到损害，更遑论乞食。极度饥饿可以迫使人丧失尊严，甚至剥夺试图维系尊严者的生命。对此，费尔巴哈说：“饥饿不仅破坏人的肉体力量，而且损害人的精神力量和道德力量，它剥夺人的人性、理智和意识。”饥饿（尤其是极度饥饿）逼迫人丧失理智，摧毁人的意志，使人在自然欲望的主宰下无所顾忌地蔑视或践踏行为准则与法令规制。拉美特利痛心疾首地说：“极度的饥饿能使我们变得多么残酷！父母子女亲生骨肉这时也顾不得了，露出赤裸裸的牙齿，撕食自己的亲骨肉，举行着可怕的宴会。在这样残暴的场合下，弱者永远是强者的牺牲品。”人们常常在极度饥饿的痛苦煎熬中丧失理性和德性，蜕变为弱肉强食的自然法则之工具。

然而，人不应当仅仅是饥饿驱使下的自然法则之奴仆，还应当是自然法则与饥饿之主人。在极有可能被饥饿夺去生命的境遇中，依然有不愿被饥饿奴役者。为了维护人性尊严，他们与饥饿誓死抗争，即使饿死也绝不屈从。在尊严抗争饥饿的过程中，人的自由意志和德性彰显出其善的光辉。这正是达成饥饿之善的期望之根据。

（二）达成饥饿之善的期望

在边沁看来，“自然把人类置于两位主公——快乐和痛苦——的主宰之下。只有它们才指示我们应当干什么，决定我们将要做什么”。尽管饥饿及其带来的痛苦更倾向于恶，但并不能完全遮蔽其善的潜质。饥饿及其带来的痛苦更易于摧毁道德的自然根基，但也可能成为建构道德的感性要素。另外，饥饿也能带来相应的快乐。赫拉克里特曾说：“饿使饱成为愉快。”这种快乐使人可能倾向于善。更为重要的是，饥饿既是人之存在的原初动力，也是人类生活价值的自在根据。就此而论，饥饿之善依然是可以期望的。

如果说人是有欠缺的不完满的存在，那么饥饿则是人先天固有的根本性欠缺。在萨特（Jean－Paul Sartre）看来，存在论（或本体论）揭示出饥饿之类的欠缺是价值的本源。他说：“本体论本身不能进行道德的描述。它只研究存在的东西，从它的那些直陈是不可能引申出律令的。然而它让人隐约看到一种面对困境中的人的实在负有责任的伦理学将是什么。事实上，本体论向我们揭示了价值的起源和本性；我们已经看到，那就是欠缺。”饥饿作为生命本源的欠缺，饥饿是自然赋予人与其他生命自我保持、自我发展的基本机能之一。某种程度而论，人之存在就是一个持续回应饥饿要求、追求免于饥饿的绵延进程。在此一进程中，饥饿成为人类生活价值的自在根据之一。

饥饿首先是人类存在的原初要素之一。从生命存在的形上根据而言，缺乏是生命之为生命的必要条件。诚如黑格尔所言：“只有有生命的东西才有缺乏感。”作为缺乏的一种基本要素，饥饿无疑是生命存在的必要条件。从经验的角度看，“饥饿是人的一种自然需要，满足这种需要的欲望是一种自然而且必要的感情”。欠缺意味着需求，没有饥饿的缺乏感，人将丧失生存的本原动力。爱尔维修深刻地指出：“如果天满足了人的一切需要，如果滋养身体的食品同水跟空气一样是一种自然元素，人就永远懒得动了。”缺乏或丧失饥饿的欲求，食物将不复存在，人也将不成其为人，并将蜕变为失去生命活力和存在价值的非生命物。正是饥饿启动生命机体欲求食物的发条，使之转化为生命存在和自我发展的原始动力。在饥饿欲求的自然命令下，人类学习并掌握最为基本的生存技巧。毫不夸张地说，“在各个文明民族中使一切公民行动，使他们耕种土地，学一种手艺，从事一种职业的，也还是饥饿”。可见，饥饿是人类和其他生命得以存在并延续的要求和命令之一。

在维系生命存在的过程中，饥饿及其带来的快乐在某种条件下转化为有益人类与生命存在的善。为了满足自身存在的饥饿欲求，人们永不停歇地劳作。在劳作过程中，饥饿不仅带来痛苦，而且也带来追求食物和生存的愉快和动力。尽管“痛苦与快乐总是异质的”，实际上“痛苦与快乐极少分离而单独存在，它们几乎总是共同存在”。相对而言，快乐比痛苦更倾向于善，因为“快乐增加或促进人的活动力量”。饥饿带来的快乐为善奠定了某种程度的自然情感基础。斯宾诺莎把痛苦等同于恶的同时，亦把快乐直接等同于善。他说：“所谓善是指一切的快乐，和一切足以增进快乐的东西而言，特别是指能够满足欲望的任何东西而言。”尽管快乐（事实）并不等同于善（价值），但是，当人们获得饥饿满足的快乐的时候，更易倾向于善。饥饿带来的用餐愉悦、生存动力等快乐在自我保存和行为选择中可能具有一定程度的善的道德价值。

（三）饥饿之善恶冲突的抉择

祛除饥饿之恶、达成饥饿之善是饥饿之恶与饥饿之善相互冲突的抉择历程。饥饿之恶与饥饿之善的矛盾集中体现为绝对禁食（饥饿之恶的表象）与允许用食（饥饿之善的表象）的剧烈冲突，其实质则是食物伦理领域的生死矛盾。

以“敬畏生命”著称的施韦泽（Albert Schweitzer）曾提出生命伦理的绝对善恶标准：“善是保存生命，促进生命，使可发展的生命实现其最高价值。恶则是毁灭生命，伤害生命，压制生命的发展。这是必然的、普遍的、绝对的伦理原理。”这一绝对伦理原理在饥饿之善与饥饿之恶的冲突面前受到致命的挑战。人与其他生命既可能是食用者，也可能是被食者（食物）。在饥饿的驱使下，各种生命相互食用，生死博弈势所难免。诚如柯弗（Christian Coff）所说：“吃是一场绵延不绝的杀戮。”如此一来，绝对禁食或允许用食似乎都不可避免地悖逆自然之善——保存生命的基本法则，因为人类必然面临如下伦理困境：

（1）如果绝对禁食，则必定饿死或被吃而丧失生命。

（2）如果允许用食，则意味着伤害其他生命。值得一提的是，极端素食主义者毕竟是极少数。而且，植物也是有生命的，至少是生命的低级形式。就此而论，素食其实也是伤害生命。

（3）无论绝对禁食还是用食，都意味着生死攸关的生命选择：杀害其他生命或牺牲自己的生命。

那么，应当如何抉择呢？显而易见，这种生死冲突的根源是饥饿。饥饿促发的绝对禁食与允许用食的冲突本质上是生死存亡之争：“饥饿要么导致我们的死亡，要么导致他者的死亡。”化解这种生死冲突的抉择必须响应两个基本问题：绝对禁食是否正当？允许用食是否正当？

绝对禁食是否正当？绝对禁食表面看来似乎是尊重（被食者）生命的仁慈行为，但实际上它违背生命存在的基本法则与自然之善的基本要求，无异于饥饿之恶的肆虐横行。因为绝对禁食既是对饥饿这种自然命令的悖逆，也是对用食（吃）这种自然功能的完全否定。如果一个人绝对禁食被饿死，这是对个体免于饥饿权的践踏，更是对人性的侵害和生命权（最为基本的人权）的剥夺。诚如斯宾诺莎所言：“没有人出于他自己本性的必然性而愿意拒绝饮食或自杀，除非是由于外界的原因所逼迫而不得已。”如果所有人绝对禁食被饿死，人类就陷入彻底灭亡的绝境。灭亡人类是比希特勒式的灭亡某个种族更大的恶，因为它是灭绝物种的恶。如果所有生命绝对禁食，人类和其他所有生命都将灭绝，这是生命整体死亡的绝对悲剧。可见，绝对禁食既违背祛除饥饿之恶的要求，又践踏实践饥饿之善的目的、悖逆保持生命的自然之善法则的伦理要求。换言之，绝对禁食是饥饿之恶对饥饿之善的践踏，因为它杜绝了自然赋予生命存在的基本前提，绝对彻底地践踏了自然的最高善——保持生命。尤那思（Hans Jonas）特别强调说，伦理公理“绝不可使人类实存或本质之全体陷入行为的危险之中”。绝对禁食是以毁灭个体为目的的嫉恨生命，由此带来的毁灭生命不但“使人类实存或本质之全体陷入行为的危险之中”，而且直接导致人类历史终止的严重后果。是故，绝对禁食是否定生命存在正当性进而毁灭生命的终极性的根本恶，拒斥绝对禁食是食物伦理的绝对命令。

那么，允许用食是否正当？饥饿是最为经常的支配人类行动的自然力量，“因为在一切需要中，这是最经常重视的，是支配人最为紧迫的”。饥饿是食物得以可能并具有存在价值的原初根据，达成饥饿之善的关键途径是食物。人类历史经验所积累的食物价值基于一个自明的事实："食物即是生命（food is life）。为了继续活着，所有生命必须消耗某种食物。"虽然未加反思的盲目的吃（事实上也大致如此）会杀死个别生命甚至可能灭绝个别物种，但是它可以使人类和所有生命获得生存机会，并能有效地避免或延迟生命整体灭亡的残酷后果或绝对悲剧。

在"弱肉强食、适者生存"的自然法则中，弱肉强食只是手段，适者生存才是目的。如果弱肉强食是目的，最强大的动物（如恐龙之类）就不会灭绝。然而事实却恰好相反，弱肉强食最终必然导致超级食者（如恐龙之类）因无物可食而逐步走向灭绝。从个体而言，保存自我是人和其他生命的内在本质，饥饿正是这种内在本质的原初力量。斯宾诺莎说："保存自我的努力不是别的，即是一物的本质之自身。"正因如此，康德把"以保存个体为目的的爱生命"规定为最高的自然的善。密尔也认为，最大幸福原则的终极目的就是追求那种最大可能地避免痛苦、享有快乐的存在。他说"终极目的是这样一种存在（an existence）：在量和质两个方面，最大可能地免于痛苦，最大可能地享有快乐"，其他一切值得欲求之物皆与此终极目的相关并服务于这个终极目的。食物的价值在于满足生命存在的饥饿欲求，避免饥饿之恶的痛苦威胁，达成维系生命存在和活力的目的。免于饥饿、获取足够食物以维系生命，是珍爱生命的最为基本的要素，是最高的自然善的基本内涵，亦是适者生存法则的内在要求。可以说，用食（吃）以血腥的恶（杀死生命）作为工具，是为了达成保存生命之善的目的。因此，允许用食或拒斥绝对禁食是自然之善法则的应有之义，也是适者生存法则下化解生死存亡冲突的实践律令。

鉴于上述理由，我们把直觉意义上的食物伦理第一律令修正为：不应当绝对禁食，因为，生命存在是最高的自然善；绝对禁食既是对生命的戕害，亦是对自然善的践踏；绝对禁食必然导致人类历史的终止，因而是对人类最为重要之事的最大危害。

三、食物伦理第二律令

如上所论，不应当绝对禁食也就意味着应当允许用食。我们自然要问：是否应当允许食用任何对象？此问题涵纳两个基本层面：是否应当以人之外的所有对象为食物？是否应当以人为食物？食物伦理第二律令对此予以回应。

人类具有一套精密的消化系统与强大的消化功能，并借此成为兼具素食与肉食能力的杂食类综合型生命。或者说，人类能够享有的食物类别与范围远远超出地球上的其他生命，是名副其实的食者之王。值得注意的是，尽管人的生理结构与消化功能赋予人以强大的食用能力，但是这种能力在无限可能的自然中依然具有其脆弱性。对人而言，每一种食物都不是绝对安全的，都具有不同程度的危险性。既然人类的食物能力是有限的，而且每一种食物对人而言都具有危险性，那么人的食物对象必定有所限制。

（一）是否应当以人之外的所有对象为食物

这个问题可以从人的身体功能和食物规则两个层面予以思考。

1. 从身体功能来看，人不应当食用（人之外的）所有对象

身体功能的脆弱性、有限性、差异性，决定着人不能食用（人之外的）所有对象。饥饿并非身体之无限的生理欲求。就是说，身体生理功能所欲求的食物的量是有一定限度的。一旦达到这个限度，食欲得到满足，食物就不再必要。如果超越这个限度，身体便不能承受食物带来的消化压力与不良后果。一般而论，身体对于满足饥饿的直接反应是，饥饿感消失即不饿或饱足状态。此时，不得强迫身体过度进食。亚里士多德认为，用食过度是欲望的滥用，因为“自然欲望是对欠缺的弥补”。孟子也说：“饥者甘食，渴者甘饮，是未得饮食之正也，饥渴害之也。”饥不择食、渴不择饮之类的生活方式，因其过量而增加了危害健康的可能性。如果不加限制地进食，还可能便利甚至加剧病菌等有害物对身体的危害，使身体受损甚至死亡。

身体对于食物的质亦有严格要求。食物成为满足人类饥饿需求、维系生命的物质，是以食物的质为前提的。从身体或生理的层面看，满足饥饿需求、有益身体健康是选择食物的第一要素。没有基本质量保证的食物可能使人呕吐或反胃（恶心），给人带来疾病、痛苦与危害。如果食物包含肮脏成分，或者食物配备不当，人就可能遭受食物污染甚至食物中毒，严重者可能因此失去生命。面对食物欲求与食物危险之间的紧张关系，人们必须根据一定的质的标准（有益健康）谨慎严格地选择、生产、消费食物。不但人如此，“其他动物也区分不同食物，享用某些食物同时拒绝某些其他食物”。一般而言，所有人都不可食用的东西即对身体健康有害无益的东西如毒蘑菇、石头、铁等，被排除在食物之外。对人体健康有益无害的东西，才可能成为人们进行食物选择的对象，比如，人们选择某类水果、谷物或动物等作为自然恩赐的天然食物，主要是因为它们可以维持生命与健康甚或提升快乐与满足感。

身体功能的自然限制决定着人类的食物不可能是任何自然物，即人类的食物只能是有所限定的某些自然物。这也是食物规则形成的自然基础。

2. 从食物规则来看，人不应当食用人之外的所有对象

表面看来，每种食物源于自然又复归于自然。究其本质，食物既是自然产物，也是自由产物。费尔巴哈在分析酒和面包时说：“酒和面包从质料上说是自然产物，从形式上说是人的产物。如果我们是用水来说明：人没有自然就什么都不能做。那么我们就用酒和面包来说明：自然没有人就什么都不能做，至少不能做出精神性的事情；自然需要人，正如人需要自然一样。”面包之类的食物作为自然产物和自由产物的实体是离不开人的，否则就不能成为人的食物。在人类生产、制作与享用食物的过程中，食物成为人们赋予各种价值要求和食用目的的价值载体，各种食物规则也随之形成。

作为食物消费者，人既食用自己生产的食物，又享用他者生产的食物。农业时代的乡村生活方式，常常体现在以面包、馒头、啤酒、白酒乃至红酒等为媒介所构成的各类社会团体之中。在工业时代，啤酒甚至成为公众场合表达社会团结和谐的桥梁。食用方式或食物种类，标志并确证着食物主体的个体身份和价值认同。格弗敦（Leslie Gofton）说：“共同享用食物，是最为基本的人类友爱、和善的表达方式。”共同进食者通过这种行为方式建立一种权利与义务的食物规则共同体。于是，人们自觉或不自觉地造就并归属于各种不同的食物规则共同体，如西餐规则共同体、中餐规则共同体等。每一个规则共同体都有自己的食物判断、选择、生产与消费的规则体系和行为规范。在食物规则共同体中，人们根据自己赋予食物的价值意义，设置并遵守一定的食物行为规则（比如允许食用某类食物或禁食另一类食物），而不是毫无规则地盲目食用任何食物。孔子讲到祭品的准备和礼仪时食说："不厌精，脍不厌细。食饐而餲，鱼馁而肉败，不食。色恶，不食。臭恶，不食。失饪，不食。不时，不食。割不正，不食。不得其酱，不食。肉虽多，不使胜食气。惟酒无量，不及乱。沽酒市脯，不食。不撤姜食，不多食。"伯恩斯（Gregory E. Pence）也说："基督教要求食用之前，必须祷告祈福……伊斯兰教禁食猪肉；印度教禁止杀牛。"人们通常用传统习俗去规定食物的途径和形式，以此解决各种食物伦理问题。基于饥饿及其带来的快乐和痛苦的自然情感，人们逐渐认识到："对食物进行选择，采用食物时有所节制，则是理性的结果；暴饮暴食是违背理性的行为；夺去另一个人所需要的、并且属于他的食物，乃是一种不义；把属于自己的食物分给另一个人，则是一种行善的行为，成为美德。"在回应饥饿要求的进程中，人类不断反思趋乐避苦的各种食物行为，逐步形成并完善各种饮食习俗与行为规则如节制等，进而把饥饿从自然欲求转化为具有某种道德价值的力量。

需要注意的是，同一种（类）食物对不同食物规则共同体的人具有不同的价值。由于价值的差异，常常出现"一（类）人之美味可能是另一（类）人之毒药"的伦理冲突。我们不禁要问：这些食物行为是否蕴含着普遍的基本道德法则呢？黑格尔道出了其中的真谛，他说："瘦弱的素食民族和印度教徒不吃动物，而保全动物的生命；犹太民族的立法者唯独禁止食血，因为他认为动物的生命存在于血液中。"把某些动物作为禁食食品（如基督食物谱系禁食猪肉）的基本伦理法则是保存生命。如今，虽然各种允许和禁止食物的传统习俗受到严重挑战，但是人类仍然根据当下食物规范进行判断和选择，而非毫无限制地吃任何东西。设置并遵守食用规则是人类自由精神融入自然食物的标志，人类通过这些规则使食物成为自然产物和自由产物的实体。食用规则意味着食物的选择和限制：其根本目的是维系健康与保存生命，其伦理底线则是不得伤害健康，更不允许危害生命。

简言之，为了维系健康和保存生命，人不能以人之外的所有对象为食物。

（二）是否应当以人为食物

既然不能以人之外的所有对象为食物，那么是否应当以人为食物？

不可否认，作为自然存在者，人的身体既具有把其他生命（如羊、牛、猪等）或自然物（如盐、水）作为食物的可能性，也具有成为人或其他生命（如狼、老虎、豹子等）之食物的可能性。在历史和现实中，也不乏某些人成为他人或其他生命之食物的实证案例。就是说，人既可能是食用者，又可能是被食用者。因此，我们必须回答由此带来的重大食物伦理问题：是否应当以人为食物？这个问题可以分为两个层面：①人是否应当成为其他生命（主要指食肉动物）的食物？②人是否应当成为人的食物？或者人是否应当吃人？

1. 人是否应当成为其他生命的食物

具体些说，人是否应当被人之外的其他动物（尤其是大象、狮子、老虎等珍稀动物）猎杀而成为其他动物的食物？或人是否应当被饿死而成为其他动物的食物？

如果人仅仅是自然实体，人与其他生命一样可以成为食物。因为人的肉体作为可以食用的自然实体，具有成为其他食者的食物的可能性。但是，人之肉体（自然实体）同时也是其自由实体，因为人同时还是自由存在者。诚如费尔巴哈所说："肉体属于我的本质；

肉体的总体就是我的自我、我的实体本身。”人的肉体因其自由本质而是自在目的，而非纯粹的自然工具。康德甚至主张：“人就是这个地球上的创造的最后目的，因为他是地球上唯一能够给自己造成一个目的概念、并能从一大堆合乎目的地形成起来的东西中通过自己的理性造成一个目的系统的存在者。”如果人成为其他动物的食物，那么这不仅仅是其自然实体（肉体）的湮灭，同时也是其自由实体的消亡。或者说，人成为食物意味着把人仅仅看作自然工具而不是自由目的。然而，人作为自由存在的目的否定了其成为其他动物的食物（自然工具）的正当性。换言之，人的自由本质不得被践踏而降低为自然工具，免于被其他动物猎杀或食用是人人生而具有的自然权利或正当要求。

当下突出的一个现实问题是：当人的生命和珍稀动物的生命发生冲突时，何者优先？究其本质，动物保护乃至环境保护的根本目的是人，而非动物或环境。人不仅仅是动物保护的工具，也不仅仅是珍稀动物保护的直接工具——食物，人应当是动物保护的道德目的。当珍稀动物与人命发生冲突时，不应当以保护珍稀动物或者动物权利等为借口，置人命于不顾。相反，应当把人的生命置于第一位。作为自由存在者，人不应当被其他生命（包括最为珍贵的珍稀动物）猎杀或食用。

同理，人也不应当被饿死而成为其他生命的食物。

2. 人是否应当成为人的食物

同类相食在自然界极为罕见。仅凭道德直觉而论，人类相食（人吃人）违背基本的道德情感和伦理常识。不过，这种道德直觉需要论证。

首先，在食物并不匮乏的情况下，人是否应当食人？事实上，即使食物并不匮乏，个别野蛮民族或个人也可能会把俘虏、病人、罪犯、老人或女婴等作为食物，某些民族甚至有易子而食的恶习。这是应当绝对禁止的罪恶行为。诚如约翰逊（Andrew Johnson）所说：“人们普遍认为吃人是不正当（错误）的。”有食物时，依然吃人的行为是仅仅把人当作（食用）工具或仅仅把人当作物。或者说，吃人者与被吃者都被降格为丧失人性尊严的动物。在具备食物的情况下，不吃人必须是一条绝对坚守的道德法则，也应当是人类食物伦理的基本共识或道德底线。

其次，在食物极度匮乏甚至食物缺失的困境中，如果不吃人，就会有人被饿死；如果吃人，就会有人被杀死。那么，面临饿死威胁的人是否应当食人？或者说，人命与人命发生冲突的生死时刻，人是否应当食人？这大概是人类必须直面的极端惨烈的食物伦理困境。

一般说来，在没有任何其他食物、不吃人必将饿死的境遇中，人们面临两难抉择：

（1）遵循义务论范式的绝对命令：尊重每个人的生命和尊严，绝对禁止以人为食物。其代价是在场的所有人都可能饿死，这似乎与保持生命的自然善的法则是矛盾的。

（2）遵循功利论范式的最大多数人的最大善果原则：以极少数人（某个人或某些人）为食物，保证其余的最大多数人可能不会饿死。其代价是践踏极少数人的生命和尊严，同时贬损其余最大多数人的人性尊严并把他们蜕变为低劣的食人兽。

面对这个挑战人性尊严的极其尖锐的终极性伦理问题，我们应当如何抉择呢？

表面看来，既然其他动物可以被人吃，如果人仅仅作为自然人或纯粹的动物，好像并没有正当理由不被人吃。另外，在食物极度匮乏的情况下，人吃人的行为和现象也是存在的。然而，这并不能证明此种行为是应当的。

大致而论，在自然界的食物链中，植物是食草动物的食物，食草动物是食肉动物的食物。食草动物抑制植物过度生长，食肉动物限制食草动物贪吃使植物得到保护而免于毁灭，也使食草动物免于饥饿而灭绝。同时，食草动物的存在也为食肉动物提供了生存的食材，食肉动物的猎杀行为最终维系着其自身的生存。人则是综合并超越食草动物和食肉动物的自由存在者。“人通过他追捕和减少食肉动物而造成自然的生产能力和毁灭能力之间的某种平衡。所以，人不管他如何可以在某种关系中值得作为目的而存在，但在另外的关系中他又可能只具有一个手段的地位”。作为有限的理性存在者，人具有超越于物（包括食物、肉体）的精神追求与道德地位。在人与物的关系中，人是物的自在目的（所以，人不应当成为动物的食物，如前所述）；在人与人的关系中，人不仅仅是手段，而且还是目的。作为目的的人就是具有人性尊严的人。

在面临饿死威胁的境遇中，人命与人命冲突的实质是人的自然食欲与人性尊严的冲突。人命是自然食欲的目的，同时又是人性尊严的手段。所以，自然食欲是人性尊严的手段，人性尊严是自然食欲的目的。就是说，人性尊严优先于自然食欲。当人性尊严与自然食欲发生冲突之时，应当维系人性尊严而放弃自然食欲：即使饿死或牺牲自己的生命也绝不吃人。在这个意义上，个体生命成为人性尊严的手段，人性尊严则成为个体生命的目的。值得注意的是，绝不吃人不仅仅是尊重可能被食者的人性尊严，亦是尊重那些宁愿饿死也不吃人者的人性尊严。在任何情况下，人具有不被人吃的自然权利，同时也必须秉持不得吃人的绝对义务。就此而论，饥饿或极度饥饿是考验道德能力和人性尊严的试金石，而非推卸责任与义务的理由。这也在一定程度上意味着功利论范式不具有正当性。

功利论范式的选项是以极少数人作为最大多数人的食物，也就是以极少数人的死亡或牺牲，换取最大多数人的生命。其根据可以归纳为：极少数人生命之和的价值小于最大多数人生命之和的价值。表面看来，这似乎是无可辩驳的正当理由，实则不然。在食物伦理领域，自然食欲是功利论的基础。饥饿与食欲相关的痛苦、快乐或幸福等必须严格限定在经验功利的工具价值范围内。一旦僭越经验功利的边界，它就失去存在的价值根据。我们知道，物或工具价值可以量化，可以比较大小。但是，人的生命不仅仅是物，也不仅仅具有工具价值。人既是自然人（具有工具价值），又是自由人（具有目的价值）。是故，诚如康德所言：“人和每一个理性存在者都是自在目的，不可以被这样或那样的意志武断地仅仅当作工具。”基于自由的人命具有目的价值，并非仅仅具有工具价值，故不可以用数量比较大小。就是说，人命并非经验领域内可以计量的实证物件，其价值和意义超越于任何功利而具有神圣的人性尊严，故不属于功利原则的评判范畴。设若把极少数人作为最大多数人的食物，就把被吃者和吃人者同时仅仅作为饥饿欲望的工具，进而野蛮地践踏人性尊严的目的。如此一来，一方面，极少数人（被吃者）在被吃过程中仅仅成为最大多数人（吃人者）维系生命的纯粹工具（食物），其人性尊严被完全剥夺；另一方面，最大多数人（吃人者）在贬损他者为食物的同时，也让自己蜕变堕落为低劣无耻的食人兽，把自己异化为满足饥饿食欲的自然工具。在这个意义上，吃人者完全丧失了自己的人性尊严，把自己降格为亚动物——或许这就是人们所说的禽兽不如。归根结底，支配这种行为的是弱肉强食的丛林法则，而非尊重人性尊严的自由法则。值得一提的是，动物行为无所谓善恶，动物吃人不承担任何责任。人命和人命冲突的境遇属于目的价值领域，人吃人是大恶，吃人者必须承担相应的法律责任与道德义务。

即使从功利主义角度看，以极少数人（某个人或某些人）作为其他最大多数人食物的选项也是难以成立的。鉴于最大多数人最大幸福的原则严重忽视甚至践踏最少数人的幸福，功利主义集大成者密尔把这一原则修正为“最大幸福原则”。此原则明确主张功利主义的伦理标准“并非行为者自己的最大幸福，而是所有人的最大幸福”。显然，以极少数人的死亡或牺牲作为其余最大多数人食物的选项悖逆了最大幸福原则。另外，从牺牲（sacrifice）本身来看，密尔认为，没有增进幸福的牺牲是一种浪费。唯一值得称道的自我牺牲是对他人的幸福或幸福的手段有所裨益。因此，“功利主义道德的确承认人具有一种为了他人之善而牺牲自己最大善的力量。它只是拒绝认同牺牲自身是善”。显而易见，我们这里所说的人命与人命冲突中的极少数人的死亡或牺牲（作为其他人的食物）并非自我牺牲，即使是自我牺牲，也不会对其他人的幸福有所裨益，唯一可能的似乎只不过是对其他人幸福的手段有所裨益。然而，这种可能违背最大幸福原则，因而是不能成立的。

有鉴于此，应当尊重并保持每个人（自己和他人）的生命和人性尊严，拒斥把人作为食物或把人贬低为食人兽的恶行。是故，我们选择（1）而拒绝（2）。质言之，无论食物是否匮乏，都应当绝对禁止把人当作食物（不得吃人）。或者说，人性尊严是食物行为的价值目的，人在任何情况下均不得被贬损为工具性食物。禁止吃人是食物伦理的绝对命令。综上所述，是否应当以所有对象为食物？答：不应当以所有对象为食物，尤其不得以人为食物，因为人性尊严是食物的价值目的。这就是食物伦理第二律令。

四、结语

如果第一律令、第二律令规定食物伦理的“不应当”，那么（J）应当食用何种对象？则是第三律令要响应的问题。第三律令是规定食物伦理“应当”的律令——应当秉持人为目的的食物伦理法则，其实质是食物伦理的积极自由（为了好的或善的生活而追求优良食物的自由）。特别需要说明的是，第三律令的具体论证，需要另一专文完成，所以本文仅提出结论。

至此，食物伦理律令已经呼之欲出。不过，要把握食物伦理律令的真正蕴涵，还需要进一步追问：食物伦理的三个基础问题（H）（I）（J）的提出有何伦理根据？

如果说哲学是对死亡的训练，那么也就意味着哲学是对生存的训练，这就不可避免地要直面普特南（Hilary Putnam）所说的“生活-世界自身应当如何”的问题。在人类历史进程中的生活世界里，人们最基本的生存要素是满足饥饿需求的食物。因此，向死而生的最基本的存在形态就是向饿而食。如此一来，人类必然面临向饿而食的三大伦理困境：

（K）人命与死亡的矛盾——生死冲突；

（L）人命与人命或其他生命的矛盾——生命冲突；

（M）好（善）生活与坏（恶）生活的矛盾——生活冲突。

应对这三大伦理困境分别是食物伦理的三个基础问题（H）（I）（J）的“应当”根据。据此，可以把它们分别修正为：（H）面对生死冲突，是否应当禁止食用任何对象？

（I）面对生命冲突，是否应当允许食用任何对象？（J）面对生活冲突，应当食用何种对象？

相应地，回应（H）的食物伦理第一律令修正为：面对生死冲突，不应当绝对禁食。回应（I）的食物伦理第二律令修正为：面对生命冲突，不应当以所有对象为食物。回应（K）的食物伦理第三律令修正为：面对生活冲突，秉持人为目的的食物伦理法则。

第一律令、第二律令是规定食物伦理“不应当”的否定性律令，其实质是食物伦理的消极自由（免于饥饿或不良食物伤害的自由）。第三律令是规定食物伦理“应当”的肯定性律令，其实质是食物伦理的积极自由（为了好的或善的生活而追求优良食物的自由）。三大伦理律令分别从不同层面诠释出了食物伦理的根本法则——食物伦理的自由规律，这就是食物伦理的总律令即“食物伦理律令”。

食物伦理律令是人类从自然界及其必然性中解放出来的满足饥饿欲求的生存实践活动的自由法则，其基本内涵可以归结为：在应对诸多食物伦理问题时（包括当下人类共同面对的日益尖锐复杂的各种食物伦理问题），人类不应当屈从于自然规律，而应当遵循自由规律——秉持免于饥饿的基本权利，追寻正当的生存要求和善（好）的生活，进而提升生命质量，彰显人性尊严与生命价值。就此意义而言，食物伦理律令无疑是人类应对生存危机、维系生命存在、延续人类历史的基本伦理法则之一。

【参考文献】

（略）

（原文刊载于《中州学刊》2019年第4期）

食物伦理规则

任　丑

摘要：食物是人类存在的基本根据，人类从来没有也不可能回避人与物、人与自我、人与他人关系中的食物伦理问题。在人与物的关系中，食物伦理规则追求运用食物保持生命的自然目的，此为自然之善。自我在追求善（或好）的生活的生命历程中，把食物的自然之善提升为维系人性尊严的自我之善，此为人与自我关系中的食物伦理规则。自我之善与自我之恶的矛盾蕴含着超越主观的自我善恶的客观伦理法则——食物权及其相应责任所共同构成的人类之善，即人与他人关系中的食物伦理规则。食物伦理规则本质上是人类扬弃自然的实践活动所彰显的自由精神。

关键词：食物伦理；关系；伦理规则

或许是司空见惯的缘故，食物似乎是与伦理无甚关联的自然之物。相应地，食物伦理便成为某些哲学家不屑一顾的形而下的边缘话题。事实上，食物是人类存在的基本根据，人类从来没有也不可能回避食物伦理问题。著名食物伦理专家伯恩斯（Gregory E. Pence）说："食物把所有人造就成哲学家。死亡亦同样如此，不过大部分人避免思考死亡。"死亡只能来临一次且是未可知状态，人们可能因此推迟甚至避免思考死亡问题，如孔子曾说："未知生，焉知死?"（《论语·先进》）吊诡的是，哲学家们对死亡的道德反思似乎远甚于对食物的伦理探究。其实，死亡和生存是哲学的永恒话题，因为两者都是人和生命的根本要素，或者说，两者都是生活世界的重要支撑。

如果说哲学是对死亡的训练，也就意味着哲学是对生存的训练。在人类历史进程中的生活世界里，人们最基本的生存要素是满足饥饿需求的食物。因此，向死而生的最基本存在形态就是向饿而食。人类时刻面临向饿而食的伦理困境：面对生活冲突，应当食用何种对象呢？或者说，食物的伦理价值是什么？这是食物伦理规则必须响应的问题。此问题可以分解为三个层面，即人与物、人与自我、人与他人关系中的食物伦理规则是什么。

一、人与物关系中的食物伦理规则

需要说明的是，就食物伦理规则而言，"人与物关系"中的"物"是指（人之外的）具有食用可能性或现实性的对象，它本质上是人的可能食物或现实食物。

在自然系统中，自然是人存在的根据，人是其消化系统存在的实体。消化系统是饥饿、食欲与食物存在的有机系统，也是生命存在的关键。没有自然，就没有人类及其消化系统，更遑论饥饿、食欲或食物；反之亦然。没有饥饿、食欲与食物，就没有消化系统、生命或人类，同时也就没有人类意义上的自然。拜尔茨（Kurt Bayertz）说："自达尔文以来，有关人类起源的进化理论都首先指出，人的自然体是从非人自然体起源的，在生物学上我们是一种哺乳动物。即便把所有的进化起源问题抛开，单就我们作为自然生物的继续存在以及作为人之主体的继续存在来说，我们对外界的依赖丝毫也不少于对我们自身的依赖；在疑难情况下，我们宁肯舍弃我们自然体的一部分（如毛发或指甲，甚至肢体或器官），也不能舍弃外部自然界的某些部分（如氧气、水、食物）。"食物是人赖以生存的必要条件，在特定意义上，舍弃食物，就等于放弃生命。那么，"我们的食物中到底含有什么宝贵的东西使我们能够免于死亡呢?"这是诺贝尔物理学奖得主薛定谔（Erwin Schrdinger）发出的关于食物价值的科学追问。薛定谔认为，自然界中正在发生的一切，都意味着它的熵的增加。从统计学概念的意义来看，熵是对原子无序（混乱）性的量度，负熵是"对有序的一种量度"。生命有机体不断增加自己的熵或产生正熵，"从而趋向于危险的最大熵状态，那就是死亡"。生命活着或摆脱死亡的根据是，不断地从环境中吸取负熵，因为"有机体正是以负熵为生的"，或者说"新陈代谢的本质是使有机体成功消除了它活着时不得不产生的所有熵"。一个有机体使自身稳定在较高有序水平（等于较低的熵的水平）的策略在于，从其环境中不断吸取秩序。这种秩序就是为有机体"充当食物的较为复杂的有机化合物中那种极为有序的物质状态"。食物凭借负熵使生命（人）消除其正熵，并使生命（人）免于陷入最大熵状态（死亡），或者说，食物使生命（人）避免无序或混乱状态而维系其自身的有序状态（生存）。

作为人赖以生存的必要条件，食物在人的吃的行为中转化为人的直接存在方式。如果说尚未食用的食物还是潜在的可能食物，那么吃的行为则是使可能食物转化为现实食物的具体行动。萨特（Jean－Paul Sartre）认为，"吃，事实上就是通过毁灭化归己有，就是同时用某种存在来填充自己……它向我揭示了我将用来造成我的肉体的存在。从那时起，我接受或因恶心吐出的东西，是这存在物的存在本身，或者可以说，食物的整体向我提出了我接受或拒绝的存在方式"。吃的行为是把作为他者的食物转化为自我身体的存在要素的关键一环。当食物被吞咽后，并不立刻成为身体的一部分，而是停留在身体的消化系统中。消化系统既是外界的他者进入身体的中介，亦是内在机体连接外部环境的桥梁。消化系统通过内在化的消化吸收过程，把他者（食物）转化为自我的肉体（flesh），使食物为人提供能量支撑，进而维系生命的有序状态。或者说，食物在消化并成为肉体的过程中成为生命的一部分，使人得以存在与发展。对此，柯弗（Christian Coff）说："在吃的过程中，我们物理环境的要素被身体接受、吸纳。在吃的行为中，外部世界变成食者的一部分，在这个意义上，吃使外界与内部相互交织。"所吃食物进入身体并成为身体的有机部分的同时，人们又持续不断地选择、生产、消费食物，以维系并增强生命活力。这就把我们相遇的外在环境中的食物（他者）转化为自我要素。在他者和自我的融合过程中，食物与身体深刻地联结为人的直接存在方式。

作为人的直接存在方式，食物融入身体的"旅途"在某种程度上也是它以死求生、维系生存的实现过程。人类的食物中，只有极小部分是无机物（如盐），绝大部分则是有机物。"有机物是活着的——或者至少曾经是活的。我们吃的食物曾经有生命而现在死了或将要死了。一些食物是活着被吃的，一些食物是死后被吃的。动物通常是死后被吃的，吃的植物既是死的又是活的（就是说，蔬菜或水果离开土壤或植物枝干后，其新陈代谢过程仍在继续）。”某一生命把另一生命作为食物享用之时，也是另一生命（被食者）死亡之时。柯弗说：“在吃的过程中，死亡和生命总是结伴同行。吃可以看作一种杀害，或者也可以看作一种必然而又美妙的生命给予生命的新陈代谢。”每一生命既可能是食者，又可能是被食者（食物）。吃（食物）是一个杀死生命与保存生命并行不悖的生死交替过程。一方面，所吃食物曾经活着，当被吃之后，它便失去生命而死去；另一方面，吃下的食物作为身体元素又重新复活。死亡的生命转化成的食物维系着食者的生命。在此意义上，食物是生命从一种形式（被食者）转化为另一种形式（食者）的生命载体。如果说生命个体的新陈代谢是以个体的死换取整体的生，那么生命整体的新陈代谢则是个体之间的相互食用，即个体死亡换取生命整体的生存。诚如黑格尔所说：“只有这样不断再生自己，而不是单纯地存在，有生命的东西才得以生存和保持自己。”每个生命个体在食者与被食者身份的重叠交织中，在死亡与生存的延绵过程中，在吃与被吃的生死对决甚或无可逃匿的宿命中共同维系着生命整体的生生不息。如此一来，杀死并吃掉生命个体的血腥的恶，在历史的长河中积聚并转化为保存生命整体的善。

如果说方生方死、方死方生（《庄子·齐物活》）是自然法则的运行形式，那么以死求生、死而后生则是生命存在的价值和意义。这种以死求生、以恶求善的生存方式正是自然之善的内在规定——保存生命。或许正因如此，费尔巴哈断定延续自己的生命是道德义务。他论证道：“作为延续自己的生命的必要手段的吃饭也是义务。在这种情况下，按照康德的说法，道德的对象只是与延续自己的生命的义务相适应的吃的东西，而那些足够用来延续自己的生命的食品就是好（善）的东西。”如果说保存生命是人与物关系中食物伦理的内在本质，那么维系并延续人与其他生物的生命就是食物的自然之善。

食物融入身体的道德价值其实就是实现其自然之善，即维系人的自然生存。是故，人与物关系中的食物伦理规则是自然之善。自然之善是一种抽象的善、自在的善。首先，自然之善是保持生命的实践路径，它仅仅为道德的善提供可能性。如果仅仅停留在维系生命的层次上，它只不过是一种潜在的善。其次，对于食者而言，被食者之死换来的食者之生是一种善。然而，对于被食者而言，其生命被剥夺无疑是最为残忍的恶。可见，这种善是你死我活的血腥冷酷的自然法则造就的蕴恶之善。或者说，这仅仅是丛林法则支配下带来的保存生命的未经反思的可能之善，还不是经过自觉反思继而主动追求好的生活、好的生命的现实之善。因此，它实际上也是一种潜在的恶。最后，自然之善面临恶的现实威胁，因为食者不可避免地面临所吃食物带来的自然危险。某些食物（由于复杂的各种原因）有一定程度的毒害，在极度恶化时可以杀死我们。倘若如此，外界就不再成为我们的身体，反而以我们的身体为工具成就其自身。尽管如此，如果没有这种潜在的善，现实之善就会失去生命依据而绝无实现之可能。只有在自然之善的基础上，食物才有可能在人与自我的关系中演进为自我之善，进而在人与他人的关系中提升为人类之善。

二、人与自己关系中的食物伦理规则

食物的伦理价值不仅仅是保持生命或能够活着（自然之善）；更重要的是，食物是为了满足自我食欲而维系自我存在的为我之物，因为食物不但彰显着人与物的伦理关系，而且更深刻地蕴含着人与自我的道德关系。

人与自我的道德关系肇始于追问并确证人的自我认同和价值意义，这也是哲学家们一直探赜索隐的传统话题。康德曾把它凝练为一个著名的哲学人类学问题："人是什么?"针对康德的这个问题，费尔巴哈明确回答道："人是其所食。"费尔巴哈的这一断言在食品科学领域具有一定的科学证据与某种程度的科学支撑，如摄入铁少者血液中缺铁，摄入脂肪多者一般肥胖，吃健康食物者通常健康，等等。显然，"人是其所食"夸大了食物的经验材料方面的效用，因为在食物及人的自我塑造中，人的感觉、记忆、理性、行为等要素具有重要作用。也就是说，除了食物外，人的自我认同与价值意义还包括其他诸多要素。不过，我们这里的讨论仅限于食物蕴含的人与自我的关系。

食物只有成为自我理解、自我实现的要素，才具有哲学意义和伦理价值。当身体纳入食物、消化食物，食物与身体合而为一之时，食物似乎消失了，但感觉与记忆把食物内化为身体的一种主观的味道体验。食物味道渗透于感官，并保留在身体的记忆与感觉之中。或者说，食物味道是味觉和嗅觉对食物的感觉与记忆。在萨特看来，"味道并不总是些不可还原的材料；如果人们拷问它们，它们就对我们揭示出个人的基本谋划。就是对食物的偏好也都不会没有一种意义。如果人们真正想认为任何味道不是表现为人们应该辩解的荒谬的素材而是表现为一种明确的价值，人们就会了解它"。寓居于身体之内的食物味道的感觉、记忆构成历史性的食物意识即食物印迹。

食物印迹本质上就是食物的某种暂时性。当下的自我既需要意志力又需要洞察力把食物看作印迹，也就是把自我置于食物的某种暂时性之中。自我的当下就是把过去与未来联结为一体的此在的暂时性，它既是过去的现实，又是未来的可能。梅洛·庞蒂（Maurice Merleau-Ponty）说："对我而言的过去或未来就是此世的当下。"食物既是当下自我的历史元素（过去），也是当下自我的可能元素（未来）。在恰当的机遇中（如某种食物呈现在自我面前），封存于身体之中的遥远时空的食物印迹就会通过感官知觉重新开启过去之门。自我根据食物印迹对当下食物产生愉悦感或痛苦感，感知食物相关的福祸得失或苦乐酸甜。当下食物则把过去与未来重叠交织为自我的"先在（pre-existence）"与"存在（survival）"的共在状态。自我由此获得生命存在感与食物的道德直觉，成为一个朝向伦理世界生成的主体，食物则成为自我理解、自我实现的重要元素。在此意义上，如费尔巴哈所说，食物是"第二个自我，是我的另一半，我的本质"。自我作为把食物的过去与未来联结在当下的行为主体，理解并实现食物蕴含的道德意识与伦理精神。

在朝向伦理世界生成的过程中，自我把（欲求食物的）自我和（追寻食物规则的）自我建构为追寻自我之善的道德主体。作为有理性的自由存在者，"我们对食物的决定规定了我们曾经是谁，我们现在是谁，以及我们打算成为谁。我们作出这些选择的方式，更多地传达着我们的价值观念、我们与生产食物者的关系，以及我们期望的世界类型"。食物既是自我作出的一系列决定，又是自我审视世界的预定方式的思想框架。通常情况下，刚刚吃过的食物已经进入身体运行之中，为未来准备的食物还在食物储存处。自我既要关注当下的食物生产历史（食物的过去），又要考虑当下食物的保质期限或未来食物的生产规划（食物的未来）。在力所能及的范围内，自我凭借食物印迹日复一日地感知、理解、判断、选择食物，进而生产、销售、购买、消费食物。这一系列行为既是生活经验与饮食习俗的积累传承，又是自我认同与道德主体的自觉反思，也是对人与自我关系中的食物伦理规则的追寻。

在食物伦理视阈内，人与自我的关系最终体现为欲求食物的自我与追寻食物规则的自我之间的关系。亚里士多德认为，就人与自我的关系而论，“他是自我最好的朋友，因此应该最爱自我”。自爱或爱自我意味着应该追求人性尊严的高贵目的，食物与这个目的密不可分。真正的自爱包括食物之爱：把食物作为身体健康以达成高贵目的的要素，这也是自我成为自己朋友的重要一环。食物之爱本质上就是自我探求并尊重一定的食物规则，这是追寻食物规则的自我（道德主体）。相应地，把食物与自然相联系的身体就是欲求食物的自我。追寻食物规则的自我把身体建构为食物目的而非纯粹工具。也就是说，身体不仅仅是食物成就其自然之善的工具，而且也是食物自然之善所要追求的目的。同时，自我在追求善（或好）的生活的生命历程中，把食物的自然之善提升为主观自觉的自我之善。换言之，追寻食物规则的自我，把食物的自然之善提升为建构自我认同与人性尊严的自我之善。通俗些说，自我根据食物印迹与自我之善的食物规则，否弃劣质或有害食物，存疑不明食物，选择培育优质健康食物，不断促进并改善食物营养结构，进而保障身体健康，优化生活品位，以成就人性尊严的高贵目的——这就是自我之善即人与自我关系中的食物伦理规则。

自我之善是主观的自为的善。它包含以下几个方面：

第一，自我之善是作为道德主体的自我的主观建构，因为“每一个人必然追求他所认为是善的，避免他所认为是恶的”。当我们想象一种美味时，“我们便想要享受它、吃它”，当我们享受美味时，如果肠胃过于饱满，“我们前此所要求的美味，到了现在，我们便觉得它可厌”。因此，自我之善并非客观的现实生活的善。用柯弗的话说：“（食物）消费者所要求的与他们实际所做的之间的鸿沟，的确体现着善的生活观念与实际生活观念的鸿沟。”比如，进餐者根据自我之善的标准，要求某种类型或味道的食物，而事实上没有或缺乏这种食物。当有了这种食物时，根据自我之善的标准，进餐者可能需要的又是另一种食物。可见，自我之善的主观性与现实生活的客观性之间存在着某种程度的差异甚至冲突。这种冲突本质上是自我之善的主观规则追求的生活善与自我之善面对的客观现实的生活善之间的应然与实然的矛盾，只有超越道德自我的主观建构才有可能得以和解。

第二，在特定条件下，食物伦理领域中的主观自我与客观现实（应然与实然）之间可以达成某种程度的和解。康德举例说，哲学学者独自进餐耗损精力，不利健康；进餐时，如果有一个同桌能够不断提出奇思异想，使他得到振奋，他就会获得活力而增进健康。尽管主观自我与客观现实的差异可能转化为“和而不同”的境界，但通常情况下，秉持自我之善的道德个体之间存在着不可避免的各种分歧。例如，个体的口味、出身、禀赋、能力、身份、地位等千差万别，用餐的时间、地点、食物类别及规格等对于不同进餐者而言具有不同甚至相反的意义。因此，内格尔·杜鄂（Nigel Dower）告诫道：“我们必须意识到我们所食（吃）影响他人所食（吃）。”自我之善的主观自我之间的冲突，要求不同自我通过一定的程序遵循共同之善。

第三，上面两种冲突根源于自我内在的善恶矛盾即自我之善与自我之恶的矛盾。如前所论，食物之爱是自我之善的基本形式，也是自我成为自己朋友的基本标志之一。相反，缺失食物之爱，就会伤害身体甚至生命，成为自己的敌人。贪食、禁食或废寝忘食等现象往往是不自爱的自我的敌对行为，也常常是自我之恶的表象。绝食则另当别论：为了高贵目的的绝食，依然是自我之善；否则，就可能成为自我之恶。问题在于，主观自我不可能完全客观地判定自我之善或自我之恶：它可能把自我之恶误判为自我之善，如把严重的废寝忘食甚至以身饲虎等当作道德高尚行为，并加以推崇；也可能把饮食有节或正常的某类食物欲求等误判为自我之恶，如素食主义者把食肉当作恶。

自我之善与自我之恶的矛盾内在地蕴含并呼唤着超越主观自我、裁定自我善恶的客观伦理法则——人与他人关系中的食物伦理规则。

三、人与他人关系中的食物伦理规则

自我之善的内在矛盾，深刻地蕴含着食物具有的人与他人之间的伦理关系。在这种伦理关系中，食品科学技术发挥着重要的引领和实践功能。如拜尔茨所说："人不是直接去适应环境，而是借助于技术去适应环境。"古希腊时期，作为古典食品科技范式的营养学同时也是食物伦理学的古典形态。营养学中的道德观念是古希腊公民日常伦理生活的重要部分。与古希腊时代不同，"如今二者都必须拓展到极其宽广的范围"。当下食品科技全面深刻地影响并改变着人类的身心健康和生活质量。与此同时，食品科技带来的伦理问题（如转基因食品问题等）已经远远超出个别民族或国家的界限，成为世界公民必须共同面对的关乎人类生活质量的国际问题。在这样的全球境遇中，食物伦理规则就不能仅仅囿于某些个体或群体的主观善（特殊善），而应当追求普遍善或人类之善。那么，什么是食物伦理规则应当追求的普遍善或人类之善呢?

柯弗曾从语言学角度分析了食物与食物权（right to food）之间的内在联系。他认为，在一些语词（如丹麦语的 ret、瑞典语的 rätt、挪威语的 rett、德语的 gericht）中，食物中的"菜肴（course）"具有双重含义：既具有盘装菜（dish）之类的美食学意义，又具有法律（law）或公正（justice）之类的法学意义。一方面，这些词的词根都源自古德语词 rextia，其意为伸直或变得平坦，可以引申为公平、公正；另一方面，这些词的美食学意义都受到与它们具有相同词根的词 richte 的影响，而 richte 具有权利的含义。可见，享用菜肴之类的食物是一种公正分配的权利。柯弗据此断言："在某些文化中的最基本权利或许一直是食物权。"那么，何为食物权呢?

食物权理念较早源自 1941 年美国总统罗斯福关于四个自由的演讲。其中，满足基本需求的自由就包括获得充足食物的权利。自 1948 年《世界人权宣言》颁定以来，食物权逐渐在国际协议中得到普遍认可。1966 年，《经济、社会和文化权利国际公约》第 11 条明确把食物权规定为"每个人都具有免于饥饿的基本权利"。从外延看，"食物权属于整个人类全体，属于每个人"。从内涵看，食物权是一种最为重要、最为普遍的维系生存的自然权利。食物权既是免于饥饿危害的权利，又是享有足以维系生活健康的食物的权利（这对于贫穷、偏远地区的农民尤为重要）。概言之，食物权是人人生而具有的获得食物或享有食物的正当要求，是人类共享的神圣不可剥夺的共同伦理价值。因此，食物权是人类命运共同体必须尊重的基本伦理规则。或者说，食物权具备人类之善的资格。

不过，如果缺乏切实有效的实践保障，食物权则无异于空中楼阁。或者说，食物权意味着相应的责任。那么，如何保障食物权即实践人类之善的共同价值？或者说，谁是食物权的具体责任承担者呢？食物权的责任承担者只能是人：要么是个体，要么是个体组成的各种共同体（主要是国家）。胡塞尔（Edmund Husserl）说："人最终将自己理解为对他自己的人的存在负责的人。"个体责任与共同体责任共同构成保障食物权的责任规则体系。

个体责任主要是指，具有获取食物能力者对自己、家庭成员以及其他相关个体的食物权承担不可推卸的责任，尤其对尚不具备获取食物能力者或丧失劳动能力者的食物权负有责任。最基本的个体责任是父母应当承担保障幼年子女之食物权的责任。伯恩斯说："由于食物对生命是必不可少的，从父母向子女的食物转让具有第一位的重要性。这种重要性的最重要标志就是哺乳。母亲就是在亲自喂养婴儿的过程中传递着这种重要意义。这种行为中的食物传递着利他、愉悦、滋育、爱和安全。"斯宾塞（Herbert Spencer）也认为，"在以自然的食物喂养婴孩的过程中，母亲得到了满足；而婴孩有了果腹的满足——这种满足，促进了生命增长，以及加增享受"。可见，母亲喂养婴孩或父母保障子女的食物权是一种正当的行为，也是父母不可推卸的责任。同理，子女对年迈父母或丧失劳动能力的长辈也是如此。另外，尊重食物权的责任和个人职业密切相关，它直接涉及田间劳作，间接涉及其他职业行为。其中农业工作者的基本责任是种好田地并保证庄稼收获。当下尤为重要的是，农业科学家必须自觉承担起农业科技领域（如农药、转基因食品等领域）的保障食物权的重大责任。概而言之，在当今社会，尽管职业种类繁多，但是无论从事何种职业，每个人都应当在力所能及的范围内通过自己的职业奉献以获得必要的食物资源，并主动承担保障食物权的相应责任。

个体承担保障食物权的责任，不仅仅限于提供食物，更重要的还体现为对人格尊严的敬重。通常情况下，当食物充足时，个体并没有向陌生人提供食物的责任。只有处于食物匮乏状态的陌生人祈求食物时，有能力提供食物的个体才有责任向他提供食物。但这并不意味着提供食物者可以不尊重祈求食物者的人性尊严，也绝不意味着祈求食物者为了获得食物而必须丧失个人尊严。孟子说："一箪食，一豆羹，得之则生，弗得则死。嘑尔而与之，行道之人弗受；蹴尔而与之，乞人不屑也。"（《孟子·告子》）孟子甚至凭其道德直觉提出刚性的食物规范："非其道，则一箪食不可受于人。"（《孟子·滕文公》）但孟子并没有论证秉持此规则的伦理根据。其实，这类极端境遇反映了食物规则的自然之善与自我之善、人类之善的冲突。相对而言，自我之善、人类之善是目的，自然之善是手段。只有以自我之善、人类之善为目的，自然之善才具有工具价值。或者说，自然之善只有经过自我之善提升为人类之善（食物权）才具有真正的伦理价值。是故，自我之善、人类之善优先于自然之善。换言之，食物权应当把人性尊严置于自然欲求之上，而不是把人仅仅当作饥饿或食物欲求的工具。费尔巴哈曾经说："吃喝是一种神圣的享受。"其实，吃喝的神圣不仅仅是食物及其美味的享用或对美好生活的追求，更应该是对神圣不可践踏的食物权的敬畏与践行。不尊重人格甚或侮辱人格的食物供养本质上如同饲养禽兽，所谓"食而弗爱，豕交之也"（《孟子·尽心》）。这种行为并不是践行食物权的责任，而是对食物权的蔑视甚至蹂躏。

不过，个体承担责任的能力毕竟是有限的，超出个体能力的责任理应由相对强大的国家与国内国际组织等各类伦理共同体承担，因为履行保障食物权的责任是这些伦理共同体存在的基本合法根据之一。其中，国家是公民食物权的主要责任承担者。根据食物权的基本要求，国家维系食物权的责任应当包括两大基本层面：尊重公民食物权的消极责任和保障公民食物权的积极责任。

国家首先应当承担尊重公民食物权的消极责任。孟子曾经从经验生活的角度考虑过这个问题。他说："鸡豚狗彘之畜，无失其时，七十者可以食肉矣；百亩之田，勿夺其时，数口之家可以无饥矣；谨痒序之教，申之以孝悌之义，颁白者不负戴于道路矣。七十者衣帛食肉，黎民不饥不寒，然而不王者，未之有也。"（《孟子·梁惠王》）这里所讲的"无失其时""勿夺其时"等，可以说是古典轴心时代的思想家对国家或统治者消极责任的经验要求。作为强有力的伦理共同体，国家最为基本的责任就是维系个体尊严与人类实存。尤那思（Hans Jonas）认为，在人类历史绵延中，人类实存是第一位的，维系人类实存是先验的可能性的自在责任。食物权是人类实存的根本环节之一，国家不得以任何借口危害或剥夺个体食物需求的权利。这是国家维系人类实存的无条件的最低责任或绝对责任。当下最为关键的是，国家不能滥用公共权力干涉甚至破坏食物来源或自然环境，更不能为了某种政治目的或利益牺牲公民食物权乃至危害人类实存。

在履行消极责任的前提下，国家还必须承担保障食物权的积极责任。当公民个体的食物权受到侵害时，国家应当运用公权，阻止侵害食物权的行为并依据法律规定给予侵害者相应惩罚，同时给予受害者合法补偿。对于那些没有能力获得食物者或因为非个人因素不能获得食物者（如自然灾害、瘟疫、战争等灾难中的饥民），国家有责任直接给他们提供食物。为此，国家应当防患于未然，颁布正义的规章制度以禁止可能导致危害或剥夺食物的行为。同时国家必须真正了解人们是如何获得食物的（如谁在从事农业、谁在从事渔业、谁在从森林中收集食物、谁在喂养家畜或从市场购买食物，等等），并据此建构健康良好的食物运行系统。拉姆柏克（Nadia C. S. Lambek）建议说："食物系统需要民主和民主价值来统治，民主价值要求尊重生产者和消费者以及人与食物之间的关系。"食物权的核心是公民必须有权力参与影响其生活和食物的有关决定，国家有责任保证公民真正参与食物领域的整个决策过程而不是蒙哄过关。良好的食物系统不仅仅是为了保护农民、渔夫等免于饥饿或获得食物，更重要的是使每个公民从农业、作坊和渔业等转向有偿工作，保证每个公民"获得最低工资，建构社会保障体系"。国家必须尊重人们的生活资源基础，确保人们拥有土地和水等自然资源以便人们能够生产自己的食物，或确保人们有购买食物的经济来源，保障任何人任何时候都能够有尊严地获得安全可靠、健康营养的优质食物。在经济效益、政治目的和食物权发生冲突时，国家应当秉持食物权优先的基本伦理理念。

简言之，食物权及其相应责任是人类之善的两个基本层面，人与他人关系中的食物伦理规则即是人类之善。

四、结语

总之，人与物、人与自我、人与他人关系中的食物伦理规则分别是自然之善、自我之善和人类之善。这三者秉持共同的伦理理念，即人是食物的目的和价值根据。可见，食物伦理规则是食物伦理的“应当”，其实质是人类为了好的或善的生活而追求优良食物的自由。

食物不仅仅是人类维系生存的可食用的自然之物，更是人类在其能力范围内不断否定自然的必然限制并自由地创造善（好）的生活的物质载体。生活世界的食物伦理困境归根结底是自然规律与自由规律在人类生活领域中的矛盾体现。食物伦理规则正是人类从自然界及其必然性中解放出来的满足饥饿欲求的生存实践规则，或者说，食物伦理规则本质上是人类扬弃自然的实践活动所彰显的自由精神。

【参考文献】

（略）

（原文刊载于《哲学动态》2020 年第 6 期）

饮食伦理维度探析

韩作珍

摘要：饮食作为人类极其重要的生命活动与价值活动，不仅是维持人类生命、增进营养与健康的自然欲求，还包含丰富的文化内涵和伦理意蕴。从伦理维度看主要包含文化价值传承、个体生命价值、人际伦理意义、社会文明风尚和生态文明承载五个方面。从这五个维度对饮食伦理进行研究，有助于全面探讨中外饮食文化，建构新的饮食伦理文明，对民众正确饮食观念、文明饮食行为与合理饮食方式的形成提供切实的价值指引与行为规范，从而提升国人的饮食道德素养，促进饮食伦理健康发展。

关键词：伦理；道德；饮食伦理；伦理维度

作者简介：韩作珍，（1975—　），哲学博士，兰州财经大学财税与公共管理学院副教授，主要研究方向为中国传统伦理思想、中国传统文化与思想政治教育。

对饮食伦理的追问，就是要深入探讨人类在告别原始茹毛饮血的生食阶段渐渐走向熟食阶段并达到食物极大丰富的过程中，人类饮食活动的内在道德性问题，揭示其本身所蕴含的道德价值，形成完善的饮食伦理规范。饮食伦理有助于文化价值传承、个体生命价值实现和修身养性、人际关系协调、社会良好风尚的形成、公共伦理精神的建构以及保护生态环境，维护生态平衡，实现人与自然和谐相处，这是饮食伦理的基本维度。

一、文化价值传承

中国饮食经过长期的发展与演变，积淀了深厚的文化底蕴，形成了独特的饮食观念和具有中国本土特色的饮食结构和饮食方式，贯穿在政治、经济、文化、哲学、伦理、道德、宗教、艺术、美学等各个领域，凝聚了先民们超凡的智能与高尚的道德情操，蕴涵着不断激励后人追求美好生活的坚定信念和优秀质量，展现了中华民族的文明发展，传承饮食文化的价值理念、礼仪规范、民族风俗、饮食方式有助于构建完备的饮食文化体系。这种饮食文化体系的形成是在人类漫长的历史发展过程中逐渐实现的，并通过人相承、代相传，周而复始地传承、沿袭。“食物原料品种及其生产、加工，基本食品的种类、烹制方法，饮食习惯与风俗，总之是区位食文化的总体情况与风格，似乎都是这样代代相因地重复存在的，甚至区域内食品生产者与消费者的心理与观念也是这样形成的。”[1]这就是说，封建社会的长期存在，使得适应封建社会政治统治与经济基础的饮食文化以相对稳定的形式保存了下来，即使改朝换代饮食文化也不会动摇，依然延续、传承。

饮食文化这种相对稳定的传承现象可以从人们的饮食观念、饮食行为、饮食方式、饮食礼仪、饮食习惯中反映出来。比如在饮食观念上，“民以食为天”的观念始终影响着中国人，致使历朝历代的统治者都把民本、民生问题作为执政的首要问题，孟子也强调，“民为贵，社稷次之，君为轻。”(《孟子·尽心》) 而对于民众来说，最重要的首先是吃的问题，任何时期人们要获得生存，首先必须解决吃的问题，所以将食上升到天的高度，体现了中国古代天人相应的观念。医食同源、食疗养生的营养观念与五味调和的美食观念也同样影响着今天的中国人，人们依然坚信“医补不如食补”，重视食物营养、荤素、颜色、形状等的合理搭配与美食配美器、美食配美名、美食配美景以及饮食与音乐、文学等的巧妙结合，以此来提升人的生命质量，实现中和之美与人的生命价值。

在饮食方式上，远古时期形成的一些方式在今天一些地方依然沿用，如中国的筷子文化与西方的刀叉文化，中国的合餐制（中国从远古时期开始一直实行分餐制，直到宋代才真正开始实行合餐制）与西方的分餐制延续了数千年，至今仍盛行不衰。但今天我们要用批判继承的态度来看待这些饮食方式，继承一些合理的、有伦理价值的，批判那些不合时代要求、不文明的饮食方式，更要分析这些饮食方式背后所蕴含的深层含义。这不仅仅是饮食方式的问题，而在这看似简单的饮食方式中却渗透着本民族的文化价值观念和人们的价值心理。合餐制体现了中国独特的文化精神与思维模式，即讲究天人合一，强调整体功能，形成群体观念，是中国传统“和”文化与饮食的巧妙结合，体现了中国人的思想观念和文化传统，排除其不卫生等缺陷值得我们大力弘扬和传承。分餐制则体现了西方浓厚的个体观念，注重个体思维，强调个体独立性，崇尚个体自由意志，实现个体价值。这些饮食方式在不同的文化背景中需要不断变革与传承，以便更好地促进本民族饮食文化的快速发展。

在饮食结构上，中国远古时期已形成以素食为主、肉食为辅的饮食结构，强调谷、果、畜、菜有机结合，并且要定时、定量进食和根据食物的本性、四季的变化以及人的年龄、体质、精神状况等合理选择、科学搭配食物，达到养生健身的目的。而西方正好相反，以肉食为主、素食为辅。这些饮食结构的形成虽然与自然环境、人类发展历史和文化观念有关，但形成之后就一直沿用至今。

在饮食礼仪规范上更能体现饮食文化价值的传承性。《礼记·礼运》曰：“夫礼之初，始诸饮食。”礼源于饮食活动，同时又指导、规范人的饮食行为，形成完善的饮食礼仪制度。从日常家庭饮食到宴席的标准，请柬的撰写、发送，宾客的迎送，座次的安排，入席的仪态，餐具的陈设，上菜的顺序，菜品的摆放以及吃饭喝汤、敬酒、敬茶等都有严格的规定，从而体现出森严的等级性与伦理规范。这些饮食礼仪体现了中国古代尊老敬贤、长幼有序、恭谦礼让等传统美德，在封建社会两千多年的发展中成为人伦教化、整合人际关系、维护社会秩序的重要手段，直到近代之后在西方民主的影响下才得以变革。但今天人们依然继承了一些传统礼节礼仪，以此提升人的德性修养，推动社会文明进程。西方饮食长期以来一直以平等、高雅自居，展现了西方社会的文明水平与人文素养。

在饮食风俗上，我国地域辽阔，南北、东西在自然环境、气候状况、风俗习惯、政治、经济、文化、科技发展等方面都存在较大差异，因而形成了不同的饮食风俗。这些饮食风俗几千年来一直传承影响着人们的生活，从而形成不同的地域性格、民族风情、人伦观念与道德质量。今天我们在沿袭这些饮食风俗时，应分析、借鉴其优秀成分，传承内在的价值观念和由此所形成的良好品德以及文明风尚，如节俭饮食、饮食养生、不大操大办、不铺张浪费、宗教价值精神、优秀的少数民族文化、酒德、茶德和酒道、茶道等，以及在这些饮食风俗中蕴涵的孝道思想、仁爱思想、中和思想和对美好生活的祝愿与祈求幸福平安、愉悦心灵等。

当然饮食文化价值在传承中也伴随变异的成分。随着时代的变迁、自然环境的转变、科学技术的发展以及人们欲望的不断满足，饮食文化在一定程度上也进行变异，以满足人类新的需求。只有变异才能更好地传承，从而实现传承与变异的有机结合。

二、个体生命价值

生命价值的实现是以饮食为基础和前提条件的，离开了饮食，人的生命无法存在。但人类不仅要活着，而且还要健康地活着，所以饮食又是人类身体健康的基本保障。

第一，饮食优先于男女。《礼记·礼运》曰："饮食男女，人之大欲存焉。"告子曰："食色，性也。"(《孟子·告子》)"饮食男女"即生命的维持和种族的延续是人类的本性，也是人类最基本的需求，这是人类和动物都具有的自然属性。饮食是为了保持人类现存的生命，使人类能够获得当下存在的可能性；男女即性欲是为了保持人类未来的生命，使人类能够传宗接代、获得生命的延续性。但在中国人的思想观念中，饮食是第一位的，生儿育女、传宗接代退居其次，择饮食而弃男女。尤其在理学家"存天理，灭人欲"思想的影响下，简单地将男女关系理解为单纯的性关系，而"性"在传统文化中被抑制在不公开的领域，否则被认为是道德沦丧，带有神秘化与罪恶化，因而将"淫"看作万恶之首，使性被印上了羞耻和伦理的标签。因此，只有饮食成为人们公开追求的，人生的精力只能倾向于饮食，从而推动了中国饮食文化的繁荣发展。这种思想影响了中国几千年，张起钧说："古语说'饮食男女人之大欲存焉'，若以这个标准来论，西方文化（特别是近代美国式的文化）可以说是男女文化，而中国则是一种饮食文化。"[2]当然，这只是说东西方在饮食与男女方面侧重点不同而已，并不是说不注重另外一种文化，任何国家和民族的发展都离不开"食"和"性"。在这种文化背景下，更加奠定了饮食在中国人生活中的地位和对人生命价值的重要意义。

第二，饮食是生命存在的基础和前提条件。"影响中国传统文化的哲学，无论是孔、孟的儒家，还是老、庄的道家，都是追求现世生命的安乐与适度的享受。"[3]这种生命哲学思想对中国饮食文化产生了深远的影响。人类要获得生存和完成现世生命的安乐，首先必须解决"吃"的问题，这是人类实现幸福生活的前提条件。为此，"民以食为天"的观念才深入人心，在人们所向往的"大同社会"也是使普天之下的人们"皆有所养"，毛泽东也认为吃饭问题是世界上最大的问题。《管子·揆度》云："五谷者，民之司命也。"《淮南子·主术训》也讲"食者，民之本也"。由此可见，饮食是人生命存在的根本，《黄帝内经·灵枢·平人绝谷》说："人之不食，七日而死。"战国名医扁鹊《千金翼方·养老食疗》说："安身之本必须于食，救疾之道唯在于药，不知食宜者不足以全生，不明药性者不能以除病，故食能排邪而安脏腑，药能恬神养性以资四气。"都强调了饮食是人的安身之本，人要懂得食物的属性，合理饮食才能获得全生与安乐。东汉思想家王充《论衡·道虚》讲："人之生也，以食为气，犹草木生以土为气矣。拔草木之根，使之离土则枯而蚤死，闭人之口，使之不食则饿而不寿矣。"人离开食物和草木离开土地是一样的道理，缺乏得以生存的"气"就会灭亡。《遵生八笺·饮馔服食笺》中记载："饮食，活人之本也。是以一身之中，阴阳运用，五行相生，莫不由于饮食。故饮食进则谷气充，谷气充则血气盛，血气盛则筋力强。脾胃者，五脏之宗，四脏之气皆禀于脾，四时以胃气为本。由饮食以资气，生气以益精，生精以养气，气足以生神，神足以全身，相须以为用者也。"人之于饮食，是人类本性的需要，是人类能够生存、繁衍以及发展的物质基础和前提条件。正如马克思所讲，"我们首先应当确定一切人类生存的第一个前提，也就是一切历史的第一个前提，这个前提是：人们为了能够'创造历史'，必须能够生活。但是为了生活，首先就需要吃喝住穿以及其他一些东西。因此第一个历史活动就是生产满足这些需要的数据，即生产物质生活本身。而且这是这样的历史活动，一切历史的一种基本条件，人们单是为了能够生活就必须每日每时去完成它，现在和几千年前都是这样"[4]。

第三，饮食是养生健体的基本保障。饮食从本性上讲是维持生命、增进营养和健康，实现人生幸福，离开了饮食人类的生命就失去了存在的意义。然而人类在食物资源极大丰富的今天，困扰人们的不再是食物资源短缺，而是能否找到安全、健康的食品。当下恶性食品安全事件给人们带来了一定的恐慌，威胁人类的生命安全与健康。所以，对待食品如同对待生命。人的生命价值是至高无上的，这种宝贵的生命价值不是来自对社会与人类的贡献，而是源自生命本身。"珍惜生命原则，在道德规范的次序上是最优先的，它优先于所有其他的道德规范，是最基本的和最起码的人权与道德要求。尊重生命具有最大的普遍性，尽管不同文化群体的价值观念存在差异，但只要不是反人类的文化，都会认同对生命的珍视和关爱"[5]。而且"在生命伦理学的原则中，学界传统上认为最重要的、超过一切的原则是不伤害，它优先于其他所有的原则"[6]。因此，我们不仅要珍惜和尊重自己的生命，也要将心比心、推己及人，以恻隐之心珍惜和尊重他人的生命，而不是造成伤害，这是人之为人最基本的道德底线，具有普遍意义。"按照康德的绝对命令，一种行为是道德的，而且仅当该行为准则可无条件普遍化。照此，伤害他人的身体和精神从而引起疼痛和痛苦的行为，就不可能成为普遍化的准则。因为如果承认这是一个普遍化的准则，就等于允许别人去伤害他自己"[7]。孔子也强调"己所不欲，勿施于人"（《论语·卫灵公》）并作为"恕"道推及每个人。

因此，作为食品的生产经营者应具有生生之德，应当为消费者提供安全健康的食品，这也是食品生产经营者作为"社会人"在满足其自身最大效用的同时应当承担的社会责任和履行的社会义务，把这看作是其追求的最终目的。就像康德的实践命令那样，"你的行动，要把你自己人身中的人性，和其他人身中的人性，在任何时候都同样看作是目的，永远不能只看作是手段"[8]。所以，食品生产经营者不能把他人的生命安全与健康作为实现自身利益最大化的手段，而是保证其生产经营的食品首先是安全的，能够满足人类营养与健康的需要，从而实现人类的生命价值。

三、人际伦理意义

不论中国还是西方社会，如何设置人在社会生活中的位置、如何处理人们之间的社会关系以及应遵循何种规范和具备何种德性，对社会的良序发展都至关重要。在中国，大到国家、社会群体小到人们的日常交往和家庭生活，饮食的调和作用显得尤为重要，成为联络感情、化解矛盾、增进友谊、进行人伦教化、形成礼仪规范的主要媒介，人与人之间和睦关系的建立和交往伦理的形成都可以通过饮食活动来实现。

第一，饮食是形成人际和谐欢乐氛围的重要媒介。《礼记·乐记》曰："酒食者，所以合欢也。"饮食活动能够使人们在欢乐祥和的氛围中形成和睦的人际关系，在合餐制的饮食过程中，人们共围一桌、共食一餐，共同举杯相互敬祝，追求的是一种心灵的共鸣和情感的融合。故友相逢，宾客相聚，开怀畅饮，一切乐在其中。虽然有人批评是"津液交流"不卫生，但其符合中国人的思维方式和处世原则，反映了中国人尚和的伦理观念。"中国家庭传统宴席与其说是一顿丰盛的美餐，不如说是一项唤起天伦之乐的活动，大家欢欢喜喜围坐一席，杯鸣盘响，笑语声声。顷刻间，美馔佳馔成了引发和谐欢乐氛围的媒介，从而达到社会祥和、安定团结的目的"[9]。也就是说，在中国人的心目中，以饮食为主要内容的宴会活动，其意义远在饮食之外。

第二，饮食是整合人际关系的重要媒介。在日常生活中，不管是家人、邻里还是亲戚、朋友，也不管是同学、同事还是师生、上下级，每隔一段时间都要设宴相聚，以联络感情、加深友谊。即使是素不相识的陌路人，只要偶然同席相坐、举杯相敬，便可以成为挚友，甚至以"兄弟"相称。人们在共同用餐时加深了彼此的情感交流，也拉近了彼此的距离，更充满了人情味。历代统治阶级常在宫廷设宴招待文武大臣和异国使臣，以此来笼络人心和怀柔番邦，作为其维护统治地位的重要手段。《毛诗正义·鹿鸣》曰："（天子）以行其厚意，然后忠臣嘉宾佩荷恩德，皆得尽其忠诚之心以事上焉。明上隆下报，君臣尽诚，所以为政之美也。"传统的祭天祀祖活动、民间的喜庆佳节、人生礼俗等，无不借助饮食活动来联络宾客、亲善友谊、敦睦亲情，饮食是中国人整合人际关系的重要媒介。

第三，饮食是化解矛盾、冲突的重要媒介。只要矛盾双方同席并坐举杯相饮，积在心中的矛盾瞬间烟消云散，敬一杯酒胜过任何言语上的歉意，这就是中国饮食的魅力所在。因而，饮食成为人们日常生活中调解事务、化解矛盾冲突的重要媒介，尤其在中国古代的乡土社会中饮食的这一作用更为强大，得到了更充分发挥。乡土社会是一个熟人社会、伦理社会，遇事不通过法律途径解决，即使是人命关天的大事依然运用调解的方式来解决。由德高望重的长老作为权威的评判者，将矛盾双方置于同一桌酒席之中进行分析评理，让输方向赢方敬一杯酒以示歉意，赢方也会向输方敬一杯酒以示礼让，双方握手言和；或者双方都有问题难分高下，这时各打五十大板，举杯相饮，以化怨仇。矛盾双方当事人还要敬酒于长老，以示谢意。这样一方面解决纠纷、化解矛盾，另一方面教化晚辈，维持秩序，这一切都是以饮食为媒介展开的。

第四，饮食是进行人伦教化的重要手段。《礼记·乡饮酒义》记载："乡饮酒之义，主人拜迎宾于庠门之外，入三揖而后至阶，三让而后升，所以致尊让也。盥洗扬觯，所以致絜也。拜至，拜洗，拜受，拜送，拜既，所以致敬也。尊让、絜、敬也者，君子之所以相接也。君子尊让则不争，絜、敬则不慢。不慢不争，则远于斗、辨矣。不斗、辨，则无暴乱之祸矣。斯君子之所以免于人祸也。故圣人制之以道。"严格的礼仪程序体现了主人的诚意和对客人的尊让与敬意，这是建立良好人际关系的必然要求。"儒家认为影响天下安定的斗争生于互相侵凌，互相侵凌则生于长幼无序、贵贱乱等，所以要教之以‘敬’和‘让’，以此实现社会的和谐”[10]。敬与让是礼的根本精神，所以在饮食活动中渗透一定的礼仪规范，通过对这些饮食礼仪的遵守，使人们相互敬重、相互礼让，达到人伦教化的目的。《礼记·射义》云：“古者诸侯之射也，必先行燕礼。卿、大夫、士之射也，必先行乡饮酒之礼。故燕礼者，所以明君臣之义也。乡饮酒之礼者，所以明长幼之序也。”燕礼和乡饮酒之礼调节的对象和教化的目的不同，燕礼调节君臣之间的关系，让人明确君臣的名分；乡饮酒之礼则调节长幼之间的关系，使人明确长幼的顺序，从而尊君敬长、尊老敬贤。《论语·乡党》曰：“乡人饮酒，杖者出，斯出矣。”“有酒食，先生馔”，即在乡饮酒的礼仪结束后，一定要等年长者先出去，然后自己才能出去；有了酒食，应让长辈先吃，以示尊老。饮食活动中这些礼仪规定之目的在于培养人们尊老敬贤的伦理精神。通过对这些礼仪规范的认知和严格遵守，保证处在社会生活中的人们各安其位、各守其礼、各修其德，严格履行社会角色所赋予的基本道德义务，达到“贵贱不相逾”（《韩非子·有度》），从而形成人际亲睦和爱、社会和谐有序的大好局面。

四、社会文明风尚

饮食伦理不仅是协调人际关系的重要规范，也体现为一定时代社会的风尚习俗，这种风尚习俗自然也会有善恶美丑之分，对饮食时尚风俗进行价值分析以引导饮食良风美俗的形成，也是饮食伦理研究的重要任务。

所谓饮食风俗是指人们在选取食物原料、生产加工、烹制和食用的过程中长期形成并传承不息的风俗习惯，包含广泛的内容，“不仅烹调原料的开发，膳食结构的调配，炊饮器皿的择用，工艺技法的实施，养生食疗的认识，筵席燕赏的铺排，风味流派的孕育和烹调理论的建立，都会受到食俗的制约；而且烹调意识中的人情味，厨房设施里的乡土情，酒楼的商招，厨师的行话，还有乡规民约、社交礼仪、民族食风、饮食忌讳，以及四时八节的大菜和小吃，各地肴馔的品位和审美，也都有食俗的‘酵母’在里面发生作用”[11]。所以，不同地域、不同民族的饮食风俗存在较大差异，体现一定的社会性、地域性、时代性与民族性，是该地区、该民族政治制度、经济状况、文化艺术、价值观念、伦理道德、宗教信仰、民族心理、人际关系以及生存智慧等的综合反映，也是时代精神、社会风尚和文明进步的真实体现，对良好社会风气的形成既有积极的引领作用也有消极的阻碍作用。孙中山先生曾明确指出，中国饮食烹饪技术是高度发达的社会文明进化的表现，“是烹调之术本于文明而生，非深孕乎文明之种族，则辨味不精；辨味不精，则烹调之术不妙。中国烹调之妙，亦足表明文明进化之深也”[12]。所以，我们要用现代批判的眼光分析人们日常生活中的一些饮食风俗，进行伦理价值建构，使其成为我国社会文明风尚形成的强有力推动者。

人们日常生活中形成了很多良好的饮食风俗，在规范人们饮食行为、增进营养与健康、实现幸福生活以及形成良好社会秩序等方面发挥了重要作用，值得大力弘扬。例如，节俭饮食就是一种良好的社会风尚，对己、对人、对家、对国都是一种善行，是立人之本、兴业之基、持家之宝、治国之道。《呻吟语·存心类》曰：“简则约，约则百善俱兴；

奢则肆，肆则百恶俱纵。”节俭饮食对自己可以修身养性，对他人则是尊重劳动价值，对家庭能够形成良好的家风，对社会则可以形成公平公正的饮食环境和文明的社会风尚。我们永远不能忘记“一粥一饭，当思来之不易；半丝半缕，恒念物力维艰”（《五种遗规·朱子治家格言》）的古训，“对赶‘时髦’的高档消费、跟风消费，‘打肿脸充胖子’的人情消费、面子消费，‘今朝有酒今朝醉’的超前消费、过度消费，浪费资源的‘一次性消费’，挥霍奢靡的炫富消费、低俗消费说‘不’”[13]。使节俭饮食风尚永放光芒。

有些饮食风俗还需要我们辩证地看待，如中国人一贯以热情好客而闻名于世，孔子《论语·学而》曰：“有朋自远方来，不亦乐乎?”纯朴的民风形成了人们用最珍贵、最美好的食物招待客人的风俗。平日里杀鸡宰羊，除了逢年过节必是家中有贵客要来。这种良好饮食风俗世世相袭、代代相传，对个体德性的养成、人际关系的建立和文明社会风尚的形成具有重要的促进作用。但任何事情都有“度”的规定，超过了“度”就会发生质变。中国人有时热情过度，不管是为了面子还是给宾客最高的礼遇，想方设法让客人吃好、喝好，否则就是最大的失礼。于是形成了强让的饮食风俗，尤其是在一些地方的饮酒中，只有客人喝得翻江倒海、不省人事才认为招呼周到、不失礼。这种风俗不可避免地给他人带来不便与尴尬，甚至是强人所难。所以，要尊重客人的饮食习惯，给客人一定的饮食自由权，这样才不使“热情好客”的传统发生变异。

中国的千叟宴应是一种政治性或社会性的饮食习俗，撇开其奢靡等缺陷应该是弘扬尊老文化和传承孝道思想的重要平台。正如《大学衍义补·躬孝弟以敦化》中所说，“王者之养老，所以教天下之孝也……一礼之行，所费者饮食之微，而所致者治效之大也”。通过这种饮食风俗教化天下万民，以此培养人们尊老敬贤的传统美德，达到安邦定国的功效。还有民间的丧宴，除了迷信、过于烦琐的礼节和奢靡等缺陷之外，也是传承孝道思想和培养人们尊老德性的重要风俗。对待鬼神也如同处理人际关系一样，用美食来敬奉祖先神灵以报答其造食之德和养育之恩，寻求人生的安福，进而演化为对健在的父母及年长者的孝敬与尊重，以此来教化民众。所以，曾子曰：“慎终追远，民德归厚矣。”（《论语·学而》）这都需要我们辩证地分析、批判地继承，以弘扬中华民族的传统美德，对当下饮食伦理建构提供有益的借鉴。

在人们的日常生活中还有一些不良的饮食之风，对个体的生命健康、人际关系和社会风气等产生了恶劣影响。例如，饮食奢靡之风，这是从古至今一直盛行的一股恶风，尤其是上流社会的人们追求奢华、稀有、面子、地位，不管经济耗费和资源浪费，天价的宴席早已司空见惯。这不仅损害了自身的健康，腐蚀了精神信念和道德质量，而且带坏了社会风气，形成一定示范效应，人们试图进行模仿和追捧进而扩大化就会形成全社会的奢靡之风。同时也浪费了自然资源，破坏了生态文明，加剧了社会的不公正消费，对社会道德和精神文明建设是一致命打击。

其实，在中国大吃大喝已成为一种不良社会风气，不管逢年过节、婚丧嫁娶还是生子、乔迁、金榜题名、升官发财、开业庆典、敬神祭祖等都离不开吃喝。本来是增进友谊，敦睦亲情，加强人际交往，创造一个和谐欢乐的氛围，愉悦心灵或祈求平安、幸福，但随着社会的发展吃喝的名目越来越多、规格越来越高、频率越来越快，吃喝已失去了交往这一本真的人际伦理意义，逐渐披上了金钱的外衣，是对礼尚往来、礼轻情意重的一种扭曲，使人际关系变得越来越功利化和世俗化。尤其是公款大吃大喝，不仅吃空了国家财政，还喝坏了党风，更促使腐败行为在饮食领域的恶性发展，使人类正常的饮食活动成为腐败行为发生的有效工具，助长了腐败之风的盛行和泛滥。所以，国家采取有效措施如“八项规定”“六项禁令”等消除这些饮食中的不良之风，形成良好的社会风尚。

五、生态文明承载

随着经济的快速发展，人的欲望无限膨胀，肆意开采、开发、捕杀导致生态环境的恶化和生态系统的失衡，不仅严重影响当代人的生存与发展，而且给子孙后代的生存环境也造成一定威胁，致使环境问题成为全球性问题，世界各国都在致力解决。“从实践的角度看，人要想实现保护环境和可持续发展的目标，就必须要同时调整好三个方面的关系，即人与自然的关系，当代人与后代人的关系，当代人之间（特别是不同国家之间）的关系。这三个方面关系的调整都需要一定的伦理原则的指导”[14]。有效约束和规范人的行为，为生态环境保护提供合理的伦理辩护和价值取向。

人类生活在一定时空之中，其饮食行为直接影响周围的生态环境，所以必须把人类对自然界的无限改造限制在生态系统所能承受和再生的范围之内，这是人类在满足自身口腹之欲时作为生物共同体的一分子应具有的道德责任。“生态整体主义并不否定人类的生存权和不逾越生态承受能力、并不危及整个生态系统的发展权，甚至并不完全否定人类对自然的控制和改造，但是这种控制和改造必须与人类的长远利益和根本利益相一致”[15]。“从生态伦理学的视角看，饮食伦理的最高境界应该是把地球生态系统的整体利益作为最高价值，而不是把人类对饮食的需求作为最高价值，把是否有利于维持和保护生态系统的完整、和谐、稳定、平衡和持续发展作为衡量人类饮食活动的根本尺度，作为评判人类饮食理念、饮食方式、饮食行为的最终标准”[16]。基于这样的认识，人类的饮食活动应以生态伦理为准则，将维持人类生命健康与保护环境有机结合，达到人与自然和谐发展。

尊重自然、爱护自然是人类所形成的普遍共识。“生物圈中的所有事物都拥有生存和繁荣的平等权利，都拥有在较宽广的大我范围内使自己的个体存在得到展现和自我实现的权利”[17]。因而没有充足的理由我们无权剥夺其他生命共同体存在的权力，否则会伤害人类自身。因为人也是自然生态系统中重要的一分子，自然生态系统中的各个部分之间的命运是休戚相关的，任何一个物种的减少都会导致生物链的中断。“由此能推演出现代生态学的先进思想：动物是否可吃，特别应当从物种保存的角度来判断。生物物种的生命价值远远超过生物个体的生命。越是珍稀动物，其生命的价值越高，越不能充作食物”[18]。这是从保护生物物种生命价值的角度出发推演出的饮食伦理应坚持的一条基本原则。所以，人类尊重自然、保护生态环境也是为了更好地保护人类生命安全与健康。当然，“尊重自然并不意味着无所作为，更不意味着人类不可以利用和改造自然。它只是要求人类在利用和改造自然时要尊重自然的基本规律；在满足人类生存需要的同时，适当关注其他生命的生存和延续”[19]。这是人类能够继续生存与发展的伦理需要，只有这样才能保护生物多样性发展，维护生态平衡。“但转基因动植物的出现，由于没有天敌的制约，就可能会破坏原有物种之间的竞争协作关系，扰乱原本和谐有序的生态环境，减少本地区物种的多样性，甚至会使生态系统受到毁灭性打击”[20]。因此，我们必须合理食用转基因食品。

现代社会，环境危机往往是人类无限的欲望与自然资源的有限性、稀缺性之间的冲突，表现在饮食方面就是人类过分地追求口腹之欲而非法捕杀野生保护动物、大量开采自然资源，现代工业食品的快速发展导致人类对自然资源的过度掠夺和对生态系统的破坏。例如，人们在吃什么补什么、越珍贵越有价值、炫耀等错误饮食理念引导下，大肆捕杀珍贵野生动物和追求稀有之物，导致我国一些珍贵野生保护动物数量急剧下降甚至灭绝，破坏了生态系统的整体平衡。再加上人口不断增多，耕地面积不断减少，为了生存人们不得不大面积开荒、砍伐森林，破坏自然植被，导致土地沙漠化和水土流失严重，以及为了提高农作物产量，过度使用化肥农药，导致土地盐碱化……这一切都与人们的饮食行为有关，缺失了人类对生态系统应有的伦理责任。

自然资源是有限的，人们在满足口腹之欲时应该考虑自然资源的承受度和再生性，注重生态效益。也就是说，“当代人对可再生资源的使用应限制在这些资源的可再生速率的范围之内，只使用‘自然资本’的‘利息’，而不使用自然资本的‘本金’。当代人应当以这样一种方式来使用不可再生资源，即把使用不可再生资源所获得的相当一部分资金用于技术创新，以便在一种不可再生资源枯竭之前，人们能够顺利地发现新的可替代资源”[21]。这样才不至于对后代、社会与自然造成威胁，使人与自然和谐相处，这是人类的道德责任，从而形成可持续发展战略，实现工业文明向生态文明转型。

【参考文献】

[1] 赵荣光．中国饮食文化史［M］．上海：上海人民出版社，2006：29-30.
[2] 张起钧．烹饪原理［M］．北京：中国商业出版社，1985：2.
[3] 朱相远．中国饮食文化的历史与哲学背景［M］．北京：中国社会科学出版社，1996：4.
[4] 马克思，恩格斯．马克思恩格斯选集（第一卷）［C］．北京：人民出版社，1995：78.
[5] 刘海龙．食品伦理建设探析［J］．理论导刊，2011（2）：67-69.
[6] 甘绍平，余涌．应用伦理学教程［M］．北京：中国社会科学出版社，2008：267.
[7] 甘绍平，余涌．应用伦理学教程［M］．北京：中国社会科学出版社，2008：268.
[8] 康德．道德形而上学原理［M］．苗力田，译．上海：上海人民出版社，2005：48.
[9] 徐海荣．中国饮食史（卷一）［M］．北京：华夏出版社，1999：11-12.
[10] 王学泰．中国饮食文化史［M］．桂林：广西师范大学出版社，2006：81.
[11] 陈光新．中国饮食民俗初探［M］．北京：经济科学出版社，1994：300-301.
[12] 孙中山．建国方略［M］．沈阳：辽宁人民出版社，1994：6.
[13] 李清华，张达．锲而不舍，驰而不息，让节俭清风成常态［N］．光明日报，2014-02-21.
[14] 甘绍平，余涌．应用伦理学教程［M］．北京：中国社会科学出版社，2008：192.
[15] 周利刚，黄曦．生态伦理视角下食品安全对策分析［J］．生态经济，2011（6）：131-133，137.
[16] 王诺．“生态整体主义”辩［J］．读书，2004（2）：45-49.
[17] B Devall，G Sessions. Deeep Ecology：Living as Nature Mattered［M］. Gibbs M. Smith，1985：67.

[18] 高成鸢．中国的食物伦理［J］．扬州大学烹饪学报，2001（3）：1－4.
[19] 甘绍平，余涌．应用伦理学教程［M］．北京：中国社会科学出版社，2008：231.
[20] 朱俊林．转基因技术安全性的生态伦理浅析［J］．伦理学研究，2006（4）：104－108.
[21] 甘绍平，余涌．应用伦理学教程［M］．北京：中国社会科学出版社，2008：230.

（原文刊载于《西北民族大学学报》哲学社会科学版 2016 年第 6 期）

饮食伦理析

韩作珍

摘要：饮食作为人类最重要的生命活动与价值活动，不仅是维持人类生命、增进营养与健康的自然欲求，还包含着丰富的文化内涵和伦理意蕴，这在中西方的饮食文化中都有明确体现。然而在当代中国饮食文化空前繁荣的同时，也出现了诸多饮食伦理问题，给中国社会和人民带来了极其恶劣的影响和难以估计的严重后果，因此，进行饮食伦理研究，有助于从伦理维度全面探讨中外饮食文化，建构新的饮食伦理文明，对民众正确的饮食观念、良好的饮食行为与合理的饮食方式的形成提供切实的价值指引与行为规范，从而提升国人的饮食道德素养和实现人生幸福，促进伦理学学术研究的视角与方法变革。其研究内容，可以从以下三方面展开：其一，个体饮食伦理，主要研究饮食的养生之道、德性修养与审美伦理；其二，人际饮食伦理，主要研究饮食礼仪、饮食的人伦教化和协调人际关系的作用；其三，社会饮食伦理，主要研究饮食伦理与政治、民族、社会风俗以及生态环境之间的关系。

关键词：伦理道德；饮食伦理；饮食文化

饮食是人类维持生命、增进营养与健康的前提条件和基本保障，在自然本能的意义上，人和动物是相同的，但人类随着自身的不断进化，文明程度的不断提高，其饮食也在野蛮行为逐渐退化和文明行为逐渐前进中体现出灿烂的文化特征。表现最为突出的莫过于生食习俗的退化，饮食逐渐走向政治化、养生化、伦理化、文明化，正是这些巨大的变化，使得人类的饮食行为从“人化”上升到“文化”的境界，“吃”不再简单地停留于动物的本能层面，而转变为人类的自觉行动；不再是满足人类低俗的生理需求，而转变为一种高雅的精神追求，包含着丰富的文化内涵和伦理意蕴，人们在满足感官享受的同时也获得了精神的愉悦和德性的培养。那么，饮食与伦理如何有机结合？何谓“饮食伦理”？饮食伦理的研究背景和价值何在？今天的研究应从哪几个维度展开？这些都是本研究欲讨论的问题。

一、问题的提出及其研究价值

（一）问题的提出

我国饮食文化博大精深，对世界饮食文化的发展产生了深远的影响，尤其是传统饮食伦理在个体德性培养、人际伦理关系以及社会文明风尚的形成中发挥了重要作用。但时至今日，时代发生了巨大变化，我们需要用现代的价值标准来重新审视传统饮食伦理，批判继承其优良传统，为当下人们的饮食生活提供伦理导向和价值依据，于是基于以下背景展开探讨。

1. 日常生活伦理学的研究需要

改革开放以来，随着公民社会的形成，公共领域和私人领域逐步分离，人民群众日常生活价值日益凸现。在长时期高度组织化、政治化的时代，我们在道德建设上实际是以政治取代了道德，道德仅仅被当作服务于政治的工具。事实上，道德作为人类合理生活方式的价值自觉的观念、规范及其实践，其作用主要是要调整民众的日常生活，而不是专为统治阶级的教化服务。道德文化不仅是哲学之思的“极高明”，而且也是面向庸常实践的“道中庸”。伦理学作为哲学价值论的核心，作为一种实践理性的探索，应面向生活、关注生活、描述生活、诠释生活、寻求生活的意义，揭示生活的价值，建构生活的规范，实现生活的目的，指导现实的人生。社会的变迁、时代的进步，民众日常生活日益突显，于是就要求我们去研究、解释、评估、引导。可见，“生活伦理”的系统研究或者创立一门面向中国百姓生活实践的“日常生活伦理学”，不仅是时代的迫切需要，也是伦理学发展的必由之路。而饮食又是人类日常生活中最为重要的一项活动，因此，我们有必要选取民众日常生活伦理的一个重要分支——饮食伦理进行深入研究。

2. 饮食文化的伦理内涵

在中国传统文化中，饮食与伦理形成有机结合，这为一切文化所少有。而且饮食伦理在人们的日常生活中具有十分重要的地位，对人们正确的饮食观念、文明的饮食行为和合理的饮食方式的形成提供价值导向和伦理规范，对饮食活动中个体德性的养成、良好人际关系的建立以及社会文明风尚的形成提供价值依据。先秦诸子都非常注重伦理在饮食中的价值作用，尤其中国古代丰富的道德规范，广泛地渗透在饮食活动中，从而使人们的饮食观念、饮食态度、饮食行为、饮食方式、人际饮食交往以及饮食风俗等都深受传统伦理道德的影响，进而使人们的日常生活无处不受传统伦理道德的洗礼和浸润。因而，传统伦理道德在人们的日常生活中发挥着强大的教化作用，培养人们良好的道德质量，教育人们为人处世之道，协调人际关系，净化社会风气，维护社会稳定，为封建社会的长期发展发挥了重要作用。但时至今日，社会发生了巨大变化，传统伦理道德未必都能适应现代人们的饮食需求，这就需要我们仔细挖掘和深入研究，才能够去其糟粕，取其精华；才能够更好地弘扬传统饮食伦理的优秀遗产，以伦理道德的完善来解决当下社会的饮食问题，以伦理理念的理想来引领和建构未来饮食文化。

3. 饮食伦理的现实关怀

民以食为天，食以安为先，饮食是人类赖以生存和发展的物质基础，人类要获得生存的可能，首先必须解决“吃”的问题，这是人类实现幸福生活的前提条件。《尚书大传·周传·洪范》曰：“食者，万物之始，人事之所本者也。”毛泽东在《湘江评论》创刊宣言中写道：“世界上什么问题最大？吃饭问题最大。”饮食的重要性不只在于满足口腹之欲，还会影响到一个民族的未来发展，关乎国家的命运与人的生命权、健康权以及伦理观念的传承。然而在当代中国饮食文化空前繁荣的同时，人们也备受其消极因素的影响，本是用以维持生命、增进营养和健康的饮食行为，却承载了过多表现尊荣、法权、亲疏、富贵等复杂关系的重负，负荷了过多谋权、逐利等目的，导致在饮食活动中出现种种不良现象。

而且各个领域的恶性食品安全事件接踵而至，如“三聚氰胺”“毒大米”“瘦肉精”“地沟油”“染色馒头”“苏丹红”“塑化剂”“毛发酱油”等，以及伴随着高科技的飞速发展而出现的转基因食品，无不暗藏着潜在的危险。食品安全问题再次敲响了警钟，引起了人们对“吃”的恐慌和对社会伦理道德的质疑与反思。2011 年 4 月 14 日，国务院原总理温家宝同国务院参事和中央文史研究馆馆员座谈时曾指出：“我国改革开放 30 多年来，伴随经济社会的发展和民主法制的推进，文化建设有了很大的进步。同时也必须清醒地看到，当前文化建设特别是道德文化建设，同经济发展相比仍然是一条短腿。举例来说，近年来相继发生‘毒奶粉’‘瘦肉精’‘地沟油’‘彩色馒头’等事件，这些恶性的食品安全事件足以表明，诚信的缺失、道德的滑坡已经到了何等严重的地步。一个国家，如果没有国民素质的提高和道德的力量，绝不可能成为一个真正强大的国家、一个受人尊敬的国家。”[1]的确，这些不良的饮食异化现象和食品安全事件恰恰是当代中国饮食伦理缺失的一种表现，破坏了人与自然、人与社会、人与人之间的和谐关系，给社会和人民带来了极其恶劣的影响和难以估计的严重后果，必须给予高度重视并尽快予以解决。措施固然可以包含健全体制、加强食品安全立法与监管等，但要从根本和长远上解决，却需要全体国人遵守合理的饮食伦理规范，形成正确的饮食观念与合理的饮食方式，因此，饮食伦理研究刻不容缓。

（二）研究价值

饮食伦理研究，无论在理论上还是实践上都具有重要的意义：

第一，有助于从伦理维度全面研究中外饮食文化，建构新的饮食伦理文明。分析当代中国饮食伦理的历史渊源，继承优良传统，摈弃陋习，批判当代饮食生活中一些不道德行为，分析其成因，并借鉴西方饮食文化的优秀资源和解决现实饮食伦理问题的成功经验，在此基础上，提出应然性、合理性的伦理导向，形成新的饮食伦理文明。

第二，对民众正确的饮食观念、良好的饮食行为与合理的饮食方式的形成提供切实的价值指引与行为规范。“吃什么、什么该吃、什么不该吃、如何吃”构成了人类今天饮食生活方式的核心，通过对这些问题的研究，形成新的饮食伦理规范。这种新的饮食伦理规范一旦形成就变成了一种风俗习惯、道德观念，进而上升为人们内在的道德信念，它会指导并约束食品企业的经营行为和民众的日常饮食生活。人们就会视遵守这种文明的规范是一种道德行为，而不遵守这种行为则是一种道德上的恶，从而发挥饮食伦理规范食品行业与指导民众饮食生活的目的，使民众吃得安全、吃得健康、吃得文明，为还原民众饮食生活中的一片净土、树立科学健康的饮食伦理观念、形成合理的饮食方式作出贡献，进而使人性更完善，人格更高尚，食品市场更诚信，生态更平衡，社会更文明。

第三，有助于提升国人的饮食道德素养和实现人生幸福。饮食与伦理的高度契合，是我国饮食文化的一大特色。在人们的饮食活动中渗透一定伦理学的价值理念和行为规范，使人们的饮食观念、饮食行为、饮食方式符合伦理学的价值标准和规范要求，从而促使人们在合理饮食的同时，既满足了物质层面的营养与健康的需求，还体验了精神层面带来的享受，也促进德性修养的提升。也就是说，在饮食活动中既能养生，实现生命价值；也能养德，提升道德素养；还能审美，实现精神愉悦，从而使饮食真、善、美三者达到和谐统一，实现人生幸福，这是我国饮食伦理发展的目标方向和价值意义所在。

第四，对完善我国食品安全制度具有重要意义。饮食伦理研究，首先必须明确饮食对人类的重要性及饮食与伦理之间的关联性、饮食伦理的内涵、价值维度、文化理念、理论基础、价值依据、历史传统和现实状况等。在此基础上，针对我国食品安全现状和产生的原因，借鉴中西方饮食伦理的历史传统与成功经验，建构科学合理的食品安全伦理体系并保证其有效实施，对解决我国食品安全问题和完善食品安全制度具有重要意义。

第五，促进伦理学学术研究的视角与方法变革。克服以往伦理学研究与道德建设不关注民众、不关注生活的弊端，使伦理学研究实现视角、方法的根本性变革，促进以饮食伦理为主要内容的生活伦理学的形成。从而获得新的学术认知，取得新的研究成果，促进文化积累，推动应用伦理学在我国的快速发展和伦理学对民众日常生活的密切关注。

二、饮食伦理的内涵

饮食原本是维持人类生命、增进营养与健康的自然欲求，为何具有伦理意义？这是这里要讨论的问题。

从人类历史发展过程中可以看出，人类的一切活动都与饮食有关。一个国家的政治、经济、文化等的发展都是建立在以饮食为核心的巨大链条之中，而且饮食还是社会地位、价值理念、民族风俗、伦理道德等的生动体现。也就是说，在人类社会生活中，饮食除了具有满足人类充饥、营养、保健等自然需求之外，还必然蕴含着深刻的伦理意蕴，所以李贽在《焚书·答邓石阳》中云："穿衣吃饭，即是人伦物理；除却穿衣吃饭，无伦物矣。"从饮食的本身来看，饮食承载着生命价值和实现生生之大德的使命；从饮食过程来看，人类的饮食理念、饮食方式、饮食行为、饮食规范等都渗透着一定伦理道德因素，蕴含着道德契约和道德质量，体现一定人伦关系和社会文明风尚。而且人在什么条件下吃、该吃什么、不该吃什么、如何吃、吃了以后怎么样等问题也需要伦理的论证、批判与指导。

伦理一般是指"处理不同辈分和类别的人际关系的应然之理和规则规范"，而"道德是主体基于自身人性完善和社会关系完善的需要而在人类现实生活中创造出来的一种文化价值观念、规范及其实践活动"[2]。二者在原始意义上都含有风尚、习俗等含义，词义大致相通，所以，无论在中国还是西方往往都是混用的，但二者实际上是有区别的。在这里，我们也将"伦理"和"道德"两个概念混用，也就是说这两个概念在此都是指导人们生活和交往的价值观念、行为规范和个体及群体的行为质量。伦理与道德作为一种社会规范，其本质上具有完善人性和协调社会关系的使命，并为人类社会生活提供价值依据和评判标准，以此来规范人类行为，协调各种社会关系，指导人们的现实生活，从而促进人类幸福生活的实现。美国伦理学家汤姆·L. 彼彻姆认为："道德要求建立一种以某些可接受的原则和动机来调节的完整的生活方式。"[3]斯图亚特·雷切尔斯也认为："道德哲学是对道德的本质、道德要求我们做什么——用苏格拉底的话说，是'我们应当如何生活'——以及为什么这样生活达到系统性理解的努力。"[4]史蒂文·卢坡尔也指出："伦理学是澄清人们应该怎样生活的尝试。它阐明好人及好生活的本性，告诉我们怎样才能繁荣或过得好，它还描述我们的义务的特征，使我们能够确定我们必须做什么。”[5]弗里德里希·包尔生认为：“伦理学立足于对一般人性（尤其是精神与社会方面）的知识，目的在于解决生活中的所有问题，使生活达到最充分、最美好和最完善的发展。”[6]因此，他认为，伦理学应具有两个基本职能：“一是决定人生的目的或至善；二是指出实现这一目的的方式或手段。”[7]也就是说，伦理学的目标在于告诉人们什么生活方式是合理的、应当如何生活、什么样的生活是幸福的、应当如何实现幸福生活等人生重大问题以及遵循何种规范。

在人类的饮食活动中充分体现了伦理学的这种价值目标，饮食本身以及饮食活动过程中内含着特定的道德价值，体现着一定人伦关系和伦理精神。也就是说，在人类的饮食活动中广泛渗透了中国传统伦理的优秀资源如节俭、仁爱、道义、礼让、孝道、贵生、中和等思想和西方的绅士精神，以此来指导和约束人的饮食行为。所以，人类的饮食行为与动物不同，不能随心所欲地想怎么样吃喝就怎么样吃喝，而要有约束，要有节制，既不能暴食暴饮，也不能不吃不喝或过于节制，二者都不利于身心健康，要恰到好处，即达到儒家的“中庸”或亚里士多德的“中道”状态。不仅要节制人的口腹之欲，还要注意吃的方式，杜绝那些残忍的饮食方式和追求稀奇古怪的食物以及珍贵野生动物，要给动物一定的关怀，维持生态平衡，体现出一种仁爱思想和公平公正理念。还应坚决捍卫人格尊严，决不能为了满足口腹之欲而出卖灵魂与尊严，而要表现出崇高的民族气节和高尚的道德人格。只有合理饮食才能促进身心健康，实现生生之大德，也才能履行对自己、他人、家庭和社会的道德义务与道德责任，否则就会给家庭、社会带来一定负担，缺失了作为社会成员应担当的伦理责任和义务。同时，在饮食活动中还要遵循一定的礼仪规范，古人将礼用以作为别尊卑、定亲疏、辨是非、序人民、利后嗣的准则，这种准则扩大到庶民百姓生活中，就成为法律制度和社会意识形态，对人们吃什么、如何吃、用什么吃、在什么情况下吃以及给祖先神灵祭献什么、用什么祭献、怎样祭献等都有详细的规定，形成完善的礼仪制度。这些严格的饮食礼仪规范体现了我国古代尊祖敬贤、尊老爱幼、孝亲、长幼有序等传统美德和恭谦礼让的人际关系，贯穿着人伦教化的指导思想，成为修身养性、整合人际关系的有力保障，也成为治国安民、调节民族关系和维护社会稳定的重要手段。

同时，在烹饪理论方面也体现出浓厚的伦理色彩。“从熟食的发明，原料的调配，烹饪的技巧，餐具的选择，节令食品，到菜名的寓意和审美，无一不受伦理的濡染，这是中华文化无往而不在的伦理意识向饮食行为全方位渗透的结果”[8]。导致人们的饮食行为深深印上伦理的烙印。“正是饮食伦理化的结果，促使这种礼序化、伦理化、规范化、人情化的饮食活动对中国人的社会生活与人际关系有全方位的影响”[9]。这种影响具有稳定的内在机制，随着历史的变迁，绵延数千年，至今犹存。

但人不可能完全相同，人的境界也有高低之分。冯友兰先生认为：“就大同方面看，人所可能有底的境界，可以分为四种：自然境界，功利境界，道德境界，天地境界。”[10]张世英将人生境界划分为欲求境界、求知境界、道德境界与审美境界[11]，美国“成长热线”的创始人和总裁罗伊·帕斯勒（Roy Posner）将人生划分为存活、生长、发展和进化四个境界，江畅也认为人生境界从低到高可以划分为生存、发展和超越三个层次[12]，等等。处在不同境界中的人，其人生追求、举止态度、心理状态以及行为表现等也各不相同，即使在同一境界中，也会有层次之分。因此，对人类的一切饮食行为，我们应进行综合评价，不仅要关注饮食行为本真的道德应然性与合理性，而且还要关注饮食行为应当遵循的道德规范与价值原则，个体修养德性、人伦关系的和谐、社会文明风尚的树立以及公共伦理精神的建构等，还要关注饮食行为的目的性问题，即人生的终极意义问题，以便更好地应对当代人类共同面临的饮食问题，实现饮食与伦理的高度契合。但现代意义上人们的饮食行为与传统有别，并不单纯受生物因素的驱动，也不完全由经济因素所决定，更不会受政权与族权因素的影响，而更多带有身份地位、价值心理、社会表征、个性特征等意味。因而现代人们的饮食行为在某种程度上就是其对外部客观世界的认知、社会地位、价值观以及自我实现等的反映。以此推理，人们在什么意义上饮食就意味着在什么意义上展现自我和实现自我。这种展现和实现自我是建立在对食物资源的不断消耗之中，而对食物资源的消耗是社会生产和再生产的一个重要环节，对生产力的发展产生一定影响。因此，饮食看似是个体的自我行为，但实际上并不完全是人类自我规定的自觉行为，也是一种社会行为，这就需要建立一种道德价值观来调节人们的饮食理念、饮食行为和饮食方式，并从“质”和“量”两方面对饮食做出合经济理性的思考与合道德正当性的规定，这样既保证了饮食的经济正当性，也节约了资源，提升了社会饮食文明程度，保证了饮食的道德崇高性。

总之，饮食伦理是人们在长期的饮食生活中逐步探索、创造、积累而发展起来的，是人们在吃饭、喝酒、饮茶等日常饮食生活中所体现出来的价值观念、个性特征和风俗习惯对个体德性、人际关系和社会风尚的影响以及所应当遵循的应然之理和规则规范。它主要研究人类饮食活动中的伦理关系和道德标准以及如何用这些道德标准去评判、约束、规范与指导人们的饮食生活，建构正确的饮食理念与合理的饮食方式，为个体德性的完善、人际关系的协调和良好社会风尚的形成提供应然性、正当性与合理性的伦理导向和价值依据。

三、饮食伦理的研究内容

在研究中，我们以食品安全危机为背景，以生活伦理为视角，从历史、现实与未来的维度，围绕个人、人际与社会三个层面，对我国饮食伦理进行全面、深入、系统分析，分析饮食这种原本是维持生命、增进营养与健康的自然活动如何具有了伦理意蕴，以及饮食伦理的内涵及当代价值，并对现实饮食伦理发展状况进行批判与反思，以寻求构建新的饮食伦理体系。其主要研究内容如下。

（一）个体饮食伦理

从个体层面来看，饮食不仅能够维持生命、增进营养和健康，承载人的生命价值，而且还能够提高人的德性修养、审美情趣与人生境界，从而实现人生幸福。具体包括三方面的内容。

1. 饮食养生

古人云："养生之道，莫先于饮食。"（《饮食须知》序）《寿亲养老新书·饮食调治》曰："食者生民之天，活人之本也。故饮食进则谷气充，谷气充则气血盛，气血盛则精力强。"饮食从其本身来讲，首先在于维持生命的存在。人类生活离不开饮食，但是什么能食、什么不能食、食多食少、食冷食热、食好食坏、何时食、如何食等直接关系到人类繁衍生息、健康长寿。所以，从古至今人们都非常重视饮食养生，讲究科学饮食，注重食物的合理搭配和营养平衡，先民们在这方面有丰富的经验和成熟的理论。《黄帝内经·素问·脏气法时论》曰："五谷为养，五果为助，五畜为益，五菜为充，气味合而服之，以补精益气。"清代顾仲在《养小录》序中将饮食养生概括为："养生之人，务清洁，务熟食，务调和，不侈费，不尚奇，食品本多，忌品不少，有条有节，有益无损，遵生颐养，以和于身。日用饮食，斯为尚矣。"在此基础上形成了医食同源、饮食疗疾、五谷为养、膳食平衡、饮食有节、无使过之等思想，疗、养、节为其核心内容。伦理就是为了人类生活得更加幸福，功利主义伦理学家边沁曾经有言："道德就是求得最大幸福之术"，人要生活的幸福，自然是以养生为基础的，人要履行更多的伦理责任如孝亲报国，都要以人的健康存在为前提。因此，养生不仅是个体幸福人生所必需，而且也是社会伦理义务之前提。

2. 德性修养

俭、仁、义应是饮食中具有的德性质量，饮食与俭表达了日常生活中道德对吃的态度指导，饮食与仁表达了道德对吃什么和不吃什么以及如何吃的规定，饮食与义表达了道德对饮食与道德不可两全时抉择的指导，即舍饮食而存道德，这三者的有机结合，共同推动了饮食德性的完善。孔子讲"仁者寿""戈不射宿"，《中庸》讲"大德必得其寿"，孟子讲"数罟不入洿池""君子远庖厨"，佛教的"三净肉"等，都是告诫人们要有仁爱之心、要修养德性，这样有助于延年益寿和精神安顿。而且古人在饮食活动中也常常教育子女立身处世的基本道理，培养勤俭节约、宽厚仁爱、尊老爱幼、扬善惩恶等良好品德和伦理精神。例如，人们是否具有节制俭朴之德，这不仅表现在人能否对物质财富不浪费，而且还表现为一个人能否在生活中注意节制饮食。曾经有"食饱九分毒"之说，这就是说过于饱食，不仅表现出某些人没有节欲之美德，更重要的是，现代大量事实表明，人们患病并不是饿出来的，而是吃出来的。因此，过量饮食是不利于养生的。人之为人，不吃无法生存，但吃不是最终的目的，人应该吃得有尊严、吃得有志气、吃得有风度、吃得有修养，为了道德人格的完善去吃，这样才能实现人类吃的意义和价值。

3. 审美伦理

中国人对饮食的追求不仅要求味美，而且还注重食物外在感官的审美价值和饮食环境，追求色、香、味、形、器、景之美的有机结合，即美食配美器，美食配美名，美食配美景，在这样的情景下，"既能使参与者亲身感悟独具东方特色的中国饮食智道的包容性、唯美性、精粹性，又可体察蕴含在食色食香中的自然情趣，蕴含在食味食声中的人生美韵，蕴含在食享食用中的宴乐怡情，蕴含在食形食器中的时空艺境"[13]，蕴含在食景食趣中的高雅格调，也可以使人在感受西方饮食的贵族派头和绅士风度的同时，陶醉在那宁静优雅的饮食氛围中，享受着美妙的古典音乐和轻声细语热情礼貌的服务，从而超越饮食的生理需求，追求更高层次的精神愉悦和德性之美，提升人生境界。在追求这种纯粹的饮食精神审美境界中，不仅进行了美德、美育、美仪的实践教育，而且更重要的在于实现了更高的意境和人生价值，即以饮德食之途，达修身立业之目；以五味调和之经，达养生养性之本；以食声美韵之乐，达感悟天人之通；以精肴细馔之趣，达人生真谛之感，从而实现求成人合天、达真善之境、净化心性伦常、序人伦天理的伦理目标。

（二）人际饮食伦理

从人际交往层面来看，饮食活动过程中广泛渗透着各种礼仪规范和人际交往伦理原则，贯穿着尊老孝亲、礼让契敬等传统美德，发挥着人伦教化与协调人际关系的作用。《礼记·礼运》云："夫礼之初，始诸饮食。"礼仪规范始于人类饮食活动，同时又规范着饮食活动。中国传统饮食礼仪非常丰富，在周代时，饮食礼仪已相当完善，后经儒家的精心整理而形成完备的礼制体系，比较完整地存于《周礼》《礼记》与《仪礼》中，并在社会实践中不断完善，成为文明时代人类社会生活的重要行为规范和人际交往的伦理原则，在人类社会生活中发挥着重要作用，对人们应该吃什么、不应该吃什么、如何吃、用什么吃、在什么情况下吃等都有详细的规定，形成严格的礼仪制度，上自皇家贵族，下至庶民百姓，都恪守不移。具体而言，从宴席的规格、名称、请柬的发送、迎送宾客、座次安排、入席仪态、餐具陈设、食品种类、上菜顺序、菜品摆放、席间音乐、进餐程序，到具体的吃饭、喝汤、敬酒、敬茶等都有严格的规定，也就是说宴饮有宴饮之礼，待客有待客之礼，客食有客食之礼，进食有进食之礼，侍食有侍食之礼，饮酒饮茶同样也有各自的礼仪规范，体现出森严的等级性与完善的伦理规范。

虽然中西方具有不同的饮食礼仪规范，饮食的人伦教化功能也有所不同，中国更注重尊老敬贤、长幼有序等传统美德的培养，而西方则更注重绅士精神的养成，体现女士优先、尊重妇女的德性修养。但最终的目标、意境却有相同之处，都是通过饮食这一简单的日常活动来实现不同社会阶层和群体间的不同层次的真、善、美的需求，即通过饮食活动进行人伦教化，使人知礼、守礼、行礼、明伦，培养人们良好的德性修养，使人们在饮食中明君臣之义、弘尊老之德、守长幼之序、养绅士之质、懂谦让之礼，从而建立良好的人际关系，使人们能够和谐、共生，社会井然有序，这才是饮食礼仪的真谛所在。

饮食是调节人际关系的润滑剂，人际间的来往常以饮食作为媒介，亲友相聚、家庭团圆、婚丧嫁娶、生儿育女、年俗佳节以及日常相处，没有酒食难以睦其亲、成其礼、融其情、尽其兴。《周礼·春官·大宗伯》曰："以饮食之礼，亲宗族兄弟；以昏冠之礼，亲成男女；以宾射之礼，亲故旧朋友；以飨燕之礼，亲四方之宾客；以脤膰之礼，亲兄弟之国。"不同的人使用不同的方式，天子有天子的方式，庶民有庶民的方式，但表达的意义和目的相同，都是为了期友会亲、睦亲和族，都是为了热热闹闹、喜庆祥和，都是为了人际亲和、社会安定。

（三）社会饮食伦理

从社会层面来看，饮食伦理与政治、民族、社会风俗、生态环境等有着密切的联系，饮食影响着一个国家与民族的未来发展，反映着特定社会的饮食风尚、民族风俗，进而影响着人类生存环境与生态文明的进步。

1. 饮食伦理与政治

饮食伦理与政治的结合是中国饮食文化的一大特色，在传统社会中发挥了重要的作用。春秋战国时期的政治家管仲曾说："王者以民为天，民以食为天，能知天之天者，斯可矣。"(《史记·郦生陆贾列传》)天者，"悠悠万事，惟此为大"。(《名臣经济录·陈政治终始疏》)这就是说，民是治国的核心，而饮食居于天之天者的至高尊位。正因为如此，农业才在我国具有如此重要的地位，被视为"本业""首业"而加以倡导，古人才将"食"列为"八政"之首，孔子也才将"足食"作为为政的重要条件之一，在孟子的"仁政"理想中也把确保民众有恒产作为首要条件，并"一再希望统治者养民、利民、富民、惠民、教民，博施于民，不仅要在思想上具备这样的德性，而且要在政治上实行仁政"[14]。而且民若在生存难以维系的情况下，就会导致社会混乱，甚至会使政权颠覆和国家沦丧，历史上无数次大规模农民起义无不与饮食有关。所以，为了政治稳定、天下统一、国富民强，历代的统治者都将民生问题作为其治国安邦的首要大事。

饮食可以兴国，饮食也可以亡国、误国。众所周知，夏、商两代的灭亡都是由于过于贪饮嗜食、饮食无德造成的结果，这种历史教训不得不铭记于心。西周时期的统治者吸取夏、商的教训，在其饮食器具上常刻以饕餮纹以警示世人不要过于贪吃，否则必将害己，甚至会颠覆王朝。古人常用饮食来比喻治国之道，"将调和鼎鼐与安邦治国相提并论，将治国之道与饮食文化智慧之道的巧妙结合、隐喻，强调烹调与治术、政通与人和、社会与自然的相通与和谐。体现了饮食文化政治功能和伦理道德境界"[15]。并通过等级森严的饮食活动来为政治服务，一方面明君臣之义、定人伦之序、确权身之位，另一方面则敦睦友邦、笼络人心，从而实现社会稳定、政通人和的政治伦理功能。

2. 饮食伦理与民族

我国是一个多民族国家，56个民族共同生活在一片土地上，实行大杂居小聚居的方式，各个民族在政治、经济、文化、社会生活等领域不断交流，各取所长，共同发展，创造了辉煌的饮食文化。但由于我国地广物博，南北东西发展差距较大，自然资源、社会历史、宗教信仰、生态环境、物产状况、民族风俗等因素也各不相同，致使各民族在长期的发展过程中形成了独特的饮食礼俗，这些饮食礼俗客观地反映了本民族的饮食特色、文化价值观念、伦理道德、宗教信仰、民族心理以及优良的生存智慧。虽然这些饮食礼俗各异，但目的却是相同的，都是借助饮食活动来进行人的教化、表达祝福、庆祝佳节、协调人际关系以及维持本民族的礼治秩序等。但在今天来看，有些民族的饮食礼仪已不适应文明社会的发展要求，需要进行变革，才能使该民族饮食礼仪健康发展，才能既保持本民族饮食伦理的优良传统，又能与现代社会有效接轨；既提高了人们的道德素养，也促进了本民族饮食文化的快速发展。这对进一步了解民族饮食伦理精神和培养人们的道德素养有很大帮助，对推动我国饮食文明风尚的形成提供有益的借鉴。

3. 饮食伦理与社会风俗

饮食虽然是人类生存最基本的物质前提，但受政治、经济、文化、宗教、民族、语言、地理等诸多因素的影响，因而在不同的民族、地域、宗教信仰中形成不同的饮食风俗。这些饮食风俗一旦形成之后就具有传承性和相对稳定性，成为规范人们行为、语言与心理活动的基本手段，也是人们学习、传承和积累文化以及接受人伦、亲情与礼仪等教育的一种重要方式，对于提高德性修养、协调人际关系、维护社会秩序具有重要的作用。我们一般将饮食习俗分为日常食俗、节日食俗、人生礼仪食俗、民族食俗等，不同的饮食习俗反映了人们社会生活的不同状况，蕴含着不同的伦理意义。因此，饮食风俗是了解一个国家、民族或地区的重要窗口。

4. 饮食伦理与生态环境

人类与自然界息息相关，人类生存所需要的基本物质数据均来自自然界，因此，为了人类自身更好的生存与发展，必须与自然界建立良好的关系，否则就会带来自身的毁灭。人类只有尊重自然、爱护自然，才能得以保证人类社会的可持续发展。古代的先哲们早已认识到生态关乎共生的道理，在他们的思想理论体系中无不包含着深刻的生态伦理智慧，无论是中国古代的儒家、墨家、道家以及佛教，还是西方的思想家们都非常重视生态伦理的建构。西方早期生态伦理学代表阿尔贝特·史怀泽提出了“敬畏生命”的伦理原则，他认为，“无故杀死动物、毁坏植物是不道德的，而善的本质就是保持生命，促进生命，使生命达到最高的发展，人和周围生物的关系应是密切的相互感激的关系”[16]。所以，人们必须节制自己的口腹之欲，爱护、节约并合理开发和利用自然资源，保证生物多样性发展，维护生态平衡，促进生态文明建设，从而建立真正平等、公平、公正的人与自然的良好关系，实现人与自然和谐共处、共惠共生以及“与天地相参”的崇高道德境界，这是饮食伦理发展应当坚持的基本原则。

总之，饮食作为人类重要的生命活动和价值活动，包含着丰富的伦理意蕴，我们希望通过研究，提出具有可操作性、指导性的饮食伦理之道，并推动饮食伦理的健康发展。我国饮食伦理的未来发展应将传统文化与现代科技、中国饮食文化与世界饮食文化有机结合起来，树立新理念，形成新体系，追求营养化、绿色化、节俭化、文明化、快乐化的发展之路。营养与绿色是饮食之真的科学、自然价值，节俭与文明是饮食伦理的核心内容，而快乐与美感则是饮食的更高境界追求，实现饮食真、善、美三者的和谐统一，从而使人们吃得安全，吃得健康，吃出德性修养，吃出人际和谐，吃出文明风尚，吃出幸福人生。

【参考文献】

[1] 温家宝．温家宝同国务院参事和中央文史研究馆馆员座谈讲话［N］．新华网，2011-4-17.
[2] 肖群忠．伦理与传统［M］．北京：人民出版社，2006：9.
[3] 汤姆·L．彼彻姆．哲学的伦理学［M］．雷克勤，等译．北京：中国社会科学出版社，1990：17.
[4] 斯图亚特·雷切尔斯．道德的理由［M］．杨宗元，译．北京：中国人民大学出版社，2009：1.
[5] 史蒂文·卢坡尔．伦理学导论［M］．陈燕，译．北京：中国人民大学出版社，2008：17.
[6]［7］弗里德里希·包尔生．伦理学体系［M］．何怀宏，廖申白，译．北京：中国社会科学出版社，1988：8，10.
[8]［9］徐海荣．中国饮食史：卷一［M］．北京：华夏出版社，1999：48-49，57.
[10] 冯友兰．三松堂全集：第四卷［M］．郑州：河南人民出版社，2001：497.

[11] 张世英．人生的四种境界［N］．北京：光明日报（理论版），2009-12-31.
[12] 江畅．德性轮［M］．北京：人民出版社，2011：521.
[13] 林永匡．饮食智道［M］．北京：中国社会出版社，2012：227.
[14] 肖群忠．中国道德智慧十五讲［M］．北京：北京大学出版社，2008：238.
[15] 孙金荣．中国饮食的主要文化特征［J］．山东农业大学学报（社会科学版），2007（3）：93-100.
[16] 阿尔贝特·史怀泽．敬畏生命［M］．陈泽环，译．上海：上海社会科学院出版社，1996：91.

（原文刊载于《重庆社会科学》2015年第12期）

六、动物福利/伦理

东亚生命观视角下的日本动物伦理研究

周菲菲　赵熠玮

摘要： 近代日本动物伦理学者在制度上接受了欧美的动物实验准则和动物福利基本原则，也意识到了其中的问题与局限，并正在将其本土化。在科学教育与实践中，出现了基于佛教信仰、儒家思想对动物伦理乃至生命观的重构。近代日本的动物伦理是在欧美国家的外部压力下被动形成的，但从根本动因上可溯源至东亚生命观。在东亚生命观的影响下，日本的动物伦理以万物一体为基调，主张人与动物生命实现的一致性与完整性，蕴含爱护自然、物种平等与敬畏生命的思想。研究和分析日本的动物伦理如何弥补人类生产生活精神需要，人们如何依据其提示人类敬畏自然界、感恩和珍视自然资源，如何令其与欧美主流动物伦理对话融合，如何开展相关科普工作，对我国动物伦理研究和发展有一定的借鉴意义。

关键词： 生命观；日本；动物伦理；东亚；仁爱

作者简介： 周菲菲，复旦大学外国语言文学学院研究员，日本东京大学综合文化研究科外国人研究员，日本国立北海道大学文学博士，研究方向为文化人类学与中日交流史。赵熠玮，南京理工大学外国语学院副教授，研究方向为日本思想史、日本文化史。

一、引言

动物伦理主要研究人对于动物的道德义务，其理论在西方的研究形成了较为成熟和完善的动物伦理学。主要学说有动物解放论、动物权利论、动物福利论等，涵盖了欧美对于人类与实验动物、农场动物、家庭宠物、动物园动物和野生动物关系的思考。严火其、郭欣指出，动物福利搭建了“科学”与“伦理”的桥梁。东方伦理在调整当前人与动物的生存矛盾、人类对物质和进步的追求与环境间的矛盾时，也应当发挥其不可或缺的作用。

日本的动物伦理思想可溯源到以佛、儒为代表的哲学与宗教的东亚生命观，主张环境与生命体之间合而不二的关系、强调人类取用万物时的仁爱精神。由于西方哲学中伦理（ethics）概念的普遍性、本质性指向与日本“伦理性”一词所强调的平等、正义有所不同，以科学史学者中村祯里为首，日本相关研究最初是围绕“动物观”，基于神道、佛教自然观的视角分析人与动物的关系，并且指出日本的人与动物呈现出近距离、相连续的密切关系。近年来，他们正在探索不再单纯追随欧美动物伦理的新路径。20 世纪中期以来，世界进入了分子生物学时代；20 世纪 90 年代后，有学者认识到随着遗传科学、工学的急速发展，生命伦理也应当转换为以信息价值为基础的“分子伦理”，以此克服生命科学的研究及制度间的不和谐。其首倡者大上泰弘引用《论语·为政》的“道之以政，齐之以刑，民免而无耻；道之以德，齐之以礼，有耻且格”，指出动物实验问题上，比之法律等话语系统，更重要的是道德、礼这类非语言的感性力量。

在此风潮中，日本动物伦理的特点及其重构成为该领域关注的重点问题。山内有三郎（T. Yamauchi）依据人与自然一体论，主张日本式的“生态人道主义”（Eco - humanism）。研究的一大着眼点，是称作“动物供养/慰灵”的传统信仰与习俗。这本是一种宗教性质的祭祀活动，却在科学研究机构中得到广泛实践。因而一些学者指出，“供养”“爱护”“感恩”等是能够与欧美动物伦理比肩（comparability）的关键词，如果能认真梳理、提炼这些理念，就能够向世界宣传日本的动物伦理。

笔者认为，以东亚生命观为基轴，系统考察其纵向历史及与其他东亚国家的横向关系比较的研究极为紧要。这是因为，我们可以观察到中国与韩国具有相似特点的动物伦理，动物放生与实验动物慰灵实践在三国都能看到。这是因为东亚有着主要由“山川草木悉皆成佛”“不杀生”的佛教平等生命观与天人一体的仁爱思想的儒家生命观融合而成的、共通的生命观，更重要的是，生命科学与医学已与伦理捆绑在一起，共存共荣，而欧美也面临着动物伦理与科学发展的矛盾、动物解放论过激派和人类生产生活方式之间的激烈冲突，以及欧美动物伦理准则在世界各地本土化过程中的水土不服等问题。如何搭建起东西方动物伦理乃至环境伦理之间以及科技伦理与民众观念间的桥梁，日本动物伦理的历史演变和当前探索值得参考。

二、西方动物伦理对日本的影响

近代以来，西方最具有代表性的动物伦理将动物视为客体，认为人类独具情感与意识、因而具有支配动物的权利，并负有相关义务。这可溯源笛卡尔否定动物具有思考、感觉、感情的身心二元论思想。追溯到前苏格拉底时期，可以发现西方的恩培多克勒等哲学家承认动植物与人类拥有共同起源、主张怀着敬意对待它们；但经过了柏拉图的人类中心主义式哲学，尤其是到了亚里士多德乃至中世哲学后，明确人类、动物、植物、非生物的阶梯分类的观点变成了主流。基督教的出发点是上帝赐予了人类以彻底统治其他生物的权力，中世纪的基督教哲学家也主张动物欠缺理性，这些观点均指向动物的附属性。

可以说，如同主观与客观、社会与自然、精神与身体、人类与非人类的两分法一样，基于人类中心主义的二元论是西方动物伦理的最大特征。其优点在于，有利于人类深入研究动物的生理构造与活动法则、最大限度地将动物资源化、明确人对于动物的权利与责任。但随着“人权”概念向动物权利的延伸，以及科学进步后人类对动物知性、感性、语言、社会的进一步了解，二元论已经不再适用。20 世纪 50 年代后，在围绕功利主义与义务论的激烈讨论下，动物的内在与道德价值在动物福利运动下逐渐得到承认，与之相应的实验动物 3R 标准替代（replacement）、减少（reduction）、优化（refinement）和农场动物“五大自由”原则（不受饥渴、生活舒适、不受痛苦、伤害和疾病、生活无恐惧和悲伤、表达天性）应运而生并成为国际标准。世界动物卫生组织于 2004 年制定了“关于动物福利原则的指针”，英国将其写入了动物福利法，EU 也正在推进其法制化。

日本引进西方式的动物保护运动自明治维新起，是在“外压”之下，以“文明开化”为旗帜开展的。战后亦然，1973 年日本制定《动物保护管理法》① 时，内阁议员三原朝雄指出了法律指定的动因来自外部：“我国作为文化国家，为了改善国际对于我国动物保护的评价，亟须指定动物保护法律。”尤其是在研究国际化的背景下，欧美的动物伦理对日本产生了极大影响，主要体现在动物实验方面。同时，国际期刊对于动物实验伦理审核日渐严格。遵照实验动物伦理撰写的论文才能发表在欧美的科学杂志上、得到国际认可。2005 年，为了配合欧美各国的动物实验规制，日本《动物爱护管理法》新增了实验动物 3R 的相关内容。

然而，正因为日本的动物保护团体和法规制度是在外压之下快速推动的，发展较为被动，因此与欧美相比，在显性化和实践性方面处于明显弱势，比如相关动物保护运动的社会认知度低，虽存在反对动物实验组织，但没有发生过如欧美那样过激的反对动物实验运动；进行动物实验的科研机构也很少开展普及活动，没有为实验动物活动进行辩护或与反对团体进行对话；相关法律法规也较不完备，具体实施上靠的不是法律强制，而是研究机构基于各自情况的自主管理体制。

如前所述，欧美的动物伦理仍主要立足于非此即彼的二元论哲学，未摆脱人类中心主义的思考模式，因而以动物解放论为首的一些相对激进的主张也面临着逻辑和实践上的一些问题。德里达（Jacques Derrida）指出，所谓“动物权力”不过是将人权这个法律概念机械式地扩张到动物身上，权力依然来源于人类，“实际上于事无补”。而如果要根除物种歧视的话，对生命科学和医疗发展作出巨大贡献的动物实验也只剩下彻底废止一条路。伊势田哲治指出，他在教授西方动物伦理，尤其是动物解放论时，常常无法得到日本听众的共鸣，这是由于近代传入日本的西方权利义务论仍未获得日本民众的普遍认同。而且生命观对大部分日本人而言，是无法言明的隐性知识，以法律强制某种特定的生命观而的做法会引起不适。

因而，无论是动物权利还是动物福利运动，在日本都影响极小、不被瞩目。原因在于其哲学背景在日本文脉当中发挥不了作用。这里的日本文脉可以用以主张环境与生命体之间合而不二的共生②关系、强调人类取用万物时的仁爱精神为核心的东亚生命观来理解。

三、东亚生命观对日本动物伦理的影响

（一）万物有灵与“不杀生”——日本动物伦理的信仰源流

日本原始神道崇尚的“万物有灵”即泛灵论与佛教教理有着天然的共通性。佛教的哲学基础是缘起论，即现象界的一切存在都是由种种条件和合而成的，不是孤立的存在。依据缘起论，整个世界都处于圆融互摄、共生互动的网络中，组成了不可分割的整体。《华严经》以因陀罗网为喻，说明世上一切事物间有重重无尽、相互含摄的关系。在这样的整

① 1999 年更名为《动物爱护管理法》。日文作：動物の愛護及び管理に関する法律。

② 日本环境省主页的动物爱护管理法解说页亮出的目标是“人与动物的共生”。

体论的基础上，大乘佛教发展出天下一体、众生平等的菩萨情怀。

日本佛教在自身的发展中心吸纳了万物有灵论，使其更适应日本的社会环境。印度佛教并未明确指出植物、无机物也具有佛性，中国唐代高僧湛然初次提出“无情有性”论，强调大自然的佛性，但这却是在日本才得到真正的广泛接受和进一步光大的。日本曹洞宗的祖师道元把湛然的“无情有性”观发展为“草木成佛”论，指出“一切皆众生，悉有即佛性”。

在“草木成佛”自然观的基础上，主张众生平等、生命轮回的佛教提出了不杀生的生命实践。《大智度论》(卷十三）说：“诸罪当中，杀罪最重。”自公元675年天武天皇根据佛教不杀生戒律颁布“肉食禁止令”后，日本本土居民在约1200年期间以食肉为禁忌、不饲养食用家畜，形成了主要食用蔬菜和水生鱼贝类的“鱼食文化”，直到1868年明治维新。鲸肉曾是日本人摄取蛋白质的重要来源，近代作家幸田露伴将捕鲸形容为“罪孽深重”“粗暴”“后世有罪报”。

《列子·说符》云：“天地万物，与我并生类也，类无贵贱。”日本人古时一般用“生类”二字指代动物。“生类”泛指包含人类在内的一切有生命之物，各类职业则统称“生业”。人类为了营生，不得不破杀生戒、剥夺在本质上与自己并无区别的动物的生命。这时，日本人会举行“供养”祭仪，以超度动物亡灵、救赎自身。中村生雄指出，某种程度上，“供养”祭仪是为了消解人类对于杀生、消耗的罪责感，使人类得以心安理得地从自然界获取资源。

对于与自身“生业”攸关的动物，至少自中世开始，日本人已经开始怀着敬畏的情愫，加以供养。而到了江户时代（1603—1867)，出现了大量墓碑、供养塔等。日本东海大学调查了针对水栖生物的供养活动，结果显示江户时代主要针对鲸鱼的鱼贝类供养逐渐普及。根据碑文，捕鲸者将鲸鱼当作人类中的死者一般进行供养，哀悼为自己牺牲的生物，防止其作祟，对其表达感谢。

由此观之，主张众生平等、珍爱自然的佛教动物观与近世日本民众的职业观、社会角色观念得到了结合，并推进了佛教动物供养仪式的普及化。笔者认为，这是因为当时朱学成为官学，在日本得到了本土化。南宋孝宗说“儒教治世，佛教治心，道教治身”，日本幕府末期思想家二宫尊德也主张三教合一：“神道是开国之道，儒教是治国之道，佛教是治心之道。”如下文所述，“三教合一”影响下的日本近世动物观立足于儒家之“仁”，重视世间人伦、继承了主动、积极作用于社会的儒家传统。

(二）万物一体、爱有差等——儒家“仁”思想对日本动物伦理的影响

中村生雄指出，日本的人与动物关系的特点在于日本人不将自然界客体化看待，而是怀抱有“与自然一体化的志向”。英国作家劳伦斯·奥利芬访问了江户末期的日本后感慨无主之犬遍街可见，却无人虐待，可谓城市里“公共所有物”，就连车夫驾车时也要小心避开，就仿佛“避开路上的孩童一般”。而这种现象可以追溯到“生类怜悯之令”①。

江户时代第五代将军德川纲吉即位时，日本残存着不少杀犬食肉、丢弃牛马等战国乱

① 日文作：生類憐れみの令。

世的杀伐习俗。纲吉欲推进儒家道德，推崇忠孝、仁政，自 1687 年起，22 年期间推行“生类怜悯之令”。其内容包括强制登记家犬、供应无主犬只食物、不得任意抛弃动物、路遇受伤动物应救助饲养，不准钓鱼、不准捕捉稀有动物等。这否定了轻视生命的价值观，令日本人不再食用狗肉，对社会的安定起到了很大作用。在其死后，不少过度的律令被废止，但政策基本遵循了禁止杀害、遗弃动物的原则。

德川纲吉为了成仁君、行仁政，治国安民安天下，关注到了社会总体的幸福度与保护自然间的关系，试图推行全社会共同爱护动物的制度，甚至因此而得名“犬将军”。在其颁布的“生灵怜悯之令”中，仁是贯通天地万物的道理，也是人对万物爱护之心的本源。孟子在《尽心上》讲“仁民爱物”、《梁惠王》“仁者以天地万物为一体”，张载《西铭》中谈“民胞物与”，朱熹则将“一体”附加上了天地一气、万物同体的具体的本体论根据。王阳明则认为，“大人者，能以天地万物为一体也，非意之也，其心之仁本若是，其与天地万物而为一也……是故见孺子之入井，而必有怵惕恻隐之心焉，是其仁之与孺子而为一体也；孺子犹同类者也，见鸟兽之哀鸣觳觫，而必有不忍之心焉，是其仁之与鸟兽而为一体也”。“生灵怜悯”与将动物看作人类应当施以管理与保护的动物权利论、动物解放论等理论不同，不认为动物是人类达到目的的手段，而将动物也视为具有目的价值的、与人类同等的、值得爱的“生命”，正来源于儒学的万物一体之仁爱思想。

同时，儒家思想中的“仁爱”又是有差等、“厚薄”的，主张合理取用万物。正如王阳明所说，“禽兽与草木同是爱的，把草木去养禽兽，又忍得。人与禽兽同是爱的，宰禽兽以养亲，与供祭祀，燕宾客，心又忍得”。即价值差等因人类特殊需要而产生。这就是“良知上自然的条理”。这与当下一些学者主张的“基于物种差异而对待动物是适宜的”观点不谋而合。在日本的动物伦理中，动物的价值差等基本因人类的生产活动而产生，强调产业群体需要，因而与劳动伦理、社会角色伦理产生了必然联系。

在儒家思想视角下，动物伦理也可归于一种生命角色伦理，在日本称“职分意识”，其提供的行为规范不依靠抽象的原则或价值，而更侧重于以社会角色为指导标准，也是一种能起到具体主导作用的道德规范。若把角色伦理当作认识人与动物关系的方法，那么“生灵”与“生业”、动物伦理与劳动伦理便挂起钩来了。这种秩序中的各个元素相互依存，构造呈有机辐射状，以生产繁荣为自然和谐的本源。

由此，人类的劳动伦理与动物伦理在“仁”思想的基础上得以统合。人把生产发展、科技进步等文化成果赋予自然万物，使动物以价值系统的形态参与生产实践。日本动物供养仪式着眼于人类从事伤害动物生命的工作的社会属性，在表达对动物的感谢与敬畏的同时，祈祷行业繁荣发展。正如仙崎湾清月寺鲸墓碑文（1692）所示：“业尽有情，虽放不生，故宿人天，同证佛果。”

在日本明治时代以后，随着工业化大生产的发展，供养仪式与塔碑大大增多。尤其是大分市、臼杵市、竹田市、佐贺市等日本全国各地的“蚕灵供养塔”“蚕灵社”“蚕灵像”等均为大正时代至昭和时代所建，与近代养蚕缫丝业的勃兴几乎同时发生。知识界也产生了对江户时代的动物伦理有了基于西方动物伦理的肯定。例如，作家内田鲁庵在《犬物语》（1902）中借犬之口说：“公等中有的说生类怜悯之令为恶法……实为动物保护，合人道之大义。”而在二战以后，尤其是日本的高速经济成长期，随着大量生产与消费，各种对动物、器具表示感谢的供养塔应运而生并得到供奉至今。例如，东京上野的不忍池辩才天堂境内的鸟冢、鱼冢、鳖感谢碑等。

综上，在东亚生命观影响下，日本的动物伦理以万物一体为基调，主张人与动物的生命实现与人类社会发展在方向上的一致性，因而蕴含着爱护自然、物种平等与敬畏生命的思想。

四、当代日本动物伦理的特点

当前，日本学者正在探索不再单纯追随欧美动物伦理的新路径。接下来，本文将在与欧美动物伦理与实践的比较中，从动物爱护观念、实验动物供养伦理及捕鲸问题三方面分析当代日本动物伦理呈现出的特点。

（一）动物“爱护”与动物保护

首先，在日本被普遍使用的“动物爱护”概念彰显着日本社会对动物保护活动的普遍认知，于1906年“少年动物爱护会”成立时提出。就其命名动机，该协会中心人物广井辰太郎回顾道，会员一致认为“动物虐待防止会”会被错讲成“虐待会”，而“动物保护”听起来“像是农场事业”，因而“莫如更名爱护，以体现东洋的积极精神”。

“动物爱护”将人与动物的关系诉诸“爱”，相对而言，欧美的动物保护运动则着重于根据动物的“期待”，通过规范人类行为来改善动物的处境。例如，英国的动物保护运动常用词汇为“防止动物虐待（prevention of cruelty to animals）”“人道对待（humane treatment）”“动物保护（animal protection）”等。

强调人类责任的欧美动物伦理导向了相关法律和动物福利五大原则、实验动物3R标准的树立与普遍执行，但缺乏对人类情感的描述。相对的，而正因为强调人类的仁爱情感，日本的动物保护运动中的一个重要部分，是培养爱护动物之心的情操教育，这有利于令国民从少年时期就开始普遍接受动物爱护观念，并且在成人以后面对动物问题能够回归爱护动物的初心，主动遵守动物伦理。更有，为了救赎动物实验人员可能面临的伦理困境和心理创伤，日本沿袭了传统的动物供养祭仪，并且在彻底实施3R标准的前提下，与时俱进地将其发展为一种供养伦理。

（二）实验动物供养伦理

如前所述，儒家思想影响下的日本动物伦理可谓一种指向群体目标的生命角色伦理。实验动物则成了贡献于科学进步的牺牲。我国学者刁生富将分子生物学的生命观归纳为“中心法则”，指出其从信息角度论证了生命世界的统一性。日本学者对分子伦理的提倡，也是基于此“统一性”，他们还指出了儒家礼教思想的借鉴意义。笔者认为，这种“统一性”接近儒家基于万物一体的“仁爱”思想。

正是因为日本研究人员与医药界相关人士对于实验动物有着特别的“一体”感，动物实验设施一般都设有实验动物纪念馆、纪念碑，每年定期举行慰灵祭祀活动。即便是最先进的医学研究者，也会为实验动物举行慰灵祭，而西方并不存在这种习俗。现存最早的文字记录是1917年九州帝国大学佛教青年会活动日志中的“大正六年（一九一七年一〇月一〇日动物祭）”，当今，在一项关于动物实验伦理的研究中，从事动物实验的研究生、学生中的七成都承认自己“对于动物实验怀有罪恶感、抵触心理”，其中41%是通过“供养”方式来处理自己的感情的。

近年的不少动物供养活动是传统动物伦理与西方的动物福利、实验动物伦理结合的产物。秋田大学公布了其2014年动物实验慰灵式的致辞，首先表达了研究者对于实验动物的感谢与敬意：“我们对于为了本大学的医学研究而牺牲宝贵生命的动物，谨表达感谢与敬意。我们发誓，将重新认识自己的健康与福祉是建立在动物生命的基础上的，并继续从事研究。”接着，秋田大学阐述了其与3R原则异曲同工的实验动物利用原则：“我们基于削减动物使用数量、使用替代方法等原则……我们相信，自己的使命是发表可以为社会作出贡献的成果，以此回馈社会。”

在此致辞中，不让动物白白牺牲，“以发表成果回馈社会”的理念在欧美是较为少见的。可以说其多了一层科学技术工作者的职业伦理之意蕴。更有，基督教教理本身不承认动物“灵魂”，但日本的基督教会系大学也会举行动物供养仪式。名古屋学院大学为了“感谢为了研究与教育作出贡献的实验动物，纪念其生命，让从事医学、医疗人士学习与思考对于所有生命的敬畏”，从2009年开始，每年10月都会举行“实验动物感谢纪念礼拜”活动。

加拿大圭尔夫大学是少数会举行类似动物供养仪式的西方大学之一，仪式侧重于反映和鼓励人们在态度上尊重动物，促进积极关注与讨论动物利用；最终目的是改善动物关怀[①]。该大学近年提出了与3R并列的第四“R”（remembering），这已经与日本动物供养理念较为相近，该学校称“所谓感谢动物（to thank the animals），在逻辑上似乎并不恰当。因为动物们的贡献是（人类）索取的，而不是给予的。因而我们感恩（grateful）、甚至是依赖于它们的作用”[②]。据此，该大学在供养仪式问题上达到了逻辑上的自洽。

对于动物的感恩之情乃是东西共通的。可见动物供养伦理完全可以成为第4“R”参考，以给3R增添情感与修养要素，令其更加完整并具有普适性。

（三）捕鲸问题

江户时代以后，日本一部分地区开始盛行商业捕鲸；1930年后，大型鲸类的商业捕捞成了一项产业。1982年国际捕鲸委员会通过“全面暂停商业捕鲸决定”后，日本的远洋捕鲸业衰退。可以说，在2018年12月26日日本宣布退出国际捕鲸委员会、并于2019年强硬重启商业捕鲸时，其捕鲸产业无论在人力上、还是技术上已经走了近30年的下坡路；国民更是丧失了食用鲸肉的习惯，捕鲸产业的未来绝不明朗。

尽管如此，日本政府对国际社会诉诸道德策略，主张立足于日本“传统文化”，指出

① animal care可译为动物护理、动物关爱、动物喂养或动物管理。此处的意义偏重伦理方面，因而本文采用“动物关怀”译法，请参照：张敏，严火．从动物福利、动物权利到动物关怀——美国动物福利观念的演变研究[J]．自然辩证法研究，2018，34（9）：63－68.

② 原文作：To thank the animal seems logically inappropriate because their contribution was taken，not given. Yet we are grateful for，and even dependent upon，their role。

捕食鲸鱼对于拥有相应饮食习惯区域的居民来说，是无可替代的文化；应当“客观”“平等”看待所有动物，某些民族或国民将自身对于特定动物的价值观强加于别的民族与国民的行为不被允许。对此，森田胜昭、赤岭淳等学者指出，日本捕鲸的历史并不单纯，从日本战前、战时的经验可以看出，想要依靠政治力量将地方性的（习俗）国家化、民族化行为无济于事。尤其是太地町民将鲸供养设在昭和天皇的生日，以及所谓的“鲸肉食文化优越论”，更是体现了捕鲸产业的民族主义色彩。

东亚生命观本身没有特殊对待某种动物的内在理由。食用鲸鱼这种与人类相似的大型哺乳动物，本身不会引起形而上学的困难。然而，在日本食鲸文化已然发生变化之际，将其视为“传统文化”、重启商业捕鲸的行为在某种意义上反而违背了“类无贵贱”的价值观。可以说，纯商业捕鲸一定程度上脱离了市场需求，有为了强调传统而强调传统之嫌。

五、结语

推崇“仁爱”、主张万物一体的东亚生命观下形成的日本动物伦理与当前生物学与生态学的发展有相通之处，提示人类对自然界的敬畏和对资源的回收利用，是一种弱人类中心主义生态伦理观，因而有更为宽广的实践拓展空间。日本正在致力于从东亚生命观中提取出适应科技与社会发展需要的动物伦理，修正和完善人类对于动物的道德义务与情感需求，并将其显性化、标准化（standardization）到动物实验、农场动物与家庭宠物福利保障等生产与生活实践中。

立足东亚生命观的动物伦理，在东亚易引起共鸣。例如，“供养”祭仪和动物慰灵碑已多见于中国与韩国。韩国最早的动物供养塔是旧京城帝国大学附属医院于 1922 年设立的“实验动物供养塔”（现移置首尔大学医院博物馆）。1973 年，韩国食品医药品安全厅国立毒性科学院在殖民地时代建立的“动物供养之碑”前举行了祭仪。动物供养没有作为“日帝残渣”遭到清算，而是得以持续，可见其精神在韩国引起了足够共鸣。韩国研究者指出，拜读动物慰灵文是实验动物供养的主要方式，研究者藉此回顾自己的实验，自问是否在珍视实验动物的基础上认真地进行了研究，并且自戒今后不能让这些动物的性命白白牺牲。近年来，中国武汉大学动物实验中心、西安交通大学医学部也树立起了实验动物慰灵碑，表达纪念实验动物的牺牲、对其的感恩之心以及崇尚生命的理念。由此也可见东亚生命观在实验动物关怀上的连续性。

中国除了泛灵论残余影响极小这点以外，有着与日本极为相似的东亚生命观基础。在对人与动物的关系的理解上，则以社会中心论为主要模式，主要关切在理解道德而非认识动物；动物被纳入有机的道德性宇宙。这尤其受到了儒家思想的深远影响，也与日本对动物生命的社会角色认识较为相近。相关学者指出，最初只适用于人伦的儒家倡导的道德价值也被移用于动物社会以及动物与人的关系，从而为人类善待动物提供了道德上的理据；把儒家仁爱之德扩展到动物、植物和所有自然物的时候，我们才能成为道德上成熟的人。传统文化是在中国传播和推行动物福利理念可资利用的重要思想资源，但当前传播面较窄。若要在大众中重新建构对动物伦理的认知与实践，将其与儒家道德、君子文化相联系，并发展、普及为公众常识的工作势在必行。

日本在动物伦理上给予我国的有益提示之一，是如何将欧美制定的实验动物标准等规则本土化。通过日本的实践我们了解到，基于仁爱思想的动伦理是具有足够与欧美动物伦理对话、能够达到相互理解、相互认同内涵的价值。我国可以“仁爱”为关键词，就自身文化特点与西方积极对话。提示之二在于，由于“仁”本身是儒家君子道德修行的内涵与基准，对于动物的“仁爱”，也能顺理成章地与个人的道德修养挂钩，从而搭起东亚与西方、科技工作者和普通民众之间相互理解的桥梁。其中，科技工作者应发挥主体作用，将学术“公共化”、指引人们改变动物观念与自身行为、重塑社会发展与动物资源。此外，诸如利益化驱动下重启的商业捕鲸相关言论偏离了东亚生命观的本质，难于自圆其说，也无法得到日益强调动物福利的西欧、美国、澳大利亚等地区和国家的理解和认同，并无助于树立自身的伦理文化，这也值得借鉴。

【参考文献】

（略）

（原文刊载于《科学与社会》2021 年第 2 期）

美国农场动物关怀的理论与实践

张　敏　严火其

摘要：以动物机器观为指导的集约化养殖模式不仅导致了大量的动物虐待，而且严重威胁着人类与环境的健康。面对这种集约化养殖模式引发的畜牧伦理危机，美国发展出了一种以关系为视角的农场动物关怀伦理，为我们妥善解决集约化养殖模式下人类、动物与环境之间的关系，提供了一个具有包容性、多元化的新视角。目前，农场动物关怀已经被运用于美国畜牧业，为美国集约化养殖模式的可持续发展作出了重要贡献。

关键词：农场动物关怀；伦理；集约化养殖

作者简介：张敏（1978—　），南京农业大学人文与社会发展学院副教授，研究方向为法律伦理。严火其（1963—　），南京农业大学科技与社会发展研究所教授，研究方向为科学思想史、农业哲学。

对于如何处理人与农场动物的关系，如何妥善对待农场动物问题，西方人曾经提出过多种主张，如保障动物福利、赋予动物权利等。但最近二十多年，美国社会出现了一种新的农场动物伦理，主张从动物关怀的视角处理人与动物之间的关系，本文拟对美国农场动物关怀的理论与实践进行梳理。

一、美国农场动物关怀的理论

在西方思想史中，有关动物的伦理学思考总是与人性问题纠缠在一起。人们喜欢把动物作为镜子，从动物那里了解人类自身和人类社会[1]。古希腊时期，在本质主义与理性主义的影响下，动物被塑造成为一种与人类存在本质区别的非理性存在，并由此构建起人类的优越性以及人类工具性利用动物的合理性。

文艺复兴之后，人类的理性与主体性被提到前所未有的高度，启蒙运动时期的机械论进一步强化了这一趋势，自然与动物开始被视为是一种不存在任何心智特征的机器，人类则成为自然的主宰与征服者。笛卡尔说："在这个自然界中，没有什么东西是不能够通过纯粹物质性的原因而得到解释，它们根本没有心智和思想。"[2]这种机器主义自然观深化了人类与动物之间差异性。于是便有了康德的人是目的不是工具，动物只是人的工具的论点。

到了现代社会，以理性主义与机械论为基础的现代科技开始向美国农业科技领域扩展。美国传统农业开始向高度控制的现代农业转变，整个农业生态系统被大大简化并变得极为脆弱，农业生产过程越来越远离自然。在20世纪80年代，动物机器观仍然主导了美国现代畜牧科技，高度控制的大规模集约化养殖模式盛行。在这过程中，农场动物不再被视为是一种有感知能力与自然天性的生命，而是被异化为一种没有自身目的的生产设备。

人们开始对农场动物实行“集中营”式管理。利用人工授精、克隆及遗传杂交技术繁殖动物，通过喂食激素刺激动物快速生长等[3]。各种非自然的养殖技术，导致了大量的动物痛苦与反常行为。对此，彼得·辛格（Peter Singer）在《动物解放》中进行了详细描述。他认为，在集约化养殖场中，一只母鸡不过是一只蛋制造另一只蛋的工具，一头母猪不过是一个活的生育机器[4]。在这里，动物的天性与痛苦都被无情地忽视，人类文化中的理性将非理性的动物压制到了极致。

过度密集的农场动物饲养，不仅导致了大量动物痛苦，而且给细菌的变异与传播提供了温床，产生了堆积如山的粪便，严重污染着周围的空气、土壤与水源。与此同时，为了让动物在短期内迅速生长，农民们毫无约束地大量使用抗生素与兽药，这些化学品大量残留在动物体内，不仅造成了畜产品安全问题，而且威胁着人类的健康。集约化养殖模式带来的种种伦理危机，迫使美国学者开始从理论上寻求新的解决方案。

于是，彼得·辛格从功利主义角度提出了动物解放思想，主张将道德关怀平等地扩展到所有拥有感觉能力的个体动物领域，从而在理论上废除了西方用理性作为区分人与动物之间本质差异的传统立场。在此基础上，汤姆·里根（Tom Regan）又进一步从道义论的角度提出动物权利的主张，认为应当废除当前的畜牧生产系统并提倡素食，因为在这些系统中，动物没有被作为与我们一样拥有平等内在价值的主体对待，而仅仅是作为一种工具被人类所利用。

彼得·辛格与汤姆·里根的理论虽并不相同，但是在本质上却有一个共同之处，即都强调个体动物的自由与权利，其理论无疑都是从启蒙运动以来有关人类的伦理理论扩展而来，其原型皆来自西方以市民社会为基础的民主主义以及个人主义。然而，这种个体主义动物伦理之中蕴含着深刻的矛盾，这种矛盾突出表现在如何调整人与动植物之间的利益冲突问题上[5]。因此，这些个体主义动物理论一经提出，便遭到了美国整体主义环境伦理的强烈批判。

他们认为，个体主义动物伦理不过是“原子主义”的一种表现。仅仅把权利主体扩展到最接近我们人类的动物那里，实际上是等于把大自然中的大部分存在物都置于一种万劫不复的境地。彼得·辛格的动物解放理论对“物种歧视”进行了批驳，但却犯了“感觉歧视”的错误[6]。此外，个体主义主张全面废除人类对动物的使用行为与实行素食是不现实的，毕竟人类有长期使用动物的历史，人类也需要利用动物性食品以满足自身的营养需要。

美国整体主义环境伦理思想，起源于利奥波德的大地伦理。20世纪70年代，美国环境保护运动兴起之后，整体主义环境伦理思想在巴里·康芒纳《封闭的循环》中被提到了一个新的高度，认为自然最了解它自己。在自然系统中任何主要是因人为而引起的变化，对那个系统都有可能是有害的[7]。因此，他倡导“任其自然”的自然管理方法，认为不作为比有所作为要好。这种环境伦理思想将自然置于了崇高的地位，但同时也消解了个体人类在大自然中的主体性作用。

然而，从个体主义角度来看，这种认为整体利益高于个体利益的观点是难以接受的。他们认为，大地伦理的整体主义牺牲了个体的善，这将带来不可想象的严重后果。利奥波德允许为生态系统的整体性与稳定性而屠杀个体动物，但是由于他将人类也归为共同体的平等成员，这似乎表明他也会允许为了生态系统的整体利益而对人类进行屠杀。因此，汤姆·里根担心整体主义环境伦理会导致“环境法西斯主义”。

由此可见，不论是个体主义还是整体主义都存在一定缺陷，没能为美国如何妥善解决集约化养殖模式下农场动物虐待问题提供令人满意的答案。虽然从表面上看，个体主义与整体主义的观点极为不同，但在某些根本性问题上，两者却存在着共同的不足之处，即两者都放弃了将理性作为区分人类与非人动物标准的传统观点，但同时也都忽视了人与动物之间确定存在的本质差别，没能恰当理解人的主体性，进而难以理清人与动物的工具价值与内在价值之间的复杂关系。

为了更好解决现代畜牧业中的动物虐待等伦理问题，美国学者开始从关系性的视角提出“动物关怀”这一新方案，尝试用一种多元化、包容性与差异性的方法，去避免以往具有争议性动物伦理观念导致的混乱。动物关怀学者认为，从关怀角度来看，反对虐待动物的理由不是因为我们希望功利最大化，或将人权理论跨物种地运用于其他生物，而是因为我们与动物之间的特殊关系。我们对动物的义务源于我们与动物之间具体的、经验上可变化的关系[8]。

在动物关怀伦理中，动物不仅享有免遭人类虐待与杀害的消极权利，更重要的是享有受到人类关怀的积极权利，在这一点上动物关怀伦理与传统的动物权利观点明显不同。与此同时，动物关怀伦理与整体主义的环境伦理也存在显著差别。整体主义环境伦理忽视了人的主体性，将人类降低为生态系统中的毫无特点的一员。动物关怀伦理却是对人与动物主体性的重塑，尤其强调与动物相比，人类在道德上的优越性。人类是一种品质的存在，而不仅仅是一种理性的动物。

罗尔斯顿认为，人类对动物的义务并不简单地来自动物的感知痛苦能力，而是它们与人类之间的关系问题[9]。工具价值与内在价值都是客观存在于生态系统之中的，它们像网一样交织在一起。义务也许与生态系统有关，但必须指向其中的主体。主体是重要的，但它们也不是重要到可以使生态系统退化或停止运行。不能因为在原则上不存在一个可以把人和动物区分开的固定界限，我们就认为在人与动物之间不存在任何决定性意义的区别。人的优越性在于它能够像爱他们自己一样爱其他动物，也只有人类可以“关怀”或“照料”其他生命物种。

彼得·温茨认为，承认动物权利与承认人权是相一致的，多元理论包含了对人权与动物权利的认可，但必须同时区别人类与非人类动物的权利。人与动物之间的另一个差异，涉及他们的道德责任。我们的理性给予我们一种优先选择的特权，也让我们肩负起道德责任的重担，而这却是动物们所免除的[10]。在多元理论中，可以用一种同心圆的方式来描绘出我们与动物之间亲疏的关系，并以此解决人权与动物权利之间的相互矛盾与冲突，实现人类与环境的协同发展。

生态女性主义者认为，在关怀伦理中协作取代了冲突，联系取代了冒犯。关怀的观点已经超越了将抽象的、普适的原则运用于具体问题的伦理学，它关心的是细致而具体的关系。伦理的更中心问题是我关心动物吗？我们与它们之间有关系吗？我们与动物联系的基础是什么？利奥波德的观点是，我们必须先去“爱、尊敬及敬畏土地”，而后再去应用更抽象的大地伦理原则[11]。

动物关怀伦理代表着一种态度的转变，不再是倾向于在复杂事物中寻求容易导致对抗的单一性标准，而是转向对差异性与多元化的尊重；它将爱、美德、互惠与情感引入动物伦理之中，以此补充西方传统动物伦理过度依赖普遍的、绝对的理性规则的不足。动物关怀伦理又是一种价值的重新定位，它不再单纯强调工具价值或内在价值，而是将两者紧密结合；与此同时，动物关怀伦理还是对人与动物主体性的重塑，既不是对人类主体性的过度张扬，也不是完全消解人与某些类型动物之间的差异，而是试图在这两者之间寻求到一种包容的均衡状态。

由于动物关怀伦理强调从关系、移情、联系的动态视角做出伦理决策，所以人类对动物的伦理责任，也将随着它们与人类之间关系不同而有所差异。美国动物关怀伦理学家一般认为，人类没有关怀非人动物的天然义务，野生动物关怀的核心是任其自然，但对于家养动物却不同，人类创造了这些弱势的依赖于人类的有感觉农场动物，关怀与帮助这些动物的特殊义务便产生了。

例如，有一种速成的鸡品种，是经过长期选育出来的生长速度极快的鸡品种，一般只要短短的 2 个月时间便可以长大。然而，由于生长速度过快，骨骼会严重缺钙并很容易骨折。这就要求，饲养这种鸡的农民考虑到这种鸡的特性，并在养殖过程中给予其特殊的照顾，避免它们由于骨折而导致不必要的痛苦。

既然人类拥有关怀农场动物的积极义务，那么人类又应该如何去关怀农场动物，农场动物又因此获得哪些积极的权利呢？对于这些问题，美国学者分别从人类与农场动物两个角度给出了答案。

首先，从人类角度来看，农场动物关怀同时涵盖了对人类福利的关切。畜牧业实践的目标是为人类提供食物与纤维[12]。农场动物拥有工具价值，因此人类可以为了人类的目的去使用动物。当然，这里对人类福利的关切还包括对人类健康与居住环境的关切。由于人类又代表着一种品质的存在，这就要求人类在利用动物的工具价值从事畜牧业生产之时，应当遵守以下关怀美德原则，从而履行对农场动物应尽的照料义务。

（1）关注原则：这要求我们留意食物生产中出现的问题，并对处于困境中的动物给予特殊关注，同时应注意我们的行为可能给动物福利造成的影响。

（2）责任原则：这要求为了消费某些产品，我们应履行给予关怀的特定职责，感激他者并谦卑地接受对我们有利的善的产品。

（3）能力原则：这要求我们以能够真正给被关怀者带来好的福利的方式履行关怀职责，并且作为系统的参与者，关怀从事者应意识到其行为可能对系统的其他部分造成的影响。

（4）响应原则：这要求我们谨慎对待所负责动物的依赖性和脆弱性，警惕可能存在的疏忽、虐待或失职，并予以及时修正[13]。

其次，从农场动物的角度来看。由于农场动物不仅仅拥有工具性价值，而且同时拥有内在价值，因此畜牧者应当以展示尊重其内在价值的方式对待动物。这就意味着，农场动物应当不仅仅被视为是一种工具，而且还应当被以尊重其内在价值的方式关怀。具体来说，可以通过以下三个不同层次来实现对农场动物内在价值的尊重。

（1）满足动物的基本生物需求：这意味着必须为农场动物提供食物、水、空气、庇护所、运动空间，以及必要的兽医关怀等方面的最基本生理需求。

（2）承认动物感知疼痛的能力：这意味着应避免给农场动物带来不必要的疼痛。

（3）尊重动物展示其“心灵”的能力：这意味着农场动物有权展示与环境相互作用的各种行为，动物的天性应当被尊重。

二、美国农场动物关怀在实践中的运用

农场动物关怀既是一种理论又是一种实践。作为一种实践，关怀伦理涉及如何从事关怀动物的工作，即如何应对农场动物的各种需求，以及为什么我们应当这样。通过关怀的实践，农场动物关怀将人、动物及自然带到了一起，并在人与动物之间建立起信任与相互关切。目前，这种以关系为视角的农场动物关怀已经为美国畜牧业所采纳，并被运用于美国的畜牧业实践之中。

1. 农场动物关怀理念已经被美国部分州的畜牧法采纳

自20世纪70年代开始，动物关怀伦理便已经被纳入美国法律之中。1973年，伊利诺伊州制定了《人道关怀动物法》，其中便包含了动物关怀方面的规定。不过，该法只是简单地提及应当人道关怀动物，对于具体应该如何关怀动物并没有给出详细规范。而且，该法将惯常的农业实践排除在其规范的范围之外。这表明，在当时的美国有关动物关怀的观念才刚刚出现，对于如何将动物关怀运用于实践，尤其是畜牧实践，尚没有形成较为成熟的意见。

到21世纪初，美国有关农场动物关怀的畜牧规范体系才开始逐渐走向完备。例如，2012年罗得岛《牲畜福利和关怀标准顾问委员会法》规定，牲畜是罗得岛畜牧业的核心，对牲畜的关怀与管理对罗得岛农场的利润及维持罗得岛的景观至关重要，因此，罗得岛应避免畜牧业对环境安全、健康及宜居性造成不必要损害，并且应当能够满足当地居民对食品安全的需求。显然，这些规定要比1973年伊利诺伊州《人道关怀动物法》的相关规定丰富一些。

尽管如此，美国有关动物关怀的州立法，大多仅对农场动物关怀进行原则性的规定，而没有制定有关农场动物关怀的具体标准。这是因为，出于对利伯维尔场的高度尊重，以及对农业生产目标多元化、农产品国际竞争力等因素的考虑，美国在畜牧业规范与管理方面，通常采取行业自律为主政府他律为辅的管理模式。因此，美国州层面的政府法律，大多只对农场动物关怀进行较为原则性与概括性的规范，更多有关农场动物关怀的畜牧规范制定权，留给了自律性的畜牧业行业协会及相应的专家委员会。

2. 农场动物关怀在美国畜牧业行业标准中的运用

美国有关农场动物关怀的具体畜牧规范，大多体现在有关畜牧业行业标准之中。例如，美国国家猪肉委员会的《猪关怀手册》，2014年罗得岛牲畜福利与关怀顾问委员会制定的《牲畜福利与关怀标准》，美国中西部奶业协会等制定的《奶业动物关怀与质量保证》

等文件，都对如何在畜牧实践中关怀相关农场动物进行了较为具体的规定，其中最具代表性的是美国国家猪肉委员会的《猪关怀手册》。

《猪关怀手册》在开篇介绍中便明确指出，在一个孤立的情况下去谈论动物福利，而不同时考虑动物健康、食品安全及环境问题是不明智的。适当的动物关怀要依赖于养殖者、养殖技术、环境及猪之间的互动。这一立场贯穿于《猪关怀手册》的有关规则之中。仔细阅读《猪关怀手册》的内容可以发现，其规范的内容不仅包括喂食、喂水等个体动物福利问题，而且还包括猪肉的质量、猪场工作人员以及猪场土壤污染、害虫防治等更为广泛的有关人类与自然环境的关切[14]。在个体动物福利方面，除了有关猪的生理机能及感知痛苦能力的考虑之外，还包括了猪的群居问题、母猪与小猪的特殊照料等有关猪的“心灵”与天性问题的关注，这些都反映了对农场动物内在价值的尊重。

《猪关怀手册》第一章畜牧管理实践中指出，虽然每天至少走过围栏一次，可以让容易激动的猪平静下来，但在此过程中应考虑猪的健康与生物安全问题；第二章专门对猪场的环境进行了规定，要求猪场应保持适当的通风、保持良好的空气质量、减少臭气、害虫与寄生虫，并要求防止猪场生产对土壤及地下水的污染。第五章猪群的健康管理中也有类似规定。例如，要求猪场生产的相关实践应以猪肉质量保证计划为基础；人类及禽类、齲齿类动物等其他生物，携带的病菌会增加猪场的食物安全风险，因此猪场应在兽医的指导下制定出风险最小化的管理程序等[15]。这些都不仅仅涉及个体动物的福利问题，而是将关怀的范围扩展到更广阔的人类与环境领域。此外，《猪关怀手册》还规定不应让刚出生的小猪断奶、应根据母猪的利益需要来选择哺乳期的长短，以及应考虑到猪的群居问题等，这些则是体现了对猪的内在价值的关怀。

3. 利用精准畜牧科技实现对农场动物的关怀

精准畜牧业通过无接触的方式代替养殖者监测农场动物生产的相关情况，并在此基础上建立起一个早期预警系统，对可疑迹象给予早期关注，当动物的某些情况低于理想状态时，它会显示出这些异常状态[16]。其主要目标是通过改善农场设施、管理并使用可以改进营养、环境及其他畜牧管理指标，提高农场的利润、效率与生产的可持续性[17]。精准畜牧业代表着一种新的畜牧理念。它是在对农场动物、人类及环境三方面进行综合考虑的前提下，通过对牲畜生产、牲畜健康及相关环境问题的持续自动化实时监测，实现集约化畜牧业的可持续发展。

精准畜牧业对动物关怀的贡献在于通过精准的现代科技更为准确地获得动物的各种生理与心理需求信息，并在此基础上根据相应的伦理要求做出回馈，从而帮助畜牧者更好地了解分析动物的情况并及时、准确地采取动物关怀的行为，与此同时实现节约畜牧成本、提高畜牧效率、减少动物疾病及畜牧业污染的效果。

虽然在传统畜牧生产过程中，养殖者也可以获得大量有关动物健康、营养及养殖环境的信息，但通常这些信息缺乏准确性、及时性与系统性，人们很难对这些信息进行正确的分析与利用。然而，精准畜牧业却可以通过远距离的实时监控，更加准确、及时与系统地收集养殖场的相关信息。例如，精准畜牧业可以通过对动物所需营养的精确分析，提供最佳营养成分的饲料，减少动物粪便中的氮与磷的含量；通过测量温室气体的排放量，及时调整饲料温度及其他相关参数，来减少温室气体的排放[18]。

此外，精准畜牧业对农场动物关怀的一个重要的关键点在于，它还可以通过“生物伦理矩阵”的方法设计出相关的伦理要求，并按照这些伦理要求及时给出具体资料及分析结果，从而更好地将集约化养殖模式下人、动物及环境之间的伦理关系纳入整个畜牧管理的分析之中。精准畜牧业的这些技术创新与伦理框架设计，明显容纳除个体动物伦理之外，对人类与环境健康的更广泛伦理关怀。

4. 农场动物关怀在“一体健康”的畜牧兽医理念中的运用

在传统医学中，人类健康与动物健康通常是分开的两个不同领域。然而，20 世纪 90 年代以来，随着集约化养殖模式的广泛运用，畜牧生产系统中人、动物及环境之间关系发生了重大改变，动物源性疾病的变异及跨物种传播现象显著增加。近年来，禽流感、猪流感等传统动物性疾病开始在人类群体中的传播便是很好的证明。

为了更好应对现代畜牧业给人、动物与环境健康带来的这些新挑战，医学界提出了“一体健康”的理念。所谓“一体健康”是指从人类、动物与环境相互交叉作用的角度来解决相关健康问题，以便获得人类、动物及环境三方健康的最优化的目标。“一体健康”观念承认人类健康与动物健康、环境健康之间的相关性，将环境科学家、兽医学家及人类医学家带到一起，鼓励通过跨学科的研究方法与合作模式来实现控制疾病、提升健康的目标，而不是将我们有关健康的视野局限于某个单一领域，体现了一种通过关系性的关怀伦理视角，解决集约化养殖模式给动物、人类与环境健康带来的新挑战的独特方法。同时也反映了人们在应对复杂性疾病威胁方面的一种范式转变[19]。

长期以来，在探索人与动物关系的道路上，美国深受欧洲“动物机器”观的影响，结果引发了诸多灾难性后果。虽然，为了矫正“动物机器”范式的不足，美国也曾发展出动物解放、动物权利及“大地伦理”等思想，但却引发了诸多争论。相反，农场动物关怀伦理却以其包容性、多元性及差异性，在解决动物、人类及环境的复杂关系问题上显示出较强的优越性。它将我们从一个背离了目的、责任和整体性的机器范式，带入了一个关心、照料收获及爱护的花园范式，为我们妥善解决集约化养殖模式下可能引发的动物伦理问题提供了新的视角。

【参考文献】

[1] 唐娜·哈拉维．类人猿、赛博格和女人：自然的重塑［M］．陈静，译．开封：河南大学出版社，2012：26.

[2] 薇尔·普鲁姆德．女性主义与对自然的主宰［M］．马天杰，李丽丽，译．重庆：重庆出版社，2007：105.

[3] 德里达．解构与思想的未来［M］．夏可君，译．长春：吉林人民出版社，2006：139.

[4] 彼得·辛格．动物解放［M］．孟祥森，钱永祥，译．北京：光明日报出版社，1999：130－151.

[5] 万俊人．清华哲学年鉴 2003［M］．石家庄：河北大学出版社，2004：121.

[6] 王正平．环境哲学：环境伦理的跨学科研究［M］．上海：上海教育出版社，2014：118－119.

[7] 巴里·康芒纳．封闭的循环：自然、人和技术［M］．侯文蕙，译．长春：吉林人民出版社，1997：32.

[8] Engster D. Care Ethics and Animal Welfare［J］. Journal of Social Philosophy，2006，37（4）：522－536.

[9] 霍尔姆斯·罗尔斯顿．环境伦理学：大自然的价值以及人对大自然的义务［M］．杨通进，译．北京：中国社会科学出版社，2000：81.
[10] 彼得·S. 温茨．环境正义论［M］．朱丹琼，宋玉波，译．上海：上海人民出版社，2007：184.
[11] 戴斯·贾丁斯．环境伦理学：环境哲学导论［M］．林官明，杨爱民，译．北京：北京大学出版社，2002：283-284.
[12] Jochemsen H. An Ethical Foundation for Careful Animal Husbandry [J]. NJAS Wageningen Journal of Life Sciences，2013（66）：55-63.
[13] Anthony R. Building a Sustainable Future for Animal Agriculture：An Environmental Virtue Ethic of Care Approach with in the Philosophy of Technology [J]. Agric Environ Ethics，2012，23（2）：123-144.
[14] 张敏，严火其．从动物福利、动物权利到动物关怀［J］．自然辩证法研究，2018，34（9）：65-70.
[15] 严火其．世界主要国家和国际组织动物福利法律法规汇编［M］．南京：江苏人民出版社，2015：165-189.
[16] Berckmans D. General Introduction to Precision Livestock Farming [J]. Animal Frontiers，2017，7（1）：6-11.
[17] Banhazi T M，Babinszky L，Halas V，Tscharke M. Precision Livestock Farming：Precision Feeding Technologies and Sustainable Livestock Production [J]. International Journal of Agricultural and Biological Engineering，2012，5（4）：54-61.
[18] Banhazi H，Lehr J，Black L，Crabtree H，Berckmans D. Precision Livestock Farming：An International Reviewof Scientificand Commercial Aspects [J]. International Journal of Agricultural & Biological Engineering，2012，5（3）：1-9.
[19] Ronald M，Atlas S M. One Health：People，Animals，and the Environment [M]. Washington (DC)：ASMPress，2014：1-3.

（原文刊载于《自然辩证法通讯》2020年第11期）

欧美发达国家发展农场动物福利的实践及其对中国的启示
——基于畜牧业高质量发展的视角

熊　慧　王明利

摘要：中国畜牧业发展进入新时期。作为畜产品生产与消费大国，农场动物福利不仅关系到消费者的食品安全、动物源产品的质量与国际贸易，还影响到畜牧业的可持续发展。欧美发达国家发展动物福利事业有着很长的历史，动物福利水平处于世界前列。为促进畜牧业高质量发展，实现畜牧业现代化的目标，本文分析了动物福利与畜牧业发展的关系，总结了欧美发达国家在发展农场动物福利方面的实践经验：一是建立完善的法律政策体系，以立法保障农场动物福利；二是监督与奖励政策并行，奖惩结合改善动物福利；三是制定详细的评价标准，严格规范农场动物福利；四是利用先进的科学技术，科学管理畜禽生产过程；五是严格控制畜禽养殖规模，倡导农牧结合经营；六是多元主体积极参与，共同推进农场动物福利。根据中国动物福利还处于探索阶段的发展现状，提出促进当前中国农场动物福利发展的政策建议，以期为中国农场动物福利事业提供实践指导，为畜牧业高质量发展助推乡村产业振兴提供决策参考。

关键词：畜牧业；农场动物福利；高质量发展；福利养殖

作者简介：熊慧（1996—　），硕士研究生，研究方向为畜牧业经济。王明利（1968—　），博士，研究员，博士研究生导师，研究方向为畜牧业经济和农业技术经济。

一、引言

自改革开放以来，中国畜牧业不断发展壮大、由弱变强，已经从传统的家庭副业发展成为农业农村经济的重要支柱产业之一，成为现代农业建设的排头兵，在满足肉蛋奶消费、促进农民增收、维护生态安全等方面发挥了不可替代的重要作用[1]。近年来，畜牧业产值在农业总产值中的比重逐步上升，是农牧民家庭收入的重要来源。党的十九大提出实施乡村振兴战略，六畜兴旺是应有之义[2]。实现乡村产业兴旺，要遵循绿色发展原则，贯彻落实乡村战略决策部署，加快提升畜牧业生产效率和发展质量，努力把畜牧业打造成乡村产业发展的新动能。

自2007年以来，国家大力支持发展规模化养殖，畜牧业规模化、集约化水平大幅提升。截至2016年，中国生猪、肉牛、肉羊、奶牛、肉鸡和蛋鸡相应的规模化程度分别达到44.4%、17.6%、18.9%、49.9%、65.4%和40.2%[3]。集约化饲养模式在促进畜牧业快速发展的同时，也引发了一系列福利问题，如畜禽养殖密度大、活畜禽流通频繁、动物疫病防控形势严峻等，直接或间接地影响畜牧业生产效益[4-6]，制约畜牧业的健康可持续发展。与此同时，经济发展步入新时代，居民消费更倾向于优质、安全、绿色无污染的畜产品，传统的畜禽养殖方式已经难以满足。注重生产过程中的农场动物福利，有助于畜牧业生产效率的提升、畜产品质量的改善、从源头上保障动物食品的安全，是满足城乡居民消费需求、实现中国畜牧业现代化的必然要求。

欧美等发达国家在动物福利方面有着很长的历史，尤其是在保障农场动物福利方面最为系统、完善[7]。相比较而言，国内关于动物福利的研究起步较晚，除动物学科领域的研究外，现有研究主要集中于以下三个方面：一是从人与动物之间的关系出发研究发展动物福利的伦理意义[8,9]；二是对国内外动物福利法律体系进行比较[10,11]；三是从贸易壁垒角度研究动物福利对中国动物源产品进出口贸易的影响[12,13]。对国外发展农场动物福利的实践经验总结还较欠缺，因此，本文拟围绕动物福利与畜牧业发展的关系，总结欧美发达国家发展农场动物福利的实践经验，结合中国农场动物福利发展现状以及存在的问题，寻找能促进畜牧业转型升级的部分动物福利保障措施，以推动国内畜牧业高质量发展，在全面现代化进程中，保障城乡居民优质、安全肉蛋奶产品的稳定供应。

二、动物福利与畜牧业发展

（一）动物福利的定义

“动物福利”由美国人休斯在1976年首次提出，它指的是一种精神和生理上完全健康的状态，在这种状态下，农场饲养的动物与它们所处的环境是和谐的[14]。关心动物福利就是关心动物个体的生活质量、关注动物身体健康，同时也强调注重动物的心理感受，如恐惧、悲伤、痛苦等情绪。国际上通常认为动物福利包含五大自由：①不受饥饿和干渴的自由；②免于不舒适的自由；③避免痛苦、伤害和疾病的自由；④能够自由表达正常的行为；⑤摆脱恐惧和痛苦的自由[15]。动物通常分为六类：农场动物、实验动物、工作动物、娱乐动物、伴侣动物和野生动物[16]，其中农场动物具有商业性和可食用性等特点，与人类经济生活密切相关。农场动物福利是指依据动物生长的特点，采用先进生产技术和现代化的科学管理办法，改善农场动物生长环境，通过人道的饲养方式使农场动物保持生理和心理的健康状态。

（二）发展动物福利对畜牧业的意义

1. 改善动物福利，提升畜牧业生产效率

中国正处于传统畜牧业向现代畜牧业转型的重要时期，畜牧业生产效率不够高、生产方式比较落后，与实现高质量发展要求还存在一定差距。规模化、集约化的饲养模式在促进畜牧业快速发展的同时，引发了各种福利问题，制约畜牧业的现代化进程。一项针对养猪场遵守动物福利行为与农场经济效益之间关系的研究结果表明，按照动物福利理论把妊

娠母猪从限位栏解放出来自由群养，可以缩短产程 0.5 小时，提升活仔数 0.969 头，死胎率减少 35.4%，提升平均初生重 56 克，弱仔率降低 68.42%。农场动物福利提倡健康、安全、高效的养殖方式，让动物保持健康与活力、提升生长速率、降低动物死亡率，从而能够有效增强畜牧业生产能力，促进畜牧业高质量发展，助推农业现代化进程。

2. 保障畜产质量安全，满足居民消费需求

随着社会经济条件的改善，居民消费需求更加多元化。生产高质量畜产品已经成为顺应市场消费倾向的迫切任务[17]。动物福利的缺失不仅会造成畜禽发病率高，导致畜牧业遭受巨大损失，也会对动物源食品的质量、口感、安全造成影响，进而影响人类健康。一系列研究表明，当动物遭受恐惧时易产生严重的应激反应，导致营养物质消耗增加，合成代谢降低，出现“白肌肉”现象[18-21]。在农场动物饲养过程中，部分养殖者忽视动物福利，在饲料中任意添加违禁药品，使得事故频繁出现、食品安全失去保障。“三聚氰胺”事件的发生对国内的乳制品行业曾经带来巨大的冲击[22]，消费者很长一段时间丧失了对本国产品的信任。改善动物福利水平，能从源头上保障动物源食品质量安全，满足居民消费需求。

3. 提高畜产品竞争优势，抵御国际市场冲击

提高畜产品竞争优势，抵御国际市场冲击，中国是目前世界上最大的肉类生产国和消费国，经济全球化和贸易自由化纵深发展，国内畜产品面临的国际竞争日趋激烈，畜产品国际竞争力低、不具有比较优势，这是当前中国畜牧业发展面临的主要问题之一。在畜禽产品市场进一步对外开放的过程中，国内市场遭到国外优质畜产品的严重挤占。国际大型企业集团进入养殖业，也对国内养殖行业带来市场冲击，畜牧业发展面临严峻挑战。同时，发达国家普遍开始设置动物福利贸易壁垒，提高畜产品市场准入门槛，削弱中国产品的出口竞争力，加剧了对外贸易摩擦。有研究表明，2004—2011 年，欧盟动物福利标准严重阻碍了中国畜禽肉以及肉杂碎等产品出口[23]。改善农场动物福利水平，可以增强畜禽产品的国际竞争优势，抵御国际市场冲击，有效提升中国畜牧业的综合竞争能力。

三、欧美发达国家保障农场动物福利的实践

（一）建立完善的法律政策体系，以立法保障动物福利

动物福利问题很早就开始被提上政治议程[24]。欧盟和美国等发达国家从 20 世纪 80 年代开始，分别进行了动物福利方面的立法，目前，世界上已经有上百个国家出台了动物福利有关的法律法规，从饲养、运输、屠宰等生产的不同环节为农场动物福利提供系统完备的政策保障（表 1）。英国作为动物福利的发源地，1822 年颁布的《马丁法案》标志着动物福利事业的开端，该法案一直沿用至今。欧盟是动物福利的积极倡导者，在动物福利立法方面走在世界前列，为了防止动物在屠宰前遭受虐待，早在 1974 年就出台了欧共体层面的动物福利法律。美国除了在大型法案中涉及部分农场动物福利的内容外（从 1990 年开始在《农业法案》中鼓励农场主执行动物福利等），还从联邦层面为动物福利立法，各州也分别制定相关的法律以保障动物福利。为更科学地开展动物福利立法工作，欧美发达国家还开设专门的机构，致力于动物福利法律规定的可行性和有效性研究，欧洲食品安全局中就成立了动物福利研究机构，确保立法的科学性和可操作性。

表 1 欧盟、美国农场动物福利保障政策及法律法规（部分）

项目	年份	政策或法律文件名称	内容
欧盟相关法律政策	1976	《保护农畜动物的欧洲公约》	列出农场动物福利保护的五项基本原则，规定饲养环境，保护集约化经营农场的动物福利
	1989	在共同农业政策纳入动物福利保护条例	提出“防止不良集约农业”的口号
	1999	《猪权利法案》	规定仔猪出生后最少有 12 天哺乳期。猪舍要铺设干燥稻草、放置动物娱乐的“玩具”等
	2006	《动物保护和福利制度改善的行动计划》	整合之前已有的动物福利标准，并进一步提高要求，形成完整的制度体系
美国相关法律政策	1873	《二十八小时法》	规定动物运输期间的动物福利要求。运输过程中要确保动物的休息时间。即每运输 24 小时休息 4 小时
	1958	《联邦人道屠宰法案》	规定必须采取人道的屠宰方式。最大限度降低动物死亡时面临的痛苦，必须在动物无意识的状态下对其实施捆绑、吊起或屠宰等行为
	1973	《人道地照料动物的法律》	对动物饲养行为提出了明确的法律要求
	2006	《动物保护法令》	对于农场动物福利提出了比之前更高的要求。除了避免动物遭受不必要的痛苦，还要求必须满足动物提供福利方面的需求

（二）监督与激励政策并行，奖惩结合改善动物福利

为保证法律条文得到有效落实，欧美发达国家同时形成了严格的监督管理机制。美国通过立法规定，美国农业部、动物卫生检疫局等都具有监督农场动物福利实际状况的权利和职责[25]。欧盟要求各成员国必须严格执行动物福利法律，接受欧盟食品和兽药办公室的监督，如果违反动物福利保护方面的相关条例，则会受到欧洲法院的制裁[26]。除了强制性的法律手段，补贴等奖励政策也是激励养殖户积极改善动物福利水平的重要手段。欧盟规定从 2007 年开始，农场动物福利与畜牧业补贴挂钩，遵守饲养过程中的动物福利要求是享受畜牧业补贴的重要考核指标[27]。英国执行单一支付计划时也规定，农民必须符合动物福利要求才可领取相关补贴。对于改善动物福利方面的投资，农民可以获得相应的补偿，欧盟最高补贴可以达到总投资的 40%。2007—2013 年，欧盟给近 7.8 万户农民，发放了大约 10 亿欧元动物福利相关的补贴。同时，如果农民因为执行严格的动物福利标准遭受损失，还可以获得相应的补偿。

（三）制定详细评价标准，严格规范农场动物福利

为了满足动物的天性和基本的需求，给动物健康提供保障，更加人道合理地利用动物，减少动物的痛苦。2005 年世界动物卫生组织召开国际委员会，讨论并通过了涉及运输、屠宰和疾病防控等多个方面的动物福利标准。欧美发达国家也制定了严格的动物福利

评价标准，覆盖从动物的繁育、养殖、屠宰一直到动物产品加工等多个环节。英国畜产品生产行业在 1998 年推出了《英国放心肉方案》，主要针对乳畜产品、水果蔬菜的安全生产，2000 年该方案发展成为《英国农村标准》[28,29]。德国不仅对动物的生存环境、建筑材料有严格规定，还对领养措施、领养人的经验、经济状况等制定了详细的要求。欧盟也确立了完善的畜产品"福利质量"评价体系，并推出福利产品标识，以此来更好地保障畜产品的质量。2004 年欧盟委员会同其 13 个成员国以及 4 个拉丁美洲国家，开展动物福利研究领域的合作，共同建设综合性的欧盟"福利质量"体系，并制定了 12 项动物福利体系评价标准（表 2）[30]。此体系对动物源产品从饲养到加工，全产业链各个环节的动物福利实施情况进行追踪记录，最终将收集到的数据信息形成科学的报告，提供给生产者和消费者，并据此制定农场动物福利规范，为每个部门或者畜种制定最佳的动物福利实践指南。严格规范动物福利标准，实行福利产品标识，既敦促生产者改善动物福利，也为消费者提供了正确的产品信息，有助于农场动物福利事业更好地发展

表 2　欧盟"福利质量"体系评价标准

福利原则	福利标准	标准内容
良好的饲喂	免受饥饿	动物不应处于长时间饥饿
	免受饥渴	动物不应处于长时间饥渴
良好的饲养环境	休息环境舒适	动物应得到舒适的休息环境，尤其是躺卧区域
	温度舒适	动物应处于冷热适度的状态
	移动顺畅	动物应可以自由移动
良好的健康状况	免受外伤	动物应免受无理性伤害
	免受疾病	动物应免受疾病
	免受疼痛	动物应免受由于不恰当管理而导致的疼痛
合理的行为	表达群居行为	动物应允许表达自然行为、无害行为、群居行为
	表达其他行为	动物应被允许表达其他必要的自然行为，如探究行为和玩耍行为
	良好的人畜关系	良好的人畜关系有助于提高动物福利水平
	积极的情感状态	动物不应表达消极行为，如恐惧、痛苦、沮丧和冷漠

（四）利用先进生产技术，科学管理畜禽生产过程

确保农场动物福利，通过先进的生产技术加强过程管理是重要保证。欧美等发达国家一直以来都十分注重先进技术的研发与推广，尤其是在生存环境控制、畜禽品种改良以及动物疫病防控方面。对农场动物采取人性化管理，研发推广供暖系统、降温系统、环境控制系统和报警系统，为动物提供适宜的温度、湿度、通风、光照，让动物在舒适的环境中健康生长。在饲喂福利方面，采用全自动化、智能化的饲喂系统、饮水系统，根据动物生长阶段的不同特征采用营养套餐，保证饮用水质量。在疫病防控方面，建立了健全的疫病防控和检测技术体系，优化免疫程序，提供及时有效地治疗，禁用违禁药物，研发、应用新型疫苗。在畜牧业发展过程中，发达国家还十分注重优良品种的培育，畜禽品种改良能

够显著提升畜牧业的总体生产效率，其贡献率远高于饲料营养、疫病防控等其他因素。美国于 1994 年成立了国家种猪登记协会，在育种过程中主要承担服务职能，包括系谱登记、生产性能测定、种猪遗传性能评估，以及参与技术推广等[31]。

（五）严格控制畜禽养殖规模，倡导农牧结合经营

2000 年，英国、荷兰和比利时等国家暴发了大规模牲畜疫病，欧洲消费者对集约化生产的畜产品的信任受到严重打击，转而倾向于消费自然生产的有机畜产品，要求畜禽饲养过程中尊重动物生长发育规律，注重动物福利[32]。欧洲部分国家为了改善动物福利状况，开始严格畜禽养殖布局规划，倡导农牧结合的生产模式。英国规定畜禽养殖场应合理布局，远离市区，鼓励种养结合。德国约有 38 万个家庭农场，其中小型农场占比 61.9%，多以养殖业为主，兼营种植业，实行生态化养殖[33]。同时，欧盟对单位面积上的畜禽饲养规模也严格管控、合理规划，禁止大规模的畜禽饲养。荷兰、德国等都通过立法规定了单位面积上的畜禽饲养单位。荷兰规定每公顷仅允许 2.5 个畜单位，超过该指针的农场主需要交纳额外的费用。德国规定农场每公顷的畜禽饲养量为：牛 9 头、猪 15 头、鸡 3 000 只、鸭 450 只、羊 18 只[34]。生产过程中强调种养结合，避免过度规模化，既能改善畜禽养殖环境、改善农场动物福利水平；同时也能节约生产成本、减少资源环境压力，提升畜牧业生产能力，促进畜牧业生态可持续发展。

（六）多元主体积极参与，共同推进动物福利事业

在欧美等发达国家发展动物福利事业的过程中，除了政府积极加强动物福利保护立法，各方主体也在积极参与，共同改善动物福利水平。其中动物福利组织为福利事业开展作出了突出贡献（表 3）。一方面，在促进动物保护和动物福利的立法工作上，动物福利组织向政府和立法机构提请建议报告，敦促制定和完善动物福利立法。另一方面，动物福利组织还对经常使用动物的企业、研究机构等单位进行调查监督，对于存在虐待动物嫌疑的主体，向有关当局起诉。如美国的“善待动物组织”曾先后将汉堡王、肯德基等快餐企业告上法庭，指控他们虐待动物，将鸡饲养在污秽的笼子里高密度饲养，不满足农场应有的动物福利，迫使这些企业不得不调整饲养环境[35]。自 19 世纪 80 年代以来，德国、澳大利亚、法国、荷兰等国家都先后成立了民间动物权利保护组织，他们在动物福利事业发展过程中，开展各类宣传活动，发挥监督作用，有力推进了动物福利事业的发展。

表 3　世界主要动物福利组织机构

福利组织名称	福利组织机构基本情况
皇家防止虐待动物协会（RSPCA）	1824 年成立，是世界上历史最悠久、人们最为熟知的动物福利组织，不仅在英国展开活动，在世界其他国家也有同名的组织
善待动物组织	世界上最大的动物慈善机构，现有会员和支持者一百多万，特别关注用于农业、食用日的的动物、实验动物、用于服装制作和娱乐业的动物福利
世界动物保护协会	成立于 1981 年，是世界上 140 多个国家（包括中国）的 700 多个动物福利组织网，主要宗旨是在全球范围内提高动物的福利标准，通过法律程序确保动物福利

（续）

福利组织名称	福利组织机构基本情况
世界农场动物福利组织	1967年成立，总部设在英国，在法国、荷兰、爱尔兰、南非、澳大利亚等国设有办事处，宗旨是防止虐待动物行为，更加尊重农场动物和环境
国际爱护动物基金	推行动物福利和保护政策，主张仁慈地对待所有动物，使人与动物和谐相处，致力于保护野生动物与情侣动物的福利，抵制对动物的商业剥削和野生动物交易，保护动物栖息地以及救助陷于危险和苦难中的动物

同时，随着欧美国家经济水平的提升，民众对动物福利的要求增加，消费者愿意为福利友好产品溢价支付。越来越多的零售商开始制定私人动物福利标准，并就动物福利状况对供货商提出一定的要求，催生了市场主导的动物福利激励机制的产生[36,37]。英国的大型超市 Waitrose 和它的供货商 Dalehead 一直在执行“良好农业实践准则”，对农场动物从饲养到成为商场、超市里产品的全过程都制定了大量的标准予以约束。从养殖主体到零售商超之间的多方合作体系，体现了发达国家高质量和高福利的畜牧业生产标准，同时也表明动物福利的良好发展不仅仅依靠法律政策的约束，也需要通过市场机制确保其实现。英国“皇家防止虐待动物协会”（RSPCA）提出的“自由食品”方案，该方案约束下的福利标准远高于法律的基本要求。

四、对中国的启示

（一）中国农场动物福利发展现状

近年来，随着消费者对畜产品质量安全的日益重视，社会各界对动物福利问题的关注日益增加，中国动物福利实现了从无到有。2008年国家质检总局和国家标准化管理委员会发布了《生猪人道屠宰技术规范》，规定了实施生猪人道屠宰的管理和技术要求，直到2009年全国人民代表大会常务委员会开始正式启动动物福利立法程序。2014年中国农业国际合作促进会联合世界农场动物福利协会等国际组织，公布了《农场动物福利要求——猪》标准，该标准是中国首部农场动物福利标准。2017年以来连续三年举办世界农场动物福利大会，农场动物福利事业取得了显著进步。但是与发达国家相比，中国动物福利事业，尤其是农场动物福利正处于初步探索阶段，与国际发展水平还存在很大差距。

一方面，民众普遍缺乏动物福利意识。国内动物福利观念最早源于虐待动物事件，大部分民众对动物福利存在理解偏差，甚至根本不知晓动物福利。国内也没有建立福利养殖产品标识体系，消费者对畜产品安全标识缺乏了解和认知。2014年有调查研究表明，在6 006份有效问卷中，大约2/3的受访者表示从未听说过动物福利[38]。另一方面，缺乏动物福利方面的法律政策。2004年《北京市实验动物管理条例》中出现了“动物福利”一词，这是中国法律首次明确提出，从事动物实验的单位与个人，应该注重维护动物福利，尽管该法律属于地方性法规，也是中国在动物福利领域的巨大突破。但与欧美国家完善的动物福利法律保障体系不同，中国目前并不存在实际意义上的农场动物福利保护法律制度[39]。尽管有部分关于动物保护方面的法律，也主要是针对野生动物、稀有动物等，农场动物福利立法问题迫在眉睫。借鉴发达国家的成功经验，加快发展中国农场动物福利，转变畜牧业生产方式，是实现畜牧业现代化转型的必然选择。

（二）推动中国农场动物福利发展的政策建议

1. 加大宣传教育力度，改变动物福利观念

改变思想观念是开展动物福利事业的基础。要通过建立动物福利专项宣传资金，加强对动物福利知识的宣传教育，提高全社会的动物福利意识；适时举办在线线下动物福利主题活动，宣传讲解动物福利与动物源食品安全之间的关系，让更多人了解改善动物福利的意义及其必要性，为动物福利产品培养消费群体。同时，动物福利是一个以行为科学、营养科学、牲畜科学、生理学、兽医学等多学科作为基础的综合学科[40]，要探索将动物福利引入国民教育当中，促进中国动物福利学科的发展，培养专门的学科人才。积极开展畜牧生产者动物福利培训，在改善农场动物福利水平的过程中，农场养殖人员发挥着最关键的作用，通过技术培训提高养殖企业对动物福利的认知水平，培养实施福利生产技术的专业人才，加快畜牧业生产向福利养殖转变。

2. 推动法律体系建设，使动物福利有法可依

法律是改善农场动物福利的有效保障，要充分借鉴国内外立法经验，加快推进中国动物福利立法进程。第一，应设立专门致力于动物福利立法研究的机构，明确动物福利的立法目的，推动动物福利法律法规的制定，完善动物福利立法体系，使动物福利真正实现有法可依。第二，根据中国实际情况并结合国际标准，及时增补、完善动物福利法律的内容条款及动物福利立法的保护范畴，建立合理的动物福利标准体系。除了制定相关的法律条文，确保法律的有效实施也非常重要。要明确各动物的分类，不同物种采用不同的福利标准，实现分类管理与全程监督，提高法律的可操作性。第三，明确违反法律制度应承担的法律责任，加强对违法行为的惩治力度，提高动物福利法律的影响力。

3. 建立福利产品标识，调动福利养殖积极性

消费者愿意对福利养殖动物产品进行溢价支付，是农场福利养殖将来可持续发展的内生动力。目前，消费者对于畜产质量的判断，逐步从外观为主的经验判断转向以线索和品牌为主的质量判断。欧洲畜产品普遍拥有产品标识，消费者也更青睐福利友好型产品，认为动物福利可以改善动物的健康水平，因而畜产品安全性更高。清晰和信息丰富的福利产品卷标，可以有效地向消费者传达产品信息，同时也能调动养殖者改善农场动物福利水平的积极性，生产高质量的畜产品。因此，探索实施动物福利产品卷标制度，依托大数据等信息技术，构建动物福利产品信息数据库，提高产品的可溯源性，增强福利养殖产品标识的监管与认证，推动产品优质评价，进一步保障畜产品安全。

4. 发展先进生产技术，实现畜禽福利养殖

畜牧业发展依靠科技推动，实现畜牧业转型升级，要加强科技创新和技术推广，保障先进、适用技术全面支撑畜牧业现代化。加强福利养殖关键技术的研发，加快优质畜禽品种培育、高效繁殖、无公害饲养、疾病防控、环境控制、共享数据平台和决策支持系统等方面的研究，尽快形成一整套福利养殖的技术体系，推动福利养殖的发展。同时也要注重

畜牧科技的推广工作，建立信息共享网络平台，运用现代物联网技术，提升智慧化水平，降低劳动成本，转变生产方式。在动物养殖过程中，运用先进科学技术，实施人性化管理，降低动物应激水平，增强机体免疫机能，进而提升畜牧业生产效率，改善动物产品质量。

5. 推行种养结合模式，积极发展循环畜牧业

规模化养殖是经济发展的客观规律，也是畜牧业现代化的主要标识。动物福利并不意味着散养，但是脱离环境承载能力盲目发展大规模养殖场，也会造成严重的环境污染问题，制约畜牧业的可持续发展。未来在畜牧业生产过程中，不仅要推行福利养殖模式，改善畜禽在现有养殖条件下的福利；同时，也要更加注重生产方式的生态性和可持续性，合理布局畜牧产业，发展适度规模经营。引导种植业与养殖业结合起来，积极探索农牧结合、以农养牧、以牧促农的新形式，形成农牧有机结合、资源充分利用的畜牧业可持续发展新格局，确保产业链的健康发展。有效实施农牧结合，发挥种植业与养殖业的互补优势，为养殖业提供安全营养的饲料原料，提高农业生产的自给率，促进种养业综合效益的提升。

【参考文献】

[1] 关龙．论我国畜牧业可持续发展 [J]. 中国科学院院刊，2019，34 (2)：135-144.

[2] 马有祥．深化改革推进畜牧业高质量发展 [J]. 农村工作通讯，2018 (22)：26.

[3] 王明利．改革开放四十年我国畜牧业发展：成就、经验及未来趋势 [J]. 农业经济问题，2018 (8)：60-70.

[4] Stott A W, Vosough Ahmadi B, Dwyer C M, et al. Interactions between profit and welfare on extensive sheep farms [J]. Animal Welfare, 2012, 8 (2): 3-15.

[5] Bennett R. The value of farm animal welfare [J]. Journal of Agricultural Economics, 1995, 46 (1): 46-60.

[6] Tomasz A H, Czekaj G, Forkman, et al. The relationship between animal welfare and economic performance at farm level: a quantitative study of Danish pig producers [J]. Journal of Agricultural Economics, 2018, 69 (1): 142-163.

[7] 肖星星．美国、欧盟农场动物福利立法的发展及借鉴 [J]. 世界农业，2015 (8)：96-102.

[8] 顾宪红．动物伦理与动物福利概述 [J]. 兰州大学学报，2015，43 (3)：49-52.

[9] 曹明德，刘明明．对动物福利的思考 [J]. 暨南学报，2010，32 (1)：41-46.

[10] 张式军，胡维潇．中国动物福利立法困境探析 [J]. 山东科技大学学报，2016 (3)：55-61.

[11] 郑林春．中美动物福利立法比较研究 [D]. 长沙：湖南师范大学，2013.

[12] 易露霞．动物福利壁垒对我国外贸的影响及应对 [J]. 经济问题，2006 (1)：66-68.

[13] 王红焱，李明武．动物福利壁垒对我国畜禽产品出口的影响与对策建议 [J]. 中国皮革，2018 (4)：22-26.

[14] Radford M. Animal welfare law in Britain: regulation and responsibility [M]. Oxford: Oxford University Press, 2001: 266-267.

[15] Rushen J. Farm animal welfare since the Brambell Report [J]. Animal Behaviour Science, 2008, 113 (4): 277-278.

[16] Fraser D. Toward a global perspective on farm animal welfare [J]. Animal Behaviour Science, 2008, 113 (4): 330-339.

[17] 王明利．转型中的中国畜牧业发展研究 [M]. 北京：中国农业出版社，2008：6-7.
[18] 吴红平，张新华．动物福利对猪肉品质的影响 [J]. 上海畜牧兽医通讯，2009 (5)：52-53.
[19] Santos C，Almeid A J M，Matias E C，et al. Influence of lairage environmental conditions and resting time on meat quality in pigs [J]. Meat Science，1997，45 (2)：253-262.
[20] Warriss P D，Kestin S C，Robinson J M. A note on the influence of rearing environment on meat quality in pigs [J]. Meat Science，1983，9 (4)：271-279.
[21] Enfält A C，Hansson L，Lundeheim K. Effects of outdoor rearing and sire breed (Duroc or Yorkshire) on carcass composition and sensory and technological meat quality [J]. Meat Science，1997，45 (1)：1-15.
[22] 杨波，赵敏．食品安全事件对我国乳制品产业的冲击影响与恢复研究：以“三聚氰胺”等事件为例 [J]. 商业经济与管理，2015 (12)：81-91.
[23] 李怀政，陈俊．欧盟动物福利标准对我国肉类产品出口的影响 [J]. 商业研究，2013 (2)：166-173.
[24] Christensen T，Lawrence A，Lund M. How can economists help to improve animal welfare? [J]. Animal Welfare，2012，21 (1)：1-10.
[25] Cohen H. The Animal Welfare Act [J]. Animal Law，2004 (4)：14-19.
[26] FAWC. Opinion on policy instruments for protecting and improving farm animal welfare [C]. London：Farm Animal Welfare Council，2008.
[27] European Network for Rural Development (ENRD) . Rural developmentprogrames 2007—2013 [C]. London：Animal welfare payments，2014.
[28] Roex J，Miele M. Attitudes of consumers，retailors，and producers to animal welfare [R]. Wales：Cardiff University，2005.
[29] 尤晚霖．英国动物福利念发展的研究 [D]. 南京：南京农业大学，2015.
[30] Kjarnes U，Bock B B，Roe R，et al. Consumption，distribution and production of farm animal welfare [R]. Wales：Cardiff University，2008.
[31] 李冉．国外畜禽良种繁育发展及经验借鉴 [J]. 世界农业，2014 (3)：30-33，37.
[32] 于平．欧洲畜牧业的变革及中国的对策 [J]. 世界农业，2001 (8)：8-9.
[33] 唐振闯，卢士军，周琳，等．德国畜牧业生产体系特征及对我国的启示 [J]. 中国畜牧杂志，2018，54 (12)：145，148.
[34] 嘉慧．发达国家养殖污染的防治对策 [J]. 山西农业（畜牧兽医），2007 (7)：53-54.
[35] 张昌莲．我国优势畜禽业应逐步转向有机养殖发展 [J]. 上海畜牧兽医通讯，2006 (3)：60-62.
[36] Veissier I，Evans A. Rationale behind the welfare quality assessment of animal welfare [C] Assuring animal welfare：From societal concerns to implementation，second welfare quality stakeholder，Berlin：2007.
[37] Spooner J M，Schuppli C A，Fraser D. Attitudes of Canadian citizens towards farm animal welfare：a qualitative study [J]. Livestock Science，2014 (163)：150-158.
[38] 马群．国内公众对动物福利的认知及进程分析 [J]. 科技和产业，2019 (1)：91-94.
[39] 杨义凤，王桂霞，朱媛媛．欧盟农场动物福利养殖的保障措施及其对中国的启示：基于养殖业转型视角 [J]. 世界农业，2017 (10)：165-169.
[40] Wikins D. Animal welfare in Europe [M]. London：Academic Press Limited，2014：175-176.

（原文刊载于《世界农业》2020年第12期）

七、农村/乡村伦理

乡村治理目标的伦理缺失与理性重建

刘　昂　王露璐

摘要：乡村振兴战略的实施需要理性的治理目标指引。然而，在当前乡村社会的转型过程中，经济增长目标的宰制性地位导致乡村治理目标中经济指标的决定性、经济评价的优先性及人际关系的功利化等问题。在乡村治理的目标建构及实践中，应当以保障农民生存要求的“安全第一”原则作为底线伦理，以公平正义作为当前乡村治理最为迫切的现实要求，并以满足农民对美好生活的向往作为乡村治理的价值旨归。

关键词：乡村；治理；安全第一；公平正义；美好生活

作者简介：刘昂，南京师范大学公共管理学院博士研究生。王露璐，南京师范大学公共管理学院教授，中国特色社会主义道德文化协同创新中心首席专家，博士研究生导师

乡村振兴需要以理性的治理目标为引领。在当前乡村工业化、城镇化、市场化的转型过程中，乡村治理目标存在着一些伦理缺失的问题。保障“安全第一”的生存底线，强化公平正义的现实要求，满足美好生活的价值旨归，是构建乡村治理目标应有的三个基本维度。

一、经济至上：乡村治理目标的伦理缺失

乡村在从传统向现代的转型过程中，生产方式和生活方式发生了深刻变革，治理目标也出现了多元、多样、多变的价值倾向。在具体的乡村治理实践中，相当一部分村庄将经济增长作为自身发展的决定性（甚至唯一性）目标，此种“经济至上”及其所引发的经济评价的优先性、人际关系的功利化等问题，使乡村治理偏离了应有的伦理价值目标。

在强调优先发展经济的背景下，大多数基层政府将乡村经济增长状况作为考核村干部的关键指标。对于缺乏内生性经济增长的乡村而言，要想实现经济增长必须以让渡村庄资源为前提进行“招商引资”。在这种情况下，村庄所让渡的“资源”既可能是集体土地的优惠使用权、公共设施的优先供给权等暂时性的物质利益，也有可能是生态环境的开发权等有关村民长久生存安全的根本利益。在对江苏徐州JN村调研中，村干部介绍道：“领导们对村里的经济发展都很重视，经济上不去你其他方面再好也没有用，经济是前面的‘1’，其他的都是后面的‘0’，你没有‘1’再多的‘0’终归是‘0’，没有用，只要经济上来了，哪怕其他方面有问题，也都是小问题。”（2016年7月12日14:00—15:00于江

苏徐州 JN 村村委会办公室与 SJF 的访谈记录）与此同时，带领村民致富、促进乡村经济增长也是村民对村干部最为直接的期待。甚至在一些村庄，只要村干部能够为村民致富提供帮助，为乡村经济增长发挥作用，村民就对村干部的行为表示认可，而不去追究村干部在其他方面可能存在的道德瑕疵甚至违法行为。在甘肃定西 LL 村调研时，有村民提道："我希望我们的村干部能够更好地带我们致富，只要他们能带我们致富，他们从中捞一点钱也是无所谓的。"（2017 年 7 月 20 日 15:00—15:50 于甘肃定西 LL 村村委会会议室与 BHZ 的访谈记录）

在以经济增长为决定性目标的乡村治理实践中，经济评价日益获得了相对于道德评价的优先性。"以各种数字（收入、利润等）为直接表征的经济成就获得了在个人和社会评价上的价值优先性。而伴随着资本大规模地'进入'乡村，资本逻辑以其扩张性、同质化和意识形态化特征不断削弱乡村道德评价的地位并强化经济评价的优先性，也由此产生乡村道德评价体系的冲突与矛盾"[1]。在乡村日常生产和生活中，村民更为看重的不再是道德评价，取而代之的则是经济评价。

对经济增长的片面追求还日益导致乡村人际关系的功利化。从一定意义上说，传统的乡村社会是一个"人情社会"，直至今天，人情关系依然是乡村治理中难以回避的问题。传统的人情关系既能够有效化解一些"剪不断理还乱"的利益纠纷，但也对现代规则意识、契约意识的构建产生了一定的消极影响。有序的乡村治理实践既需要借助村庄传统的人情关系，又需要构建与乡村社会转型相适应的新型人际关系。然而，应当看到，当前乡村社会传统的人情关系不断异化，并逐渐向功利性目的转换，在一定程度上已成为制约乡村治理的障碍。功利性目的人际关系主要以聚集资金和拉拢权势为主要特征。在经济方面，村庄中越来越多的人情名目成为聚众敛财的重要形式，在加重农民负担的同时逐渐脱离了其应有的价值内涵。在以功利性为目的的人情关系下，人们将传统的婚丧嫁娶、孩子满月、盖房搬家等需要人情往来的事项扩展到孩子整岁生日、老人整岁寿辰、孩子升学考学、房屋装修修缮、生病初愈等各个方面，甚至还出现为收钱而欺诈请客的现象。在政治方面，一些村民通过拉拢关系形成小集团，对村庄正常秩序造成消极影响。在乡村治理过程中，村民与村干部之间的关系常常会影响到资源的分配或矛盾的协调。一般而言，与村干部关系较好的村民往往会较为主动地配合村干部工作，他们通常也会在村干部进行资源分配和协调中获得倾斜。基于这一可能性，一些村民会有意拉拢村干部，以期能够获得更多利益，从而对乡村治理秩序的公正性造成影响。

二、安全第一：乡村治理的底线伦理

美国学者斯科特认为，"安全第一"是农民最基本的生存伦理原则，"农民耕种者力图避免的是可能毁灭自己的歉收，并不想通过冒险而获得大成功、发横财。用决策语言来说，他的行为是不冒风险的；他要尽量缩小最大损失的主观概率"[2]。也就是说，农民追求的不是收入的最大化，而是较低的风险分配和较高的生存保障。尽管这一观点存有争议，但是，应当看到，"安全第一"的生存伦理，确实对农民行为选择有着重要影响，也是确立乡村治理目标的底线伦理原则。

“安全”与“风险”紧密相关，从一定意义而言，“安全第一”就是“风险最小”，因此，“安全第一”的生存伦理观念首先应该是规避风险，而不是创造价值。例如，在当前的乡村治理实践中，村庄在以让渡资源为代价的“招商引资”中，必须审视企业可能产生的污染并进行权衡，避免产生由于严重污染而导致的村民生存安全风险。再如，日益增长的人情支出已经成为部分农民的沉重负担，甚至带来其基本生活维系中的风险，应当引起足够的重视。

应当看到，农民“安全第一”的生存伦理观念并非拒绝追求经济利益，但农民对经济利益的追求是在自身生存安全得到保障的前提下做出的。在一些村庄，农民之所以能够容忍村干部在追求乡村经济增长过程中产生的道德瑕疵，往往是因为这种行为尚未威胁到农民的生存安全，并且能够在短期内为农民带来利益。但从长远来看，村干部的道德缺失行为不但会阻碍乡村经济的发展，而且会不断侵蚀农民的合法利益，增加农民生产生活的风险。

以“安全第一”作为乡村治理的底线伦理，必须从农民现实处境出发，切实保障农民的最低生活水平。最低生活保障对于农民而言并不仅仅是生理上的满足，也是其参与乡村治理的物质基础。在现阶段，保障农民最低生活水平，要完善农村社会救助和社会保险机制，精准扶贫、精准脱贫，切实提高农民生产生活水平，使农民远离生存安全底线，不断“深入实施东西部扶贫协作，重点攻克深度贫困地区脱贫任务，确保到2020年我国现行标准下农村贫困人口实现脱贫，贫困县全部摘帽，解决区域性整体贫困，做到脱真贫、真脱贫”[3]。

以“安全第一”为乡村治理的底线伦理，还应当尽可能稳定农民最基本的生产和生活资料，解决农民后顾之忧。在当前社会环境下，虽然一部分村民已经离开村庄外出打工，留守在村庄的村民也并非全部从事农业生产，但是，土地对于绝大多数农民而言仍然具有一种重要的归属和安全意义。土地作为最基本的生产和生活资料，能够使农民在遭遇疾病、灾害和失业等风险时保持基本生存的能力，这对整个社会秩序和稳定也起到重要作用。在农民看来，土地是生存安全的最低保障，失去了土地便意味着失去了保障生存安全的最后退路，从某种意义上而言，土地承包权的不稳定便代表着自身生存安全的不稳定。我国当前大多数农村土地承包权即将到期，在这一时期，村民基于土地的生存安全更为敏感，国家及时做出“保持土地承包关系稳定并长久不变，第二轮土地承包到期后再延长三十年”[3]的重要决定，有效保障了村民的生存安全，为稳定村庄关系和促进乡村治理打下了坚实的基础。

三、公平正义：乡村治理的现实要求

让改革发展成果更多更公平惠及全体人民，是当前我国改革进程中强调的基本要求。伴随乡村生产、生活方式的多样化，农民的自主性逐渐增强，村庄社会的同质性不断减弱，各种不同的价值观念、情感认识、日常实践等涌入村庄，对传统乡村长期形成的稳定秩序构成了一定的冲击。在这一背景下，如何保障村民公平的经济权利和政治权利，如何实现村庄的正义秩序，成为乡村治理的现实要求。

第一，公平正义的现实要求需要保障全体村民能够有尊严地共享村庄发展成果。共享"是公平正义理念在现代社会生活和公共秩序中的集中体现"，强调"人是发展的终极目的，社会应该让所有的人受益，消除贫困，让所有人享有平等的发展机会，以使他们能够获得充分和全面的发展"[4]。就我国乡村社会而言，生产资料公有制的建立保障了农民在经济地位上的平等，也使每一个农民不论其财富多寡都可以享有平等的政治权利。就一个村庄而言，一方面，应该保证全体村庄成员能够从村庄发展中普遍受益，共同享有村庄发展提供的利益，并有机会参与到乡村治理的实践中，实现自身应有的价值；另一方面，还应当注重对村庄弱势群体的保护，将村庄贫富差距控制在合理范围之内。通过各种有效的再分配政策，充分调节村庄成员的收入差距，增加最少受惠者的利益，"以'利益补差'的方式补偿由于历史因素、先天因素及社会因素所造成的不平等，使已成为'弱势群体'的农民获得共享社会经济发展成果的机会"[5]，让所有村民的生产生活都能得到有力保障，从而推进村庄整体协调发展。

第二，公平正义的现实要求还需要保障村民代际间的平等。乡村治理实践中，公平正义的现实要求不仅仅是对同代人之间的制约，还是对代际关系的规范。代际平等理念强调每一代人都应当具有属于自身时代的发展资源，当代人的发展不应该以牺牲下一代的资源为手段。在乡村治理实践中，通过过度开发资源来换取经济增长的做法打破了代际之间的平等关系，在本质上是对下一代合理利益的掠夺。符合公平正义要求的乡村治理必须始终以村庄的现实条件为基础，既不拒绝社会发展带来的机遇，也不片面追求眼前的物质利益增长，注重代际之间的平衡，合理利用村庄资源，将村庄发展控制在适度范围之内。

第三，公平正义的现实要求需要协调本村人口与外来人口之间的关系。在当前乡村工业化、城镇化、市场化的进程中，部分村庄出现了大量的外来人口，部分村庄有大量的人口外出。由此，如何处理村庄本地人口和外来人口、在村人口和在外人口之间的关系，也成为当前乡村治理中的重要问题。笔者认为，对于良性的乡村治理而言，公平正义的现实要求并非强调以绝对同一的标准对待本村人口与外来人口，而是允许产生一种基于"差序格局"的"地缘优先性"原则[5]。其原因在于，乡村首先是长期生活在村庄的本村村民的乡村，其治理目标应首先围绕并实现这部分村民的根本利益，"地缘优先性"原则能够充分保障本村村民在乡村治理中的公平地位。当然，从理论上而言，"地缘优先性"原则并非乡村治理中协调关系和解决冲突最为合理的方式，但是，这一原则能够充分保障本村村民在乡村治理中的合理利益，有效增强村庄的内部凝聚力，从而弥补"地缘优先性"原则可能带来的风险和损失，进一步促进乡村治理的有序实施。需要说明的是，这里所谓的"地缘优先性"原则仅是针对部分乡村利益分配而言，在面对法律规范等正式制度时，无论是本地人口和外来人口、在村人口和在外人口都应该以同等的标准对待。

四、美好生活：乡村治理的价值旨归

农民对美好生活的向往和要求，是乡村治理的价值旨归。党的十九大报告提出，要"按照产业兴旺、生态宜居、乡风文明、治理有效、生活富裕的总要求"[3]，坚持农业农村优先发展。这也从乡村经济、生态、文化、政治、社会五个方面，给出了"美好生活"这一目标在乡村治理中的具体体现。

第一，以产业兴旺作为乡村治理的物质基础。美好生活的实现离不开乡村产业的发展，缺少乡村产业作为经济支撑，乡村治理只能是无源之水、无本之木。“构建现代农业产业体系、生产体系、经营体系，完善农业支持保护制度，发展多种形式适度规模经营，培育新型农业经营主体，健全农业社会化服务体系，实现小农户和现代农业发展有机衔接。促进农村一二三产业融合发展，支持和鼓励农民就业创业，拓宽增收渠道”[3]。可以说，党的十九大报告为当前推动产业兴旺提供了既具有方向引领又具有实践操作性的具体指南。

第二，以生态宜居作为乡村治理的基本指向。农民的美好生活离不开基本的空间要求，生态宜居的村庄是农民美好生活的题中应有之义。生态宜居的乡村是人与自然和谐相处的村庄，这就需要在绿色发展理念的指引下，促进乡村工业向生态经济转型，平衡经济发展与生态保护之间的关系，实现“绿水青山”就是“金山银山”的跨越式转变。此外，还应强化农民在乡村生态治理中的主体道德责任感，提高生态伦理意识，增强绿色生产技能，主动拒绝高污染的生产生活模式。在乡村生态建设过程中，应根据乡村自身发展规律，拒绝万村一貌的样板式发展，注重整体布局，合理规划，打造具有传统特色、地域内涵、生态价值的美丽乡村。

第三，以乡风文明作为乡村治理的精神指引。乡风是村庄内在的价值根基，也是农民美好生活不可或缺的维度。因此，乡村治理目标内含对乡村文化建设的要求。乡村文化建设要以村民为本，发展广大村民喜闻乐见、与其生活息息相关的文化。伴随农民生活水平的不断提升，其对文化的需求也越发多样，以往“自上而下”的乡村文化建设模式越来越不能满足村民的需求。当前的乡村文化建设应当以农民的实际需要为导向，鼓励和引导他们亲身参与，从而形成真正满足农民文化需求的乡村文化。并且，在乡村文化建设过程中，村民通过实践参与，能够更好地建立起道德共识，从而增强对村庄的认同感和归属感，形成家园意识。

第四，以治理有效作为乡村治理的实践要求。如何不断提高乡村治理的有效性，是当前乡村治理在具体实践上的重点和难点问题。一方面，要使国家权力、村庄“领袖”和村庄成员在乡村治理中形成合力，国家权力以“服务”的观念、“给予”的角色、“补短”的方式在乡村治理中发挥价值引领作用，村庄“领袖”通过以农民利益为基础、以乡村发展为前提、以回馈村庄为方向的德性力量强化其道德权威，村庄民众更好地发挥自身作为治理主体的作用。另一方面，在乡村治理制度层面，既要引导以“礼治”为基础的传统非正式制度“移风易俗”，也要鼓励以“法治”为核心的现代正式制度“入乡随俗”，从而促进正式制度与非正式制度的相互融合，共同为乡村治理提供良好的制度支撑。

第五，以生活富裕作为乡村治理的现实目标。生活水平的不断提高是农民美好生活的直接体现，广大农民也只有在不断走向富裕的过程中才有可能真正投入到乡村治理实践之中。近年来，为了提高广大农民的生活水平，国家已经有针对性地向乡村转移资源，并且取得了一定的效果。但如何更好地支持和鼓励农民就业创业，不断拓宽增收渠道，仍然是今后一段时期乡村治理中最为现实和最为直接的要求。

概而言之，在乡村治理的目标建构及实践中，应当以保障农民生存要求的“安全第一”原则作为底线伦理，以公平正义作为当前乡村治理最为迫切的现实要求，并以满足农民对美好生活的向往作为乡村治理的价值旨归。

【参考文献】

[1] 王露璐．从《百鸟朝凤》看乡村道德评价［N］．中国社会科学报，2016-06-28.

[2] 詹姆斯·C. 斯科特．农民的道义经济学：东南亚的反叛与生存［M］．程立显，刘建，译．南京：译林出版社，2013.

[3] 习近平．决胜全面建成小康社会夺取新时代中国特色社会主义伟大胜利［M］．北京：人民出版社，2017.

[4] 何建华．共享理论的当代建构［J］．伦理学研究，2017（4）：6-11.

[5] 王露璐．新乡土伦理——社会转型期的中国乡村伦理问题研究［M］．北京：人民出版社，2016.

（原文刊载于《伦理学研究》2018 年第 2 期）

乡村伦理共同体的重建：从机械结合走向有机团结

王露璐

摘要： 中国传统村庄共同体在其形成基础、结构特征和指向意义三个方面显示出显著的伦理共同体特征。伴随着乡村社会的转型，根植于自然经济的传统乡村伦理共同体走向式微。转型期乡村伦理共同体的重建，应通过村庄经济发展、人际关系协调和社区文化建设的实践操作和有效整合，构建一种建立在有机团结基础之上并与乡村工业化、市场化、城市化相适应的“经济-政治-文化”三位一体的新型乡村共同体。

关键词： 乡村伦理；共同体；机械结合；有机团结

伴随着乡村市场化、工业化、城市化的发展进程，转型期的中国乡村社会在经济、政治、文化等方面出现了一系列新的问题。从伦理视角看，根植于传统乡村社会生产、生活和交往方式的传统伦理文化逐渐“退场”，而与当前乡村经济、社会发展相适应的伦理文化尚未建构并“出场”，由此产生的乡村伦理“缺场”现象，是造成诸多现实问题的伦理文化根源。本文试图从共同体的形成基础、结构特征和指向意义三个方面，阐释传统村庄的伦理共同体特征及其在社会转型期出现的式微，在此基础上，提出从机械结合的有机共同体走向有机团结的统一体这一乡村伦理共同体的重建思路。

一、伦理共同体：理解中国乡村社会及其转型的切入点

建立在自然经济基础上的自给自足的生产方式和相对封闭的生活方式，是理解中国传统乡村社会人际关系和社会治理方式的逻辑起点，也是不同学科关于中国传统乡村社会问题研究所形成的共识性判断。在这一问题上，费孝通对中国乡村社会做出的“乡土性”论断和“乡土本色”“血缘和地缘”“差序格局”“礼治秩序”等理论概括，一直是看待中国传统乡村社会的主流视角和基本立场。从一定意义上说，我们可以将中国传统乡村社会视为一个典型的伦理“在场”社会。从社会变迁的视角看，这是一种典型的传统共同体[①]；从内部关系看，是建立在个人同质性基础上的“机械团结”[②]；从性质上看，可以归结为

① 关于社会变迁中传统共同体到现代共同体的转变，可参见拙文：《共同体：从传统到现代的转变及其伦理意蕴》，载于《伦理学研究》2014年第6期。

② “机械团结”和“有机团结”是涂尔干分析不同社会团结和整合实现的一对概念。机械团结是建立在传统社会中个人的同质性基础上的社会联系，有机团结则是建立在社会成员异质性和相互依赖基础上的社会连接纽带。

一种伦理共同体。传统村庄在其形成基础、结构特征和指向意义上，都显现出显著的伦理共同体特征。

第一，乡村共同体形成的伦理基础。在传统的中国村庄，人们的生活空间局限于狭小的地域范围，日常生产与生活基本是在熟人圈中进行，在这种共同的生产生活中产生相互间的信任和对村庄的心理认同和身份认同。这种认同既源自共同体本身的地域边界、利益边界和责任边界，又反过来不断地强化共同体的封闭性并实现其内部的平衡。滕尼斯将共同体视为与社会相对应的一种人类共同生活的理想类型，认为与两种形态直接相关的是人的意志。他将人的意志区分为本质意志和选择意志，本质意志包含着发展为共同体的前提条件，选择意志则是产生社会的前提[1]。借助滕尼斯的理论分析框架，构成本质意志的本能的中意、惯习、记忆，成为中国传统乡村共同体的认同基础。首先，村庄共同体成员与生俱来的共同地域环境使其先天的具有某些共同的偏好、倾向和旨趣；其次，在某种特定的共同生产方式和生活方式中形成的倾向，能够逐渐成为共同体成员的惯习；最后，在本能的倾向和共同的惯习中，共同体成员产生有意识的共同记忆。在此基础上，村庄共同体成员会形成对某些观念和行为的认同，并对与之不合的观念和行为产生排斥。

第二，乡村共同体结构的伦理特征。基于礼治秩序的中国传统乡村社会，其管理并非依靠国家权力进行外在强制，而是一种从家庭、家族到整个村庄的制度规约系统。在我国绝大部分地区，传统乡村社会中的家庭结构是一种以男性为主轴的父系权威结构，父子关系不仅是最基本的家庭关系，同时也是构成家族共同体的基本关系。中国传统乡村社会的基层自治管理程度远远高于城市，而实现这种自治管理所依靠的“伦理”，主要是依靠家族、宗族或村中声望较高的长老、族长或士绅制定和执行的村规民约。由此，以村规民约为核心的“隐形的制度”（康芒斯语）成为与中国传统乡村社会礼治秩序相对应的管理伦理，传统村庄共同体也呈现出一种以村庄成员共同的价值观念和道德规范为基础并依系道德权威力量维持的组织结构。

第三，共同体指向的伦理意蕴。传统的中国乡村是以“血缘和地缘”为基础的“熟人社会”，人们在相互熟悉的基础上产生信任与合作，信任互助成为与乡村熟人社会相对应的交往伦理。由此，传统村庄呈现出以“重人情”为特征的道德逻辑和伦理指向。这种“人情”包含了“帮助”的道德义务和“回报”的道德权利，成为村庄共同体成员普遍遵从的“为人的哲学”。如果在人际交往中与之相背离，则会被谴责为“没人情”。这种以信任互助为表征的“人情”不仅外在地显现出一种利他的道德逻辑，也潜在地蕴涵着一定的经济逻辑。“帮助”和“人情”是可以被需求、供给、消费、拥有、退还、交换、积累的，不过，以人情观念为基础的互助资源的交换与一般的商品交换不同，它并不是一种“一手交钱、一手交货”的现货交易，因而在回报的时间上呈现滞后性[2]。缘于此，传统村庄共同体的“人情”是一种潜在的经济逻辑与显见的道德逻辑的统一，并且，正是这种统一超越了纯粹逐利的经济逻辑，从而赋予传统村庄一种特殊的温情感和善意义。

二、转型期中国乡村伦理共同体的式微

1840 年以来，中国社会进入转型期。自 1840 年到 1949 年，尽管中国乡村社会商品

经济得到了一定程度的发展，也出现了少数地区农民进城务工或从商的现象，但是，总体上看，较之城市，中国乡村社会的变迁非常缓慢，乡村生产、生活方式和经济、利益关系的少许变化并未打破其封闭性。与之相对应，村庄共同体仍然保持着产生村庄归属感与认同感的诸种“共同”，乡村共同体的伦理特征没有发生根本性的改变。1949年中华人民共和国成立，乡村原有的社会生产关系从根本上发生改变，基层乡村建立了新型的政治、经济制度和组织结构。特别需要注意的是，人民公社制度建立后，公社几乎控制了所有生产资料的所有权，拥有对人力和资金的直接支配权并凭借这些权力控制一切生产生活资料的流通和交易。与此同时，强有力的户籍制度使作为某一公社社员的村民几乎丧失了获得其他身份的可能性。长期实行的“工分制”使人们难以通过差别性的劳动产生个人和家庭收入的差距，政社合一的体制使村民在社会生活的各方面趋向“同质化”。人民公社制度表面上使乡村社会的“同质性”进一步加强，村民对集体的归属感和认同感并未削弱甚至有强化之势。但是，就其实质而言，农民对所属集体事实上没有“选择权”和“退出权”，农民作为“社员”对于集体的依赖更多是一种在经济和超经济控制下的生存依赖，因此，其归属和认同也只是对集体经济的依赖和对权力的服从而已[3]。易而言之，这种归属和认同并非产生于涂尔干的“集体意识”或滕尼斯的“本质意志”，而更多是迫于政策制度所带来的外在压力而形成。因此，可以认为，这一时期中国乡村社会在保留伦理共同体特征的同时，也在一定程度上出现了向政治共同体的转向。

改革开放以来，中国乡村在市场经济的浪潮中发生了巨大变化，转型特征显现得最为充分。这一过程不仅使建立在集体经济的经济控制和国家权力干预的超经济控制基础上的村庄政治共同体趋于瓦解，同时也使根植于自然经济的传统乡村伦理共同体走向式微。

首先，工业化、市场化、城市化和城乡一体化的进程及其所导致的人口流动的加剧，加之村庄合并的政策驱动，使得村庄的行政边界、社会边界、经济边界和文化边界都发生了相应的变化，村庄居民的异质性和村民行动的原子化程度大大提高。从一定意义上说，今天的中国乡村社会已经越来越背离传统的“熟人社会”，也不可避免地消解着“默认一致”的形成基础——“相互密切的认识”，以及构成本质意志的本能的中意、惯习和记忆上的“共同性”，削弱了建立在成员同质性基础上的集体意识。由此，村庄成员的归属感和认同感日渐弱化，在一定程度上动摇了村庄共同体的伦理基础。

其次，作为传统乡村社会主导关系的血缘与地缘关系受到冲击，越来越多的农民走出家庭、离开土地，基于平等身份进入市场进行商品交易，冲破血缘和地缘关系的限制从事市场化和职业化的生产劳动，出现了所谓“农民的终结”（孟德拉斯语）及与此相伴随的新农民阶层结构与规模的转变。大量年轻劳动力进入本地或外地工厂务工并获得远远高于农业生产活动的个人工资收入，打破了传统农业生产的“家庭合作生产-家庭共同收入”模式。这种经济上的独立一方面提高了其家庭地位，另一方面也在一定程度上降低了子女对父母、妻子对丈夫的依赖，从而导致家庭父系权威结构的弱化，传统的家庭关系及相应的道德评价也发生了变化。随着身份的改变和市场化、信息化程度的提高，农民与职业群体的联系有所加强，对新型职业共同体成员的认同度大大提升。同时，农民自主意识、平等意识的增强，也使其对村干部的权威认同出现了一定的弱化。概而言之，传统乡村社会家庭（家族）和村庄内部的等级制度有所削弱，依系父系权威、教化权力和道德权威形成的等级结构和秩序受到冲击。

最后，工业化、城市化进程的加快，使越来越多的农民离土离乡成为城市中的“农民工”。这种职业身份的转变不仅削弱了农民对所属村庄的物质和精神依赖，也使其在与市场的“亲密接触”中产生对城市生产、生活方式的认同和对城市文化的向往。尤其值得注意的是，在大约1.5亿人的外出务工农民中，约有60%是20世纪80年代以后出生、完成初中或高中学习后直接务工而未曾真正有务农经历的“新生代农民工”。他们尽管出生在农村并保留着农村户籍，但从真正意义上说，他们没有父辈那种对土地、村庄的熟悉感、亲切感和归属感，不再天然地具有“恋土情结”。相反，在受教育程度更高、信息来源更广的时代背景中，他们对工商业有着更强的职业期许，更倾向于接纳开放、快捷、高效、便利的市场化城市生活模式，渴望进入和融入城市社会。可以说，对于不断年轻化、职业化和市场化的新一代“村民”而言，村庄日益成为“陌生的家乡”，日渐削弱了其作为“精神家园”的伦理意义。

三、重建乡村伦理共同体：从机械结合走向有机团结

转型期中国乡村社会出现的一系列问题与共同体的转变密切关联。诚然，与社会变迁中共同体的转变一样，中国乡村社会转型中共同体的转变有其内在的合理性。但是，在肯定此种合理性的同时，我们需要提出有助于问题解决的理论范式和实践路径。借用涂尔干关于机械团结和有机团结的界定和分析，如果说，中国传统乡村共同体通过机械团结基础上的先定秩序实现其内部的和谐与平衡，那么，如何通过共同体的现代转换，实现建立在有机团结基础上的和谐与平衡？

滕尼斯认为，传统共同体是“有机”的，社会是一种“机械”的聚合；涂尔干则认为，传统共同体是一种建立在同质性的集体意识基础上的“机械聚合”，而社会是建立在分工和异质性个体基础上的“有机”体。这里，滕尼斯与涂尔干对共同体与社会的差异性给出了看似对立却实质相通的结论，而其关键点在于对“有机”和“机械”的界定差别。滕尼斯认为建立在自然联系基础上的共同体才是有机的，社会则因失去了这种联系而成为机械的聚合；涂尔干则认为建立在分工所形成的相互依赖的关系基础上的社会团结，使“社会”成为一个有机的整体。由此，我们可以看到，两者既相互区别又内在关联——传统共同体是一种机械结合的有机共同体，现代社会则是一种有机结合的机械共同体。就涂尔干的“社会”而言，一方面，这一概念因其脱离一切自然关联的异质性个体而成为一种抽象社会，从而使个体在复杂的社会分工中异化为机器般的个人。这正是滕尼斯所隐忧的“机械”的社会，也正是在这一意义上，马克思强调只有在扬弃分工的未来社会方能实现作为“自由人的联合体”的新型共同体。另一方面，涂尔干试图以职业群体作为团结个体的纽带，从而拯救败落的伦理道德和失范的社会秩序，构建一个功能和谐完备的新型社会。这也为我们思考转型期中国乡村伦理共同体的重建提供了一种有价值的思路，即：对于中国乡村社会而言，转型期乡村伦理共同体的重建，在于构建与这一转型相适应的新型的“团结个体的纽带”，从而由机械结合的有机共同体走向有机团结的统一体。此种新型乡村伦理共同体既不是以行政村为边界的所谓农村社区，也不是向传统乡村共同体的简单

复归，而是通过村庄经济发展、人际关系协调和社区文化建设的实践操作和有效整合，构建一种建立在有机团结基础之上并与乡村工业化、市场化、城市化相适应的“经济-政治-文化”三位一体的新型乡村共同体。换言之，当代中国乡村共同体的重建，在于通过伦理共同体的当代重塑，解决其维系作用在乡村社会的削弱所导致的碎片化及各种失范问题。具体而言，这一重建可以从经济发展、人际协调和文化建设三个方面切入。

第一，以发展村级经济重建乡村共同体的伦理基础。近年来，我国农村税费制度改革大大减轻了农民经济负担，但同时也削弱了农村公共服务供给的财政基础。调查显示，尽管目前东、中、西部不同地区的农民对公共服务需求的优先序列具有显著差别，但是，大型基础设施建设、农业生产技术和农业信息以及医疗等社会保障服务是农民普遍需求的公共服务[4]。显然，在相当长的时期内，上述公共服务无法完全由政府供给。如果说，传统乡村共同体依靠建立在高度同质性基础上的“默认一致”或集体意识形成共同体成员的归属与认同，那么，在乡村市场化程度不断提高的今天，通过发展村级经济形成村庄发展的领先优势，为村庄基础建设和公共服务需求提供有力的物质保障，则是形成村庄成员认同感和归属感并实现有机团结的有效路径。近年来，我国一部分地区的经济强村在其发展中所形成的强烈的村庄荣誉感和内部凝聚力，为这一路径的可能性和有效性提供了鲜活而生动的经验例证。

第二，以和谐的人际关系重建乡村共同体的伦理结构。传统的中国乡村共同体建立的是一种服膺权威的等级结构，这一结构显然无法在转型期的中国乡村社会获得生产生活方式及与之相对应的伦理关系和道德生活样式的相应支撑。但是，我们也应当认识到，基层村庄在其内部结构与人际关系上依然与城市社区有着显见的差异。借用滕尼斯和涂尔干关于共同体的阐述，传统中国村庄因其建立在自然联系基础上而成为一种有机的共同体，而转型期的中国村庄却并非完全是一种建立在分工和异质性个体基础上的机械聚合。相反，无论是村庄成员之间的交往和信任度，还是村庄成员对村庄领袖的认同和服从，都显示出在内在结构上与城市社区的巨大差异。由此，转型期的中国乡村社会应当建立的是一种基于村民间的互助团结和村民对村干部的“经济-政治-伦理”认同基础上的新型人际关系。

一方面，乡村工业化、市场化的进程使传统乡村共同体的“熟人社会”特征受到了一定的影响，传统乡村共同体的公共道德平台走向式微。水、电和日常用品的商品化以及电视、电脑、网络等新型信息平台的建立，减少了村庄成员在水井、河边、集市等传统乡村公共生活空间相遇和交流的机会，传统公共平台所发挥的道德传播和评价功能随之而减弱。但是，传统乡村生活方式和交往方式仍然有着极大的影响力。尽管转型期传统乡村共同体的“熟人社会”特征在市场化进程中受到一定的冲击，但是，农民对传统乡村生产和生活方式特有的交流与融合仍存有强烈的情感依恋和行为认同。由此，转型期乡村伦理共同体的重建，应当通过加强乡村公共空间和公共组织建设，为广大村民提供新型的交流场所和互助平台，从而降低村庄成员自身的孤独感和相互间的陌生感，使村庄从传统的“熟人社会”转变为新型的“熟人社区”。

另一方面，农民身份转变和农村市场化、信息化程度的提高，使基层村庄领袖的权威获得和延续路径出现了变化。当前基层村庄领袖的信任获得基础既不是单纯的传统地缘和情感关系，也并不完全是市场经济条件下的新型职业关系，而在相当程度上取决于其在村庄内部的权威地位。在社会转型期，村庄“领袖”权威并非来源于单纯的行政职务任命或个人道德威望，而是一种由基于为村庄共同体带来福利的报偿性权威、基于上级任命获得的法理权威和基于个人人格和道德威望获得的魅力型权威共同组成的“复合型权威”。由此，我们可以获得转型期乡村共同体组织管理的有效路径，即：建立健全良好的基层村庄组织结构，着力选拔既有经济能力又有道德水准的新型村庄干部，使其获得报偿性权威、法理权威和魅力型权威共同组成的“复合型权威”，并由此获得村民“经济-政治-伦理”三位一体式的认同，从而为村庄团结和村庄秩序提供有力的组织结构保障。

第三，以独特的社区文化重建乡村共同体的伦理意义。所谓社区文化，意指“通行于一个社区范围之内的特定的文化现象。包括社区内的人们的信仰、价值观、行为规范、历史传统、风俗习惯、生活方式、地方语言和特定象征等。社区文化是构成社区的重要因素之一”“是社区的地域特点、人口特性，以及居民长期共同的经济、社会生活的反映”“实质上是地方文化的具体体现”[5]。

应当看到，中国乡村发展极不平衡，在经济发达程度上表现为自东部向西部地区梯度递减的趋势，同时，不同地区的乡村发展呈现出丰富多样且差异明显的区域性和地方性特点，其地域文化传统亦有很大差异。毋庸置疑，城市化进程的加快使城市文化不断获得其宰制性地位，但与此同时，城市生活的高强度、快节奏和人际关系的淡漠所带来的孤独感、紧张感和压抑感，也日益唤起人们对传统乡村生活的留恋及追寻传统乡村生活伦理意义的诉求。即便是已经工作和生活在城市的“新生代农民工”，在认同和接受城市及其文化的同时，仍然存在着与城市生活及其文化的疏离感。正是在这一意义上，乡村似乎成了共同体伦理指向和道德逻辑的“最后家园”。换言之，对于转型期游走于城市与乡村的农民而言，独特的乡村地域传统和社区文化，是其形成对村庄共同体的根源认同和意义认同的重要前提。

然而，值得注意的是，乡村工业的发展和城市扩张的加速，造成大量村庄的城镇化进程趋于“模式化”，这既直接导致了“村落的终结”，也在一定程度上消解了乡村文化的地方性特征。在中西部的一些地区，乡村社区文化建设变成了自上而下、内容和形式雷同的“农家书屋”和“送戏（电影）下乡”，投入不小却收效甚微。因此，当前乡村社区文化建设的关键在于，承继并进一步打造具有自身特色的村庄地域文化，通过形式丰富、行之有效的方式获得农民的接受和喜爱，吸引其主动参与，从而强化其对村庄共同体的心理认同和文化认同。这既是当前我国文化建设和文化发展不可或缺的重要内容，也是重建乡村共同体伦理意义的有效路径。

【参考文献】

[1] 斐迪南·滕尼斯．共同体与社会纯粹社会学的基本概念［M］．林荣远，译．北京：北京大学出版社，2010.

[2] 王铭铭．村落视野中的文化与权力：闽台三村五论［M］．北京：三联书店，1997.

[3] 项继权．中国农村社区及共同体的转型与重建［J］．华中师范大学学报（人文社会科学版），2009（3）：2-9.

[4] 袁方成、王剑虎．社区建设中的农民：认知、意愿和公共需求——基于一项全国性的主题调查 [J]. 华中师范大学学报（人文社会科学版），2009（3）：19－26.
[5] 中国大百科全书（社会学卷）[M]. 北京：中国大百科全书出版社，1992.

（原文刊载于《伦理学研究》2015 年第 3 期）

中国乡村伦理研究论纲

王露璐

摘要： 乡村是中国政治、经济、文化和道德生活的根基，也是中国伦理文化孕育和生成的基础。中国乡村伦理的系统研究以乡村家庭伦理、经济伦理、生态伦理、治理伦理为重点，聚焦中国乡村伦理的传统特色、历史变迁和现代转型，厘清中国传统乡村伦理与现代乡村伦理的关系，把握中国乡村伦理发展的历史脉络和一般规律。在此基础上，探讨中国乡村伦理的理论和实践特质，构建既传承中国传统乡村伦理又契合当代市场经济发展要求的现代乡村伦理观念和道德规范，重塑能够促进乡村发展并回应农民诉求的乡村伦理秩序。

关键词： 乡村伦理；地方性道德知识；伦理共同体

一、"回到"乡村与"进入"乡村：中国乡村伦理研究的必要性及其理论与实践价值

梁漱溟曾经指出，乡村是中国社会的基础和主体，中国的文化、法制、礼俗、工商业等，无不"从乡村而来，又为乡村而设"[1]。中国传统社会组织构造是由乡村渐发端倪并逐步发展生成的。因此，乡村是中国传统伦理精神形成和孕育的根基。从一定意义上说，家庭和乡村，构成了中国伦理精神的两大源泉。

中国传统乡村社会以自给自足的生产方式和相对封闭的生活方式为基本特征，在此基础上产生了具有自身特色的乡村伦理关系和道德生活样式。借用费孝通对中国社会所作出的"乡土性"概括，笔者将这种具有"乡土"特色的中国乡村伦理称为"乡土伦理"(1)。易而言之，乡土伦理的基本形态和特征是基于"乡土中国"之乡土特性的。无论是勤勉重农的生产理念，还是信任互助的人际交往，抑或是村规民约的制度设置，传统乡土伦理都显示出封闭、稳固和平衡的基本特征。正是此种契合了"乡土中国"特征的"乡土伦理"，维系着传统乡土社会的秩序。

1840 年的鸦片战争打破了中国传统社会的封闭与稳定，中国社会走进了从"传统"到"现代"的"转型期"。改革开放三十多年来的农村改革进程，更是通过农业的技术化、农村的城镇化和农民的流动性、市民化极大地改变了中国乡村社会的生产方式和生活方式，也引发了乡村伦理关系和农民道德观念的变迁。今天的中国乡村社会较之传统乡土社会已发生了质的变化，作为传统乡土社会主导关系的血缘与地缘关系受到冲击，越来越多的农民冲破血缘和地缘关系的限制从事市场化、职业化的生产劳动；随着乡村市场化进程

中财富的积累和身份的改变，农民用新的社会分层逐步改变传统的差序格局；农村城市化、城乡一体化进程的加快，使乡村社会从传统的熟人社会转变为“半熟人社会”。与之相对应，乡村伦理关系和道德生活出现了新的变化。敢于冒险、开拓创新、求富争先的现代经济理性意识不断提升，农民的信用意识、契约意识、责任意识大大增强，法律意识、自我意识、权利意识得以强化，而传统乡土社会勤勉重农的价值取向、村规民约的道德感召力和约束力都呈现式微之势。也正是在这一意义上，伦理“回到”乡村，并不意味着我们可以回到费孝通所说的“乡土中国”。

改革开放以来，价值多元化成为社会文化生活领域的重要趋势，道德领域也出现了种种矛盾和冲突。由于中华民族的传统伦理思想在漫长的小农生产和生活方式的演进中逐渐生成，在乡村社会具有更加深远的影响，因此，伦理传统与现代理念间的冲突与矛盾在乡村社会也更加凸显。党的十八大以来，以习近平同志为核心的党中央提出了全面建成小康社会、全面深化改革、全面依法治国、全面从严治党的战略布局。应当看到，全面建成小康社会的关键在于农村小康的实现。中国特色的“社会主义新农村建设”需要中国特色的乡村伦理文化，其生成既无法排斥市场化乃至全球化进程中的“现代性伦理话语”，也不能脱离其长期孕育的作为“地方性道德知识”的地域伦理文化资源。基于此，重新认识并准确描述当代中国乡村的道德现状及其问题，构建具有中国特色的乡村伦理文化，探寻转型期中国社会新的伦理精神源泉，既是当代中国伦理学研究不可回避的重大理论问题，也是中国特色的社会主义新农村建设乃至全面建成小康社会亟待解决的重大现实问题。

自20世纪初起，国内外学者就已经开始关注乡村伦理问题，并形成了较为丰硕的研究成果，也为以后的系统研究提供了有益的理论和方法资源。然而，较之其他学科对中国乡村的理论关注和取得的成果，伦理视角下的乡村研究相对薄弱，在某些领域和具体问题上，伦理学还处于“尚未进入”或“准备进入”的前理论状态，存在研究内容不够均衡、研究成果较为零散、研究方法交叉不强、体系建构相对滞后、田野调查规范不足等问题[2]。从学术层面上看，中国乡村伦理研究的理论价值在于：其一，乡村是中国政治、经济、文化和道德生活的根基，也是中国伦理文化孕育和生成的源头。因此，回归“乡土”面向乡村，是转型期中国伦理学体现实践性乃至获得生命力的重要源泉。深入探讨中国乡村伦理的历史传统和当代问题，对于深化有关中国乡村伦理的传统、发展、嬗变和转型的研究具有开创性价值。其二，中国乡村伦理研究有助于我们厘清中国传统乡村伦理与现代乡村伦理的关系，准确把握中国乡村伦理发展的一般规律和历史脉络，深刻理解中国乡村伦理的理论和实践特质，并在此基础上凸显这一研究的方法论意义。走进“乡村”的伦理学应当以一种“自下而上”的方式获取新的道德知识资源，这一方法不同于传统伦理学“自上而下”的、从理论出发的严密逻辑推演和论证，而是既坚持道德生活史的基本立场以真实还原和描述乡村道德生活的历史图像与实存状态，又通过逻辑推演与学理论证将琐碎而平凡的道德生活经验提升为具有普遍意义的理论范式[3]。其三，通过对中国乡村伦理的系统研究，准确、完整、全面地概括我国乡村伦理的传统特色、历史变迁和现代转型，构建具有中国特色的乡村伦理研究的理论体系，既能显示伦理学研究的“中国问题意识”，也能够更好地凸显当代中国伦理学学科体系的“中国特色”，打造伦理学研究的“中国话语”。

转型期的中国乡村社会，从伦理视角看，与传统乡村社会生产、生活和交往方式相契合的“乡土伦理”逐渐“退场”，带来了乡村伦理关系和道德生活的巨大变化。然而，与“新乡土中国”相契合的“新乡土伦理”尚未真正建构并“出场”，由此产生的乡村社会伦理“缺场”现象，也带来了乡村伦理传统理念与现代意识间的种种矛盾和冲突。而其所导致的乡村伦理共同体的断裂和乡村伦理文化的流失，不仅使仍旧居住在乡村的广大农民产生了诸多道德困惑，也引发了整个社会关于“留住乡愁”的探讨。正如习近平所强调的，“新农村建设一定要走符合农村实际的路子，遵循乡村自身发展规律，充分体现农村特点，注意乡土味道，保留乡村风貌，留得住青山绿水，记得住乡愁”[4]。从这一意义上说，中国乡村伦理研究不仅在学科层面上有助于伦理学更好地“进入”乡村，亦在实践层面上有利于探寻留住“乡愁”的伦理路径。

二、伦理学何以“进入”乡村：中国乡村伦理研究的四个基本方面

中国乡村伦理研究是一个庞大的学术系统工程。从时间维度上看，自先秦直至现代，中国乡村伦理在不同历史时期既有共性的特征，也呈现出不同的时代特点；从空间维度上看，中国乡村发展极不平衡，乡村伦理的区域性和地方性特点丰富多样、差异明显；从涉及领域上看，乡村家庭关系、经济发展、社会治理、民主政治、生态文明等方面均有大量值得探究的伦理问题，而乡村改革进程中的分配公平问题、人际信任问题、道德秩序问题等，更成为乡村发展中亟待解决的重要问题。因此，尽管伦理学“进入”乡村需要构建一个较具完整系统的研究体系，但是，完整系统不等于也不可能是面面俱到。无论从中国乡村伦理研究力图体现的“中国特色”和“乡村特色”，还是基于当前乡村伦理问题的现实性和急迫性，乡村家庭伦理、经济伦理、生态伦理和治理伦理，都可以而且应当成为伦理学“进入”乡村首先关注的四个基本方面。

（一）中国乡村家庭伦理研究

家庭是社会的细胞，中国传统家庭伦理对传统乡村社会发挥了极为重要的作用。在传统的农业社会，经济生活和家庭生活是统一的，传统农民的生产活动和家庭生活是不可分割的整体。这也使家庭（家族）的道德教化和养成成为传统乡村社会道德传承的重要方式。对于一个农民而言，“做事的本领和处世之道是同一种经验：在他的孩提和少年生活中，耕作技术与家庭的田地联系在一起，像语言或礼节等其他职业生活和社会生活‘技术’一样，耕作技术是在田地里学到的，并纳入一种生活方式”[5]。中国传统家庭伦理基于封闭的自然地理环境、男耕女织的小农经济、家国同构的社会政治背景、群体本位的价值导向等社会历史条件而产生，以父子人伦为主轴，以孝为核心，强调家庭本位，强化父慈、子孝、夫义、妇顺、兄友、弟恭等道德范畴，对传统乡村社会的发展发挥了一定的作用。

中国传统乡村家庭伦理根植于农耕文明的生产和生活方式，在近代中国走向现代化的历程中，传统家庭伦理文化在“古今”“中外”的思想碰撞中被裹挟着进入了现代化的浪

潮之中，开始了传统家庭伦理的现代转向和变迁。这一变迁过程大致经历了三个时期：近代社会阶段（从鸦片战争后至“五四”新文化运动）、新民主主义革命与社会主义制度建立和发展阶段（中国共产党成立至“文革”结束）、现代改革开放阶段（1978年至今）。在这一过程中，家庭伦理精神从传统的家庭本位价值取向转向个人和家庭双重价值取向；夫妻人伦规范从夫权中心转向平等伙伴；父子人伦规范从单向度的孝发展为双向度的爱[6]。尤其值得注意的是，农村家庭联产承包责任制的广泛推行以及新时期农村土地流转等政策带来了生产方式的变化，市场经济的迅速发展使得功利化倾向渗入乡村社会生活中，中西方文化的交流带来农民思想的解放，频繁的社会流动使得交往对象和交往范围急剧扩大……这些都使乡村家庭结构、关系和功能发生了巨大的变化，也带来了乡村家庭伦理关系的调整：经济上的独立提高了家庭成员的独立人格意识，降低了对家庭的依赖感，导致婚姻关系和亲子关系的松散；大量农民的异地务工，带来家庭（家族）道德教育和传承的式微；计划生育政策及新的“二孩”政策的施行，使传统生育观和孝亲观念面临新的挑战。概而言之，乡村婚姻家庭领域出现了很多新的道德冲突和问题。尤其是引起全社会广泛关注的留守儿童问题、农村养老问题等，不仅是关系到家庭和谐和个体幸福的问题，更是关涉到整个社会稳定和未来发展的重大现实问题。

在这一背景下，如何正确看待乡村家庭伦理在乡村社会发展中的变化，如何发挥其在新农村道德建设中的突出作用，如何构建适应经济社会发展要求的现代乡村家庭伦理体系，尚未引起理论和实践层面足够的重视。这就需要通过对乡村生产、生活方式变化及其所导致的家庭结构、关系和功能变化的探讨，阐释传统家庭伦理的现代发展，把握乡村家庭伦理的发展规律，为新时期城镇化背景下乡村家庭伦理建设提供理论依据。

（二）中国乡村经济伦理研究

以自给自足的生产方式和相对封闭的生活方式为基本特征的中国传统乡村经济，产生了与之相契合的、具有“乡土特色”的乡村经济伦理，对中国乡村经济的发展产生了重要影响。改革开放以来，在中国农村经济改革及其所带来的日趋深刻的变化中，传统乡村经济伦理的传承和变迁已经并将进一步影响我国乡村社会经济的发展。被视为中国改革之发轫的农村家庭联产承包责任制，从根本上改变了计划经济体制下农村低效的生产方式和平均主义的分配方式，极大地调动了农民的积极性，促进了中国乡村经济的巨大发展。在这一过程中，农民安土重迁、惧怕变革等保守意识被逐渐削弱，自主自立、求富争先、开拓创新等理念日渐增强。乡镇工业的异军突起，“农民工”这一新型劳动大军的迅猛发展，使大量传统农民转变为职业工人，这种角色转换带来了生产、交换（交往）、分配、消费方式的变化。今天的农民产生了与市场经济相契合而难以在农耕活动中生成的效率意识、时间意识、信用意识、契约意识、责任意识和权利意识等现代伦理观念，也由此改变了乡村社会的伦理关系和道德生活样式。与此同时，农民传统经济价值观与现代经济价值观之间的冲突也日益凸显，乡村经济发展中的分配公平、诚信缺失等问题，也成为亟待解决的伦理难题。

由是观之，中国乡村经济伦理的研究重在考察乡村经济发展与伦理道德的互动关系，重点关注乡村生产、交换、分配、消费四个环节中的伦理问题，尤其是乡村市场化进程中生产方式的变化和利益调整所带来的农产品生产和经营的伦理规约、乡村分配正义、农民经济价值观变化等问题。具体而言，中国乡村经济伦理研究主要涉及的问题包括：其一，中国乡村经济伦理的传统特色与历史变迁。通过阐释中国传统乡村社会一般特征和中国传统乡村经济伦理在生产、交换、分配、消费方面的主要特征，展现中国乡村经济伦理思想的发展历程及其在不同历史阶段的主要特征。其二，中国乡村经济伦理的发展规律。借鉴伦理学和其他相关学科的理论成果，深入研究乡村经济发展与伦理之间的关系问题，系统梳理把握中国乡村经济伦理的发展规律，寻求推进中国乡村经济伦理发展的指导原则。其三，当代中国乡村经济伦理的现状分析。通过实证调查和数据分析，全面掌握我国乡村经济伦理发展的现状，初步描绘中国乡村经济伦理的“图像”，分析乡村经济伦理存在的问题及其原因。其四，现代中国乡村经济伦理的重建路径。汲取传统乡村经济伦理中的有益成分，不断借鉴和融合现代理念，实现中国乡村经济伦理的不断提升与优化。在具体操作路径上，需要根据中国乡村经济伦理建设的现状，不断转变农民经济价值观念，提升农村经济政策的道德含量，优化农业经济发展的道德环境，从而为乡村经济发展提供有效的伦理支撑和精神动力。

（三）中国乡村生态伦理研究

伴随着国家环境保护相关法规制度的完善和公众环境意识的提升，我国城市环境在整体上趋于好转。与此同时，转型期乡村市场化、城市化、工业化进程的快速推进，却使得我国广大农村的生态环境趋于恶化，农民成为环境污染的主要受害群体。从一定意义上说，近年来我国城市环境的改善建立在农村环境恶化的基础上，由此，环境公平成为当前城乡关系中不可忽视和回避的重要问题。应当看到，在现代化进程中，中国乡村一直面临着“经济发展不足”和“经济发展不当”的问题。前者表现为乡村经济发展落后，农民的生活水平低于城市居民的生活水平；后者表现为以破坏自然环境的方式发展经济，造成乡村环境污染加剧。如何处理好乡村发展与环境保护之间的关系，化解“绿水青山”和“金山银山”之间的冲突，实现乡村发展和乡村生活的“生态化”，既是当前乡村发展中亟待解决的问题，也是整体上建设生态文明的重要环节。

中国传统乡村的农业生产和生活模式本身是生态化的，大体形成了一种“天人合一”的状态。然而，随着乡村城市化、工业化进程，传统的农业生产方式受到侵袭，乡村环境污染和破坏问题逐步凸显并日趋严重。乡村生态问题的产生，既有农业的市场化和乡村工业化的推进所造成的污染增加和转移，更深层的原因在于价值导向上的误区。长期以来我国经济社会发展中形成的农村与城市的现实差距，尤其是牺牲农民利益的做法，使得人们形成了这样一种价值观念：工业经济是一种优于农业经济的经济发展方式，城市生活是一种优于农村生活的“好生活”。正是这种错误的价值观念，引导人们总是向往和认同工业经济和城市生活，歧视和排斥农业经济和乡村生活。

中国乡村生态伦理研究的最终目的是促进乡村生产方式和生活方式的生态转型，因此，应当着力解决三个主要问题：第一，如何通过乡村生态伦理的研究和实践，助推乡村经济突破单一的工业化模式而向生态经济转型，实现乡村生态经济发展与自然环境保护的统一，真正实现绿水青山就是金山银山，这是中国乡村生态伦理研究必须面对和解决的首要问题。第二，通过乡村生态经济责任承包等具体的制度设置，强化农民对发展生态农业经济的主体道德责任，转变生活方式，提升生态伦理意识，履行生态责任，实现生态责任与经济效益的统一，是中国乡村生态伦理应当研究解决的又一问题。第三，中国乡村生态伦理的研究与建设必须转变人们的价值取向，树立一种“美丽乡村的生态生活优越于城市生活，生态经济价值高于工业经济价值”的理念，从而吸引更多的人投身于美丽乡村建设，致力于生态化的农业经济运作。

（四）中国乡村治理伦理研究

党的十八届三中全会提出推进国家治理体系和治理能力现代化，引发了众多学科关于治理理论和路径的热烈探讨。2015 年中央 1 号文件进一步提出创新和完善乡村治理机制，凸显了乡村治理问题的重大现实意义。应当看到，伴随着城镇化进程的不断加快，乡村治理面临着新的挑战。传统的乡村礼治秩序难以料理市场化条件下愈加复杂的乡村利益关系和矛盾，新型的法治秩序又尚未获得足够的认同，由此造成了当前乡村社会秩序维系中的诸多冲突和问题。因此，从根源上说，建构与当前中国乡村市场经济发展及工业化、城镇化相适应的现代乡村治理伦理，并由此重塑能够促进乡村发展并回应农民公正诉求的乡村伦理秩序，是实现具有中国特色的“乡村治理现代化”的理论和实践根基。

中国传统乡土社会以“礼”来维持和保障秩序，是一种典型的礼治社会。在漫长的封建统治中，“皇权不下县”的国家机构设置使中国传统乡村社会最基层的自治管理程度远远高于城市，实现这种自治管理依靠的“伦理”则往往表现为各种成文或不成文的村规民约。而村规民约的制定和执行，主要依靠家族、宗族或村中声望较高的长老、族长或士绅。并且，“维持礼俗的力量不在身外的权力，而是在身内的良心”[7]。也正因为如此，无论是李大钊、毛泽东等进行的农民运动研究和实践，还是梁漱溟、晏阳初的乡村建设运动，都始终强调通过农民的“解放”和“改造”来“创立新的生活方式，建设新的社会结构”[8]。即以主体的伦理改造重建乡村治理的根基。

中国乡村治理伦理的研究，旨在从伦理的视角阐释中国传统乡村社会的组织结构、乡村治理的基本特征及其现代转型，分析当前乡村治理中存在的伦理问题并提出有针对性的解决路径，从而构建切实可行的乡村治理伦理范式。首先，价值目标是治理的根本。中国乡村治理伦理的价值目标是实现广大农民的利益，这一目标的实现在宏观层面需要国家政策对农业、农村、农民的保护和倾斜，在中观层面体现为新农村建设目标的具体实现，在微观层面则表现为农民物质和精神生活的全面提升。其次，制度操作是治理的核心。中国乡村治理既需要依靠正式的规章制度，也需要以各种传统习俗、地方习惯为代表的“地方性道德知识”所形成的非正式制度安排。并且，这种非正式制度被容纳和汲取的方式会直接影响治理的效果。最后，路径选择是治理的关键。治理主体的多元性和治理制度的多样性决定了乡村治理伦理路径的复杂性。政府“自上而下”的治理方式与正式的法律和制度相结合，形成了乡村治理的“法治”逻辑和路径，而以村庄“领袖”、乡贤、村民等为基础的治理方式与非正式的风土民俗相结合，形成了乡村治理的新型“礼治”逻辑和路径。乡村治理伦理应该在两者的紧张共生中寻找合理的平衡点，从而探索出一条乡村治理伦理的合理路径。

应当看到，中国乡村社会的家庭关系、经济发展、生态保护和社会治理不可分割且有着密切的内在关系，这也使中国乡村伦理研究的上述四个方面有着紧密的内在逻辑关联。费孝通在其经典著作《乡土中国》中，开篇即明确提出："从基层上看去，中国社会是乡土性的。"[7]华夏文明是建立在自给自足的农耕生产和生活方式基础上的农业文明，乡土关系则是中国传统农业社会中的基本关系。这种乡土关系既包括人与人之间的关系，也包括人与自然即农民与其耕种的土地之间的关系。血缘和地缘、差序格局等关系，是由这一基本关系派生的。对土地的依赖和以土地为根基的经济行为，使血缘关系成为中国传统乡村社会的主要纽带。长期定居、依附土地而缺乏流动的农耕生产方式和生活方式，使得以血缘为纽带的家庭、家族和宗族得以繁衍和维持，并在血缘和地缘的人际关系基础上，形成了以"差序格局"为基本特征的乡土社会基层结构。可见，中国传统乡村社会的生产、生活方式，使其家庭伦理、经济伦理、生态伦理和治理伦理呈现出典型的"乡土"特色，并产生相互间的密切关系。伴随着转型期乡村工业化、城市化和农民市民化、流动性的加强，传统的乡村生产、生活方式发生了巨大变化，乡村家庭结构、关系和功能的变化，乡村分配模式的改变和农民经济价值观的变化，乡村生态环境与经济发展之间的冲突，乡村秩序维系方式的改变，既是生产、生活方式变化的结果，又相互之间产生密切的关联和紧张，既带来一定的冲突与矛盾，又由此产生推动乡村发展的某种张力。因此，中国乡村伦理研究必须始终关注和反映这种内在的逻辑关系。

三、伦理学如何"进入"乡村：中国乡村伦理研究的基本立场与方法

中国乡村伦理的研究目标和主要内容，使其在基本立场和方法上既与已有的研究有相似之处，又呈现出自身独特的研究路径与方法资源。换言之，伦理学"进入"乡村应当秉持的基本立场和采用的方法资源主要包括以下几方面。

第一，坚持唯物史观的基本立场，从中国乡村社会的生产和生活方式及其所决定的经济关系中把握中国乡村伦理的基本特征和发展规律。恩格斯曾经指出："人们自觉地或不自觉地，归根到底总是从他们阶级地位所依据的实际关系中——从他们进行生产和交换的经济关系中，获得自己的伦理观念。"[9]也就是说，道德受一定社会的经济发展水平和经济制度的制约，其产生、内容及作用范围由社会经济关系和作为经济关系表现的利益及利益关系决定。因此，只有从经济关系特别是利益关系的变动中，才能找到把握道德变化发展规律的正确路径。从中国乡村社会发展不同时期的生产方式和生活方式中理解乡村经济关系和日常生活的基本特征，从而把握乡村伦理关系和道德生活的变化，揭示中国乡村伦理发展的基本规律，是贯穿中国乡村伦理研究的"一根红线"。易而言之，无论是对中国乡村伦理传统特色、历史变迁和现代转型的概括以及对中国乡村伦理发展脉络和一般规律的把握，或是对乡村家庭伦理、乡村经济伦理、乡村生态伦理和乡村治理伦理的具体研究，都应始终贯穿着唯物史观的基本立场和思路。

第二，借鉴道德叙事学（moral narratives）的方法，秉持"村庄进入"与"主体贴近"的思路，通过深度访谈的定性研究与问卷调查的定量研究相结合的田野调查，揭示村

庄这一伦理共同体的道德传统与特质。中国是一个农业大国，乡村发展极不平衡，区域性和地方性特点丰富多样，地域伦理文化传统亦呈现出明显差异。因此，在研究中国乡村伦理时，选择具有典型意义的若干村庄作为研究对象，是使这一研究更具可行性和可操作性的合理路径。费孝通早在1939年就对村庄研究的方法论价值进行了阐释："为了对人们的生活进行深入细致的研究，研究人员有必要把自己的调查限定在一个小的社会单位内来进行"[10]"被研究的社会单位也不宜太小，它应能够提供人们社会生活的较完整的切片"[10]，因此，"把一个村子作为单位最为合适"[10]。今天的中国乡村已然发生了巨大变化，但村庄依然是中国乡村的基本单位。村民们在共同的日常生产与生活中仍会自然地产生出一种基于心理认同和身份认同的村庄共同体意识。近年来，不同学科的村庄研究对这种村庄共同体内部的伦理认同基础和表现、共同体内部的人际信任度和凝聚力等问题进行了分析，其思路、方法和成果对于中国乡村伦理研究具有重要的借鉴和参考价值。

第三，选取不同区域具有典型意义的若干村庄作为田野调查个案，处理好"地方性道德知识"的个别探究与中国乡村伦理的整体把握之间的关系。如何处理好中国乡村伦理研究中"地域特殊"与"整体一般"之间的关系？从一定意义上说，中国乡村发展的不平衡性及其丰富的地方性特色，使这一问题既成为中国乡村伦理研究不可或缺的重要内容，同时又是面临困境的焦点与难点问题。一方面，离开基于田野调查对村庄共同体伦理关系和道德生活的真实还原，中国乡村伦理研究无疑将成为空洞的概念堆砌或是远离乡村的道德想象；另一方面，田野工作在时间、人员、精力等方面的可行性，使其永远无法穷尽所有的村庄而只能局限于有限的村庄个案，因而无法充分反映中国乡村社会的地域差异性，也不足以构成判断和应对中国乡村社会复杂性的充分论据。换言之，即便我们通过规范而严谨的田野工作获得了若干"乡村伦理的村庄图像"并基于此建构了若干"地方性道德知识"，却依然无法由此而自然地得出中国乡村伦理的整体性认识和规律性判断。其原因在于，"中国乡村伦理"显然并不等于若干"地方性道德知识"的简单相加。但这并不意味着，中国乡村伦理的研究可以完全放弃"地方性道德"知识的探究而另辟蹊径。尽管田野调查中村庄样本的有限性限定了问题的讨论域，其所得出的结论和判断既无法"放之中国而皆准"，更无法直接运用于某一特定的村庄。然而，不同区域具有典型意义的若干村庄在地域分布、生产模式、经济状况、文化传统等方面的差异性和代表性，仍然可以为呈现当前中国乡村社会的道德问题和规律提供具有典型意义的田野论据。

第四，运用建立在伦理学、社会学、经济学、政治学、人类学、民俗学等交叉透视基础之上的跨学科视景透视，同时注重凸显伦理学的基本理论视角。中国乡村伦理发生、发展和变迁，始终无法脱离中国乡村社会的生产方式、生活方式及其所决定的乡村利益关系的变化和发展。换言之，我们无法想象独立于乡村经济、社会和生活之外的所谓抽象的"乡村伦理"或"乡村道德"，也无法构建作为独立的知识系统和知识体系的所谓"乡村伦理学"。由此，只有把伦理学的知识体系与其他相关知识体系结合起来，才能避免中国乡村伦理的研究流于抽象和空洞，也才能形成对中国乡村伦理的客观、全面、准确的阐释。

中国乡村伦理研究所面临的问题是复杂的，无论是从时间上对其在不同历史时期的纵向梳理，还是从空间上对具有丰富地域特色的"地方性道德知识"的探究，或是从领域上对乡村家庭伦理、经济伦理、生态伦理和治理伦理的阐释，都必然涉及社会学、经济学、政治学、人类学、民俗学等相关学科的理论和方法资源。易而言之，任何一种单一的学科视角和方法都无法给出全面的理论分析和具有实践操作性的对策路径。但是，值得注意的是，强调中国乡村伦理研究的跨学科视角与方法，并不意味着中国乡村伦理的研究可以失去伦理学这一基本的学科和理论视角。换言之，中国乡村伦理的研究，既应当坚持道德生活史的基本立场，又必须超越琐碎而平凡的道德生活经验；既需要借鉴和使用众多学科的理论和方法资源，又必须始终体现伦理学学科视角和理论方法的主体性。失去了伦理学的基本理论立场，中国乡村伦理的研究或将停留于对乡村道德生活或问题的简单描述，或将沦为单纯的史料整理及文献堆砌。显然，这样的中国乡村伦理研究既不能准确地分析问题，更无法体现其应有的理论价值、学科价值和实践价值。

【参考文献】

[1] 梁漱溟．乡村建设理论［M］．上海：上海人民出版社，2006：10.
[2] 刘昂，王露璐．我国乡村伦理研究的进展、现状与问题［J］．伦理学研究，2016（3）：121－126.
[3] 王露璐．乡土伦理——一种跨学科视野中的地方性道德知识探究［M］．北京：人民出版社，2008：20.
[4] 习近平．坚决打好扶贫开发攻坚战加快民族地区经济社会发展［N］．人民日报，2015－01－22（001）.
[5] 孟德拉斯．农民的终结［M］．李培林，译．北京：社会科学文献出版社，2005：81－82.
[6] 李桂梅．冲突与融合：中国传统家庭伦理的现代转向及现代价值［M］．长沙：中南大学出版社，2002：1－2.
[7] 费孝通．乡土中国生育制度［M］．北京：北京大学出版社，1998：6，55.
[8] 宋恩荣．晏阳初全集：第1卷［M］．天津：天津教育出版社，2013：561.
[9] 马克思，恩格斯．马克思恩格斯文集：第9卷［M］．中共中央马克思恩格斯列宁斯大林著作编译局，译．北京：人民出版社，2009：99.
[10] 费孝通．江村经济——中国农民的生活［M］．北京：商务印书馆，2001：24.

（原文刊载于《湖南师范大学学报》社会科学版2017年第3期）

现代性·正义性·主体性
——乡村发展伦理研究的三个基本维度

杨伟荣　王露璐

摘要：现代性选择、正义性建构和主体性批判是乡村发展伦理研究的三个基本维度，对应解决乡村现代化发展过程中出现的“乡村性”消解、城乡关系断裂和乡村发展异化三大基本问题。其中，现代性选择维度以“乡村性”觉醒为基础，致力于实现不同乡村性和多样现代性之间的互融共进，从而为不同国家和地区的乡村提供可选择的现代性实践形式；正义性建构维度以城乡融合发展为导向，致力于推动城乡发展关系的正义转向及其共生平等发展，并以此为乡村自主发展创造条件；主体性批判维度以乡村发展异化为对象，致力于开展农民抽象主体性和虚假主体性的双重批判，并以此为乡村发展进行合理的价值选择。三个维度的研究内容紧密联结、交互补充，共同构成了乡村发展伦理研究的基本框架。

关键词：乡村；发展伦理；现代化；正义性；主体性

发展伦理作为一种新兴伦理正式崛起于20世纪80年代，在90年代中期传入中国，之后迅速渗透到城市发展、科技发展、生态建设等各个领域，并且产生了大量研究成果。近年来，乡村发展问题逐渐成为人们关注的焦点，发展伦理随之进入乡村，乡村发展伦理应运而生。作为发展伦理深层化的重要标志，乡村发展伦理研究以乡村伦理为视野，以乡村发展本身为研究对象，致力于对乡村发展的目的、过程、手段、关系等进行深层伦理反思和根本价值确认。然而，乡村发展伦理既是发展伦理进入乡村社会的产物，也是乡村社会转型发展的必然结果，作为一种新的发展理论和伦理形态，它还扮演着对乡村现代化进行价值批判、道德评价及伦理建构的角色。从发展伦理视角审视乡村现代化发展，主要存在“乡村性（rurality）”消解、城乡关系断裂和乡村发展异化三大基本问题；相应地，乡村发展伦理研究确立了以“乡村性”觉醒为基础的现代性选择、以城乡融合发展为导向的正义性建构和以乡村发展异化为对象的主体性批判三个基本维度。

一、以“乡村性”觉醒为基础的现代性选择维度

发展伦理研究兴起于20世纪中后期，是从伦理的视角研究和批判发展，注重对发展的意义和价值进行规范和确认，而全球化是当今现代性发展的突出特征，因此，揭示、批判并力图解决全球化进程中的诸多发展问题，是发展伦理学兴起的重要原因[1]。也正是在这一背景下，以德尼·古莱（Denis Goulet）、戴维·A. 克拉克（Devid A. Crocker）为代

表的伦理学家倡导建立“全球发展伦理”[2]，着重对全球化进程中的发展问题进行价值批判，揭示全球普遍发展、全球现代化的合伦理性目标及其根本意义，并致力于全球化发展理想的理论建构。然而，全球化只是现代性发展的后果之一。现代性发展过程中出现的问题是多方面的、复杂的，“全球发展伦理”仅从抽象的、单一的价值观出发反思全球化问题，并习惯性地使用西方发展模式和话语确证发展的目标和意义，难避“价值中心论”和“西方中心论”之嫌，也不具有充分的合理性和合法性。在笔者看来，解决这一问题的关键在于从深层次确立“乡村性”视野和“地方性”意识，并对现代性发展的历史多样性及空间多样性进行自觉确认。易而言之，批判“全球发展伦理”的“中心论”基础，并确立基于多样性的现代性发展维度，是乡村发展伦理产生的重要条件。因此，乡村发展伦理致力于推动不同乡村性和多样现代性之间的互融共进，并以此为乡村发展提供可选择的现代性实践形式。

由古莱和克拉克所开创的“全球发展伦理”，是一种个体性与世界性、西方性与现代性直接贯通的发展伦理研究范式，注重抽象的、具有普遍性的发展理想与价值确认，忽视理想和价值实现本身的多样化理解，由此出发进行的发展伦理建构极易导向“乌托邦叙述”和“理想霸权”。尽管他们在进行发展模式与发展路径选择时也表现出对地方性价值观的尊重，但这种尊重并非真正文化平等意义上的，而是在世界范围内推行“全球发展伦理”的适应性策略。“全球发展伦理”本质上遵循的是一种扩大和推进现代性而非反思和超越现代性的思路，因此，其“划一思维”的理论和实践在广大第三世界国家和地区必然受到质疑和抵抗。一些长期关注现代性发展话语在地方传播和实践的民族志研究者认为，试图建立一种全球发展伦理体系的努力实际上是将一套特定的（通常是西方的）价值观强加于他者（通常是非西方的），其核心概念“发展”作为一种有利于西方政治经济模式的权力话语，未能向那些长期被忽视的地方群体提供更多的帮助，也难以为他们提供更好的生活。鉴于此，帕菲特（Trevor Parfitt）主张采用后结构主义伦理学的方法构建一种以地方为基础的发展伦理学，强调伦理论证可以证明发展活动的合理性，但同时必须考虑地方的多样性，即承认交替性和对“他者”的责任[3]。斯泰西·利·皮格（Stacy Leigh Pigg）、詹姆斯·弗格森（James Ferguson）等人则直接深入第三世界国家的农村，通过对西方现代性发展话语的批判和解构，表达对发展中国家和地区地方性知识的肯定以及对当地弱势群体发展的伦理关怀[4]。他们对地方现代性发展问题的关注不仅成功地将发展伦理研究引入发展中国家及欠发达地区，更激发了世界范围内的“乡村性”觉醒，越来越多的人意识到乡村发展的多样性价值及其在矫正现代性弊端、超越现代性局限等方面的积极作用。

所谓“乡村性”觉醒主要是对包括乡村等欠发达地区在内的地方性和本土性发展价值的强调。乡村性本是描绘乡村空间存在与地域类型的重要概念，最早体现为乡村的物质性和差异性，如乡村规模、土地类型以及农业生产和生活方式等都是乡村性的表征。第二次世界大战后，各种产业、文化、技术等现代性力量对乡村性进行了深刻的重塑，多样化的乡村性在同质化的现代性扩张中逐渐流失。“后乡村”时代的到来使得乡村性作为一种社会文化建构的产物逐渐超越本身的物质性和扩张主义的同质化，成为一种对接和包容现代性的“不同时间、不同地方的不同性”，这就为发展伦理建构以不同文明、不同样态的现代性共存为内容的“和谐世界”提供了可能。由于进入建设性后现代主义视域的发展伦理更强调现代化是一个多股力量相互杂糅的进程，因此，混杂性视角成为后现代语境中研究社会发展的必然选择，它提醒人们要时刻关注以往被忽略的“中间部分”即“不同时间、不同地方的不同性”[5]，进而建构一种现代性与乡村性相互融合的、具有可持续意义的现代化发展样态[6]。然而，西方混杂性视野下的“乡村性”觉醒只关注发达国家对发展中国家及其落后地区的“发展援助”，以及乡村社会被动生产和再生产的服务价值，并不追问不同地区乡村发展的自主价值及其现代性意义。这种觉醒仅仅为“全球发展伦理”吸纳和消化地方发展特性提供了机会，却无力改变全球发展伦理研究奉行“西方中心主义”与“价值中心主义”的主流态势，更不可能为发展中国家的多样态乡村提供一条不同于西方现代化的新发展之路。因此，乡村发展伦理研究必须唤起更深层的“乡村性”觉醒，以获得对不同国家和地区的乡村现代性发展进行意义反思和价值确认的基础。

中国是典型的农业大国，有接近一半的民众都生活在农村。因此，优先发展农村、农业，实现发展成果全民共享是中国社会主义现代化发展的价值取向和根本目的。但是，中国现代化进程中的乡村社会正在经历一场表现为“建设性破坏”的变革悖论：一方面，快速的现代化发展切实改变了乡村的“落后”面貌；另一方面，乡村现代化进程也导致“乡村性”被肢解为碎片化的记忆和“回不去”的乡愁。从这个意义上讲，发展伦理进入中国及其乡村社会具有现实的合理性和合法性，中国需要在进一步的现代化发展中对乡村本性、乡村发展的目的以及乡村与现代化发展的关系进行自觉而全面的伦理把握，深入反思被消解的乡村性与被选择的现代性之间的对立关系，揭示多样化现代性发展过程中不同乡村性的存在价值，继而发展一种乡村性与现代性互融共进的新型现代化。有学者指出，中国乡村社会的现代转型并没有带来乡村性的全面崩溃，部分村落的结构性存续反而成为乡村获得现代性的重要载体[7]。“乡村性转型”或“新乡村性再生”表现出来的“包容现代性的传统性”特点再一次表明，乡村性与现代性的“新”“旧”融合具有促发现代化多元发展的动能。然而，值得注意的是，中国乡村的现代化发展极不平衡，区域性和地方性特点丰富多样，因而不能简单地把具有区位优势地区的“乡村性”觉醒视为整个乡村现代化发展的胜利，推动不同地区乡村性与多样现代性的融合才是乡村发展伦理致力于激发深层“乡村性”觉醒的真正目的。阿里夫·德里克（Arif Dirlik）认为，在扩展了的现代性范式研究中，如何协调宏大叙事和地方叙事是关键问题，人们应当勇于挑战霸权性的资本主义现代性的目的论，而对多元现代性进行学理性分析和可能性判断是学者们义不容辞的责任[8]。乡村发展伦理研究面对的现代性和乡村性的紧张与调试在一定意义上可以理解为“宏大叙事”与“地方叙事”的冲突与整合，而实现乡村性与现代性多样融合的关键就在于确立地区发展的“可选择性”，即在认识现代化多样性的基础上，推动不同地区的乡村建构适合自身条件的市场体制、民主体制；同时，在“现代化发展”的基本架构中重塑不同地方的权力关系、经济关系及文化价值体系，继而呈现多样态的“政治-经济-文化生态”。然而，“政治-经济-文化生态”的多样态呈现实际上是不同乡村融合可选择现代性的现实化，而现实的融合必然以对立的消解为内容。在当前社会普遍以乡村城市化规定乡村现代化的发展背景下，消解对立的过程既是城乡实现融合发展的过程，也是乡村消除发展异化的过程。

二、以城乡融合发展为导向的正义性建构维度

发展伦理学本来就是各国道德哲学家针对如何解决饥饿、贫穷、落后以及国际间发展不平等、区域间发展不平衡等问题展开哲学争论的结果，由于西方的发展伦理学家大都专注国际间发展伦理关系的建构，因而相对忽略了区域间尤其是城乡之间发展伦理关系的研究。目前来看，城乡发展不平衡是新时代阻碍中国人民实现美好生活需求的一道鸿沟，只有“建立健全城乡融合发展的体制机制和政策体系”，才能有效解决“人们日益增长的美好生活需要与不平衡不充分发展之间的矛盾”。在这种情况下，乡村发展伦理以城乡融合发展为导向，致力于推动城乡发展关系的正义转向，是对以往乡村发展模式的一种伦理调适，在本质上也属于乡村发展问题的研究范畴，只是更多地将关注点放在了城、乡两个主体之间的协调和正义发展问题上。另外，乡村发展伦理关于城乡发展关系的正义性建构在对“城市导向”下的乡村“依附式”发展进行伦理批判的同时，也对传统乡村现代化的发展理念、发展原则以及发展路径进行了深刻反思。具体而言，它注重空间正义逻辑下的城乡关系重塑，强调城乡发展的共生性、平等性和人本性，突出乡村发展的主体性价值，不仅为乡村融合多样的、可选择的现代性创造条件，也为实现乡村发展的全面人性化奠定了基础。

“发展极”理论是早期西方发展伦理学家研究区域发展不平衡问题的理论基础。在他们看来，不同地区、不同部门、不同产业的经济发展本身就是不平衡的，通过推动某些“增长诱导单元”在一些地区（主要是城市）聚集并获得优先发展，可以形成好似“磁场极”的多功能经济活动中心即“发展极”。而“发展极”不仅可以促进自身发展产生“城市化取向”，还能够通过吸虹效应（极化效应）和扩散效应（涓滴效应）推动其他地区（乡村或周围腹地）的发展[9]。由于西方文明主要根源于城市社会，因而人们对于现代化过程中城市代替农村、城市剥削农村的关系状态“习以为常”。古莱虽然对“发展极”理论进行了所谓的“人道主义”批判，却也基本认可“发展极”理论在解决地区发展变革和经济增长问题上的有效性，只是特别强调了区域发展项目的设置必须与“人道”的目标结合起来，不能忽视诸如提高团结和增强互惠依存等长期目标[10]。在他看来，关于“高水平的经济增长必须与分配领域的道德公正和谐一致”的主张完全符合发展伦理对正义发展的价值要求，它需要将平等与增长设定为筹划发展战略的直接目的，而不是单纯依靠“涓滴效应”和福利政策去消除落后地区大规模的贫困和区域间财富积累的巨大不平等。但需要指出的是，古莱只是反对注重增长而忽视平等再分配的城乡发展战略，却没有意识到“城市集中增长而导致城乡发展不平衡”这一问题本身的非正义性；他默认了乡村依附于城市甚至滞后于城市发展的合理性，也磨灭了乡村自主发展本身存在的现代性价值。因此，以古莱为代表的西方发展伦理学家不可能对区域或者城乡发展的非正义问题进行彻底的伦理批判。

中国社会根源于乡村社会，其现代化发展长期以城乡关系的断裂以及乡村的依附性发展为代价，因此，国内的发展伦理研究特别关注城乡发展关系的协调和正义问题。新中国建立初期，基于中国初步建立工业化体系的需要，农业被迫为工业化发展提供原始积累，

城市发展也高度依赖乡村的资源供给，政治权力主导下的城乡发展的非正义关系由此确立。不可否认，这种以城市为主位的乡村“牺牲型”发展模式在一定程度上能有效地整合社会资源，推动经济社会整体发展，因而在特殊历史时期的确具有一定的现实合理性。但长期的“乡村附庸”思想和“都市领袖”意识极易演变成城市中心主义的发展倾向。与“发展极”理论类似，城市中心主义过于强调城市对乡村的带动和反哺作用，反而忽视了城乡发展背离化的扩大效应，它在城乡关系构型上注重的“城乡差异”随着城乡二元结构的形成逐渐演化为“城乡差距”，并生成了城市挤压乡村的发展态势，甚至日益发展成为一种“城市信仰”，导致城市日趋膨胀而乡村相对萎缩。另外，中国在改革初期也没有随着工业化中期阶段的到来而做出政策安排上的适应性变化和战略性调整，反而保持和放大了工业化原始积累时期特定条件下的政策“扭曲”[11]，这在本质上是一种对城乡发展非正义关系的延续，不仅造成了城乡关系问题上经济正义与其他社会正义之间的冲突和紧张，也加剧了城乡非正义环境下乡村的发展困境。

21 世纪以来，城乡不平衡发展过程中的正义缺失问题成为社会关注的焦点，“新农村建设”“城乡统筹”“美丽乡村”“新型城镇化”等战略的提出，在某种程度上都是对城乡非正义发展关系的矫治。但乡村长久以来形成的“依附式”发展已固化为一种体制，城乡统筹发展在某种意义上成为统筹乡村资源为城市服务的“变奏”。李小云曾将当代中国乡村立场上的新乡村主义划分为国家主义的新乡村主义、发展主义的新乡村主义、民粹主义的新乡村主义和后现代的新乡村主义四种形态[12]。党的十九大报告中“乡村振兴战略”的提出标志着国家主义的新乡村主义已经成为当前乡村发展的主导，其目的是通过推动乡村现代化实现国家的现代化，这与发展主义的新乡村主义具有目标上的一致性，只是发展主义的新乡村主义更执着于通过城市化解决乡村发展问题。在这种情况下，发展主义的新乡村主义很容易借机占领乡村发展实践的“制高点”，时下流行的“以城市化促进乡村振兴”[13]就是发展主义的新乡村主义逻辑的典型话语。实际上，城市化对乡村振兴的“促进”仅表现在为乡村建设提供技术转移和资本流通的市场，背后的权力关系并没有得到实质性的改变。资本与权力的合谋造就了一种新型的城乡发展关系，使得城乡发展的非正义性变得更加隐秘。坚持以城乡融合定义新时期的城乡发展关系，推动城市与乡村的一体化联动，是对城乡正义发展诉求的准确表达。所谓“建立健全城乡融合发展体制机制”并不意味着乡村与城市要“合二为一”，其目的是以城乡融合理念推进城乡发展正义，即在城乡地位平等的前提下，保证城市和乡村获得公平的发展机会、均衡的发展资源，以实现城乡的可持续发展[14]。

乡村发展伦理并不反对乡村城市化，只是强调城市化并非乡村现代化的唯一路径依赖，即有些乡村需要城市化，有些乡村可以“就地现代化”。它秉持一种发展伦理的新乡村主义逻辑，致力于在有效整合国家主义的新乡村主义和发展主义的新乡村主义基础上，以城市发展关系的正义转向实现城乡有机融合的“新城市化”和城乡等值的乡村“就地现代化”。而“新城市化”强调城市扩张过程中乡村发展利益和农民发展权利的不可侵犯性，要求发挥资本逻辑推动乡村经济发展的同时必须给予必要的伦理框定，以确保城市化的增益能惠及所有人[15]。“就地现代化”则是一种以社区型农民组织合作实现农业和农村现代化的发展思路，坚持农民共富、城乡平等、互补共荣的发展理念，强调农民的就地市民化、生态的就地持续化以及基本公共服务的城乡无差异化。通过城乡协调与融合以及平衡发展等空间运作逻辑使乡村弱势群体摆脱边缘化是“新城市化”和“就地现代化”的共同目的。总之，城乡发展正义最根本的问题是人的问题，现实的人是城乡发展活动真正的主体，城乡发展正义是人本原则在城乡发展空间构型上的贯彻与执行。但“以人为本”是一个历史的、具体的概念，农民作为乡村发展的主体亦是具体的、现实的人，而非抽象的、虚假的符号，在突出乡村发展主体性的基础上进一步探讨农民发展主体性问题就涉及如何消除乡村内部发展异化问题。

三、以乡村发展异化为对象的主体性批判维度

发展伦理强调，发展就是提升一切个人和一切社会的全面人性，发展的真正任务就是消除一切异化——不论是“丰裕的异化”还是“苦难的异化”。随着乡村现代化发展的不断深入，转型期的中国乡村社会内部的政治、经济、文化等领域都呈现出一定的发展异化问题，这就为乡村发展伦理的产生提供了现实依据。这里所讲的乡村发展异化主要有两种类型：一种是农民主体间的异化，即出现了阶层对立、贫富悬殊等不和谐现象；另一种是农民主体的自我异化，即物的丰裕成为乡村发展的目的，农民作为乡村发展的主体却沦为经济增长的手段。这两种类型的异化分别与抽象主体性和虚假主体性存在内在契合。抽象主体性是指农民抽象地被弱势群体的符号所代替，导致并不一定弱势的农民阶层借用弱势群体的形象侵占底层农民的发展利益；虚假主体性则是指资本、技术等发展手段反客为主，攫取了农民的主体性，成为吞噬和控制农民发展的霸权之物。为此，乡村发展伦理确立了以乡村发展异化为对象的主体性批判维度，致力于开展农民抽象主体性和虚假主体性的双重批判，通过消除乡村发展主体、发展动力、发展目标以及发展评价中存在的异化问题，培育乡村内生发展动力，并以此为乡村发展进行合理的价值选择。

古莱曾通过批判发展“使价值物质化、手段绝对化并产生结构决定论”的异化状态涉入乡村发展领域。在他看来，发展异化的突出表现是社会“发展”培养出了新的压迫和结构性奴役，即发展在导向经济增长和改善生活水准方面只成就了一小部分“精英群体”，而把大部分“边缘群体”排除在了现代及向现代过渡的范围之外。作为典型的“不发达边缘群体”，贫困农民接受技术迁移的过程即是乡村发展动力与发展目标发生异化的过程。谁也不会否认，技术作为一种资源和社会控制工具对乡村社会发展至关重要，是实现乡村社会变革的重要力量，因此，贫困农民在创新生产方式的过程中需要得到有限的“技术转让”。但是，现实来看，技术的投入往往伴有不同程度的“规模不经济”[16]，它既表现为文化价值观的损害、生态的破坏以及资源的浪费，也指向非人性的劳动和高度的精神依附。技术作为一种乡村发展手段，如果脱离甚至消解农民这个发展主体（即技术的投入不再服务于农民更好的生产与生活目的，而是被物的增值所驾驭），就意味着乡村发展的动力和目标发生了异化。因此，有必要增强农民的主体性意识，培养农民“适用”技术的态度，建立“可行的”发展战略，以控制外界技术的输入。所谓“适用”技术是指农民控制、消化科学技术用于自身文化发展；所谓“可行的”则是确保技术投入规模的扩展和社会生产率的提高，真正以资源的共享、就业机会的平等以及农民满足感的提升为基本目

标[17]。这实际体现了发展伦理所推崇的“技术投入为了乡村发展”“乡村发展从属于农民美好生活”的乡村发展动力观和乡村发展目的论。但总体来看，以古莱为代表的西方发展伦理研究对农民发展主体性的批判略显单一，主要集中在虚假主体性的批判（即农民主体自我异化问题），尚未深入农民主体间的异化问题，其根源在于他们审视发展问题的抽象视野，即试图站在人类整体立场谋求“全球发展伦理”建构。

相比之下，中国的发展伦理研究通过揭示农民主体间的异化问题介入乡村发展领域，注重开展抽象主体性和虚假主体性的双重批判。乡村市场化与城市化进程的不断加快，使得农民阶层呈现出高度分化状态，即少数先富起来的农民群体和大多数收入有限的一般农户并存，由此产生了乡村发展应当持续“造富”还是优先“救穷”，即“乡村发展为了谁”这一乡村发展伦理研究的争议问题。以贺雪峰为代表的“华中乡土学派”反对站在抽象的意识形态或特殊利益群体立场看待乡村发展问题，强调发展主体的具体化，并率先确立了批判抽象主体性和虚假主体性的小农立场。在他们看来，乡村发展不是要加剧乡村不同阶层之间的分化，而是要“雪中送炭”，优先解决较为贫困农户在生产和生活上的困难，这样的发展才更加人道。然而，当前阶段，中国的乡村城市化主要将推动土地流转、鼓励农民进城和倡导资本“下乡”、刺激农民消费作为“发展”的核心内容[18]。在这个过程中充当发展动力的“资本”逐渐获得了支配农民发展的主体性地位，并与权力相结合致使乡村发展发生异化：一方面，资本“下乡”推动土地流转而形成的规模经营大多沦为“大户”致富的工具，失地小农的生活处境反而更加恶劣；另一方面，被激活的物欲虽然弥补了经济发展内需不足的问题，却加剧了弱势小农对经济贫困的感受，降低了他们的生活满意度和幸福感。为此，贺雪峰指出，乡村城市化并不是发展的最终目标，而只是实现农民美好生活的手段，他倡导站在包括中农在内的小农立场上理解农民需求、制定乡村政策、确立乡村发展目标[19]。在小农占农民大多数的中国乡村，以乡村社会建设和文化建设为重点，建设一种与农业生产相适应的“低消费、高福利”的生活方式，使其在货币支出不足的情况下仍能获得美好生活的体验和人生的满足感，的确符合发展伦理关于“发展就是要实现更加人道的经济”这一价值判断。

但是，需要指出的是，集中对“大户”立场的抽象主体性和“资本”立场的虚假主体性进行批判，在于发现并关照乡村弱势群体尤其是小农未能充分享受乡村发展成果的事实，希望通过有效的伦理规约实现政府发展战略与市场发展手段的有机结合，从而为包括中农在内的小农群体谋求更多的利益和福祉。这种思路尽管具有较强的人道主义精神，却过分强调了弱势农民被管理、被服务的形象，如此一来，对农民发展主体性的确认与尊重难免会走向反面。专业“大户”或资本、技术固然不能代替小农成为规定乡村发展的主体，但小农群体本身的主体性也不应缺位，即以“农民为本”的乡村发展不能单纯强调“发展为了全体农民”，还应强调“发展依靠全体农民”。乡村发展的核心是激发乡村经济与社会发展的活力，其关键在于农民主体能动性和自主性的提高。突出农民的主体能动性建构并不意味着反对乡村发展对弱势群体的关注和扶持，只是更加强调乡村发展建设的“进取性”和“有所作为”[20]。但过于注重“进取”的乡村发展思路，即依赖乡村精英群体的指导和带动，本身不免带有一定的理想色彩；在缺失政府干预、责任伦理及人道主义的情况下，传统的“先富”带动“后富”的自主发展模式也极易沦为对抽象主体性批判的对象。这似乎形成了“尺蠖效应”的怪圈，即无论是“进取”还是“保底”，乡村都难以获得真正合乎伦理的发展路径。在笔者看来，这种怪圈的破解需要明确，乡村发展伦理既是一种“评价论”，也是一种“选择论”。作为一种“评价论”，乡村发展伦理必须对乡村发展的评价尺度进行批判性考察；作为一种“选择论”，乡村发展伦理则需要以批判性考察为基础，揭示农民发展与乡村生产力发展、社会进步之间的内在紧张，并对“农民为本”的乡村“发展”进行价值选择。具体而言，就是将农民的全面发展作为衡量和评价乡村发展的最高“目的性”标准，同时肯定乡村生产力发展和社会进步作为“工具性”标准的存在价值。资本、技术等发展手段是推动乡村生产力发展和社会进步的根本动力，但其作用的发挥必须以农民实现全面发展为最高目的。这里所说的农民的全面发展，既包括个体农民的“全面性发展”，也包括农民群体的“整体性发展”。这意味着在面对乡村内部发展不平衡的社会现实时，既要重视不同地区弱势农民的生存和发展问题，也要鼓励不同经济发展水平和文化背景的农民在现代化的发展模式和路径上进行自主选择和自我创造[21]。

四、结语

概而言之，作为乡村发展理论与乡村伦理研究的有机结合体，乡村发展伦理研究致力于运用发展伦理学的价值理念、伦理原则和道德规范来解决乡村现代化发展过程中出现的“乡村性”消解、城乡关系断裂和乡村发展异化三大基本问题，并以此确立以“乡村性”觉醒为基础的现代性选择、以城乡融合发展为导向的正义性建构和以乡村发展异化为对象的主体性批判三个基本维度。其中，现代性选择维度注重混杂性发展视角下的乡村现代化探索，强调乡村性与现代性的多样融合和“可选择性”实践；正义性建构维度注重空间正义逻辑下的城乡关系重塑，突出城乡共生平等价值及可持续发展；主体性批判维度则注重整体性价值指导下的农民主体确认和乡村发展选择，揭示农民全面发展作为衡量乡村发展的最高标准与乡村生产力发展和社会进步之间的内在联系。如果说现代性选择、正义性建构和主体性批判是构成“如何实现乡村更好发展”这一乡村发展伦理研究主题的逻辑主线，那么，乡村发展伦理研究就应当从激发“乡村性”觉醒、推动城乡融合发展和消除乡村发展异化这三个方面获得实践性展开，以期实现乡村真正合伦理性发展。

【参考文献】

[1] 陈忠．发展伦理研究［M］．北京：北京师范大学出版社，2013：59.

[2] David A Crocker. Toward Development Ethics ［J］. World Development，1991，19 (5)：457.

[3] Trevor Parfitt. Towards a Post - Structuralist：Development Ethics? Alterity or the Same? ［J］. Third World Quarterly，2010，31 (5)：67.

[4] 阿图罗·埃斯科瓦尔．遭遇发展——第三世界的形成与瓦解［M］．汪淳玉，等译．北京：社会科学文献出版社，2011：53 - 58.

[5] Chung Him. Rural Transformation and the Persistence of Rurality in China ［J］. Eurasian Geography and Economics，2013，54 (5)：594.

[6] 吕祖宜，林耿．混杂性：关于乡村性的再认识［J］．地理研究，2017 (10)：1877.

[7] 文军，吴越菲．流失“村民”的村落：传统村落的转型及其乡村性反思——基于15个典型村落的经验研究［J］．社会学研究，2017（4）：40.
[8] 阿里夫·德里克，吕奎宁，王宁．当代视野中的现代性批判［J］．南京大学学报（哲学·人文科学·社会科学版），2007（6）：50.
[9] 颜鹏飞，马瑞．经济增长极理论的演变和最新进展［J］．福建论坛（人文社会科学版），2003（1）：72.
[10] 德尼·古莱．残酷的选择：发展理念与伦理价值［M］．高铦，等译．北京：社会科学文献出版社，2008：159.
[11] 吴理财．近一百年来现代化进程中的中国乡村——兼论乡村振兴战略中的“乡村”［J］．中国农业大学学报（社会科学版），2018（3）：19.
[12] 李小云．乡村立场的新乡村主义［J］．中国乡村发现，2018（2）：20－21.
[13] 申端锋，王孝琦．城市化振兴乡村的逻辑缺陷——兼与唐亚林教授等商榷［J］．探索与争鸣，2018（12）：108.
[14] 李建华，袁超．空间正义：我国城乡一体化价值取向［J］．马克思主义与现实，2014（4）：157.
[15] 王露璐．资本的扩张与村落的“终结”——中国乡村城市化进程中的资本逻辑及其伦理反思［J］．道德与文明，2017（5）：18－19.
[16] 德尼·古莱．发展伦理学［M］．高铦，等译．北京：社会科学文献出版社，2003：20.
[17] 丹尼斯·古莱特．靠不住的承诺——技术迁移中的价值冲突［M］．邾立志，译．北京：社会科学文献出版社，2004：137－138.
[18] 贺雪峰．乡村的前途［M］．济南：山东人民出版社，2007：112.
[19] 贺雪峰．小农立场［M］．北京：中国政法大学出版社，2013.
[20] 熊万胜，刘炳辉．乡村振兴视野下的“李昌平-贺雪峰争论”［J］．探索与争鸣，2017（12）：77.
[21] 王露璐．谁之乡村？何种发展？——以农民为本的乡村发展伦理探究［J］．哲学动态，2018（2）：86.

（原文刊载于《哲学动态》2020年第6期）

资本的扩张与村落的“终结”
——中国乡村城市化进程中的资本逻辑及其伦理反思

王露璐

摘要：在改革开放以来的中国乡村城市化进程中，一方面，追求自我增殖最大化的资本逻辑必然成为推动乡村经济社会发展的强大力量，并日渐获得其在现代乡村社会的宰制性地位；另一方面，资本逻辑不断实现对传统乡村生产与生活空间的“资本化”扩张，并由此加速了村落“终结”的进程。应当看到，此种村落“终结”并不仅仅体现为村落数量的减少，更在于资本逻辑作用下传统村庄伦理共同体的衰落及其作为乡村伦理文化根基与载体功能的式微。易而言之，村落终结并不单纯是一种地理意义上的村落减少，而在于村落所体现的生产方式、生活方式、伦理共识、文化心理和行为模式的“终结”。在乡村工业化、市场化和城市化的进程中，应当通过对资本逻辑有效的伦理规约，既维持其在乡村经济社会发展中的动力作用，又为资本的空间扩张框定必要的伦理边界，从而实现村落的“重生”。

关键词：资本逻辑；村落终结；伦理边界；伦理共同体

改革开放以来，伴随着市场经济的发展及其所引发的以农业的工业技术化、农村的城镇化、农民的流动性和市民化为基本内容的乡村社会变迁，中国乡村社会出现了一系列新的现象和问题。一方面，资本以其强大的扩张力“进入”乡村，从根本上改变了计划经济体制下中国农村低效的生产方式，促进了乡村经济的巨大发展；另一方面，资本的扩张进一步加速了乡村城市化进程，导致“城市过密”和“农村过疏”甚至“村落终结”的现象。对于上述问题，众多学科近年来给予了大量学术关注，本文试图从伦理视角考察资本逻辑作用下村庄伦理共同体的变化，并探讨村落“重生”的可能路径。

一、“扩张”与“终结”：资本逻辑对当代中国乡村发展的双重作用

马克思在《资本论》中揭示了“物→商品→货币→资本”的演变，他指出，简单商品生产表现为“为买而卖”的“W—G—W”，是以货币为媒介的交换，资本运动则表现为完全不同的“为卖而买”的“G—W—G”，其目的是获得货币的增殖即 ΔG。因此，“资本及其自行增殖，表现为生产的起点和终点，表现为生产的动机和目的”[1]。作为资本的

货币的自行增殖具有一种循环往复永无止境的趋势，这便是资本运动的内在逻辑。

马克思进一步指出，资本逻辑的本质是资本通过雇佣劳动实现资本的积累和扩张，它支配着资本主义的生产方式并带来双重性的后果。一方面，资本不断地通过其支配的物质力量进行扩张，从而使追求利益最大化的资本逻辑主导着资本主义社会生活的一切方面，并以其强大的力量推动社会生产力的发展。资本逻辑“迫使一切民族——如果它们不想灭亡的话——采用资产阶级的生产方式；它迫使它们在自己那里推行所谓的文明，即变成资产者。一句话，它按照自己的面貌为自己创造出一个世界”[2]。从这一意义上说，资本逻辑推动了市场经济的发展和经济全球化，创造了巨大的物质财富和社会繁荣。另一方面，资本在无限扩张中改变了人们的生产、生活方式及由此决定的经济关系和利益关系，资本逻辑成为现代社会生活中具有宰制性地位和力量的绝对逻辑，“它是一切事物的普遍的混淆和替换，从而是颠倒的世界，是一切自然的品质和人的品质的混淆和替换”[3]。资本逻辑带来了资本的无限扩张和经济、社会、生态领域的重重危机，也导致人伦关系乃至整个社会关系的“资本化”。由此，资本逻辑的双重作用形成了“资本扩张悖论”，也引发了“利用资本还是限制资本”的理论和实践论争。

改革开放以来，中国乡村社会在市场经济浪潮的冲刷下发生了巨大变化，资本逻辑对中国乡村的发展也体现出双重作用。一方面，资本以其强大的扩张力“进入”乡村，追求自我增殖最大化的资本逻辑也成为推动中国乡村经济社会发展的强大力量①。伴随着资本的“进入”和市场经济的发展，农民经济理性意识显著提升：与传统小农生产方式相对应的安土重迁、惧怕变革等保守意识逐渐削弱，求富冲动和市场理性意识有了明显提高。而此种经济理性意识的提升，又进一步推进了乡村市场化和现代化的进程。另一方面，资本逻辑不断实现对传统乡村生产与生活空间的“资本化”扩张，并由此加速了村落终结的进程。“从1985年到2001年，在这不到20年的时间，中国村落的个数由于城镇化和村庄兼并等原因，从940 617个锐减到709 257个。仅2001年一年，中国那些延续了数千年的村落，就比2000年减少了25 458个，平均每天减少约70个”[4]。而据《中国统计年鉴（2016）》的统计数字显示，全国的村民委员会数目，从2005年的629 079个减少到2015年的580 856个[5]，平均每年减少近5 000个村民委员会，平均每天大约有14个行政村庄消失。从一定意义上说，村落“终结”并不是一个中国特有的问题。正如马克思、恩格斯早就指出的：“资产阶级使农村屈服于城市的统治。它创立了巨大的城市，使城市人口比农村人口大大增加起来，因而使很大一部分居民脱离了农村生活的愚昧状态。”[2]资本主义大工业的发展“建立了现代的大工业城市——它们的出现如雨后春笋——来代替自然形成的城市。凡是它渗入的地方，它就破坏手工业和工业的一切旧阶段。它使城市最终战胜了乡村”[3]。由此，资本的扩张必然以城市为中心并产生对农村的全面挤压，市场化进程导致城市的急剧膨胀和扩张，并带来“城市过密”和“农村过疏”的现象，这已然成为一个世界性问题。

如果说村落终结是一个普遍化问题，那么，当下中国乡村社会的村落终结则在具体表现形态上体现出“中国特色”。大体而言，“村落终结”主要呈现出以下形态：城市边缘地

① 需要指出，由于中国乡村发展的不平衡，资本逻辑对中国乡村社会的作用呈现出极为明显的地方性差异，大致呈现出东、中、西部地区梯度递减的基本态势。

带的村庄被迅速扩张的城市所吸纳；远离城市的偏僻村落在过疏化、老龄化背景下而走向终结；在政府社会规划工程主导下，通过村落合并等形式而走向终结①。然而，这是否真的代表了当代中国乡村发展进程中的“村落终结”呢？如果回答是肯定的，吊诡的是此种看似符合资本逻辑并与中国乡村现代化进程相一致的“村落终结”为何引发的却是学术界、媒体和社会公众的担忧和质疑？如果回答是否定的，那么，我们又应当如何理解当下中国的“村落终结”？

二、何种“终结”：资本逻辑作用下村庄伦理边界的动摇和共同体的式微

尽管“村落终结”问题自21世纪初期开始受到众多学科的关注，并在近年来成为媒体和公众探讨的热点②。但事实上，关于“村落终结”的内涵、实质和评价，至今并未形成一致的看法。而其中一个长期探讨和争议的问题是：“村落终结”究竟是何种“终结”？大多数学者认为，村落终结并不意味着村庄的彻底消失，而是体现为村落数量的减少以及村落边界和组织形态的转变。笔者认为，考察村落终结问题的一个重要视角，是城市化进程中资本逻辑对村庄伦理边界产生的巨大冲击以及由此所导致的乡村伦理共同体的式微。

村落是中国传统乡村社会的基本单位。依附土地、自给自足、相对封闭、缺乏流动的传统乡村生产方式和生活方式，必然产生以血缘和地缘为基础的村庄共同体。传统村庄有着某种可见的自然边界，但更为重要的是在形成基础、结构特征和指向意义上都显现出显著的伦理共同体特征，由此，传统村庄也存在着某种无形的伦理边界。

亚里士多德曾明确指出，城邦并不意指人们居住相近而结成的同盟，而是“为着某种善而建立”[6]的共同体。滕尼斯也在《共同体与社会》一书中强调指出，共同体的形成固然需要有共同的生活地域，但更重要的是需要体现共同体意志的“默认一致”，即某种共同的、有约束力的思想信念，此种思想信念“是把人作为一个整体的成员团结在一起的特殊的社会力量和同情”[7]。中国传统村庄是一种典型的“熟人社区”，村庄成员在相对固定和狭小的地域中进行生产和交往，并产生相互之间基于熟悉的信任以及对整个村庄的认同感。换言之，村庄成员既有其“生于斯、长于斯”的共同生活地域，更因长期的共同生产和交往活动而产生共同的偏好和记忆。由此，他们会自然地将有着共同偏好和记忆的村庄成员指认为“同村的我们”并给予信任和认同，而将没有这些共同偏好和记忆的人视为“外村的他们”并给予一定的排斥。可见，村庄共同体不仅有其地理边界，更具有建立在其成员生产、生活、交往等方面高度同质性基础上的认同而形成的伦理边界。这种特殊的伦理边界进一步强化了村庄共同体的自我封闭和内部融合，也赋予传统村庄一种温情脉脉的道德意蕴。

---

① 参见田毅鹏，韩丹：《城市化与“村落终结”》，《吉林大学学报》（社会科学版），2011年第2期。

② 李培林教授是国内“村落终结”问题研究的代表。他在《中国社会科学》2002年第1期发表《巨变：村落的终结》一文。这一标题借用了其翻译的法国学者孟德拉斯的著作《农民的终结》。此后，李培林教授在2004年出版了《村落的终结——羊城村的故事》一书，该书和2005年《农民的终结》中文版的出版，引发了国内外学者对“村落终结”问题的广泛关注和热烈探讨。

然而，伴随着资本大规模“进入”乡村，资本逻辑以其扩张性、同质化和意识形态化特征不断强化对乡村生产、生活、交往和文化的影响，传统村庄的伦理边界被模糊化，村庄伦理共同体也走向式微。

首先，资本逻辑强大的扩张性必然带来城市对乡村的“挤压”，并推动城市和乡村的空间重构。马克思曾经指出，资本追求利润最大化的本性使其不断地通过地理扩张的方式建构新的空间，“资本越发展……资本同时也就越是力求在空间上更加扩大市场，力求用时间去更多地消灭空间”[8]。20 世纪 60 年代以来，以列斐伏尔、哈维和苏贾为代表的新马克思主义城市学者关注和诠释了马克思主义经典理论中的空间问题，在他们看来，正是在资本逻辑的控制下，城市不断地扩大自己的生存空间。哈维认为，资本逻辑已成为“永不停息地减少（如果不是消灭）空间障碍的动力，以及与之相伴随的永不停息地加速资本周转的冲动”[9]。在资本逻辑的强大控制力下，城市必然以其对乡村的“挤压”实现新的空间增长。在转型期的中国乡村社会，这种城市的扩张和对乡村的“挤压”因长期以来的中国城乡二元结构和乡村“土地红利”“劳动力红利”的存在而获得更为强大的资本逻辑支持。于是，我们看到，东部沿海地区的一些村庄快速转变为“没有一亩农田、没有一个以务农为生的农民”的新型“工业化乡村社区”，中西部地区大量农村年轻劳动力“离土离乡”而从事市场化和职业化的生产经营活动，出现了显见的村庄衰落和“空心化”问题。加之近年来国家层面推动村庄合并的政策驱动，传统村庄的行政边界产生了变化，村庄居民的流动性、异质性大大提高，相互间的熟悉和信任度下降。由此，村庄成员的归属感和认同感日渐弱化，建立在同质性和相互认同基础上的村庄伦理边界日益模糊，并在一定程度上动摇了村庄共同体的伦理基础。

其次，资本逻辑的同质性特征不断消解村庄的地方性特色，导致乡村城镇化进程的单一性和雷同化。如同马克思、恩格斯所指出的，资本逻辑“按照自己的面貌为自己创造出一个世界”[2]，在这一世界中，资本成为一种“普照的光”[3]。换言之，资本逻辑是一种漠视差异性、特殊性和个性、否定和压制“他者”的同一性逻辑，它能够成为夷平一切差别、剪灭各种内容和质的强大力量，并从而成为一种普遍化的、世界性的控制逻辑[10]。新马克思主义城市学者在论及城市空间问题时也指出，在资本逻辑的作用下，城市变为一种“可计算”的商品，从而必然导致城市形态的“同质化”。而此种同质化问题，同样存在于乡村市场化、城市化的进程中。近年来，城市发展中的“千城一面”和新农村建设中的“千村一面”问题，已然引起学术界和社会公众的广泛质疑，而其根源在相当程度上受制于资本逻辑的同质性。由此，传统村庄丰富的地方性特色及在此基础上形成的村庄道德生活和伦理认同被消解，村庄隐形伦理边界受到强烈冲击。

最后，资本逻辑的意识形态化特征不断削弱农民对村庄的精神依赖并强化其对城市文化的认同和向往，传统村庄作为“精神家园”的伦理意义日渐削弱。在资本逻辑的控制下，利润最大化不仅成为商业活动的最高目标和唯一原则，甚至不断侵入人们的日常生活、社会交往乃至精神世界，从而成为现代社会具有宰制性地位的意识形态。在此种意识形态的主宰下，城市以其与资本逻辑相契合的市场化生产和生活方式取代传统乡村而成为现代人向往的“精神家园”。尤其值得注意的是，在外出务工农民中，完成初中或高中学习后直接务工而没有任何务农经历的 80、90 后“新生代农民工”比例不断增加。他们缺乏对传统农业生产的直接体验，难以产生对土地的依恋感和对村庄的归属感；相反对现代化、市场化的城市职业活动和日常生活方式有强烈的价值认同和情感期待。对于他们而言，村庄已是一个随时可以离去的“陌生的家乡”，城市却成为期待栖居并融入的物质和精神家园。

由是观之，村落终结并不单纯体现为村落数量的减少，更重要的是资本逻辑作用下传统村庄伦理共同体的衰落及其作为乡村伦理文化根基与载体功能的式微。换言之，村落终结并不仅仅是一种地理意义上的村落减少或消失，更在于村落所体现的特殊的生产方式、生活方式、伦理共识、文化心理和行为模式的“终结”。

三、村落的“重生”：资本逻辑的伦理规约与村庄伦理共同体的重建

从一定意义上说，乡村工业化、市场化和城镇化已成为转型期中国乡村社会不可逆转的发展趋势，基于此，我们需要反思并力图解决的问题在于：如果说城市化进程中资本逻辑对村落数量及其伦理文化功能的影响无法改变，那么，如何通过对资本逻辑有效的伦理规约，既发挥其在乡村经济社会发展中的动力作用，又为其框定必要的伦理边界，从而实现村落的“重生”?

首先，以资本逻辑的空间正义转向实现城乡均衡发展的“新城市化”。马克思、恩格斯一方面强调城市对于容纳资本主义生产的空间意义，另一方面又批判了资本主义生产方式所导致的城市与乡村的空间分裂和对立。他们指出：“城市已经表明了人口、生产工具、资本、享受和需求的集中这个事实；而在乡村则是完全相反的情况：隔绝和分散……城乡之间的对立是个人屈从于分工、屈从于他被迫从事的某种活动的最鲜明的反映，这种屈从把一部分人变为受局限的城市动物，把另一部分人变为受局限的乡村动物，并且每天都重新产生二者利益之间的对立。”[3]换言之，资本主义工业文明对传统农业文明的巨大冲击使城市“中心化”和农村“边缘化”。而马克思、恩格斯所指认的未来社会“真正的共同体”的建立，也正是以“消灭城乡之间的对立”为“首要条件之一”[3]。

正是基于马克思、恩格斯对资本主义生产方式的空间批判，20 世纪 70 年代以来，西方马克思主义城市学派提出了空间正义理论，这一理论对于思考我国转型期的城乡正义问题有着重要的理论资源意义。长期以来，城市与乡村的差异性和非均衡性已成为我国城乡关系的基本形态。改革开放以来，乡村城市化进程中资本逻辑的作用又进一步加剧了城市对乡村的“空间挤压”，形成城乡空间资源的非正义问题。具体体现在三个方面：一是资本逻辑引导大批污染严重的工业项目和落后的生产工艺、生产设施实现向乡村的空间转移，致使城市环境的改善建立在乡村环境恶化的基础上；二是资本逻辑引导下的“GDP中心主义”，导致政府推动的农村居住形态调整演变为地方政府与农民之间的利益博弈；三是资本逻辑作用下“离土”比“守土”更高的利益回报，不断驱使农民在失地、失业、失居中失去基本的空间权利。上述问题的解决，需要我们以空间正义形成对资本逻辑的伦理规约，并由此实现城乡均衡发展的“新城市化”“符合空间正义的城市化是一种不同于传统城市化的新城市化。新城市化是一种能够使城市化的增益惠及所有人的城市化，它不是部分人，更不是只是当代人、城里人、富人、房地产开发商的权利得到扩张的城市化，

而是整个人类，是所有人，特别是后代人、农村人、穷人都能公平地享有城市文明的权利，并且这种权利能够在城市化过程中持续得到扩张的城市化"[11]。"新城市化"力图打破城市的"中心化"和乡村的"边缘化"，强调资本逻辑引导的城市扩张必须以不损害乡村发展和剥夺农民权利为边界，否则，这种扩张必须给予被剥夺者以相应的补偿。

其次，以资本逻辑的生态转向实现资本的生态化和生态的资本化，建设美丽宜居的"绿色"村庄。马克思曾经指出："只有资本才创造出资产阶级社会，并创造出社会成员对自然界和社会联系本身的普遍占有。由此产生了资本的伟大的文明作用；它创造了这样一个社会阶段，与这个社会阶段相比，一切以前的社会阶段都只表现为人类的地方性发展和对自然的崇拜……资本按照自己的这种趋势，既要克服把自然神化的现象，克服流传下来的、在一定界限内闭关自守地满足于现有需要和重复旧生活方式的状况，又要克服民族界限和民族偏见。资本破坏这一切并使之不断革命化，摧毁一切阻碍发展生产力、扩大需要、使生产多样化、利用和交换自然力量和精神力量的限制。"[8]这一论述深刻揭示出资本追求最大增殖必然导致对自然资源的无度使用，由此，资本逻辑也成为生态危机的深层根源。20 世纪下半叶兴起的生态社会主义思潮，试图把生态学同马克思主义结合在一起，以马克思主义理论解释当代生态危机。其代表人物佩珀提出了"资本主义内在地'对环境不友好'"[12]的论断。在生态社会主义者看来，资本与生态是对立的，资本逻辑必然造成对生态环境的破坏。

伴随着乡村工业化、市场化、城市化进程的加快，资本与生态之间的冲突在乡村社会也愈加凸显。在资本大举"进入"乡村的过程中，污染的增加和转移导致乡村环境破坏问题也日趋严重，"金山银山"和"绿水青山"似乎成了乡村社会发展中不可得兼的一对矛盾，也似乎由此进一步验证了资本与生态间的对立。应当看到，资本逻辑在以大工业资本为主导地位的时代确实显现出其反生态性，然而，在以后工业文明为主导的新全球化时代，生态领域不再是阻挡资本逻辑深度进入的天然屏障，相反，资本逻辑可以成为推动生态建设的强大动力，生态产业也能够成为资本创新逻辑的必然产物[13]。由此，我们亦可以找到村落"重生"的一条生态路径：一方面，通过资本的生态化使资本以合乎生态的方式"进入"乡村；另一方面，通过生态的资本化使乡村良好的生态环境成为促进价值增值、财富增长的一种"资本性"资源。具体而言，资本的生态化要求政府通过公正有效的制度设置，改变城市在生态资源享有和利用上的优先权，实现乡村资源分配和生态保护的无歧视。同时，通过税收政策和财政转移支付建立有效的农村生态补偿机制，以实现资本逻辑主导下城乡环境利益的补偿正义。而生态的资本化则体现在，以大力发展乡村生态经济的方式实现资本逻辑的生态转向，通过发展乡村生态种植业、旅游业，用优美的乡村自然风光和生态的乡村生活方式吸引资本的投入并产生良好的回报，形成乡村绿色产业，从而真正实现"绿水青山就是金山银山"。

最后，以地方性道德知识的传承和建构限制资本逻辑的同质化和意识形态化，重建作为村庄成员精神家园的伦理共同体。地方性知识是美国著名学者克利福德·格尔茨（Clifford Geertz）① 提出的概念，他在《地方知识：比较视角下的事实与法律》中明确指出，

① 又译克利福德·吉尔兹。

"它的地方性不仅在于空间、时间、阶级及其他许多方面，更在于它的腔调，即对所发生的事实赋予一种地方通俗的定性，并将之当地关于'可以不可以'的通俗观念"[14]。这一概念提出以后，引发了诸多学科的高度关注和热烈探讨。无论是格尔茨关于地方性知识的定义还是其后大量关于这一概念的探讨，都指出了"地方性知识"中不可忽视的重要组成部分：基于特定伦理共同体的道德生活经验和道德生成传承的"地方性道德知识""在道德实在论的意义上说，任何一种道德知识或者道德观念首先都必定是地方性的、本土的甚或是部落式的。人们对道德观念或道德知识的接受习得方式也是谱系式的"。具体而言，这种"地方性道德知识"在传统村落往往表现为村庄共同体独特的语言、风俗、习惯、偏好等极具地域色彩的标识性文化事象以及具有地方性特色的公共道德平台。也正是这种"地方性道德知识"所具有的独特的地缘性特征，为村庄共同体构筑了隐形的伦理边界。

然而，在乡村城市化的进程中，资本逻辑内涵的同质化和意识形态化特征不断消解村庄的地方性文化特色。在村庄成员的心中，村庄逐渐只有单纯的户籍意义而不再具有文化根源意义，不再是"我们"的村庄。由此，我们需要反思的问题在于：如果说，资本"进入"乡村的趋势无法逆转，那么，我们以何种方式限制资本逻辑的同质化和意识形态化？事实上，恩格斯早就指出："人们自觉地或不自觉地，归根到底总是从他们阶级地位所依据的实际关系中——从他们进行生产和交换的经济关系中，获得自己的伦理观念。"[15]这也提醒我们，关注、理解、尊重和利用作为村庄独特文化资源的"地方性道德知识"，对于资本逻辑作用下村庄伦理共同体重建的资源意义。需要注意的是，在乡村市场化、城市化的进程中，这种"地方性道德知识"不是某种封闭的道德生活经验和规范体系，其传承和建构也绝非是向村庄道德与文化传统的简单复归。相反，在现代市场经济浪潮的冲刷下，任何一种"地方性道德知识"必然会出现其现代转换。易而言之，某种"地方性道德知识"只有以更加开放的文化心态在"承继传统"与"吸收外来"的平衡中实现自我优化，才能为村庄伦理共同体的重建提供坚实的伦理基础。

从一定意义上说，村落数量的减少已成为中国乡村城市化进程中无法改变的基本态势。然而，迄今为止，村庄依然是中国政治、经济、文化和道德生活的根基，是大多数农民的生活所在，更是大多数国民剪不断的"乡愁"所系。因此，通过有效的伦理规约实现资本逻辑的空间正义和生态转向，并通过"地方性道德知识"的传承和现代转换重建新型的村庄伦理共同体，既为实现村落"重生"提供了可能的路径，也是中国特色的社会主义新农村建设乃至全面建成小康社会不可忽略的重要问题。

【参考文献】

[1] 马克思，恩格斯．马克思恩格斯文集：第 7 卷［M］．中共中央马克思恩格斯列宁斯大林著作编译局，译．北京：人民出版社，2009：278.

[2] 马克思，恩格斯．马克思恩格斯文集：第 2 卷［M］．中共中央马克思恩格斯列宁斯大林著作编译局，译．北京：人民出版社，2009：35－36.

[3] 马克思，恩格斯．马克思恩格斯文集：第 1 卷［M］．中共中央马克思恩格斯列宁斯大林著作编译局，译．北京：人民出版社，2009：247.

[4] 李培林．村落的终结：羊城村的故事［M］. 北京：商务印书馆，2004：1.
[5] 中国统计年鉴 2016［EB/OL］.（2016－10－12）［2017－02－26］. http：//www. stats. gov. cn/tjsj/ndsj/2016/indexch. htm.
[6] 亚里士多德．政治学［M］. 颜一，等译．北京：中国人民大学出版社，2003：1.
[7] 斐迪南・滕尼斯．共同体与社会：纯粹社会学的基本概念［M］. 林荣远，译．北京：北京大学出版社，2010：58.
[8] 马克思，恩格斯．马克思恩格斯文集：第 8 卷［M］. 中共中央马克思恩格斯列宁斯大林著作编译局，译．北京：人民出版社，2009：169.
[9] 大卫・哈维．新帝国主义［M］. 初立忠，等译．北京：中国社会科学出版社，2009：81.
[10] 白刚．资本逻辑与现代性——马克思哲学视野中的现代性批判［J］. 学海，2013（2）：149－153.
[11] 钱振明．走向空间正义：让城市化的增益惠及所有人［J］. 江海学刊，2007（2）：40－43.
[12] 戴维・佩珀．生态社会主义：从深生态学到社会正义［M］. 刘颖，译．济南：山东大学出版社，2005：134.
[13] 任平．生态的资本逻辑与资本的生态逻辑——"红绿对话"中的资本创新逻辑批判［J］. 马克思主义与现实，2015（5）：161－166.
[14] 克利福德・格尔茨．地方知识——阐释人类学论文集［M］. 杨德睿，译．北京：商务印书馆，2014：250.
[15] 马克思，恩格斯．马克思恩格斯文集：第 9 卷［M］. 中共中央马克思恩格斯列宁斯大林著作编译局，译．北京：人民出版社，2009：99.

（原文刊载于《道德与文明》2017 年第 5 期）

经济正义与环境正义
——转型期我国城乡关系的伦理之维

王露璐

摘要： 转型期我国城乡关系出现了一系列新的矛盾和问题，突出表现在：城乡二元经济结构仍然存在，城乡环境也呈现出“城市环境好转，农村环境恶化”的二元趋势。马克思主义经典作家建立在唯物史观基础上的经济正义思想，功利主义以“最大多数人的最大幸福”为目标和尺度的经济正义观，以及罗尔斯以“作为公平的正义”为基本理念和原则的正义体系，为考察当前我国城乡经济正义问题提供了理论资源。城乡环境正义则主要体现为三个方面：城乡环保制度安排和环境资源分配问题中的程序正义；城乡环境补偿机制中的地理正义；城乡居民承受环境风险的实质正义。

关键词： 经济正义；环境正义；城乡关系

一、问题的提出

改革开放以来，以农业的工业技术化、农村的城镇化和农民的市民化为主要内容的乡村现代化进程，从根本上改变了计划经济体制下农村低效的生产方式和平均主义的分配方式，极大地调动了农民的积极性，促进了中国乡村经济的巨大发展，改变了中国传统乡土社会的生产和生活方式以及由此决定的经济关系和利益关系。由此，转型期的中国乡村社会出现了一系列新的特征[①]。

值得注意的是，尽管改革开放以来我国乡村社会有了长足的进步，但是，长期以来存在的城乡发展不平衡的问题并未从根本上解决，城乡差别不仅没有消失，相反却有加剧之势。2010 年，全国城镇居民人均可支配收入 19 109 元，农村居民人均纯收入 5 919 元，城乡收入比高达 3.22∶1[②]。从平均增长速度看，虽然 1979—2010 年全国城镇居民人均可支配收入和农村居民人均纯收入的增长速度持平，但 1991—2010 年全国城镇居民人均可支配收入增长速度高于农村居民人均纯收入 2.4%，2001—2010 年全国城镇居民人均可支

---

① 目前国内学术界比较一致的观点是将中国社会转型的分为三个阶段，即：1840—1949 年的启动和缓慢发展时期、1949—1978 年的中速发展时期及 1978 年以后的快速发展时期。在这三个阶段中，学者们普遍认为，1978 年改革开放以后中国乡村社会发生了巨大变化，转型特征显现得最为充分。

② 如果考虑农民收入中第二年购买生产资料的支出和城市居民在医疗、养老、教育等方面享受的社会福利，城乡居民的实际收入差距将远远高于这一比例。

配收入增长速度高于农村居民人均纯收入2.7%，呈现出进一步拉大之势[①]。

应当看到，城市与乡村的差异和非均衡是我国城乡关系的基本表现形态。新中国成立前，城市与乡村的基本关系是统治与被统治的不平等关系，突出表现为城市与乡村的二元分离及城市统治阶级和乡村劳动群众之间的对立关系。新中国成立以后，以工农联盟为基础的社会主义公有制的建立，使城乡关系获得了平等互助的制度基础。但是，乡村落后于城市的历史原因，使得两者在生产水平、经济收入、文化水平和生活条件等方面存在着根本性的差别。计划经济体制下"工业先导，城市偏重"型的发展战略、"以农哺工"的资金积累以及工农产品"剪刀差"的价值转移形式，造成对乡村基础设施投入长期严重不足。人民公社时期实行的"工分制"，使农民难以通过增加劳动数量获得更多收入，同时，强有力的户籍制度使农民被束缚在土地上，几乎丧失了获得其他身份和收入的可能性。由此，城乡差别未能从根本上得以消除。

改革开放以来，农村家庭联产承包责任制的实行，乡镇工业的异军突起，城市经济体制改革的推进，为乡村经济发展和农民增收提供了良好的制度供给。2004年以来，中央更是连续发布以解决"三农"问题为主旨的1号文件，为新农村建设提供了良好的政策支持。然而，城乡差距并未缩小，相反却有扩大之势。可以说，工业、城市、市民和农业、农村、农民在社会政策和制度上的不平等待遇，仍是当前我国城乡关系出现矛盾的症结所在。同时，城乡关系又出现了一系列新的矛盾和问题，突出表现在：城乡二元经济结构仍然存在，城乡环境也呈现出"城市环境好转，农村环境恶化"的二元趋势。

一方面，改革开放以来，我国长期存在的城乡"二元经济"结构并未从根本上解决。社会保障制度的改革在基本覆盖城市居民的同时，仍然将绝大多数农民排除在保障制度之外；城市公共产品基本上由国家提供，农村公共产品却主要依靠农民自筹资金、投入劳动力或村级经济解决；大量进入城市的农民工承担着远远高于农村的生活成本，依然无法享有与城市居民平等的身份待遇，他们为城市发展付出的劳动未能得到应有的回报。与此同时，转型期乡村工业化和城市化进程中大量农村土地被征用，但是，失地农民获得的补偿和安置费用偏低，相当一部分"土地红利"通过政府财政支出方式最终仍投入城市公共产品的供给。可以说，"工业反哺农业，城市反哺农村"的政策未能得以体现，经济公平成为当前城乡关系中依然存在的突出问题。

另一方面，伴随着国家环境保护相关法规制度的完善和公众环境意识的提升，我国城市环境在整体上趋于好转，与此同时，转型期乡村市场化、城市化、工业化进程的快速推进，却使得我国广大农村的环境趋于恶化，农民成为环境污染的主要受害群体。农业的市场化运作导致农药化肥污染和禽畜养殖污染加剧，乡村城市化进程的加快导致生活垃圾污染增加，而乡村工业化的推进更带来大量工业"三废"污染的大规模发生。大量城市工业废水排入河流，城市生活垃圾和废弃物以农村作为堆放地。并且，由于相当一部分农村仍以流经的河流湖泊为生活水源，难以获得与城市相同的清洁水源，在垃圾处理程序上也远比城市简单，导致农村空气与水源的恶化。在城市产业结构调整的进程中，大批污染严重的

---

① 数据来源：《中国统计年鉴（2011）》，中华人民共和国国家统计局官方网站 http：//www.stats.gov.cn/tjsj/ndsj/2011/indexch.htm.

工业项目和落后的生产工艺、生产设施向农村转移，加之农村环境监管力度不够，导致“污染转移”的同时出现“污染加剧”。从一定意义上说，近年来我国城市环境的改善建立在农村环境恶化的基础上，由此，环境公平成为当前城乡关系中不可忽视和回避的重要问题。

二、经济正义的三种理论范式及其对城乡统筹发展的资源意义

正义是人类永恒的追求，这一追求必然体现在人类的经济活动中。因此，在中外思想史上，关于经济正义的思考可谓源远流长。不过，经济正义真正成为一个理论焦点问题并凸显为当代社会公正问题中最为重要的研究领域，仍然源于经济活动在当今社会中的主导和支配地位。而其直接原因，则是当今社会在经济领域中出现的以贫富差距扩大、失业、不平等待遇为表征的经济公正缺失现象。考察西方经济正义思想的历史源流，不难发现，马克思主义经典作家建立在唯物史观基础上的经济正义思想，功利主义以“最大多数人的最大幸福”为目标和尺度的经济正义观，以及罗尔斯以“作为公平的正义”为基本理念和原则的正义体系，是对当代社会经济生活影响最为深远的三大经济正义理论范式，也为考察当前我国城乡二元经济结构及当前城乡统筹发展中的经济公正问题提供了极有价值的理论资源。

正如美国学者 L. C. 麦克唐纳所指出的：“马克思的道德力量事实上是由于他的全部著作都是一种正义的呼声”[1]。马克思将其道德观建立在唯物史观的基础上，强调从经济关系特别是从利益关系的变动中，寻找道德的变化发展及其内在规律。同样，他也是基于唯物史观的基本立场，从对现实的人和以经济关系为主的现实生产关系的剖析中探寻正义的价值目标、评判标准和实现途径。他在对现实资本主义经济关系的批判中形成自己的正义思想，在他看来，资本主义的剥削制度使资产阶级主张的权利平等只是一种形式正义而非实质正义。

回溯新中国成立以来我国城乡关系发展的历程，不然发现，马克思主义基于唯物史观基础上的经济正义观，为我们提供了从经济正义的视角考察不同时期城乡关系问题的基本原则。新中国成立初期，百废待兴的国内经济状况和相对孤立的国际环境要求我们通过“以农哺工”的资金积累方式和工农产品“剪刀差”的价值转移形式在最短时间内建立起相对独立完整的工业体系。尽管这一战略选择在一定程度上牺牲了农民的利益，但是，从当时我国特定的生产力水平和经济关系、生产关系上看，仍不失其合乎经济正义的价值目标和实践效果。然而，这一战略选择在其后长期的计划经济体制中造成国家对农村投入长期不足，并通过严格的户籍制度使农民无法获得与城市居民相同的身份待遇，由此导致城乡差距进一步拉大，农民的平等地位流于形式。改革开放以来，尤其是 21 世纪以来，以经济正义为核心理念的城乡统筹发展观成为科学发展观的重要内容。从根本上说，城乡统筹要求给予城乡居民公平的国民待遇，消除由户籍关系所决定的农民和城市居民的权益差异，通过体制改革和政策调整削弱并逐步清除城乡之间的樊篱。从过程上看，城乡统筹是一个动态的发展过程，而不应被视为城市和农村、市民和农民的完全同质化、均等化。相反，社会转型期我国不同地区、不同阶段，城乡统筹仍然会呈现出一定形式和一定程度的差异。

作为功利主义的集大成者，穆勒在其系列经济哲学著作中提出了以个人权利为基础、功利优先为原则的经济正义观。在穆勒看来，要想解决经济生活中诸如税收的标准等各种问题，“最好的解决方式是功利主义的方式”[2]。他在代表作《功利主义》一书中论证了正义与功利之间的关系，指出“功利是正义的基础，正义是一切首先最主要、最神圣、最具有约束力的部分”“‘权利’是正义感念的本质，权利存在于个人之中，权利这个概念暗示并证明了正义具有更具约束性的义务”。[3]以此基础，穆勒构建了以权利为基础的经济正义观。他提出，市场经济通过自由竞争使每个人得到应得的利益，并使得作为个人利益总和的“公益”得以实现。由此，穆勒为市场经济做出了合乎“公道”的伦理辩护。

从功利主义的经济正义观出发，乡村市场化进程应当通过自由竞争使每个经济主体得到其应得的利益，并以此为基础实现社会利益。然而，问题在于，长期以来我国城乡二元经济结构的存在，不仅未能使农民传统计划经济体制下获得应得的利益，而且在当前城市化、市场化进程中依然在土地流转等方面得不到应有的利益回报。应当看到，土地始终是占我国人口大多数的农民最基本的生产资料和生活资料，目前我国大部分农民的收入仍然是土地生产性收入。即便是大量进入城市的农民工，由于其就业的不稳定性，土地依然是其最重要的生活保障。近年来，工业化和城市化浪潮中失地农民的增加及其引发的种种矛盾，在一定程度上验证了大批经历市场大潮洗礼的农民依然将土地视为最基本的生存条件，这也支持了斯科特所提出的“安全第一”的农民生存伦理原则[3]。因此，如何保障农民通过土地流转获得应有的经济利益，是当前土地制度公平性的基本要求。但是，从目前的土地流转制度来看，农户的分散性及农民对土地潜在价值认识的有限性，使其在与规模经营者、生产企业或基层政府的谈判中都处于弱势地位，往往在信息不对称的情况下遭受利益的损失。如何给予乡村城市化和市场化进程中的农民应得的利益回报，是当前农村土地制度改革不可或缺的经济正义要求。

作为新自由主义的代表人物，罗尔斯将“平等”视为正义的核心概念，并提出了“差别原则”为理论特色的正义原则。在他看来，处于原初状态中的人们选择两个正义原则：一是“每个人对与所有人所拥有的最广泛平等的基本自由体系相容的类似自由体系都应有一种平等的权利（平等自由原则)”；二是“社会的经济和不平等应这样安排，使它们①在于正义的储存原则一致的情况下，适合于最少受惠者的最大利益（差别原则)，②依系于在机会公平平等的条件下职务和地位向所有人开放（机会的公正平等原则)”。[4]可以说，差别原则在承认社会财富与权力不平等的基础上寻求缩小平等，体现了一种向“最少受惠者”倾斜的经济正义的基本理念和制度安排。

罗尔斯以“差别原则”为理论特色的正义原则，为当前我国城乡统筹发展中的制度建设提供了基本的价值理念。无须讳言，改革开放以来，伴随着我国经济的高速增长，城市先发优势愈发明显，城乡之间的差距进一步扩大，以至于出现了所谓“城市像欧洲，农村像非洲”的发展态势。而就广大农民而言，无论是仍然在农村从事农业生产还是进入城市的“农民工”，在教育、医疗、养老等方面享有的权益仍然与城市居民相距甚远。面对当前城乡发展失衡、贫富差距扩大、社会矛盾凸显的状况，罗尔斯所强调的向“最少受惠者”倾斜的分配正义理论，无疑能够为解决上述问题提供有益的启迪。换言之，针对长期以来多种因素所形成的城市与乡村、市民与农民之间的差距，政府应当在农村公共产品的供给、土地制度改革及社会保障制度建设等方面给予足够的倾斜政策，从而以“利益补差”的方式补偿由于历史因素、先天因素及社会因素所造成的不平等，使已成为“弱势群体”的农民获得共享社会经济发展成果的机会。

三、城乡环境正义中的程序正义、地理正义和社会正义

环境正义又称环境公正，有两层含义：“一是指所有人都应拥有平等地享受清洁环境而不遭受不利环境伤害的权利；二是指环境享用的权利与环境保护的责任、义务相统一。”[5]

环境正义概念的最初形成肇始于 1982 年北卡罗来纳州瓦伦县（Warren County）的抗议事件。这一事件直接引发了以实证研究和科学论据论证环境不正义存在的环境正义运动。1987 年由美国联合基督教会所组成的族群正义调查委员会（United Church of Christ Commission for Racial Justice，UCC）发表的“有毒废弃物与种族”的研究报告指出：美国境内有毒废弃物处理设施的场址分布显示出强烈的种族歧视倾向，更为严重的是整个美国都有同样的问题。7 年之后，UCC 的追踪报告再次指出：环境不正义问题非但未获解决，反而日趋严重。布拉德的《倾倒在南方各州》[6]也体现出这种实证研究范式和将环境不正义与种族化相联系的理论特征。尽管此后对环境正义问题的关注不断拓展，研究也逐渐深入，但是，种族、地域、城乡不平等问题，始终是环境正义最重要的关注内容。

应当看到，在我国现代化发展进程中，环境正义也日益成为理论与实践的关注焦点。其中，“城市环境好转，农村环境恶化”的城乡环境二元趋势，是这一问题的突出表现。布拉德曾将环境正义分为程序正义、地理正义和社会正义三种。程序意义上的环境正义强调各种法规、制度和评估标准的普遍适用，强调每个国家、地区和个人在与自身环境相关的事务上拥有知情权和参与权，体现为环境利益上的分配正义；地理意义上的环境正义强调在环境问题上付出与获得的对称，即容纳废物的社区应从产生废物的社区得到补偿，这是环境利益的补偿正义；社会意义上的环境正义强调在整个社会中保障个人或群体应得之权益的重要性，即不同种族、民族、群体承受的环境风险比例相当，体现为一种实质正义[8]。由此出发，我国当前城乡环境二元趋势所体现出的环境不正义问题，也可以从上述三个方面加以考察。

1. 城乡环保制度安排和环境资源分配中的程序正义

目前，我国已有的环境保护法规和制度是一种以城市为中心的法律体系，农村环境保护缺乏有效的制度支持。例如，2000 年 9 月 1 日起施行的《大气污染防治法》中有 20 多处提及“城市”或“重点城市”，对城市大气污染防治的规定包括工业废气的排放、城市市区民用炉灶能源的使用和城市扬尘污染的控制等，对重点城市的大气污染防治规定更加严格。然而，该法律却只字未提农村大气污染防治的制度安排问题。在 2004 年 12 月修订的《固体废物污染环境防治法》中，仅几项条款对农村环境保护做出规定，农村生活垃圾污染防治的具体办法则授权地方性法规加以规定。2008 年 2 月修订、6 月施行的《水污染防治法》，虽涉及农村环境保护并对“农业和农村水污染防治”做了规定，但只给出大体原则，缺乏对农村水环境保护的具体规定。土地是农村和农业的根本，但目前我国土壤污

染防治的法律基本上仍是一片空白，虽有零星规定，但缺乏系统和可操作的法律制度[8]。

与此同时，长期以来我国城市优先的发展战略，使城市在环境资源的享有和利用上获得优先权。目前，我国绝大部分污染防治投资都投入城市，农村几乎得不到污染治理和环境管理的建设资金，环保设施严重匮乏。城市居民享有的环境资源优势明显大于农村，农民对环境资源的利用权、环境状况的知情权和环境侵害的请求权未能得到有效体现，已成为城乡经济社会发展中的环境弱势群体。

因此，政府通过建立和完善公平的法律制度体系，实现城乡环境资源分配和环境保护的无歧视，是城乡环境正义的基本要求。

2. 城乡环境补偿机制中的地理正义

应当看到，新中国成立以来尤其是改革开放以来以城市为中心的发展战略，使农村在环境资源方面付出了极大代价。可以说，城市在从农村获得低廉的资源和劳动力的同时，将大量的污染物和垃圾转嫁给农村。人们通常会依照两种最常见的原则来处置废弃物：一是“方便原则”，即废弃物制造者（个人、企业、工厂、农牧场甚至政府机构）将废弃物任意地排放、丢弃，生态后果由地区甚至全球的不特定对象来承担，这是一种典型的“眼不见为净”的做法；二是“最小抵抗路径”原则，即废弃物的制造者将废弃物丢弃在“最小抵抗”的特定地点及特定人群的生活领域。一般而言，这些特定地点是偏远地区，包括地理意义上和文化意义上的偏远地区；特定人群指弱势族群与贫穷小区[9]。城市向农村转嫁环境污染也正是通过上述两种方式进行的。

然而，城市在将大量污染转嫁农村的同时，却没有给予环境利益遭到损害且相对贫困的农民应有的补偿，“谁受益谁补偿”的原则未能得到真正落实。对此，原国家环保总局副局长潘岳曾指出，“农村在为城市装满‘米袋子’‘菜篮子’的同时，出现了地力衰竭、生态退化和农业资源污染”[10]。从一定意义上说，城市的经济发展和环境好转是以损害农民生存利益、经济利益和环境利益为代价的。因此，政府应当综合利用经济手段和行政手段，通过税收政策和财政转移支付，建立有效的农村生态补偿机制，以实现城乡环境利益的补偿正义。

3. 城乡居民承受环境风险的实质正义

如果说，程序正义和地理正义通过有效的制度供给和利益调整应对城乡环境二元趋势，那么，如何在城乡统筹发展的背景中保障农民应得的发展权益和环境权益，使城乡居民以合理的比例承担环境风险，则是城乡环境实质正义的基本诉求。事实上，无论在理论还是实践层面，几乎没有人会否定应当对当前城乡环境中的不正义问题进行矫正，也没有人反对对承受此种不正义的农村和农民加以补偿。但问题在于，这种矫正和补偿的逻辑前提是：在污染和废弃物无法完全避免的情况下，究竟应当如何确定环境风险的承担对象和比例？由此，城乡环境正义需要面对和解决以下两个基本问题：

其一，关于城乡环境正义中的“邻避现象”问题。近年来，随着我国城市尤其是东部沿海发达地区城市居民环保意识的不断增强，许多污染型企业开始向农村地区迁移，污染风险也随之转移到农村。不断见诸媒体报道的“癌症村”“结石村”，也成为污染转移的后果之一。同样，尽管广大市民都清楚地知晓垃圾焚烧厂、中转站、变电站、通讯发射台等基础设施对城市正常运转的必要性，但其潜在的污染风险仍使其遭到市民的竭力抵制，并通过各种民主机制的表达方式最终被大量迁至城乡接合部或农村地区。这正是国际环保领域中的“邻避现象”(not in my back yard，不要在我家后院，简称 NIMBY)。这里，借助民主机制表达的邻避主义在抵制自身环境权利可能遭受的不正义的同时却带来了另一种不正义，从而形成了一种环境正义的吊诡。

UCC 前会长贾维斯（Ben Jamin Chavis）曾提出，“我们并非要将焚化炉或有毒废弃物垃圾场赶出我们的小区，然后把它们放到白人小区里——我们要说的是，这些设施不应该放在任何人的小区里”[11]。邻避问题的研究者也大多认为，探讨“邻避现象”的最终目标在于达成“不要在任何人的后院”(not in any body's back yard，简称 NIABY)[12]。但事实上，由于无法实现无污染和零风险，传统环境正义理论的这一目标只能是一种理想主义的正义诉求。就我国城乡关系而言，至少在相当长的一段时期内，我们恐怕无法希冀通过完全消除污染风险向农村的转移以实现城乡环境正义。

其二，关于城乡环境正义与其他社会正义的权衡。环境正义运动及其研究时常受到经济学家以及政府和工业界人士的担忧和质疑。美国前副总统戈尔曾不无忧虑地提出：“面对被焚化炉或掩埋场计划所动员的众多反对兴建这类不受欢迎设施的民众，我总是为之语塞。在这样的争议里，似乎没有人考虑到经济与失业；对他们而言，唯一重要的事就是保卫自家的后院。”[13]换言之，当大家首要的考量都是自家后院时，工业与经济很容易因此陷入停滞。随之而来的失业与收入锐减最先冲击的必然是蓝领与低收入家庭。其结果是，推动环境正义运动带来了不公平的社会冲击，并且，这种冲击的不正义性并不亚于环境不正义的不正义性。简言之，经济学家认为过度伸张环境正义会导致人民坐拥青山绿水却饿肚子的怪现象，一味地高喊环境正义并不一定能促使普遍正义的实现[14]。

尽管经济学家对环境正义的质疑带有一定的学科偏颇，但是，这仍然有助于我们以多学科的视角反思城乡环境正义的实现。事实上，在现阶段我国城乡关系问题上，环境正义与其他社会正义之间确实存在着一定的冲突和紧张。我们无法否认，清新的空气、干净的水源对于农村生态环境和农民身体健康的无以替代且无法衡量的价值。但是，我们同样难以回答，对于广大农民而言，长期的贫困与落后所造成的饥饿、营养不良及养老、医疗和教育危机，以及污染增加所带来的健康风险，究竟哪种更为严重和迫切？而面对不可完全消除的废弃物和污染风险设施，究竟是放置于人口密度较低的农村还是人口密度较高的城市？对于这一问题，仅仅基于环境正义的单一视角，恐怕也难以给出恰当的回答。

由是观之，经济正义和环境正义是转型期我国城乡关系中不容忽视的两个基本问题[15]。尽管目前在理论和实践层面还存在着一些论争和困难，但是，对于这两个问题的反思，体现了经济伦理和环境伦理研究面向实践的基本路向，无疑也将对当前城乡统筹发展中“三农”问题的解决提供有益的理论资源。

【参考文献】

[1] 程立显．伦理学与社会公正［M]．北京：北京大学出版社，2002.

[2] 约翰·斯图亚特·穆勒．功利主义［M]．刘富胜，译．北京：光明日报出版社，2007.

[3] J.C. 斯科特．农民的道义经济学：东南亚的反叛与生存［M]．程立显，刘建，等译．南京：译林出

版社，2001.
[4] 约翰·罗尔斯．正义论［M］．何怀宏，等译．北京：中国社会科学出版社，1988.
[5] 朱贻庭．伦理学大辞典［M］．上海：上海辞书出版社，2011.
[6] Robert D Bullard. Dumping in Dixie：Race，Class，and Environmental Quality［M］. Boulder Co：Westview Press，1994.
[7] 曾建平．环境正义：发展中国家环境问题研究［M］．山东：山东人民出版社，2007.
[8] 钱水苗．环境公平应成为农村环境保护法的基本理念［J］．当代法学，2009（1）：77-80.
[9] 纪骏杰．我们没有共同的未来：西方主流“环保”关怀的政治经济学［J］．台湾社会研究，1998（31）：141-168.
[10] 潘岳．可持续发展缓解社会不公绿色GDP应成经济指标［N］．新京报，2004-10-28.
[11] Carroll Pursell. A Hammer in Their Hands：A Documentary History of Technology and the African-Ameri-can experience［M］. Cambridge，Mass：MIT Press，2005：360.
[12] 黄之栋，黄瑞祺．环境正义论争：一种科学史的视角——环境正义面面观之一［J］．鄱阳湖学刊，2010（4）：27-42.
[13] Albert Gore. Earth in The Balance：Ecology and the Human Spirit［M］. Boston：Houghton Mifflin，1992：355.
[14] 黄之栋，黄瑞祺．光说不正义是不够的：环境正义的政治经济分析——环境正义面面观之三［J］．鄱阳湖学刊，2010（6）：17-32.
[15] 毛勒堂．资本逻辑与经济正义［J］．湖南师范大学学报（社会科学版），2010（5）：73-78.

（原文刊载于《伦理学研究》2012年第6期）

中国乡村经济伦理之历史考辨与价值理解

王露璐

摘要：近代以来，伴随着我国乡村社会经济关系与利益关系的变化，具有乡土特色的中国传统乡村经济伦理也发生了相应的历史性变迁。马克思主义的“经济决定论”和韦伯的“精神（伦理）气质论”，为我们提供了把握中国乡村经济发展与伦理道德之互动关系的基本逻辑思路。根植于乡村经济生活的乡土伦理，在经历不断传承和变迁后仍彰显着其现代价值。对中国乡村经济伦理的历史考辨与价值理解将有助于“社会主义新农村建设”这一时代主题。

关键词：乡村经济；乡土伦理；社会主义新农村建设

中国传统乡村社会在自给自足的生产方式和相对封闭的生活方式的基础上，形成了具有自身特色的乡村经济伦理。借用费孝通先生对中国社会所作出的“乡土性”概括[1]，可以将这种具有“乡土”特色的中国乡村经济伦理称为“乡土伦理”。近代以来，传统乡土伦理的传承和变迁已经并将进一步影响我国乡村社会经济的发展。深入考察中国乡村经济发展与伦理道德的互动关系，从而更深刻地把握当代中国乡村道德发展的内在规律，对于社会主义和谐乡村的建设与发展，具有十分显见的理论价值和现实意义。

一、乡土伦理之现代变迁

道德的产生和发展，是由社会的经济关系尤其是作为其直接表现的利益关系决定的。因此，对近代以来中国乡土伦理变迁的历史考察，也应以中国乡村社会中经济关系和利益关系的变化为切入点。中国传统社会在其两千年的历史中，“几乎与世界其他大文化完全隔绝，而近乎一种平衡、稳固及‘不变的状态’”[2]。但是，1840 年的鸦片战争改变了中国的历史。科学、技术、文化的侵入及其所产生的工业化、城市化进程，使中国社会走进了从“传统”到“现代”的“转型期”。在中国乡村社会，这一转型主要体现为农业的工业技术化、农村的城镇化和农民的市民化过程。尽管中国乡村社会的变迁比城市要缓慢得多，但我们依然可以看到，近代以来，我国乡村社会经济的发展突破了传统的生产方式，改变了乡村经济关系和利益关系，从而使传统的乡土伦理也发生了相应的变迁。

在 18—19 世纪的中国历史发展过程中，出现了以往周而复始的更替或循环中未曾有过的两大因素：一是“人口增长到了真正空前的水平”，二是西方资本主义的野蛮式进入带来了“比中国先前游牧民族入侵者更带有根本性的挑战”[3]。在这两个因素的作用下，中国传统乡村社会自给自足的自然经济开始解体。商品经济一定程度的发展，开始动摇了乡村社会恋土重农、重本轻末、安土重迁等传统伦理价值观念。进入20世纪，中国乡村经济的商品化进程进一步加速。黄宗智曾引用大量数据证明，河北和山东西北部的小农经济，“在20世纪的三四十年中经历的商品化程度，至少相当于过去三个世纪”[4]。乡村经济的商品化使乡村从传统的熟人社会逐步转变为半熟人社会，生产关系也“从一种在相识的人之间、面对面的长期性关系，改变为脱离人身的、短期性市场关系”[4]。与之相伴随，农民的市场意识、契约意识开始萌芽。同时，人口的继续增加和人地矛盾的进一步突出，自然灾害带来的恶劣生存条件，沉重赋税的压迫及由战争所引发的动荡，使20世纪30年代以后农民离土离乡的人数急剧增加。离开土地的农民，无论进城务工或从商，都开始了与现代生产和生活方式的接触。也正是在这种接触中，农民的经济价值观、生活态度及行为方式发生了一些变化，效率意识、自我意识、合作意识等现代经济价值观开始被一些农民接受。

1949年新中国成立，中国共产党领导的土地制度改革彻底改变了中国乡村原有的社会生产关系，使中国农村的土地占有情况发生了根本的变化。在这一过程中，广大贫农和雇农通过平分土地实现了“获得财富的愿望”①，并在此基础上产生了一定程度的政治平等和主人翁意识。同时，土改使农村社会的经济条件更加平均，这在无形中强化了农民的平均主义思想。这种平均主义思想在合作化运动后得到进一步增强，并通过人民公社化运动达到顶峰。在汹涌澎湃的“共产风”中，农民模糊了“公”与“私”的界限：我的就是公家的，公家的也就是我的。“公”与“私”的混淆和转化，产生了责任不清、平均主义和“等、靠、要”的懒汉思想。每个人似乎都有责任承担工作，但每个人的责任却无法区别清楚；每个人在集体财产中都应有一份，而与其劳动的数量和质量无关；每个人都把自己算作“公”的一个组成部分，因而“公”的或“别人”的帮助也就被视为理所当然[5]。在当时全国近四百万个“大食堂”中，顿顿吃干饭、放开肚皮吃、边吃边糟蹋，成为十分普遍的现象。我们可以从中看到，不合理的经济制度对农民良好道德风尚的极大破坏。

中国的改革是从农村开始的。家庭联产承包责任制的实行，从根本上改变了长期以来平均主义的分配方式，极大地调动了农民的积极性，促进了农村生产力的发展，从而带来了中国农村的一系列巨大变化。这些变化中，农民自主、自立、平等、勤劳、节俭等意识大大增强。家庭联产承包责任制的实行使农村劳动力出现了明显剩余，农副产品的增加和国家统派购制度的取消使农村市场得以重建。这两个变化促成了中国乡镇工业的兴起和发展，并进一步推动了中国乡村经济的发展，也为传统农民向现代的转变提供了真正的可能[6]。大量农民在由传统向现代的转换中，产生了难以在农耕活动中真正建立的效能感、时间感和计划性，市场意识、信用意识、契约意识、责任意识、权利意识和创新精神也大大增强。当这些新的理念内化为农民的自觉意识时，新一代的农民产生了。在这里，我们似乎可以找到对孟德拉斯所谓“农民的终结”之最佳诠释：孟德拉斯所说的“农民的终

① 对大多数贫农来说，参加土改是出于获得财富的愿望。在对地主进行剥夺后，其绝大部分土地被重新分配给穷人，贫农获得与他们从前曾经租耕的面积相当的土地。参见：麦克法夸尔，费正清．剑桥中华人民共和国史（1966—1982）［M］．北京：中国社会科学出版社，1998：656.

结”，并不是“农业的终结”或“乡村生活的终结”，而是“小农的终结”[7]。具备现代经济伦理观念的一代新型农民，是市场经济背景下中国乡村经济发展的必然产物。

二、“经济决定论”与“精神气质论”：两种理解路径及其整合

在乡村经济伦理生活的历史变迁中理解经济发展与伦理道德之间的互动关系，包括两个相互关联的价值维度：一是揭示乡村经济发展所带来的伦理变迁，二是探寻伦理文化对乡村经济发展的推进与支持或者抑制与阻碍。就此而言，在理论史上，至少有两种为人们所熟知的理论范式，即马克思主义的“经济决定论”和韦伯的“精神（伦理）气质论”。可以说，此两种看似矛盾却实质相通的理论阐释，为我们理解中国乡村经济发展与“乡土伦理”的互动关系提供了基本的理论资源。两者之整合可以为我们提供理解中国乡村经济伦理生活之本真状态的较为完整的理论镜像。

马克思主义经典作家对经济发展与伦理道德之间关系的分析，是以唯物史观为基础的。马克思明确指出：“物质生活的生产方式制约着整个社会生活、政治生活和精神生活的过程。不是人们的意识决定人们的存在，相反，是人们的社会存在决定人们的意识。”[8]恩格斯也强调：“人们自觉地或不自觉地，归根到底总是从他们阶级地位所依据的实际关系中——从他们进行生产和交换的经济关系中，获得自己的伦理观念。”[9]因此，道德总是历史地发生、发展和发挥作用的，没有“凌驾于历史和民族差别之上的不变的原则”“一切以往的道德论归根到底都是当时的社会经济状况的产物”[9]。在马克思主义唯物史观的视野中理解经济发展与伦理道德之间的关系，应当遵循的基本逻辑思路是：道德受一定社会的经济发展水平和经济制度的制约。道德的产生、内容及其作用的范围，由社会的经济关系和作为经济关系直接表现的利益关系决定。因此，必须从经济关系特别是从利益关系的变动中，寻找道德变化发展的规律。正是基于这样的认识，人们将“经济决定论”视为马克思主义伦理学在经济发展与伦理道德关系问题上的基本立场。

“经济决定论”是马克思主义伦理学处理经济发展与伦理道德关系的基本原则，但是这一原则不应被理解为经济发展对伦理道德的机械决定。事实上，马克思主义经典作家在强调经济关系对道德之决定作用的同时，从来没有否认道德的相对独立性及其对经济发展的反作用力。恩格斯告诫人们不要用“经济唯物主义”精神使思想庸俗化，他强调指出，精神生活的每个领域一经产生，就具有相对的独立性。同科学和艺术一样，道德也具有相对独立性。在一般地取决于社会经济这个前提下，道德有其自身的发展趋势，并以其特殊的方式对经济发展产生反作用[10]。这种反作用表现在：道德既可能以其先进性推进经济的发展，成为经济发展不可或缺的支持因素乃至动力，亦可能以其落后性抑制经济的发展，成为经济发展的阻碍因素甚至桎梏。

韦伯关于新教伦理与资本主义精神之关系的理论命题，为理解经济发展与伦理道德之关系提供了又一认识范式。由于韦伯更多的是从新教伦理、精神气质的角度研究资本主义，加之他明确将马克思的“经济决定论”看作是一种“片面的唯物论”并加以反对，因此，韦伯命题往往被概括为“精神（伦理）气质论”并被视为与马克思的“经济决定论”相对立的认识范式。然而，全面解读韦伯命题的研究背景和文本，即可发现，韦伯对马克

思的历史分析十分佩服并深受影响，认为马克思从经济和技术方面去探讨历史事件的造因是发前人所未发[11]。无论在研究方法还是结论上，我们都可以找到两者的相通之处。

从研究方法来看，韦伯在《新教伦理与资本主义精神》中采用的是从具体到抽象的研究方法。他抓住了资本主义的最主要的经济特征，一层一层地探索其背后的精神塑造痕迹，最终找到了资本主义发展的精神渊源。这正是马克思在《资本论》中对资本主义生产方式的本质进行研究时所采用的方法。同时，韦伯的研究方法体现了历史考察与逻辑考察的统一。在他看来，资本积累、雇佣劳动等经济事实是资本主义发展的历史起点，与此相对应，资本积累、雇佣劳动等概念是在理性框架中认识资本主义发展与新教伦理精神内在联系的逻辑起点。韦伯在对新教各宗各派的历史考察中所探究的"天职""职业观""禁欲主义""理性行事"等概念，是与作为资本主义基本经济事实的资本积累和雇佣劳动相对应的。这种逻辑考察方法体现了历史的发展过程，它不仅不是主观的或唯心主义的，相反，与马克思的历史唯物主义方法论有异曲同工之处[1]。

尽管韦伯高度肯定了以禁欲主义观念为核心的新教伦理与西方资本主义兴起之间存在的"选择性的亲缘关系（elective affinity)"，但他始终没有将新教伦理视为促进西方理性资本主义兴起和发展的唯一根据，也没有否认经济因素的决定作用。在《新教伦理与资本主义精神》一书的结束之处，韦伯十分清楚地指出："这里我们仅仅尝试性地探究了新教的禁欲主义对其他因素产生过影响这一事实和方向；尽管这是非常重要的一点，但我们也应当而且有必要去探究新教的禁欲主义在其发展中及其特征上又怎样反过来受整个社会条件，特别是经济条件的影响……但是，以对文化和历史所作的片面的唯灵论因果解释来代替同样片面的唯物论解释，当然不是我的宗旨。每一种解释都有着同等的可能性，但是如果不是做做准备而已，而是作为一次调查探讨所得出的结论，那么，每一种解释不会揭示历史的真理。"[13]也就是说，韦伯坚持一种历史多因论的观点，不能认同将物质因子看作可以解释一切历史现象的最后之因①。但是，韦伯也十分清楚地看到了资本主义经济发展对禁欲主义精神的影响，他认为，伴随着物质财富的巨大增长，物质产品对人类的生存"开始获得了一种前所未有的控制力量，这力量不断增长，且不屈不挠。今天，宗教禁欲主义的精神虽已逃出这铁笼（有谁知道这是不是最终的结局?)，但是，大获全胜的资本主义依赖于机器的基础，已不再需要这种精神的支持"[13]。在此，韦伯已然十分明确地表明了资本主义生产方式的发展对伦理道德所产生的巨大影响。

可见，在经济发展与伦理道德的关系问题上，马克思主义经典作家与韦伯所作出的理论阐释，并非两种截然对立的"唯物"与"唯心"的认识范式。事实上，两种阐释都看到了经济发展与伦理道德之间的互动关系，即经济的发展决定着伦理道德的产生和变化，伦理道德对经济的发展具有反作用。从这一意义上说，马克思主义经典作家和韦伯从不同的理论原点出发，殊途同归地得出了实质相通的研究结论。这一结论，为我们提供了理解中国乡村经济伦理生活变迁过程中经济发展与伦理道德之互动关系的基本逻辑思路。

① 余英时在《中国近世宗教伦理与商人精神》自序中指出，尽管韦伯认同马克思从经济和技术方面去探讨历史事件造因的基本方法，但他反对将经济看作因果系列中的最后定点，更不同意把这一观点提升为一种全面的"世界观(weltanschauung)"。

三、乡土伦理与“社会主义新农村建设”

如果说，乡村经济生活与道德生活之交融互动是不可或缺且相互促进的，那么，作为一个与实践相关的历史性主题，乡土伦理是否能在当前的“社会主义新农村建设”中彰显其现代价值呢？

事实上，就伦理道德对农村建设之功能的考察不乏前人之功。不少国内外学者在研究我国乡村问题时都注意到了伦理文化对乡村经济发展的重要影响。其中，尤其值得我们关注的是民国时期以梁漱溟、晏阳初为代表的乡村建设理论及其实践。梁漱溟认为，乡村建设运动起于乡村的破坏和救济。在他看来，近代以来西方入侵所导致的“文化失调”破坏了中国乡村社会伦理本位的礼俗秩序，从而导致乡村破坏。因之，乡村救济的路径是通过乡村建设建立新的乡村文化礼俗，从而恢复伦理本位的社会秩序①。晏阳初则指出，中国的根本问题是“人的问题”，而建设农村，也“首当建设农村的人”[14]。完成这一建设的途径，是通过以文艺教育、生计教育、卫生教育和公民教育为内容的“四大教育”，解决中国乡村“愚”“穷”“弱”“私”这四大基本问题。他以学校式、家庭式、社会式三种方式的连环推行为基本措施，将四大教育运用到乡村建设中，形成了乡村文化、经济、卫生、政治四大建设。

尽管梁漱溟与晏阳初的理论都有其局限性，但他们对乡村在中国社会经济发展中的重要地位及乡村伦理文化对乡村经济和社会发展的重要作用的认识，至今仍有其不可低估的时代价值。尤其应当看到的是，梁漱溟与晏阳初并没有仅仅满足于对中国乡村建设的纯学理探讨，而是身体力行地把这种探讨引向社会实践并取得了一定的成绩。梁漱溟在山东邹平地区通过为期 7 年的乡村建设实验，使这一地区匪乱不近，盗贼不兴，形成了良好的乡村秩序和社会风气。据艾恺考证，到 1937 年，邹平实验县已接近实现普及教育，在禁止贩毒、吸毒以及对赌博、缠足等社会陋俗的改造方面也取得了较好的效果[15]。可以说，以梁漱溟、晏阳初为代表的乡村建设理论与实践，为我们理解伦理文化对乡村经济发展的重要作用提供了十分有益的理论资源和实践例证。

回溯我国改革开放以来乡村经济的发展历程，亦可十分清楚地看到，伦理道德已成为我国乡村经济改革和发展进程中不可或缺的精神动力。发轫于中国农村的经济体制改革，在促进中国乡村经济极大发展的同时，也削弱了安土重迁、惧怕变革等保守意识，致富光荣、敢于争先、开拓创新等新型理念逐渐被广大农民所接受。在现代农业生产中，越来越多的农民认识到勤劳只是致富的必要而非充分条件，只有具备一定的知识和技术并运用市场意识和创新意识，才能率先走向富裕。如果说，20 世纪 70 年代末，安徽小岗村 18 户农民一纸“包产到户”的血书，是生存压力的逼迫下一次无奈的冒险与创新，而在随后的改革进程中，中国农民一次次超乎寻常的创新行为，则显示出不断强化的市场意识和创新意识。20 世纪 80 年代初，东部沿海地区乡镇企业的异军突起、河南林县“十万建筑大军出太行”带动的全国范围内的“民工潮”，可以视为初步具备市场意识的农民力图致富的

① 相关理论观点，参见：梁漱溟．乡村建设理论［M］．上海：上海人民出版社，2006.

理性选择；20 世纪 90 年代初期，山东诸城农民创造的“公司加农户养鸡模式”和寿光农民创造的“蔬菜批发市场”，推进了中国农业产业化的进程，也是市场意识更加成熟的农民作出的制度创新；进入 21 世纪，东部沿海地区乡村民营经济的迅猛发展，表明在市场经济大潮中成长起来的新一代农民，已经超越被动适应而走向主动创新。这一个个生动例证所体现的，正是在市场经济发展中逐渐生成的现代经济伦理观对乡村经济发展所产生的支持与推进。

社会主义新农村建设的目标是“生产发展、生活宽裕、乡风文明、村容整洁、管理民主”，这体现了物质文明、精神文明、生态文明和政治文明的高度统一。应当看到，新农村建设需要伦理道德为其提供强有力的动力和支撑。忽视伦理道德的支撑作用，必然陷入将新农村建设简单地理解为“建新路、建新楼、建新村”的认识误区，甚至产生急功近利、盲目建设的错误理念和实践。在这方面，韩国“新村运动”的实践经验是很值得我们思考和借鉴的。韩国从 1970 年开始的“新村运动”，其实质是一场由政府发起，以缩小城乡差距、改造农村、造福农民为目的，以倡导“勤劳、自助、合作”精神为核心，以改善农民生产生活条件的村庄建设项目和提升农民文明素质的思想教育为载体，物质文明建设与伦理精神教育互动的农村现代化建设运动。朴振焕博士给“新村运动”下的定义是：通过参加建设村庄项目，开发农民的生活伦理精神，从而加速农村现代化的发展。通过“新村运动”，农民的伦理思想发生了巨大变化，从宿命的“我们不能做”转变到“我们能够做”，自信心大大增强。“新村运动”树立的“勤劳、自助、合作”精神也逐渐转化为农民良好的生活伦理精神。这种良好的国民精神，弥补了当时韩国科学技术水平上的不足，提高了韩国整体的人力资本质量，为韩国经济的持续发展作出了巨大贡献[16]。

当然，将伦理道德视为乡村经济发展的精神动力，并非因此否认它对乡村经济发展可能产生的抑制和阻碍作用。相反，无论从理论逻辑还是历史事实来看，伦理文化对经济发展的反作用都是双重性的。传统的中国农民在长期自给自足的生产和生活方式中形成的道德观念和道德习惯，必然存在先天的缺陷和局限性。例如，作为小生产者和小私有者，他们的社会交往方式单调稀少，这就决定了他们道德特征上的自私狭隘性；分散的生产和生活方式，造就了他们比较散漫、缺乏组织纪律性的特点，等等[17]。也正是这些缺陷的存在，在一定程度上阻碍了近代以来尤其是改革开放以来乡村经济的发展。认识到这一问题，有助于帮助我们把握存在于乡土伦理传统与现代市场意识之间的紧张关系，更加全面地审视伦理道德的双重作用。也唯有如此，才能兴利除弊，使乡土伦理之于社会主义新农村建设的推进价值得以更加充分的张扬。

【参考文献】

[1] 费孝通．乡土中国生育制度［M］．北京：北京大学出版社，1998：6.

[2] 金耀基．从传统到现代［M］．广州：广州文化出版社，1989：49.

[3] 费正清，费维恺．剑桥中华民国史：下卷［M］．刘敬坤，等译．北京：中国社会科学出版社，1993：8.

[4] 黄宗智．华北的小农经济与社会变迁［M］．北京：中华书局，2000：124.

[5] 王晓毅．血缘和地缘［M］．杭州：浙江人民出版社，1993：110.
[6] 周晓虹．传统与变迁——江浙农民的社会心理及其近代以来的嬗变［M］．北京：三联书店，1998：230-247.
[7] 李培林．《农民的终结》中文版再版译者前言［M］//孟德拉斯．农民的终结．李培林，译．北京：社会科学文献出版社，2005：2.
[8] 中共中央著作编译局．马克思恩格斯选集：第2卷［M］．北京：人民出版社，1995：32.
[9] 中共中央著作编译局．马克思恩格斯选集：第3卷［M］．北京：人民出版社，1995：434.
[10] A.H. 季塔连科．马克思主义伦理学［M］．黄其才，等译．北京：中国人民大学出版社，1984：32.
[11] 余英时．关于韦伯、马克思与中国历史研究的几点反省——《中国近世宗教伦理与商人精神》自序［M］//余英时．儒家伦理与商人精神．桂林：广西师范大学出版社，2004：217.
[12] 叶静怡．韦伯《新教伦理与资本主义精神》的方法论和思想研究［J］．北京大学学报（哲学社会科学版），1999（4）：64-69.
[13] 马克斯·韦伯．新教伦理与资本主义精神［M］．于晓，陈维纲，等译．北京：三联书店，1987：143-144.
[14] 宋恩荣．晏阳初全集：第2卷［M］．长沙：湖南教育出版社，1992：35.
[15] 艾恺．最后的儒家［M］．王宗昱，冀建中，译．南京：江苏人民出版社，1996：259-275.
[16] 朴振焕．韩国新村运动——20世纪70年代韩国农村现代化之路［M］．潘伟光，郑靖吉，魏蔚，等译．北京：中国农业出版社，2005：2-4.
[17] 陈瑛．改造和提升小农伦理［J］．伦理学研究，2006（2）：1-5.

（原文刊载于《道德与文明》2007年第6期）

从“理性小农”到“新农民”
——农民行为选择的伦理冲突与“理性新农民”的生成

王露璐

摘要： 农民的行为选择是否遵循理性原则，是国内外长期关注和争论的问题。本文基于对四个典型村庄的田野调查，认为乡村改革进程带来了农民致富冲动的强化和经济理性意识的成长，但传统农业生产方式和生活方式中生成和强化的“土地情结”依然存在。商品化、市场化的发展，为乡村社会转型中农民理性意识的产生和发展提供了逻辑前提，也为“理性新农民”的生成提供了条件。而加强农村道德建设，则是塑造具备文明素质和职业道德的“新农民”的必由之路。

关键词： 理性小农；新农民；伦理冲突

农民的行为选择是基于“利润最大化”的利益追求，还是更多强调“安全第一”的生存伦理规则？或者说，究竟应当将农民视为“理性小农”还是非理性主义者？围绕这一同题国内外学界争论已久。对农民经济行为的“理性”论断最早可以追溯到亚当·斯密的自由主义传统。19世纪末，一些学者从“古典主义”传统出发，将资本主义经济行为中追求最大利益的“经济人”推广到包括农民在内的一切经济行为主体。正是在此基础上产生了二战前R. 菲尔斯、S. 塔克斯等人为代表的“新古典学派”所谓“便士资本家”① 论，以及战后T. 舒尔茨、S. 波普金等人的“理性小农”论。与之相反，俄国新民粹主义农民学家A. 佛图那托夫、A. 切林采夫、H. 马卡罗夫和A. 恰亚诺夫等人，把农民描绘为经济浪漫主义者而不是经济理性主义者，认为农民经济行为的目的不是追求“效益”而是为了生活。斯科特的“道德经济论”与“安全第一”的生存伦理规则，明显受到上述理论影响。总体上看，尽管这一思想脉络中的学者对农民文化的历史地位的评价有很大差别，但都一致认为农民是浪漫主义或温情主义者而非理性主义者[1]。

国内学界在中国农民经济行为是否理性问题上亦存纷争②。改革开放以来，伴随着乡村工业化、城市化和市场化的改革进程，我们既不难发现农民致富冲动的强化和经济理性

① 所谓“便士资本家”，意指农民价值观和思维方式与资本家并无实质区别，只不过其“资本”少得只有几便士。

② 国内关于这一问题的争论，较有代表性的观点可参见黄宗智：《长江三角洲小农家庭与乡村发展》，中华书局，2000；黄宗智：《中国农村的过密化与现代化：规范认识及出路》，上海社会科学院出版社，1992；马若孟：《中国农民经济》，江苏人民出版社，1999；林毅夫：《小农与经济理性》，《农村经济与社会》，1988年第3期；秦晖：《市场信号与“农民理性”》，《改革》，1996年第6期；释然：《文化与乡村社会变迁》，《读书》，1996年第10期。

意识的成长，又能看到传统农业生产方式和生活方式中生成和强化的“土地情结”依然存在。那么，究竟如何看待这一问题？乡村市场化进程所带来的农民理性意识的不断增强，是否最终能够实现“理性小农”向“新农民”的转变？

一、致富冲动与理性选择

伴随着改革开放进程中农村生产经营方式的多元化、乡镇企业的兴起和发展、农民进城务工人数的不断增加，以及不同区城出现的“离土不离乡”“离土又离乡”等乡村发展模式，农民“经济理性”意识的存在通过各种创造性的行为选择不断呈现。在华宏、圣牛、扁担赵和朗利四村的问卷调查和访谈资料中，我们也可以获得大量鲜活的数据和实例验证①。

在四个村庄的问卷调查中，我们均设置了“如果有可能赚钱的机会，您会如何做”和“您认为务农和做买卖，哪个更重要”两个问题，表1和表2给出了受访样本对这两个问题回答的频率分析。

表1　四个村庄的村民对赚钱机会的态度

类型	选　项	华宏村		圣牛村		扁担赵村		朗利村	
		频率	百分比（%）	频率	百分比（%）	频率	百分比（%）	频率	百分比（%）
有效	只要能赚到钱，其他的暂不考虑	1	0.7	3	2.8	18	12.9	9	7.1
	想尽一切办法赚钱，但会遵纪守法	99	66.0	76	70.4	84	60.4	96	75.6
	赚钱往往有风险，还是安稳点好	44	29.3	25	23.1	28	20.1	6	4.7
	其他	4	2.7	2	1.9	1	0.7	8	6.3
	不知道/说不清	2	1.3	2	1.9	6	4.3	5	3.9
	总计	150	100.0	108	100.0	137	98.6	124	97.6
缺失	系统	0	0	0	0	2	1.4	3	2.4
	总计	150	100.0	108	100.0	139	100.0	127	100.0

① 2007年以来，笔者在完成国家社会科学基金项目“乡村经济伦理的苏南图像”和“社会转型期的中国乡村伦理问题研究”的过程中，带领团队对江苏省江阴市华宏村和吴江市圣牛村、河南省漯河市扁担赵村、贵州省凯里市朗利村进行了田野调查。华宏村本村户籍人口8 000余人，外来务工人员7 000多人，实际居住人口超过15 000人。在20世纪80年代以来的乡村工业化进程中，华宏村已经逐渐转化为一个新型工业化乡村社区。圣牛村现有户籍人口2 122人，外来人口超过2 000人。从事羊毛衫行业的人数占60%、纺织行业的人数占20%、养殖业的人数占10%。扁担赵村全村户售人口1 531人，主要从事农业，其中1/3人口外出务工。朗利村为苗族聚居村落，共8个自然寨，677户，总人口3 470人，98%为苗族，主要从事农业。四个村庄分别地处东部、中部和西部地区，具备一定的典型意义。华宏村调查时间为2007年1月，圣牛村调查时间为2008年7月，朗利村和扁担赵村调查时间为2012年8月。四个村庄的田野调查均采用间券调查与深度访谈相结合的方式。问卷调查使用多阶段系统抽样方法。华宏村共抽取208个样本，实际访问样本153个，收回有效问卷150份。圣牛村共抽取并实际访问108个样本，收回有效问卷108份。朗利村共抽取195个样本，实际访问143个样本，收回有效问卷127份。扁担赵村共抽取191个样本，实际访问147个样本，收回有效问卷139份。问卷结果采用SPSS12.0－SPSS17.0统计分析软件进行数据处理和汇总分析。此外，笔者在四个村庄分别进行了21、11、8、9例个案访谈，访谈时间从0.5～3小时不等。受访对象大部分由村委会根据笔者提出的兼顾年龄、职业、性别、收入等原则安排和联络，少部分由笔者直接联系。

表 2　四个村庄的村民对务农与经商的选择

类型	选　项	华宏村		圣牛村		扁担赵村		朗利村	
		频率	百分比（%）	频率	百分比（%）	频率	百分比（%）	频率	百分比（%）
有效	务农，因为务农才是农民本业	17	11.3	25	23.1	71	51.1	50	39.4
	务农，只有务农才能生活得好	10	6.7	4	3.7	19	13.7	36	28.3
	务农，做买卖风险太大	8	5.3	3	2.8	5	3.6	6	4.7
	做买卖，只有做买卖才能生活得好	67	44.7	40	37.0	27	19.4	20	15.7
	做买卖，赚钱最重要	37	24.7	27	25.0	8	5.8	8	6.3
	不知道/说不清	11	7.3	8	7.4	7	5.0	4	3.1
	其他	0	0	1	0.9	0	0	0	0
	总计	150	100.0	108	100.0	137	98.6	124	97.6
缺失	系统	0	0	0	0	2	1.4	3	2.4
	总计	150	100.0	108	100.0	139	100.0	127	100.0

从上述数据可以看出，受访样本中在面对可能的赚钱机会时选择“想尽一切办法赚钱，但会遵纪守法”的百分比分别达到66%、70.4%、60.4%和75.6%。这表明，中国农村改革从根本上突破了计划经济体制，改变了效率低下的生产方式和平均主义的分配方式，由此，农民的致富冲动被极大地调动起来。并且，这种致富冲动在受到市场经济大潮冲击时间更久、力度更大的苏南地区，更为显见地带来了农民经济理性意识的增强和重农轻商观念的削弱。在对务农与经商的行为趋向选择中，地处苏南的华宏、圣牛两村选择“做买卖，只有做买卖才能生活得好”和“做买卖，赚钱最重要”两个选项的累积百分比分别高达69.4%和62%，远远高于扁担赵和朗利两村25.2%和22%的百分比。

在四个村庄的访谈中，我们同样可以看到农村改革进程中农民致富冲动的强化和经济理性意识的成长。在华宏村，一位液压机厂的销售经理在访读中提及，身边“越是挣钱多的人越有投资意识”，并且，在是否借钱给他人时更多考虑的是对方的偿还能力。而一位来自河南的外来务工人员，也谈到了与自己家乡人相比较，当地人（尤其足50岁以上的人）显示了强烈的“挣钱”意识。在圣牛村，一位养蟹个体户在访谈中提及，现在要想发展得好，“脑子活络”“敢于冒险”是重要的前提条件。而在扁担赵村，一位在广东打工的村民也对自己没有抓住在广州买房赚钱的机会表示后悔。

由上可见，以舒尔茨、波普金为代表的“理性小农”论强调的农民所具有的经济计量和理性逻辑，在当下中国农民对获取更多财富的期待和行为选择上得到了较为充分的显现。尽管对于不同地区的农民而言，这种致富冲动和理性意识存在着程度上的差异，但至少有一点是可以肯定的：伴随着中国农村工业化、市场化的改革进程，农民整体的求富冲动和市场理性意识有了明显的提高，而此种经济理性意识的提升，又在一定程度上推进了乡村市场化和现代化的进程。

二、土地情结与生存伦理

法国社会学家孟德拉斯（Henri Mendras）曾经指出："所有的农业文明都赋予土地一种崇高的价值，从不把土地视为一种类似其他物品的财产。"[2]土地是中国农民的谋生根基，"种地"则是他们最基本和最稳妥的经济活动和生存方式。费孝通曾经转述一个村民的话语："地就在那里摆着。你可以天天见到它。强盗不能把它抢走。窃贼不能把它偷走。人死了地还在。"[3]他认为，这正是传统"乡土社会"中土地给予农民的安全感。

伴随着传统乡土社会的转型，农民的土地价值观发生了明显的转变。有学者通过调研发现，这种变化主要表现在：农民土地财富价值观由凸显到下降，进而到难以提升；农民土地权利价值在经营土地的灵活性和流转土地的自由度上有很大的突破；农民土地声望价值观念从持续到空虚，再到缺失，表现出土地在人们心目中声望的下降，传统的农业劳作越来越不受人们重视；农民土地情感价值观念随着农村人口的代际变迁而逐渐消亡，除了60岁以上的老农和农村妇女对土地有着强烈的依恋外，中青年男性农民则越来越视土地为一种包袱[4]。

在肯定改革进程中农民经济理性意识提高的同时，我们也不难发现，无论是田野调查的资料，还是近年来城市化、工业化大潮中失地农民的涌现及其所引发的矛盾，都从另一个方面表明，走向市场化的农民并未彻底抛弃传统农业生产和生活方式中生成和强化的"土地情结"，他们仍执着地视土地为最基本的生存条件。这在一定程度上支持了恰亚诺夫关于农民的"非理性"判断和斯科特"安全第一"的生存伦理原则。在四个村庄的访谈资料中，我们也可捕捉到相当一部分农民身上依旧存在的"土地情结"，以及不同年龄和收入群体对这一问题的不同判断。在华宏村，一位年长的老人明确表示，年轻人不想种地而更希望在工厂打工，而老年人总认为土地才是自己生存的最终保障。在大量年轻劳动力外出务工的扁担赵村和朗利村，相当一部分受访者向我们表示了"打工挣点钱，以后还是要回来"的意愿，甚至直接地表达出"根还是在这里"的意识。在扁担赵村，一位业余经商的乡中学教师认为，当地年轻人与老年人对农村传统的"盖房"问题有着截然不同的考虑：年长的人有较为强烈的"根"的意识，因此总是要在农村盖房子，而年轻人更倾向于在城市买房。

事实上，斯科特在对东南亚农村的研究中明确指出，应对不同时期和不同地区人们的具体生存状况和生存策略进行考察，从而找出其历史和地域传统及相应的伦理特质。斯科特的上述思路和方法对于我们在地域发展极不平衡的背景中研究中国农村改革及其过程中农民"理性意识"与"生存伦理"的冲突，有着十分重要的资源意义。总体上看，伴随着农村市场化、工业化进程的加快，农民的经济理性意识大大增强，但这并不意味着此种理性意识已在今天的中国乡村社会占据绝对的宰制性地位。相反，农村改革进程中"生存伦理"与"理性意识"的紧张依然存在。尤其值得注意的是，迄今为止，土地仍是中国大多数农民最基本的生产资料和生活资料，土地生产性收入也是大部分农民的主要收入来源。对于大量进入城市的农民工而言，土地依然是其不稳定的就业状况下重要的生活保障。从这一意义上说，建立合理的农村土地流转制度，保障农民通过土地流转获得公平的经济利益回报，同时进一步完善农村社会保障制度，保障农村弱势群体最基本的生产和生活条件，始终是中国农村改革不可或缺的伦理要求。

三、何为“小农”？何种“理性”？

前文述及，以舒尔茨、波普金为代表的“理性小农”论认为，自然经济条件下的小农与资本家一样具有经济的计量和理性的逻辑。在他们看来，“理性小农”之“小”仅仅表现在资本数量及由此决定的生产规模之小、技术水平之落后和劳动生产率之低下。尽管在这一问题上仍有论争，但在全球化和市场化的背景中，人们似乎更容易倾向于“理性小农”论的观点。伴随着中国农村改革进程的不断深入，人们也更倾向于认为乡村的市场化与农民的现代理性意识之间存在着一种必然的关联性；并且，在此种关联性的作用下，传统“乡土中国”背景中的“理性小农”将在市场化进程中自然地成长为具有现代经济理性意识的社会主义“新农民”。

应当看到，无论在理论还是实践层面上，乡村市场化进程中农民经济理性意识的提高已是不争的事实。但是，“理性小农”是否可以自然地成长为“新农民”？对于这一问题的认识，需要我们首先厘清“理性小农”所涉及的两个基本问题：何为“小农”？何种“理性”？

1. 何为“小农”

在马克思主义唯物史观的视野中，道德作为社会的意识形态和上层建筑，是由“人们的社会存在”决定的。道德的产生、发展及其内容和作用范围，终究要受到一定社会经济发展水平和经济制度的制约，尤其是受制于一定社会的经济关系和利益关系。马克思在《路易·波拿巴的雾月十八日》一文中对“小农”及其伦理特征的分析体现了这一逻辑思路。在马克思的分析当中，“小农”是小块土地的所有者或者经营者，他们的生产方式和生活方式具有极其明显的保守性、分散性和落后性。换言之，马克思是将“小农”相对于资本主义农业生产方式而言的。在他看来，“小农人数众多，他们的生活条件相同，但是彼此间并没有发生多种多样的关系。他们的生产方式不是使他们互相交往，而是使他们互相隔离。这种隔离状态由于法国的交通不便和农民的贫困而更为加强了。他们进行生产的地盘，即小块土地，不容许在耕作时进行分工，应用科学，因而也就没有多种多样的发展，没有各种不同的才能，没有丰富的社会关系。每一个农户差不多都是自给自足的，都是直接生产自己的大部分消费品，因而他们取得生活资料多半是靠与自然交换，而不是靠与社会交往。一小块土地，一个农民和一个家庭：旁边是另一小块土地，另一个农民和另一个家庭。一批这样的单位就形成一个村子；一批这样的村子就形成一个省。这样，法国国民的广大群众，便是由一些同名数简单相加而形成的，就像一袋马铃薯是由袋中的一个个马铃薯汇集而成的那样”[5]。从这段论述中，我们不难看出，在马克思对小农的理解中，小农之“小”，不仅仅在于其耕种土地面积之“小”，更在于其缺少市场交换的生产方式之“小”和缺乏人际交往的生活世界之“小”。并且，正是这种分散的生产方式、狭窄的生活世界造就了小农的思想意识和道德观念。易而言之，小农的伦理道德意识中必然带有保守、散漫、自私、狭隘等先天缺陷，只有以商品化的社会化生产之“大”来取代传统和封闭的小农生产方式和生活方式之“小”，才能成为改造小农意识的基本路径。

由此，我们不难看出，在“理性小农”论者看来，“小农”之“小”主要表现在资本数量和生产“小”，即仅仅表现为生产方式之“小”。这一点，同样也被马克思视为“小农”在生产方式上的基本特征。然而，马克思并未将其对“小农”的理解停留在这一层面上，而是沿着“生产方式—生产关系—道德意识”这一逻辑思路去理解“小农”之“小”，从而完成了对“小农”的完整认识，即：耕种“小”块土地的生产方式；缺少市场交换和人际交往的生产关系；自私狭隘、保守散漫的道德意识。

2. 何种“理性”

舒尔茨认为，农民是理性的“经济人”，他们在包括种植数量与种类、耕种方法和时间安排、工具和设备选择等所有行为上都会计算成本和收益后作出理性选择。波普金也认为，农民会进行长短期利益及风险的权衡后作出合理选择。我们从中可以看出，以舒尔茨、波普金为代表的“理性小农”论者所说的“理性”，意指自由意志主体具备功利算计并作出价值判断的能力。在他们看来，农民与资本家只存在资本规模和生产方式的区别，并不存在这种“理性算计”能力上的差异。

然而，这种“理性算计”是否可以与“理性”画上等号呢？借助马克思关于“小农”的分析思路，我们可以对这一问题作出回答。首先，“小农”的传统生产方式决定了其理性算计只是一种基于习惯和本能的测算和计量。自给自足的小农生产所面对的小面积土地、简单的生产工具和耕种方式、低产量的产品等，都无法使传统“小农”形成逻辑运算和抽象概括的能力。其次，市场交换和人际交往的缺乏阻碍理性算计的精确化和定量化。传统农民往往只是依靠经验、习惯和本能进行算计，他们对于“投入”“产出”的计算只不过是一种基于父辈或自身生产模式的经验化预测，由此形成的行为选择也只不过是一种本能的倾向。换言之，“小农”的理性算计并非建立在对客观世界及其规律的科学认识和在此基础上所作的精确计算和理性选择。最后，“小农”缺乏与他人联系与交往的社会关系和利益关系，使其理性意识仅仅停留于对自身利益的狭隘算计层面。正如熊彼特曾经指出的：“前资本主义时代人的贪婪，事实上并不亚于资本主义时代的人。农奴或骑士领主各以其全部兽性的精力维护他们自己的利益。”[6]从这一意义上说，“小农”道德意识中的狭隘、自私、散漫，根源在于其封闭与孤立的生产和交往方式。

四、从“理性小农”走向“理性新农民”

这里，我们再回到前述问题：伴随着中国乡村市场化进程的加快，根植于“乡土中国”背景中的“理性小农”是否能够成长为“新乡土中国”背景中的“新农民”？易而言之，市场化所带来的农民理性意识的不断增强，是否最终能够实现“理性小农”向“理性新农民”的转换？对于这一问题，我们仍需要从两个层面上加以分析。

第一，商品化、市场化的发展，为乡村社会转型中农民理性意识的真正产生和发展提供了逻辑前提，也为“理性新农民”的生成提供了必要的条件。马克思始终坚持以唯物史观的基本立场对人类社会不同历史时期的伦理道德问题进行阐释和分析。一方面，他对资本主义制度进行了深刻的道德批判；另一方面，他始终认为，改造小农意识的根本途径，是以商品化的社会化大生产方式从根本上取代传统封用的小农生产、生活方式。

应当看到，传统的自给自足式的农业生产方式无法使农民真正形成逻辑运算和抽象概括能力。“实物经济中难以形成形式化的价值，阻碍了概念的通约与抽象，社会交往的贫乏阻碍着思维的定量化与精确化，支配农民行为的往往不是逻辑而是习惯与本能。因此，只有在商品经济洗礼后，经济行为的计量特征和铁一般的逻辑面前，作为自由主体的农民才能得到理性思维与理性行为的初步训练”[7]。三十多年来，中国农村市场经济发展所带来的农民理性意识的成长是极为显见的。家庭联产承包责任制的实行从根本上改变了农村生产方式和分配方式，也削弱了农民在长期的传统农业生产生活方式中形成的安土重迁、惧怕变革等保守意识，与此同时，先富光荣、求富创新等新型理念日渐增强。此外，伴随着乡镇工业兴起和“农民工”的迅猛发展，数以亿计的传统农民实现了向职业工人的身份转变。在这种角色转换的过程中，农民产生了与现代市场经济和新型职业身份相契合的时间意识、效率意识、契约意识、信用意识、权利意识和责任意识等现代伦理理念。由此，农民的理性意识也从狭隘的功利算计不断演变为建立在科学认知和主体意识之上的理性思维方式和行为选择。从这一意义上说，孟德拉斯所谓“农民的终结”是“小农的终结”而不是“乡村的终结”或“农业的终结”[8]。而作为市场经济发展和农村改革的产物，具备现代理性意识和伦理观念的“新农民”又将真正成为社会主义新农村建设的主体。

第二，加强农村道德建设，是塑造具备文明素质和职业道德的“新农民”的必由之路。应当看到马克思主义经典作家既肯定经济发展对伦理道德的决定作用，同时也强调道德的相对独立性及其对经济发展的反作用。回顾中国农村改革历程，伦理道德已成为中国乡村改革发展中不可或缺的精神动力。伴随着致富争先、开拓进取等新型理念日渐被广大农民所认同，更多的农民认识到，要想将致富冲动转化为率先富裕的现实，必须具备一定的知识技术水平并善于把握市场规律。面乡镇企业的发展、“民工潮”的涌动、农业产业化进程的加快以及民营经济的发展，都验证了市场经济大潮中成长的新一代农民理性意识和创新能力的不断增强。

然而，我们也应认识到，无论基于理论逻辑或是历史事实，伦理文化对经济发展都有着双重作用。传统的中国农民作为小生产者和小私有者，其生产和生活中的社会交往单调而稀少，这必然决定了他们在道德特征上体现出自私狭隘性。同时，分散的生产和生活方式，也造就了他们比较散漫、缺乏组织纪律性的特点[9]。可以说，这种小农意识及其支配下的道德观念和道德习惯至今仍有深远的影响。在农村改革进程中，传统理念与现代意识之间的冲突和矛盾始终存在，乡村道德领域也呈现出各种具体的矛盾和冲突。尤其是，农村市场化、工业化和城市化的进程也必然使价值多元化对乡村社会产生影响，导致享乐主义、拜金主义、极端个人主义的滋长，以及见利忘义、诚信缺失等道德失范现象的发生，给农村道德建设带来了挑战。

值得注意的是，近年来，加强公民道德建设已成为理论界和实践工作部门关注的热点问题。但是对这一同题的理论研究和实践操作，在区域上更多面向的是城市，在人群上更多面向的是政府官员和青少年群体，对农村道德建设和农民道德品质提升的关注明显不足，应当看到，新农村建设需要获得伦理道德上的支撑和动力。如果忽视伦理道德的作用，新农村建设必然在认识上陷入“修新路、盖新楼、建新村”的误区，甚至在实践上产生急功近利、盲目建设、重复单一的模式化。从一定意义上说，新农村的关键是“新农民”。无论是农业经济发展水平的提高，还是农民生活水平的不断提升，或是农村社会的秩序稳定，都需要进一步提高农民的思想道德素质，使其思想和道德状况更好地与农村经济社会发展相适应，与城乡一体化的发展要求相适应。这就需要大力加强农村道德建设，形成新型的乡村伦理关系和道德规范体系，实现其对农民的价值导向功能，从而为农村经济社会发展提供道德支撑。

【参考文献】

[1] [7] 秦晖，金雁．田园诗与狂想曲——关中模式与前近代社会的再认识 [M]. 北京：语文出版社，2010：298 - 299，300.

[2] [8] 孟德拉斯．农民的终结 [M]. 李培林，译．北京：社会科学文献出版社，2005：51.

[3] 费孝通：《江村经济——中国农民的生活》，商务印书馆，2001 第 160 页。

[4] 黄家海，等．民生时代的中国乡村社会 [M]. 北京：社会科学文献出版社，2012.74 - 75.

[5] 马克思，恩格斯．马克思恩格斯文集：第 2 卷 [M]. 中共中央马克思恩格斯列宁斯大林著作编译局，译．北京：人民出版社，2009：566.

[6] J. 熊彼特．资本主义、社会主义和民主主义 [M]. 绛枫，译．北京：商务印书馆，1979：154.

[9] 陈瑛．改造和提升小农伦理 [J]. 伦理学研究，2006 (2)：页码不详．

(原文刊载于《哲学动态》2015 年第 8 期)

新家庭主义与农民家庭伦理的现代适应

李永萍

摘要： 现代性进村推动了农民家庭再生产模式的转变，为农民家庭带来更大压力的同时激活了农民家庭的主体性和能动性，促进了农民家庭伦理的现代适应，并塑造出“新家庭主义”的伦理观念。“新家庭主义”在农民日常生活中主要体现为代际合作的伦理实践。代际合作是乡村社会转型期农民家庭资源积累和压力应对的重要方式。由于村庄社会结构和市场区位条件的差异，不同区域农民家庭的代际互动方式和代际合力强弱具有较大差异，从而赋予新家庭主义以丰富的实践内涵。可见，新家庭主义不仅是传统家庭主义的延续，而且在家庭现代化压力的滋养下呈现出复杂的区域类型。新家庭主义的区域类型与经验定位有助于丰富对转型期中国农民家庭性质的认识，它不仅为学界关于中国家庭变迁的争论提供了富有包容性的理论视野，而且为家庭政策的精准施行奠定了基础。

关键词： 代际合力；新家庭主义；家庭转型；村庄社会结构；市场区位

作者简介： 李永萍（1987— ），南开大学周恩来政府管理学院助理研究员，主要研究方向为家庭社会学、农村社会学与社会政策研究。

一、家庭转型的经验悖论与“新家庭主义”的兴起

新中国成立以来，在国家力量和市场力量的影响下，中国农村家庭经历了翻天覆地的变化。尤其是20世纪80年代以来的农村市场化进程促进了乡村社会基础结构之变，推动了家庭伦理的变迁。不过，从农民家庭转型的实践历程来看，家庭伦理呈现出了颇为复杂的经验面向：在乡村社会中既存在着父代为子代无尽付出的景象，也存在着代际关系松散的状况。这些看似悖论的家庭伦理变迁图景极大影响了对于中国家庭变迁的认识，并引发了关于中国农村家庭转型的理论争论。本文试图立足转型期中国乡村社会广阔的经验场景，以“代际合力”的经验分析为基础，理解转型期农民家庭伦理现代适应的实践逻辑与空间特征。

家庭变迁引起了学界的广泛关注。其中，发端于西方的家庭现代化理论深刻影响了学界关于中国家庭转型的认识。家庭现代化理论以工业化为起点，认为西方社会的工业化开启了经济社会领域的变革，并对传统家庭关系、家庭结构等产生重大影响[1]。中国的家庭现代化研究主要聚焦于传统扩大家庭向现代核心家庭的转向，“家庭结构核心化”成为学者们研究的重点和争论的焦点。20世纪80年代以来的经济变革触发了中国农村社会的变

革，伴随着中国从农业社会向工业社会的转变，家庭的财富积累方式发生变化，非农收入逐渐成为家庭经济的主要来源，子代在家庭中的地位逐渐提升，家庭结构、家庭关系和家庭功能等方面都随之发生变化。在家庭现代化的理论视野下，中国的家庭转型具有以下几个突出特征：一是家庭结构核心化。费孝通认为，家庭结构变动是中国社会变动的一部分，其重要表现是核心家庭增加[2]。曾毅等人通过对 20 世纪 80 年代以来中国人口数据的分析发现，三代家庭的比例呈现下降趋势[3]。即使是进入 21 世纪以后，城乡核心家庭虽相对减少，然而，城乡家庭结构的简化趋势并没有改变[4]。二是家庭伦理逐渐弱化。陈柏峰通过考察农村分家、赡养等家庭现象后认为，农民家庭关系日益理性化，而这应归因于农民价值观念的深刻变迁[5]。贺雪峰认为，在现代性力量的影响下，关涉农民安身立命的本体性价值逐渐动摇，导致家庭伦理危机[6]。三是家庭关系逐渐离散化。中国农村人口流动与城乡分隔使农村家庭出现“离散化”现象，导致家庭在生产、抚育、赡养、互助、安全、情感和性的满足等功能产生障碍以及带来角色紧张、冲突[7]。四是家庭功能逐渐弱化和外化[8]。因此，在家庭现代化理论的解释框架下，家庭转型促成了以核心家庭为本位的私人生活的兴起[9]，中国的家庭转型过程同时也是“家庭问题化”的过程。

然而，如果深入中国家庭转型的实践过程可以发现，家庭现代化理论具有两个不足和缺陷：第一，家庭现代化理论设定了家庭转型的线性路径，忽视了家庭与所处社会系统之间具体的互动关系，进而忽视了不同社会背景下家庭的独特性。第二，家庭现代化理论将家庭拆分为各种要素的集合，是一种“唯名论”的家庭观。在此视角下，家庭转型的过程被视为家庭结构、家庭关系、家庭伦理、家庭功能等要素分别变迁的过程，因而家庭转型的结果是各要素“合力”塑造的产物。“唯名论”的家庭观忽视了中国家庭的独特性。中国的家庭与西方社会的家庭本质不同，在中国的文化传统和社会结构中，家庭不仅仅是关系、结构、伦理、功能等要素的叠加，而且是一个具有主体性和能动性的有机实体。因此，不宜将家庭转型的过程简单还原为各种家庭要素的转型，而应基于“唯实论家庭观”来理解中国家庭转型的独特性[10]。

基于对家庭现代化理论的反思，近年来越来越多的研究开始关注到中国家庭转型的独特性。例如，直系家庭比例上升[11]，“三代家庭”在转型期仍具有顽强的生命力[12]，中国家庭呈现出“形式核心化”和“功能网络化”的特点[13]。农村家庭的父代与子代之间虽然在形式上逐渐呈现出“分”的趋势，但在实质上却越来越强调代际之间“合”的力量[14]，并形成了家庭成员高度整合的“功能性家庭”。可见，社会经济的发展和人口特征的转变并不一定会弱化家庭凝聚力[15]，相反地，农民家庭在现代化进程中具有高度整合的动力和能力，家庭仍然是人们应对现代性压力的基本单位[16]。基于对中国家庭变迁复杂性的认识，不少研究者从不同的角度和层次提出了“新家庭主义”的概念。例如，阎云翔提出了“新家庭主义”这一概念，认为“新家庭主义”部分回归了“传统家庭主义”的内涵，但是超越了传统，在某种程度上承认并给予家庭成员追求个体欲望和个人权利的合法性。其中，代际依附和代际传承体现出了更强的功能性。社会个体化进程使得家庭成为人们在社会中遇到问题时唯一的资源[17]。康岚通过分析两代人在家庭主义认同的不同维度上存在代差与代同，发现青年人存在着对于家庭主义的选择性认同，认为新家庭主义价值的兴起反映了中国社会的个体化进程[18]。

“新家庭主义”的概念对于理解中国家庭转型有很大启发，揭示了中国家庭变迁的复杂面向：转型期的农民家庭固然走出了“祖荫”，却并不必然走向个体化和原子化。需要注意的是，新家庭主义不仅是家庭主义传统的当代延续，而且是转型期农民家庭发展实践的产物，并展现出丰富的理论内涵。在此意义上，新家庭主义是融入农民家庭再生产过程的伦理实践，也是农民家庭应对现代性压力的一种方式。新家庭主义的伦理形态在具体的家庭再生产过程中受多重因素的影响，其经验表达具有非均质性，并呈现出鲜明的区域差异。区域差异的视角提供了理解和定位新家庭主义的具体时空场景，为学界关于中国家庭转型的争论提供了一个经验出口。本文结合笔者近年在全国多地农村的田野调研经验①，立足转型期中国农民家庭代际合作的实践形态与区域类型，阐释农民家庭伦理现代适应的不同方式，揭示新家庭主义的经验基础与理论意涵。

二、代际合力：“新家庭主义”的实践表达

本文是关于新家庭主义的经验研究。在家庭关系中，纵向的代际关系是家庭关系的主轴，决定了家庭资源配置格局与家庭日常生活逻辑。新家庭主义的伦理实践主要体现为农民家庭的代际合作。在农民的日常生活中，新家庭主义的伦理观念往往通过代际关系呈现出来，并具体表现为“代际合力”的强弱。基于此，本文主要以代际合力为经验基础，阐释新家庭主义的实践内涵。

在本文中，“代际合力”主要是指父代和子代之间的劳动力配置状况和经济合作程度。其中，父代是否要承担帮助子代结婚的任务、是否要承担抚育孙代的责任以及在子代结婚之后父代是否还会继续支持子代家庭的发展，是衡量代际合力强弱的重要维度。“代际合力”的强度直接影响了家庭劳动力的配置状况，从而影响家庭从市场上获取资源的能力。有效的代际合作不仅可以拓展家庭策略的空间，而且也能降低家庭在现代化过程中面临的风险，是提升家庭发展能力的关键。

代际互动贯穿于农民家庭再生产的过程中。家庭再生产依赖于代际互动与代际合力，同时，家庭再生产的现实需要也会影响代际关系的互动模式，进而影响代际合力。在现代化进程中，农民家庭发生了剧烈变化，其中最重要的变化在于农民家庭再生产目标的转换，与之相伴的是农民家庭普遍面临更大的压力。具体来看，家庭转型给农民家庭带来的压力主要体现在两个层面：一是家庭再生产目标的层次扩展。在传统社会中，农民家庭的主要目标是完成传宗接代的人生任务，是一种“简单家庭再生产”模式。然而，随着现代性力量逐渐渗入农村社会和农民家庭，农民家庭再生产的目标逐渐由“简单家庭再生产”发展为“扩大化家庭再生产”，家庭再生产不仅要完成家庭延续和家庭继替的任务，而且

---

① 本文的经验素材来自笔者自2013年以来在全国各地农村的调研。本文涉及的调研点主要包括：河南驻马店、河南安阳、山东淄博、山东德州、陕西咸阳、陕西宝鸡、湖北宜昌、湖北恩施、湖北武汉、湖北荆门、湖北荆州、湖北孝感、湖北黄冈、四川成都、贵州铜仁、浙江绍兴、浙江宁波、广东佛山、广东清远、广西贺州、江苏苏州、上海、福建晋江等地。每个调研地点调研1～2个村庄，每个村庄调研时间为20天左右，其中重点关注代际关系和农民家庭转型问题。

还要尽力实现家庭发展与流动的目标[19]。二是完成家庭再生产目标的成本和难度增大。这一点尤其体现在男性婚姻成本的提升。在男女性别比失衡的结构性背景下，“打工经济”普遍兴起之后传统的地方性通婚圈逐渐被打破，男性在婚姻市场上逐渐处于劣势地位，导致男性婚姻成本上升，婚姻成为现代性力量影响农民家庭的重要突破口。在现代化进程中，家庭主义的观念并没有随着家庭转型而消逝，而是与家庭的发展主义目标之间表现出高度的亲和性[20]，并塑造出“新家庭主义”的伦理观念。新家庭主义是转型期农民家庭发展的重要伦理动力，奠定了农民家庭应对现代化压力的策略基础。

“新家庭主义”是相对于传统家庭主义而言的。传统的家庭主义是以家庭伦理为核心，并在家庭伦理的规制下对家庭结构、家庭资源和家庭关系进行调整。与之不同，“新家庭主义”更加强调家庭的功能性，即根据家庭的现实需要和功能需求对家庭结构、家庭资源和家庭关系进行调适。可见，在现代化和市场化压力面前，农民家庭不是一个被动的被改造的客体，而是呈现出很强的主体性和能动性，并通过代际合作积极回应现代性压力。但是，由于中国地域广阔，不同区域农村因村庄社会结构以及经济发展水平等因素的差异，代际之间的整合程度明显不同，代际合力存在显著的差异。调研发现，农民家庭的代际合力既存在南中北的区域差异，这主要源于村庄社会基础的不同；也具有东中西的差异，这主要源于市场区位条件以及经济发展水平的不同。基于此，下文将从区域差异的视角分析转型期农民家庭代际合力的具体特点，并在此基础上理解新家庭主义在转型社会中的实践内涵。

三、代际合力的南中北差异：村庄社会结构的不同

村庄社会结构不同导致的代际合力差异主要体现为南中北农村的差异。村庄社会结构是指由村庄内部成员社会关系网络构造的结构性特征，据此中国农村可划分为南方团结型村庄（又称宗族性村庄）、北方分裂型村庄（又称小亲族村庄）与中部分散型村庄（又称原子化村庄）三种理想类型[21]。从地域分布来看，南方团结型村庄主要包括江西、福建、广西、广东等地农村，北方分裂型村庄主要包括河南、山东、河北、陕西等地农村，而中部分散型村庄主要包括两湖平原、川渝地区等农村。总体而言，南方团结型农村的村庄社会结构最为完整和紧密，村民对宗族有很强的认同感，并具有很强的集体行动能力；北方分裂型农村的村庄社会结构相对较为松散，但村庄内部仍然存在一个大约“五服”范围内的认同结构，一般被称为小亲族、户族或门子，农民在小亲族内部具有较强的认同，而不同小亲族之间则具有较强的竞争性，从而使得村庄社会呈现出分裂型的特征；中部分散型农村的村庄社会结构最为松散，村庄历史普遍较短，没有发育出宗族或小亲族等血缘认同结构，因此在核心家庭之上缺乏统一的认同单位，村庄呈现出较强的原子化特征。

村庄社会结构的差异是影响代际合力的一个基础性要素。具体影响主要体现在两个层面：其一，在家庭层面，村庄社会结构对代际合力的影响主要体现为父代完成人生任务的压力大小。一般而言，当父代完成人生任务的压力较大时，代际合力更强；当父代的人生任务相对容易完成时，代际合力更弱。其二，在村庄社会层面，村庄社会结构对代际合力

的影响主要取决于村庄内部是竞争性结构还是吸附性结构①。一般而言，村庄社会内部竞争性越强，越会激发代际之间的高度整合；当村庄内部吸附性越强时，村庄社会内部呈现出一种保护性结构，进而弱化了代际之间高度整合的必要性。根据代际合力的强弱，可以将农民家庭的代际合力分为高度代际合力、中度代际合力和低度代际合力三种类型。总体来看，北方小亲族农村表现为高度的代际合力，南方宗族性村庄表现为中度的代际合力，中部原子化村庄表现为低度的代际合力。

（一）北方农村家庭资源的充分动员与高度代际合力

高度的代际合力是指代际之间在劳动力和经济资源方面的整合性较强，父代会倾尽全力支持子代家庭的再生产。在高度的代际合力之下，父代不仅要支持子代婚姻和抚育孙代，而且在子代结婚之后还要在经济上源源不断地支持子代家庭，一直延续到自己丧失劳动能力为止。高度的代际合力促进了农民家庭劳动力的充分配置，增强了家庭的资源积累能力。总体来看，北方小亲族农村高度的代际合力主要源于两个原因：一是父代完成人生任务的动力；二是村庄竞争的压力。

首先，在北方小亲族农村，父代对子代的代际责任比较厚重，高度的代际合力往往通过“人生任务”的观念而合理化和正当化。具体来看，北方小亲族农村父代对子代的代际责任主要包括以下几个方面：第一，子代成婚是父母必须尽到的首要责任。为了顺利完成这一任务，父母不仅要动员亲朋好友等关系网络为子代搜索婚姻机会，更为重要的是要提前准备婚姻成本，其中以彩礼和房子最为重要。部分地区彩礼甚至已经突破20万。并且，如果男方家庭兄弟越多，那么女方彩礼要价越高：男方家庭经济条件越差，女方越倾向于要高额彩礼。为了应对婚姻竞争的形势，儿子结婚之前在乡镇或县城买房成为北方农村父母为儿子筹划婚姻的“标配”。第二，“抚育孙代”也是北方父母的人生任务之一。北方农村流行一句谚语，“媳妇是买来的，孙子是爷奶的”。而“带孙子”被认为是父代必须尽到的责任和义务，父代不仅要付出时间照顾孙代的日常起居，而且还要承担孙代的日常开销。父代抚育孙代不仅有助于解放子代家庭的劳动力，增加子代家庭务工收入，而且还能减少子代家庭的抚育开支，增加家庭经济积累。第三，在能力所及范围内尽力资助子代家庭的发展，也是北方父母的责任。实际上，当前农村年轻人外出务工的目的，并不仅仅在于获得城市的高收入，而且往往包含了城市化的梦想和预期。但在中国目前的发展阶段，除了少部分有特殊技能的农民工之外，大部分农民工的收入有限，单靠子代家庭外出务工的经济收入很难实现家庭的“城市梦”。因此，子代家庭城市化目标的真正实现依赖于父代源源不断的支持。

其次，北方小亲族地区村庄社会内部相互竞争的压力很大，进一步激活了农民家庭的代际合力。北方小亲族农村一直以来都有相互竞争的传统[22]。北方农村的村庄社会竞争渗透在农民日常生活的方方面面，其中，“有没有儿子”以及“儿子是否顺利结婚”成为当地农民参与村庄竞争的起点。在北方农村，一个没有儿子的人或者是儿子没有成家的

---

① 吸附性的村庄社会结构是指村庄社会内部的竞争压力较小，而且还可能在村社内部形成一套完整的互助体系，从而为农民家庭提供一定的保护性和替代性选择的空间。

人，是没有资格参与村庄竞争的，他们在村庄社会内部被视为“没有面子的人”，且在村庄社会中自动边缘化。此外，子代成家以后，村庄内部的竞争开始聚焦于子代家庭发展状态，这不仅关乎子代家庭的名誉，更关乎父代在村庄社会中的面子，因此激发了家庭的村庄竞争动力。在高度的社会竞争压力之下，通过高度的代际整合实现家庭资源积累能力最大化是当地农民应对竞争压力的主要方式。

在高度的代际合力之下，北方农村农民家庭的劳动力配置呈现出效益最大化的特点。尤其是在子代结婚之后，父代的帮助和支持使得年轻的子代夫妻能够全身心外出务工，嵌入市场的程度相对较高；而父代家庭不仅担负起照顾孙代及料理家务的责任，而且还在能力所及范围内进一步资助子代家庭的发展。在此情况下，北方农村农民家庭的资源积累能力很强。

（二）南方农村家庭资源的有限动员与中度代际合力

中度的代际合力是指，代际之间在劳动力和经济资源方面的整合性较弱，父代对子代的代际责任相对有限，主要包括将子代抚养长大及帮助子代结婚。一旦子代结婚之后，父代的人生任务基本完成，此时子代要自主经营其小家庭。父代可以理所当然地退出生产领域，开始进入“退养”状态，这限制了家庭劳动力优化配置的空间和家庭资源积累能力的最大化，形成中度的代际合力。中度的代际合力在福建、江西、广东、广西等南方宗族性村庄较为典型。

中度的代际合力首先源于南方宗族性村庄代际责任的有限性。调研发现，南方宗族性村庄父代对子代的代际责任表现出“强代际伦理、弱代际支持”的特点，即父代对子代的伦理性责任较强，但经济上的支持较弱。虽然宗族性村庄的父母都认同自身对子代婚姻的责任，当儿子没有结婚时，父代也会有思想负担和心理压力，但当地父母所理解的责任主要是对子代婚姻的关心，而非一定是经济上的支持。因此，虽然父代会操心子代的婚姻，但婚姻成本主要是由子代自己承担，父代完成人生任务的压力并不是很大。此外，在宗族性村庄，抚育孙代不是父母刚性的人生任务，而是对子代的帮助，因此父母在家带孙子通常需要儿子缴纳一定的生活费。可见，在子代结婚之后，宗族性村庄的父代就开始进入“退养”状态，他们不仅不再作为家庭主要的劳动力参与到生产领域，而且自身的日常消费还依赖于子代家庭的供给，这进一步弱化了家庭的资源积累空间。

宗族性村庄低度的代际合力除了源于父代对子代有限的代际责任之外，还与村庄社会较少竞争压力有关。从村庄结构层面来看，宗族性村庄传统结构性力量的维系抑制了村民之间的相互竞争，进而弱化了代际之间高度整合的必要性。在宗族力量的约束下，个体的行为逻辑受到宗族结构的约束，从而塑造了当地农民顺从、求同和讲规矩的性格特点。在日常生活的很多方面，宗族性村庄内部都有一套大家认同的约定俗成的规矩，任何逾越规矩的人都要遭受村庄内部强大的舆论压力。例如，在彩礼额度上，村庄内有一个大家都能接受且认同的基本标准，每个人都不能随意打破；在人情往来方面，富人办酒席的标准与普通人办酒席的标准相差不大。如果村庄中富人想要通过支付高额彩礼或者在人情往来上给高额礼金来展示自己的经济实力，他非但不能获得面子，反而会被村庄舆论斥责为“不会做人”。总体来看，宗族性村庄的农民在村庄社会中生活的压力并不大，家庭代际整合缺乏外部力量的刺激。

(三) 中部农村家庭资源的松散配置与低度代际合力

低度的代际合力是指，代际之间在劳动力配置和经济资源使用上都具有较高的独立性，父代对子代的代际责任有限。在低度的代际合力之下，父代对子代的责任只限于将其抚养长大，至于结婚、抚育孙代以及子代家庭其余家庭目标的完成都主要依靠子代自己的努力。在此情况下，家庭劳动力配置无法达到最优状态，从而限制了农民家庭进入市场的程度，进而降低了家庭的资源积累能力。低度的代际合力在四川、贵州、鄂西等原子化地区较为典型。

首先，原子化村庄低度的代际合力源于代际责任的有限性。中部原子化村庄的代际关系非常松散，父代对子代的代际责任比南方宗族性农村更弱。子代的婚姻并非父代必须完成的刚性任务，父代有能力可以选择帮忙。原子化地区的父母也会操心子代的婚姻，但更多是由子代自己负责，婚姻成本主要是由子代自己承担，因此相比于北方农村而言，原子化地区男性的初婚年龄普遍比较晚，一般都是二十四五岁才结婚[①]。对于原子化地区的父母而言，对子代婚姻的支持有两个基本前提：一是父代要有一定的经济能力，如果父代本身经济能力有限，那么完全可以不用为子代付出，父代不用面对村庄舆论压力；二是父代为子代的付出不能影响到自己的正常生活。因此，父代在子代婚姻上的经济投入相对有限，弱化了父代的压力感。

在有限的代际责任之下，抚育孙代也不是父代必须完成的、刚性的人生任务，而是有弹性的，父代可以根据自己的能力和意愿进行选择。在原子化地区，父代参与抚育孙代主要源于对孙子的感情，而非基于家庭伦理的内在规定。并且，在抚育孙代过程中的经济支出主要由子代家庭承担。在子代结婚生育之后，父代是否协助抚育孙代对家庭劳动力配置以及家庭的资源积累能力有很大影响。在父代普遍不帮助子代“带小孩”的背景下，子代家庭通常面临三种选择：一是将小孩带到务工的地方上学，这种方式直接增加了子代家庭在城市的生活消费，从而降低子代家庭的资源积累能力；二是由年轻的媳妇暂时“回归家庭”带小孩，这种方式使得子代家庭的劳动力难以得到充分释放，直接减少了子代家庭的经济收入；三是年轻的夫妻放弃到沿海大城市务工，而选择在本地县域范围内务工，顺便照顾小孩，但中西部地区的工资水平明显低于东部发达地区农村，即使夫妻两人能够在县城就业，其工资收入也明显降低。很显然，无论是以上哪种情况，家庭劳动力都难以实现优化配置，从而限制了家庭资源积累的空间，降低了家庭资源积累能力。

其次，原子化地区吸附性的村庄社会结构进一步降低了代际之间高度整合的必要性。吸附性的村庄社会结构是指村庄社会内部不仅较少竞争的压力，而且还可能在村社内部形成一套完整的互助体系。在此情况下，即使农民家庭的资源积累能力有限，也能通过村社内部的互助体系实现家庭的顺利再生产，从而使得农民在家庭之外有更多替代性选择的空间，降低了代际之间高度整合的必要性。这种情况在西南地区和鄂西等山区农村比较普

① 北方农村年轻男性结婚较早，普遍低于法定结婚年龄，形成“早婚”现象。例如，近年来河南等地男性一般十七八岁就结婚，如果男性过了20岁还没结婚，父母就会非常着急。

遍，由于地理条件的限制，山区农民家庭在生产和生活中的独立性相对较低，因此对传统的社会支持网络非常依赖。以笔者调研的贵州石阡县马村为例，当地属于原子化地区，并没有发育出像宗族性村庄或小亲族村庄那样强大的血缘关系网络，但当地农村的地缘关系很发达，地缘关系以寨子（即村民小组）为核心、并向周边寨子扩散和辐射，形成了庞大的地缘关系网络。发达的地缘关系网络为当地农民提供了一套完善的社会支持网络，包括换工体系、民间借贷体系和仪式性人情上的互助体系。因此，尽管当地农民家庭由于低度的代际合力导致家庭资源积累能力较弱，但也可以依赖于村社内部的社会支持网络完成家庭的基本再生产。

四、代际合力的东中西差异：市场区位条件的不同

代际合力的东中西差异主要源自农民与市场关系的不同以及由此导致的农民家庭面临的现代性压力不同，从而对代际合力的激活程度不同。在全国统一的劳动力市场背景下，家庭所处的市场区位条件对于家庭的资源积累能力有直接影响[22]。在不同的市场区位条件下，由于家庭的资源积累能力不同，家庭回应现代性压力的方式和消化压力的程度不同，进而导致代际合力强弱的不同。总体而言，东部发达地区农村由于靠近大城市以及区域工业化的优势，市场机会相对丰富，农民市场化程度较高，家庭资源积累能力更强，从而稀释了农民家庭的市场压力，并弱化了代际之间高度整合的必要性；中西部地区农村因本地市场机会有限，大部分农民需要通过跨区域流动的方式到东部沿海地区务工，农民面对的是外地市场，市场机会相对有限，有限的市场机会不仅难以稀释市场压力，反而使得市场压力更多地进入家庭和村庄，因此强化了农民家庭通过代际整合的方式来回应现代化压力的必要性。

（一）东部发达地区农村：松散的代际合力

东部发达地区农村主要包括长三角、珠三角等地的农村。由于工业化起步较早，东部地区的乡村社会得以纳入城市化的辐射范围，形成了城乡连绵发展的格局。当地丰富的市场机会为农民家庭劳动力的充分市场化提供了可能，农民与市场之间形成深度嵌入的关系。农民离土不离乡，在较短的时间内完成了由农业向工商业的就业转变[23]。以下将具体分析东部发达地区农民家庭所面临的压力状态，以及农民家庭如何回应和稀释压力。

首先，东部发达地区农民家庭的婚姻压力相对较小。一方面，这是因为东部发达地区在“打工经济”背景下属于人口净流入地，婚姻资源非常丰富。不仅本地的婚姻资源没有流失，而且还有很多外地婚姻资源流入，因此当地农民在婚姻市场上可选择的范围非常广。另一方面，东部发达地区经济发展水平整体较高，当地农民受惠于本地市场务工的优势，大部分农民家庭的资源积累能力较强，因此在婚姻市场上具有很强的竞争力和吸引力。基于以上两个原因，东部发达地区的农民结婚的难度普遍不大，较少出现男性打光棍的现象。当地农民一般会优先选择本地的结婚对象，部分家庭经济条件相对较差的男性，在本地婚姻市场上没有竞争力，但他们在全国婚姻市场上仍然具有较强的竞争力，因此可以选择娶外地媳妇。并且，调研发现，除少部分地区以外，东部发达地区农民家庭（主要

指男方）的婚姻成本普遍不是很高，一般在其家庭能够承受的范围之内。

其次，东部发达地区农民家庭城市化的压力相对较小。一方面，东部发达地区大部分农民家庭具有城市化的经济基础。这既源于丰富的市场机会所形成的高家庭积累，也与地方政府在雄厚的经济条件下为当地进城农民提供各项兜底保障制度相关。后者不仅降低了当地农民城市化的风险，而且使得进城农民能够获得基本的生存保障。另一方面，东部发达地区农民家庭城市化的刚性压力较少。进城买房在当地并非婚姻达成的硬性要求，也没有在村民之间引发攀比和竞争之风，农民家庭主要根据自身的经济状况以及家庭的需要来决定是否买房以及何时买房。此外，由于经济发展水平较高以及城市发展扩张的需要，东部发达地区农村的基础设施较好，这也进一步弱化了农民进城买房的刚性需要。因此，东部发达地区农民家庭的城市化是根据家庭经济条件和实际需要做出的相对理性的选择，而非外在压力倒逼的城市化。

最后，东部发达地区的市场化服务体系比较发达，原本必须通过家庭完成的部分功能可以从市场上获得替代性服务，进而弱化了对家庭成员进行高度动员和整合的必要性。这一点尤其体现在抚育小孩方面。在东部发达地区调研发现，近年来，当地请月嫂或保姆照顾小孩的家庭越来越多，即使在当地的农村家庭这一现象也不少见。一方面，这是因为当地很多家庭都具有请月嫂或保姆的经济条件；另一方面，这也源自年轻人对抚育子代的要求越来越高，因此在条件允许的情况下，他们倾向于从市场上获取更加专业化的抚育服务。

通过以上分析可以发现，在充沛的市场机会和较高的家庭资源积累能力的背景下，东部发达地区农民家庭在现代化进程中面临的压力相对较小，从而弱化了代际之间高度整合的必要性，代际之间的独立性相对较高，劳动力配置更为灵活，有更多自主选择的空间。

（二）中西部地区农村：刚性的代际合力

相对于东部发达地区农民与市场之间深度嵌入的关系而言，中西部地区农民的市场机会相对有限、市场化程度较低，农民家庭的资源积累能力较弱。但是，市场化和现代化力量又给中西部农民家庭带来较大的压力，如婚姻压力、城市化压力等。在有限的市场机会和较大的家庭压力的相互挤压下，中西部地区的农民家庭对代际整合的需求更强，需要通过代际合力的方式来应对家庭发展的压力。

首先，相对于东部发达地区农民丰富的市场机会而言，中西部地区的农民进入市场的机会有限，家庭资源积累能力较弱。由于经济发展水平的限制，中西部地区的本地市场不发达，能够提供的就业机会有限，因此大部分农民要进入东部沿海大城市务工，这就决定了中西部地区农民面对的是跨区域的外地市场。一般而言，中西部农村农民家庭只有最优质的劳动力（主要是年轻人）才有机会进入市场务工，中老年人进入市场的机会较小。中老年人由于身体素质的限制，一般只能进入非正规就业市场，收入相对较低，就业机会有限。虽然东部发达地区有很多非正规就业机会，但由于是外地市场，务工成本较高，在收支相抵之后，务工收入很有限，因此对他们也没有吸引力。在此情况下，中西部农村的农民家庭普遍形成“以代际分工为基础的半工半耕”的家计模式，以提高家庭资源配置效率。

其次，中西部地区农民家庭面临较大的婚姻压力和城市化压力，并且二者往往相互捆绑。随着“打工经济”的普遍兴起，中西部地区女性资源外流越来越多，使得当地婚姻市场上男女性别比失衡越来越严重，女性在婚姻市场上越来越占据主导和优势地位，男性的婚姻压力剧增，这既表现为婚姻成本的上升，也表现为婚姻配对难度的增加。在中西部大多数农村地区，进城买房成为婚姻达成的必备条件，“在村里建得再好的房子也没人看得上”。然而，仅靠年轻人个人的能力在婚前买房显然非常困难，这就使父母必须介入其中，通过集聚和动员家庭内所有的资源来应对子代婚姻和城市化的压力。

最后，由于中西部地区的农民主要是通过跨区域流动的方式到东部沿海大城市务工，为了减少城市生活开支，他们通常不会将小孩带到务工地点抚养，一般是由爷爷奶奶在农村抚养。因此“隔代抚养”在中西部农民家庭非常普遍。代际之间围绕子女的抚育形成了强有力的代际合作。

因此，远离市场中心的区位条件并没有使中部地区农民幸免于市场化带来的压力，反而促成了家庭内部的动员和整合。中西部地区农民家庭相对较高的代际合力体现在两个层面：一是对家庭经济资源的有效整合。这主要表现为父代要将自身积累的资源持续用于支持子代家庭，从而弱化了父代家庭在经济上的独立性。二是对家庭劳动力的高度整合。由于家庭劳动力并不能完全进入市场，根据家庭需要配置劳动力是增强家庭资源积累能力和减少家庭日常开支的重要方式。

五、结论与讨论：“新家庭主义”及其伦理后果

农民家庭变迁不仅是“从传统到现代”的理论问题，而且是一个多维度的经验问题。本文从“代际合力”的区域差异阐释转型期“新家庭主义”的实践内涵。农民家庭代际合力的强弱既与南中北的村庄社会结构有关，也与东中西的市场区位条件有关。其中，村庄社会结构主要通过父代人生任务的强弱和村庄社会竞争的强弱对代际合力产生影响；而市场区位条件则主要影响农民家庭劳动力配置的方式，尤其是在“打工经济”普遍兴起之后，这一变量对代际合力的影响越来越大。从南中北的区域差异来看，华北小亲族村庄的代际合力最强、南方宗族性村庄的代际合力次之、中部原子化村庄的代际合力最弱。从东中西的区域差异来看，东部发达地区农民家庭的代际合力整体弱于中西部地区。需要说明的是，本文关于农民家庭代际合力的分析和类型划分是一种理想类型。在比较代际合力的南中北差异时，实际上相对悬置了市场区位条件对代际合力的影响；而在分析代际合力的东中西差异时，相对悬置了村庄社会结构对代际合力的影响。在现实的时空经验情境中，东中西的市场区位条件和南中北的村庄社会结构往往是同时作用于农民家庭，从而塑造了更为复杂化和多样化的代际合力类型，展现了新家庭主义的丰富实践内涵。新家庭主义的丰富实践内涵反映了农民家庭伦理现代适应的复杂性。在区域差异的视野下，新家庭主义的概念并不排斥学界关于转型期中国农村家庭性质的认识，而是提供了更加具有包容性的理论视野。

对于中国人而言，家庭不仅是一个财产单位和政治单位，而且是一个宗教单位。农民的价值实现依托家庭而完成，家庭是中国人的“教堂”[24]，家庭伦理对于农民生活具有内

在超越的意义。在中国历史文化传统中，家庭是中国人行为逻辑的实践起点和动力支撑。家庭主义是中国人日常行为的基本价值取向，强调家庭的整体利益高于个体利益。本文的分析表明，“家庭主义”不独是对中国传统家庭生活的一种描述和概括，而且家庭主义的传统也表现出了相当的韧劲，从而为理解当下农民的家庭生活和代际互动提供了重要启示。

代际合力的区域类型呈现了新家庭主义的经验形态和实践内涵的丰富性。新家庭主义不是传统家庭伦理的简单延续，而是取决于现代化进程中农民与村庄和市场的互动逻辑。本文的分析表明，影响代际合力强弱的主要因素并不是家庭主义传统的厚重程度，而是取决于农民家庭在现代化进程中的功能性需要。在这个意义上，现代性因素参与了新家庭主义的建构，从而打破了传统家庭主义的封闭状态，使农民家庭伦理成为家庭能动适应的产物。因此，新家庭主义提供了重新理解转型期中国农民家庭性质的重要视角，它超越了家庭结构松散化的变迁表象，深入家庭关系的代际互动内核。农民家庭的代际合力越强，家庭劳动力越能得到充分释放，家庭策略的空间越大，从而可以充分调动家庭资源，并有效应对家庭面临的压力和风险。因此，通过代际合力整合家庭资源、实现家庭资源积累能力最大化，不仅是农民的家庭策略，而且升华为了一种合乎现代性要求的伦理规范。在此意义上，新家庭主义赋予农民家庭极强的能动性和主体性，拓展了转型期农民家庭发展与流动的机会和空间。

然而，新家庭主义伦理形态的功能属性也意味着代际合力的内在不均衡。因此，新家庭主义在给农民家庭带来发展机遇的同时，农民家庭必然要承受一定的代价。在农民家庭转型过程中，现代性的后果主要是通过新家庭主义的伦理实践传递至农民家庭。具体而言，新家庭主义的伦理后果主要体现在以下三个方面。

首先，现代化进程中的代际整合不同于传统时期的代际整合，它以子代核心家庭的发展为最终目标，家庭资源主要向下集聚到子代家庭，从而忽视了对家庭中老年人一代的资源反馈，使得老年人普遍维持“底线生存”的状态。转型期的代际整合是家庭在现代性压力之下的“功能性整合”，此时家庭成员之间的整合不是基于家庭伦理的内在规定，而是为了应对家庭发展的压力以及实现家庭发展与流动的目标。并且，为了更好地积累资源实现家庭的发展，代际整合主要是将年轻子代和中年父代这两代人有效整合起来，家庭中的高龄老年人由于已经丧失劳动能力或者劳动能力有限，往往被排斥出代际整合的范围。在此情况下，一方面，在家庭资源有限和家庭面临巨大的发展压力面前，中年一代和青年一代都往往无法顾及对老年人的资源反馈；另一方面，老年人也能深切感受到子代家庭的压力，他们在此过程中也逐渐“学会做老人”[25]，尽量不向子代家庭索取资源，以减轻家庭的负担。

其次，在农村市场化的背景下，高度的代际整合不是通过代际之间共同在场的方式实现的，它强调的是家庭资源本身的整合，家庭成员的需求往往也要服从于这一目标。因此，在代际之间高度整合的模式之下，农民家庭还必须承受家庭生活暂时的不完整。尤其是中西部年轻人普遍要通过跨区域流动的方式到沿海大城市务工，夫妻之间、代际之间的空间分离形成了“隔代抚养”的普遍现象。农村照料与抚养方式的改变无形中增加了家庭再生产过程中可能出现的问题和风险。尤其是如何为留守儿童提供有效的教育资源成为近年来广泛引发关注的社会焦点问题。

最后，还要注意高度代际合力存在的另一层面的隐忧。在子代主导家庭资源的过程中，也可能产生资源使用方向和方式的不确定性等问题。在家庭转型过程中，年轻的子代家庭日益受到消费主义观念的影响，追求城市高消费的生活方式，且容易陷入私人生活之中。这样一来，向年轻子代家庭集聚的大量资源可能直接转化为子代家庭的消费对象。父代的经济支持源源不断地转化为子代的消费性资源，导致私人生活中的资源耗散，从而扭曲了代际合力的初衷，进一步强化了家庭资源整合带来的伦理张力。

新家庭主义的伦理后果反映了家庭伦理现代适应的内在张力。这些负面伦理后果是家庭转型的伴生物。若仅仅以此为依据认为现代化转型中的农民家庭堕入了伦理危机，则属于相对片面的判断。新家庭主义隐含的负面伦理后果也是新家庭主义的伦理形态需要承受的代价。新家庭主义的伦理强度与其隐含的负面后果往往存在正相关的关系。如此一来，本文关于新家庭主义的经验分析为家庭政策的精准定位提供了可能，这是值得进一步研究的问题。

【参考文献】

[1] 王天夫，王飞，唐有财，等．土地集体化与农村传统大家庭的结构转型［J］．中国社会科学，2015（2）：41-60.

[2] 费孝通．论中国家庭结构的变动［J］．天津社会科学，1982（3）：2-6.

[3] 曾毅，李伟，梁志武．中国家庭结构的现状、区域差异及变动趋势［J］．中国人口科学，1992（2）：1-12.

[4] 王跃生．当代中国城乡家庭结构变动比较［J］．社会，2006（3）：118-136.

[5] 陈柏峰．农民价值观的变迁对家庭关系的影响——皖北李圩村调查［J］．中国农业大学学报（社会科学版），2007（1）：106-113.

[6] 贺雪峰．农民价值观的类型及相互关系——对当前中国农村严重伦理危机的讨论［J］．开放时代，2008（3）：51-58.

[7] 金一虹．离散中的弥合——农村流动家庭研究［J］．江苏社会科学，2009（2）：98-102.

[8] 唐灿．家庭现代化理论及其发展的回顾与评述［J］．社会学研究，2010（3）：199-222.

[9] 阎云翔．私人生活的变革：一个中国村庄里的爱情、家庭与亲密关系［M］．龚小夏，译．上海：上海书店出版社，2006.

[10] 桂华．重新恢复中国家庭的神圣性［J］．文化纵横，2014（1）：47-51.

[11] 王跃生．改革开放以来中国农村家庭结构变动分析［J］．社会科学研究，2019（4）：95-104.

[12] 黄宗智．中国的现代家庭：来自经济史和法律史的视角［J］．开放时代，2011（5）：82-105.

[13] 彭希哲，胡湛．当代中国家庭变迁与家庭政策重构［J］．中国社会科学，2015（12）：113-132.

[14] 张雪霖．城市化背景下的农村新三代家庭结构分析［J］．西北农林科技大学学报（社会科学版），2015（5）：120-126.

[15] 杨菊华，李路路．代际互动与家庭凝聚力——东亚国家和地区比较研究［J］．社会学研究，2009（3）：26-53.

[16] 姚俊．“不分家现象”：农村流动家庭的分家实践与结构再生产——基于结构二重性的分析视角［J］．中国农村观察，2013（5）：78-85.

[17] 阎云翔．亲子关系在现代中国家庭中愈发重要［EB/OL］.（2020-2-6）［2020-12-07］https：//www. thepa-per. cn/newsDetail_forward_5672083.
[18] 康岚．代差与代同：新家庭主义价值的兴起［J］. 青年研究，2012（3）：21-29.
[19] 杜鹏，李永萍．新三代家庭：农民家庭的市场嵌入与转型路径——兼论中国农村的发展型结构［J］. 中共杭州市委党校学报，2018（1）：56-67.
[20] 张建雷．家庭伦理、家庭分工与农民家庭的现代化进程［J］. 伦理学研究，2017（6）：112-117.
[21] 桂华，贺雪峰．再论中国农村区域差异——一个农村研究的中层理论建构［J］. 开放时代，2013（4）：157-171.
[22] 杨华．农民家庭收入地区差异的微观机制研究［J］. 河南社会科学，2019（9）：84-96.
[23] 贺雪峰．论中国村庄结构的东部与中西部差异［J］. 学术月刊，2017（6）：111-119.
[24] 钱穆．灵魂与心［M］. 北京：九州出版社，2011.
[25] 李永萍．老年人危机与家庭秩序——家庭转型中的资源、政治与伦理［M］. 北京：社会科学文献出版社，2018.

（原文刊载于《华南农业大学学报》社会科学版 2021 年第 3 期）

家庭转型的“伦理陷阱”
——当前农村老年人危机的一种阐释路径

李永萍

摘要：现代性进村触发了农民家庭转型，并极大地改变了老年人的生活境遇。既有研究试图以伦理危机对家庭转型中的养老危机进行定性。但是，对老年人危机生成逻辑的理解需要回到家庭转型的具体实践中，家庭再生产过程是透视家庭转型实践的微观窗口。在家庭转型过程中，面对家庭内部资源转移的失控和权力让渡的失范，家庭伦理通过适应家庭发展主义的目标而重构，具体表现为父代本体性价值的扩张、社会性价值的收缩和基础性价值的转换。家庭伦理的重构强化了农民家庭再生产的动力，并反馈到家庭内部资源转移和权力让渡的实践过程。同时，这也意味着在家庭转型过程中父代具体实践中担负并践行着几乎没有止境的伦理责任，父代深深陷入“伦理陷阱”，因此，父代的“老化”过程也是其危机状态生成并逐渐锁定的过程。

关键词：家庭转型；伦理陷阱；老年人危机；现代性；发展主义

一、问题提出与文献梳理

中国目前正快速步入老龄化社会，城市化过程中农村青壮年劳动力大量外流进一步加剧了农村人口的老龄化，并造成老年人照顾缺乏、养老缺位等问题。自20世纪80年代以来，中国农民在融入市场的过程中虽然实现了家庭经济收入的显著增长，然而，相对于农民家庭整体经济状况的改善和收入机会的增多，老年人的生活状态却并不那么令人乐观，家庭养老面临重重困境。当前农村中普遍存在的现象是，父代对子代的物质投入越来越多，父代人生任务链条无限延长，而子代对父代的反馈则非常有限，大部分农村老年人只能维持低度消费甚至“零消费”的生活状态。传统的“反馈模式”趋于解体。

针对“反馈模式”的变异及其带来的农村老年人危机，相当一部分研究者从转型时期农民价值体系和传统家庭伦理观念变化的角度予以解释。在此视角下，老年人问题被归结为伦理危机或孝道衰落。在市场化、现代化力量的影响下，家庭成员尤其是年轻一代的个体化、理性化程度越来越高，从而冲击了传统家庭养老的基础——孝道伦理。伦理危机视角的研究试图揭示老年人危机的本质和根源，并在一定程度上触摸到了当前老年人危机的时代意涵。

但是，伦理危机的视角也存在简化之嫌，即以抽象的价值分析和变迁分析替代对老年人危机生成的具体分析，进而以家庭伦理变迁这一变量化约了其余变量之于老年人危机生成的复杂影响，遮蔽了老年人危机生成的复杂机制。鉴于此，近年来有部分学者开始反思伦理危机的视角，认为伦理危机不足以解释老年人危机的生成逻辑。杨善华、贺常梅的研究注意到，责任伦理是家庭养老的基础，虽然相对于父代对子代的付出与投入，子代对父代的反馈极少，但父代却表现出理解和宽容子代的态度。伦理危机显然难以解释父代的包容性态度。对此，另有学者认为，代际失衡的现象是社会发展和阶层分化的结构性压力在家庭中的呈现，即老年人危机来自青年人普遍面临的社会压力向父母的转嫁。因此，如果进入代际关系的内在结构，老年人危机并不是源于家庭伦理的沦丧，而在很大程度上是由于家庭伦理的转向，即代际资源分配呈现出从“上位优先型”向“下位优先型”的转变。

围绕伦理危机的争论展现了伦理问题本身的复杂性，这一争论本身促使笔者重新思考家庭转型过程中的伦理问题。在农民家庭生活中，伦理从来都不是一个抽象的道德律令。伦理发轫于日常生活，并反馈到日常生活之中。因此，若要透彻深入地理解转型时期家庭伦理的运作机制，则需将伦理放置到具体的家庭再生产过程中，在代际互动的具体过程和内容中理解家庭伦理的实践形态，进而理解老年人危机内在的伦理意蕴。

总体而言，无论是赞成伦理危机视角的研究者还是对此持批判态度的研究者，其共同的不足在于没有把握转型期中国家庭伦理的实践机制。本文将引入实践的视角，基于家庭伦理的运作机制揭示中国家庭转型的伦理之维。实际上，在中国家庭转型的过程中，虽然家庭结构在形式上趋于核心化，但家庭伦理却并没有以相同的速度弱化，因此，并不能简单地将老年人危机上升为伦理危机。本文基于河南、山东、陕西等北方地区农村的家庭转型过程[①]，探讨 20 世纪 80 年代以来现代性进村背景下中国家庭转型过程中家庭伦理的变迁机制和重构，并以此来理解和阐释当前农村的老年人危机。从村庄社会结构的视角来看，北方农村具有明显的共性[②]。在现代化浪潮的冲击下，北方农村的家庭转型表现出剧烈性和鲜明性的特点。因此，对于理解中国农村家庭转型和家庭伦理变迁的复杂机制，北方农村就具有了典型意义。本文主要采用质性研究方法，所用资料主要来源于以下几个方面：第一，访谈资料，这是本文资料呈现的主体。笔者访谈了村干部、村民小组长、各个年龄段的农民以及部分乡镇干部[③]，力图从多个视角把握转型时期当地农村居民的代际关系和老年人生活状况。第二，参与式观察所得资料。第三，现成文字材料，主要包括乡镇和行政村一级的文件资料和档案资料。本文调研所在的四个村庄都是普通的农业型村庄，年轻人基本以外出务工为主，中老年人以在家务农为主，村民收入包括务工和务农两部分。大部分农民家庭的收入来源相似，村庄内部经济分化不大。

---

① 笔者分别于 2016 年 6 月在河南安阳南村驻村调研 30 天，2016 年 5 月在山东淄博郭村驻村调研 20 天，2016 年 7 月在陕西宝鸡豆村驻村调研 30 天，2014 年 7 月在陕西咸阳金村调研 30 天。

② 根据村庄社会结构差异，有学者将中国农村划分为南方农村、中部农村和北方农村三种理想类型。村庄社会结构差异进一步表现为上述三个区域农村回应现代性的力度和方式上的差异。总体来看，南方宗族性村庄对现代性力量的反应相对迟滞，家庭结构仍然具有相对的稳定性；与之不同，北方农村家庭正处于由现代性进村带来的剧烈转型之中。

③ 笔者访谈了四个行政村所有的村干部和村民小组长，并采取访谈对象推荐和滚雪球式的方法在村庄内部寻找新的访谈对象。此外，笔者还对调研所在乡镇进行了调研，并重点访谈了乡镇主管老年人事务的相关领导干部。

二、家庭伦理的价值结构与现实基础

（一）家庭伦理的价值结构

在现代化进程中，家庭转型机制最终体现在家庭再生产的具体过程之中。家庭社会学一般将家庭再生产视为家庭结构的再生产，并且在微观分析中突出分家事件之于家庭再生产的意义。然而，如果进入农民日常生活的实践逻辑就会发现，分家只是家庭再生产过程中的焦点性事件，仅仅局限于分家行为本身，就难以展现农民家庭再生产的丰富意涵。

农民家庭是生产单位、政治单位和宗教单位的统一体。因此，家庭再生产是一个同时在资源、权力和价值等维度展开的过程。在这个过程中，母子家庭之间持续进行着以家产转移、权力让渡和伦理延续为内容的代际互动，从而塑造并决定了父代“老化”的脉络。家庭转型的复杂机制植根于家庭再生产的微观过程。在家庭再生产的要素结构中，家庭伦理实践以特定的资源和权力的互动网络为基础，同时，伦理又作为家庭再生产的根本动力反馈到家庭再生产中资源转移和权力让渡的实践过程。在这个意义上，伦理是透视中国农村家庭转型的重要窗口。

在本文中，家庭伦理是一个实践问题。家庭伦理是家庭成员价值实现的动力和归宿。同时，农民价值包含基础性价值、社会性价值和本体性价值三个维度，三者分别深入农民家庭再生产的不同层次。因此，本文试图从家庭再生产出发，阐释家庭转型的伦理脉络和价值基础。具体而言，本文首先基于家庭伦理的价值结构和现实基础，引出家庭转型的伦理面向；然后论述家庭转型的伦理动力，强调发展主义与家庭本位对于家庭伦理的塑造；最后进入家庭伦理的价值结构，阐释家庭伦理变迁的复杂逻辑以及由此带来的老年人危机。在这个意义上，家庭伦理并非抽象的道德律令，而是嵌入于农民家庭再生产的现实过程，且展现了丰富的实践意涵。伦理的实践性主要包含两重意义：第一，家庭伦理交织在家庭资源配置与权力互动的生动实践中，资源与权力的运作是家庭伦理的现实基础；第二，家庭伦理既规定了农民价值实现的路径，同时又是农民价值实现逻辑变迁的产物，家庭伦理因而随家庭转型过程而沉浮。为了应对家庭发展压力，家庭伦理卷入了家庭变迁的产物，家庭伦理因而随家庭转型过程而沉浮。为了应对家庭发展压力，家庭伦理卷入了家庭资源、权力的复杂实践，并凝结为家庭转型的“伦理陷阱”。本文的逻辑结构如图1所示。

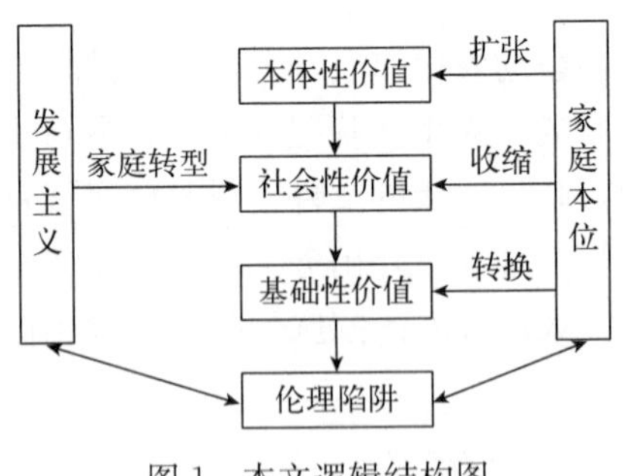

图1　本文逻辑结构图

为了引出对转型时期家庭伦理实践的分析，笔者将首先呈现转型时期家庭资源配置和权力让渡的实践逻辑，它们将家庭伦理逼迫到了一个困窘的处境，并带来了老年人在物质上的底线生存和家庭权力结构中的边缘地位。资源与权力的“现实逼迫”启发了理解家庭转型的伦理视域。

（二）资源转移和老年人的底线生存

家产是维系家庭正常运转的物质基础，家庭再生产首先是家产的代际传递和转移。20世纪80年代以来，依托于“打工经济”，现代性压力冲击了农民原有的家庭再生产模式和过程，并引发了家产转移过程和方式的变化。婚姻是现代性和市场机制渗入农民家庭的切入点。随着婚姻市场上男女性别比的失衡，男性面临的婚姻压力剧增。男性的婚姻压力既表现为婚姻成本的上升，也表现为婚姻难度的提高。而女性在婚姻市场上的优势地位使得其在婚姻谈判中掌控主动权，从而出现年轻媳妇以索要高额彩礼的方式提前分割男方父代的家产、结婚后立即分家等诸多新现象。并且，在当前农村，分家并不意味着父代向子代输送资源的终结，反之，现代性的进入改变了农民家庭再生产的目标和周期。农民家庭再生产不仅要完成父代传宗接代的人生任务，还要实现家庭发展和流动的目标，家庭再生产的成本上升、难度增加，使得父代在分家之后仍然要源源不断地向子代家庭输送资源，直到自己不能劳动为止。在此过程中，父代在有劳动能力时通过与子代家庭合作形成“以代际分工为基础的半工半耕”的家计模式为子代家庭作贡献，而在丧失劳动能力之后则通过不断压缩自身开支的方式减轻子代家庭的养老压力。因此，在转型时期，父代的人生任务链条无限拓展，父代无尽地为子代家庭付出，缺乏为自己积攒“养老钱”的空间，使得老年父代普遍依靠子代的有限反馈维持“底线生存”的状态。

（三）权力让渡和老年人的边缘地位

在农民的生活语境中，家庭权力以“当家权”的方式得以表达，当家权是家庭权力的本质。传统社会中一般是父代当家，但在家庭伦理的规制下，家长的权力并非其固有的、绝对的权力，而是家庭的“代理权”，家庭再生产必然包含当家权的代际流动和自然更替，同时“家庭政治”贯穿其中，构成当家权转移的动力。在本文中，家庭政治指的是家庭内部不同成员之间围绕家庭资源分配而展开的权力游戏，并往往以家庭冲突或家庭矛盾的形式表现出来。家庭政治始于亲密关系，且以亲密关系为根本目的。然而家庭政治并不仅是私人生活领域的权力斗争问题，它虽然表现为家庭矛盾或家庭冲突的形式，却以伦理性和正义性为内核，是“过日子”不可或缺的内容。

然而，现代性进村打破了传统社会中代际权力交接的自然过程。男性面临的高额婚姻成本和婚姻压力催生了妇女的“婚姻主导权”，推动当家权由父代家庭向子代家庭转移。子代家庭对当家权的主动争夺改变了当家权的属性和家庭政治格局。当家权蜕变为以子代家庭发展为核心的绝对性权力。父代处于相对边缘的地位，逐渐退出家庭内部的“权力游戏”，家庭政治日益退缩到子代核心家庭内部。家庭政治从“相对均衡”走向“相对失衡”，为了避免家庭政治的破裂，保障家庭再生产的持续，父代在忍让和妥协中趋向于沉默和“失语”。

（四）“资源-权力”实践中的伦理问题

家庭再生产的“资源-权力”实践奠定了家庭伦理运作的现实基础。以上分别从资源和权力的角度勾勒了转型时期农民家庭再生产的基本内容，反映了以子代家庭为中心的资源配置逻辑和权力互动模式。显然，转型时期家庭的资源和权力配置模式具有“去正义”的特征。按照桂华关于农民家庭理想类型的建构，“圣凡一体”揭示了伦理性家庭的本质要素：伦理是理解中国家庭的核心变量。同时，神圣的伦理之维与“凡俗”的“资源-权力”之维相互交织。那么，在家庭转型过程中，家庭资源、权力如何与家庭伦理价值关联和互动？应该如何理解这套失衡的家庭再生产结构存续的动力？接下来，笔者将紧紧围绕转型时期农民家庭的伦理实践，阐释家庭伦理适应的路径和伦理重塑之于家庭转型的意义，从而揭示家庭转型过程中的“伦理陷阱”以及老年人危机产生的家庭脉络。

三、家庭转型的伦理动力

传统家庭模式中，以传宗接代为核心的本体性价值是农民价值体系的核心。传宗接代任务的完成足以安顿父代的人生和慰藉祖先，不仅可以使父代获得村庄社会的承认，而且能够使父代安然享受子孙供养。这种家庭生活过程虽然免不了日常生活中的波澜不惊，却总体平和。然而，现代性以婚姻为切口渗透进农民家庭，塑造了以发展主义[①]为核心的价值系统。父代不仅要完成传宗接代的人生任务，还要扶持子代家庭过上美好生活。从子代准备结婚开始，现代性的外部压力与农民家庭的内在动力捆绑在一起，塑造了父代通往危机的“老化”路径。

（一）发展主义目标的嵌入

在中国传统社会，家庭再生产的目标主要在于实现家庭继替和家庭延续。然而，现代性进村改变了农民家庭再生产的目标，家庭再生产不仅要通过传宗接代完成家庭继替，还要实现家庭发展主义的目标。在本文中，发展主义的目标是指农民不仅要完成传宗接代的任务，还要追求向上的社会流动和家庭的跨越式发展，从而过上更加美好的生活。本体性价值具有超越性与绵延性的特征，而发展主义的价值系统更具有世俗性、短期性与工具性的特征。

发展主义主要通过婚姻进入农民家庭，并直接表现为高额的婚姻成本。在当前北方农村，婚姻不仅是“成人”的重要仪式，而且成为年轻人改变命运的重要契机。由父代承担的高额婚姻成本通过彩礼转化为子代家庭发展的初始资本积累[②]。当前北方农村男方的婚姻成本主要包括：彩礼、建房或买房、买车、婚礼酒席开支等。其中，彩礼和房子花费最大。根据笔者调查，河南安阳农村 2016 年的彩礼金额已经上涨至 10 万元以上，而山东和陕西农村当前的彩礼金额也在 8 万元左右。而且普遍的情况是，男方家庭兄弟越多或家庭条件越差，女方越倾向于索要高额彩礼。此外，女方对住房的要求对男方家庭产生了更大压力。在河南安阳农村，婚前建一栋新楼房是女方对男方家庭提出的最低要求，按当地

① 在本文中，“发展主义”指的是以发展目标为指向的意识形态。当然，作为一种价值体系，发展主义具有其内在的历史脉络和理论结构。与学界既有研究对发展主义的反思和批判不同，本文引入“发展主义”这一概念，主要取其表面意义，并着力于阐释它作为一种价值观念如何进入并主导农民的行为逻辑。

② 与传统的彩礼支付逻辑不同，当前农村彩礼往往不再指向女方父母，而是通过女方的嫁妆形式返还。这样一来，彩礼由父代向子代的转移构成彩礼的本质。

2016年的物价水平这要花费15万～20万元，而且近几年越来越多的女方家庭开始向男方提出到县城或市区买房的要求，很多女方甚至明确提出“不买房就不结婚”。高额彩礼和婚房进城日益成为农村婚姻市场的基本内容。

总之，村庄社会分化和流动的加剧以及婚姻市场的失衡，强化了女方以“婚姻”为契机来为自己的核心小家庭争取更多利益的动力，而且女方的这种想法往往受到其未来丈夫的支持。基于这种“共谋”，年轻一代试图通过婚姻尽可能从父代那里获取更多资源。问题在于，父代为什么一定要为子代持续付出？为什么他们没有变得更为理性，更多考虑自身的利益？这就涉及发展主义目标进入农民家庭的路径，即发展主义目标与农民传统价值体系之间的关系。

（二）家庭本位的动力支撑

发展主义固然改变了农民家庭生活的目标，但并非是对农民传统价值体系的直接取代。发展主义的目标深深地嵌入农民的传统价值体系之中，子代家庭对美好生活的追求与父代传宗接代的人生任务绑定在一起，使得父代无怨无悔地为子代付出。父代要完成传宗接代的人生任务，就必须要完成家庭发展主义的目标，否则就不能为儿子娶上媳妇，也就不能完成人生任务。可见，家庭本位的观念构成了农民家庭应对发展压力的伦理支撑。

家庭是中国人生命价值和人生意义的实现载体，家庭本位的伦理观念是传统农民家庭的动力来源。它以家庭成员认同和践行家庭伦理为前提，并指向家庭的整体利益。农民家庭本位的观念并没有随着家庭再生产目标的变迁而消逝，而是表现出与发展主义高度的亲和性。发展主义目标正是通过嵌入家庭本位的伦理观念才获得实现的可能性。因此，即使在代际资源交换和权力互动明显失衡的情况下，父代也并没有由此变得更为理性，他们仍然在不断为子代付出。其最主要的原因在于，父代将自身生命价值的实现寄托于子代。扶持子代成家立业仍然是其最重要的人生任务，同时也是支撑其不断奋斗的深沉动力。

但是，转型时期家庭本位观念具有与传统时期相当不同的内涵。在传统时期，家庭本位不仅具有伦理意涵，同时还能在现实层面指导家庭成员的具体行为。因此，父代为子代的付出过程并没有消解其自身价值实现的空间，父代在获得伦理性价值体验的同时达成基础性价值和社会性价值的满足。转型时期家庭本位仅成为父代的一种价值诉求，即父代为了完成自己的人生任务和家庭发展目标，难以借助家庭本位的伦理观念去整合与动员家庭资源，而只能依靠自身的不断奋斗与付出。可见，转型时期家庭本位实际上主要针对父代，是父代不断付出的动力源泉。在家庭本位的动力支撑下，父代所承受的压力稀释并升华为其完成人生任务的自觉。父代的这种伦理自觉是发展主义目标能够嵌入农民家庭并获得实现可能性的根源，但同时也将父代卷入为子代不断付出的漩涡之中。

（三）从“操心”到“操劳”：发展主义与父代伦理责任重塑

发展主义目标的嵌入与家庭本位的动力支撑提供了理解传统家庭伦理与农民家庭现代价值目标融合的视角。在发展主义的压力下，父代的人生任务链条不断延长，从而改变了父代为子代“操心”的实现形态和价值内涵，从“操心”向“操劳”的转变正在成为农民普遍的生活心态和行为逻辑。在农民的生活语境中，“操心”指的是父母对子女具有哺育和抚养的责任，它反映了父代与子代之间基本的关系模式，体现了父代对子代厚重的责任伦理。在传统的农村社会，子代的婚姻大事对于父母而言固然是一种责任，但父母只要根据自己的条件尽力为之即可，父代对子代的伦理责任并不是通过自身向子代支持力度的大小和资源转移的厚薄来决定和体现，即操心的责任并不意味着父代一直需要亲力亲为，而更多的是通过当家权来动员家庭成员共同为之努力。然而，为了回应发展主义的家庭目标，父代对子代伦理责任的表达日益归结为他们向子代和孙代转移资源的数量。在家庭生活的实践层面，父代必须不断为子代付出，否则就会被村庄舆论评论为“不会做父母”“不会做老人”。为子代付出成为对父代的刚性要求，很多父母因而不得不透支自己未来的劳动力，通过借债的方式支持儿子顺利结婚，最终落下一身债务。因此，在转型时期，发展主义目标的嵌入使得父代对子代的伦理责任由“操心”逐新演变为“操劳”。

“操劳”意味着父代过度卷入家庭再生产的过程，且将各种家庭责任内化到自己身上，形成对自身的充分动员。当然，当家权的下移也使得父代丧失了动员子代的能力，基于对子代的理解和关怀，父代自觉地免去了子代对家庭应当承担的责任。因此，“操劳”将父代的人生任务无限延长，并以资源付出的方式表现出来，在其背后则是以父代对子代的伦理责任为动力。北方农民用“生命不息、奋斗不止”和“死奔一辈子”这两句话来形容当前父代所面临的任务与压力。父代为子代的无尽操劳逐渐演变为一种意识形态，父代进而从这种操劳中获得生活的意义和价值。这说明，在现代化进程中，父代的价值观念并没有与传统断裂，而是表现出一种颇具实用性和策略性的延续。可见，现代化进程中的中国农民既没有快速走向个体化的“无根”状态，也没有彻底走向理性化。家庭转型并没有带来家庭伦理的弱化，与之相反，传统家庭伦理在转型过程中得以延续和重构。

四、家庭转型中的伦理重构

家庭转型过程中形成的新家庭伦理与传统家庭伦理的区分在于，新家庭伦理肯定了家庭的发展主义目标，强调了父代为子代无限付出的伦理意涵，从而将“恩往下流”的代际关系彻底化。并且，新家庭伦理承认和尊重子代家庭发展的优先性，并极大地解放了子代家庭“向上”的伦理责任，从而赋予失衡的代际关系以合乎转型时期家庭绵延的正当性。因此，在转型时期，家庭伦理仍然或隐或现地存在，只是这些家庭伦理和价值在发展主义的目标下经历了重构。

贺雪峰认为，农民的价值体系包括本体性价值、社会性价值和基础性价值三个层次。对于中国农民而言，理想和完满的价值实现过程是建立在个体层面的基础性价值、社会层面的社会性价值和伦理层面的本体性价值有机统一的基础之上，即只有当社会和家庭能够为个体提供满足以上三种价值的空间，并且三者之间形成稳定均衡的体系时，农民才真正获得价值体验，“圣凡一体”的交融性状态才能达成。在传统时期，家庭再生产过程既是农民本体性价值的实现过程，同时也为基础性价值和社会性价值的实现提供了空间。本体性价值并未形成对基础性价值和社会性价值的压制效应。

然而，家庭转型改变了农民的价值实现过程和价值实现方式。在发展主义的家庭目标面前，父代对子代的伦理性价值进一步扩张，并具体表现为父代人生任务的不断绵延与拓展。在此过程中，农民价值体系的内在均衡被打破，形成了“价值实现的悖论”，即一方面是父代本体性价值的过度扩张，另一方面是父代社会性价值和基础性价值的极度压缩。父代本体性价值的扩张固然能够使得父代获得一定程度的伦理性满足，但这种伦理性满足与父代社会性价值和基础性价值的极度压缩之间形成了张力，因而并不能赋予父代以厚重的、完全的和立体的价值满足感。

（一）伦理性价值的扩张

伦理性价值是农民价值体系中的最高层次，也被称为“本体性价值”，它是“关于人的生命意义的思考，关于如何面对死亡，如何将有限的生命转换为无限的意义的人生根本问题的应对，关于超越性和终极价值的关怀”。在当前北方农村，以传宗接代为核心的伦理性价值仍然被父代所认同。这一价值体系在现代化背景下被过度利用，使得其原有的价值内涵遭受到一定程度的扭曲而表现出很强的功能性特征。在转型时期，父代既面临传宗接代和延续香火的压力，而且面临诸如家庭向上流动的“城市梦”等具有发展性特征的任务和目标。

当前父代的人生任务不仅包括要花费高额的婚姻成本为儿子娶媳妇，还包括帮助子代带小孩，在有劳动能力的时候不断向子代家庭输送资源，并在此过程中完成自养。父代人生任务的不断拓展已经成为一种常态。因而，子代结婚和分家都不再构成父代人生任务的终点，父代在有劳动能力的情况下都会不断奋斗，以尽可能多地资助子代家庭。并且，父代的不断付出在一定程度上都是其心甘情愿的主动行为。在调研过程中，中老年父代常说，“儿子也不容易，我们能帮一把是一把”。父代不断付出的行为不仅会体现在对子代的资助上，甚至还会延伸到对孙代的支持上。很多老年父代不仅会操心孙代的婚姻问题，还会给予一定的物质支持，虽然这种物质支持在当前高额的婚姻成本面前不值得一提，但这却是老年父代节衣缩食积攒下来的。例如，河南安阳南村一位 73 岁的老人，夫妻俩一年的收入将近 4 000 元，但由于两位老人身体都不好，每天都需要吃药，因此，这些收入其实并不够两人开销，每年到了下半年他们都会向邻居借几百元周转，等到年底时儿子给了养老钱或是卖了粮食之后再还。尽管如此，夫妻俩在 2016 年孙子结婚买房时还是资助了 1 000 元。老人说，“这（1 000 元）钱是给孙子娶媳妇的，孙子娶媳妇，我们也有责任，不买房人家就不愿意来。我们把自己粮食卖了给他钱，自己就少吃一点，节省一点，饭吃稀一点，不吃面条，就吃面疙瘩汤。这些都是平时卖粮食慢慢攒下来的钱……”[①]。这位老人的经历绝非个案。在调研中发现，父代对子代的支持往往贯穿其整个生命历程。从有劳动能力时不断付出，到丧失劳动能力后通过压缩自身需求来减轻子代负担，父代对于人生任务的践行一直到其去世那一刻才终止。“儿子也不容易”成为当前父代对于自身不断付出行为的通用解释，但在子代“不容易”的背后，其实还隐藏着两个重要因素：一是传宗接代的价值观念仍然被当前北方农村的父代所认同；二是现代化背景下家庭再生产难度提升。正是这二者相互缠绕，使得父代的伦理性价值被进一步扩张和利用，父代被卷入无休无止为子代付出的过程之中。

① 此案例来自笔者在河南安阳农村的调研资料。

然而，伦理性价值的扩张并不必然会带来父代的价值实现和价值圆满感。事实上，父代人生任务不断拓展这一现象所表现出来的父代伦理性价值的扩张并不是农民传统价值体系的回归，而在某种程度上是一种价值异化状态。发展主义正是利用了父代对于子代的伦理性价值，并且将后者尽可能地扩张和壮大，以完成家庭发展和家庭流动的目标。父代在此过程中看似实现了自己的生命价值，获得了伦理上的满足，但当其伦理上的满足是要以压缩其基础性价值和社会性价值的实现为代价时，这种伦理性价值又能支撑多久呢？因此，当前北方农村所呈现出的父代伦理性价值的扩张只是一种暂时的“狂欢”，这种暂时的价值体验并不能构成父代安身立命的基础。

（二）社会性价值的收缩

社会性价值“是关于人与人之间关系，关于个人在群体中的位置及所获评价，关于个人如何从社会中获取意义的价值”。社会性价值涉及农民与村庄进而与外部社会的关系，具有较强的社会属性。乡土社会是一个熟人社会，农民“过日子”的世俗生活过程既需要本体性价值作为其动力支撑，同时也需要得到熟人社会的监督与承认。因此，社会性价值对于农民而言非常重要，它涉及个体及其家庭在村落社会中的声誉。对于农民而言，社会性价值的获得即个体通过“做人”的实践在熟人社会中获得自我实现。然而，在现代化带来的发展主义压力之下，从父代“老化”的过程来看，相对于本体性价值的扩张，其社会性价值则逐渐收缩，并体现在以下三个方面。

第一，为了应对现代性带来的压力，集聚有限的家庭资源以实现发展主义的目标，父代越来越无暇顾及村庄社会关系的维系和拓展。在发展主义的目标面前，村庄社会关系的维系越来越成为家庭发展的负担和拖累，从而弱化了父代村庄社会参与的积极性，这进一步影响到农民对于村庄共同体本身的认同？其显著的表现是，农民越来越不重视村庄日常生活中“面子”积累的缓慢过程，传统习俗、人情、仪式等规矩迅速简化，逐渐淡出农民的日常生活。此外，农民的闲暇本来具有社会性价值生产的意义，但如今，“闲暇”也日益让位于农民家庭再生产的需要，闲暇的正当性日益弱化。因此，父代将所有精力和资源都集聚到家庭发展主义的目标上，从而弱化了村庄社会关系的维系。

第二，社会性价值收缩的复杂性在于价值层面的收缩与仪式层面的释放往往是一体两面的。人情与交往的仪式逐渐脱嵌于村庄日常生活：一方面，父代出于家庭本位的逻辑而彻底转向家庭本身的再生产，因此往往会尽量减少和限制村庄社会层面的人情交往和面子竞争，将有限的家庭资源用于家庭发展；另一方面，绝大部分父代农民又难以真正脱离村庄，在一定时间内仍然不得不面对富有竞争性的村庄社会关系。这导致村庄竞争行为的短期化和面子竞争的异化，从而既满足了新形势下的村庄面子竞争，也避免过多地耗损家庭资源，以保证家庭再生产的顺利进行。

在这个意义上，作为村庄社会的主体，父代家庭因为聚焦于家庭再生产的目标，相对淡化了村庄社会交往的价值性意义。在流动的现代性场域中，村庄日常性交往中的面子不再能够支撑一个家庭的社会地位。相反，子代的出人头地是在竞争中立于不败之地的关键。随着父代农民社会性价值的收缩，原有的地方性规范逐渐失去效力，从而为各种短期行为和仪式化现象的盛行提供了动力和空间。这构成了转型期村庄社会竞争异化的深层动力学机制。剥离了人情与价值内涵的社会交往本质上是缺乏深度参与的仪式表演，因而参与者难以在其中获得价值体验和价值满足感。

第三，在村庄社会交往日益单薄和仪式交往机会越来越匮乏的情况下，父代在村庄社会中的公共参与，如人情随礼，也主要是代替子代家庭完成的。当家权异化意味着当家权较早地转移到子代，但父代却未能从当家的责任中脱离出来。这在更深层次上反映了父代在社会性价值上对子代家庭的依附。父代社会性价值的实现过程变成了支持子代家庭成长和维系子代村庄社会认同的过程。在调研中发现，由于年轻人平常基本在外务工，熟人社会中的人情往来主要靠在村的父代来负责，但在人情礼单上无一例外都是写儿子的名字。因此，虽然父代继续参与村庄人情往来，但他不是作为一个具有主动性和主体性的主体来参与，而是代替儿子参与，父代在此过程中并不能获得圆满的价值体验。

由此可见，现代性进村的过程将农民置入了一个更加开放和更加波动的生活世界之中。农民家庭与村庄的结构性嵌入关系逐渐松动，进而使得父代社会性价值实现的根基逐渐松动。在发展主义的压力下，如何顺利实现家庭再生产才是最为核心的目标，原有的以村庄社会作为媒介的社会性价值，就在相当程度上被工具化了。社会性价值的工具化，意味着它成为可以选择和干预的对象，因此，父代在社会性价值上可以选择部分地退出，或者部分地形式化。社会性价值本质上依附于子代家庭，父代在社会性价值的实现上不具有独立性和主体性。

（三）基础性价值的转换

基础性价值是农民价值体系中最为基础的层次，人之为人的基础条件当然是吃穿住等物质生活的基本满足，这属于个体消费层面。适当的消费是家庭再生产的重要保证。但另一方面，中国农民向来具有勤俭节约的传统，重视家庭资源的积累。因此，如何维持积累和消费之间的平衡，进而保障家庭再生产顺利进行，就成为衡量一个农民是否懂得过日子的重要指标。如果一个人贪图吃喝享乐，在熟人社会中必然少不了他人的闲言碎语。在这个意义上，对基础性价值本身的追逐在农民家庭生活中受到了一定的抑制。事实上，就传统农民家庭再生产中价值实现的过程而言，本体性价值和社会性价值的实现往往优先于个体基础性价值的满足。在本体性价值和社会性价值的支撑下，基础性价值的实现才能逐渐解除伦理的束缚和限制，获得独立的表达空间。因此，随着家庭再生产的展开，基础性价值与本体性价值和社会性价值逐渐汇合，共同构成农民晚年生活的价值支撑。

但是，父代基础性价值的实现必须以特定的家庭资源为基础，这些资源或者来自父代自身的积累，或者来自子代甚至孙代的反馈。在现代化背景下，家庭再生产进程中家庭资源和家庭权力配置模式的改变在一定程度上抽离了父代农民基础性价值的实现条件。现代性激发了农民的消费主义欲望，消费主义已经成为席卷农村的普遍趋势。但是，在消费主义面前，基础性价值在家庭内部的扩张呈现出明显的差异性。消费主义观念主要集中于青年一代农民身上，他们受到城市生活方式的吸引，表现出对城市生活的向往和追随。而中老年农民仍然延续着相对传统的重视积累而轻视消费的“生计型模式”前文已经述及，父代对子代的无尽投入和劳动力透支，致使他们进入老年后缺乏基本的资源。因此，作为农民价值体系中的基本层次，基础性价值始终不具有价值释放的空间与基础。伴随着父代的

“老化”，其基础性价值的实现并非依赖于父代自身需求的满足，而是依赖于其对家庭资源的供给能力，因而以主体需求为导向的基础性价值实现被转化为以主体创造为导向的价值实现过程。可见，发展主义的家庭再生产目标触发了父代基础性价值的转换，即由主观性价值向客观性价值的转换。在这个转换过程中，农民从价值实现的主体变为价值衡量的对象。基础性价值因而不再是农民到底在多大程度上满足了自身的生活需求，而是取决于农民作为家庭再生产的功能性要素，到底为家庭经济和家庭发展作出了多大贡献。在此意义上，父代对家庭再生产的经济贡献能力决定了其价值的大小。

基础性价值的转换为父代持续的劳动和付出注入了强劲的动力与合法性，进而导致了父代对自我的无尽剥夺和基础性价值的压缩。基础性价值是农民价值体系中的基础层次和价值实现过程的最后阶段，现代化进程中父代基础性价值的转换，意味着农民价值体系的基础之变，它必然引起农民价值体系的整体性改变。农民价值实现过程中三种价值相对均衡的分布逐渐演变为偏重于本体性价值，本体性价值的扩张不仅压缩了基础性价值的空间，而且改变了基础性价值的内容，如此一来，父代价值实现的过程也就成为其自我需求不断抑制的过程。

五、“伦理陷阱”与老年人危机的锁定

伦理本位在相当程度上构成了中国家庭区别于西方家庭的基石，并赋予中国农民家庭超越于个体的实体性，使得家庭成为个人与社会之间的一个相对独立的单元。因此，“个人—家庭—社会”的三层框架是理解中国家庭转型的现实基础。农民家庭的现代化过程不是农民个体与现代性直接遭遇的过程。即使农民以个体劳动力的方式参与现代性的社会化大生产，在他们背后也存在着一个超越个体层次的家庭，构成了农民个体与社会之间的缓冲器。实际上，转型时期农村家庭仍然延续、利用和改造着传统家庭伦理，父代陷入“伦理陷阱”，进而锁定了通往危机之路。

（一）中国家型的“伦理陷阱”

关于中国家庭伦理的研究，一般都设定传统家庭作为分析对象，强调伦理的规范性和规制性，并由此塑造出“圣凡一体”的农民价值实现路径和教化式的家庭权力机制。在这个意义上，既有研究较多关注的是伦理对家庭的影响，例如，桂华提出“礼”这一概念，认为“礼是一种如何使家庭生活具有价值的原则”，并且塑造了家庭生活中人与人之间的交往规则。但既有研究对于伦理如何影响家庭则关注不足。因此，不仅要从规范性的视角研究伦理，而且要进入家庭伦理实践的具体经验，通过机制分析的方式研究伦理。在中国的文化语境和生活实践中，伦理不是抽象的，伦理的实现需要依托特定的主体、对象和路径。从本文论述的逻辑来看，家庭伦理实际上可以理解为通过家庭资源配置和权力互动等来表达和体现。因此，家庭再生产虽然以资源积累为基础，但同时也依赖于家庭权力再生产和伦理再生产的过程。这一逐级深化的过程展现了老年人危机内涵的丰富性和深刻性。

农村老年人危机非伦理危机一词即可概括。将老年人危机归结为子代的孝道衰落，实际上是将有待解释的问题道德化。如果将“伦理”放置在转型期农民家庭再生产的过程和

实践中，有两点值得注意：第一，老年人的处境在相当程度上恰恰来自他们的伦理自觉。父代之所以将子代家庭的命运纳入自己的人生任务之中，正是源于父代仍然着眼于纵向家庭结构的绵延。第二，子代对父代的低度伦理反馈并不能抹杀家庭再生产过程中的伦理责任实践。事实上，子代也终会以父代的身份投入家庭再生产过程中。当然，随着时间的持续，子代的家庭再生产过程将接替其父代的家庭再生产过程。

所谓的孝道衰落或伦理危机主要是从父代与子代的片段性代际互动框架中理解子代的行为逻辑，强调子代向父代的低度反馈。然而，仅仅从子代对父代的低度反馈即得出伦理危机的结论，则忽视了父代对子代的厚重投入，它体现在一个接一个、相互嵌套的代际互动链条中。今日受惠于父代厚重支持的子代终将转变成操劳一生继续支持子代的父代。家庭伦理通过这种方式延续，却也导致父代深深地陷入其中，难以自拔。如果家庭内部真的已经处于伦理危机的状态，那么，父代与子代都会变得更加理性，父代或许反而能从不断为子代付出的漩涡中摆脱出来。可见，老年人危机在更深的层次上，恰恰源于家庭再生产过程中父代家庭伦理的延续和重构。

在现代化背景之下，伦理的运作方位发生了改变，即伦理从双向逐渐变为单向，并且存留于父代对子代这个向度。同时，父代伦理责任实践的价值不能在自身上得以满足，伦理的实现最终依赖于家庭功能的最大化发挥和发展主义目标的最大化实现。在这种情况下，子代的“孝心”反而成为父代的伦理负担，所谓“(子代) 越孝顺，(父代) 越内疚”。家庭伦理逐渐成为父代单向度的实践，由于失去了子代的伦理反馈，农村家庭转型的过程就成为父代逐渐卷入“伦理陷阱”的过程。所谓的“伦理陷阱”是指，在家庭转型的过程中，家庭伦理并没有完全弱化，而是在一定程度上仍然存续，并且赋予农民家庭转型以深沉的动力，但同时也使父代陷入不断为子代付出的漩涡之中，改变了父代“老化”的路径，并最终带来老年人危机。因此，老年人危机成为当前中国家庭转型的附属产物。

(二) 老年人危机的内在结构

老年人是家庭成员之一，对老年人危机的理解一定要将其放置在家庭再生产的过程之中。通过前文的论述可以看到，当前农村老年人危机主要表现在三个层面，即物质上的底线生存、家庭权力结构中的边缘地位和价值实现中的依附状态。但是，老年人危机并非三者的简单叠加，而是三者层次逐级深化，从而使得老年人危机以更为隐蔽、更为深沉的方式呈现出来。以下将具体分析底线生存、边缘地位和价值依附三者之间的关系，从而理解老年人危机的内在结构。

第一，物质上的“底线生存”是当前农村老年人危机的基础层面。老年人的底线生存状态与当前农村经济发展水平普遍提高形成了强烈反差，同时也与子代家庭较为优质的物质生活形成了鲜明对比。在市场化和现代化的力量之下，农民家庭普遍形成了“以代际分工为基础的半工半耕”的家计模式，以同时获得务农和务工两项收入。因此，相对于传统社会而言，当前农民家庭的收入明显增加。然而，相对于农民家庭收入的显著增加，老年人的生活水平却并没有相应提高，而是普遍呈现出“底线生存”的状态。老年人的清贫生活与年轻子代的生活质量往往形成鲜明反差。因此，老年人的“底线生存”在根源上并不是由于家庭物质资源的匮乏，而是在现代性的压力面前更加理性地分配家庭资源的结果。传统社会中家庭资源的分配是依据个体在家庭中所处的位置和身份而定的，老年人往往享有资源分配的优先权。现代性压力改变了农民家庭内部的资源分配方式，家庭资源分配主要依据个体对家庭的贡献。老年人到一定年龄之后因劳动能力退化而难以继续为家庭创造物质财富，因而往往被视为家庭发展的负担，在资源分配中处于被动和弱势的地位。

第二，如果说“底线生存”构成了当前农村老年人危机的底色，那么，老年人在家庭中的地位边缘和权力丧失则进一步强化了其底线生存的处境。女性在婚姻市场中的优势地位强化了子代家庭的地位，且导致了家庭资源和风险的代际不均衡配置。随着家庭权力重心从父代下移到子代，老年人在家庭权力结构中日趋边缘化，只能默默接受“底线生存”和相对边缘的生活状态，即使对这种状态有任何的不满，他们也不会释放到家庭再生产的过程之中。老年人隐忍、退让与妥协的态度默认并强化了家产转移中父代的不利地位，家庭关系因而呈现出“温情脉脉”的一面。但是，温情并不代表家庭中没有矛盾，事实上，家庭内部的诸多矛盾都被老年人的妥协与退让暂时掩盖了。因此老年人在家庭中的权力缺失和在家庭政治中的失语，进一步固化了其在家庭资源分配上的弱势地位。

第三，如果说家庭地位的边缘和权力的缺失使得老年人在家庭中没有话语权，从而不敢反抗，只能维持底线生存的状态，那么，老年人在价值上的依附状态则赋予其底线生存和权力缺失以正当性，消解了他们对这套不利于自身的家庭秩序的抗争动力。子代的发展被父代理解为家庭的整体发展，父代的价值实现则转换为子代发展性目标的实现。老年人危机因而被进一步锁定在家庭领域。从“不敢反抗”到“不愿反抗”，体现出老年人逐渐认同并接受了这一套对自身不利的家庭秩序，并将之内化为走向依附的价值实现路径。在此，价值依附有两个层次的内涵：其一，父代对子代的家庭伦理责任继续存在，这是由父代传宗接代的人生任务所决定的；其二，父代的价值实现过程导致父代主体性价值的最终丧失，传宗接代任务的完成并不能赋予父代价值实现的完满感，相反，父代的价值实现完全依附于子代家庭，子代家庭的发展和对美好生活的向往成为父代奋斗的主要目标。因此，父代必须要“死奔一辈子”，且父代无论多大程度的付出都被认为是正当的和可理解的。在市场化和现代化的影响之下，农民家庭的再生产面临着成本和风险的双重增加，然而，正是父代对子代单向度的家庭伦理及其价值依附状态，使得家庭再生产的成本和风险在家庭中“内部化”，而父代在传宗接代的压力面前，显然承担了更多的责任与压力。因此，父代对子代的价值依附状态赋予老年人危机以正当性，它一方面使得包括老年人在内的所有家庭成员都认同和接受了老年人底线生存和权力缺失的状态；另一方面还不断地再生产“失衡”的代际关系。

由此可见，资源转移、权力让渡和价值依附在家庭再生产过程中相互强化：物质上的底线生存构成老年人危机的基本层次，家庭权力的缺失进一步强化了老年人的底线生存状态，而价值依附则赋予老年人危机以正当性和合法性。这就使得老年人危机被锁定在家庭领域，并以一种“常态”的姿态出现。这带来了两个后果：一是老年人危机的深刻性难以被察觉，老年人危机往往被等同于“养老危机”即物质资源的匮乏，“养老危机”的视角因而忽视了老年人在权力和价值层面的不利处境。二是老年人危机被锁定在家庭领域，难以溢出家庭而外化为一个社会问题。因此，如果以社会问题的视角来理解当前农村老年人的生活状态，则会认为当前农村老年人都过得不错，至少比传统时期在物质上更为丰裕；然而，如果从家庭内部的视角去分析，就会看到老年人处于深沉的危机之中。此外，值得注意的是，当前农村老年人危机并不是指老年人失去了基本的生活保障而处于水深火热之中，而是指老年人在家庭资源分配、家庭权力配置以及伦理价值实现等方面处于相对弱势、边缘和依附的状态。因此，必须以家庭转型的具体实践为切入点，才能理解当前农村老年人危机的形成逻辑。

六、进一步的讨论：老年人危机与“学会做老人”

通过以上论述，可见当前农村老年人危机具有特定的时代意涵。目前中国正处于“千年未有之大变局”之中，面对现代性带来的流动、分化、发展与风险，农民家庭积极地调整和适应，老年人危机也正是在农民家庭应对现代性的过程中逐渐形成的。如果脱离了家庭转型的时代背景，关于老年人危机的研究便难以从个体性和偶然性的生命遭遇和人生际遇中抽离和超越，也就难以洞察当前农村老年人危机的深刻性。

自古以来，“老了”就意味着思想和身体的过时，但在传统社会中，“老了”也意味父代可以坐享天伦之乐，虽然物质普遍匮乏时期老年人在物质上也难以达到满足的状态，但他们在心理上总是坦然的。而在当前农村，“老了”不仅意味着思想和身体的出局，而且老年人也难以保持坦然的心态。

本文立足于家庭再生产的框架展现转型时期父代“老化”的能动性过程，由此揭示了现代性进村背景下变异的“老化”路径。在传统时期，父代“老化”的过程也是其逐渐走向家庭中心地位的过程；而在转型时期，父代“老化”的过程则是其逐渐走向底线生存、边缘地位和价值依附的过程。转型时期家庭再生产不再以父代及其“老化”为核心，而是以子代家庭的成长和发展为核心，家庭再生产重心的转换意味着父代“老化”的过程在本质上成为其“学会做老人”的过程。所谓“学会做老人”意味着现代性进村和家庭发展主义目标消解了老年人传统行为规范的正当性，“老年人”的身份和行为逻辑必须根据新的形势和目标而调整。“学会做老人”反映了现代性进村背景下老年人的基本处境：老年状态不再是一种自然和坦然的状态；相反，现代性进村的过程也是老年人持续、主动但又颇有些无奈地重塑自身的过程。

虽然老年不再是一个值得预期和充满希望的人生阶段，它变得富有挑战，充满不确定性，但是，在代际之间深度整合（以代际失衡为基础）中，老年人对子代乃至孙代家庭发展所面临的风险和压力感同身受，并不断地将其转化为“学会做老人”的动力，进而认同这套对自身不利的家庭生活新秩序。在这个意义上，从发生学的角度来看，农村老年人是以能动主体的身份再生产了其自身在当前时期的艰难处境，这便是“学会做老人”的吊诡之处。并且，正是这一点也展现了老年人危机的辩证性：作为能动主体的老年人虽然在“老化”的过程中抽离了自身的主体性价值，却也因此成为当前农民家庭转型的重要支点。

老年人危机的家庭伦理脉络也蕴含了老年人危机介入与政策干预的路径和方向。老年人危机的深刻性意味着老年人危机干预必须要触及“人心”。当然，对“人心”的干预，不仅指向老年人本身，而且指向村庄社会的成员。在这个意义上，老年人危机干预的根本出路是通过将老年人组织起来，重构老年人的主体性。例如，以老年人协会为组织载体的乡村文化建设就是缓解老年人危机和重构老年人主体性的重要途径。通过乡村公共文化建设，守护老年人的精神家园，重构老年人回归村庄公共生活的空间，是老年人跳出“伦理陷阱”并建构良性家庭再生产秩序的应有之义。

【参考文献】

（略）

（原文刊载于《中国农村观察》2018 年第 2 期）